U0258734

更新知识地图　拓展认知边界

THE GENE

基因传

众生之源

AN INTIMATE HISTORY

[美]悉达多·穆克吉◇著

马向涛◇译

中信出版集团·北京

图书在版编目（CIP）数据

基因传 / (美) 悉达多·穆克吉著；马向涛译. --
北京：中信出版社，2018.1（2018.2 重印）
　书名原文：The Gene:An Intimate History
　ISBN 978-7-5086-8242-6

　Ⅰ. ①基… Ⅱ. ①悉… ②马… Ⅲ. ①基因—普及读
物 Ⅳ. ①Q343.1-49

中国版本图书馆CIP数据核字 (2017) 第 248252 号

基因传

著　　者：[美] 悉达多·穆克吉
译　　者：马向涛
出版发行：中信出版集团股份有限公司
　　　　　（北京市朝阳区惠新东街甲 4 号富盛大厦 2 座 邮编 100029）
承 印 者：北京通州皇家印刷厂

开　　本：880mm×1230mm　1/16　　　印　张：38.75　字　数：540千字
版　　次：2018年1月第1版　　　　　　印　次：2018年2月第3次印刷
京权图字：01-2017-6214　　　　　　　广告经营许可证：京朝工商广字第8087号
书　　号：ISBN 978-7-5086-8242-6
定　　价：88.00元

献给生活的勇者普里亚巴拉·穆克吉（1906—1985）

缅怀早年优生学的受害者卡丽·巴克（1906—1983）

目 录

遗传规律的精准不仅颠覆了我们的世界观，同时也成为人类征服自然界的强大武器，而这种超凡的预见力令其他任何学科均相形见绌。[1]

——威廉·贝特森（William Bateson）

究其根本，人类不过是携带基因的载体与表达功能的通路。基因是自然界万物生长的源泉，而我们就像是风驰电掣的赛马，在转瞬间前赴后继薪火相传。它们的组成与世间的善恶无关，同时也不会受到人情冷暖的影响。我们只是这些遗传物质最终的表现形式。因此如何提高遗传效率才是唯一需要考虑的问题。[2]

——村上春树，《1Q84》

骨肉同胞

你的身体里流淌着祖先的血脉。[1]

——墨奈劳斯（Menelaus），《奥德赛》（*The Odyssey*）

你的生身父母，他们应负责任。
尽管并非有意，但是事与愿违。
他们把自身的缺憾全部赋予你。
而你不甘寂寞，平添不少毛病。[2]

——菲利普·拉金（Philip Larkin），
《这就是诗》（*This Be The Verse*）

2012 年冬季，我从德里起身前往加尔各答去探望堂兄莫尼（Moni）。在这次旅途中，父亲既是向导也是旅伴，可是我看到他始终一副愁眉不展且郁郁寡欢的样子，仿佛内心被痛苦笼罩。父亲共有兄弟五人，他在家中排行老小，而莫尼是大哥的儿子，也是父亲的第一个侄子。2004 年，当时 40 岁的莫尼被诊断为精神分裂症，从那以后他就没有离开过精神病医院（父亲将其称为疯人院）。莫尼长期服用各种抗精神病药与镇静剂，因此他每天都需要在护工的照料下洗澡和进食。

父亲始终不肯接受莫尼患有精神分裂症的诊断。在过去这些年里，他锲而不舍地与那些为莫尼诊治的精神科医生多次交锋，希望能够让他们相信这个诊断是个巨大的错误，或许他只是期待莫尼破碎的心灵可以神奇自愈。父亲曾经两次来到这家位于加尔各答的精神病医院探视，其中有一次并未提前通知院方，他渴望看到一个脱胎换骨的莫尼正在铁栅栏门后平静地过着正常生活。

但是我与父亲都明白，他不远千里去探望莫尼不只是出于长辈的关爱。在父亲的家族里，莫尼并非唯一患有精神疾病的成员。父亲的四位兄长中有两位（不包含莫尼的父亲，而是莫尼的两位叔父）均存在不同类型的精神问题。由此看来，精神疾病已经在穆克吉家族中至少延续了两代，父亲之所以不愿接受莫尼患病的事实，至少有部分原因在于他已经意识到问题的严峻性，也许某些病灶就像有毒废物一样正潜伏在体内。

1946 年，父亲的三哥拉杰什（Rajesh）在加尔各答英年早逝，年仅 22 岁。按照家人的描述，拉杰什冒着冬雨连续锻炼了两个晚上，后来被凶险的肺炎夺去了生命。其实肺炎只是他所患原发疾病的并发症。拉杰什曾经是五兄弟中的佼佼者，不仅天资聪慧而且仪表堂堂，深受父亲及其他家人的爱戴。

祖父去世的时间比拉杰什要早 10 年，他于 1936 年在一场涉及云母矿的争斗中死于非命，只留下祖母独自抚养五个年幼的儿子。虽然拉杰什并非家中长子，但是他义无反顾地担当起父亲的角色。当时他只是个 12 岁的男孩，可是表现得却像 22 岁的人一样成熟：艰苦的生活造就了坚强的意志，他已经摆脱了少不更事的彷徨，表现出成年人的成熟稳重。

根据父亲回忆，从 1946 年夏季开始，拉杰什的行为开始出现异常，仿佛他脑子里的某根电线发生了短路。拉杰什性格中最明显的变化是脾气秉性陷入反复无常：喜讯会使他欣喜若狂（只有通过剧烈的体育运动才能让情绪恢复平静状态），而噩耗会让他悲伤欲绝。尽管情绪在一定范围内波动属于正常现象，但是极端的情绪波动就需要引起警惕了。到了那年冬季，拉杰什极端的情绪波动不仅在发作频率上与日俱增，而且严重程度也愈演愈烈。这种阵发性的冲动会转化为愤怒与狂妄，其症状会随着间歇期的缩短而日益严重，当情绪趋于平静后，又会陷入极度的悲伤。拉杰什加入了某个神秘组织，这些成员会在家里举行降神会仪式（一种和死者沟通的方式）并占卜吉凶，拉杰什也会在夜间与朋友们去火葬场打坐冥想。我不知道他是否吸食毒品，而在20世纪40年代，位于加尔各答的唐人街大烟馆里充斥着缅甸鸦片与阿富汗大麻，当时的年轻人认为吸毒可以舒缓紧张的神经。父亲记得三哥就像变了一个人：他时而惊恐万状，时而横冲直撞，其情绪变化犹如过山车般跌宕起伏，某天早上可能突然勃然大怒，但过后又可能表现为欣喜若狂（从字面上解释，欣喜若狂这个词反映了某种无邪的情感，是内心喜悦的自然流露。可是它也明确标明了界限，警示我们要理智把握分寸。欣喜若狂是正常情绪波动的上限，如果出现更加极端的情况，那么就只剩下疯癫与狂躁）。

就在被肺炎击倒的前一周，拉杰什获知自己的考试成绩在学院中名列前茅，于是兴高采烈地跑到外面住了两个晚上，据说是去某个摔跤训练营参加体能训练。然而当他回家后就开始发高烧并出现了幻觉。

几年以后当我在医学院学习时，突然意识到拉杰什很可能正饱受急性躁狂期的折磨。他几近崩溃的精神症状非常符合教科书中描写的躁郁症（双相障碍）。

※※※

1975年，父亲的四哥贾古（Jagu）来到德里与我们共同生活，那时候我正好年满5岁，当时他的精神也处于恍惚迷离的状态。四叔身材修长且瘦骨嶙峋，他蓬乱的头发已经久未修剪，冰冷的眼神多少有些令人生畏，看上去就像是西孟加拉邦版本的摇滚乐明星吉姆·莫里森

（Jim Morrison）。贾古从小就是个问题儿童，这与 20 多岁才发病的拉杰什不同。他拙于社交且性格孤僻，既不能正常工作也无法生活自理，唯一可以依赖的人就是我的祖母。到了 1975 年，他的认知障碍逐渐加重：开始出现幻视、幻觉与幻听（脑子里总有个声音在指点他该做哪些事）。贾古前后虚构了数十起针对他的阴谋，例如屋外售卖香蕉的小贩正在偷偷记录他的行踪。他常常自言自语，特别痴迷于背诵自编的列车时刻表（乘卡尔卡邮车由西姆拉到豪拉，再从豪拉转乘斯里·贾甘纳许快车到普里）。尽管贾古的精神状态上下波动剧烈，但是他还是会在不经意间表现出温柔善良的一面。我曾经失手将家中珍藏的威尼斯花瓶打碎，而贾古连忙让我躲在他的被褥下面，然后才去告诉我的母亲他自己藏着"许多私房钱"，其金额足以赔偿"一千个"花瓶。其实贾古的表现是种病态的精神症状，这种慷慨仗义后面隐藏的是精神失常与虚构情节的事实。

贾古的情况与从未被正式确诊的拉杰什不同。20 世纪 70 年代末期，贾古在德里被诊断为精神分裂症，但是接诊医生并未提出任何治疗方案。此后贾古就一直住在家里，他终日躲在祖母的房间里深居简出（像许多印度家庭一样，祖母会与我们共同生活）。祖母为了操持这个家已经是呕心沥血，可是她现在被迫要面对更为残酷的现实，在本该颐养天年的时候担当起照顾贾古的重任。差不多在 10 年之间，祖母与父亲彼此达成了某种默契，即由她来照料贾古的起居、饮食与衣着。当贾古在黑夜中被恐惧和幻想折磨得烦躁不安时，祖母会把他像孩子一样轻轻放倒在床上，并且用她那温暖的手掌抚摸贾古的额头。1985 年，祖母溘然长逝，随后贾古突然不辞而别，无论谁去劝说也不肯回来。他在德里加入了某个宗教组织，避世绝俗直到 1998 年离世。

※※※

父亲与祖母均认为印巴分治是导致贾古和拉杰什精神异常的罪魁

祸首，原本国家间的政治悲剧最终演变为个体的精神创伤。他们明白印巴分治不仅是领土的分割，更是人们精神世界的瓦解；萨达特·哈桑·曼塔（Saadat Hasan Manto）是巴基斯坦著名剧作家，他的短篇小说《托巴特辛》（Toba Tek Singh）被公认是反映印巴分治的巅峰之作，书中的男主角是一位徘徊在印巴边境的精神病患者，他每天都在清醒与疯癫的牢笼中挣扎。尽管贾古与拉杰什的表现截然不同，但是祖母坚持认为，席卷东孟加拉到加尔各答的动荡与剧变严重损害了他们的心智。

当拉杰什于 1946 年抵达加尔各答时，这座城市正在迅速失去理智的控制，人们的精神状态异常躁动，曾经的亲情被抛在脑后，就连相互的包容也已荡然无存。来自东孟加拉的男女老幼源源不断涌入加尔各答，他们已经提前预感到可怕的政治风暴即将来临，逃难的人们挤满了锡尔达车站附近的低矮住宅和廉租公寓。祖母也是众多穷苦百姓中的一员，她在距离火车站不远处的哈亚特汗街租下了一套三居室。虽然每个月的房租只有 55 卢比，按照目前的汇率计算大约相当于 1 美元，可是依然让整个家庭背上了沉重的负担。屋子的外面正对着一个垃圾堆，而几间卧室相互重叠在一起就像是打闹中纠缠在一起的小孩儿。所谓的房间非常狭小，只有那些破旧的窗户与屋顶通向外界，这些男孩就是在这里见证了一个新的国家与城市的诞生。暴乱的阴影笼罩了大街小巷。1946 年 8 月，印度教徒与穆斯林之间爆发了严重的流血冲突（史称"加尔各答大屠杀"），5 000 人惨死于骚乱，10 万人流离失所。

拉杰什在那个夏季目睹了许多惨无人道的暴行。在拉尔巴扎，印度教徒把穆斯林从商店和办公室里拖出来，残忍地将他们当街开膛破肚，随后穆斯林也开始用同样的手段进行报复，他们在拉尔巴扎与哈里森路交界处的鱼市大开杀戒。暴乱平息之后，拉杰什的精神随即崩溃。尽管这座城市重新恢复了往日的喧嚣，但是却给拉杰什留下了永久的伤痕。大屠杀发生后，他就开始连续不断地出现幻觉和妄想。此后拉杰什的行为变得愈发诡异，晚上去体育馆的次数也明显增多。终于有一天，拉杰什的疾病全面暴发，他出现了躁狂发作的症状，同时体温也变得忽高忽低。

祖母认为，如果拉杰什的躁狂发作与水土不服有关，那么贾古的精神失常就是源自背井离乡。他的前辈们世世代代生活在巴里萨尔附近的德尔哥蒂村，而贾古的内心世界多少会眷恋与亲朋好友其乐融融的日子。他本可以像其他正常的孩子一样无忧无虑地享受生活，时而飞奔在田间地头，时而跳进水坑嬉戏玩耍。可是在加尔各答，贾古就像是被连根拔起的植物，在失去自然环境的滋养后成了枯枝败叶。他从学校辍学后总是站在卧室的某扇窗前，眼神茫然地凝视着外面的世界。贾古的逻辑思维开始出现错乱，就连语言交流也变得十分困难。当拉杰什的精神状态已经处于风雨飘摇的边缘时，贾古却默不作声地蜷缩在卧室的角落。拉杰什经常会在夜间四处游荡，而贾古则终日把自己关在房间里。

※※※

假如根据上述经验就可以对精神疾病（拉杰什属于"城市型"，而贾古归于"乡村型"）进行分类，那么这种直观的方法倒是简单明了，但是当莫尼的精神状态也出现异常后，这种主观臆测就站不住脚了。很明显，莫尼不属于上述任何一种类型。他自幼就生活在加尔各答，一直过着衣食无忧的生活。然而令人不解的是，他精神失常的症状与贾古如出一辙。莫尼从青春期开始出现幻视与幻听。他喜欢一个人独处，也会夸大其词虚构事实，表现为定向障碍以及思维混乱，所有这些都让人不由自主地联想到叔父贾古。莫尼十几岁时曾来德里到我家串门。我们本来约好一起去看电影，可他却把自己锁在楼上的浴室里死活不肯出来，就这样僵持了快一个小时，直到奶奶出面他才同意开门。当她在浴室中找到莫尼时，他正蜷缩在角落努力把自己藏起来。

2004 年，莫尼曾遭到一群流氓的殴打，据说起因是他在公园里随地小便（他对我说大脑里有个声音命令他"在这里撒尿，就在这里撒尿"）。几周之后，莫尼又犯下了一起令人瞠目的"重罪"，他居然与伤害他的某个流氓的妹妹调情（他再次强调这是大脑里的声音在下命令），而这种行为也成为他失去理性的证据。莫尼的父亲曾经试图干预，但是没有起到任何效果，就在此时，莫尼再次遭受毒打，导致嘴唇开裂与前额受伤，被紧急送往医院接受治疗。

尽管这种攻击只是流氓恶棍的肆意发泄（根据警方的笔录，这些施暴者后来坚称，他们只是想把"莫尼体内的恶魔驱赶出来"），可是莫尼大脑中发出的病态指令却"络绎不绝"。那年冬季，幻觉与幻听再次导致莫尼的精神崩溃，从此他再也没有离开过精神病医院。

莫尼曾经对我说，住院治疗并非完全自愿，与其说在这里接受精神康复训练，还不如说是在寻求身体庇护。尽管他接受抗精神病药物联合治疗后症状逐渐好转，但是显然未达到出院的标准。就在莫尼住院几个月之后，他的父亲抱恨而去。莫尼的母亲已于多年前故去，而姐姐作为唯一的亲人又住得很远，他觉得出院后无依无靠，于是莫尼决定留在医院。精神病医院在历史上曾经被称为"精神病收容所"，虽然这种叫法并未得到精神科医生的认同，但是用于描述莫尼凄惨的境遇却是格外精准：他失去了基本的生活保障，而这里是唯一能够提供庇护与安全的地方。他就是一只自愿囚禁在笼内的小鸟。

2012 年，父亲带我去医院探望分别将近 20 年的堂兄莫尼。即使如此，我内心依然期待着一眼就能认出他。我在会客室看到的这个人与记忆中的堂兄完全不同，要不是照顾他的护工确认了身份，我还以为眼前只是个陌生人。莫尼的相貌要比实际年龄成熟许多。他的实际年龄只有 48 岁，可是看上去似乎要苍老 10 岁。治疗精神分裂症的药物影响了平衡功能，他走起路来摇摆不稳，像个学步的儿童。莫尼以前说话的时候总是激情饱满且语速很快，而现在却是左顾右盼且时断时续：他在发音的时候需要用力蹦出每个单词，似乎要把塞到嘴里的食物吐出来。莫尼对父亲与我的记忆几近空白。当我提起妹妹的名字时，他居然问我们两个是否结婚了。我们之间的谈话勉强维持着，好像我是一位突然到访的记者。

疾病带给莫尼最大的改变并不是精神的折磨，而是他那双空洞无神的眼睛。莫尼在孟加拉语里是"宝石"的意思，人们经常用这个词来形容事物超凡脱俗的美丽，也可以借此描绘双眸中闪烁的光芒。可是现在莫尼失去了最有价值的瑰宝。他的眼神变得黯淡无光，仿佛有人潜入他的眼睛，然后用画笔将它们涂成灰色。

※※※

我从小就明白家人始终牵挂着莫尼、贾古以及拉杰什的健康。我曾经受到青春期焦虑症的困扰，在那漫长的 6 个月里，我不与父母交流并且拒交作业，甚至还把旧书都当成垃圾扔掉。父亲对这种状况的担心溢于言表，他愁容满面地带我去找当初给贾古确诊的那位医生。难道自己的儿子也精神失常了？祖母 80 岁以后记忆力开始走下坡路，她开始喊错我的名字，管我叫拉杰什瓦尔，其实那是拉杰什名字的口误。起初，祖母会因此憋得满脸通红，然后主动纠正错误的叫法。但是随着祖母的健康状况每况愈下，她似乎开始心甘情愿地犯错，享受着幻想的妙不可言。当初次遇到现在的妻子萨拉时，我就把堂兄与两位叔父的病情和盘托出，并且反反复复对她讲了四五遍。为了彼此坦诚相待，我必须把相关风险向未来生命的伴侣如实相告。

在那个阶段，家里人谈论的主要话题就围绕遗传、疾病、正常、家庭以及个性展开。就像大多数孟加拉人一样，我的父母矢口否认家族成员罹患遗传病的可能，但是即便如此，他们依然无法回避这段特殊历史中存在的疑点。莫尼、拉杰什与贾古：他们三个人被不同类型的精神病彻底拖垮。这不得不令人怀疑家族成员体内是否隐藏着疾病的遗传组分。难道莫尼遗传了某个基因或是某组基因，而这些影响两位叔父健康的基因使他也具有易感性？家族中的其他成员是否会受到精神病的影响？父亲也曾经历过至少两次心因性神游症，其诱因都与饮用大麻酸奶有关（大麻酸奶是一种用于宗教节日的饮品，先把大麻花苞捣碎，然后融化在精炼的奶油里搅拌至起泡）。那么心因性神游症是否与家族遗传病史有关呢？

※ ※ ※

2009 年，瑞士研究人员发布了一项大型国际研究结果，研究对象包含数千个家庭与数万名男女。通过分析那些两代人均罹患精神病的家庭，他们发现了躁郁症与精神分裂症之间在遗传上存在紧密联系。研究中描述的部分家庭与我的家族遇到的情况相似，其家族成员都会受到精神病交叉遗传的危害，即如果某位家族成员患有精神分裂症，而另一位成员患有躁郁症，那么他们的侄子或者侄女也会患有精神分裂症。2012 年，又有几项纵深研究印证了最初的发现，同时进一步阐明了不同类型精神病与家族史之间的关系，并且深化了病原学、流行病学、触发器与诱发因素等方面的相关探索。[3]

那是一个冬日的清晨，我在纽约地铁上读完了上述研究中的两篇报告，此时距我从加尔各答返回已经过去了好几个月。就在狭窄的车厢通道里，有一位戴着灰色裘皮帽子的父亲正在强迫儿子戴上同样的帽子。当我经过第 59 大街时，眼前走过一位推着婴儿车的母亲，车里的一对双胞胎正在咿呀学语，可是对于我来说只是吱哇乱叫。

该研究结果具有不可思议的心灵慰藉作用，它回答了某些困扰了父亲与祖母多年的疑问。但是这也激发了一连串的新问题：假如莫尼患有遗传病，那么为什么他的父亲和姐姐却得以幸免？什么是"触发"这种遗传倾向的诱因？贾古或莫尼的病症有多少由"先天"因素（例如基因造成的精神疾病遗传倾向）决定，又有多少受到"后天"因素（社会动荡、反目成仇以及心理创伤都是环境触发器）的影响呢？父亲是否也携带这种遗传易感性？我本人也是携带者吗？假如我了解这种遗传缺陷的危害又该怎么面对呢？是要对自己进行检查还是动员我的两个女儿也参与呢？我是否应该告诉她们检查结果呢？假如她们两人之中有一位是携带者，那么我又应该如何面对呢？

※※※

家族精神病史在脑海中留下了烙印，我作为癌症生物学家所从事的工作也恰好聚焦在研究基因功能正常与否的领域。癌症发病机理也许是对传统遗传学理论的终极颠覆。某个基因组会疯狂地展开病理性自我复制，这种"热衷"于自我复制的基因组"机器"控制了细胞的生理机能，最终演变成为形态各异的顽疾。尽管我们在癌症研究上已经取得重大进展，可是人类至今尚无法有效治疗或者治愈这种疾病。

然而我在癌症研究过程中意识到，只有了解事物的正反两面才能深刻领悟其内在机制。那么在遗传物质被癌症破坏之前，正常基因编码是什么样子呢？正常基因组在此过程中又发挥了什么作用？它们是如何保持稳定，使我们具有可识别的相似性，又是怎样发生变异，使我们能够区分彼此呢？换句话说，稳定与变异、正常与异常是由什么来决定并被写入基因组的呢？

假如我们能够掌握定向改变人类基因编码的技术呢？如果这样的技术切实可行，那么谁有权力支配它们并且确保安全呢？谁将成为此类技术的主导者，而谁又会成为它的牺牲品？无论是谁获得与掌控了这种知识，我们的个人与公共生活都将不可避免地受到影响，谁又能保证我们对于社会、子女以及自身的想法不会发生改变呢？

※※※

"基因"既是遗传物质的基本单位，也是一切生物信息的基础。本书讲述了基因这个科学史上最具挑战与危险的概念的起源、发展与未来。

我使用"危险"这个形容词来表述并非危言耸听。在整个 20 世纪中，"原子""字节"以及"基因"这三项极具颠覆性的科学概念得到迅猛发展，并且成功引领人类社会进入三个不同的历史阶段。[4] 尽管这些概念在 19 世纪时就为人们所预见，但是直到 20 世纪它们才发出耀眼的光芒。这些概念在问世之初只是为了解决某个具体问题，可是它们后来却渗透到生活的方方面面，最终对文化、社会、政治以及语言产生了巨大影响。截至目前，这三项概念在结构上竟有惊人的相似之处，其框架均由最基本的组织单元构成：例如原子是物质的最小单元，字节（或比特）是数字信息的最小单元，而基因则是遗传与生物信息的最小单元。[1]

为什么这些最小可分单元聚沙成塔的属性充满了独特的魅力？其实答案非常简单——由于物质、信息与生物均具有固定的内在结构，因此只要理解最小单元组成就可以把握整体情况。诗人华莱士·史蒂文斯（Wallace Stevens）曾经写道："化零为整，化整为零。"[5] 他指的是语言表达中的整体与局部的关系：尽管句子本身的含义要比每个单词更为丰富多彩，但是你只有在理解每个单词的基础上才能读懂整句话的意思。而基因作为遗传物质的基本单元也会遵循这个道理。任何一个有机体的结构都要比组成它的基因复杂，但是你只有先了解这些基因才能领悟其玄妙之处。19 世纪 90 年代，当荷兰生物学家雨果·德·弗里斯（Hugo de Vries）偶然接触到基因概念时，他敏锐地意识到人们对于自然界的认知将发生翻天覆地的变化。"数量相对较少的某些因子经过不计其数的排列组合后形成了整个有机世界……就像研究物理与化学需要回归到分子与原子层面一样，我们需要通过生物科

---

[1]　这里提到的字节是一个比较复杂的概念，不仅是指人们熟悉的计算机存储容量单位，而且还具有更为普遍与神秘的意义，自然界中所有事物的信息都可以看作独立单元累加的结果，其基本状态也就包含了"开"和"关"两种模式。如果想要详细了解字节的概念以及它对自然科学与哲学的影响，那么请参考詹姆斯·格雷克（James Gleick）的作品《信息简史》（*Information:A History, a Theory, a Flood*）。该理论曾于 20 世纪 90 年代得到著名物理学家约翰·惠勒（John Wheeler）的力挺："我们可以通过回答是或否这种二元选择来解释粒子、力场，甚至时空连续的功能、意义以及存在。总而言之，该理论认为所有的物质都起源于信息论。"字节与比特只是人们发明的符号，而在数字化信息理论的背后却是精妙的自然法则。——作者注（下文如无特别说明，均为作者注）

学手段来了解基因在大千世界中发挥的作用。"[6]

原子、字节以及基因概念问世后，人们对于它们各自相关的领域从科学性与技术性上都有了新的认识。如果不从原子层面探寻物质的类型，那么人们将无从解释物质的这些现象。例如为什么金子会发光？为什么氢气遇到氧气会燃烧？如果不了解数字信息的组成结构，那么人们亦无法理解计算机运算的复杂性。例如算法的本质是什么？数据保存与破坏的机理是什么？某位 19 世纪的科学家曾经这样写道："直到人们发现物质构成的基本元素后，炼金术才能被称为化学。"[7] 基于同样的原因，我在本书中的观点也非常明确，人们只有在充分理解基因概念的基础上，才可能领悟有机体与细胞的生物学特性或演化规律，并且对人类病理、行为、性格、疾病、种族、身份或者命运做出判别。

但是新概念的应用也会带来潜在的风险。例如掌握原子科学是控制核反应的先决条件（人类却通过操控核反应制造出了原子弹）。随着我们对基因概念的了解不断加深，人类在尝试操纵有机体的技术和能力方面都有了长足进展。我们发现遗传密码的本来面貌竟然如此简单：人类的遗传信息仅通过一种分子并按照单一编码规律即可世代相传。著名遗传学家托马斯·摩尔根（Thomas Morgan）曾经这样写道："遗传学的基本原理是如此简明扼要，我们相信可以实现改变自然的梦想。而人们以往对于遗传规律的神秘感不过是一种错觉罢了。"[8]

目前人们对于基因的理解已经日臻完善，并且由此摆脱了实验室阶段的束缚，我们开始有目的地在人类细胞中进行研究与干预工作。染色体是细胞中携带遗传物质的载体，其外形好似细长的纤维，上面携带成千上万个以链状结构相连的基因。[1] 人类共有 46 条染色体，其中 23 条来自父亲，另外 23 条来自母亲。基因组指的是某个有机体携带的全套遗传信息（可以把基因组当作一部收录所有基因的百科全书，其中涵盖了注释、说明与参考文献）。人类基因组大约包括 21 000 至

---

[1]　对于某些细菌体而言，其染色体呈环状结构。

23 000 个基因，它们在人体生长发育、细胞修复以及功能维持方面起着决定作用。鉴于基因技术在过去 20 年间得到迅猛发展，因而我们能够从时间与空间上破解部分基因发挥上述复杂功能的机制。不仅如此，我们偶尔也会通过定向改造基因来影响它们的功能，最终使身体状态、生理机能甚至人类本身发生改变。

这种从理论到实践的飞跃使遗传学在科学界产生了巨大的反响。起初我们在研究基因时只是想了解它们在影响人类特征、性别或者性格时起到的作用。但是当我们开始设法通过改造基因来影响人类特征、性别或者行为的时候，其意义已经截然不同了。前者的意义可能只局限于心理学与神经学进展，而充满挑战与风险的后者才应该万众瞩目。

※※※

当我集中精力于本书创作时，人类正在学习如何改变有机体中由基因组决定的遗传特征。我想表达的意思是：仅仅在过去的 4 年间（2012—2016），我们已经发明出按照既定目标永久改变人类基因组的技术（尽管这些"基因工程"技术的安全性与可靠性还有待慎重评估）。与此同时，通过分析个体基因组来预测人们未来命运的能力也得到大幅度提升（虽然通过这些技术预测出的结果的真实性尚需验证）。尽管人类已经"读取"了基因组的秘密，但是就在三四年前，我们还纠结于如何批量"复制"基因组的问题。

即便是平民百姓也能够意识到这种变革的力量，而我们正紧跟基因时代的脚步义无反顾地向前飞奔。一旦人类认识到个体基因组编码的命运本质（哪怕我们的预测水平还具有不确定性），并且掌握了定向改变这些可能的技术（哪怕这些技术还处在低效与烦琐阶段），那么我们的未来将发生天翻地覆的变化。英国著名小说家乔治·奥威尔（George Orwell）曾经写到，在评论家眼中，每个人都将显得一无是处。但愿现在的疑虑只是杞人忧天：当我们具备理解与操纵人类基因组的能力时，传统意义上的"人类"概念也许将发生改变。

原子理论是现代物理学的重大发现，我们朝思暮想试图去驾驭这种控制物质与能量的本领。基因理论则是现代生物学的重要基础，我们努力找寻这种主宰灵魂与肉体的方法。在基因理论形成的过程中，"充满了人们对于青春永恒的执着追求，其中也不乏命运多舛的梦想神话，同时还有创造完美人类的壮志豪情"[9]。而这部作品主要记述了人们在基因发展史上攻坚克难的故事。

※ ※ ※

本书内容的编排按照时间顺序与故事情节展开，因此我们也可以把它当作一部反映基因发展史的传记。该故事起源于孟德尔（Mendel）种植豌豆的花园。1864 年，他在摩拉维亚一座不起眼的修道院里发现了"遗传因子"，可惜这项具有划时代意义的成果旋即被人们遗忘（"基因"一词直到几十年后才问世）。孟德尔定律与达尔文进化论有部分内容不谋而合。基因概念的横空出世使得英美两国的改革派喜出望外，他们希望通过操纵遗传规律来加速人类进化与解放。20 世纪 40年代，纳粹德国为了实现上述目标已经达到疯狂的极限，他们利用某些残忍的人体实验来验证优生学理论，其中包括监禁、绝育、安乐死以及灭绝人性的屠杀。

第二次世界大战（以下简称"二战"）结束后科学技术的迅猛发展促成了生物学领域的革命。研究证实 DNA（脱氧核糖核酸）就是遗传信息的载体。如果我们使用专业术语来表述基因的"作用"，那么基因就是通过编码化学信息来合成蛋白质，从而控制生物的性状并且行使生物学功能。詹姆斯·沃森（James Watson）、弗朗西斯·克里克（Francis Crick）、莫里斯·威尔金斯（Maurice Wilkins）与罗莎琳德·富兰克林（Rosalind Franklin）都是杰出的科学家，他们共同努力的结果揭示了 DNA 三维结构的奥秘，并且提出了具有标志性意义的"DNA

双螺旋结构"学说。随后科学家们乘胜追击,迅速破解了遗传密码的规律。

20 世纪 70 年代,有两项对遗传学起到重要影响的技术问世,这就是我们耳熟能详的基因测序与基因克隆,它们分别代表着基因的"读取"与"复制"("基因克隆"包括所有用于从生物体中提取基因,然后经过一系列体外操作后获得杂交基因,并且这些杂交基因可以在活细胞内大量复制的技术)。20 世纪 80 年代,人类遗传学家开始使用这些技术比对并鉴别疾病相关基因,例如亨廷顿病与囊性纤维化。开展此类基因鉴定工作意味着遗传病管理进入了新纪元,而这些技术能够让父母对胎儿进行筛查,如果胎儿携带危害健康的突变基因,那么父母可以选择终止妊娠(对于许多为胎儿检测唐氏综合征、囊性纤维化或者泰伊–萨克斯二氏病基因的父母,以及那些接受 *BRCA1* 或 *BRCA2* 基因检测的女性而言,他们实际上已经成为基因诊断、管理与优化领域的受益者)。本书讲述的故事并非遥远的梦想,人类征服基因的时代已经到来。

我们在许多人类肿瘤中发现了多种类型的基因突变,这也为深入了解此类疾病的遗传学改变奠定了基础。同时人类基因组计划的实施将该领域推至自然科学的巅峰,并且在堪称典范的国际合作中顺利完成了全部人类基因的比对与测序工作。2001 年,人类基因组草图正式公布。根据基因组计划的发展方向,我们将从基因层面来理解人类遗传过程中变异与"正常"的行为。

与此同时,基因还涉及某些敏感内容,例如民族关系、种族歧视以及智力差异,当然这也可能成为政治与文化领域中引起广泛争议的焦点话题。除此之外,基因也颠覆了我们对于性别、身份以及选择的理解,从而直接影响每个人的切身利益。[1]

---

[1] 目前某些话题引起了人们的关注,其中就包括转基因生物(GMOs)、基因专利的未来、基因用于新药研发或生物合成以及利用基因技术创造新物种,由于另有专著对此进行阐述,因此本书并不涉及这些内容。

　　本书用叙事的手法讲述了基因概念的历史演绎，而我也借此来追忆家族变迁的世事沧桑。遗传病给家人带来的苦痛令人不堪回首。叔父拉杰什与贾古早已逝去，堂兄莫尼被收留在加尔各答的精神病医院里。我曾经在年轻时努力求学，成为医生之后又开始进行文学创作，现在也体会到了身为父亲的责任，但是作为穆克吉家族的一员，他们的生死安危却始终牵动着我的心。其实在长大成人后，我几乎每天都在担心遗传病是否会对自身以及家庭造成不良影响。

　　祖母是我生命中的榜样。她不仅没有屈服于遗传病的淫威，并且还意志坚强地挺身而出呵护自己脆弱的儿孙。尽管祖母无法逆转严酷的现实，但是她依靠强大的恢复力渡过了难关，这是一种保留在人性深处的恩典，而我们作为她的后代肩负传承的使命。谨以此书敬献给慈爱的祖母。

第一部分

"遗传科学昙花一现"

————

遗传物质重见天日

（1865 — 1935）

高深莫测的遗传学是等待开发的知识宝藏，它是跨越生物学与人类学的边缘学科，目前我们在实践领域还处于柏拉图时代的懵懂阶段，简而言之，尽管人们非常看重化学、物理等技术与工业学科，但是无论它们是否已经得到应用，其重要性都无法与遗传学相提并论。[1]

——赫伯特·乔治·威尔斯（Herbert G. Wells），

《制造人类》（*Mankind in the Making*）

杰克：没错，可是你自己说过，重感冒不会遗传。

亚吉能：我知道以前不会，但是现在我敢肯定与遗传有关。而科学总会让人类社会不断进步。[2]

——奥斯卡·王尔德（Oscar Wilde），

《不可儿戏》（*The Importance of Being Earnest*）

第一章

围墙花园

学生时代固有的缺点在于被动灌输和缺乏主见。我认为应该让他们接受艰苦的训练，并且养成严于律己的习惯。只有这样，他们才能在学习过程中找到努力的方向。[1]

——吉尔伯特·基思·切斯特顿（G. K. Chesterton），

《优生学与其他罪恶》（*Eugenics and Other Evils*）

问地上的植物，它们将教会你。

——《圣经·约伯记》（*Job*）12:8

圣托马斯修道院原来是一处供女性修行的场所。奥古斯丁派修士从中世纪开始就在此居住，当然他们更怀恋在布尔诺（捷克语称为 Brno，德语称为 Brünn）养尊处优的日子。这座由岩石打造的修道院宽敞明亮，矗立于城市中心的山顶上，周围环境优美且让人心旷神怡。布尔诺在 400 年前成为摩拉维亚的经济文化中心，四处遍布广袤的农田与碧绿的草地。但是到了 1783 年，修士们却失去了神圣罗马帝国皇帝约瑟夫二世（Emperor Joseph Ⅱ）的宠爱。皇帝也许觉得占用市中心的房子简直是太便宜他们了，于是直接颁布法令将修士们扫地出门。修士们全部被赶到布尔诺老城区的山脚下，而令他们倍感羞辱的是，这些狭小的陋室原本是为女性准备的宿舍。墙壁上的灰浆散发着动物身上的异味，荒芜的院落里长满了杂草与荆棘。阴森冰冷的圣托马斯修道院始建于 14 世纪，人们很容易联想到那时的肉铺或者监狱，所幸这里有一处别有洞天的长方形花园，修士们可以在绿树的树荫下沿着石阶铺就的小路散步与冥想。

修士们很快就适应了这里的环境并且开始改造升级。他们在二楼重建了与自修室相通的图书馆，里面不仅配齐了松木书桌与台灯，还有近万本数量不断增长的藏书，其中包括自然史、地理学以及天文学的最新进展（幸运的是，奥古斯丁派认为宗教与大多数科学之间并不存在冲突，他们实际上将科学看作维护世界神圣秩序的另外一种圣约）[2]。他们先是在地下建了一处酒窖，然后又在上面盖了一座普通的拱顶餐厅。修士们就住在二楼的单间里，尽管居住面积都非常有限，但还是摆放了一些必备的木质家具。

1843 年 10 月，修道院来了一位西里西亚小伙子，大家了解到他的父母都在家乡务农。他看上去个头不高且体形偏胖，不苟言笑的脸上戴着一副近视眼镜。小伙子自称对信仰不感兴趣，可是对知识却充满了渴望，他的动手能力非常强并且是位天生的园艺家。修道院为他提供了栖身之地和读书学习的场所。1847 年 8 月 6 日，他被任命为神父。他原来的教名是约翰（Johann），但是修士们将它改为格雷戈尔·约翰·孟德尔（Gregor Johann Mendel）。[3]

对于这位涉世不深的年轻神父来说，他很快就适应了修道院平淡无奇的日子。1845 年，孟德尔在布尔诺神学院参加了神学、历史与自然科学课程的学习，而上述内容都是修道院教育的一部分。1848 年，欧洲爆发了声势浩大的革命，这场血雨腥风迅速席卷了法国、丹麦、德国以及奥地利，极大动摇了当时的社会、政治与宗教秩序，仿佛平地一声惊雷唤醒了孟德尔。[4]年轻时代的孟德尔乏善可陈，没有人会想到他能在日后成为举世闻名的科学家。孟德尔为人温和恭顺，做事循规蹈矩且单调乏味，这些性格特点令他在这群默守清规戒律的修道士中并未显得与众不同。他挑战权威的方式就是偶尔会拒绝戴着修士的帽子进入课堂。当孟德尔遭到修道院院长的训诫后，他还是会礼貌地遵守规定。

从 1848 年夏季开始，孟德尔开始在布尔诺做教区神父。但是据大家反映，他的表现极其糟糕。修道院院长在描述这种情况时认为"他完全被无法克服的胆怯所束缚"[5]，孟德尔的捷克语（多数教区居民使用的语言）说得结结巴巴，他作为神父根本无法调动教区居民的积极性，而那些穷困潦倒的场景还会给他敏感的性格带来负面冲击。为了摆脱这种窘境，孟德尔在当年晚些时候想出了一个好主意：他申请去茨纳伊姆高中教授数学、自然科学与基础希腊语。[6]尽管一波三折，但是在修道院的帮助下，孟德尔最终还是如愿以偿。当得知他并非教师科班出身后，校方要求他必须通过自然科学方面的资格考试才能教授高中课程。

1850 年暮春，孟德尔满怀期望地先在布尔诺参加了笔试。[7]由于在地质学（某位阅卷人对于孟德尔的评语是"论述问题单调乏味并且晦涩难懂"）方面的成绩很不理想，因此他没能如愿以偿。同年 7 月 20 日，就在奥地利被灼人热浪席卷的时候，他从布尔诺动身前往维也纳参加口试。[8]8 月 16 日，考官针对自然科学领域对孟德尔进行了提问。[9]然而，生物学知识匮乏又成了他的致命短板。当考官要求孟德尔对哺乳动物进行描述和分类时，他在匆忙之间自编了一套漏洞百出的分类系统，不仅忘记了位于最上层的"界"，而且还杜撰出某些莫名其妙的分类，并且把毫不相关的袋鼠和海狸以及猪和大象相提并论。某位考官在评语中写道："申请人似乎对专业术语一窍不通，他毫不顾忌系统命名法的规则，只会用德语口语称呼那些动物的名字。"这一次，孟德尔又是铩羽而归。

同年 8 月，孟德尔带着自己的考试结果返回了布尔诺。考官的结论十分明确：如果孟德尔还想从事教学工作，那么他必须要恶补自然科学知识，但是通过在修道院图书馆或者围墙花园内的自学远远不能满足这种需求。于是孟德尔向维也纳大学提出攻读自然科学学位的申请。在修道院的推荐与帮助下，孟德尔继续深造的梦想得以实现。

1851 年冬季，孟德尔登上开往维也纳的列车开始了大学生活。从此，他开始系统地学习生物学知识，并且为日后的工作奠定了坚实基础。

※※※

从布尔诺到维也纳的夜车行驶在荒芜的大地上，途经的农田与葡萄园都被严寒笼罩，而那些运河就像淡蓝色的静脉一样四处蔓延，即便是偶尔闪现的农舍也迅即淹没在无尽的黑暗里。塔亚河横穿欧洲中部，由于处于半冰封的状态，因此流速明显放缓；此外远处多瑙河上的小岛不断映入眼帘。尽管这段旅程只有 90 英里 [1]，但是孟德尔在路上却花了 4 个小时。当他于清晨抵达目的地时，仿佛自睡梦中跨入一个全新的世界。

维也纳是欧洲的科学技术中心。孟德尔住在茵瓦丽德大街的破旧公寓里，几英里以外就是这位年轻人在布尔诺梦寐以求的大学校园，他即将在这里接受自然科学知识的洗礼。当时的物理课由奥地利著名科学家克里斯蒂安·多普勒（Christian Doppler）教授主讲，孟德尔将他视为学术上的良师和崇拜的偶像。虽然多普勒看上去骨瘦如柴，但是对待工作却一丝不苟。1842 年，多普勒 39 岁，他运用数学推理指出声波（或光波）的频率并非一成不变，它们会因观察者的位置与速度变化而此消彼长。[10] 当波源向观察者接近时声波将被压缩，此时表现为音调变高，而当波源远离观察者时，音调将出现下降。质疑者曾经

---

[1]　英里：英制长度单位，1 英里约为 1.6 千米。——编者注

嘲笑：来自同一光源的光线怎么可能因观察者变化而表现为不同颜色呢？1845 年，多普勒邀请了一支乐队在火车上进行小号演奏，他叮嘱这些乐手在火车加速中要保持音调平稳。那些在月台上的听众简直不敢相信自己的耳朵，乐队演奏音调随着火车进站变高，而当火车离去时音调逐渐下降。[11]

尽管上述现象有悖于普通观察者或者听众的直觉，但是多普勒坚信声光的传播必定符合某种自然规律。实际上，如果仔细观察周围的事物，那么你会发现，世界上所有纷繁复杂的现象都是自然规律高度集成的结果。只有在个别情况下，我们才可以仅凭直觉与感知来了解这些自然规律。当然在通常情况下，我们仍然需要通过人工实验来说明某个复杂问题，例如多普勒邀请乐队在火车上演奏就是一个典型案例，而这些方法对于理解与说明某些规律十分重要。

多普勒进行的实验与演示既让孟德尔感到着迷又令他陷入困惑。对于孟德尔来说，生物学才是他主修的专业，但是这门学科看起来就像一个杂草丛生的花园，从组织结构上没有任何规律可循。表面上看，它涵盖的内容五花八门，其范围甚至远远超出我们的想象。当时分类学在生物学理论中居于统治地位，这种巧妙的设计将所有生物按照界、门、纲、目、科、属和种来进行分类。18 世纪中期，瑞典植物学家卡尔·林奈（Carl Linnaeus）创建的生物命名法为分类学奠定了基础，那时它还只是用于形态描述而并非机制研究。[12]换言之，虽然这种系统对地球上的生物进行了分类，但是并未归纳出分类学的逻辑规律。生物学家可能要问，为什么要将生物按照这种方式分类？物种保持稳定的原因是什么？为什么大象不会变成猪而袋鼠也不会变成海狸？遗传学的机制是什么？为什么遗传性状可以保持不变？

※※※

自古以来，"相似性"始终是科学家与哲学家关注的话题。古希腊学者毕达哥拉斯（Pythagoras）既是科学家也是神学家，他大约在公元前 530 年生活在克罗同（Croton）。毕达哥拉斯注意到父母与子女之间具有相似性，于是率先提出解释这种现象的理论并且得到了人们的广泛认可。毕达哥拉斯理论的核心观点认为，男性精液是携带遗传信息（"相似性"）的主要物质。而精液通过在体内四处流动并且吸收来自身体各部分（眼睛、皮肤以及骨骼分别决定了颜色、质地以及身高等属性）的神秘蒸汽来获取遗传信息。对于男性来说，精液就像是储存身体各部压缩信息的流动图书馆。

众所周知，这些携带自我信息的精液会在性交过程中进入女性体内。当精液进入子宫后，就会在母体的滋养下发育为胎儿。毕达哥拉斯认为，男女在人类繁衍（就像在生产劳动中的角色差异）过程中的分工各不相同。其中父亲提供了胎儿形成的必要信息，而母亲子宫提供的营养可以使这些数据转化为胎儿。该理论后来被称为"精源论"，它强调了精子在决定胎儿各种特征中的核心作用。

公元前 458 年，古希腊剧作家埃斯库罗斯（Aeschylus）在根据上述荒谬逻辑创作的戏剧中记述了著名的弑母法律辩护案，而此时距毕达哥拉斯去世已经过去数十载。埃斯库罗斯的戏剧《复仇女神》（Eumenides）的主要剧情就是对阿尔戈斯王子俄瑞斯忒斯谋杀母亲克吕泰墨斯特拉进行审判。在大多数文明社会中，弑母被认为是一种道德极度沦丧的行为。但是在《复仇女神》中，阿波罗选择在谋杀案审判中作为俄瑞斯忒斯的辩护人，并且在法庭上提出了一个令人震惊的独家论点：他指出俄瑞斯忒斯与母亲之间并无血缘关系。阿波罗认为孕妇只不过是外表光鲜的人类孵化器，而胎盘中的营养物质将通过脐带向胎儿运输。由于男性精液中携带着"相似性"，因此所有人类真正的祖先是父亲。"孕育胎儿的女性并不是真正的祖先，"[13] 阿波罗对同情俄瑞斯忒斯的陪审团说道，"母亲只是起到了哺育生命的作用，而男性才是孩子的祖先。克吕泰墨斯特拉与俄瑞斯忒斯并无血缘关系，只是他生命旅途中的过客而已。"[14]

尽管上述遗传理论明显不合情理（它认为男性为后代贡献了全部"天性"，而女性只是通过子宫为胎儿提供早期"营养"），但是这些似乎都不能影响毕达哥拉斯的追随者；事实上，他们还为此沾沾自喜。毕达哥拉斯学派长期致力于研究神秘的三角形几何学。毕达哥拉斯曾经分析过三角形定理（源自印度或者巴比伦几何学家）[15]，人们可以根据直角三角形两条直角边的长度计算出斜边的长度。从此以后他的名字就与该定理密不可分（被称为"毕达哥拉斯定理"），之后他的学生们进一步证实，这种神秘的数学规律会以"和谐"的方式潜伏在各个角落。毕达哥拉斯学派在观察世界的时候也离不开三角形，他们认为遗传规律是三角形理论和谐作用的结果。如果将父母看作生物三角形的两条直角边，那么孩子就是这个直角三角形的斜边。在已知其他两条边长度的基础上，我们根据数学公式就可以推算出三角形中第三条边的长度，由此也不难理解，父母双方对于孩子的生长发育均有贡献：天性来自父亲，营养来自母亲。

公元前 380 年，古希腊哲学家柏拉图承认他对于上述隐喻十分着迷，而此时距离毕达哥拉斯去世已经过了一个世纪。[16]《理想国》（*The Republic*）是柏拉图重要的对话体作品之一，其中有一章节非常引人入胜，部分内容就引自毕达哥拉斯的理论。[17]柏拉图认为，如果根据父母的特征可以推算出孩子的天性，那么至少从理论上来说，我们可以对该公式进行人为干预：只有对父母进行精挑细选才能塑造完美的后代。这种遗传"定理"就存在于自然界中，需要人们逐渐去认识发掘。如果能够揭开遗传的奥秘并且按照规定的组合繁衍生息，那么任何社会均可以保证其子孙千秋万代，而这让我们想起了数字命理优生学。柏拉图总结道："由于你的监护人违背了生育法则，未让新娘与新郎在适宜的时间结合，因此他们的孩子不可能出类拔萃并且一帆风顺。"[18]理想国的守卫者以及统治阶级的精英已经破译了"生育法则"，他们确信这种"幸运"组合在将来会有利于社会和谐。政治乌托邦的物质基础必定来自遗传乌托邦。

※※※

　　然而古希腊哲学家亚里士多德则并不同意毕达哥拉斯的遗传学理论，他通过细致入微的分析对上述观点进行了系统反驳。虽然亚里士多德并不是女性运动的拥护者，但是他坚信证据是支撑理论的基础。亚里士多德根据来自生物界的实验数据剖析了"精源论"的优劣之处，并且以精练的语言创作出不朽名著《动物志》（*Generation of Animals*）。如果说柏拉图的作品《理想国》是政治哲学的理论基础，那么《动物志》就是人类遗传学的奠基之作。[19]

　　亚里士多德拒绝接受遗传信息只存在于男性精液或精子的观点。他敏锐地指出孩子可以遗传来自母亲或祖母的特征（就像他们可以遗传来自父亲和祖父的特征一样），并且这些特征还可以表现为隔代遗传，它们会悄然无息地在某一代消失而在下一代出现。亚里士多德在书中写道："畸形的（父母）会生下畸形的（子女），例如瘸子的后代还是瘸子，瞎子的后代亦是瞎子，总体来说，他们的体貌特征与正常人截然不同，可能伴有各种先天的征兆，例如肿块与瘢痕。[20 21] 其中某些特征甚至在三（代）中遗传，例如，父亲手臂上的胎记未必在儿子身上显现，然而孙子可能会在同一部位出现颜色相同的胎记，只不过看上去不太清楚罢了……某位西西里岛女性与来自埃塞俄比亚的男性结为连理；虽然他们的女儿长得一点都不像父亲，但是她的（孙）女却具备埃塞俄比亚人的特征。"如果孙子出生时看不出任何与父母相似的特征，但是鼻形或者肤色与祖母相像，那么按照毕达哥拉斯纯父系遗传的理论根本无法解释。

　　亚里士多德质疑毕达哥拉斯的"移动图书馆"说法，他不相信精液通过在体内流动就可以收集遗传信息，并且从身体各部位获得秘密"指令"。"男性精液产生于某些体貌特征（胡子或者灰发）显现之前。"[22] 亚里士多德在作品中写道，可是他们会把这些特征遗传给后代。

有时候，遗传信息所传递的特征并不都体现在身体结构上，走路、说话、眼神甚至于思考的样子都可能成为比较的对象。亚里士多德认为，这些以非物质形态存在的特征无法转化为精液。最后，他找到了最显而易见的证据来反驳毕达哥拉斯的观点：该理论无法对女性解剖结构的形成做出解释。亚里士多德不禁问道，当我们在父亲体内的任何地方都无法找到女性器官时，精子到底"接受"了何种指令才能发育出女儿的"生殖器官"？毕达哥拉斯的理论貌似解释了人类繁衍的所有问题，但是他没有意识到生殖系统才是最为关键的核心。

随后亚里士多德提出了替代理论：或许女性与男性具有相似的功能，她们将以女性"精液"的形式向胎儿提供遗传物质。或许男女双方在胎儿形成过程中彼此均贡献了物质基础。[23] 以此类推，亚里士多德认为男性贡献的物质符合"运动定律"（principle of movement）。"运动"在这里并非字面上的解释，而是指令或者信息的意思，相当于现代表述中的代码。在性交过程中进行的物质交换还隐藏着更为神秘莫测的事件。实际上，遗传物质的传递过程并不复杂，精液就是男性遗传信息的载体。如同建筑平面图或者木质手工艺品一样，男性精液中也携带着繁衍后代的指令。亚里士多德写道："加工木材的过程不会混入任何与木匠有关的物质，但是木匠却可以通过巧手将木材精雕细刻……如果按照这种方式理解，那么精液只是自然界选择的一种工具。"[24]

相比之下，女性"精液"为胎儿贡献了物理原材料，就像木匠用的木料或者建筑用的灰浆，它们作为生命的要素支撑起人体。亚里士多德认为女性提供的原料实际上是经血，而男性的精液可以让经血塑形成为胎儿（尽管现在看来这种说法匪夷所思，但是当时亚里士多德却是经过了深思熟虑：由于怀孕后就会出现停经，因此亚里士多德猜测胎儿源自经血）。

亚里士多德将男女对胎儿的贡献分为"信息"与"材料"的观点并不正确，但是他在不经意中发现了遗传规律的基本事实。就像亚里士多德意识到的那样，传递信息才是遗传物质的核心功能。信息从开始就参与了生物体的孕育过程，并且最终实现了信息转化成为物质的过程。当生物体发育成熟后，其体内会再次生成男性或者女性精液，此时材料又将转化为信息。其实，"毕达哥拉斯三角"承载的信息非常有限，而遗传规律更像是沿着某个圆圈或者循环在发挥作用：形式可以承载信息，信息可转化为形式。两千多年以后，生物学家马克斯·德尔布鲁克（Max Delbrück）曾经调侃，鉴于亚里士多德在发现DNA过程中的贡献，他应该被追授诺贝尔奖。[25]

※ ※ ※

但是如果遗传物质是以信息的形式传递的，那么信息是如何被编码的呢？代码（code）这个词在拉丁语中是指植物的茎基（caudex），而古代书吏会在木髓里刻上需要记录的内容。然而遗传密码是什么？转录的对象与机制是什么？遗传物质在不同个体之间如何进行打包与转运？是谁对遗传信息代码进行了加密，又是谁翻译了上述信息并且孕育了后代？

其实解决此类复杂问题的方法非常简单，那就是把所有代表遗传信息的代码进行分类整理。该理论认为，"缩微人"已经存在于精子中，其外形就像一个体型微小但五脏俱全的胎儿，仿佛努力地收缩并蜷曲在某个极小的包裹内，等待时机然后逐渐发育成婴儿。有关这种理论的各种版本不断出现在中世纪的神话与民间传说中。16世纪20年代，瑞士裔德国炼金术士帕拉塞尔苏斯（Paracelsus）根据缩微人理论认为，如果将人类精子用马粪加热，并且按照正常妊娠时间在泥土里埋上40周，那么尽管可能出现某些畸形，但是"它们"最终可以长大成人。[26]而怀孕不过是父亲精子中的缩微人（小人儿）转移到母亲子宫的结果，随后缩微人将在子宫内发育形成胎儿。上述理论并不涉及遗传信息密码，缩微人只是当时人们异想天开的产物。

预成论（preformation）观点中无限递归的特性让人们浮想联翩。

既然小人儿会逐渐发育成熟并繁衍后代，那么其体内必定预先就存在缩微人，这种体型微小的人体就像不计其数的俄罗斯套娃，而人类作为亚当的子孙也逐渐从远古走向未来。对于中世纪的基督徒来说，这种人类繁衍的轨迹为原罪理论提供了非常具有说服力的证据。根据预成论的观点，我们每个人都是亚当的后代，正如一位神学家描述的那样，新生命的形成正赶上亚当犯罪的关键时刻。[27] 作为亚当的后代，我们在出生前数千年就已负罪在身。这种原罪与生俱来，其原因并非祖先曾经在遥远的伊甸园里受到引诱，而是我们每个人都源自亚当的血脉，他偷吃禁果导致人类需要在尘世间承受各种苦难。

预成论观点中第二处引人注目的地方是不涉及解密问题。即便早期的生物学家也可以理解将人体信息进行某种形式编码（毕达哥拉斯学说认为渗透作用是关键）的加密过程，但是他们对于将密码解密转换成人体这一相反过程却百思不得其解。那么精子与卵子结合后形成像人类这种复杂整体的机制是什么呢？缩微人理论回避了这一敏感问题。如果按照预成论的观点理解，那么人体生长发育实际相当于充气娃娃扩张膨胀，并且在解密人体信息过程中无须钥匙或密码，因此人类起源在预成论的解释下变得易如反掌。

预成论描绘的前景生动逼真令人无法抗拒，显微镜的发明也未能撼动缩微人理论的地位。1694 年，荷兰物理学家与显微镜专家尼古拉斯·哈特苏克（Nicolaas Hartsoeker）根据主观臆测勾勒出一幅缩微人画像，他仿佛看到这个形状类似于胎儿的小家伙蜷曲着身子趴在精子的头部。[28] 1699 年，另有一位荷兰显微镜学家声称在人类精液中发现了大量漂浮的缩微人。就像任何拟人化幻想（在月球上发现人脸图案）一样，当时人们的想象力借助显微镜的作用被无限放大：缩微人图片风靡于 17 世纪，人们把精子尾部看作柔顺的发束，而把精子头部当成微小的头颅。到了 17 世纪末期，预成论被公认为解释人类与动物遗传问题最权威的理论。就像参天大树来自枝条扦插，芸芸众生则源自缩微复刻。"从本质上来说，这种方式不能被称为繁殖，"荷兰科学家简·施旺麦丹（Jan Swammerdam）于 1669 年写道，"这只不过是传代培养。"[29]

※※※

但是并非所有人都接受缩微人遍布人体内部的理论。预成论观点面临的主要挑战在于，人们认为胚胎发育过程中会形成全新的部分。人类繁殖与预成论中描述的缩小和膨胀毫无关系。胚胎会从精子与卵子中获得特殊指令并逐渐发育，而四肢、躯干、大脑、眼睛、面部，甚至脾气或者性格等遗传特征将在新生命中得到体现。生命起源……始于创造。

无论是胚胎还是最终的人体，它们到底从精子与卵子中获得了何种动力或者指令呢？ 1768 年，柏林胚胎学家卡斯帕·沃尔夫（Caspar Wolff）试图从研究基本原理入手找到答案，他将其称为原动力体（vis essentialis corporis），意思就是逐渐引导受精卵发育成熟并长大成人。[30] 与亚里士多德相同，沃尔夫也认为胚胎中存在某种经过加密的信息（密码），其中包含着引导胚胎从头发育的指令，而这个过程用缩微人理论根本无法解释。除了用拉丁文创造了一个模棱两可的概念之外，沃尔夫再没有做出其他贡献。他认为这些指令应该存在于受精卵内部，原动力（vis essentialis）就像一只无形的手将其塑造成人。

※※※

在 18 世纪的大部分时间里，预成论与"无形的手"是生物学家、哲学家、基督教学者以及胚胎学家之间激烈辩论的焦点，而作为旁观者对此没留下什么印象也情有可原。实际上，这些都是经不起推敲的陈词滥调。19 世纪某位生物学家曾直截了当地说道："当今这些矛盾的观点在很久以前就存在。"[31] 实际上，预成论基本上是毕达哥拉斯理论的重述，其核心还是精子携带着制造新生命的全部信息。而"无形的手"则是亚里士多德思想的华丽转型，它强调遗传是以信息创造物质的形式进行的（"无形的手"携带着指令塑造出胚胎）。

在此期间，支持与反对两种理论的声音此起彼伏。从客观角度来说，亚里士多德和毕达哥拉斯的理论既包含有正确的内容也有错误的地方。但是在 19 世纪早期，整个遗传学与胚胎发育领域似乎都陷入了僵局。当时世界上涌现出许多伟大的生物学思想家，尽管他们一直试图解开遗传学的秘密，但是除了那两位生活在两千年前的古希腊学者提出的神秘观点之外，人们在这个领域没有取得任何实质性进展。

第二章

"谜中之谜"

他们想告诉我们一切均是未知，

直到某种念头偶然间跃入脑海。

答案就在丛林中的白化病猴子，

但即便如此人们仍在摸索前进，

直到某一天达尔文悄然而至……[1]

——罗伯特·弗罗斯特（Robert Frost），

《不期而遇》（*Accidentally on Purpose*）

1831 年冬季，当时孟德尔还只是个在西里西亚读书的学生，而查理·达尔文（Charles Darwin）作为一位年轻的牧师已经准备开始进行环球探险，此次行程的起点位于英格兰西南岸的普利茅斯湾，他从这里登上了载有十门火炮的皇家海军舰艇"小猎犬号"（HMS Beagle，也译作"贝格尔号"）。[2] 年仅 22 岁的达尔文出身显赫，他的父亲和祖父都是著名的医生。达尔文拥有像父亲一样英俊的脸庞，同时从母亲那里继承了白皙的皮肤，此外还有达尔文家族世代相传的浓密眉毛。达尔文曾经在爱丁堡大学医学院求学[3]，但是最终未能如愿以偿，原因在于他无法忍受"那些被捆住手脚的孩子在血光飞溅的手术室里绝望地哀号",随后达尔文来到剑桥大学基督学院学习神学。[4]然而达尔文的兴趣并不只局限于神学。在悉尼街一家烟草店的阁楼里,达尔文整天忙于收集昆虫,研究植物学、地质学、几何学以及物理学,并且对上帝和神在创造生命过程中起到的作用进行了激烈的思辨。[5]实际上,达尔文对于神学或者哲学并不感兴趣,他很快就被精彩纷呈的自然史所吸引,同时渴望能够系统地应用科学原理来探究大千世界。达尔文曾经师从约翰·亨斯洛(John Henslow),而亨斯洛不仅是著名的植物学家与地质学家,也是一位令人尊敬的牧师,此外还创建了剑桥植物园并任园长,在这座规模宏大的室外自然史博物馆里,达尔文首次学会了对动物和植物标本进行采集、鉴定与分类。[6]

对于学生时代的达尔文来说,有两本书对于他的想象力产生了重要影响。第一本书是1802年出版的《自然神学》(*Natural Theology*),其作者是达尔斯顿教区的前任牧师威廉·佩利(William Paley),他的作品让达尔文内心产生了强烈的共鸣。[7]佩利在书中写到,假设某个人在穿越荒野时刚好发现地上有一块手表,他把手表捡了起来然后把它打开,表的内部结构由制作精细的齿轮与发条组成,从而控制该机械设备准确报时。那么认为这块手表只能由钟表匠制造岂不是很符合逻辑?佩利据此推断,同样的逻辑也适用于自然界。生物体与人类器官具有同样精细的结构,例如"头部转动的支点、髋臼中的韧带",而所有事实都指向同一个答案:只有上帝才是创造世间万物的主宰。

第二本书是1830年出版的《试论自然哲学研究》(*A Preliminary Discourse on the Study of Natural Philosophy*),其作者是天文学家约翰·赫歇尔爵士(Sir John Herschel),他在作品中提出了一个完全不同的观点。[8]赫歇尔认为,自然界乍看起来似乎非常复杂,但是科学可以将看似复杂的现象简化为原因和结果:运动是力作用于物体的结果,温度是能量转移的过程,声音是空气振动的反映。赫歇尔坚信无论是化学还是最终的生物学现象都可归结为这样的因果机制。

　　赫歇尔对生物有机体的起源非常感兴趣，他系统地将这个问题分成两个基本部分。第一个问题是从非生命中创造生命的秘密，就像《圣经》中提到的世界从无到有。然而，他并不敢去挑战神创论的权威地位。他在书中写道："对于生命起源进行追本溯源与冥思苦想并不是自然哲学家的分内之事。"[9]器官与有机体的行为可能服从物理和化学定律，然而永远不要指望通过它们来了解创造生命的奇迹。就像上帝在伊甸园为亚当提供了舒适的环境，但是却给他附加了很多限制条件。

　　赫歇尔认为第二个问题比较容易回答：是什么力量让自然界的生命如此丰富多彩？例如在动物界，某个新物种产生于其他物种的机制是什么？人类学家在研究语言的时候发现，旧语言经过单词转换后可以升级为新语言。梵文和拉丁文单词演变自古代印欧语系，英语和佛兰芒语在起源上也是同宗同源。地质学家认为目前地球的形态（岩石、峡谷和山脉）是由过去的元素演化而来。赫歇尔写道："岁月留下破旧的遗迹，而就在这些不可磨灭的证据中包含着……诠释大千世界的浅显道理。"[10]这是一种深刻的洞察力：科学家可以通过发掘"破旧的遗迹"来温故知新。赫歇尔并未破解物种起源之谜，但是他找到了问题所在，并因此将其称为"谜中之谜"。[11]

※　※　※

　　达尔文在剑桥求学期间非常迷恋自然史研究，可是这门学科并不能解决赫歇尔提出的"谜中之谜"。对于那些敏而好学的希腊人来说，他们在研究生命奥秘的同时也开始探寻自然界的起源。但是，中世纪的基督徒很快发现，沿着这条线索进行下去会对自身的信仰产生威胁。上帝创造了"自然"，而为了与基督教教义保持一致，博物学家必须按照《圣经》中《创世记》的内容来讲述自然变迁。

　　那时，描述自然观在社会上十分流行，例如对动植物进行鉴定、命名以及分类：人们在描述自然界的奇迹时，实际上是在颂扬万能的上帝创造出了千姿百态的生物。但是，机械自然观却因为怀疑神创论的基本理论而受到威胁：坚持该观点的学者会去追问神创造动物的方式与时间，并且还要了解其作用机制或者动力源泉，因此这种近乎异端的学说简直就是挑战神创论的权威。当然这也并不意外，在 18 世纪末期，自然史这门学科主要被那些所谓的神职博物学家把持，其中就包括教区牧师、本堂牧师、修道院院长、教会执事以及修士，他们在花园里对各种动植物进行繁育，然后通过收集它们的标本向神创论天造地设的奇迹致敬，但是总体来说，他们都刻意回避讨论有关神创论基础的话题。教堂为这些科学家提供了某种庇护的天堂，而这种做法也有效地抑制了他们的好奇心。[12] 由于教会对背离正统神学研究的禁令极其苛刻，因此这些神职博物学家根本不敢质疑神创论，这样神学就可以完全掌控人们的思想活动，其结果就是在该领域经常出现令人匪夷所思的怪事。即便是当时蓬勃发展的分类学（对动植物种属进行分类）也不例外，其中探索生物起源属于被禁止的领域。最终自然史也沦落为只研究自然而无历史的学科。

正是这种静止自然观令达尔文感到进退维谷。博物学家本可以根据因果关系来描述自然界的状态，就像物理学家可以描述球体在空中运动的轨迹。达尔文这位旷世奇才的与众不同之处在于，他对自然的理解不仅限于事物的表象，而是从过程、进展以及历史的角度进行思考。当然，这也是他与孟德尔共同具备的品质。他们都曾担任神职并且热衷园艺，同时也是勇于探秘自然的先锋。达尔文与孟德尔发现了同一个具有划时代意义的问题："自然"到底来自何方？孟德尔的问题源自微观：单个有机体如何才能将信息传递给下一代？达尔文的问题则来自宏观：有机体如何让它们的特征信息世代相传？最后，这两位巨匠的努力殊途同归，从而诞生了现代生物学上最重要的理论，并且对于人类遗传学进行了最为深入的阐述。

※※※

　　1831 年 8 月，此时距达尔文从剑桥大学毕业已经过了两个月，他收到了导师约翰·亨斯洛发来的信件。[13] 奔赴南美洲进行探险"测量"的任务已经得到批准，而探险队需要一位可以帮助采集标本的"绅士科学家"[1]。虽然相对科学家而言，达尔文显得更为"绅士"（从未在主流科学杂志上发表过论文），但是他认为自己就是不二人选。当达尔文即将随同"小猎犬号"出发的时候，他并不是什么"功成名就的博物学家"，而是一位初出茅庐的新手，可是"足以胜任采集、观察以及筛选有价值标本的任务"。

　　1831 年 12 月 27 日，"小猎犬号"载着 73 名水手冒着风浪向南方的特纳利夫岛（Tenerife）航行。[14] 到了次年 1 月初，"小猎犬号"开始向佛得角（Cape Verde）进发。这艘船比达尔文想象的要小，而他一路上总要提防肆虐的海风。由于强大的海流非常急，因此他经常处于剧烈的颠簸中。达尔文感到十分孤独，同时晕船带来的呕吐会导致脱水，他只能靠葡萄干和面包勉强度日。从那个月开始，他把写日记当成一种乐趣。达尔文的吊床就在那张被海水浸湿的测量图上方，他平时蜷缩在里面全神贯注于随身携带的那几本书，其中就包括弥尔顿（Milton）的作品《失乐园》（*Paradise Lost*，似乎非常适合他的处境），以及查尔斯·赖尔（Charles Lyell）在 1830 年至 1833 年间发表的《地质学原理》（*Principles of Geology*）。[15]

　　赖尔的工作给达尔文留下了深刻的印象。赖尔认为（在他那个时代具有颠覆意义）复杂地质（例如岩石和峡谷）的形成与岁月变迁有关，而与上帝之手毫无关系，这只是个缓慢的自然过程（例如侵蚀、沉淀

---

[1]　绅士科学家（gentleman scientist）源自后文艺复兴时代的欧洲，是指财务上独立且以从事科学研究为个人爱好的科学家。——编者注

与沉积）。[16]赖尔认为自然界经历过的洪水袭击数不胜数，并非只有《圣经》中记载的那一次大洪水暴发；上帝为塑造地球进行的雕琢不计其数，不是一蹴而就那么简单。对达尔文来说，赖尔的核心思想是，地球在某种作用平缓的自然力量驱动下不断被塑造和重塑，而其中就蕴含着雕刻自然的智慧。1832年2月，在"呕吐和不适"的陪伴下，达尔文随船驶入了南半球。这里的洋流的方向和风向都变了，展现在达尔文面前的是一个崭新的海洋世界。

※※※

就像达尔文的导师所预料的那样，他在标本采集和观察的过程中表现得非常优秀。"小猎犬号"沿着南美洲东部海岸行驶，途经蒙得维的亚（Montevideo）、布兰卡港（Bahia Blanca）以及德塞阿多港（Port Desire），达尔文则在靠岸期间忙着穿梭于海湾、雨林与峭壁之间。他把采集到的骨骼、植物、皮毛、岩石以及贝壳等许多标本搬到船上，就连船长都开始抱怨眼前的"这堆垃圾"。这里不仅可以采集到各种活体标本，而且还存在大量来自远古的化石；如果把它们按照各自的属性排列成行，那么这些标本就可以成为比较解剖学博物馆的藏品。1832年9月，当达尔文在蓬塔阿尔塔（Punta Alta）附近的灰色悬崖和低洼泥滩中探险时，他发现了一处令人惊奇的天然墓地，这里埋藏着大量已经灭绝的哺乳动物骨骼化石。[17]达尔文就像个疯狂的牙医，从岩石里撬下一块下颌骨的化石，然后他在一周之后再次回到这里，又从石英中找到一个巨大的头骨。这个头骨属于某只大地懒，相当于体形巨大的树懒。[18]

就在那个月，达尔文在卵石与岩石中又发现了更多散落的骨骼。当年11月，他花了18便士从一位乌拉圭农民手里购买了一块巨大的头骨化石，而这种名为犀牛样箭齿兽的哺乳动物也早已灭绝，它硕大的牙齿外形与松鼠类似，并且曾经自由地在平原生活。达尔文在日记中写道："我太幸运了，遇到了许多体型巨大的哺乳动物，而且还有些是新发现的物种。"这里有跟小猪相仿的豚鼠、水缸大小的犰狳以及许多巨型树懒，他从当地分别采集了碎片、骨质甲以及骨骼标本，并将它们装箱运回英格兰。

"小猎犬号"绕过火地岛（位于南美洲最南端，其轮廓就像是突出的下颌）之后驶入了南美洲西海岸。1835 年，船只离开利马沿着秘鲁海岸航行，目的地是厄瓜多尔西部的加拉帕戈斯群岛（Galápagos），而这些颜色焦黑的火山岛就孤独地散落在大洋深处。[19] 船长写道，整个群岛"由黑色的火山岩堆砌而成，到处都是死气沉沉的气息和满目疮痍的景象，几乎找不到适合船舶停靠的地方"。加拉帕戈斯群岛堪称伊甸园的地狱版：在这片与世隔绝的世界里，到处都是龟裂的大地，那些凝结的熔岩上面遍布"长相丑陋的鬣蜥"、海龟和鸟类的粪便。"小猎犬号"在群岛之间小心翼翼地穿行，大约一共途经了 18 座岛屿，其间达尔文还经常冒着危险登上小岛，攀爬于那些由熔岩形成的浮石之间，饶有兴趣地收集各种鸟类、植物和蜥蜴标本。"小猎犬号"上的船员以海龟肉为食，可是达尔文注意到每座岛屿上的海龟看上去都各不相同。达尔文连续奋战 5 周采集了大量标本，其中就包括雀类、嘲鸫、乌鸫、蜡嘴雀、鹪鹩、信天翁和鬣蜥的尸体以及部分海生和陆生植物。对此船长只是愁眉苦脸地摇了摇头。

10 月 20 日，达尔文回到船上向塔西提岛进发。[20] 当他重返"小猎犬号"的船舱后，他开始系统地分析采集到的鸟类尸体，其中嘲鸫的差异令他感到惊奇。达尔文发现嘲鸫有两到三个变种，但是每种亚类的区别都非常明显，而且它们只会出现在某个特定的岛屿。于是他写下了此生中最重要的一句科学论断："每个变种在各自的岛屿上均保持稳定。"那么其他动物（例如海龟）是否也具有相同的情况呢？是否每座岛屿都具有独特类型的海龟？他本来打算按照上述思路对海龟进行分析，可惜为时已晚，他和船员已经把物证当作午餐吃掉了。

※※※

当达尔文结束了 5 年的海上生涯回到英格兰时，他已经成为一名崭露头角的博物学家。他将那些从南美洲带回的大量化石标本拆包，然后进行整理、分类并妥善保存；单是围绕这些藏品就可以新建一座博物馆了。约翰·古尔德（John Gould）是一位动物标本制作师和鸟类画家，由他负责对这些鸟类进行分类。赖尔在其任职期间也曾将达尔文的标本展示给地质协会。理查德·欧文（Richard Owen）是一位来自皇家外科学院的古生物学家，他就像盘踞在英格兰博物学家头上的贵族猎鹰，开始对达尔文采集的化石骨骼进行验证与分类。

正当欧文、古尔德、赖尔忙着对这批来自南美洲的宝藏进行命名和分类时，达尔文却开始转而思考其他问题。他不是只专注技艺的工匠，而是研精苦思的学者，更是探秘未知世界的领路人。对他来说，完成这些分类和命名并不意味着工作结束。达尔文的天才之处表现在能够洞察标本背后的规律，他并不拘泥于死板的生物分类法，而是把注意力放眼于浩瀚的生物界。孟德尔曾经在维也纳参加教师资格考试的时候感到十分困惑，为什么地球上的生物要按照传统方式进行分类？其实早在 1836 年，达尔文也遇到了相同的问题。

就在那年，有两项重要发现浮出水面。第一项发现是，欧文与赖尔在研究化石期间注意到标本具有某种潜在的规律。在那些已经灭绝的巨型动物骨骼发现地，仍然有某些"体型硕大"的动物出没。例如小型犰狳经常活跃的灌木丛就位于巨型犰狳曾经游荡的山谷，小型树懒的栖息地也正是巨型树懒觅食的地方。达尔文从土壤中发掘出来的巨大股骨来自巨型羊驼，而其小型版本则是南美洲特有的物种。

第二项奇怪的发现则来自古尔德。1837 年早春，古尔德告诉达尔文，那些来自南美洲的鹪鹩、莺、乌鸫以及蜡嘴雀之间没有什么不同。达尔文在对它们进行分类时出现了误判：他以为这些雀类分属于 13 种彼此不同的门类。由于它们的嘴巴、爪子和翅膀形态各异，因此只有受过专业训练的人员才能区分出差异。细颈莺鹪鹩与脖子短粗且嘴巴尖尖的乌鸫在解剖学上有近缘关系，它们是来自同一物种的变异体。莺雀以水果和昆虫为食（具长笛样的喙）。地雀是以种子为食的土地掠夺者（具胡桃钳样的喙）。此外居住在每座岛屿上的嘲鸫亦有三种不同的亚类。在加拉帕戈斯群岛，到处都是各种各样的雀类。似乎每个地方都有自己独特的物种，而眼前这些小鸟就是每座岛屿的条形码。

那么达尔文是如何将这项发现进行整合的呢？其实，他在脑海中已经勾勒出解决方案的雏形，虽然这个想法非常简单，但是却具有颠覆性的力量，以至于没有哪位生物学家敢涉足：如果全部雀类均源自同一种原始祖先呢？如果现在的小型犰狳是远古巨型犰狳的后代呢？根据之前赖尔的观点，目前的地貌是大自然力量作用几百万年的结果。1796 年，法国物理学家皮埃尔-西蒙·拉普拉斯（Pierre-Simon Laplace）提出，即使是现在的太阳系也是经过数百万年的冷却和压缩才最终形成的（拿破仑曾经询问拉普拉斯，为什么在他的理论中完全看不到上帝的影子，拉普拉斯则面不改色地答道："陛下，我不需要那种假设。"）。如果现在各种动物的形态也是大自然力量千百万年作用的结果呢？

※ ※ ※

1837 年 7 月，达尔文顶着炎炎夏日继续在马尔伯勒街进行研究，而他也开始使用新的笔记本（所谓的笔记本 B），并且提出了动物如何随时间发生改变的问题。达尔文笔记的内容比较隐晦，有些只是不经意间萌发的想法。在其中的某页上，他画了一幅插图来表达萦绕在心头的想法：并非所有物种都是以神创论为中心产生的，也许它们起源的路径就像发自"树木"的嫩枝或者汇入河流的小溪，而这些有机体的祖先经过多次分化与再分化后会形成繁枝细节，然后才演化为具有现代形态的后代。[21] 就像语言、地貌以及逐渐冷却的宇宙一样，动植物可能在繁衍过程中也经历了这种循序渐进的变化。

达尔文清楚地意识到，这幅图完全否定了神创论的观点。在基督教物种形成的概念中，上帝具有至高无上的核心地位，他创造的宇宙万物中就包括这些动物。但是在达尔文的笔下，根本不存在所谓的中心。加拉帕戈斯群岛上的 13 种雀类与神念创造无关，它们源自共同的祖先并且历经了不断分化的"自然繁衍"过程。其实现代羊驼亦有类似的进化方式，而它们的祖先也曾是体型硕大的动物。达尔文不假思索地在笔记本上方写下了"我认为"这几个字，似乎将其作为生物学与神学思想分道扬镳的暗号。[22]

但是如果这个过程与上帝没有关系，那么又是何种力量在推动物种起源呢？又是什么动力能让这 13 种雀类的变异体在物种形成的险途中脱颖而出呢？ 1838 年春季，达尔文开始启用崭新的栗色封面笔记本，也就是所谓的笔记本 C，他将对于此种推动力本质的更多思考记述在其中。[23]

达尔文在什鲁斯伯里与赫里福德农场度过了儿童时代，其实他苦苦寻觅的部分答案就在眼前，但是却在远涉重洋 8 000 千米后才重新发现这种现象。而这就是我们所说的变异，即动物有时会产生与亲本类型特征不同的后代。长期以来，农民们一直在利用这种现象对动物进行繁育和杂交，并且通过多次传代从发生自然变异的后代中进行选择。在英格兰，农场饲养员把繁育新品种与变异体当成一门高深的学问。所有人都知道赫里福德短角牛与克莱文长角牛外表差距悬殊。作为一名充满好奇心的博物学家，当达尔文从遥远的加拉帕戈斯群岛回到英格兰时，他出乎意料地发现每个地区都拥有自己的奶牛品种。不过达尔文与那些饲养员都明白，动物的繁育过程绝非偶然事件。虽然这些奶牛来源于共同的原始祖先，但是人们却可以通过选择育种创造出新的品种。

达尔文知道，将物种变异与人工选择进行巧妙地组合将产生惊人的效果。鸽子可以看起来像公鸡或孔雀，而狗可以有短毛、长毛、杂色、花斑、弓形腿、无毛、直立尾、凶狠、温顺、胆小、谨慎以及好斗等性状。但是，最终改变奶牛、狗与鸽子性状的力量还是掌握在人类手中。无论是那些生活在遥远火山群岛上的各种雀类，还是出没在南美洲平原脱胎于巨型祖先的小型犰狳，所有这些现象都让达尔文百思不得其解，到底是什么样的力量在掌控着全局？

达尔文深知自己正在滑向已知世界的危险边缘，而正是南美之行让他走上了这条不归路。其实他也可以简单地将那只无形的手归结为上帝。但是就在 1838 年 10 月，达尔文从另外一位神职人员的著作中找到了答案，其内容与神学毫无干系。著作的作者就是托马斯·马尔萨斯（Thomas Malthus）牧师。[24]

※※※

托马斯·马尔萨斯平时是萨里郡奥克伍德教堂的助理牧师，可是到了夜晚，他就成了一名隐秘的经济学家。其实他真正热衷的是研究人口与增长问题。1798 年，马尔萨斯以笔名发表了《人口论》（*An Essay on the Principle of Population*）这篇颇具煽动性的文章，他认为人口增长与有限资源之间的矛盾无法调和。[25] 马尔萨斯据此推断，随着人口不断增长，生活资料将逐渐耗尽，个体之间的竞争将变得更加激烈。人口本身的扩张倾向必然会与有限的资源发生严重对抗，自然界将无法满足人类日益增长的需求。随后人类社会将面临世界末日的考验，"各种流行病和瘟疫肆意泛滥，数以万计的生命会因此终结"，最后"食物将在人口之间"重新分配。[26] 那些侥幸逃过"自然选择"的人会再次面对这种残酷的循环，就像希腊神话中绝望的西西弗斯（Sisyphus），而人类也将在饥荒的胁迫下四处流浪。

在马尔萨斯的文章中，达尔文终于找到了他梦寐以求的答案。而这种为生存而进行的斗争就是塑造之手。死亡不仅是自然界的指挥官，同时也是残忍的刽子手。达尔文写道："我突然想到，在这种环境下

（自然选择），有利变异将被保留而无利变异将被清除。其结果就是形成某个新的物种。"[1] 27

现在达尔文的主要理论框架已经粗具规模。动物在繁殖过程中会产生不同于亲代的变异。[2] 而某个物种内的个体总是在稀缺资源领域展开竞争。当这些资源成为关键瓶颈时，例如在发生饥荒后，某个能更好适应环境的变异体将被"自然选择"。最能够适应环境的个体，也就意味着最"适合"生存（"适者生存"这句话源自马尔萨斯主义经济学家赫伯特·斯宾塞）28。然后这些幸存者将会产生更多类似的后代，并且推动物种内部发生进化。

达尔文仿佛目睹了发生在蓬塔阿尔塔盐滩与加拉帕戈斯群岛上的演变过程，似乎只要快进播放就可以了解这部反映历史变迁的电影。岛上成群的雀类在数量暴增之前以水果为食，当咆哮的季风或炎热的夏季来临，整座岛屿就会陷入无尽的凄凉，同时水果的产量也会急剧下降。在茫茫的鸟群中，产生了某种雀类的变异体，它外形奇特的喙可以撬开种子。当饥荒蔓延至整个雀类世界时，蜡嘴雀的变异体却可以食用硬粒种存活下去，并且经过不断繁殖形成数量庞大的新型雀类物种，并且数量日益增多。随着新马尔萨斯极限（疾病、饥荒、寄生虫）的出现，新型雀类物种占据了主导地位，此时种群的结构再次发生改变。现在蜡嘴雀成为主流，而原来的雀类则逐渐灭绝。自然界的进化过程就在这种艰难险阻中缓慢前行。

※ ※ ※

1839 年冬季，达尔文已经完成了理论框架的概述。在接下来的几

---

[1] 达尔文在此遗漏了关键的一步。变异与自然选择为解释物种进化机制提供了有力的支撑，但是它们本身无法解释物种的形成。对于某个新物种而言，生物体不可能依靠自身繁殖下去。此类情况常见于动物之间存在物理屏障或其他形式的永久隔离，并且最终因为生殖不亲和性而无法产生后代。我们将在随后章节中对此观点进行讨论。

[2] 达尔文不确定这些变异体产生的原因，这也是我们将在随后章节中进行讨论的问题。

年中，他对自己提出的观点字斟句酌，并且就像整理化石标本一样反复梳理这些"危险的事实"，但是他从未考虑对外正式发表该理论。1844 年，达尔文将论文中的关键部分精练成一篇 255 页厚的文章，然后寄给他的朋友供私人阅读。[29] 其实他并不在意把文章打印出来让别人参阅。达尔文将精力集中在研究藤壶、撰写地质学论文、解剖海洋生物以及家庭生活上。心爱的长女安妮因感染疾病不幸去世令达尔文悲痛欲绝。与此同时，克里米亚半岛爆发的一场残酷战争令交战双方两败俱伤。许多男性应召入伍奔赴前线，同时整个欧洲的经济状况也进入了萧条期。似乎马尔萨斯的理论与为生存而战的现实已经在真实世界中得到应验。

1855 年夏季，此时距达尔文首次阅读马尔萨斯的文章，并且明确物种形成的观点已经过去了 15 年，有一位名为阿尔弗雷德·拉塞尔·华莱士（Alfred Russel Wallace）的年轻博物学家在《自然史年鉴与杂志》（*Annals and Magazine of Natural History*）发表了一篇与达尔文未发表理论极其接近的文章。[30] 华莱士与达尔文的社会背景和意识形态方面相去甚远。达尔文是令人尊敬的牧师与"绅士"生物学家，他很快就成为英格兰最负盛名的博物学家，而华莱士则与之完全不同，他出生于蒙茅斯郡的中产阶级家庭。[31] 华莱士也曾拜读过马尔萨斯的《人口论》，但并不是在他自己书房的扶手椅上，而是在莱斯特免费图书馆的公共长椅上（马尔萨斯的作品在英国知识界颇为流行）。[32] 华莱士与达尔文一样也曾经不远万里追寻梦想，他曾赴巴西收集标本和化石，并且在此过程中接受了思想的洗礼。[33]

1854 年，华莱士经历了一次海难，虽然在经济上损失不大，但是全部标本均无法找回。最后华莱士狼狈不堪地逃离亚马孙盆地辗转来到了另一处火山岛，这里就是位于东南亚边缘的马来群岛。[34] 华莱士在此也像达尔文一样有了重要收获，他发现不同河道内近缘物种之间的差异令人吃惊。1857 年冬季，华莱士开始构思这些岛屿上推动突变产生机制的理论基础。次年春季，他躺在床上忍受着高热与幻觉的折磨，并且坚持完成了该理论遗漏的最后一部分。华莱士重新回顾了马尔萨斯的文章。"答案显而易见……适者生存……只要通过这种方式，动物机体的任意部分都可以根据需要发生改变。"[35] 甚至于他的思想语言（变异、突变、生存与选择）都与达尔文的著述存在惊人的相似。尽管加拉帕戈斯与马来群岛相距遥远，但是这两位背景迥异的科学家最终却殊途同归。

1858 年 6 月，华莱士将自己概括的自然选择理论初稿寄给了达尔文。[36] 达尔文对华莱士理论与自身观点的相似性感到震惊，而他在惊慌失措之余匆忙带着自己的手稿找到好友赖尔。赖尔巧妙地建议达尔文将两篇论文同时提交给即将于夏季召开的林奈学会会议，这样可以让达尔文与华莱士共同分享此项发现带来的荣誉。1858 年 7 月 1 日，达尔文与华莱士的论文在伦敦被广泛传阅和公开讨论。[37] 但是听众对于他们二人的研究均不感兴趣。次年 5 月，林奈学会主席在总结的时候顺便说到，去年没有任何重要发现。[38]

※※※

达尔文原本打算将所有发现整理完成后一并发表，可是他现在只能在仓促之间完成这部具有重要意义的著作。1859 年，他在与出版商约翰·默里（John Murray）联系的时候显得犹豫不决："我衷心希望这本书能够在您的大力支持下旗开得胜。"[39] 1859 年 11 月 24 日，就在那个寒冷的周四清晨，查理·达尔文的《物种起源》（*On the Origin of Species by Means of Natural Selection*）一书正式在英格兰出版发行，当时的售价为 15 先令。该书首次印刷了 1 250 本。正如达尔文所述，"所有图书"出乎意料地"在上架第一天即告售罄"。[40]

紧接着各种令人鼓舞的评论铺天盖地而来。即便是《物种起源》的早期读者也会注意到该书将会产生深远的影响。"如果达尔文先生的推论成立，那么这将成为彻底推翻自然史基本原则的革命，"[41] 某位评论家曾经写道，"我们认为，对于社会公众而言，他的工作是长久以来最重要的贡献。"[42]

达尔文的理论在受到热捧的同时也招致了多方的批判。或许达尔文颇有先见之明，他谨慎地表达了该理论对于人类进化的意义：《物种起源》通篇只有一行叙述涉及人类祖先，"人类的起源与历史终将得以阐明"，这也许是那个时代谦卑的科学表述。[43] 达尔文的友敌理查德·欧文是一位化石分类学家，他很快便发现了达尔文理论中的哲学意义。欧文指出，如果物种祖先起源符合达尔文理论，那么人类进化将是不争的事实。然而欧文对于"人类可能来自类人猿"的说法深恶痛绝并且不屑一顾。欧文写到，达尔文在生物学领域提出的新理论极富想象力，但是尚无充分的实验数据来支持该理论；这不能算是成果，他只是披上了"智慧的伪装"[44]。欧文抱怨道（引述达尔文的原话）："人类的想象必将填补无知的空白。"[45]

第三章

"空中楼阁"[1]

现在我想知道，达尔文先生是否不辞辛苦考虑过消耗掉所有原始库存泛子的时间……在我看来，如果他略微简单思索一下，就肯定不会再梦想什么"泛生论"了。[2]

——亚历山大·威尔福德·霍尔（Alexander Wilford Hall），1880 年

达尔文在科学领域勇于探索的精神在于，他并不排斥类人猿是人类祖先的观点。但是由于达尔文需要证实自身理论内在逻辑的完整性，因此他在科学诚信上感到强烈的紧迫感。而遗传学是其中一个亟须完善的"巨大空白"。

达尔文意识到，遗传学理论并不从属于进化论，它的重要性无可替代。对于加拉帕戈斯群岛上某种经过自然选择的蜡嘴雀变异体来说，两种看似矛盾的现象实际上都是必不可少的环节。首先，"正常"短喙雀必须能偶尔产生蜡嘴样变异体，也可以将它们称为异类（达尔文认为此类现象就是"突变"，这个形象的描述令人联想到自然界风云变幻的多样性。达尔文觉得，推动进化的关键在于大自然的幽默感，而并非源自其内在的使命感）。其次，一旦变异体产生，蜡嘴雀必须能将

相同的性状传递给它的后代，并且在传代的时候维持变异稳定。假设上述两点中有任何一点无法满足，例如繁殖或者遗传过程中无法产生变异体或者传递变异性状，那么大自然将深陷泥潭而无法自拔，并且最终导致进化链条中断。如果达尔文的理论成立，那么遗传机制必须具备以下特征：恒定性与变化性、稳定性与变异性。

※※※

　　达尔文对于这种具有相互制约特征的遗传机制展开了长时间的思考。在达尔文活跃的那个时代，18 世纪法国生物学家让-巴蒂斯特·拉马克（Jean-Baptiste Lamarck）提出的遗传学机制是最为人们普遍接受的理论。根据拉马克的观点，遗传性状从亲代传递给子代的方式与消息或故事散播的方式相同，即这些过程都是通过传授来完成的。[3] 拉马克认为动物通过强化或弱化某些特定性状以适应周围环境，"这种影响与其作用时间成正比"。[4] 被迫以硬粒种为食的雀类通过"强化"其喙以适应环境。随着时代变迁，这种雀类就成为具有坚硬钳状喙的新物种。此类性状将通过遗传传给雀类的子代，而在其亲代预先适应硬粒种的基础上，它们的喙也会变得坚硬。按照相似的逻辑，羚羊为了觅食必须伸长脖子才能够到高处的树叶。根据拉马克提出的"用进废退"观点，这些羚羊的颈部会尽量伸展并拉长，而且它们的子代也将保持长颈的性状，因此产生了长颈鹿（请注意拉马克理论与毕达哥拉斯遗传理论的相似之处，前者认为机体向精子提供指令，后者认为精子从所有器官收集信息）。

　　拉马克理论的魅力在于它描述了一个令人信服的进化过程：所有的动物都在逐渐适应环境，然后它们会沿着进化的阶梯缓慢趋向完善。进化与适应彼此相互融合成为一个连续的整体：适应环境是进化的基础。该理论并非靠直觉产生，它的内容既适合神创论，同时也非常符合生物学家的研究现状。尽管神创论认为所有动物最初均由上帝创造，但是它们在错综复杂的自然界中仍有逐渐完善的机会，神圣的存在之链依然在发挥着作用。总而言之，上述观点的作用甚至变得更为突出：人类作为所有哺乳动物中最完美的代表位于适应性长链的末端，具有顺应环境以及直立行走的特点。

拉马克理论认为，羚羊的祖先在某种循序渐进的自然力（饥荒）的作用下产生了长颈变异体，但是达尔文认为长颈鹿的祖先并非那些伸长脖子且戴着颈部支架的羚羊。他坚持用遗传机制来解释问题：最早出现的长颈羚羊来自何方？

达尔文试图归纳出某个可以与进化论匹配的遗传理论。由于他在实验领域并不具备天赋，因此在这里遇到了关键的技术瓶颈。正如我们所见，孟德尔不仅是一位天生的园艺师，并且他还扮演着植物育种、种子计数以及性状分离的角色；而达尔文则是花园的挖掘者，他肩负着植物分类、标本整理以及分类学家的使命。孟德尔的聪慧表现在实验方面，他会在豌豆中仔细选择亚系进行异花授粉，然后以此来检验假说的真实性。达尔文的才华则表现在自然史范畴，他通过观察自然界的变迁来重塑历史。孟德尔修士是探索实践的榜样，而达尔文牧师则是整合理论的楷模。

但事实证明，观察自然与改造自然是完全不同的概念。从表面上看，自然界中缺乏支持基因存在的证据；而实际上，人们还被迫通过错综复杂的实验来解释遗传过程中离散微粒的作用。由于达尔文无法通过实验手段证验遗传理论，因此他只能从纯理论角度进行推断。达尔文为了弄清楚这个概念花了近两年的时间，他在获得充足的论据之前精神已经濒临崩溃。[5] 达尔文认为生物体细胞会产生名为泛子（gemmules）的微粒，而这些含有遗传信息的泛子就存在于亲代体内。[6]当动物或者植物达到生殖年龄时，泛子中的信息将传递至生殖细胞（精子与卵子）。因此，关于机体"状态"的信息将在受精时从亲代传递到子代。如果按照毕达哥拉斯的理论，那么在达尔文的泛子模型中，每个生物体都应该以缩微形式携带构建器官和结构的信息。然而在达尔文收集的动物标本中，遗传信息都是以离散状态存在的。似乎生物体的构建由议会投票决定。手掌分泌的泛子携带着形成新手的指令，而来自耳朵的泛子则传递着产生新耳的密码。

那么如何把这些泛子中来自父母的指令应用到胎儿发育呢？达尔文在此延续了既往的传统观点：来自男女双方的指令在胚胎中相遇的过程非常简单，就像是不同的涂料或者颜料相互混合在一起。大多数生物学家对于此类混合遗传的概念耳熟能详，其实这就是亚里士多德关于男女特征混合理论的重述。[7]看起来达尔文再次将两个完全不同的生物学理论整合在了一起，他借鉴了毕达哥拉斯的缩微人（泛子）理论和亚里士多德的信息与混合的概念，然后再将它们融合在一起打造成全新的遗传理论。

达尔文将该理论命名为泛生论，意思就是"源自万物"（因为所有器官均贡献泛子）。[8]1867年，在《物种起源》发表约10年后，达尔文开始着手完成一部名为《动物和植物在家养下的变异》（*The Variation of Animals and Plants Under Domestication*）的新手稿，他在文中对于该遗传观点进行了系统地阐述。[9]就连达尔文自己也承认："虽然这个假说还不尽如人意，但是对我而言已经如释重负。"[10]他在给好友阿萨·格雷（Asa Gray）的信中写道："尽管泛生论将被视为一个疯狂的梦想，可是我坚信其中蕴含着伟大的真理。"[11]

※※※

达尔文提到的"如释重负"并未持续很久，他很快就会从"疯狂的梦想"中惊醒。那年夏季，当《动物和植物在家养下的变异》被编撰成书时，《北英评论》（*North British Review*）发表了一篇对于达尔文早期作品《物种起源》的述评，字里行间充满了对泛生论的质疑，而这也是达尔文此生中遇到的最为严峻的挑战。

该文作者的本意并不是要对达尔文的工作进行批评：他名叫弗利

明·詹金（Fleeming Jenkin），是一名来自爱丁堡的数学工程师与发明家，其作品极少涉及生物学内容。詹金聪慧过人但是态度生硬，兴趣爱好非常广泛，涉及语言、电子、机械、数学、物理、化学以及经济等学科。詹金潜心研读过许多名家的作品，包括狄更斯、大仲马、奥斯丁、艾略特、牛顿、马尔萨斯以及拉马克。当时詹金只是偶然看到达尔文的著作，他不仅仔细通读了全文，而且还对其中的暗示进行了论证，很快他就在争论中发现了该理论的致命缺陷。

詹金质疑达尔文的核心问题是：如果遗传性状在传代中彼此之间始终遵循"混合"理论，那么怎样才能阻止变异被杂交迅速稀释呢？詹金写道："（变异）的数量会被迅速超越，而这种性状将在几代之后彻底消失。"[12] 为了举例说明，詹金虚构了某个故事，其内容多少带有那个时代的种族歧视色彩："如果某位白人因海难流落到一个黑人居住的岛屿……我们这位落难的英雄可能成为国王，他会为了生存杀死很多黑人，并且将妻妾成群，子孙满堂。"

但是如果男女双方基因发生相互混合，那么至少从遗传的角度而言，詹金所描述的"白人"将注定遭受厄运。这位白人与黑人妻子的孩子大概会继承他 1/2 的遗传信息，他的孙子将继承 1/4，他的重孙将继承 1/8，他孙子的孙子将继承 1/16，然后依次类推直到被彻底稀释，而他的遗传物质用不了几代就会消失殆尽。根据达尔文的理论，即使"白人基因"是最优越（"适合"）的遗传物质，可是在经过不断混合后仍将导致其原有性状出现衰退。最终，虽然白人国王比同代人具有更多的后代，并且他的基因也符合适者生存的要求，但是这位孤家寡人的性状很快就会淡出人们的视线。

詹金所述故事的具体情节并不高雅，当然他也有可能是故意舞文弄墨，但是其中的观点不言而喻。如果变异在遗传过程中无法维系，或者说不能让改变的性状"固定"下来，那么所有这些性状最终会在混合作用下消失得无影无踪。除非他们能保证将其性状传给子代，否则无法打破这个怪圈。普洛斯彼罗（Prospero）是莎士比亚戏剧《暴风

雨 》(*The Tempest*) 中的男主角，他在与世隔绝的荒岛上征服了怪物卡利班（作者认为怪物是男主角创造出来的），并且放心大胆地让其四处游荡。其实混合遗传就是卡利班自然繁衍的无形枷锁：即使他找到了伴侣，或者准确地说，当卡利班进行交配时，他的遗传特征将迅速消失在正常性状的海洋里。混合的效果与无限稀释相同，而且在这种稀释面前，任何进化信息都将荡然无存。画家有时会把画笔在水中蘸一下稀释颜料，此时水的颜色也会开始变成蓝色或者黄色。但是随着水中稀释的颜料增多，最后它必将变成浑浊的灰色。以后无论再加入何种颜色，它仍将保持凝重的灰色。如果动物界也适用于相同的遗传法则，那么是何种力量保留了变异生物体的独特性状呢？詹金或许会问，为什么达尔文雀没有都逐渐变成灰色呢？ [1]

※※※

达尔文被詹金的推理深深吸引。他写道："弗利明·詹金斯（原文如此）给我制造了巨大的麻烦，但是他的观点要比任何其他论文或评论都更具建设意义。"没有人在詹金无可辩驳的逻辑面前还表示质疑，而达尔文为了挽救岌岌可危的进化论，迫切需要一个能够自圆其说的遗传理论。[13]

但是遗传学需要具备何种特征才能解决达尔文的问题呢？如果达尔文的进化论确实成立，那么遗传机制必须拥有某种内在能力，从而保证遗传信息不被稀释或者分散，即便遗传物质发生混合也不会影响其性状。那么必然存在某种信息原子，它具有相互独立、不可溶解以及永久不灭的特点，并且这种微粒可以从父母传递到孩子体内。

那么是否有证据表明遗传物质具有这种稳定性呢？达尔文仔细阅

---

[1]   地理隔离可能会揭示某些"灰色雀类"形成的问题，这样特定变异体之间进行杂交就会受到限制。但是这依然不能解释单个岛屿上所有雀类无法逐渐获得相似性状的原因。

读了自己收藏的大量书籍，他可能从某处被引用的参考文献中得到了启示。这篇晦涩难懂的文章原著者来自布尔诺，是一位鲜为人知的植物学家。该文于 1866 年发表于某本不知名的杂志，标题为"植物杂交实验"，让人看上去感觉简单明了，这篇由德文撰写的文章中遍布着达尔文最不屑的数学量表。[14] 即使如此，达尔文还是认真阅读了这篇文章。在 19 世纪 70 年代，他居然熟读了一部有关植物杂交的作品。达尔文在第 50、51、53 和 54 页上留下了大量注释，但是不知为什么他跳过了第 52 页，而该页详细讨论了豌豆杂交的细节。[15]

如果达尔文确实阅读了这篇文章，尤其是在他撰写《动物和植物在家养下的变异》与构思泛生论之时阅读，那么该研究将为理解进化论提供最为关键的意见。他不仅将会为其中蕴含的道理所俘虏，而且还会被这种精巧的设计折服，更会为它强大的说服力所吸引。达尔文敏锐的洞察力将会迅速发现它对于理解进化论的重要意义。他或许兴致盎然地注意到了那位作者也是一位神职人员，他们都曾经历了从神学到生物学的伟大征程，并且在不知不觉中叩开了遗传世界的大门，而这位作者就是奥古斯丁派修士格雷戈尔·约翰·孟德尔。

第四章

他爱之花 [1]

我们只想剖析物质与其影响力的本质，因此形而上学的观点在此不受欢迎。[2]

——布尔诺自然科学协会声明，
孟德尔的论文曾于 1865 年在这里首次宣读。

少数因子经过无数排列组合后构成了纷繁复杂的有机世界……这些因子才是遗传科学应该去研究的单元。就像分子与原子决定了物理与化学变化的规律，如果要诠释生命世界的现象，那么也需要洞悉这些单元的奥秘。[3]

——雨果·德·弗里斯

1856 年春季，达尔文已经开始撰写他那篇有关进化论的著作，而格雷戈尔·孟德尔也决定回到维也纳重新参加教师资格考试（1850 年那次考试没有通过）。[4] 不过他这次稍稍多了一些自信。在此之前，孟德尔用了两年时间在维也纳认真学习了物理学、化学、地理学、植物学和动物学。1853 年，他回到修道院并在布尔诺现代中学做代课教师。作为学校的管理人员，修士们对于考试成绩和资格证书非常看重，而这意味着孟德尔还得去参加教师资格考试。于是他再次提出了考试申请。

　　不幸的是，孟德尔的第二次尝试又沦为一场灾难。也许是心理焦虑的缘故，他在考试之前就病倒了。孟德尔强忍着头痛，心烦意乱地来到维也纳，在为期三天的考试中，他首场便与植物学考官发生了争吵。没有人知道具体的原因是什么，但可能与物种形成、变异以及遗传等内容有关。孟德尔甚至都没有完成考试。他回到布尔诺后，心甘情愿地继续做代课教师。从此以后，他就再没动过考取教师资格的念头。

※ ※ ※

　　同年夏末，尽管孟德尔尚未走出考试失败的阴影，但是他还是抓紧时间种下一批豌豆。这已经不是孟德尔初次种植豌豆了，他在过去 3 年中一直在玻璃温室里培育豌豆。他从附近的农场收集了 34 个品系的豌豆进行培育，希望能够筛选出纯种豌豆品系。而每株纯种豌豆都能产生与母本完全相同的子代，其中豌豆花的颜色或者种子的质地均没有任何差异。[1]"如果不出意外，那么这些植株将世代不变。"孟德尔后来写道。5 功夫不负有心人，他终于集齐了启动实验所需的基础材料。

　　孟德尔发现纯种豌豆植株所具有的不同性状可以遗传并发生变异。当同株豌豆进行纯育时，高茎株的子代全为高茎，矮茎株的子代则全为矮茎。有些品系只能产生圆粒种子，而另外一些只能得到皱粒种子。未成熟的豆荚表现为绿色或者黄色，而成熟的豆荚表现为平滑或者皱缩。他据此列举出七项反映纯育的性状：

　　1. 种子形状（圆粒与皱粒）

　　2. 种子颜色（黄色与绿色）

　　3. 豌豆花颜色（白色与紫色）

　　4. 豌豆花位置（茎顶与叶腋）

[1]　孟德尔在研究期间得到了布尔诺周边长期热衷于杂交实验的农民的帮助。此外，修道院院长西里尔·纳普（Cyril Knapp）对此也非常感兴趣。

5. 豆荚颜色（绿色与黄色）

6. 豆荚形状（饱满与皱缩）

7. 植株高度（高茎与矮茎）

孟德尔注意到，每种性状至少会出现两种变异体。就像某个单词会有两种拼法或者某款夹克具有两种颜色（尽管在自然界中可能存在更多变异类型，例如分别开着白色、紫色、淡紫色和黄色花朵的植株，但是孟德尔在实验中只选取了相同性状的两种变异体）。后来生物学家将控制这些变异体的序列命名为"等位基因"（alleles），该词根在希腊语中是"其他"（allos）的意思，在此指的是某种性状的两种不同亚型。紫色与白色分别由两个控制颜色的等位基因支配，而高茎与矮茎则是由两个影响高度的等位基因操纵。

培养纯育植株只是孟德尔实验的开始。为了揭开生物遗传的奥秘，他深知繁育杂合体的重要性，而只有应用"杂种"（德国植物学家常用该词描述实验杂合体）才能揭开纯合的面纱。孟德尔与后人的不同之处在于，他当时就十分清楚自己从事的研究意义深远，[6] 正如孟德尔在书中记述的那样，他提出的问题对于阐明"有机体进化历史"的作用至关重要。[7] 在短短的两年之内，孟德尔就出人意料地构建出一套完整的实验模型，并且可以满足他研究某些重要遗传特性的需求。简而言之，孟德尔提出的问题如下：如果将高茎植株与矮茎植株进行杂交，那么子代中是否会出现中等高度的植株？控制植株高矮的两个等位基因是否会相互融合？

构建杂合体是件枯燥无味的差事。豌豆是典型的自花传粉植物，花药与雄蕊在位于花瓣根部龙骨状的联合部位发育成熟，而花药中的花粉会直接散播在自身的雌蕊柱头上。异花传粉则与之完全不同。为了构建杂合体，孟德尔首先需要通过"去雄"来摘除豌豆花的雄蕊，然后再把橙色的花粉人工传授给其他花朵。虽然他经常独自一人忙得连腰都直不起来，但却总是攥着笔刷与镊子重复着去雄与授粉的工作。孟德尔平时会把遮阳帽挂在竖琴上，因此只要他一去花园就会传来清澈的琴弦拨动声，而这也成为陪伴他的特有旋律。

我们很难知道修道院中其他修士对孟德尔的实验了解多少，以及他们关心此项实验的程度有多深。19 世纪 50 年代早期，孟德尔开始在实验中尝试新的挑战，他将白色与灰色的小鼠作为实验对象，然后悄悄地在自己的房间里培育杂交小鼠。修道院院长对待孟德尔的奇思妙想非常宽容大度，但是这次也忍不住出面进行干预：即便对于奥古斯丁教会来说，某位修士通过诱使小鼠交配的方法来研究遗传学还是有伤风化的。于是孟德尔再次将实验对象换成植物，并且将实验室挪至居室以外的温室。修道院院长对此默许，底线就是不把小鼠作为实验对象，至于如何研究豌豆则不受影响。

※※※

1857 年夏末，修道院花园里的第一批杂交豌豆开花了，这里简直就是紫色与白色的花海。[8]孟德尔将豌豆花的颜色记录在案，随后当藤蔓上挂满豆荚时，他会剥开豆荚检查种子的性状。他设计了新的杂交方案：高茎植株与矮茎植株杂交，黄色种子植株与绿色种子植株杂交，圆粒种子植株与皱粒种子植株杂交。此时孟德尔又突发灵感，他将某些杂合体相互杂交，进而构建出"杂合体的杂合体"。整个实验按照上述模式进行了 8 年。此时这些植株已经从温室被转移到修道院的一片长方形空场（20 英尺[1] × 100 英尺），这里土壤肥沃且紧邻餐厅，正好能从孟德尔的房间里看到全景。当轻风吹开窗户外面的遮阳棚时，整个房间仿佛化身为一台巨大的显微镜。孟德尔的笔记本上满是各种表格与潦草的记录，其中包含着成千上万次杂交的数据。他的手指也因长时间剥豆荚而开始感到麻木。

哲学家路德维希·维特根斯坦（Ludwig Wittgenstein）写道："一

---

[1]　英尺：英制长度单位，1 英尺 ≈ 0.3 米。——编者注

个微不足道的想法，就足以占据某个人的一生。"[9]确实，一眼看去孟德尔的人生充满了繁杂琐碎的念头。他整天周而复始地沉浸在播种、授粉、开花、采摘、剥壳与计数的工作里。尽管整个过程极度枯燥乏味，但是孟德尔却深信天下大事必作于细。18 世纪兴起的科学革命遍及欧洲大地，这场变革最深刻的意义在于，人类意识到自然法则具有同一性与普适性。众所周知，牛顿根据苹果从树上坠落的事实发现了万有引力，而其本质与控制天体环绕轨道运行的驱动力毫无二致。如果遗传规律也存在某种通用的自然法则，那么我们就可以从豌豆生长发育的过程来了解人类繁衍生息的奥秘。或许孟德尔进行豌豆研究的场地十分有限，但是狭小的面积并不能干扰他投身科学的雄心壮志。

孟德尔写道："实验开始阶段进展缓慢。不过早期确实需要有些耐心，当我同时进行几项实验之后，结果也就愈发清晰起来。"当孟德尔开展了多项平行杂交实验后，他收集实验数据的速度也越来越快。孟德尔逐渐从这些数据里辨别出豌豆的生长模式，其中就包括植株稳定性、性状比例以及数值规律。经过不懈的努力，他现在终于敲开了遗传学领域的大门。

※※※

第一种模式理解起来比较简单。在子一代杂合体中，单个可遗传性状（高茎植株与矮茎植株、绿色种子与黄色种子）完全不会发生融合。高茎植株与矮茎植株杂交产生的子代全部为高茎。圆粒种子植株与皱粒种子植株杂交产生的子代全部表现为圆粒。而在豌豆中，所有七种性状均遵循该模式。孟德尔写道，"杂交性状"无中间形态，只能"遵循某种亲本类型"。孟德尔将具有压倒性优势的性状称为显性性状（dominant），而将在子一代中消失的性状称为隐性性状（recessive）。[10]

即使孟德尔此时终止实验，他对于遗传学理论的贡献也具有划时代意义。某种性状同时存在显性与隐形基因的事实与 19 世纪流行的混合遗传理论相悖：孟德尔培育的杂合体并不具有介于两种性状之间的中间形态。如果子一代杂合体中携带显性基因，那么隐性基因控制的性状就会消失不见。

可是隐性基因控制的性状去哪里了呢？难道是被显性等位基因吞噬或是清除了吗？孟德尔在第二阶段实验中又进行了深入研究。他将高茎与矮茎植株的子一代杂合体进行杂交，构建出子二代杂合体。由于高茎是显性性状，因此本轮实验中所有亲代均为高茎植株（未见到隐性性状植株）。但是当杂交工作完成以后，孟德尔发现其结果远远超出预期。他在某些子二代杂合体中发现了完整的矮茎植株，而矮茎作为隐性性状曾经消失了整整一代。[1] 除此之外，其余六种性状经过实验论证后也表现为相同的模式。白花性状在子一代杂合体中消失了，而在某些子二代中却再度出现。孟德尔意识到，"杂合"生物体是一种由等位基因组成的复合物，其中包括可见的显性等位基因与潜伏的隐性等位基因（孟德尔在描述这些变异体时原本使用的是"形状"一词，直到 20 世纪遗传学家才提出等位基因的概念）。

孟德尔仔细研究了每项杂交实验的结果，他根据豌豆植株不同子代数目之间的比例关系，初步构建出一个可以解释各种性状遗传模式的模型 [1]。在孟德尔构建的模型中，每种性状由某些独立且不可分割的信息微粒决定。这些信息微粒可以产生两种变异体，或者说代表了两种等位基因：矮茎与高茎（茎高）或白色与紫色（花色），而其他性状也可以依此类推。在豌豆中，每一植株均可从亲代获取一份基因拷贝。而在人体中，精子与卵子将分别从父亲与母亲体内获得一个等位基因。当杂合体形成后，尽管只有显性基因控制的性状可以表达，但是所有控制其他性状的信息仍将保持完整。

---

[1]　某些统计学家在验证孟德尔的原始数据后指责他数据造假。孟德尔得到的各项性状比例与数字不仅精确，而且在其他人看来堪称完美。似乎他的实验从未受到统计学误差或者外界因素的影响。出现这种情况可能的原因是，他根据早期实验结果构建了某种假说，然后利用后期实验验证假说的正确性，当得到预期的数值和比例时，他便停止继续计数和制表。尽管这种方法存在瑕疵，但在当时也并不少见，这或多或少反映出孟德尔的科学态度还不够成熟。

※※※

　　1857 年至 1864 年之间，孟德尔曾经剥开过不计其数的豆荚，他执着地将每种杂合体的杂交结果数据制成表格（"黄色种子，绿色子叶，白色花瓣"），并且最终发现所有结果都惊人的一致。就在修道院花园中这一小块空场上，孟德尔获得了数量众多且可供分析使用的数据，其中包括 2.8 万株植物、4 万朵鲜花以及近 40 万颗种子。孟德尔随后写道："进行这种超大强度的体力劳动确实需要一些勇气。"[12] 然而"勇气"一词已经不能概括孟德尔的品质，他在工作中展现出的慈爱更令其超凡脱俗。

　　平时很少有人会用"慈爱"这个词来形容科学或者科学家。慈爱（tenderness）、照料（tending）以及张力（tension）这三个词具有相同的词根，其中"照料"指农民或园丁打理农作物的行为，"张力"可以形容豌豆藤蔓向阳光伸展或者紧紧缠绕在乔木上的样子。孟德尔在此项研究中首先是一位辛勤耕耘的园丁。他的天赋并没有受到传统生物学知识的束缚（幸好他两次都没通过教师资格考试）。孟德尔将园艺知识与精准观察的优势结合在一起，在辛勤进行异花授粉之余还仔细绘制记录子叶颜色的表格，很快他就发现了传统遗传学观点不能解释的现象。

　　孟德尔的研究结果指出，遗传是将不连续的亲代信息传递给子代的过程。其中精子携带一份信息（一个等位基因），卵子携带另一份信息（另一个等位基因），因此生物体可从每一位亲代获得一个等位基因。当该生物体产生精子或者卵子时，等位基因将会再次发生分离，分别进入精子或者卵子，而两个等位基因只有在子代中才能合二为一。当两个等位基因同时存在时，其中一个基因可能会"支配"另外一个基因。当显性等位基因存在时，隐性等位基因就像消失了一样，但是如果植株同时获得两个隐性等位基因，那么隐性等位基因控制的性状将再次出现。在整个过程中，单个等位基因携带的信息不可分割，信息微粒将保持完整。

孟德尔想起了多普勒进行的声波实验：噪声背后隐藏着乐音，看似杂乱无章的背后却暗含着深奥的规律，只有通过精心设计的人工实验，并利用携带简单性状的纯育品系创造杂合体，才能揭示潜在的遗传模式。在自然界中，生物体表现出的变异性状浩如烟海（高茎、矮茎、皱粒、圆粒、绿色、黄色、棕色），而这些携带遗传信息的微粒在悄然无息中世代相传。生物体的性状均由某种独立单位决定，它们具有与众不同的特征以及永不磨灭的属性。尽管孟德尔没有为这个遗传单位命名，但是他实际上发现了基因最基本的特征。[1]

※※※

1865 年 2 月 8 日，孟德尔参加了一场平淡无奇的学术活动，并将论文分成两部分进行了展示：他在布尔诺自然科学协会面对一群农民、植物学家和生物学家发表了演讲（又过了一个月，也就是 3 月 8 日，才轮到宣读论文的第二部分），而此时距达尔文和华莱士在伦敦林奈学会登台演讲已经过了 7 年。[13] 遗憾的是，历史上对于该事件的记录寥寥无几。孟德尔发表演讲的房间很小，大约只能容纳 40 人。论文中包含许多表格以及指代性状与变异体的晦涩符号，即便是统计学家在现场也未必能理解。在当时的生物学家眼里，他简直就是一派胡言。植物学家通常只研究形态学而非"数字命理学"。面对成千上万的杂合体标本，孟德尔需要计算出种子与豌豆花中变异体的情况，而此类方法必然使同时代的植物学家感到困惑不解，毕达哥拉斯时代之后，还没

---

[1]　孟德尔知道他正在试图揭示控制遗传的普遍规律吗？还是就像某些历史学家所说的那样，他只是想搞清楚豌豆杂交的本质？我们也许可以从孟德尔的文章中找到答案。毋庸置疑，当时孟德尔根本不知道什么是"基因"，但是用他自己的话来说，该实验的目的就是"为了发现豌豆杂合体与祖代之间的关系"，此外还可以了解有机生命在发育过程中的整体改变情况。事实上，孟德尔甚至在文中使用了"遗传"这个词的变体。然而读者却很难判定他是否已经知道这项研究的长远意义：他正在试图揭示遗传的物质基础与规律。

有人使用数字来诠释自然界中隐藏着的神秘"和谐"。就在孟德尔的演讲刚结束不久，旋即有一位植物学教授起身与他探讨达尔文的物种起源与进化论。当时在场的听众都没有觉察到这两个话题之间存在何种关联。孟德尔此前的笔记表明，他曾试图寻找二者之间的关系。即使孟德尔意识到"遗传单位"与进化之间具有潜在联系，但是他并未在此做出详细说明。

孟德尔的论文发表在年度《布尔诺自然科学协会学报》上。孟德尔平日里就少言寡语，而他在写作时更是简明扼要：仅用 44 页纸就提炼出将近 10 年的研究成果。[14] 他的文章副本被送至数十个研究机构，其中包括英格兰皇家学会、林奈学会以及位于华盛顿的史密森尼学会等知名机构。孟德尔自己又要求印制了 40 份单行本，然后将它们寄给许多科学家。他很可能也给达尔文寄去了一份，不过并没有资料表明达尔文阅读过这篇文章。[15]

然而就像某位遗传学家记述的那样，接下来却发生了"生物学史上最为怪异的沉默事件之一"[16]。1866 年至 1900 年间，孟德尔的文章仅被引用了 4 次，几乎从科学文献的领域中消失。1890 年至 1900 年间，尽管在美国与欧洲政策制定者的眼里，关于人类遗传及其操纵的问题和顾虑已成为重点议题，但是孟德尔的名字与他的成果依然不为世界所知。缺乏权威性的协会出版的期刊自然没什么名气，没有人会注意到那篇长达几十页的文章，自此现代生物学的立足之本就这样被长期埋没。当时只有植物育种家对此表现出了兴趣，他们绝大多数来自布尔诺这座日渐式微的中欧城镇。

※※※

1866 年元旦前夜，孟德尔致信慕尼黑的瑞士植物生理学家卡尔·冯·内格里（Carl von Nägeli），同时附上了有关豌豆杂交实验的简介。内格里在两个月后做了回复，口吻虽然客气但是反应冷淡，其中流露出的怠慢足以释放出疏远的信号。作为当时颇有名气的植物学家，内格里显然对于孟德尔以及他从事的工作不屑一顾。内格里从骨子里就看不起业余科学家，他在孟德尔寄来的第一封信上随手写下了评语，言辞之中莫名其妙地充满了贬低之意："这些只是经验之谈……根本无法证明其合理性。"[17] 似乎孟德尔根据实验结果得出的定律还不如那些靠"推理"获得的结论。

孟德尔对此并不在意，他继续虚心向内格里请教。在当时的学术权威中，孟德尔最希望能够得到内格里的认可，他在写给内格里的信件中表现出满腔热忱与极度渴望。"我知道这些数据不会轻易为当代科学所接受，"[18] 孟德尔写道，"况且这一孤立实验更增加了被接受的难度。"[19] 内格里始终保持谨慎与不屑的态度，他给孟德尔的回复基本上是敷衍了事。内格里认为，虽然孟德尔通过豌豆杂交获取了实验数据，但是他据此得出这个具有颠覆意义的自然法则的可能性简直是天方夜谭。如果孟德尔忠实于宗教信仰，那么他就应该潜心修行；而内格里才是科学殿堂的守护者。

彼时内格里正在研究一种名为橙黄山柳菊的植物，他还催促孟德尔使用山柳菊重复杂交实验结果。其实选择山柳菊作为实验对象是一个灾难性错误。孟德尔在选择豌豆进行实验时经过了慎重考虑：豌豆通过有性繁殖可以获得清晰可辨的变异性状，并且只需稍加注意即可实现异花授粉。可是当时孟德尔与内格里都不知道，山柳菊是无性繁殖植物（也就是没有花粉与卵细胞）。它们不可能进行异花授粉，并且几乎不产生杂合体。由此可以预见，将山柳菊作为实验对象根本无法得到预期的结果。孟德尔曾经试图理解山柳菊杂合体（实际上杂合体并不存在）的秘密，但是他无法用在豌豆实验中观察到的模式进行解释。1867 年至 1871 年间，孟德尔在工作中投入了更多精力，他在花园里另一块空场上种植了上千株山柳菊，然后使用相同的镊子和笔刷分别进行去雄与授粉。在写给内格里的信中，孟德尔表现出对实验结果与日俱增的无奈。内格里很少回复孟德尔，而就在有限的几封信里也充满了自以为是。内格里认为孟德尔的异想天开只会走向极端，他不想被这个来自布尔诺靠自学成才的修士打扰。

1873 年 11 月，孟德尔给内格里写了最后一封信。[20] 他自责地告诉内格里自己已经无法完成实验。升任布尔诺修道院院长后，由于行政职责所限，他已经不能再继续进行任何与植物有关的研究。孟德尔这样写道："我没有其他选择，只能放弃那些心爱的植物……不知何时再续。"[21] 此后这项未竟的科学研究被搁置到一边。随着修道院的财务状况日渐好转，他需要花费时间来协调各种人事关系。孟德尔整天忙于处理各种账单与信笺，而他的科学天才也逐渐淹没在琐碎的行政工作里。

孟德尔在豌豆杂交领域只完成了一篇具有里程碑意义的论文。到了 19 世纪 80 年代，孟德尔的健康每况愈下，除了钟爱的园艺之外，他被迫开始限制自己的日常活动。1884 年 1 月 6 日，孟德尔因肾功能衰竭在布尔诺辞世，临终时双脚由于积液而肿胀。[22] 当地报纸刊登了一则讣告，但并未提及他在遗传学研究领域的贡献。或许修道院内一位年轻的修士对孟德尔的描述更为贴切："他平易近人、好善乐施并且心地善良……他热爱那些美丽的花朵。"[23]

第五章

"名叫孟德尔"

物种起源是一种自然现象。[1]

——让-巴蒂斯特·拉马克

物种起源是一个需要探究的对象。[2]

——查理·达尔文

物种起源是一个需要实验研究的对象。[3]

——雨果·德·弗里斯

1878 年夏季，时年 30 岁的荷兰植物学家雨果·德·弗里斯赶赴英格兰拜访达尔文。[4] 与其说这是一次科学性拜访，倒不如称之为"朝圣"。那时达尔文正在位于多尔金的姐姐家中度假，德·弗里斯则一路紧跟不舍特地来探望他。虽然旅途让德·弗里斯感到疲惫，但是内心却怀着紧张和激动，他的眼神宛如拉斯普京一样犀利，而浓密的胡须则堪比达尔文本人，这让德·弗里斯看上去就像他所崇拜的偶像年轻时的模样。此外，德·弗里斯在性格上还具备达尔文般的刚毅。这次会面应该是相聚甚欢，当他们促膝长谈两个小时后，年迈的达尔文才提出要稍稍休息一下。德·弗里斯在离开英格兰后思想上发生了巨变。经过这次简短的会谈，达尔文为德·弗里斯奔涌的思潮安装了一扇闸门，并且永久改变了它流动的方向。回到阿姆斯特丹后，德·弗里斯立即停止手头一切关于植物卷须的工作，然后全身心地投入到探秘遗传机制的事业中。

到了 19 世纪末期，遗传问题仍被赋予近乎神秘的美丽光环，它对生物学家来说就像费马大定理。费马（Fermat）是一位性格古怪的法国数学家，他曾经潦草地写道，虽然已经为自己提出的定理找到了"完美的证据"，但是却由于纸张"边距空白有限"[5] 而未能记录下来。达尔文的做法与费马如出一辙，他也漫不经心地宣称自己发现了遗传规律的解决方案，但是却从未发表相关内容。1868 年，达尔文在日记中写道："如果时间与健康状况允许的话，我将在另一本书中讨论自然状态下有机生物的变异。"[6]

达尔文十分清楚其中隐含的利害关系。遗传学说对于进化论至关重要：达尔文明白，如果没有能够形成变异的途径，并且使变异在传代过程中保持稳定，那么生物将无法进化出新的特性。然而 10 年过去了，达尔文承诺的"论有机生物变异"起源的著作依然未见发表。达尔文于 1882 年去世，而此时距德·弗里斯来拜访已过去了 4 年。[7] 随后新生代生物学家不断涌现，他们继续追随达尔文的足迹苦苦寻觅这一消失理论的线索。

德·弗里斯也曾认真研读过达尔文的著述，他将目光锁定在泛生论上，该理论认为精子与卵子将以某种方式收集并且核对体内的"信息微粒"。这种在细胞中收集然后在精子中装配信息的方式看似简单，可是要把它作为构建生物体的指南却过于牵强附会；仿佛精子只需要接收电报里的信息就可以撰写人类之书。

与此同时，反对泛生论和泛子的实验证据也在不断增多。奥古斯特·魏斯曼（August Weismann）是一位勇于挑战权威的德国胚胎学家，他于 1883 年完成了一项直接抨击达尔文遗传泛子学说的实验。[8] 魏斯曼通过手术将前后五代小鼠的尾巴切除，随后让这些小鼠进行繁殖并观察它们的后代是否生来无尾。然而结果显示小鼠后代之间具有相同且顽固的一致性，每一代小鼠出生时尾巴都完好无损。如果泛子存在的话，那么接受切除手术的小鼠的后代应该没有尾巴。魏斯曼在实验中总共切除了 901 条鼠尾，而这些实验小鼠的尾巴没有任何异常，它们的尾巴与初代小鼠相比甚至一点都没有缩短，根本不可能将"印记遗传"（或者至少是"尾巴遗传"）抹除。尽管这项实验非常残酷，但是它证实了达尔文与拉马克理论的谬误之处。

魏斯曼提出一个激进的观点：或许遗传信息只存在于精子和卵子中，并不存在某种直接机制将后天获得的性状传递至精子或卵子。无论长颈鹿的祖先多么热衷于伸长脖颈，它们都不能将该信息转化为遗传物质。魏斯曼将遗传物质称为"种质"，他提出生物体只能通过种质产生后代。[9] 实际上，所有进化都可以被理解成种质在代际垂直传播：例如鸡蛋就是鸡传递遗传信息的唯一途径。

※※※

可是种质到底是由什么物质组成的呢？这个问题让德·弗里斯陷入了沉思。难道它会像涂料一样被混合与稀释吗？难道种质中各种离散信息会以打包的形式存在，然后再构建成为完整的信息？那时候德·弗里斯还不了解孟德尔论文的内容。但是德·弗里斯与孟德尔也有相通之处：他选择了阿姆斯特丹周边的乡村地区作为实验地点，然后开始搜集和整理各种特殊的植物变异体，其研究对象不仅局限于豌豆，还包括大量千奇百怪的植物标本，其中就包括扭曲的茎秆与分叉的叶子、带有斑点的花朵、毛茸茸的花药以及蝙蝠状种子。当德·弗里斯把这些变异植株与正常植株进行繁育后，他发现了与孟德尔相同的结果，也就是说这些变异体的性状不会融合，它们会以一种离散且独立的形式通过代际传递保留下来。每种植物似乎都具有许多性状，其中就包括花瓣颜色、叶子形状以及种子质地等等，而每种性状似乎都由某条独立且离散的信息片段编码，它们可以在植物体内代代相传。

与孟德尔相比，德·弗里斯明显缺乏那种敏锐的洞察力：1865 年，孟德尔在文章中大胆运用数学推理阐明了豌豆杂交实验。在德·弗里斯的植物杂交实验中，他只是模糊意识到变异体的性状（例如茎秆尺寸）是由不可分割的信息微粒编码的。可是编码一个变异体性状需要多少信息微粒呢？到底是一个、一百个，还是一千个？

到了 19 世纪 80 年代，德·弗里斯还是不了解孟德尔从事的工作，但是他也逐渐采用定量描述的方法来解释自己的植物实验结果。1897年，德·弗里斯完成了《遗传性畸变》（*Hereditary Monstrosities*）一文，在这篇具有里程碑意义的论文中，他对实验数据进行了系统分析，并且推断每种性状是由单一信息微粒决定的。[10] 每个杂合体都继承了两个这样的信息微粒，其中一个来自精子，而另一个来自卵子。然后信息微粒又通过精子和卵子完整地传递给下一代。信息微粒既不会混合，也不会出现信息丢失。尽管德·弗里斯全面否定了达尔文的泛生论，可是为了向导师致以最后的敬意，他给这些信息微粒起名为"泛生子"。[11]

※※※

1900 年春季，当德·弗里斯依然深陷于植物杂交研究的泥潭时，某位朋友给他寄来一份从自己图书馆里找到的旧论文副本。德·弗里斯的朋友写道："我知道你正在做杂交实验，因此随信附上这份发表于1865 年的论文单行本，这篇文章的原著者名叫孟德尔……希望能对你有所帮助。"[12]

我们不难想象当时的情景，那是阿姆斯特丹昏暗的 3 月清晨，德·弗里斯打开了装有论文单行本的信封，他的目光快速扫向文章的第一段。德·弗里斯迅即找到了一种似曾相识的感觉，仿佛一股让人无法躲避的寒流贯穿他的脊髓：这个"名叫孟德尔的人"无疑比德·弗里斯领先了 30 年。在孟德尔的论文中，德·弗里斯不仅找到了解决自身问题的答案，而且其内容还可以完美诠释他的实验结果，但是这也对他的原创性构成了挑战。看来达尔文和华莱士的陈年旧事在德·弗里斯身上再次重演：他曾经希望自己才是发现遗传规律的第一人，可是到头来却早已被别人捷足先登。1900 年 3 月，德·弗里斯在恐慌之余赶紧发表了相关论文，并且在内容上刻意回避孟德尔之前取得的任何成果。也许全世界都忘记了这个"名叫孟德尔的人"以及他在布尔诺完成的豌豆杂交工作。德·弗里斯后来写道："尽管谦虚是一种美德，但是骄傲的人会走得更远。"[13]

※※※

除了德·弗里斯以外，还有其他学者也重新发现了孟德尔在遗传结构（具有独立性且不可分割）领域做出的贡献。就在德·弗里斯发表那篇具有里程碑意义的成果（有关植物变异体）当年，蒂宾根大学的植物学家卡尔·科伦斯（Carl Correns）公布了一项关于豌豆和玉米杂交的研究的数据，其结果能够与孟德尔的豌豆杂交实验完全吻合。[14] 具有讽刺意味的是，科伦斯在慕尼黑求学期间曾经是内格里的学生。但是将孟德尔视为门外汉的内格里却没有告诉科伦斯，他曾收到过一个"名叫孟德尔的人"寄来的大量有关豌豆杂交研究的信件。

科伦斯在慕尼黑和蒂宾根的实验园距离布尔诺修道院大约 400 英里。他不辞辛苦地将高茎植株和矮茎植株杂交，然后让杂合体和杂合体再次杂交，可是他完全不知道自己只是在有条不紊地重复孟德尔的工作。当科伦斯完成实验并着手准备撰写论文时，他回到图书馆认真查阅那些科研前辈之前发表的文献。无意之间，他发现了孟德尔早年发表于《布尔诺自然科学协会学报》的论文。

此外在维也纳，也就是 1856 年孟德尔植物学考试受挫的地方，另一位年轻的植物学家埃里希·冯·切尔马克-赛谢涅格（Erich von Tschermak-Seysenegg）也再次发现了"孟德尔定律"。冯·切尔马克在哈雷与根特等地做研究生时就从事豌豆杂交研究，他也观察到遗传性状就像信息微粒那样，以独立并且离散的形式在杂合体之间进行代际传递。作为三位科学家中最年轻的一位，冯·切尔马克已获知德·弗里斯和科伦斯同期开展植物杂交研究的消息，并且还了解到其数据可以充分支持自己的实验结果，而他在查阅文献时也发现了孟德尔的论文。当冯·切尔马克看到孟德尔作品的那一瞬间，他也体会到了那种似曾相识感所带来的恐惧。他后来怀着嫉妒和沮丧的心情写道："我当时还以为自己发现了新大陆。"[15]

研究成果被重新发现一次可以反映科学家的先见之明，而被重新发现三次则着实是对原创者的一种鄙夷不屑。1900 年，有 3 篇独立发表的论文在 3 个月内相继问世，而所有研究成果均指向孟德尔的豌豆杂交实验，当然这也暴露了某些生物学家目光短浅的事实，正是他们将孟德尔的成果尘封长达 40 年。虽然德·弗里斯故意在首篇论文中忽略了孟德尔，但是他最终还是被迫承认了孟德尔的贡献。1900 年春季，就在德·弗里斯的论文发表后不久，卡尔·科伦斯暗示德·弗里斯蓄意盗用孟德尔的成果，并且将这种行为视为科学剽窃（德·弗里斯甚至在文中引用了"孟德尔的用词"，科伦斯则冷嘲热讽地将其形容为"不谋而合"）。[16] 最终德·弗里斯做出了妥协。他在后续发表的分析植物杂合体的文章中对孟德尔的贡献大加赞赏，并且承认自己只是"扩展"了孟德尔的早期工作。

然而德·弗里斯进行的实验在某些方面的确要优于孟德尔的研究。平心而论，孟德尔是发现遗传单位的先驱，但是德·弗里斯在遗传与进化领域的造诣也有目共睹，因此他不解的问题必定也会让孟德尔感到困惑：早期变异体来自何方？为什么豌豆会有高茎和矮茎，或者紫花和白花的区别？

其实答案就在进行杂交实验的花园内。在某次去乡村考察植物的过程中，德·弗里斯意外地发现了一大片茂盛的野生月见草，该物种的学名源自博物学家拉马克（具有讽刺意义的是，他很快就会发现这件事的真相）：拉马克月见草（*Oenothera lamarckiana*）。[17] 德·弗里斯在这片土地上收获与种植的种子不下 5 万粒。在接下来的几年里，生命力旺盛的月见草大量繁殖，德·弗里斯从中发现了 800 株野生新型变异体，其中包括巨大叶片、多毛茎秆或是畸形花朵。根据达尔文进化论第一阶段的发生机制，自然界会本能地产生某些罕见的畸形。达尔文曾将这些变异体称为"巨变"，意指变化无常的大千世界。但是德·弗里斯选择了一个更为严谨的词语：他将这种情况称为"突变"（mutants），源自拉丁语"改变"一词。[1] [18]

德·弗里斯很快便意识到自己的观察结果具有重要意义：这些突变体恰好是达尔文之谜中缺失的部分。实际上，如果我们将自发突变体的产生机制（例如大叶月见草）与自然选择相结合，那么达尔文所说的永动机就可以自行运转了。突变是自然界中变异体产生的根源：长颈羚羊、短喙雀与大叶植物均可自发生成于数目庞大的普通种群（该理论与拉马克的观点相反，这些突变体源自随机选择而并非刻意制造）。这些变异体的特征在于其遗传性，它们在精子与卵子内以离散指令形式存在。当动物在自然界中物竞天择的时候，只有那些最能适应环境的变异体，或者说最适合的突变才能世代延续下去。它们的后代在继承这些突变的同时会形成新的物种，并且由此推动物种进化。自然选择不是作用于生物体，而是影响其遗传单位。德·弗里斯意识到，鸡只是鸡蛋自我更新过程中的产物。

※ ※ ※

德·弗里斯用了 20 年才成为孟德尔遗传学说的支持者，但是英国

---

[1] 德·弗里斯所指的"突变体"可能源自回交，而并非是自发出现的变异体。

生物学家威廉·贝特森只用了一个小时就彻底转变了观念。[1] 19 1900 年
5 月的一个晚上，贝特森从剑桥搭乘夜班火车赶往伦敦，准备在皇家园
艺协会就遗传学领域的话题发表演讲。当火车还在黑暗的沼泽地带缓
慢前进的时候，贝特森读到一篇德·弗里斯发表的论文副本，他立刻
就为孟德尔遗传单位的离散概念所折服。而这也成为决定贝特森命运
的旅途：就在他抵达位于文森特广场的协会办公室时，他的思绪还在
不停地高速运转。贝特森在演讲时这样说道："我们面对的是一项具有
重大意义的新原理，但是现在尚不能对其日后发展做出预测。"20 同年
8 月，贝特森在给他的朋友弗朗西斯·高尔顿（Francis Galton）的信中
写道："写这封信的目的是想请你帮我查阅一下孟德（原文为 Mendl）
的论文，在我看来（他的论文）是迄今为止遗传学领域中最出类拔萃的
研究之一，令人不可思议的是它竟然会被人们遗忘。"21

贝特森从此把传播孟德尔定律视为己任，并且确保这位先驱将不
再被人们忽视。贝特森首先在剑桥独立证实了孟德尔植物杂交实验的
结果。22 贝特森与德·弗里斯在伦敦进行了会面，他对于德·弗里斯严
谨的工作态度和科学精神印象深刻（当然他不拘小节的风格另当别论。
德·弗里斯拒绝在晚餐前沐浴，贝特森抱怨说"他的亚麻外套臭气熏
天。我敢说他一周才换一次衬衫"23）。贝特森结合自身研究结果对孟
德尔的实验数据进行了再次确认，然后他开始想方设法去改变人们对
孟德尔的认识。贝特森人送外号"孟德尔斗牛犬"24，而这种犬的外形
和气质均与他相似。贝特森的足迹遍布了德国、法国、意大利和美国，
并且他在出席所有与遗传学有关的活动中均会强调孟德尔的发现。贝
特森意识到自己正在见证，或者更贴切地说，他是在推动生物学界产
生深刻变革。贝特森写道，破译遗传法则将改变"人类的世界观和改
造自然的能力"25，其作用要远大于"自然科学领域里任何可以预见的
进展"。

---

[1]   贝特森在火车旅行中"皈依"孟德尔理论的故事遭到某些历史学家的质疑。尽管该故事频繁出现
       在贝特森的传记里，但是可能只是他的学生为了文学效果所进行的艺术加工。

贝特森在剑桥期间身边聚集了一批青年学生，他们对于遗传学这门新兴学科非常渴望。而他也意识到自己需要给这门新兴学科起个合适的名字。根据字面意思，"泛遗传学"（Pangenetics）看似是个理所当然的选择，正好可以与德·弗里斯的"泛生子"（Pangene）理论一脉相承，但是"泛遗传学"容易让人与达尔文错误的遗传学理论相混淆。贝特森写道："没有一个常用词能够恰当解释其含义，（然而）我们非常迫切地需要找到这样一个称谓。"[26]

1905年，就在人们苦思冥想之际，贝特森自己创造出了一个新名词。[27] 他将其称为遗传学（Genetics），也就是研究遗传与变异规律的学科，其词根来自希腊语"诞生"（genno）。

贝特森敏锐地觉察到，这门新兴学科具有潜在的社会和政治影响力。1905年，他非常有先见之明地写道："当遗传学的启蒙教育逐渐完成，遗传规律也得以……广为知晓，那时会发生什么呢？……有一点可以确定，人类将会对遗传过程进行干预。这也许不会发生在英格兰，但是可能会在某些准备挣脱历史枷锁，并且渴求'国家效率'的地区中发生……人类对于干预遗传产生的远期后果一无所知，可是这并不会推迟开展相关实验的时间。"[28]

贝特森与此前的任何其他科学家的不同之处在于，他发现遗传信息的不连续性对人类遗传学的未来有着举足轻重的作用。如果基因确实是独立的信息微粒，那么我们就有可能实现定向选择、纯化以及操纵这些微粒。我们可以对优良基因进行选择或者扩增，并将不良基因从基因库中清除出去。从理论上讲，科学家能够改变"个体组成"以及国家组成，甚至在人类身份上留下永久印记。

"人们会自然而然地服从权力的意志。"贝特森悲观地写道，"不久之后遗传学将会为人类社会变革提供强大的推动力，也许就在不远将来的某个国家，这种力量会被用来控制某个民族的组成。然而实现这种控制对某个民族，或者说对人类究竟是福是祸就另当别论了。"由此可见，贝特森早在基因概念普及之前就已经有了先见之明。

第六章

优生学

改良环境和教育功在当下，而改良的血统则利在千秋。[1]

——赫伯特·瓦尔特（Herbert Walter），《遗传学》（*Genetics*）

大多数优生学家的语言表达方式都很委婉。我的意思是只有一针见血的表述才能让他们从长篇大论的陶醉中惊醒。此外，他们完全不具备换位思考的能力……如果对他们说"……我们应……确保前几代人的寿命增长处于合理范围内，尤其要注意女性人群的数据分析"，他们只会置若罔闻……而如果说"这种放任相当于谋杀"，他们才会幡然悔悟。[2]

——吉尔伯特·基斯·切斯特顿，《优生学与其他罪恶》

1883 年，也就是达尔文辞世的第二年，他的表弟弗朗西斯·高尔顿出版了《人类才能及其发展的研究》（*Inquiries into Human Faculty and Its Development*）一书。[3] 在这部颇有争议的著作中，高尔顿为优化人种制订了一个战略计划。高尔顿的想法非常简单：他打算模仿自然选择的机制。既然自然界可以通过生存和选择来对动物种群产生显著影响，那么高尔顿设想通过人工干预也可以加速人类进步的过程。高尔顿曾经认为，只要通过"非自然选择"手段选择出最强壮、最聪明以及"最适合"的人类，然后让他们繁殖后代，那么就可以在短短的几十年里赶上自然界亿万年的脚步。

高尔顿需要为这个宏图大略起个名字。他这样写道："我们迫切需要一个简洁的称谓来诠释这门学科。这门学科能够让优质种族或血统得以延续，并且以较大的优势快速压制劣质的种族或血统。"[4] 对高尔顿来说，优生学（Eugenics）这个词的内涵恰如其分，"我曾提出采用'大力繁殖学'（viriculture），不过似乎优生学更为简洁……"[5] 优生学的词根源自希腊语，其中前缀 eu 的意思是"优秀"，而 genesis 的意思是"优秀的种族通过遗传获得卓越的品质"。高尔顿从来不会否认自己的天赋，他对于自己创造的新词十分满意："请与我共同见证人类优生学的未来，此项研究不久将会具有重要的实用价值，我认为现在应该分秒必争……抓紧时间完成个人与家族史的采集。"[6]

※※※

高尔顿出生于 1822 年冬季，他与格雷戈尔·孟德尔同龄，而比他的表哥达尔文小 13 岁。在这两位现代生物学巨匠潜移默化的影响下，高尔顿敏锐地觉察到当时遗传学研究的滞后。高尔顿非常渴望出人头地，这种躁动令他备感焦虑。他的父亲是伯明翰一位富有的银行家，而母亲则是博学诗人与医生伊拉斯谟斯·达尔文的女儿，伊拉斯谟斯同时还是查理·达尔文的祖父。作为一名神童，高尔顿 2 岁便开始学习阅读，5 岁就可以流利地使用希腊语和拉丁语，8 岁就会解二次方程。[7] 虽然高尔顿与达尔文一样也收集甲壳虫，但是他缺乏表哥那种忍受枯燥工作的意志力，因此最终放弃了标本收集转向更富挑战性的领域。高尔顿曾经就读于医学院，但是后来又考入剑桥专注于数学。[8] 1843 年，他本来打算参加数学荣誉考试，却因神经衰弱不得不回家休养。

　　1844 年夏季，达尔文正着手撰写他第一篇关于进化论的文章，此时高尔顿正好离开英格兰前往埃及和苏丹，而这也是他的首次非洲之旅。19 世纪 30 年代，尽管达尔文在南非遭遇"原住民"的经历令他更加确信人类拥有共同的祖先，可是高尔顿的观察角度却与众不同："我所见过的这些蛮族部落为日后研究提供了丰富的素材。"[9]

　　1859 年，高尔顿拜读了达尔文的名著《物种起源》。更准确地说，高尔顿如饥似渴地"吞下"了这本书：他仿佛在电闪雷鸣中猛然醒悟，内心的激荡更是溢于言表，其中不乏嫉妒、骄傲与钦佩。高尔顿热情洋溢地致信达尔文，告诉表哥他"正在驶向知识王国的彼岸"。[10]

　　高尔顿感觉在这个"知识王国"中最想去探寻的内容就是遗传学。与弗利明·詹金一样，高尔顿很快也意识到他的表哥发现了正确的原理，但是却得出了错误的结论：遗传定律对于理解达尔文的理论至关重要。遗传与进化相当于阴阳互补。上述两种理论天生就形影不离，它们不仅相互依存而且还需要共同完善。如果"表哥达尔文"解决了谜题的一半，那么另一半就注定交给"表弟高尔顿"来攻克。

　　19 世纪 60 年代中期，高尔顿开始研究遗传学。达尔文的"泛子"理论认为，细胞释放的遗传指令漂浮于血液中，它们就像携带着无数信息的玻璃瓶在海上游荡，这也暗示通过输血可以传递泛子来改变生物遗传。基于上述理论，高尔顿尝试给兔子输注其他同类的血液来传递泛子。[11] 为了深入了解遗传指令的基本原理，他还研究过包括豌豆在内的其他植物。但是高尔顿在实验方面毫无建树，他缺乏像孟德尔那样的直觉。不仅兔子死于休克，就连花园里的藤蔓也几近枯萎。高尔顿重新调整了思路，他标新立异地将人类作为研究对象。虽然模式生物未能成功揭示遗传的机制，但是高尔顿推断测量人类变异和遗传性状或许能够揭开这个秘密。事实证明，这个决定成为通向成功的重要标志：这是一条自上而下的研究路径，他首先从那些最为复杂多变的性状（例如智力、性格、体能与身高）入手。从此之后，高尔顿在遗传学领域进行的研究势不可当。

　　高尔顿并非首位将测量人类变异用于遗传学研究的科学家。在19世纪30年代至40年代，比利时科学家阿道夫·凯特勒（Adolphe Quetelet，由天文学家转为生物学家）开始系统地测量人类的特征，并且使用统计学方法对这些数据进行分析。凯特勒采用的方法兼顾了严谨与全面的原则。他写道："人类的出生、成长与死亡都遵循某种迄今尚未被阐明的法则。"[12] 凯特勒列表统计了5 738名士兵胸廓的宽度和高度，结果证实他们的胸廓大小呈正态分布，其形状看起来既光滑顺畅又具有连续性。[13] 实际上，无论凯特勒的研究对象如何变换，他总是会注意到这里有某种共同的模式在反复出现：人类的特征甚至是行为均呈钟形曲线分布。

　　高尔顿受到凯特勒实验方法的启发，随后在测量人类特征差异方面投入了更多精力。然而那些复杂人类特征（例如智力、学术素养与美貌）的变异体也会遵循同样的模式吗？高尔顿明白市面上没有任何设备能够测量上述特征，但是这些问题根本难不倒他（高尔顿写道："科学计数是攻坚克难的良方。"）[14] 高尔顿通过了剑桥大学的数学荣誉考试（聪明才智的象征），然而具有讽刺意味的是，这正是他当年挂科的那门课。根据最佳逼近研究显示，即便是考试能力也遵循钟形曲线分布。在往返于英格兰和苏格兰之间的时候，高尔顿曾经对于女性的"容貌"进行了统计分析，他会偷偷地将遇到的女性按照"迷人""中等"以及"反感"进行排名，然后用藏在口袋里的细针在卡片上打孔计数。由于高尔顿的观察能力（兼具审视、评估、计数以及统计功能）强大，因此所有观察对象的人类特征均无法逃脱他的眼神："视觉与听觉敏锐度、色觉、视觉判断力、呼吸力度、反应时间、挤压强度与拉力、击打力度、臂展、身高……体重。"[15]

　　现在高尔顿的工作重点也从测量转变为机制研究。人类变异性状是通过遗传获得的吗？其具体方式是什么？他在选取研究对象时再次避开简单生物，希望能够直接进行人类研究。高尔顿出身名门，他的外祖父是伊拉斯谟斯，表哥是达尔文，这不恰好证明了天才遗传自家族血脉吗？为了收集更多的证据，高尔顿开始重新整理名人家谱。例如，他分析了生活在 1453 年至 1853 年间的 605 位名人，然后发现其中有 102 位具有亲属关系：这意味着每六位成功人士中就有一位与其他人存在亲属关系。高尔顿预计，如果某位成功人士喜得贵子，那么这个孩子日后崭露头角的概率为 1/12。相比之下，这个概率在随机选择的普通人中是 1/3 000。高尔顿认为英雄本色可以遗传，贵族得以世袭的基础在于智慧而不是爵位。[16]

高尔顿认为，成功人士的后代"为了保持优势已经提前布局"，因此他们成功的概率明显增高。他创造了"先天与后天"（nature versus nurture）这句名言并借此区分遗传与环境的影响。然而高尔顿对阶级和地位占据主导的解释并不满意，他无法忍受自己的"聪明才智"只是特权与机遇的附庸。天赋应该由基因编码。高尔顿确信成功模式取决于遗传因素，并且坚决回击任何其他观点的挑战。

高尔顿将大部分数据整理发表在《遗传的天才》（Hereditary Genius）一书中。[17]然而人们对这部内容颠三倒四的作品反应冷淡，就连达尔文读过之后都对其产生了疑虑，他明褒实贬地对表弟说："从某种意义上来说，你已经让对手的观点发生改变，但是我始终坚持以下观点，除了傻瓜之外，人与人之间在智力方面的差异有限，区别仅在对工作的热忱和努力程度上。"[18]高尔顿虚心接受了批评，从此以后再未进行过家谱研究。

※※※

高尔顿必定意识到了谱系项目的固有缺陷，因此他迅速重整旗鼓并且启动了另一项重要的实证研究。19 世纪 80 年代中期，他开始给普通百姓邮寄"调查表"，请他们核对家谱后列表汇总各项数据，并将父母、祖父母及子女的身高、体重、眼睛颜色、智力及艺术才能的详细测量结果寄给他（高尔顿继承的家族财富此时发挥了作用，他会为提供合格调查表的人支付一笔可观的报酬）。高尔顿为了揭开神秘的"遗传法则"努力了数十年，而这些内容真实的数据即将让他的梦想实现。

高尔顿使用的大部分研究数据相对直观，当然有时也会出现意料之外的事情。总体而言，如果父母双方均身材高大，那么孩子的个头也不会矮。高个头男性与普通个头女性所生的子女，其身高无疑要超过正常人群的中位数，但是他们同样符合正态分布，其中有的人要比父母高，而有的人则比父母矮[1]。如果这些数据背后隐藏着遗传基本规律，那么它的核心内容应该是：人类性状呈连续曲线形式分布，并且连续变异会继续产生连续变异。

但是会不会有某种法则（某种潜在模式）掌控着变异的起源？ 19世纪80年代末期，高尔顿将全部观察结果进行统计分类，然后大胆地将它们整合到他已经成熟的遗传假说中。他提出，每种人类性状（例如身高、体重、智力以及容貌）都是祖先遗传的保守模式产生的复合变量。总体来说，孩子的父母分别为其提供了一半的遗传物质，祖父母分别提供 1/4 的遗传物质，而曾祖父母则分别提供 1/8 的遗传物质，然后我们可以以此类推，溯源至最遥远的祖先。所有祖先对该性状贡献的总和可以表示为：1/2+1/4+1/8……而最终结果恰好为 1。高尔顿将其称为"祖先遗传法则"。[19] 其实这是预成论中缩微人（借用了毕达哥拉斯和柏拉图的理论）概念的数学表达方式，只不过是在分子分母的包装下华丽转变为一个时尚的法则。

高尔顿意识到，只有精准预测现实中存在的遗传模式，这种法则才可以登上科学的巅峰。1897 年，他找到了理想的测试对象。高尔顿在痴迷于研究英格兰纯种狗的过程中发现了一份珍贵的手稿：在这份由埃弗里特·米莱爵士（Sir Everett Millais）于 1896 年颁布的《巴吉

---

[1] 　实际上，如果父亲的身高异常高大，那么他们儿子的平均身高会倾向略低于父亲的平均身高，并且会更接近于人群的平均身高，似乎有某种无形的力量始终让极端特征向平均水平靠拢。此种被称为"均值回归"的现象将在测量科学和变异概念方面产生巨大影响，而这也是高尔顿对统计学的最大贡献。

度猎犬俱乐部守则 》（ *Basset Hound Club Rules* ）中，详细记载了多代巴吉度猎犬的毛色特征。[20] 让高尔顿喜出望外的是，他发现自己总结的法则能够精准预测每一代巴吉度猎犬的毛色。至此他终于揭开了遗传密码的神秘面纱。

虽然该方案令人满意，但是好景不长。在 1901 年至 1905 年间，高尔顿与学术上的宿敌威廉·贝特森（剑桥大学的遗传学家）发生了严重的分歧，而贝特森是孟德尔理论最坚定的拥护者。贝特森性格固执且气势逼人，他对于高尔顿的方程根本不屑一顾，就连那副八字胡都会令人感到避之不及。贝特森对此断言，巴吉度猎犬的数据可能存在异常或者错误的情况。美丽的梦想总是要面对残酷的现实，无论高尔顿的无穷级数看起来多么靓丽，贝特森的实验结果都无可辩驳地指向一个事实：遗传指令由独立的信息单位携带，而不是以 1/2 或者 1/4 的形式从遥不可及的祖先那里继承。尽管孟德尔的科学精神与德·弗里斯的不拘小节形成了鲜明对比，但是都不会影响他们做出正确的判断。人类的遗传物质组成非常简单：其中一半来自母亲，另一半则来自父亲。父母双方分别贡献一套遗传指令，解码后就能繁衍后代。

面对贝特森咄咄逼人的攻势，高尔顿也开始做出正式回应。瓦尔特·韦尔登（Walter Weldon）与阿瑟·达比希尔（Arthur Darbishire）是两位著名的生物学家，卡尔·皮尔逊（Karl Pearson）则是一位杰出的数学家，他们共同加入了维护"祖先遗传法则"的阵营，双方的辩论迅速沦为殊死搏斗。[21] 韦尔登在剑桥大学曾是贝特森的老师，但是现在却成了势不两立的劲敌。他认为贝特森的实验"完全没有说服力"，并拒绝承认德·弗里斯的研究成果。与此同时，皮尔逊创办了一本名为"生物统计学"（Biometrika，名字源于高尔顿生物测量的概念）的科学杂志。他希望这本杂志能够成为宣传高尔顿理论的阵地。

1902 年，达比希尔在小鼠身上开展了一系列实验，他希望能够一劳永逸地证明孟德尔假说的谬误。他繁育了成千上万只小鼠，期望证明高尔顿理论的正确。然而当达比希尔分析了第一代杂合体以及杂合体的杂交后代之后，他发现这些小鼠的遗传模式让人一目了然：由于不可分割的性状在代际垂直传递，因此实验数据只能由孟德尔学派的遗传理论解释。[22] 达比希尔起初拒绝接受这一结果，但是他感到不能否认这些数据的真实性，因此最终还是认可了孟德尔的理论。

1905 年春季，韦尔登在前往罗马度假的时候还带着贝特森和达比希尔的研究数据。[23] 他按捺不住心中的怒火，感觉自己像个"小职员"一样坐在那里分析数据，并希望这些数据能够支持高尔顿的理论。[24] 同年夏季，韦尔登返回英格兰，他希望利用自己的分析颠覆贝特森和达比希尔的研究，然而不幸的是，他因罹患肺炎在家中突然病故，当时年仅 46 岁。贝特森为他的良师益友写了一篇感人的讣告，他回忆道："我人生中最重要的觉醒应该归功于韦尔登，但这只是我个人灵魂深处私下的感恩。"[25]

※※※

其实贝特森的"觉醒"一点都不低调。在 1900 年至 1910 年这十年间，随着孟德尔"遗传单位"的证据日渐增多，生物学家不得不面对这一新理论的冲击。这种变革也产生了深远的影响。亚里士多德曾经将遗传定义为信息流，而这条河承载着遗传密码从卵子进入胚胎。2000 多年以后，孟德尔在无意中发现了遗传信息的基本结构，也可以说是组成密码的字母表。如果说亚里士多德描述了遗传信息在代与代之间流通的趋势，那么孟德尔则发现了流通中使用的货币。

但是贝特森意识到，他的观点迫切需要得到另外一项更为重要的理论的支撑。生物信息流转并不局限于遗传过程，它实际上遍布生物体内的每个角落。遗传性状的传递仅是信息流运动的一个例子而已，但是如果你穿越想象的空间来仔细端详，那么就不难理解信息在整个生命世界中流转的轨迹。胚胎伸展身体、植物追逐阳光以及蜜蜂结伴起舞分属于不同的生物行为，而我们要想了解其原理就需要对加密的遗传指令进行解码。孟德尔是否也曾无意中发现了这些密码的基本结构？难道是遗传信息单位在指导每一步的进程吗？贝特森提出："我们每个人在审视自己研究成果的时候都可以看到孟德尔理论的影子。[26] 面对眼前这片不为人知的新大陆，我们似乎刚刚踏上探索的征程[27]……鉴于遗传学实验研究具有举足轻重的意义，因此它绝不会成为任何学科的分支。[28]"

我们在定义"新大陆"的时候需要使用全新的术语，现在是给孟德尔的"遗传单位"命名的时候了。原子一词具有现代意义始于1808年，当时它以科技词语的形式出现在约翰·道尔顿（John Dalton）的论文中。大约过了一个世纪后，也就是1909年夏季，植物学家威廉·约翰森（Wilhelm Johannsen）为遗传单位创造了一个特殊的名词。起初他考虑使用德·弗里斯的"泛生子"一词，并以此向前辈达尔文表示敬意。但是事实上达尔文对此概念的解释并不正确，而"泛生子"一词很容易引起人们误解。于是约翰森将"泛生子"（pangene）的拼写缩短，创造出"基因"（gene）一词。[29]（贝特森本想把基因称作"gen"，希望能够避免出现发音错误，但是这一切都为时已晚。当时欧洲国家在使用英语的过程中比较随意，由于约翰森创造的新词正好符合时代潮流，因此就这样阴错阳差地保留了下来。）

就像道尔顿和原子的关系一样，无论贝特森还是约翰森根本不理解什么是基因。他们两人对于基因的物质形态、物理与化学结构、体内或者细胞内位置，甚至作用机制等问题一无所知。基因的概念非常抽象，它当时只是被用来标记某种功能。基因是遗传信息的载体，其定义则取决于基因的功能。约翰森写道："语言不只是我们的仆人，它也可能逆袭成为主人。[30]当有关遗传机制的新旧概念层出不穷时，我们需要创造一个适用于任何场合的新术语。因此，我提议使用'基因'一词。'基因'这个名词言简意赅，现代孟德尔学派的研究人员证实……用它来表示'遗传单位'恰如其分。"约翰森对此评论道："'基因'这个词与任何假说都毫无关联，它反映了一个显而易见的事实……即生物体的许多特性……将通过某种独树一帜的方式来进行表达。"

但是在科学界，某个词语就可能代表一个假说。在自然语言中，词语只是概念的转述；然而在科技语言中，词语的含义绝不会这么简单，其中的内涵可能包括机制、结局以及预测。某个科技名词的问世足以引发成千上万个疑问，而"基因"概念的横空出世也引起了广泛的争议。基因的物理和化学本质是什么？生物体的全套遗传指令（基因型）如何转化为实际的物质表现（表型）？基因如何传递？它们位于何处？它们的调控机制是什么？如果基因是决定某个特定性状的离散微粒，而诸如身高、肤色等性状却以连续曲线的形式出现，那么基因的这种属性与人类性状如何保持一致呢？基因在生命起源中的作用是什么？

1914 年，某位植物学家这样写道："遗传学作为一门新兴学科，很难判断……它的边界在哪里。与所有探索性工作一样，如果我们在科研工作中发现了开启某个全新领域大门的钥匙，那么这意味着激动人心的时代已经到来。"[31]

※※※

弗朗西斯·高尔顿平时就隐居在位于拉特兰门的住所里，可是令人不解的是，他完全不为"激动人心的时代"感到振奋。当生物学家开始争先恐后地接受孟德尔定律，并且忙于为各自的成果自圆其说的时候，高尔顿则表现出无动于衷的样子。高尔顿对于遗传单位的属性并不感兴趣，他关心的问题在于遗传过程是否可控，即操纵人类遗传是否能够造福人类。

历史学家丹尼尔·凯夫利斯（Daniel Kevles）写道："工业革命技术成为人类征服自然的手段，而（高尔顿）正身处这个变革的时代。"[32]虽然高尔顿没能发现基因，但是他为基因技术的应用开辟了道路。高尔顿希望通过人工选择遗传性状与定向繁育后代来改良人种，并且将这门新兴学科起名为优生学。对于高尔顿来说，优生学只是遗传学的一种应用形式，就像农业是植物学的应用形式一样。高尔顿写道："自然选择具有盲目、缓慢与残忍的特点，而人工干预的方式可能更为长远、迅速与温和。当人类拥有上述能力时，他便有义务朝这个方向努力。"早在 1869 年，高尔顿就在《遗传的天才》这部书中提出了优生学的概念，这比孟德尔定律重新发现的时间提前了 30 年，可惜他没有在此领域继续探索，转为集中精力从事遗传机制的研究。但是当祖先遗传假说被贝特森和德·弗里斯逐渐颠覆后，高尔顿迅速跻身规范研究的倡导者行列。他可能对遗传学的生物基础存在误解，但是他对于人类遗传学的应用前景充满信心。某位高尔顿的追随者曾经写下这样的话，其中暗含着针对贝特森、摩根与德·弗里斯的贬低："优生学不是显微镜能解答的问题，它所研究的……力量能够带领社会群体走向辉煌。"[33]

　　1904 年春季，高尔顿在伦敦经济学院的一场公开演讲中提出了优生学概念。[34] 那是个典型的布鲁姆斯伯里[1] 成员聚会的傍晚。城市的精英们各个衣着考究从四面八方云集会场：其中乔治·萧伯纳（George Bernard Shaw）、赫伯特·乔治·威尔斯、社会改革家艾丽丝·德赖斯代尔-维克里（Alice Drysdale-Vickery）、语言哲学家韦尔比夫人（Lady Welby）、社会学家本杰明·基德（Benjamin Kidd）以及精神病学家亨利·莫兹利（Henry Maudsley）均提前到场。而皮尔逊、韦尔登与贝特森则姗姗来迟，他们彼此之间没有任何好感，就连座位也相距甚远。

　　高尔顿的演讲持续了约 10 分钟。他提出，应该把优生学"当成某种新型宗教引入国民意识中"。[35] 优生学的理论基础源自达尔文，他们将达尔文自然选择理论的逻辑移植到人类社会。"所有生物都应该遵守以下原则：身体健康会胜过体弱多病，精力充沛会胜过虚弱无力，主

---

[1]　布鲁姆斯伯里：Bloomsbury，英国 20 世纪初的知识分子小团体。——编者注

动适应环境会胜过被动接受生活。简而言之，同类竞争必然会出现优胜劣汰，这种规律适用于任何生物。人类亦在其中。"[36]

优生学的目标是加速选择主动适应与身体健康的对象，同时淘汰那些被动接受与体弱多病的同类。为了实现这个理想，高尔顿建议要选择性繁育身强体壮的后代。他还提出，假设该理论能够被社会认可，那么传统意义上的婚姻将被颠覆："如果社会禁止那些不能满足优生学要求的婚姻……那么以后就没必要结婚了。"[37]就像高尔顿设想的那样，社会应该记录那些卓越家族中的优秀性状，并且将它们整理成为人类血统档案。高尔顿将其称为"宝典"，而只有从这部"宝典"中挑选出的男女才能繁育出最优秀的后代，从某种意义说这种方式与繁育巴吉度猎犬和赛马没什么区别。

※※※

虽然高尔顿的演讲简明扼要，但是在座的人群却已经变得躁动不安。精神病学家亨利·莫兹利首先发难，他公开质疑高尔顿有关遗传的假设。[38]莫兹利长期从事家族精神病领域的研究，他认为遗传模式比高尔顿所提出的要复杂得多。例如父亲正常可是儿子却患有精神分裂症。此外即便是那些普通家庭也会养育出神童。威廉·莎士比亚的家乡位于英格兰中部，他的父亲是一位默默无闻的手套生产商，而且"他的父母与周围的邻里没有什么不同"，没有人想到莎士比亚后来会成为英国历史上最伟大的文学家。莫兹利强调："莎士比亚有兄弟四人，其中只有他成为旷世奇才，而其他兄弟均表现平平。"[39]我们可以从历史名人里找出许多带有"缺陷"的案例：牛顿曾是一个体弱多病的小孩，约翰·加尔文患有严重的哮喘，达尔文曾经被严重的腹泻与抑郁症摧残。就连提出"适者生存"概念的哲学家赫伯特·斯宾塞（Herbert Spencer）也因为身患多种疾病常年卧床不起，真正实现了为自己的生存而奋斗。

但是就当莫兹利建议需要谨慎对待时，有人则希望加快推进速度。赫伯特·乔治·威尔斯是英国著名小说家，他对优生学的概念并不陌生。1895 年，威尔斯的成名作《时间机器》(*The Time Machine*)问世，他根据想象设计出一种未来人类，他们将天真和善良作为理想性状进行保留，然后通过近亲繁殖的手段来传宗接代，最终退化成为一群缺乏兴趣或者激情并且弱不禁风的幼稚人种。威尔斯非常赞同高尔顿的观点，他也认为应该将操纵遗传作为创建"适者社会"的手段。但是他同时表示，通过婚姻进行选择性近亲繁殖可能适得其反，这样也许会产生更多体弱多病与反应迟钝的后代。而唯一的解决方案就是毫不留情地对弱者进行选择性清除。"改良人类血统的重点在于将失败者绝育，而不是从繁育成功的人群中进行选择。"[40]

根据会议日程，贝特森是当天最后一个演讲者，尽管他的观点令人悲观，但是却非常科学公正。高尔顿提出要根据身体和心理的性状（表型）来择优进行繁育，但是贝特森认为，真正的遗传信息并不存在于这些性状中，而是隐藏在决定性状的基因组合里（基因型）。那些让高尔顿锲而不舍探索的身体和心理特征，例如身高、体重、容貌与智力，只不过是潜伏其后的基因特征的外在体现。优生学的真正用途在于操纵基因，而不是凭空想象去选择性状。高尔顿看不起那些使用"显微镜"的实验遗传学家，可是他低估了这种工具的强大功能，只有由表及里才能了解遗传规律的内在机制。贝特森警告说，很快人们就会发现，遗传规律将"遵循一种极其简单的精准法则"。如果优生学家熟知这些法则并且掌握了破解手段（实现了柏拉图的梦想），那么他将获得前所未有的能力：优生学家就可以通过操纵基因驾驭未来。

虽然高尔顿的演讲并没能取得预想中的满场喝彩（他后来还抱怨说那些观众简直"生活在 40 年前"），但他显然涉及了当时颇为敏感的领域。与维多利亚时代众多精英一样，高尔顿和他的朋友们都在为人种退化而忧心忡忡（在整个 17 世纪与 18 世纪中，英国在殖民地的统治中不断遭受当地原住民的反抗，高尔顿自己就曾在探险中遇到过这些"蛮族",于是他更加坚定地认为,只有杜绝异族通婚才能保持和维护白种人的血统纯正)。1867 年,英国颁布的《第二次议会改革法案》将选举权赋予工人阶级中的男性。到了 1906 年,即便是统治阶级认为固若金汤的议会也开始受到冲击,在选举中有 29 个席位落入工党手中,而这个结果在英国上层社会引起广泛焦虑。高尔顿相信一旦赋予工人阶级政治权利,就会激发他们自身基因的能量:他们的子孙后代将迅速遍及天下,从而占据人类基因库的主导地位,并且会把整个国家拖向平庸的深渊。普通百姓会逐渐退化,同时"庸人"将会变得更加无所事事。

1860 年,乔治·艾略特(George Eliot)在《弗洛斯河上的磨坊》(*The Mill on the Floss*)一书中写道:"那个看似惹人喜爱的女人会不停地为你生出愚蠢的男孩,而她直到世界末日来临才会停止。"[41]在高尔顿看来,如果放任"傻子"不断繁衍后代,那么将会对整个国家造成严重的遗传威胁。托马斯·霍布斯(Thomas Hobbes)曾担忧人类会堕入一种"贫困、污秽、野蛮、短暂"的自然状态,高尔顿则担心未来国家会被拥有劣质血统的人掌控:也许他们只是一群身材矮小的跳梁小丑。他对日益增长的人口表示担忧,如果任其自行发展下去,那么势必产生大量无知的劣等人群〔他将其称为"劣生学"(kakogenics),意为"源自劣等基因"〕。

尽管高尔顿身边的拥护者对此坚信不已,但是他们并不敢高声谈论这个敏感的话题,实际上威尔斯只不过是说出了他们的心声,即只有满足以下条件时优生学才能起效:增加优质人口选择性繁育(所谓的积极优生学),对劣质人口开展选择性绝育(消极优生学)。1911 年,高尔顿的同事哈维洛克·艾利斯(Havelock Ellis)为了满足自己对消极优生学的狂热,不惜蓄意歪曲孟德尔(孤独的园丁)的理论:"伟大的生命之园与我们常见的公共花园别无二致。我们反对那些为了满足自身幼稚或者变态欲望而毁坏花草树木的行为,这样会让所有人生活在自由和欢乐中……我们致力于培养秩序意识,在秉承慈爱的同时不忘使命，必须把影响种族发展的因素彻底清除……实际在这些问题上，那位孤独的园丁就是我们的榜样与向导。"[42]

※※※

就在高尔顿生命的最后几年，他仍为消极优生学的观点所困扰，并且始终不肯妥协。高尔顿认为"将失败者绝育"的方法隐含着众多道德风险，通过这种手段来清除人类遗传花园中的杂草令他惴惴不安。然而直到最后，他将优生学打造成"国教"的渴望还是战胜了对消极优生学的隐忧。1909 年，高尔顿创办了一本名为《优生学综述》(*Eugenics Review*)的杂志，其内容涉及选择性繁育和选择性绝育。1911 年，他创作了一部内容怪异的小说《不能说在哪里》(*Kantsaywhere*)，在书中描写的未来乌托邦中，大约有一半居民因被标记为"不宜"而被严格限制生育。高尔顿将小说的副本送给侄女，但是她觉得内容荒诞不经，因此把大部分书稿付之一炬。

1912 年 7 月 24 日，第一届国际优生学大会在伦敦塞西尔酒店(Cecil Hotel)开幕，而此时距高尔顿去世正好一年。[43] 会议地点选择在此具有象征意义。塞西尔酒店拥有近 800 间客房，从这里可以直接俯瞰泰晤士河全景。尽管它不是欧洲最奢华的酒店，但是其建筑规模无人匹敌，此处也是经常举办外交和国事活动的场所。参加这场盛会的各界知名政要与学者来自 12 个国家：其中包括温斯顿·丘吉尔(Winston Churchill)、贝尔福勋爵(Lord Balfour)、伦敦市市长、首席法官、亚历山大·格拉汉姆·贝尔(Alexander Graham Bell)、哈佛大学校长查尔斯·埃里奥特(Charles Eliot)、牛津大学医学教授威廉·奥斯勒(William Osler)、胚胎学家奥古斯特·魏斯曼。本次大会主席由达尔文之子伦纳德·达尔文(Leonard Darwin)担任，卡尔·皮尔逊负责协助伦纳德完成会务组织。酒店的大堂由大理石装饰而成，与会者抬头就可以看到美丽的穹顶，而那幅高尔顿家族的合影格外引人注目。会议演讲嘉宾的题目涉及多个领域，例如操纵遗传与儿童平均身高增加、癫痫的遗传机制、酗酒者性爱模式以及犯罪的遗传本质。

在全部大会发言中，有两个报告的内容让人不寒而栗。德国学者在第一个报告中用狂热且精准的语言展示了"种族卫生"理论，而这对于即将到来的黑暗年代也是个不祥的预兆。阿尔弗雷德·普洛兹（Alfred Ploetz）既是医生也是科学家，同时他还是种族卫生理论的狂热支持者，他在会议上充满激情地宣布，德国正在启动种族清洗计划。随后美国同行所做的第二个报告则更加有过之而无不及。如果把德国开展的优生运动比喻成家庭小作坊，那么在美国进行的运动就是由国家推动的工业化大生产。动物学家查尔斯·达文波特（Charles Davenport）被誉为美国优生运动之父，他出身贵族家庭并且曾经在哈佛大学获得博士学位。1910 年，他建立了专注于优生学的研究中心与实验室，也就是人们常说的优生学档案办公室。1911 年，达文波特的著作《遗传与优生学的关系》（*Heredity in Relation to Eugenics*）被奉为此项运动的"《圣经》"，同时它也在全国范围内被广泛用作大学院校的遗传学教科书。[44]

虽然达文波特没有参加 1912 年的优生学大会，但是他的门生布利克·范·瓦根伦（Bleecker Van Wagenen，美国饲养者协会年轻的主席）却在会上发表了一场激动人心的演讲。凡·瓦根伦的报告全是美国研究人员获得的实践经验，而当时欧洲的同行还在理论和思辨的泥淖中苦苦挣扎。他踌躇满志地讲述着美国国内为清除"缺陷品种"而开展的具体工作。例如，美国已经在为不宜繁育后代的人群建立隔离中心（"聚居区"）。此外，已经成立了某些委员会来评估准备进行绝育的人群，其中包括癫痫患者、罪犯、聋哑人、低能者、眼疾患者、骨骼畸形者、侏儒、精神分裂症患者、躁郁症患者以及精神失常者。

凡·瓦根伦提出："占总人口数近 1/10 的人……都具有劣等血统，他们完全不应该成为模范公民的父母……有 8 个州的联邦政府通过立法或授权相关组织来对这些人进行绝育。在宾夕法尼亚州、堪萨斯州、爱达荷州、弗吉尼亚州……已经有许多人接受了绝育……无论是私立医院还是公立机构都积极投身这项运动,外科医生已经完成了成千上万例绝育手术。通常来说,开展此类手术纯粹是出于治疗疾病的考虑,但是目前还没有获得关于这些手术远期效果的可靠记录。"[45]

1912 年,加利福尼亚州立医院院长乐观地得出结论:"我们尽已所能对出院患者开展随访,并且会不定期地收到他们的反馈,迄今没有发现任何不良反应。"[46]

第七章

"三代智障已经足够"

如果我们允许身体羸弱与肢体畸形的人群生存繁衍生息，那么我们未来将面对遗传的衰败；如果我们可以拯救或者帮助他们，但是却任由他们死去或者受难，那么我们必定将面对道德的谴责。[1]

——狄奥多西·多布然斯基（Theodosius Dobzhansky），

《遗传与人性》（*Heredity and the Nature of Man*）

畸形的父母会产生畸形的后代，例如瘸子的孩子是瘸子，瞎子的孩子是瞎子，总体而言，他们身上的特征经常有悖自然规律，并且带有肿块与瘢痕这样的先天印记。其中某些特性甚至能传承三（代）。[2]

——亚里士多德，《动物志》

1920 年春季，艾米特·艾达琳·巴克（Emmett Adaline Buck，以下简称艾玛）被带到弗吉尼亚州立癫痫与智障收容所（位于弗吉尼亚州林奇堡）。[3] 她的丈夫弗兰克·巴克（Frank Buck）是一名制锡工人，不是抛家弃子就是死于一场事故，总之他留下艾玛独自一人抚养幼女卡丽·巴克（Carrie Buck）。[4]

艾玛与卡丽在肮脏破败的环境里勉强度日，平时则依靠施舍、食物捐助和打零工来维持可怜巴巴的生活。有人谣传艾玛卖淫并且感染了梅毒，还指责她一到周末就会把挣来的钱都花在喝酒上。那年 3 月，艾玛在镇上的街道被抓，不清楚罪名是流浪还是卖淫，随后她被带到一位市政法官面前。1920 年 4 月 1 日，两位医生对艾玛进行了一次草率的心理测试，然后就将她归为"弱智"。随后艾玛被遣送至林奇堡的收容所。[5]

在 1924 年，"弱智"包括三种不同的类型：白痴、痴愚和愚笨。在上述三者间，白痴是最容易区分的类型，美国人口调查局将其定义为"智力水平低于 35 月龄儿童的智能障碍者"，不过愚笨和痴愚的界限就没那么明确了。[6] 理论上将二者定义为程度略轻的认知障碍，但是在实际生活中，由于这两个名词的语义较为模糊，因此很容易就把各色人等均纳入进来，其中某些人根本没有任何精神疾病：例如妓女、孤儿、抑郁症患者、流浪者、轻微犯罪犯人、精神分裂症患者、失独症患者、女权主义者、叛逆的青少年。总而言之，只要行为、意愿、选择或者外表超出人们接受的准则，那么他们就会被划入这个可怕的怪圈。

弱智的女性均被关押在弗吉尼亚州立收容所，这样可以确保她们不会再继续生育，从而使人口素质免受痴愚或者白痴的污染。"收容所"这个词一语道破了真相：这个地方绝不是用来救死扶伤的医院或者避难所。实际上，从其规划伊始，这里就注定成为与世隔绝的禁区。收容所位于蓝岭山脉的迎风坡面，占地面积超过 200 英亩（1 英亩约等于 4 047 平方米），这里距离詹姆斯河泥泞的河岸大约有 1 英里，收容所拥有独立的邮局、发电站、贮煤室以及一条用于卸载货物的支线铁路轨道。没有公共交通工具能够进出收容所。这里就是精神病患者的加州旅馆——只要进来就别想再出去。

当艾玛来到这里时，她被迫赤身裸体接受冲洗，而换下的衣服也被扔掉，随后有人用水银为她灌洗生殖器进行消毒。另有一位精神科医生再次对她进行了智力评估，并且确认了之前做出的"重度痴愚"诊断。艾玛从此被关入收容所，并在高墙内度过余生。

※※※

1920 年以前，卡丽·巴克的母亲还没有被遣送到林奇堡，虽然卡丽生活在贫困之中，但是童年时光也还算正常。1918 年的一份学校成绩单显示，时年 12 岁的卡丽"礼仪和功课"被评为"优秀"。卡丽身材瘦长，浑身散发着男孩子气，平时喜欢打打闹闹。她是个爱笑的姑娘，个头明显比同龄的女孩子要高，额头留着一圈浓密的刘海。她在学校里喜欢给男孩子写纸条，也经常去附近的池塘钓青蛙和鲑鱼。但是自从艾玛离开后，卡丽的生活开始变得支离破碎。卡丽被安置在寄养家庭，可是后来被养父母的侄子强奸，很快大家就发现她怀孕了。

卡丽的养父母迅速采取行动以防家丑外扬，他们把卡丽带到市政法官面前，而就是这个人将她的母亲遣送到了林奇堡。他们的计划是把卡丽也判定为弱智，于是就有人说卡丽表现出各种异常情况，其中包括"出现幻觉且脾气暴躁"、情绪冲动、精神错乱甚至荒淫无耻。那位法官是卡丽养父母的朋友，他果不其然认可了对卡丽做出的"弱智"诊断：原因就在于有其母必有其女。1924 年 1 月 23 日，距离艾玛出现在同一法庭不到 4 年的时间，卡丽也被遣送至收容所。[7]

1924 年 3 月 28 日，就在卡丽等待被移送至林奇堡期间，她的女儿薇薇安·伊莱恩（Vivian Elaine）呱呱坠地。依据弗吉尼亚州的规定，卡丽的女儿也将被安置在寄养家庭。[8]1924 年 6 月 4 日，卡丽来到弗吉尼亚州立收容所。有关卡丽的报告中写道："没有证据支持精神病的诊断，她不仅能读能写，而且基本生活自理。"她的实践知识和技能均与常人无异。然而，尽管所有证据都指向相反的结论，但是卡丽仍被视为"中度痴愚"并关押在此。[9]

※※※

1924 年 8 月，就在卡丽·巴克来到林奇堡几个月后，她在阿尔伯特·普里迪医生的要求下被带到收容所委员会。[10]

阿尔伯特·普里迪医生来自弗吉尼亚小镇基斯维尔（Keysville），他于 1910 年开始担任收容所的负责人。但是卡丽和艾玛·巴克并不知道他当时正投身于一场激烈的政治运动中。普里迪最得意的项目就是对弱智者进行"优生绝育"。普里迪在收容所里享有库尔兹（约瑟夫·康拉德作品《黑暗之心》的主人公）似的超凡能量。他坚信将"智障者"关押在收容所内只是防止他们传播"劣质遗传"的权宜之计。一旦放虎归山，他们将再次开始繁育后代，从而污染并败坏人类基因库。因此绝育是一项行之有效的终极解决方案。

现在普里迪需要政府从立法程序上进行明确，授权他可以按照优生学标准为女性进行绝育；只需要完成一例测试就能为日后成千上万的案例建立标准。当普里迪提出这个想法后，他发现法律和政治领袖大多对他的想法表示赞同。在普里迪的努力下，1924 年 3 月 29 日，弗吉尼亚州批准在州内实施优生绝育，前提是被实施绝育者已由"精神卫生机构委员会"进行筛查。[11] 9 月 10 日，同样是在普里迪的推动下，弗吉尼亚州立收容所委员会在一次例会中审议了巴克的案例。在本次质询中，卡丽·巴克全程就被问了一个问题："你对于即将实施的手术还有什么要说的吗？"[12] 而她只回复了两句话："没有了，先生。我的人种决定了一切。"无论她指的那些"人种"是谁，他们都没有站出来为巴克辩解。至此委员会批准了普里迪为巴克进行绝育手术的申请。

但是普里迪对于州法院和联邦法院的态度还是心存忌惮，担心他实现优生绝育的理想会遭到质疑。在普里迪的鼓动下，巴克的案例紧接着被递交至弗吉尼亚州法院。普里迪认为，如果法院确认这一行动的合法性，那么就意味着他将得到完整授权，接下来他便可以继续在收容所开展优生工作，甚至可以推广至其他地方的收容所。1924 年 10 月，"巴克诉普里迪案"在阿默斯特县巡回法院提起诉讼。

1925 年 11 月 17 日，卡丽·巴克第一次出现在林奇堡法院受审。她发现普里迪特意安排了十几位证人出庭。第一位证人是来自夏洛茨维尔的社区护士，她指证艾玛和卡丽都容易冲动，"主观上缺乏社会责任感，并且……弱智"。当证人被问及卡丽行为异常的证据时，她说曾发现卡丽"给男孩子写纸条"。此外还有其他四位女性证人出庭检举艾玛和卡丽。不过这时普里迪最重要的证人还未登场。卡丽和艾玛根本没有想到，普里迪已经安排了一位红十字会的社工前去打探卡丽女儿的情况。薇薇安与养父母生活在一起，当时她只有 8 个月大。普里迪推断，如果薇薇安也表现为弱智，那么他的案子就可以胜诉了。因为她们祖孙三代（艾玛、卡丽与薇薇安）的表现就是确凿无疑的铁证。

然而这份证词来得却并没有普里迪计划中那么顺利。那位社工完全偏离了预先排练的剧本，她一开始就承认判断中可能存在偏见：

"也许对她母亲的了解会让我产生偏见。"

"你对这个孩子有什么印象？"检察官问道。

社工再次表现出犹豫不决。"对于如此年幼的孩子，很难对她以后的可能进行评判，但是在我看来她不完全是一个正常的婴儿……"

"你认为这个孩子不是一个正常的婴儿吗？"

"有时看上去不太正常，但是仅此而已，我也说不清楚。"

在那一瞬间，似乎美国优生绝育行动的未来就掌握在这位社工手中，而她对这个连玩具都没有的任性女婴的模糊印象将决定这一切。

包括午餐休息时间在内，整个庭审共持续了 5 个小时。陪审团很快就做出了裁决。法庭支持普里迪对卡丽·巴克实施绝育的决定。判决书写道："这项行动符合正当法律程序的要求。本案并非刑事审判。尽管有人可能会对此提出异议，但是不能认为该判决侵犯了被告人的权利。"

巴克的律师随即对判决提出上诉。该案被提交至弗吉尼亚州最高法院，而法庭再次支持了普里迪对巴克实施绝育的请求。1927 年初春，巴克案件上诉至美国最高法院。此时普里迪已经去世，新任收容所负责人叫作约翰·贝尔（John Bell），现在由他作为继任者出现在被告席上。

※※※

1927 年春季，在最高法院尚未开庭之时，"巴克诉贝尔案"就已引起社会广泛争议。很明显，该案的焦点从一开始就不在巴克和贝尔身上。当时恰逢美国历史上移民浪潮的尾声，整个国家都在寻找历史与传承的归宿。1890 年至 1924 年间，大约有 1 000 万移民涌入纽约、旧金山和芝加哥，其中包括犹太人、意大利、爱尔兰及波兰人，他们遍布于各个角落并且塞满了穷巷陋室，人们可以在集市耳闻目睹到各种语言、习俗和食物（截至 1927 年，新移民约占纽约和芝加哥总人口的 40% 以上）。19 世纪 80 年代，英国社会产生的阶级焦虑助推了优生学发展，而进入 20 世纪 20 年代后，美国社会凸显的"人种焦虑"也催生出优生学运动。[1] 尽管高尔顿也许看不起人数众多的社会平民，但是他们毫无疑问还是英国社会的重要组成部分。相比之下，美国的社会结构受到大量外国移民的冲击，他们的基因像口音一样变幻莫测，这点跟天外来客没什么两样。

诸如普里迪这样的优生学家们已经担心了很久，唯恐汹涌而至的移民潮会加速"种族自杀"。他们认为长此以往，"劣等"人口数量会远远超过"优等"人口，而"劣质"基因也会毁掉"优质"基因。就像孟德尔证实的那样，基因携带的信息本身不可分割，但是遗传病一

---

[1] 毫无疑问，奴隶制作为历史遗产也是驱动美国优生运动的一个重要因素。美国白人优生学家长期以来就对非洲奴隶的"劣质基因"心存忌惮，担心他们与白人通婚后会污染原本纯洁的基因库。直到 19 世纪 60 年代，政府颁布了禁止种族间通婚的法律，这才让许多人从这种恐惧中平复下来。相比之下，那些白人移民反而不易识别和区分，因此自 20 世纪 20 年代起，"种族污染"和异族通婚再次引发了人们的焦虑。

旦播散就面临无法收拾的窘境［麦迪逊·格兰特写道："（任何种族）与犹太人生出的杂种还是犹太人。"］[13]。某位优生学家曾经这样描述，唯一能够"阻断缺陷种质"传播的方法就是切除产生种质的器官，例如对卡丽·巴克这种具有遗传缺陷的人进行强制性绝育。为了保护国家不受"种族退化的威胁"[14]，需要在全社会范围内开展这种根治手术。1926 年，贝特森深恶痛疾地写道："乌鸦们哇哇乱叫着要在（英格兰）搞优生改革。"[15] 可是美国的同类已经捷足先登了。

尽管"种族自杀"和"种族退化"与种族和遗传净化的理论基础大同小异，但是它们之间的解决方案却截然不同。在 20 世纪初期最受欢迎的小说中，埃德加·赖斯·巴勒斯（Edgar Rice Burroughs）的《人猿泰山》（*Tarzan of the Apes*）能让数以百万计的美国人废寝忘食。该书讲述了一位 19 世纪英伦贵族的传奇爱情故事：主人公还身在襁褓的时候就成了孤儿，后来被非洲猿猴抚养长大。他的身上不仅保留了双亲的肤色、举止和体型，还继承了他们的正直、盎格鲁-撒克逊人的价值观，甚至会使用正规餐具的本能。泰山体现了先天战胜后天的终极胜利，"他笔直而完美的身材，覆以最强壮的古罗马角斗士才会拥有的肌肉"。对于那些穿着法兰绒西服的白人而言，如果被丛林猿猴抚养长大的泰山尚可保持与他们相同的完整性，那么毫无疑问的是，人们在任何情况下均能保持种族的纯净。

在此背景下，美国最高法院几乎没花什么时间就完成了对"巴克诉贝尔案"的判决。1927 年 5 月 2 日，距离卡丽·巴克 21 岁生日还有不到几个星期时间，最高法院颁布了终审判决。结果是 8 票赞成，1 票反对，多数获胜。最高法院大法官小奥利弗·温德尔·霍姆斯（Oliver Wendell Holmes Jr.）认为："与其坐等这些弱智者的后代犯罪并接受极刑，或者是任由他们因为饥饿而死，倒不如阻止那些劣等人生育后代，而这种做法在世界范围内均可益国利民。目前推行强制接种疫苗取得的成效足以说明切除输卵管的重要性。"[16]

霍姆斯的父亲是一位著名医生、人道主义者和历史学家，他本人则因质疑社会中出现的教条主义而声名远扬，此后他也成为支持美国司法与政治适度原则的领军人物。当时霍姆斯显然对巴克母女以及卡丽的女儿感到厌倦，他曾经写道："三代智障已经足够。"[17]

※※※

1927 年 10 月 19 日，卡丽·巴克被施以输卵管结扎术而完成了绝育。那天早晨大约 9 点钟，她被移送至州立收容所的医务室。10 点整，在吗啡和阿托品的镇静作用生效后，她躺在平车上被推进了手术室。有位护士给她注射了麻醉剂，随后卡丽就睡了过去。现场共有两位医生和两位护士，尽管对于这种常规手术来说显得不同寻常，但是这毕竟是个特殊的病例。收容所的负责人约翰·贝尔采用腹部正中切口作为手术入路。他对卡丽的双侧输卵管进行了部分切除，然后将断端结扎缝合，切口用苯酚烧灼后用酒精消毒。手术过程顺利，没有出现并发症。

至此，卡丽的遗传链条已经中断。贝尔写道，"第一例依据绝育法实施的手术"已经按计划完成，患者出院时健康状况良好。而彼时，卡丽·巴克正静静地躺在房间里等待身体康复。

※※※

从孟德尔开始进行豌豆实验，再到卡丽·巴克被法院强制执行绝育手术，这中间只经历了短短的 62 年。就在这稍纵即逝的 60 多年间，基因已经从一种植物学实验中的抽象概念演变为操纵社会发展的强大工具。就像 1927 年在最高法院进行辩论的"巴克诉贝尔案"一样，遗传学和优生学领域也是鱼龙混杂，可是其影响力已经渗透到美国社会、政治和个人生活中。1927 年，印第安纳州通过了一项早期法律的修正案，决定为"惯犯、白痴、弱智和强奸犯"实施绝育。[18] 而其他州随后也制定了更为苛刻的法律措施，对那些被认定为劣等人的男女进行绝育并收容监禁。

正当这场由国家倡导的绝育工程遍及全美时，一项开展个性化遗传选择的草根运动也开始蓬勃兴起。20 世纪 20 年代，农业博览会经常会吸引数以百万计的美国人前去参观，人们在那里除了能看到刷牙示范真人秀、吃到爆米花和乘坐干草车出游，还能观赏到"健康婴儿大赛"[19]，这项赛事的参赛选手通常是 1 ~ 2 岁的幼儿，他们被自豪地摆放在桌子或是架子上进行展览，仿佛一群待价而沽的幼畜，并且任由那些穿着白大褂的内科医生、精神科医生、口腔科医生和护士进行检查，这些项目包括眼睛和牙齿、皮肤感觉、身高、体重、头围和性格，然后人们将根据上述特征选出最健康和最优秀的个体。其中被评为"健康婴儿"的孩子将会在博览会期间四处展示。他们的照片将以特写的形式醒目地刊登在海报、报纸和杂志上，从而积极响应在全国范围内兴起的优生运动。动物学家达文波特毕业于哈佛大学（以建立优生学档案办公室而闻名），他制定了一份标准化评价表来判定孩子的优劣。达文波特告诉裁判们在评估孩子前先要检查他们的父母："如果孩子的父母正常，那么在开始检查之前，你可以先把 50% 的分数打给孩子。"[20] 当然也可能出现"2 岁获奖而 10 岁就出现癫痫发作"的情况。博览会里经常会设有"孟德尔展位"，人们可以用木偶来演示遗传原理和法则。

哈利·黑兹尔登（Harry Haiselden）是另一位痴迷于优生学的医生，他于 1927 年拍摄了一部名为"你适合结婚吗？"（*Are You Fit to Marry?*）的影片，该片在全美放映期间几乎座无虚席。这部作品翻拍自早期影片《黑鹳》（*The Black Stork*）。[21] 片中有一位由黑兹尔登亲自扮演的医生，由于他致力于"清洗"整个国家的缺陷儿童，因此拒绝为残疾婴儿实施挽救生命的手术。在影片的结尾处，某个女人因为担心怀上智障的孩子而噩梦缠身。她从梦中惊醒后决定和未婚夫去进行婚前检测，以确保他们二人的遗传基因相互兼容（直到 20 世纪 20 年代末期，婚前遗传检测才被美国公众全面接受，而评估家族史需要了解以下内容：智障、癫痫、耳聋、骨骼疾病、矮小症以及失明）。黑兹尔登自鸣得意地想把他出演的电影作为"约会之夜"的保留节目进行宣传：虽然其中包含了爱情、浪漫、悬疑和幽默的题材，但是也在一定程度上反映了残害生灵的事实。

当美国的优生运动（监禁、绝育、谋杀）风起云涌时，欧洲的优生学家就剩下"羡慕嫉妒恨"了。到 1936 年，距离"巴克诉贝尔案"结束还不足 10 年，"遗传清洗"就像可怕的瘟疫席卷欧洲大陆，而基因与遗传理论也在这场血雨腥风中展现出势不可挡的力量。

第二部分

"化零为整，化整为零"[1]

——

揭秘遗传机制

（1930 — 1970）

就像我所表述的一样，

"语言不是单词的堆砌。

化零为整，化整为零。

必须用眼眸来感知世界的变化。"[2]

    ——华莱士·史蒂文斯,《归途》(*On the Road Home*)

第一章

"身份"

天性与特征将陪伴终生。

——西班牙谚语

音容笑貌源自传承：
时移世变依然如旧，
特征痕迹始终保留，
任凭时光悄然离去，
也无所谓斗转星移，
一切终将无法忘记。[1]

——托马斯·哈迪（Thomas Hardy），《遗传》（*Heredity*）

在我们去探望莫尼的前一天，父亲带我重温了加尔各答这座城市。我们从锡亚尔达（Sealdah）火车站附近出发，而这里就是1946年祖母带着5个孩子下车的地方，当时他们拖着4个沉重的箱子从巴里萨尔（Barisal）赶来。我们沿着他们曾经的路线，从火车站边上沿着普拉富拉·钱德拉（Prafulla Chandra）路一直向前，途中还路过了喧闹潮湿的市场，左侧的露天货摊摆放着水产和蔬菜，而右侧就是长满了水葫芦的池塘，路到尽头后再向左转，前面就是市区了。

市区的道路突然变窄，人群也越来越密集。在街道两旁，面积较大的公寓都被打成了隔断出租，而这种模式与某种快速进行的生物过程十分相似，一间隔成两间，两间变成四间，四间再分为八间，就连原本广阔的天空也被密布的网格状建筑挤占。到处都是做饭时发出的叮当声，同时空气中还弥漫着煤烟的味道。哈亚特汗街的路口处有一家药店，我们拐进这条巷子走向父亲与家人曾经租住过的房子。那个垃圾堆居然还在那里，它已经成为野狗繁衍生息的家园。正门的背后是一处面积不大的庭院。我们看到一位家庭主妇正在楼下的厨房里准备用镰刀劈开一只椰子。

"你是比布蒂的女儿吗？"我父亲出人意料地用孟加拉语问道。比布蒂·穆霍帕蒂亚（Bibhuti Mukhopadhyay）曾是这栋房子的主人，我的祖母从他手里租下了房子。虽然比布蒂已经不在人世，但是父亲经常会想起他的一双儿女。

眼前的这位家庭主妇警觉地盯着父亲。当时他已经跨过门槛并迈上了走廊，距离厨房只有几英尺远。"请问比布蒂家还住在这吗？"在没有做任何自我介绍的前提下，父亲就直接表达了来意。我注意到父亲的口音发生了微妙的变化，他话语中的辅音变成了柔和的嘶嘶声，西孟加拉语中的齿音"chh"则弱化为东部口音中的齿擦音"ss"。在加尔各答，我明白每种口音都是对外界的某种试探。孟加拉人的发音（元辅音）方式就像执行测量任务的无人机，可以用来识别听众的身份，体察彼此之间的同情心，并且确认他们的忠诚度。

"是的，我是他兄弟的儿媳妇。"这位家庭主妇谨慎地回答道，"自从比布蒂的儿子去世后我们就一直住在这里。"

我很难描述接下来发生的事情，而只有经历过那段惨痛历史的人们才能体会这种感觉。他们在瞬间就变得熟悉起来。尽管她并不认识眼前这位陌生的男人，但是她已经理解了父亲的来意：他就是那个归家的男孩。无论是在加尔各答，还是在柏林、白沙瓦、德里或者达卡，每天都会有这样的人出现，他们不知道会从哪个街角冒出来，然后就悄无声息地走进屋子，习以为常地迈过门槛走入他们的过去。

她的态度明显温和起来。"你们曾经住在这里吗？家里是不是有很多男孩？"她在问起这些事情的时候显得稀松平常，好像对于本次不期而遇早已心中有数。

她的儿子看上去12岁左右，手里拿着课本正从楼上的窗户向外张望。而我还记得那扇窗户。贾古曾经连续多日站在那里，眼睛凝望着楼下的庭院。

"没事。"她边说边对儿子摆摆手。男孩随即从窗边消失。她向我父亲说道："如果你愿意的话可以上楼到处看看，但是请记得把鞋子放在楼梯边上。"

我脱掉运动鞋踩在地板上，瞬间就感到灵魂与大地融为一体，仿佛自己一直就住在这里。

父亲带着我在房子里四处看了看。这里比我想象中的环境还要狭小，房间不仅光线昏暗而且还落满了灰尘，当然依靠回忆复原的景象多少会有些失真。记忆可以让往事变得历历在目，而现实则令人不堪回首。我们爬上狭窄的楼梯来到楼上并排的两间卧室。包括拉杰什、纳库尔、贾古和我父亲在内的四兄弟曾经共同住在一间屋子里，而父亲的大哥拉坦（莫尼的父亲）曾经与祖母住在隔壁的房间，但是当贾古逐渐失去理智，祖母便让拉坦和其他兄弟们住在一起，然后把贾古换了进来。从此贾古再也没有离开过她的房间。

我们登上了房顶的露台，此时眼前的天空也终于开阔起来。黄昏在稍纵即逝间便笼罩了大地，你甚至来不及欣赏地平线上那一抹落日的余晖。父亲凝望着火车站发出的灯光，远处传来的火车汽笛声好似鸟儿在哀鸣。他知道我正在撰写一部关于遗传方面的作品。

"基因。"他皱着眉头说道。

"孟加拉语里有这个词吗？"我问道。

他开始在记忆的词典里努力搜寻。尽管在孟加拉语里没有完全匹配的单词，但是他或许能找到一个意思相近的代用词。

"身份。"他想到了这个词。我从来没听他用过这个单词。这个单词包含有"不可分割"或"难以理解"的意思，但是在平时也可以用来表示"身份"。我对他的选择感到诧异，这个词具有不同凡响的意味。而孟德尔或贝特森研究的遗传物质也具有相似的特征：不可分割、难以理解、形影不离以及身份独立。

我询问父亲对于莫尼、拉杰什与贾古病情的看法。

"多重身份。"他说。

这种身份缺陷是一种遗传病，更是自身无法摆脱的瑕疵，而这个词能够诠释所有的玄机。父亲只能被迫接受这种残酷的现实。

※※※

20 世纪 20 年代末期，在所有涉及基因与身份的讨论中，很难找到支持基因存在的证据。如果某位科学家被问到基因的成分是什么，它如何实现自身功能，或者它究竟在细胞内位于何处，那么答案可能很难令人满意。尽管遗传学已经在法律与社会生活中发挥着巨大的作用，但是基因本身仍然是个虚无缥缈的对象，就像是潜伏在生物世界的孤魂野鬼。

揭秘遗传学黑匣子的工作多少带有误打误撞的成分，而人们曾对这位科学家以及他所从事的研究并不看好。1907 年，威廉·贝特森到访美国继续宣传孟德尔的发现，他在纽约停留期间与细胞生物学家托马斯·亨特·摩尔根进行了会面。贝特森当时对他没有什么特别的印象。[2] "摩尔根就是个蠢货，"他在给妻子的信中这样写道，"他考虑问题思维奔逸，平时表现非常活跃，很容易与别人发生争吵。"[3]

托马斯·摩尔根是哥伦比亚大学的一位动物学教授，其性格具有争强好胜、勇往直前、锲而不舍以及异想天开的特点，而他在科研工作中也会以苦行僧的执着来攻坚克难。原先摩尔根最感兴趣的领域是胚胎学。起初，摩尔根甚至对于遗传单位是否存在，以及如何存储或者在何处存储等问题均不感兴趣。他主要关注发育问题，也就是单个细胞成长为生物体的机制。

摩尔根原来也反对孟德尔的遗传理论，他认为复杂的胚胎学信息不可能以离散单位形式存在于细胞中（因此贝特森认为他是个"蠢货"）。然而最终，摩尔根还是被贝特森的证据说服了，贝特森作为"孟德尔斗牛犬"很难对付，他总是凭借图表数据让对手甘拜下风。尽管摩尔根接受了基因的存在，但是他仍旧困惑于基因的物质形式。阿瑟·科恩伯格（Arthur Kornberg）曾经这样说过："细胞生物学家凭借观察，遗传学家仰仗统计，生化学家依靠提纯。"[4]实际上，在显微镜的帮助下，细胞生物学家们已经习惯于在细胞水平观察可见结构执行的可识别功能。但是迄今为止，基因只是在统计学意义上"可见"。摩尔根非常希望能够揭示遗传学的物理基础。他写道："我们对于遗传学的兴趣并不局限于当初的数学公式，而是想要了解它在细胞、卵子以及精子中的作用。"[5]

但是细胞内的基因到底藏身于何处呢？在直觉的感召下，生物学家一直认为研究基因的最佳对象就是胚胎。19世纪90年代，德国胚胎学家西奥多·波弗利（Theodor Boveri）正在那不勒斯以海胆为研究对象，他认为基因就存在于细胞核内的染色体上，而这种可以被苯胺染成蓝色的细丝平时呈卷曲的螺旋状［染色体这个词由波弗利的同事威廉·冯·瓦尔代尔-哈茨（Wilhelm von Waldeyer-Hartz）创造］。

波弗利的假说在另外两位科学家的努力下获得了验证。沃尔特·萨顿（Walter Sutton）是一位来自堪萨斯草原的农家男孩，他从小就喜欢收集蝗虫，后来在纽约成了这个领域的专家。[6]1902年夏季，萨顿希望从蝗虫的精子和卵子（细胞核内均含有体形巨大的染色体）中找到突破口，而他当时也假定基因就位于染色体上。内蒂·史蒂文斯（Nettie Stevens）是波弗利的学生，他当时对性别决定很感兴趣。1905年，史蒂文斯以常见的黄粉虫细胞作为研究对象，并证实"雄性"黄粉虫是由 Y 染色体这种特殊的因子决定，同时 Y 染色体只存在于雄性胚胎中，并且绝不会出现在雌性胚胎中（在显微镜下，Y 染色体与其他染色体的形态十分类似，其中都包含有染成亮蓝色的折叠 DNA 结构，但是与 X 染色体相比要显得短粗）。[7] 当史蒂文斯完成性别携带基因的定位后，他大胆地提出染色体就是基因的载体。

※※※

托马斯·摩尔根十分推崇波弗利、萨顿以及史蒂文斯的工作，不过他仍然希望对基因的形态进行具体描述。波弗利已经发现染色体是基因的物理存在形式，但是基因与染色体结构之间更深层次的关系尚不清楚。基因在染色体上如何排列？它们是像珍珠项链一样分布在染色体丝上吗？是否每个基因在染色体上都有固定的"位置"？基因会发生重叠吗？基因之间到底是依赖物理连接还是化学连接呢？

摩尔根以果蝇这种模式生物作为实验对象着手开始研究。1905 年前后，他开始饲养果蝇（某些摩尔根的同事后来声称，他的首批实验对象实际上来自马萨诸塞州伍兹霍尔的一家杂货店，当时在一堆熟透的水果上面趴着一群果蝇。而另外一些同事则认为他的第一批实验对象来自纽约的同行）。摩尔根的实验室位于哥伦比亚大学某幢建筑的三层，他花了一年时间在装满腐烂水果的牛奶瓶里饲养了上千只蛆虫。[1] 实验室里挂满了成捆熟透的香蕉，而水果发酵的味道着实令人无法忍受，每当摩尔根挪动位置的时候，就会有成群的果蝇从桌子下面钻出来，它们就像厚重的黑色头纱一样扑面而来。于是学生们便将他的实验室称为"蝇室"。[8] 摩尔根的实验室面积和形状都与孟德尔的花园类似，而这里很快也将成为遗传学历史上同样具有标志性意义的场所。

----

[1]　其中部分工作于伍兹霍尔完成，而摩尔每到夏季会把实验室搬到那里。

与孟德尔的研究方法类似，摩尔根也是从鉴定遗传性状开始入手的，他通过肉眼可见的变异体来追踪果蝇的代际变化。20 世纪初期，摩尔根就拜访过雨果·德·弗里斯在阿姆斯特丹的花园，并且对于德·弗里斯繁育的植物突变体非常感兴趣。[9] 那么果蝇也会发生突变吗？摩尔根在显微镜下观察了数以千计的果蝇，然后他开始为几十种果蝇突变体进行分类。摩尔根注意到，在常见的红眼果蝇里自发出现了一只罕见的白眼果蝇。此外其他果蝇突变体的性状还包括叉毛、黑体、弯腿、卷翅、腹节以及无眼，简直就是万圣节的僵尸大游行。

摩尔根在纽约的实验室吸引了来自四面八方的学生，而他们每个人都有自己的脾气秉性：来自中西部的阿尔弗雷德·斯特提万特（Alfred Sturtevant）做事积极主动且精益求精；卡尔文·布里奇斯（Calvin Bridges）是个聪明绝顶但好大喜功的年轻人，他经常沉浸在男欢女爱的幻想里；固执己见的赫尔曼·穆勒（Hermann Muller）每天就想着博得摩尔根的关注。摩尔根显然更青睐布里奇斯，虽然他只是一名刷瓶子的本科生，但是却在几百只红眼果蝇里挑出了白眼果蝇变异体，从而为摩尔根的许多关键实验奠定了基础。此外，摩尔根对斯特提万特的严谨态度和职业操守也非常赞赏。而穆勒则是最不受宠的学生：摩尔根感觉他不仅心浮气躁，而且还少言寡语，同时和实验室的其他同事也格格不入。果不其然，这三位年轻学者在成名后爆发了激烈的争执，陷入了相互妒忌与诋毁的怪圈，最终在遗传学发展史上留下了不光彩的一页。但是就当时而言，他们在果蝇的嗡嗡声中还能维持表面的和平，并且全身心投入到基因与染色体的实验中。摩尔根与学生们将正常果蝇与突变体进行杂交，也就是用红眼果蝇与白眼果蝇进行交配，然后可以追踪多代果蝇的遗传性状。最终突变体再次证明了它们对于这些实验举足轻重的意义：只有异常值才能阐释正常遗传的本质。

※※※

　　如果想要理解摩尔根发现的重要性，那么我们还得重温孟德尔的研究。在孟德尔的实验中，每个基因都像自由球员一样是独立存在的个体。例如，花色与种子质地或者茎秆高度没有任何关系。由于每种特征都是独立遗传，因此理论上全部性状可以自由组合。而每次杂交的结果就是一场完美的"遗传赌博"：如果将高茎紫花植株与矮茎白花植株进行杂交，那么你最终将会得到各种类型的杂合体，除了上述两种亲本植株以外，还有高茎白花植株和矮茎紫花植株。

　　但是摩尔根研究的果蝇基因却经常发生变化。在 1910 年至 1912 年间，摩尔根与他的学生们对上千种果蝇突变体进行了杂交实验，并且最终得到了数以万计的果蝇。每次杂交结果都被详细记录在案：这些性状包括白眼、黑体、刚毛以及短翅。摩尔根据此绘制了几十本图表，他在检查这些杂交结果时发现了一种惊人的模式：某些基因看起来就像彼此相互"连接"在一起。例如，控制产生白眼的基因与 Y 染色体密不可分：无论摩尔根采取何种方法进行杂交，白眼性状都与该染色体如影随形。与之相似的是，黑体基因与产生某种特定形状翅膀的基因紧密相关。

　　对于摩尔根来说，这种遗传连锁只能说明一个问题，[10] 那就是基因彼此之间存在物理连接。[11] 在果蝇中，由于黑体基因与小翅基因均位于相同的染色体上，因此它们绝对不会（或者极少会）表现为独立遗传。如果把两颗串珠穿在同一条细绳上，那么无论怎样摆弄手中的绳子，它们都不会分开。虽然这种规则也适用于相同染色体上的两个基因，但是想要把控制叉毛与体色的基因分开绝非易事。这种不可分割的特征具有某种物质基础：如果把染色体比作一条"细绳"，那么基因就是穿在上面的串珠。

※※※

摩尔根的发现是对孟德尔定律的重要修正。基因并不会单独旅行，相反，它们总是结伴而出。染色体分布在细胞核内，它储存着各种被压缩的信息包。但是这项发现具有更重要的意义：从概念上讲，摩尔根不仅将基因连接在一起，他还将两门学科（细胞生物学与遗传学）结合起来。基因不再是一个"纯理论单位"，它是居住在某个特定部位的有形物质，并且以某种特殊的形式存在于细胞中。[12]"现在我们可以将它们（基因）定位于染色体，"摩尔根解释道，"那么我们将基因作为物质单位是否合理？难道它们是比分子更复杂的化学物质吗？"

※※※

基因连锁定律确立后又催生出第二项与第三项发现的问世。现在让我们再回顾一下基因连锁的意义：摩尔根通过实验证实，相同染色体上存在物理连接的基因将一起遗传。如果产生蓝眼睛的 B 基因与产生金发的 Bl 基因连锁，那么金发的孩子肯定也会遗传蓝眼睛（尽管这个案例源自假设，但是可以用来说明真实的遗传规律）。

但是基因连锁定律也存在例外：在极其偶然的情况下，某个基因可以从其伙伴基因上解除连锁，并且从父本染色体交换到母本染色体，于是就会出现非常罕见的蓝眼睛与黑头发的后代，或者与之相反，出现黑眼睛与金头发的后代。摩尔根将这种现象称之为"基因互换"。最终我们会发现，基因交换将掀起一场生物化学领域的革命，并且为遗传信息混合、配对以及交换夯实了理论基础。这种现象不仅发生在姐妹染色体之间，而且还遍及不同的生物体与不同物种之间。

除此之外，"基因互换"还促成了另一项重要的发现。由于某些基因之间的连接十分紧密，以至于它们从不发生互换。摩尔根的学生认为，这些基因在染色体上的物理位置可能最为接近。而其他位置相距较远的连锁基因则更容易解离。但是无论如何连锁基因都不会出现在完全不同的染色体上。简而言之，遗传连锁的紧密程度反映了染色体上基因物理位置的远近：通过观测两种遗传性状（例如，金发与蓝眼）连锁或者解离的时间，就可以判断控制这些性状的基因在染色体上的距离。

1911 年冬季的某个夜晚，当时在摩尔根实验室工作的斯特提万特还只是个 20 岁的大学生，他下班后把研究果蝇基因连锁的相关实验数据带回了宿舍，并且开始通宵达旦地构思首张果蝇遗传图谱，完全把学校布置的数学作业忘在脑后。斯特提万特推断，如果 A 基因与 B 基因之间连接紧密，但是 A 基因与 C 基因的连接比较松散，那么它们在染色体上的位置应该按照以下顺序排列，而且三者之间的距离将符合一定的比例：

$$A. \ B..........C.$$

如果产生缺刻翅的等位基因 N 与控制短刚毛的等位基因 SB 倾向于共同遗传，那么 N 和 SB 这两个基因必定位于相同的染色体，而不连锁的眼色基因则必定位于不同的染色体。在天将破晓时，斯特提万特终于绘制出世界上首张果蝇染色体线性遗传图谱（包含有 6 个基因）。

斯特提万特绘制的这张早期遗传图谱意义非凡，它成为 20 世纪 90 年代蓬勃兴起的庞大人类基因组计划的序曲。由于通过连锁定律可以确定基因在染色体上的相对位置，因此斯特提万特同样为将来克隆复杂家族性疾病（例如乳腺癌、精神分裂症、阿尔茨海默病等）基因奠定了基础。而他只用了短短的 12 个小时就在纽约的学生宿舍里勾勒出了人类基因组计划的雏形。

※※※

在 1905 年至 1925 年间，哥伦比亚大学的蝇室始终是遗传学研究的中心，同时也成为催生新兴学科的发源地。日新月异的科学理念就像原子裂变一样迅速播散开来。基因连锁、基因互换、线性遗传图谱以及基因距离等概念以惊人的速度相继问世，而遗传学也从此进入了跨越式发展的新里程。随后的几十年里，许多曾经在蝇室工作过的学者都成为诺贝尔奖的获得者：其中就包括摩尔根、他的学生以及他学生的学生，甚至就连这些高足的学生也因各自的贡献而频频获奖。

但是除了基因连锁与遗传图谱以外，即便是摩尔根本人有段时间也很难想象或描述出基因的物质形态：在"染色体"与"遗传图谱"中携带信息的化学物质是什么呢？如果科学家能够将抽象的事实融会贯通，那么这将是对他们能力的最好证明。从 1865 年到 1915 年间，也就是在孟德尔的论文发表 50 年后，生物学家仍然只能通过基因的特性来描述它们：例如，基因决定性状、基因发生突变后产生的其他性状、基因之间存在的化学或者物理连接。遗传学家仿佛只能透过朦胧的面纱来揣测一切，他们开始构思基因的空间结构与内在联系：染色体丝、线状结构、遗传图谱、杂交、虚线或实线，其中染色体携带有编码与压缩后的信息。但是没有人实际见过基因或了解它的物理本质。遗传学研究的中心问题似乎只能通过间接证据得到印证，而这种尴尬的局面着实令人着急。

※※※

如果说海胆、黄粉虫与果蝇都距离人类世界太过遥远，或者认为孟德尔与摩尔根的重大发现还缺乏具体说服力，那么在 1917 年多事之春爆发的革命则另当别论。那年 3 月，摩尔根正在位于纽约的蝇室撰写关于基因连锁的文章，而风起云涌的起义则席卷了整个俄国，最终推翻了沙皇专制并建立起布尔什维克政权。

从表面来看，俄国革命似乎与基因没什么关系。第一次世界大战（以下简称"一战"）让民众饱受饥寒交迫的折磨，他们内心的不满更是到达了极点。沙皇是个软弱无能的君主。当时军队出现哗变，工人经常上街游行，通货膨胀也愈演愈烈。1917 年 3 月，沙皇尼古拉二世被迫退位。但是在这段历史中，基因与连锁遗传无疑也起到了强大的推动作用。俄国沙皇皇后亚历山德拉是英国维多利亚女王的外孙女，当然她也继承了皇室家族的特征：除了像方尖碑般挺立的鼻子和闪着珐琅光泽的皮肤以外，她还携带着导致 B 型血友病的基因，而这种致命的出血性疾病在维多利亚女王的后代中屡见不鲜。[13]

血友病是单一基因突变造成的凝血蛋白功能异常引发的疾病。如果缺少这种蛋白，那么血液将无法凝固，即便是轻微的划伤或者创伤都会演变为致命的出血危机。血友病（hemophilia）的名称来自希腊语"血液"（haimo）和"喜欢或者热爱"（philia），这种冷酷的称谓也反映了此类疾病的悲惨结局：血友病患者非常容易出血。

就像果蝇中的白眼变异体一样，血友病也是一种"性连锁遗传病"。女性作为携带者可以将基因传给后代，但是只有男性才会发病。对于这种影响血液凝固的疾病来说，血友病基因突变可能在维多利亚女王出生时就已经发生。利奥波德（Leopold）亲王是女王的第八个孩子，他遗传了这个基因并于 30 岁时因脑出血去世。维多利亚女王同样把该基因传给了二女儿爱丽丝公主，然后爱丽丝又将其传给自己的女儿，也就是日后的俄国沙皇皇后亚历山德拉。

亚历山德拉皇后并不知道自己是血友病基因携带者，她于 1904 年夏季生下了沙皇的长子阿列克谢（Alexei）。众人对于阿列克谢童年的病史知之甚少，但是他的侍从们一定注意到了异常之处：年幼的王子很容易受伤，他在流鼻血的时候几乎无法控制。尽管阿列克谢的真实病情秘而不宣，但是他从小就是个面色苍白且体弱多病的男孩。阿列克谢经常会出现自发出血，而意外跌倒、皮肤划伤，甚至骑马时的颠簸都可能导致危险发生。

随着阿列克谢的年龄增长，出血造成的后果逐渐危及生命，但是亚历山德拉皇后对此束手无策，只能依赖巧舌如簧的俄国神秘主义者格里高利·拉斯普京（Grigory Rasputin），她对于这位修道士能够治好皇储的承诺深信不疑。尽管拉斯普京宣称他通过使用各种草药、药膏以及祷告使阿列克谢活了下来，但是大多数俄国人都认为他只是个投机取巧的骗子（据传他与皇后有染）。拉斯普京可以随意进出皇宫内院，他对于亚历山德拉皇后的影响力与日俱增，而这也被视为封建君主制土崩瓦解的象征。[14]

当时俄国的经济、政治与社会均濒临崩溃的边缘，广大民众走上彼得格勒的街道加入了革命队伍，这种局面要比阿列克谢的血友病或是拉斯普京的阴谋诡计严峻得多。历史不可能屈尊于医学传记，但是也没有谁能置身事外。俄国革命或许与基因无关，可是却与遗传有很大关系。阿列克谢王子罹患遗传病的事实与其显赫的政治地位大相径庭，这种尴尬的现实令俄国的君主政权备受质疑。阿列克谢病情的隐喻作用不可忽视，他作为帝国的象征却只能靠巫医与祷告来苟且度日。历史上法国人曾经对于贪吃蛋糕的玛丽王后感到厌烦，而俄国人也受够了靠吃草药来抵抗神秘疾病的羸弱王子。

1916 年 12 月 30 日，拉斯普京先是遭到投毒和枪击，紧接着又被追砍和重击，最后才被他的对手溺死在水中。尽管此类暗杀手段惨无人道，但是这种暴力也反映了拉斯普京的宿敌发自内心的仇恨。[15] 1918 年初夏，俄国皇室被迫迁居至叶卡捷琳堡并遭到软禁。同年 7 月 17 日夜晚，距阿列克谢王子 14 岁生日还有一个月时，由布尔什维克指使的行刑队闯入沙皇住处并将全体皇室成员处决。阿列克谢的头部被射中两枪。根据推测，皇室成员的尸体被分散就近掩埋，但是阿列克谢的遗体却下落不明。[16]

2007 年，在阿列克谢遇害住所附近的篝火场地，某位考古学家挖掘出两具被部分烧焦的尸体。其中一具遗骸属于某位 13 岁的男孩。骨骼基因检测结果证实，这就是阿列克谢王子的遗体。[17] 如果能够对于阿列克谢的遗骸进行全基因测序，那么调查者可能会发现导致 B 型血友病的罪犯基因，而这个突变基因在欧洲大陆整整传递了四代，并且神出鬼没地与 20 世纪发生的重要政治变革紧密联系在一起。

第二章

真相与和解

都在改变，彻底改变：

并诞生出极致的美丽。[1]

——威廉·巴特勒·叶芝（William Butler Yeats），

《1916 年复活节》（*Easter, 1916*）

基因曾经是生物学范畴"之外"的概念。我的意思是，如果你在思考哪些是发生在 19 世纪末期生物领域的重大问题，那么遗传学的排名恐怕并不会靠前。研究生物体的科学家显然更关注其他领域，例如胚胎学、细胞生物学、物种起源与进化。那么细胞如何发挥功能？胚胎如何发育成生物体？物种来自何方？又是什么造就了千变万化的自然界呢？

但是人们在试图回答这些问题时却都受阻于相同的节点，其中的共性就是缺乏信息的连接。任何细胞与生物体都需要信息来执行自身的生理功能，可是这些信息源自何方？某个胚胎需要接收消息才能变为成熟的个体，那么又是什么物质来传递此类消息呢？或者就事论事，某个物种成员如何"知道"它应该属于哪个物种呢？

其实基因的无穷魅力就在于此，只需要对它进行单次扫描就可以找到问题的答案。细胞执行代谢功能的信息源自何方？当然是来自细胞的基因。那么胚胎中的加密信息呢？当然还是由基因来编码。当某个生物体开始繁殖的时候，基因发出的指令在胚胎构建、细胞功能、新陈代谢、交配仪式与复制物种时起到关键作用，并且所有这些重要信息均将以某种相同的模式来进行。遗传学不是生物学领域的次要问题，它一定会跻身于学科排名的前列。当我们用世俗的眼光审视遗传学时，通常想到的是某种独特或者另类的特征在薪火相传：例如父亲鼻子的特殊形状或者家族成员对于某种罕见病的易感性。但是遗传学需要破解的问题更为基础：无论鼻子性状如何变化，这种在早期阶段控制生物体形成鼻子的指令的本质是什么？

※※※

将基因作为解决这些生物学核心问题答案的认识姗姗来迟，而这种滞后导致了一种奇怪的现象：作为事后出现的学科，遗传学将被迫与生物学其他主要领域的观点和解。如果基因是代表生物信息的通用货币，那么它将不仅局限于诠释遗传规律，而且还可以用来解释生物界的主要特征。首先，基因需要解释变异现象：众所周知，人眼的形态不只六种，甚至可以出现 60 亿种连续的突变体，那么这些离散的遗传单位对此如何解释呢？其次，基因需要解释进化过程：随着时间延长，生物体的特征和形态均会发生巨大改变，那么这些遗传单位又该如何作答呢？第三，基因需要解释发育问题：这些指令由独立单位组成，那么它们该如何编码才能让胚胎发育成熟呢？

现在我们可以从基因的角度来描述上述三项和解，并且据此来阐明自然界的历史、现在与未来。其中进化描述了自然界的历史：即生命从何而来。变异描述了自然界的现在：为什么生物体会是现在的样子。而胚胎发育则是为了把握未来：单个细胞怎样才能创造出继承其衣钵的生物。

从 1920 年到 1940 年，遗传学研究在这 20 年间得到了迅猛发展，由遗传学家、解剖学家、细胞生物学家、统计学家和数学家组成的科学联盟已经解决了前两个问题（变异与进化）。然而第三个问题（胚胎发育）则需要更多领域的专家学者齐心协力才能攻克。具有讽刺意义的是，尽管胚胎学催生出现代遗传学，但是基因与物种起源之间的和解才是备受瞩目的科学问题。

※※※

罗纳德·费希尔（Ronald Fisher）是一位年轻的数学家。1909 年，他来到剑桥大学凯斯学院深造。[2] 费希尔先天患有导致视力进行性下降的遗传性眼疾，十几岁的时候就已经几近失明。由于费希尔在学习数学过程中基本不依靠纸笔，因此在落笔写下公式之前，他已经掌握了在头脑中将数学问题视觉化的能力。尽管费希尔在中学期间就是个与众不同的数学天才，但是糟糕的视力却成为他在剑桥学习的累赘。指导老师对于他在数学方面的读写能力失望至极，而费希尔也在受尽羞辱之后转投医学领域，但是却没有通过考试（就像达尔文、孟德尔以及高尔顿的经历一样，他们在获得非凡成就的过程中总要经历失败，这似乎也是此类故事不变的主题）。1914 年，就在"一战"于欧洲爆发时，他正在伦敦从事统计分析工作。

费希尔白天为保险公司审核统计信息。而夜幕降临时，当整个世界几乎从视野里消失后，他就开始从事生物学理论研究。但是这个令费希尔着迷的科学问题同样需要解决基因的形态与功能问题。到了 1910 年，生物学领域的顶级学者还认为，染色体上携带信息的离散颗粒就是遗传信息的携带者。然而生物界中所能看见的一切都拥有近乎完美的连续性：凯特勒、高尔顿等 19 世纪的生物统计学家证实，例如身高、体重，甚至智商等人类性状都符合平缓连续的正态分布曲线。

即便是生物体的发育（最明显的信息链遗传）似乎也要经历平缓连续的阶段，而不会出现离散爆发的生长模式，正如毛虫化茧成蝶的演变也不会表现为时断时续。如果将雀类喙的尺寸绘制成图，那么这些点同样可以构成连续曲线。那么"信息颗粒"（遗传学像素）如何以可见的方式来反映生物界的平缓变化呢？

费希尔意识到，构建严谨的遗传性状数学模型或许能够解决这个矛盾。他明白，由于孟德尔选择了高度离散的特征并采用纯种植物进行杂交，所以才能在实验中发现基因具有不连续性。单基因只能产生两种状态，也就是高或矮以及是或否，但是如果现实世界中的各种性状（身高或肤色）是由多基因共同调控呢？假设身高由 5 个基因决定，或者说鼻子形状受到 7 个基因控制，那么我们又该如何解释呢？

费希尔发现，构建某个多基因（5 个或 7 个）调控单一性状的数学模型并不复杂。如果该模型只涉及 3 个基因，那么总共应该有 6 个等位基因或者基因变异体，其中 3 个来自母亲，而另外 3 个来自父亲。经过简单的组合数学运算后，这 6 个基因变异体可以产生 27 种不同的组合。费希尔发现，如果每种组合都可以对高度产生独特影响，那么根据结果绘制的曲线就会非常平缓。

如果某个性状受到 5 个基因调控，那么经过排列产生的组合数量将会更多，而这些排列组合导致的身高变化就会趋于连续。如果再把环境因素考虑在内，例如营养对于身高的影响或者日光照射对于肤色的作用，那么费希尔就可以对更为罕见的组合及其影响展开想象的空间，并且最终绘制出完美的平缓曲线。假设使用 7 张彩色玻璃纸分别对应彩虹的 7 种基本颜色，然后将它们并排摆放且两两叠加，那么我们可以通过这种手段来展现几乎所有的色彩。而每张玻璃纸所代表的颜色"信息"依旧保持离散。这些颜色并没有真正彼此融合，只是其相互叠加的效果创造出视觉上连续的颜色光谱。

1918 年，费希尔将他的分析结果发表在《孟德尔遗传假设下的亲缘相关性》（ *The Correlation between Relatives on the Supposition of*

Mendelian Inheritance）一文中。[3] 尽管文章标题看上去含混不清，但是其传递的信息简明扼要：如果你将控制某个性状的 3 个到 5 个变异基因的效果混合起来，那么所得到的表型连续性将趋于完美。他在文中写道，"人类变异的确切数量"可以由孟德尔遗传学的扩展理论来解释。对于单基因的独立影响而言，费希尔认为就像是点彩派绘画中的某个点。如果你将画面放大到足够倍数，那么展现在眼前的就是许多独立且离散的点。但是在浩瀚的自然界中，我们观察与体验到的性状却是无数散点组成的集合：似乎这幅天衣无缝的画作由密集的像素构成。

※※※

第二项和解关乎遗传与进化，其解决方法不仅需要构建数学模型，而且更取决于实验数据的结果。达尔文认为只有通过自然选择才能完成物种进化，但是在开始进行自然选择之前，总得有些自然存在的东西以供选择。对于自然界中的生物种群来说，它们必须具备足够数量的自然变异体才能区分出胜负。我们以某个岛屿上的雀类种群为例，只有喙的尺寸具有充足的本质多样性后，当旱季来临时才可能对其中具有最坚硬或者最长喙的雀类进行选择。假设这种多样性并不存在，即所有的雀类都具有相同的喙，那么自然选择根本无法发挥作用。全部雀类将会一次性灭绝。物种进化至此将戛然而止。

但是在野生状态下发生自然变异的动力是什么呢？雨果·德·弗里斯曾经推测突变是发生变异的原因：基因型发生改变导致表型出现变化，然后再通过自然选择被筛选出来。[4] 但是德·弗里斯的猜测要早于基因分子定义提出的时间。那么实验证据能否说明可识别的突变造成了现实中的基因变异？突变是源自瞬间和自发，还是说那些千奇百怪的自然遗传变异早就存在于野生种群中呢？基因在面临自然选择时发生了什么变化呢？

狄奥多西·多布然斯基是一位移民美国的乌克兰裔生物学家。20世纪30年代，他开始对野生种群中的遗传变异区间进行研究。[5] 多布然斯基在哥伦比亚大学的蝇室学习期间曾经与托马斯·摩尔根共事。他知道只有到野外进行实验，才能准确描述野生种群的基因变化。于是多布然斯基带着捕虫网、苍蝇笼和烂水果出发去采集野生果蝇，他一开始只在加州理工学院的实验室周边物色实验对象，然后辗转来到加州的圣哈辛托山（Mount San Jacinto）与内华达山（Sierra Nevada）附近，其最终的足迹遍及全美的森林和山脉。那些整天待在实验室里的同事都认为他彻底疯了，以为多布然斯基只身一人去了加拉帕戈斯群岛。

多布然斯基采集野生果蝇变异体的行动至关重要。例如，在一种名为拟暗果蝇（*Drosophila pseudoobscura*）的野生型里，他发现了影响复合性状（其中包括寿命长短、眼睛结构、刚毛形态与翅膀尺寸等）的多基因变异体。而最引人注目的发现是，在同一区域采集的果蝇中，相同基因竟然会产生两种结构完全不同的表型。多布然斯基将这种基因变异体称为"生理小种"。根据基因在染色体上的排序，多布然斯基利用摩尔根的定位技术绘制了三个基因（A、B、C）的图谱。多布然斯基发现，这三个基因在某些果蝇中按照 A-B-C 的顺序沿着第五条染色体分布。而在另一些果蝇中，这个顺序被完全颠倒成了 C-B-A。这种由某条染色体倒位造成的果蝇生理小种之间的差异是说明遗传变异最生动的案例，但是任何遗传学家都没有在自然种群中见到过此类现象。

然而故事还远没有结束。1943年9月，多布然斯基尝试利用某项独立实验来诠释变异、选择与进化的关系，或者说他打算在纸箱内重建加拉帕戈斯群岛的自然生态。[6] 他首先准备好了两个经过密封处理但是可以通风的纸箱，然后将"ABC"与"CBA"两种果蝇品系按照1:1的比例混合后注入。其中一个纸箱暴露于低温环境，另外一个含有相同混合品系果蝇的纸箱则被置于室温环境。果蝇在这种封闭空间内历经多代繁殖，而多布然斯基负责打理它们的饮食与卫生。虽然纸箱中果蝇种群数量在生死轮回中起起落落，但是其血统和家族却在这种颠荡起伏中得以延续。当多布然斯基在 4 个月后开始采集样本时，他发现这两个纸箱中的果蝇种群发生了巨变。在暴露于低温环境的纸箱里，ABC 品系果蝇的数量几乎增长了一倍，同时 CBA 品系的数量出现下降。而在置于室温环境的纸箱里，这两种品系却呈完全相反的比例。

多布然斯基的实验囊括了与进化相关的所有关键要素。他从某个基因结构发生自然变异的种群入手，然后将温度作为自然选择的推动力。只有那些"最适合"的生物体，也就是那些能够适应低温或者高温环境的个体才能生存下来。随着新品系果蝇的出生、选择与繁殖，原有的基因频率发生了变化，从而产生具有全新遗传构成的种群。

※※※

为了使用规范的术语来解释遗传学、自然选择以及进化之间的交互作用，多布然斯基重新启用了基因型与表型这两个重要的词汇。基因型是指某个生物体的基因组成，它可以指某个基因、基因结构甚至整个基因组。与之相反，表型则指的是生物体的自然或者生物属性与特征，例如眼睛的颜色、翅膀的形状或是对冷热条件的耐受力。

基因决定自然特征是孟德尔发现的重要真理，而现在多布然斯基不仅可以重述以上事实，他还将其理论扩展到涉及多个基因与多种特征的领域：

基因型决定表型

但是上述公式需要添加两项重要的修正才算完善。首先，多布然斯基注意到，基因型并不是表型的唯一决定因素。显而易见，自然环境与社会背景将对其物理属性造成影响。拳击选手的鼻子形状肯定不只是遗传的产物，其决定因素还包括他选择的职业性质以及鼻软骨遭受攻击的次数。如果多布然斯基突发奇想把某个纸箱中全部果蝇的翅膀剪掉，那么他在不改变基因的情况下同样会影响果蝇的表型（翅膀的性状）。换句话说：

$$基因型 + 环境 = 表型$$

其次，有些基因可能会被外部触发器或随机因素激活。例如，果蝇中决定残翅大小的某个基因就取决于温度：你不能只根据果蝇基因或环境因素来预测其翅膀的形状，你需要将这两种因素结合起来通盘考虑。对于此类基因而言，基因型与环境都不是表型的预测指标，这是基因、环境与概率交互作用的结果。

在人类中，BRCA1 基因突变会增加罹患乳腺癌的风险，但并不是所有携带 BRCA1 突变基因的女性都会得乳腺癌。这些触发依赖型与概率依赖型基因被认为具有部分或不完全的"外显率"，也就是说，即便这个基因可以被遗传，它也未必能够表现出实际属性。或者说，某个基因可能具有多种"表现度"，即使基因可以被遗传下来，它实际表达的属性也因人而异。某位携带 BRCA1 突变基因的女性可能在 30 岁时罹患恶性程度很高（侵袭性强且易发生远处转移）的乳腺癌。此外某位携带相同突变基因的女性可能罹患的肿瘤恶性程度很低，而另一位女性有可能根本不会罹患乳腺癌。

我们至今仍然不知道是什么原因导致这三位女性的结果出现差异，但是应该与年龄、暴露、其他基因以及运气等综合因素有关。BRCA1 基因突变并不能对于最终结果做出准确预测。

因此最终的修正公式应该按照如下表述：

$$基因型 + 环境 + 触发器 + 概率 = 表型$$

尽管上述公式看似简洁，但是却具有权威性，它不仅抓住了遗传、概率、环境、变异与进化之间交互作用的本质，而且还反映了决定生物体形态与命运的演变过程。在自然界里，基因型变异就存在于野生种群中。这些变异与不同的环境、触发器以及概率发生交互作用，然后决定了某个生物体的属性（某只果蝇对于温度耐受力的强弱）。如果面临高强度的选择压，例如温度升高或是食物锐减，那么只有那些最适合的表型才能得以保全。某只果蝇经过这种选择性生存后会繁殖更多的幼虫，而继承了亲代部分基因型的幼虫能够更好地适应这种选择压。值得注意的是，选择过程会对自然属性或生物属性产生影响，其结果是控制属性的基因被动地保留了下来。鼻子畸形可能只是某场落败拳赛的结果，也就是说，这可能和基因没有什么关系，但是如果仅根据鼻子对称性来判断比赛的结果，那么长着畸形鼻子的拳手就会被直接淘汰。即便从长远考虑这位拳手具备许多其他优势基因，例如关节韧性灵活或是能够忍受剧痛，然而由于这该死的鼻子拖累，那么所有这些基因也都会在竞争中走向灭绝。

简而言之，表型的背后就是基因型，它就像是一匹拉着马车的马。自然选择是日久岁深的谜题，它在找寻适应度的时候却阴错阳差地发现基因就具备这个功能。通过表型的筛选，能够产生适应度的基因逐渐在种群中壮大起来，从而让生物体愈发适应它们所处的环境。虽然自然环境令生物体在进化的道路上举步维艰，但是它们却造就了世间完美的绝配。因此这才是推动生命发生进化的引擎。

※ ※ ※

多布然斯基实验最终取得的辉煌解决了物种起源问题，而这也是达尔文曾潜心研究多年的"谜中之谜"。"纸箱中的加拉帕戈斯群岛"实验阐释了杂交生物种群（果蝇）随时间进化的机理。[1]但是多布然斯

---

[1]   尽管生殖不亲和性与物种形成的研究早于筛选试验，但是多布然斯基与其学生们在20世纪40年代到50年代对于上述两个领域均进行了深入探索。

基知道，即便让基因型变异的野生种群继续杂交下去，也永远不会形成新物种：毕竟，物种的基本定义就是不能进行种间杂交。

不过为了创造某个全新物种，必须采取某些措施来限制杂种繁殖。多布然斯基很想了解地理隔离是否也是影响因素。假设某个携带基因变异的生物种群可以进行杂种繁殖，可是突然间，这个种群因为某次地质裂缝的出现而被一分为二，或者某座岛屿上的鸟群被风暴席卷至另外一座相距遥远的岛屿，并且再也无法飞回原来栖息的地方。按照达尔文的理论，这两个种群将会分别独立完成进化，直到这两个地点中的某个基因变异体被选择出来，最后形成了生殖隔离。即便新鸟类物种能够飞回原来的岛屿（例如乘船），那么它们也不能与失联已久的远方亲戚进行交配了：由于上述两种鸟类的后代已经具有遗传不亲和性，因此这些错乱的遗传信息将禁止它们存活或是进行繁殖。地理隔离会引起遗传隔离，并最终导致生殖隔离。

此类物种形成机制并非源自主观臆测，多布然斯基可以通过实验来验证这个观点。他将两种地理位置相距遥远的果蝇混合后放入同一个笼子里，果蝇在此进行交配并且产下子代，但是幼虫成年后却无法生育。通过对进化过程进行连锁分析，遗传学家甚至可以查明导致子代不育基因的实际分布。[7] 其实这就是达尔文逻辑中缺失的联系：最终由遗传隔离导致生殖隔离，并且推动新物种起源。

到了 20 世纪 30 年代末期，多布然斯基开始意识到，他对于基因、变异和自然选择的理解已经远远超出了生物学的范畴。1917 年，席卷俄国全境的革命试图抹去所有个体差异而优先发展集体属性。与之相反，另一种穷凶极恶的种族主义正在欧洲迅速蔓延，竭尽所能夸大个体差异甚至将其妖魔化。多布然斯基指出，这两种危机的理论基础均源自生物学领域。其中涉及个体的定义是什么？变异如何塑造我们的个性？评判物种"优越"的标准是什么？

※※※

如果上述事件发生在 20 世纪 40 年代，那么多布然斯基就可以直接驳斥这些观点了：他最终肯定会对纳粹优生学、苏联农业集体化以及欧洲种族主义做出严厉的科学批判。但是他在野生种群、变异与自然选择方面的研究成果已经为这些问题提供了重要的理论基础。

首先，遗传变异在自然界中很显然是种常态而不是例外。美国与欧洲的优生学家坚持利用人为选择来促进人类向"优越"发展，可是在自然条件下并不存在什么单纯的"优越"。不同种群的基因型大相径庭，而这些多种多样的遗传类型可以在野生条件下共同存在甚至重叠分布。自然界并不像人类优生学家想象的那样急于将遗传变异均质化。实际上，多布然斯基发现自然变异是生物体的某种重要储备，这种财富甚至比生物体自身的责任还重要。如果没有变异发生就不会存在丰富的遗传多样性，那么生物体可能终将彻底失去进化能力。

其次，突变只是变异的别名。多布然斯基在野生果蝇种群中发现，无论是 ABC 还是 CBA 品系果蝇，没有哪种基因型具有先天的优越性，它们都得依赖"环境"与"基因-环境"交互作用才能生存。某人产生的"突变"对于另一个人来说就是"遗传变异"。我们可以在某个寒冷的冬夜选出某种果蝇，而在某个炎热的夏日选出另外一种完全不同的果蝇。无论是从道德还是从生物学角度出发，变异都没有优越性可言，因此每种变异只是多少去适应某种特定的环境而已。

最后，生物体的物理或精神属性与遗传之间的关系要远比预期的复杂。高尔顿等优生学家曾希望筛选出复杂的人类表型（智力、身高、容貌以及品德），并据此作为某种生物捷径来富集与智力、身高、容貌和品德相关的基因。但是某种表型并非由单个基因按照一对一的方式来决定。而筛选表型的机制很难保证遗传选择的正确性。如果基因、环境、触发器与概率能够最终决定某个生物体的特征，同时优生学家在没有分清这些因素关联效应的前提下，就贸然打算借助传宗接代来改善智力或容貌，那么他们注定将一败涂地。

对于被滥用的遗传学与人类优生学而言，多布然斯基的每项发现都是针锋相对的反击。基因、表型、选择与进化等概念可以通过相对浅显的理论联系在一起，但是这些道理很容易为人误解或者蓄意歪曲。"追求简洁，保持理性。"英国数学家与哲学家怀特海（Alfred North Whitehead）曾这样告诫自己的学生。多布然斯基已经发现了这种简洁，但是他同时也对遗传逻辑过于简单化提出了强烈的道德警告。可惜他的观点都被湮没在教科书与学术论文中，就连那些集权国家的政治力量也没有重视这些远见卓识，而它们即将在操纵人类遗传的领域中兴风作浪。

第三章

转　化

如果你把"学术生活"看作逃避现实的一种方式，那么就不要研究生物学。人类可以通过这门学科来接近生命的奥秘。[1]

——赫尔曼·穆勒

我们确实不相信……遗传学家居然能在显微镜下看到基因……某些具有自我复制能力的特殊物质不可能构成遗传学的基础。[2]

——特罗菲姆·李森科（Trofim Lysenko）

遗传学与进化论和解后被称作现代综合论，或者更广义地被称为广义综合论。[1][3] 即便遗传学家们已经理解了遗传、进化和自然选择之间的复杂关系，基因的物质本质仍是个未解之谜。基因一直被视为"遗传颗粒"，但是却无法从物理或者化学角度对于"颗粒"携带的信息进行描述。摩尔根将基因视为"细绳上的串珠"，其实连他自己也不清楚这种描述代表的确切物质形式。这些"串珠"由什么构成？而"细

---

[1]　休厄尔·赖特（Sewall Wright）、霍尔丹（J. B. S. Haldane）以及其他生物学家也对广义综合论做出了贡献。由于本书内容所限，因此不能将全部贡献者名单逐一列出。

绳"的本质又是什么呢？

从某种程度上来说，由于生物学家对基因的化学结构一无所知，因此人们曾经认为基因的物质组成根本无法鉴别。在生物界中，基因通常按照垂直的方式进行遗传，也就是说，从父母到孩子，或者从母细胞到子细胞。然而变异垂直传播使得孟德尔与摩尔根能够通过分析遗传模式来研究基因的作用（例如，亲本果蝇可以将白眼性状传递给子代）。但是研究垂直转化的难题在于，基因从不会离开活的生物体与细胞。当某个细胞分裂时，它的遗传物质会在细胞内解离并且重新分配到子代细胞。在这个过程中，基因始终保持着生物学上的可见性，但是在细胞这个黑箱的遮盖下，我们很难理解基因的化学结构。

遗传物质很难从某个生物体传递到另一个生物体，在此并非指在亲代与子代间进行传递，而是指在两个完全不相关的陌生个体间传递。人们将这种水平基因交换称为转化。其实这个词释放出的信号足以令我们惊讶不已：人类已经习惯通过生殖来传递遗传信息，但是在转化过程中，某种生物体可以变成另外一种生物体，就像化身为月桂树的女神达芙妮（更准确地说，基因改变将使某种生物体的属性转化成另一种生物体的属性；如果从遗传学的角度来理解这个希腊神话，那么树枝生长基因必定通过某种方式进入了达芙妮的基因组，并且具备从人类皮肤下长出树皮、树干、木质部和韧皮部的能力）。

转化现象几乎不会发生在哺乳动物中。但是细菌这种苟活在生物世界边缘的物种却能够进行水平基因交换（为了便于理解这个抽象概念，我们可以假设有两位朋友在夜晚外出散步，他们其中一位是蓝眼睛而另外一位是棕眼睛，可是他们返回后却发现由于基因临时交换而导致眼睛颜色互换）。基因交换的瞬间确实非常奇特美妙。在两个生物体发生转化的瞬间，基因只是作为某种纯粹的化学物质而短暂存在。于是有一位化学家想要通过这个难得的机会来捕捉基因的化学本质。

※※※

转化现象由英国细菌学家弗雷德里克·格里菲斯（Frederick Griffith）发现。[4]在 20 世纪 20 年代早期，格里菲斯作为英国卫生部的医疗官开始研究一种名为肺炎链球菌（*Streptococcus pneumoniae*）或肺炎球菌（pneumococcus）的细菌。1918 年爆发的西班牙流感横扫整个欧洲大陆，在世界范围内导致了 2 000 万人死亡，而这也是人类历史上最严重的自然灾害之一。肺炎球菌经常会导致患者出现继发性肺炎，由于这种疾病传播迅速且容易致命，因此医生们将其列为"死亡疾病之首"。流感患者并发肺炎球菌性肺炎令传染病疫情雪上加霜，这引起了英国卫生部的高度重视，于是后者征召了许多科研团队来研究这种细菌并开发抗病疫苗。

格里菲斯准备从研究细菌本身来破解这个难题：为什么肺炎球菌对动物来说如此致命？在德国同行的工作基础上，他发现这种细菌可分为两种菌株。其中"光滑型"肺炎球菌的细胞表面包被着光滑的多糖荚膜，并且能够凭借灵巧的身手逃脱免疫系统的攻击。而"粗糙型"肺炎球菌则缺少这种多糖荚膜，它们很容易受到免疫系统的攻击。注射了光滑型肺炎球菌的小鼠很快就死于肺炎，与之相反，接种粗糙型肺炎球菌的小鼠不仅免疫功能得到增强，而且还能够长期存活。

格里菲斯在不经意间完成的实验却成为推动分子生物学发展的革命。首先，他通过高温处理杀死具有毒性的光滑型肺炎球菌，然后将灭活的细菌注射到小鼠体内。结果与他预想的相同，这种细菌的残余物并不能对小鼠发挥作用：由于它们失去了活性，因此不会引起感染。但是当格里菲斯将有毒菌株的死菌与无毒菌株的活菌混合后，接种小鼠却很快死于肺炎。格里菲斯对这些小鼠进行解剖时发现，其体内的粗糙型肺炎球菌已经发生了变化：它们只是与死菌碎片发生了接触，就获得了光滑荚膜这种毒性决定因子。而这种曾经无害的细菌不知何故就"转化"成了有毒的细菌。[5]

　　经过高温灭活的细菌碎片相当于微生物体内化学物质组成的温汤，那么它们是如何仅凭接触就将某种遗传性状传递给另外一种活菌的呢？格里菲斯对此百思不得其解。起初，他猜测活菌由于吞噬了死菌才导致荚膜出现改变，这就像在巫术仪式中进行的那样，以为吃掉猛士的心脏就能够拥有勇气或者活力。但是当转化完成之后细菌还可以将这种新获得的荚膜维持数代，而在此期间任何食物来源都应消耗殆尽。

　　那么最简单的解释就是，遗传信息是以某种化学形式在两种菌株之间进行传递的。在"转化"过程中，控制毒性的基因（也就是能产生光滑荚膜而不是粗糙荚膜的基因）以某种方式脱离了原来的菌株并且进入化学温汤中，然后又从温汤中进入活菌并且整合到其基因组内。换句话说，基因可以不借助任何生殖方式而在两个生物体之间传递。它们是携带信息的自主单位（即物质单位）。如果细胞之间需要进行窃窃私语的话，那么它们不用借助那些优雅的胚芽或芽球来传递信息。遗传信息不仅可以通过某种分子进行传递，同时这种物质还将在细胞外以某种化学形态存在，并且能够在细胞、生物体以及亲代与子代之间传递信息。

　　只要格里菲斯公布这个惊人的发现，那么整个生物界都将为之欢呼雀跃。在 20 世纪 20 年代，科学家们刚刚开始运用化学知识来理解生命的奥秘。生物学逐渐向化学靠拢。生物化学家认为细胞就像是装满化学物质的烧杯，细胞膜将这些混合物紧紧包裹，它们之间发生反应后创造出"生命"现象。格里菲斯证实，生物体之间存在某种可以携带遗传指令的化学物质，而这种"基因分子"足以引起学术界的强烈共鸣，并且将重建创造生命的化学理论。

　　然而格里菲斯只是位谦虚谨慎且天生腼腆的科学家，"他是个身材矮小的男人……平时几乎听不清他讲话时的声音"[6]，因此他的发现很难得到广泛认可或者吸引更多关注。乔治·萧伯纳曾说过，"英国人做每件事都很讲原则"，而格里菲斯的处世哲学就是谨言慎行。他在伦敦期间独自一人住在实验室附近的普通公寓里，但是有时也会回到布莱顿（Brighton）那栋白色现代风格的自建乡间别墅。虽然基因可能会在生物体之间移动，但是永远不要想去强迫格里菲斯离开实验室去做讲座。为了骗他去做学术报告，他的朋友曾经把他强行塞进出租车，然后支付了到达目的地的单程车费。

1928年1月，格里菲斯在迟疑了几个月后（"上帝都不着急，为什么我要着急？"），终于在《卫生学杂志》（*Journal of Hygiene*）上发表了自己的实验数据，而这本名不见经传的学术期刊简直让孟德尔都汗颜。论文以一种深感内疚的语气写成，格里菲斯似乎为撼动遗传学基础表现出了诚挚的歉意。他在文中提到，研究转化现象纯粹是出于对微生物领域的好奇，但是却未明确提及发现了潜在的遗传学化学物质基础这件事。[7] 在20世纪30年代，这篇意义非凡的生物化学论文中最重要的结论就此埋没下去，即便是后人也只能对格里菲斯成果的境遇发出一声叹息。

※ ※ ※

尽管弗雷德里克·格里菲斯的实验充分证实了"基因就是一种化学物质"，但是其他科学家对于这种理念依然抱有疑虑。1920年，托马斯·摩尔根曾经的学生赫尔曼·穆勒从纽约搬到得克萨斯，他在这里继续从事果蝇遗传学的研究。[8] 穆勒的实验设计与摩尔根一样，他也希望通过突变体来解释遗传现象。虽然果蝇是遗传学家们的基础研究对象，但是在自然界中产生的突变体实在是凤毛麟角。摩尔根与他的学生们在纽约奋斗了30多年，花了九牛二虎之力才在大量的果蝇种群里发现了白眼与黑体突变。穆勒已经对寻找突变体感到厌烦，他很想知道如果将果蝇暴露在高温、强光或者高能的条件下，那么是否能够加速突变体的产生。

　　穆勒的想法从理论上看似简单，但是从实操上来说却非常棘手。穆勒起初尝试将果蝇暴露于 X 射线下，没想到它们全部在研究过程中死亡。他在失望之余降低了射线剂量并且再次进行尝试，结果发现这样可以导致果蝇绝育。穆勒并没有得到什么突变体，他用于实验的大批果蝇不是死亡就是不育。1926 年冬季，他突发奇想将某批果蝇用更低剂量的射线照射。穆勒让这些经 X 射线照射过的雌雄果蝇进行交配，随后他开始观察奶瓶中果蝇幼虫的变化。

　　然而即便是外行也会被穆勒的实验结果震撼：在这些新生果蝇中出现了各种各样的突变体，其数量从几十只到上百只不等。[9] 当时已经是夜深人静，唯一见证这条爆炸性新闻的人就是独自在楼下工作的一位植物学家。每当穆勒发现一种新型突变体时，他都会向窗外大喊："我又发现了一种。"摩尔根和他的学生们在纽约花了将近 30 年的时间才收集到大约 50 种果蝇突变体，那位植物学家悻悻地写道，穆勒只用了一个晚上就完成了前人半数的工作。

　　穆勒因其在上述领域中的发现而享誉世界。辐射效果对果蝇突变率的影响表现为以下两点。首先，基因由物质组成。毕竟辐射也只是能量而已。弗雷德里克·格里菲斯已经证实基因可以在生物体之间移动，穆勒则在实验中用能量改变了基因。无论基因到底是什么，它应该具有可以移动与传递的特点，并且将在能量诱导下发生改变，当然这些特性通常都与化学物质有关。

　　相对于基因的化学组成来说，我们更容易了解整个基因组的延展性变化，同时科学家们对于 X 射线易如反掌改变基因的能力感到十分惊诧。即便是坚持自然突变理论的达尔文也会认为如此之高的突变率不可思议。在达尔文的理论中，某个生物体发生改变的速率相对固定，当自然选择的速率被放大时能够加速进化，而抑制自然选择的速率可以减缓进化。[10] 穆勒的实验证实了遗传可以被轻而易举地操纵：突变速率本身就瞬息万变。"自然界中没有永恒的现状。"穆勒不久后写道，"一切都处于调整或再调整的过程中，否则生物界最终将会走向灭亡。"[11] 如果将改变突变速率与筛选变异体相结合，穆勒认为他或许能够推动进化周期进入飞速发展的轨道，甚至在实验室里创造出全新的物种和亚种，而自己就是这些果蝇的上帝。

与此同时穆勒也意识到，他的实验对于人类优生学发展具有重大意义。假如使用这种微小剂量的辐射就可以改变果蝇基因，那么距离改变人类基因的时代还会远吗？他写道，假如我们能够"人工诱导"遗传变异，那么遗传学将不再是"命运之神摆布人类"的特权。

与许多同时代的科学家和社会科学家一样，穆勒自 20 世纪 20 年代起就被优生学深深吸引。当穆勒还在哥伦比亚大学攻读本科学位时，就曾创建生物学学会来探索和支持"积极优生学"。但到了 20 年代末期，穆勒见证了优生学在美国走向危险的边缘，因此也不得不重新审视自己的热情所在。当时美国优生学档案办公室主要致力于种族净化，并把清除移民、"异端"与"缺陷"作为工作重点，而这种露骨的邪恶行径也令他备受打击。[12] 那些所谓的优生运动倡导者达文波特、普里迪和贝尔不过是披着伪科学外衣的卑鄙小人。

就在穆勒憧憬着优生学的未来与改变人类基因组可能性的同时，他也在思索高尔顿及其合作者是否在基本概念上犯了错误。与高尔顿和皮尔森相同，穆勒也想要通过遗传学来减轻人类的痛苦。但是与高尔顿的不同之处在于，穆勒开始意识到，只有当社会处于完全平等的状态下时，积极优生学才能真正发挥作用。优生学不可能超越社会平等而实现。社会平等才是开展优生学的先决条件。如果没有社会平等作为保障，那么优生学将不可避免地误入歧途，尽管流浪、贫困、异端、酗酒以及智障等问题只是社会不公的体现，但是它们还是会被当成遗传病来看待。类似卡丽·巴克这样的女性并不是遗传性智障，她们出身贫寒、目不识丁、身患疾病且无力抗争，可还是被扣上遗传缺陷的帽子沦为社会的牺牲品。高尔顿学说认为优生学最终将产生彻底的平等（将弱者转化为强者），然而穆勒却完全否认了这种臆测。他认为，如果不把平等作为前提条件，那么优生学就会沦为强者控制弱者的一种工具。

※ ※ ※

当赫尔曼·穆勒在得克萨斯开展的科研工作如日中天之时，他的个人生活却一落千丈。穆勒的婚姻出现了危机并以离婚告终。作为曾经在哥伦比亚大学蝇室共事的合作伙伴，他与斯特提万特和布里奇斯的竞争令彼此势同水火，而他和摩尔根的泛泛之交也演变成冰冷的敌意。

此外穆勒也因为政治倾向而不胜其扰。他在纽约加入了几个社会主义团体，负责报纸编辑和学生招募，同时还跟小说家与社会活动家西奥多·德莱赛（Theodore Dreiser）过从甚密。[13] 在得克萨斯期间，这位遗传领域的学术之星开始秘密编辑一份名为《火花》（The Spark）［模仿列宁创建的《火星报》（Iskra）］的社会主义报纸，对非洲裔美国人公民权、女性投票权、移民受教育权以及工人集体保险等进行了呼吁，虽然按照当时的标准并不算激进，但是这却足以令他的同事与行政当局恼羞成怒。美国联邦调查局针对他的活动展开了调查，报纸则把他称作危险分子、"共产党员""赤色狂人""苏维埃支持者"以及怪胎。[14]

穆勒被孤立后十分苦恼，精神状态逐渐变得更加偏执与抑郁，他在某个清晨悄然离开实验室，就连教室里也找不到他的影子。几个小时之后，由研究生组成的搜索队终于在奥斯汀郊外的树林里找到了穆勒。他茫然地在雨中摸索前行，被淋湿的衣服满是皱褶，脸上溅上了污泥，而且小腿还被意外划伤。穆勒之前服下了大量巴比妥类药物想要自杀，没想到只是在树下睡了一觉就没事了。第二天早上，他又惴惴不安地返回了课堂。

尽管穆勒企图自杀的举动没有成功，但这却是他身体每况愈下的先兆。无论是肮脏的科学与丑陋的政治，还是整个自私的社会，穆勒对于美国已经感到厌倦。他想要逃到某个能让科学与社会主义融合发展的地方去，只有完全平等的社会才能够从根本上对基因进行干预。他知道在德国首都柏林，以自由民主为目标的社会主义正雄心勃勃地卸下历史的包袱，在 20 世纪 30 年代的欧洲创建崭新的共和国。马克·吐温曾写道，这里是世界上"最年轻的城市"，来自四面八方的科学家、作家、哲学家与知识分子齐聚一堂，他们在努力缔造自由的未来社会。穆勒认为，如果想要发挥遗传学这门现代科学的全部潜能，那么最合适的地方恐怕非柏林莫属。

1932 年冬季，穆勒整理好自己的行李，同时还带上了几百只果蝇、上万个玻璃试管、上千个玻璃瓶、一台显微镜与两辆自行车，此外还有一辆 1932 年产的福特汽车，而他此行的目的地就是位于柏林的凯泽·威廉研究所（Kaiser Wilhelm Institute）。穆勒做梦都没有想到，尽管这座城市见证了遗传学的蓬勃发展，但是也亲历了人类历史上血雨腥风的一幕。

第四章

没有生存价值的生命

患有身体与心理疾病的人不应将这份灾难传给后代。人民政府需要对抚养义务尽最大职责。然而总有一天，该行动将在资产阶级时代中展现出其伟大意义，即便是最辉煌的战争也不能与之媲美。

——希特勒关于 T4 行动的命令

他想成为上帝……想要创造一个新的种族。[1]
——奥斯威辛集中营囚犯对约瑟夫·门格勒（Josef Mengele）
暴行的评论

遗传病患者活到 60 岁平均要花费 5 万德国马克。[2]
——纳粹时期德国生物学课本中对高中生的警告

生物学家弗里茨·楞次（Fritz Lenz）曾说过，纳粹主义不过是某种"应用生物学"。[1] [3]

---

[1] 也有人认为这句话出自希特勒的副手鲁道夫·赫斯（Rudolf Hess）。

1933 年春季，当赫尔曼·穆勒开始在柏林的凯泽·威廉研究所工作时，他目睹了纳粹将"应用生物学"付诸行动。同年 1 月，纳粹党领袖阿道夫·希特勒被任命为德国总理。3 月，德国议会通过了授权法案，赋予希特勒前所未有之权力，从而使他可以不经议会批准就制定法律。狂热的纳粹准军事部队为了庆祝胜利，手持火把在柏林街头举行了规模盛大的游行。

按照纳粹主义的理解，"应用生物学"实际上是应用遗传学，它的目的就是让"种族卫生"成为可能。纳粹主义并非是这个术语的始作俑者：德国物理学家与生物学家阿尔弗雷德·普罗兹（Alfred Ploetz）早在 1895 年就创造了这个词语（1912 年，他曾于在伦敦召开的国际优生学大会上发表了慷慨激昂的演讲）。[4] 按照普罗兹的描述，"种族卫生"就是对种族进行遗传净化，就像个人卫生指的是对自己的身体进行清洗一样。个人卫生通常要清除身体的碎屑与排泄物，而种族卫生则要消除遗传物质的残余，并且创造出更健康与更纯净的种族。[1]1914年，遗传学家海恩里希·波尔（Heinrich Poll，普罗兹的同事）写道："就像生物体残忍地牺牲退化细胞，或者外科医生冷酷地切除病变器官一样，这都是为了顾全大局才采取的不得已措施：对于亲属群体或者国家机关等高级有机体来说，不必为干预人身自由感到过度焦虑，种族卫生的目的就是预防遗传病性状携带者将有害基因代代相传。"[5]

普罗兹与波尔将高尔顿、普里迪和达文波特等英美两国优生学家视为这门新兴"学科"的先驱。他们认为，弗吉尼亚州立癫痫与智障收容所就是一项理想的遗传净化实验。在 20 世纪 20 年代早期的美国，像卡丽·巴克这样的女性在经过鉴定后会被遣送至优生集中营，而德国的优生学家非常渴望凭借自身的努力来获得国家支持，他们可以通过该项目对具有"遗传缺陷"的人们进行监禁、绝育或是根除。德国大学通常会提供几个"种族生物学"和种族卫生学的教授职位，就

---

[1]   普罗兹于 20 世纪 30 年代加入纳粹党。

连医学院也会常规教授种族科学。"种族科学"的理论策源地就在凯泽·威廉研究所的人类学及人类遗传与优生中心，这里距离穆勒在柏林的新实验室仅有咫尺之遥。[6]

※ ※ ※

希特勒曾经在慕尼黑领导"啤酒店暴动"（Beer Hall Putsch），而他也因发动这场失败的政变遭到监禁。20世纪20年代希特勒于监狱服刑期间接触到了普罗兹的观点与种族科学的内容并为之一振。与普罗兹一样，希特勒也相信遗传缺陷将会缓慢毒害整个民族，同时阻碍这个泱泱大国的复兴。[7]当纳粹党于20世纪30年代掌权后，希特勒看到了将这种想法付诸实践的机会。他马上行动起来：1933年，在授权法案通过不到5个月之后，纳粹政府就通过了《遗传病后裔防治法》（*Prevention of Genetically Diseased Offspring*），也就是通常说的"绝育法"。[8]这项法律的主要内容明显照搬自美国的优生计划，而纳粹政府为了取得更大的效果对其内容进行了扩充。该法律强制规定："任何遗传病患者都将接受外科手术绝育。"早期制定的"遗传病"列表包括智力缺陷、精神分裂症、癫痫、抑郁症、失明、失聪以及严重畸形。如果需要对某人进行绝育，那么需要向优生法院提交国家认可的申请。"一旦法院同意执行绝育"，流程就开始启动，"即使违背本人意愿，手术也必须执行……而在其他方法均无效的情况下，可以采取强制手段实施"。

为了争取民众对绝育法的支持，纳粹政府借助各种法律禁令来协助推广，并且最终将这种手段发挥到极致。《遗产》（*Das Erbe*）[9]与《遗传病》（*Erbkrank*）[10]是种族政策办公室拍摄的电影，其主要目的是展示"缺陷"与"不健康"导致的疾病。这两部影片分别于1935年与1936年上映，而德国各地的影院均一票难求。在电影《遗传病》中，一位饱受精神病折磨的女性在不停地摆弄自己的手指和头发，另有一位畸形儿童无助地躺在床上，还有一位肢体短缩的女性只能像牲畜一样"四脚"着地。与上述两部电影中的可怕画面相比，雅利安人的完美身体简直就是电影史上的颂歌：《奥林匹亚》（*Olympia*）是莱尼·里芬斯塔尔（Leni Riefenstahl）拍摄的一部电影，该片赞美了那些朝气蓬勃的年轻德国运动员，他们通过健美操展示肌肉线条，简直就是完美遗传的化身。[11] 心怀厌恶的观众们面无表情地盯着这些"缺陷"，同时对那些超人般的运动员充满了嫉妒与渴望。

就在国家机器大肆造势鼓吹并强迫人们被动接受优生绝育的同时，纳粹政府也在法律的掩护下不断逼近种族净化的底线。1933 年 11 月，一项新颁布的法律允许国家可以对"危险罪犯"（包括持不同政见者、作家和记者）进行强制绝育。[12] 1935 年 10 月，为了防止遗传混合，纳粹政府在颁布的《德意志血统及荣誉保护法》（即"纽伦堡法案"）中，禁止犹太人与德意志血统的公民通婚或者与雅利安后代发生性关系。此外还有一部法律禁止犹太人在自己家里雇佣"德国女佣"，恐怕没有比这更离奇的例证来说明身体净化与种族净化之间的关系了。[13]

实现规模庞大的绝育与收容计划，需要建立与之相应的庞大行政机构作为支撑。截至 1934 年，每个月都会有近 5 000 名成年人被绝育，而 200 个遗传健康法庭（或者叫遗传法庭）不得不超负荷运转，对涉及绝育的上诉进行裁定。[14] 在大西洋彼岸，美国的优生学家不仅对此举称赞有加，同时也在感叹自身有效手段的匮乏。洛斯罗普·斯托达德（Lothrop Stoddard）是查尔斯·达文波特的另一位门徒，他曾经于 20世纪 30 年代末期在德国访问了某个遗传法庭，并为绝育手术的疗效写下了赞美之词。在斯托达德来访期间，他见到的被告包括一位女性躁郁症患者、一位聋哑女孩、一位智障女孩以及一位"猿人模样"男人，这位男士不仅娶了犹太女人为妻，还明显是个同性恋，而这在当时简直就是十恶不赦。从斯托达德的记叙中可以看出，当时人们仍不清楚出现这些症状的遗传本质是什么。尽管如此，全部被告还是很快就被判决接受绝育了。

※※※

　　绝育在悄然无息中彻底变成了杀人机器。早在 1935 年，希特勒就曾私下仔细考虑过将基因净化工作从绝育升级至安乐死，就净化基因库这项工程而言，还有什么比从肉体上消灭他们更快捷的方式吗？但是希特勒也很在意公众的反应。到了 20 世纪 30 年代末期，德国民众对绝育计划的漠然态度反而助长了纳粹政府的嚣张。1939 年，机会终于来了。那年夏季，理查德·克雷奇马尔（Richard Kretschmar）和莉娜·克雷奇马尔（Lina Kretschmar）向希特勒请愿，希望对他们的孩子格哈德（Gerhard）实施安乐死。[15] 格哈德只有 11 个月大，他生来就失明且伴有肢体残疾。格哈德的父母是狂热的纳粹分子，他们为了表达效忠德意志的决心，希望将自己的孩子从国家遗传基因库中清除。

　　希特勒认为这是个千载难逢的时机，他批准了对格哈德·克雷奇马尔实施安乐死的请求，然后将该项计划迅速扩展应用到其他儿童身上。在私人医生卡尔·勃兰特（Karl Brandt）的协助下，希特勒颁布了《严重遗传性与先天性疾病科学登记制度》，并以此为契机大规模开展安乐死计划，以便在全国范围内彻底清除遗传"缺陷"。[16] 为了赋予这种灭绝措施合法的身份，纳粹政府开始委婉地将受害者描述成"没有生存价值的生命"（lebensunwertes Leben）。这个离奇短语反映出纳粹优生学逻辑正变得愈加恐怖：对遗传缺陷携带者实施绝育已不足以让未来的国家得到净化，必须把他们从现有的体制内彻底清除。这就是遗传学上的最终解决方案。

　　这场屠杀在开始阶段以 3 岁以下的"缺陷"儿童为目标，但是到了 1939 年 9 月，目标人群已经悄然扩展到青少年范围。随后，少年犯也被划入了名单。据统计，其中被殃及的犹太儿童比例非常突出，他们被迫接受国家医生进行的体检，并且被随意贴上"遗传病"标签，受害者经常因为某些微不足道的借口就遭到清除。截至 1939 年 10 月，该计划的清除对象已经延伸到成年人。执行安乐死计划的官方总部位于柏林动物园街 4 号（No.4 Tiergartenstrasse）的一座精美别墅，而该计划根据其街道地址最终被命名为"T4 行动"（Aktion T4）。[17]

此后德国各地相继建立起灭绝中心。其中有两家机构表现非常突出，一家是位于哈达马尔（Hadamar）山上的城堡式医院，另一家是勃兰登堡州福利院（Brandenburg State Welfare Institute）。后者这座砖石结构建筑很像兵营，所有的窗户都开在墙体侧面。这些建筑的地下空间被改造成密闭的毒气室，不计其数的受害者就在这里被一氧化碳夺去了生命。为了加深公众的感性认识，纳粹政府还为 T4 行动披上了科学与医学研究的外衣。在披着白大褂的党卫军军官的押送下，安乐死计划的受害者乘坐装有铁窗的大巴被送往灭绝中心。紧邻毒气室的房间里临时搭建起混凝土解剖台，其四周环绕着用来收集液体的深槽，医生们就在这里解剖受害者的尸体，然后将他们的组织器官与大脑保存起来，作为日后的遗传学研究标本。显而易见的是，这些"没有生存价值的生命"对于科学进步具有不可估量的价值。

为了让受害者家属确信他们的父母或者孩子已经得到合理诊疗，患者往往会先被送往临时搭建的收容所，然后再被秘密转移到哈达马尔或者勃兰登堡进行灭绝。在安乐死结束后，纳粹政府会签发数以千计伪造的死亡证明，上面标有各种不同的死因，其中某些理由显得非常荒谬。1939 年，玛丽·劳（Mary Rau）的母亲因患有精神病性抑郁症被实施安乐死。可是她的家人却被告知，患者死于"嘴唇上的肉赘"。截至 1941 年，T4 行动已经屠杀了将近 25 万的成人与儿童。此外，在 1933 年到 1943 年间，大约有 40 万人根据绝育法接受了强制绝育手术。[18]

※※※

汉娜·阿伦特（Hannah Arendt）是一位颇具影响力的文化批评家，她曾记录下纳粹政府的倒行逆施，并且在战后提出了著名的哲学概念"平庸之恶"（banality of evil），借此反映纳粹统治时期麻木不仁的德国文化。[19] 但是当时人们对于邪恶的轻信已经司空见惯。纳粹政府认为"犹太特性"或者"吉卜赛特性"由染色体携带并通过遗传来延续，因此实施遗传净化需要完全颠覆原来的信仰，然而人们却不假思索地把盲从作为文化信条。事实上，许多科学精英（包括遗传学家、医学科研人员、心理学家、人类学家以及语言学家）都很乐于为完善优生学计划的理论基础出谋划策。奥特马尔·冯·维斯彻尔（Otmar von Verschuer）是柏林凯泽·威廉研究所的一位教授，他在《犹太种族生物学》（*The Racial Biology of Jews*）一书中认为，神经症与癔症是犹太人的内在遗传特征。维斯彻尔注意到，犹太人的自杀率在1849年到1907年间增长了7倍，而他异想天开，认为造成上述情况的原因与欧洲国家系统性迫害犹太人无关，这只是他们神经官能症过度反应的表现："只有具备神经错乱与神经过敏倾向的人才会以这种方式应对外部条件变化。"[20] 1936年，深受希特勒青睐的慕尼黑大学为一位年轻的医学研究人员授予博士学位，其论文内容与人类下颚的"种族形态学"研究有关，他试图证明下颚的解剖学结构由种族与遗传决定。这位崭露头角的"人类遗传学家"名叫约瑟夫·门格勒，并且很快就成为纳粹"科研精英"中臭名昭著的代表，由于他对囚犯进行人体实验，因此也被称为"死亡天使"。

最终，纳粹政府净化"遗传病"的计划演变为一场更大灾难的序曲。这场人类历史上最恐怖的浩劫与之前的灭绝（针对失聪、失明、失语、跛足、残疾以及智障人员）行动不可同日而语。在大屠杀期间，有600万犹太人、20万吉卜赛人、几百万苏联和波兰公民还有不计其数的同性恋者、知识分子、作家、艺术家以及持不同政见者在集中营与毒气室中惨遭杀害。此类令人发指的暴行与早期的灭绝计划本质上一脉相承，纳粹主义正是在野蛮优生学的"幼儿园"里学会了这些卑鄙伎俩。"种族灭绝"（genocide）这个单词的词根与基因"gene"同源，我们有充分的理由说明：纳粹主义盗用了基因与遗传学的名义为延续其罪恶进行宣传与辩解，同时还驾轻就熟地将遗传歧视整合到种族灭绝的行动中。从肉体上消灭精神病与残疾人（"他们的思维或行为不能和我们保持一致"）的行为只是大规模屠杀犹太人之前的热身运动。基因就这样史无前例地在悄无声息中与身份混为一谈，然后这些带有缺陷的身份被纳粹主义利用，并且成为他们实施种族灭绝的借口。马丁·尼莫拉（Martin Neimöller）是德国著名神学家，他在那篇广为流传的忏悔书中总结了纳粹主义暴行的演变过程：

起初他们追杀共产主义者，我没有说话——
因为我不是共产主义者；
后来他们追杀工会会员，我没有说话——
因为我不是工会会员；
接着他们追杀犹太人，我没有说话——
因为我不是犹太人；
最后他们奔我而来——那时已经没有人能为我说话了。[21]

※※※

20世纪30年代，就在纳粹政府不断歪曲遗传学事实来支撑国家主导的绝育和灭绝行动时，另一个强大的欧洲国家正在以完全相反的方式蓄意践踏遗传学与基因理论来维护其政治纲领。20世纪30年代，纳粹政府将遗传学视为种族净化的工具，而那时苏联的左翼科学家与知识分子提出遗传并非与生俱来，资产阶级为了强调个人差异的固定性，于是就创造出了基因这个海市蜃楼，而事实上，特征、身份、选择或是命运都无法消除。即使国家需要净化，也不该采用遗传选择的方式，政府应当对全体人民进行再教育并且抹去从前的自我。需要净化的是大脑而不是基因。

与纳粹主义相同，苏维埃主义也需要"科学"的巩固与支撑。1928年，农业研究人员特罗菲姆·李森科[22]表情凝重地宣称，他在动植物中发现了"粉碎"并改变遗传影响的方法，而某位记者曾经形容他"令人作呕"[23]。李森科的实验地点位于遥远的西伯利亚农场，据传他将小麦植株反复暴露在极寒和干旱的条件下，从而使植株获得了对逆境的遗传抗性（李森科的主张后来被证实要么是弄虚作假，要么就是当时的科学实验滥竽充数）。通过对小麦植株采取"休克疗法"，李森科认为他可以让植株在春季开花，在夏季结穗。

然而这种"休克疗法"显然与遗传学事实背道而驰。将小麦置于寒冷或干旱的条件下不可能使基因产生永久且可遗传的变异，这就好比连续切除鼠尾也无法创造出无尾老鼠，或者无论怎样牵引羚羊颈部也不能将其变成长颈鹿。为了改变实验植株的性状，李森科也在想方设法获得抗冻基因变异体（摩尔根和穆勒），然后采用自然选择或人工选择来分离突变植株（根据达尔文的理论），最后再将突变植株进行杂交使突变固定下来（孟德尔和德·弗里斯）。但是李森科让自己与苏联领导人都相信，他只需要改变暴露条件就可以对植株进行"再培养"，从而改变它们的固有特征。他完全否定了基因的概念。他认为，基因是"由遗传学家创造出来"支持"腐朽资产阶级"科学的产物。"遗传基础跟某些具有自我复制能力的特殊物质没有关系。"[24]通过适应环境直接导致遗传发生改变只是对于拉马克陈旧理论的复述，然而直到几十年以后，遗传学家才指出了拉马克学说的概念性错误。

李森科的理论立即受到苏联政府的热烈欢迎。在这个当时挣扎在饥荒边缘的国家中，他提出了能够显著增加农业产量的新方法：通过对小麦和水稻进行"再培养"后，农作物就可以在包括严冬和酷暑的任何条件下生长。也许是受到这项举足轻重理论的启发，斯大林和他的同僚们发现，使用休克疗法"粉碎"基因进行"再培养"同样可以应用在意识形态领域。当李森科通过再培养植物来减轻它们对土壤和气候的依赖时，苏联的党务工作者也在对持不同政见者进行再教育，试图改变他们对错误意识和物质商品根深蒂固的依赖。纳粹政府相信遗传物质绝对不会改变（"犹太人就是犹太人"），并且使用优生学来改变他们国家的人口结构。苏联政府则相信遗传物质绝对可以重置（"任何人都可以成为其他人"），并且希望通过清除所有差异来实现激进的集体利益。

1940 年，李森科在击败了竞争对手后出任苏联植物遗传育种研究所所长，然后在苏联生物界建立起极权主义的领地。[25] 在当时的苏联，任何对李森科理论持有学术异议的人（尤其是孟德尔遗传学或达尔文进化学说的支持者）都将被视为非法。这些科学家将被发配至集中营接受李森科思想（与小麦一样，将持有异议的教授们置于"休克疗法"下或许能说服他们改变想法）的"再教育"。尼科莱·瓦维洛夫（Nicolai Vavilov）是一位著名的孟德尔学派遗传学家。1940 年 8 月，他因为宣传"资产阶级"生物学言论被捕，并被送往臭名昭著的萨拉托夫监狱（"瓦维洛夫竟然敢认为基因不容易受到影响"）。当瓦维洛夫与其他遗传学家在监狱中遭受折磨时，李森科的支持者又在否定遗传学科学性的道路上展开了新一轮进攻。1943 年 1 月，骨瘦如柴的瓦维洛夫在奄奄一息之际才被送到监狱医院。"我现在不过是一堆行尸走肉。"[26] 瓦维洛夫对看守这样描述，而他在几个星期之后就含恨去世。[27]

纳粹主义与李森科主义的理论基础源自两种截然相反的遗传概念，但是这两种理论之间也具有惊人的相似性。尽管纳粹理论的残暴性无人企及，但是纳粹主义与李森科主义实质上是一丘之貉：它们都采用了某种遗传学理论来构建人类身份的概念，而这些歪理邪说最后都沦为满足政治意图的工具。这两种遗传学理论可谓是大相径庭，其中纳粹政府坚信身份具有固定性，而苏联政府认为身份具有强大的可塑性。

由于基因与遗传的概念一直处于国家地位和政治进程的核心，因此纳粹政府坚持遗传无法改变的理念，苏联政府笃信遗传可以被彻底清除。在这两种意识形态里，遭到蓄意歪曲的科学被用来支持国家主导的"净化"机制。通过偷换基因与遗传学概念，整个系统的权力与地位得到了证实与巩固。到了20世纪中叶，无论基因学说被接受与否，它已经成为某种潜在的政治与文化工具，并且跻身历史上最危险的思想之一。

※※※

垃圾科学支撑起极权主义，而极权主义又制造出垃圾科学。那么纳粹遗传学家在遗传学领域做出过何种贡献吗？

在这些数量众多的科学垃圾里，有两项贡献显得格外突出。首先体现在方法论上：尽管纳粹科学家的手段野蛮残酷，但是他们事实上提高了"双胞胎研究"的水平。弗朗西斯·高尔顿自19世纪90年代起就开始从事双胞胎的研究工作。高尔顿创造了"先天与后天"这句名言，并且非常好奇科学家如何区别两者之间的作用。[28] 对于某些特殊性状而言，例如身高或者智力，我们如何判定它们是来自先天还是后天呢？人们该如何分清遗传与环境之间的关系呢？

高尔顿认为借助某种自然实验可以回答上述问题。他推断，既然双胞胎的遗传物质完全相同，并且任何相似之处都得益于基因的作用，那么所有差异就是来自环境的结果。在双胞胎研究中，通过比较与对比他们的相同与不同之处，遗传学家就能确定先天与后天因素对重要性状的精准贡献。

虽然高尔顿考虑问题的方向完全正确，但是这种推理却存在一个重要的缺陷：他没有把基因完全相同的同卵双胞胎与基因不同的异卵双胞胎进行区分（同卵双胞胎源自单个受精卵分裂，因此双胞胎具有完全相同的基因组；异卵双胞胎则源自两个同时受精的卵细胞，双胞胎的基因组并不相同）。由于这种概念上的混淆，因此早期双胞胎研究经常失败。赫尔曼·沃纳·西门子（Hermann Werner Siemens）既是德国优生学家也是纳粹主义的支持者，他于 1924 年提出了双胞胎实验的解决方案，为了实现高尔顿的设想，必须对同卵双胞胎与异卵双胞胎进行严格的区分。[1] 29

作为一名训练有素的皮肤科专家，西门子曾经在求学期间得到普罗兹的指点，而且他还是种族卫生概念早期的坚定支持者。西门子继承了普罗兹的观点，他意识到只有首先构建遗传模型才能为遗传净化找到理论依据：如果能证明盲人的失明可以遗传，那么就可以合法对其实施绝育。由于血友病的性状一目了然，因此根本不需要进行双胞胎实验就可以证明其遗传性。但是对于更为复杂的性状来说，例如智力或心理疾病，构建遗传学模型的任务也变得错综复杂起来。为了减少遗传因素与环境因素的影响，西门子提出应该将异卵双胞胎与同卵双胞胎进行比较。遗传学研究中的关键实验必须保持一致性（concordance）。所谓"一致性"是指双胞胎共同拥有某个性状的比例。如果双胞胎的眼睛颜色 100% 相同，那么他们之间的一致性为 1；如果只有 50% 相同，那么一致性就是 0.5。一致性是测量基因影响性状程度的便捷手段。如果同卵双胞胎对精神分裂症具有高度一致性，而出生与生长环境相同的异卵双胞胎一致性却很低，那么这种疾病的根源必定与遗传有关。

对于纳粹遗传学家来说，这些早期研究为后来进行的极端实验奠定了基础。约瑟夫·门格勒对此类实验表现出浓厚的兴趣，他已经不满足于人类学家和内科医生的角色，现在摇身一变成了披着白衣的党卫军军官，并且时常出没于位于奥斯威辛和比克瑙的集中营。门格勒在遗传学和医学研究中表现出病态般的狂热，他后来擢升为奥斯威辛

---

[1]   20 世纪 20 年代，美国心理学家柯蒂斯·梅里曼（Curtis Merriman）与德国眼科医生沃尔特·雅布伦斯基（Walter Jablonski）也进行了类似的双胞胎研究。

集中营的总医官，并且在此对双胞胎进行了惨绝人寰的实验。1943 年到 1945 年，共有 1 000 多对双胞胎成为门格勒的牺牲品。[1] 门格勒在导师奥特马尔·冯·维斯彻尔的怂恿下，通过盘查那些刚被送到集中营的囚犯来搜罗可供研究的双胞胎，他大声喊叫的声音让所有人都感到不寒而栗："双胞胎出列"（Zwillinge heraus）或者"双胞胎站出来"（Zwillinge heraustreten）。[30]

当双胞胎们离开集中营后，身上将被文上特殊的记号，并且分别居住在不同的街区里，然后供门格勒及其助手任意摆布（具有讽刺意义的是，双胞胎作为实验对象反而要比那些非孪生儿童更容易生存下来）。门格勒乐此不疲地测量他们身上的各个部位，以此来比较遗传因素对于生长发育的影响。"身体上的每寸肌肤都被测量和比较过，"某对双胞胎中的一员回忆道，"我们经常光着身子坐在一起。"[31] 其他一些双胞胎被毒气杀害后，他们的内脏会被取出用于比较大小。另有某些双胞胎被心脏内注射氯仿的手段处死。还有些接受了血型不符的输血、截肢或者在无麻醉条件下进行了手术。此外他们通过使双胞胎感染斑疹伤寒来检验遗传变异对细菌感染的应答。在某项骇人听闻的实验中，门格勒将受试双胞胎的身体缝合起来，然后观察融合的脊柱是否可以矫正其中一人的驼背畸形。但是由于手术部位出现坏疽，这对双胞胎很快就死于并发症。

除了上述那些荒谬的人体实验，门格勒的研究质量基本上就是敷衍了事。他在对成百上千的受害者进行实验后，手头却只有一本表皮破旧且内容泛泛的笔记本，其中没有留下任何有价值的研究结果。这些内容凌乱的笔记被保存于奥斯威辛纪念馆，某位研究人员在仔细阅读其内容后总结道："没有科学家会重视（这些）内容。"事实上，无论双胞胎实验在德国取得了怎样的早期成果，门格勒的卑鄙行径都彻底毁掉了此类研究，人们对于该领域的仇恨刻骨铭心，而整个世界需

---

[1]　确切数字难以统计。《门格勒：完整的故事》（*Mengele:The Complete Story*）这本书详细介绍了门格勒进行的双胞胎实验，该书由吉拉德·波斯纳（Gerald L. Posner）与约翰·韦尔（John Ware）合著。

要耗费几十年的时间才能重新面对这个话题。

※※※

　　纳粹对遗传学的第二项贡献绝对出乎意料。到了 20 世纪 30 年代中期，随着希特勒在德国走向政治巅峰，大批科学家在面临纳粹统治的威胁时选择离开这个国家。20 世纪 20 年代早期，德国曾在科学领域占据主导地位：它曾是原子物理学、量子力学、核化学、生理学与生物化学的发源地。从 1901 年到 1932 年，在 100 位获得诺贝尔物理学、化学以及医学奖的学者中，来自德国的科学家就有 33 位（此外英国有 18 位，美国只有 6 位）。1933 年，当赫尔曼·穆勒抵达柏林时，这座城市已经汇聚了世界上最优秀的科学家。爱因斯坦曾在凯泽·威廉物理研究所的黑板上写下过公式，化学家奥托·哈恩（Otto Hahn）通过核裂变来了解亚原子粒子的成分，生物化学家汉斯·克雷布斯（Hans Krebs）则将细胞进行裂解后鉴定了其化学组成。

　　然而纳粹主义的蔓延为德国科学的发展带来了一股寒流。1933 年 4 月，犹太学者被粗暴剥夺在国立大学的教授职位。危机到来，成千上万的犹太科学家被迫移居国外。[32] 1933 年，爱因斯坦借参加学术会议的机会巧妙地离开了德国。克雷布斯、生物化学家欧内斯特·钱恩（Ernest Chain）以及生理学家威廉·费尔德伯格（Wilhelm Feldberg）也于同年逃离德国。物理学家马克斯·佩鲁茨（Max Perutz）于 1937 年前往剑桥大学。而对于埃尔温·薛定谔（Erwin Schrödinger）与核化学家马克斯·德尔布吕克这些非犹太人来说，他们也同样如履薄冰。许多科学家出于对纳粹政权的厌恶选择辞职并移居国外。由于对这个虚伪的乌托邦失望至极，因此赫尔曼·穆勒离开柏林来到苏联，继续追求科学与社会主义的统一。（然而并非所有科学家对纳粹掌权都会予以消极应对，事实上还有许多人采取了听之任之的态度。"希特勒或许摧毁了德国科学的长期繁荣，"乔治·奥威尔在 1945 年写道，"但是依然有某些极具天赋的德国学者在合成汽油、喷气式飞机、远程火箭以及原子弹领域发挥着重要作用。"[33]）

纳粹德国的损失恰好促进了遗传学的发展。这些离开德国的科学家不仅自由来往于世界各地，同时还促进了不同学科之间的交流。当他们在异国他乡找到落脚点后，还是会继续聚焦在新课题的研究上。例如原子物理学家对于生物学领域非常感兴趣，而这正是科学探索尚未涉及的前沿地带。由于物质构成的基本单位已经不再是秘密，因此他们希望能够借此破解组成生命的物质单元。原子物理的核心就是执着地去寻找无法再简化的颗粒，然后再找到适合的通用机制并进行系统阐述，而其理念在不久以后将渗透到生物学领域，并推动这个学科迎接新方法与新问题的挑战。这种理念产生的深远影响需要用几十年的时间来感受：当物理学家与化学家的工作重点逐渐转移到生物学领域后，他们开始尝试通过分子、力学、结构、行为和反应等化学与物理术语来理解生物体。随着时间的推移，这些到新大陆定居的流亡者将重新绘制生物学的版图。

其中基因是最为引人注目的概念。基因由什么物质组成？它们如何发挥作用？摩尔根的研究已经明确指出基因在染色体上的位置，并且认为它们的关系就像排列在细绳上的串珠。而格里菲斯与穆勒的实验发现，某种化学物质可以在生物体间发生移动，同时还很容易被 X 射线改变。

如果仅根据假设的理论基础来描述"基因分子"，那么生物学家或许对此并不感兴趣，但是物理学家怎么会拒绝在这个既新奇又冒险的领域尝试一番呢？ 1943 年，量子理论学家埃尔温·薛定谔在都柏林表示，他想要大胆地尝试使用基础理论来描述基因的分子属性［本次讲座的内容后来收录于他的著作《生命是什么？》（*What Is Life?*）中[34]］。薛定谔假设基因必定由某种特殊的化学物质组成，同时这种分子还具有自相矛盾的地方。它应该符合现有的化学规律，否则复制或者传递过程都无法实现，但是它在许多地方又不符合上述规律，否则无法解释遗传特征纷繁复杂的多样性。这种分子物质既能够携带大量信息，又可以在细胞内保持结构紧凑。

薛定谔设想出一种具有多种化学键的化学物质，它能够沿着"染色体丝"的长度伸展。也许正是这些化学键的序列组成了密码本，而"各式内容都可以被压缩成（某种）微型密码"。或许细绳上串珠的顺序就携带着神秘的生命密码。

这种传递信息的物质既有相似之处又保持各不相同，尽管组成顺序简单但是代表种类繁多。薛定谔试图想象出某种能够反映遗传学分歧与矛盾特征的化学物质，而这种分子可以让亚里士多德都感到心满意足。在薛定谔的脑海里，他仿佛已经预见到遗传物质DNA（脱氧核糖核酸）。

第五章

"愚蠢的分子"

永远不要低估愚蠢的力量。[1]

——罗伯特·海因莱因（Robert Heinlein）

1933 年，当奥斯瓦尔德·埃弗里（Oswald Avery）55 岁时，他才听说了弗雷德里克·格里菲斯进行的肺炎球菌转化实验。埃弗里的外表令他看起来比实际年龄更苍老一些。他的身形瘦小枯干，锃光瓦亮的脑门下面架着一副眼镜，说起话来声音就像小鸟一样细声细气，而柔弱的四肢看上去仿佛冬天里的树杈。埃弗里在位于纽约的洛克菲勒大学担任教授，他在这里耗费了毕生精力来研究细菌，尤其是前面提到的肺炎球菌。他确信格里菲斯在实验中必定犯了某些严重的错误。化学碎片怎么可能携带遗传信息在细胞间进行传递呢？

就像音乐家、数学家以及优秀运动员一样，早年成名的科学家往往容易智穷才尽。他们失去的不是创造力，而是持之以恒的毅力：科学研究是一种比拼耐力的"运动"。为了获得某项具有指导意义的结果，可能需要进行成百上千次失败的实验，其实这就是自然与人类之间的斗争。尽管埃弗里已经是一位出色的微生物学家，但是他却从未

想过去探索未知的基因与染色体领域。埃弗里的学生们总是亲切地称
呼他为"费斯"（"教授"一词的简称）[2]，可是功成名就并不是引领
时代潮流的资本。格里菲斯的实验似乎让遗传学登上了通往未知领域
的快车，然而埃弗里就是不肯迎合这股潮流。

※ ※ ※

如果说"费斯"是一位半路出家的遗传学家，那么 DNA 就是深
藏不露的"基因分子"。格里菲斯的实验引起了科学家们对基因分子
本质的广泛推测。到了 20 世纪 40 年代早期，生物化学家已经能够通
过裂解细胞来了解其中的化学成分，并且在生物体中鉴定不同的分子
物质，但是携带遗传密码的分子仍旧是个未解之谜。

人们已知染色质（承载基因的生物结构）由蛋白质与核酸这两种
化学物质组成。虽然没有人知道或者了解染色质的化学结构，但是对
于这两种"紧密结合"的化学成分而言，生物学家较为熟悉的蛋白质
似乎具有更为丰富多彩的功能，当然它也更容易被认为是基因的携带
者。[3]蛋白质在细胞内参与执行许多重要任务。与此同时，细胞需要依
赖化学反应才能生存下去，例如，在呼吸作用中，糖类与氧在经过化
学结合后产生二氧化碳和能量。然而这些化学反应并不会随时随地发
生（如果出现此类情况，那么我们的身体就会不时散发出糖类烧焦的
味道）。蛋白质可以诱导调控细胞中此类基础化学反应，它们可以让化
学反应加速或者减缓，并且使其节奏与生物体新陈代谢相匹配。生命
或许就是化学反应的过程，但是它必定是某种特殊环境下的产物。生
物体并不依赖于那些司空见惯的反应，只有某些独一无二的过程才能
主宰其命运。反应过多将会持续消耗人体能量，而反应过少则会让我
们走向衰竭死亡。蛋白质可以完成这一近乎不可能的任务，并且使我
们在混乱的化学反应（熵）中得以生存，就像人们钟爱的滑雪运动总是
追求险中求胜。

除此之外，蛋白质还是组成发丝、指甲、软骨以及支持与固定细胞基质的基本构件。当蛋白质构象发生改变后，它们还可以形成受体、激素以及信号分子，并借此打通细胞彼此之间的联络。几乎每项细胞功能（代谢、呼吸、分裂、自卫、废物排泄、分泌、信号传导、生长甚至是细胞死亡）都需要蛋白质参与执行。它们简直就是生化世界里辛勤的小蜜蜂。

与蛋白质相比，核酸是生化世界里的黑马。1869 年，就在孟德尔的文章在布尔诺自然科学协会宣读 4 年之后，瑞士生物化学家弗里德里希·米舍（Friedrich Miescher）在细胞中发现了这种新型生化分子。[4]米舍与大多数生物化学同行一样，也在尝试裂解细胞并分离出其释放的化学成分。在众多组分里，他被某种未知的化学物质所深深吸引。米舍通过拧干外科敷料来收集人体脓液，然后将白细胞进行离心得到了结构致密的螺旋状分子链。此外，他在鲑鱼精子中也发现了相同的白色螺旋状化学物质。由于这种分子存在于细胞核中，因此他将其命名为核素（nuclein）。鉴于该物质呈酸性，所以它后来被改称为核酸（nucleic acids），但是其细胞功能却始终藏而不露。

到了 20 世纪 20 年代早期，生物化学家对于核酸的结构有了进一步了解。核酸由 DNA 与 RNA（核糖核酸）这对分子"表兄弟"组成。二者的长链中包含有四种碱基，它们沿着细绳般的分子链或者骨架排列。四种碱基向骨架外侧凸起，就像是藤蔓上钻出的绿叶。在 DNA 中，这四片"叶子"（或者碱基）分别是腺嘌呤（A）、鸟嘌呤（G）、胞嘧啶（C）和胸腺嘧啶（T）。而在 RNA 中，胸腺嘧啶被替换成了尿嘧啶（U），所以其组成为 A、C、G、U 四种碱基。[1]然而除了这些基本细节以外，人们对于 DNA 与 RNA 的结构和功能一无所知。

生物化学家菲伯斯·莱文（Phoebus Levene）是埃弗里在洛克菲勒大学的同事，他认为 DNA 的化学组成有点滑稽，四种碱基沿长链分布

---

[1] DNA 与 RNA 的长链"骨架"由糖基与磷酸组成。由于 RNA 中的糖基是核糖，因此 RNA 被称为核糖核酸。而 DNA 中的糖基是结构上略有区别的脱氧核糖，因此 DNA 被称为脱氧核糖核酸。

意味着它是一种极其"平庸"[5]的结构。莱文推测，DNA 应该是由结构单一的聚合物长链组成的。根据莱文的设想，四种碱基将以某种固定的顺序重复出现：就像 AGCT-AGCT-AGCT-AGCT 一样令人感到乏味。这种序列好似某种化学物质的传送带，它具有重复、节律、稳定与简朴的特点，相当于生物化学界中经久耐用的尼龙。因此莱文将其称作"愚蠢的分子"。[6]

即便只是走马观花地看一眼莱文提出的 DNA 结构，学者们也足以认定它不能作为遗传信息的携带者。愚蠢的分子不可能携带精准的消息。而 DNA 千篇一律的结构与薛定谔想象中的化学物质截然不同，它枯燥乏味的分子结构不仅毫无特色，甚至有过之而无不及。相比之下，蛋白质具有灵活多样的特点，它可以像变色龙一样改变构象，并且执行各种各样的功能，因此将其作为基因携带者显然更具有吸引力。如果染色质像摩尔根指出的那样呈串珠样排列，那么蛋白质应该是其中的活性组分（蛋白质好似串珠，而 DNA 就像细绳）。正如某位生化学家所言，染色体上的核酸只是"分子结构的支持物"[7]，也可以说是凸显基因地位的分子骨架。蛋白质才是真正携带遗传信息的物质，而 DNA 不过是核酸间隙的填充物罢了。

※※※

1940 年春季，埃弗里对于格里菲斯实验中的关键结果进行了确认。他从有毒菌株（光滑型肺炎球菌）中分离出未经提纯的细胞碎片，然后与无毒菌株（粗糙型肺炎球菌）混合后注入小鼠体内。这些无毒菌株随即转化为具有光滑荚膜的有毒菌株并导致小鼠死亡。于是"转化因子"的作用得到了验证。与格里菲斯相同，埃弗里在观察中也发现，一旦粗糙型菌株被转化为光滑型菌株，那么其毒性就会世代相传。换句话说，遗传信息必定会以某种纯化学形式在两个生物体之间进行传递，从而使粗糙型菌株可以转化为光滑型菌株变异体。

但是这种化学物质到底是什么呢？出于微生物学家的职业敏感，埃弗里对实验进行了调整，他不仅为细菌生长提供了不同的培养基，还在其中添加了牛心汤，同时清除了污染的糖类，最终让它们在培养皿上形成集落。作为埃弗里的左膀右臂，科林·麦克劳德（Colin MacLeod）与麦克林恩·麦卡蒂（Maclyn McCarty）在加入后协助他一同完成了研究工作。众所周知，实验前期的技术准备非常重要。到了 8 月初，他们三人已经可以在烧瓶中实现转化反应，并且提纯出高浓度的"转化因子"。1940 年 10 月，他们开始从浓缩的细菌碎片中进行筛选，然后煞费苦心地分离每种化学成分，并且检验每种组分传递遗传信息的能力。

他们采用了多种方法来验证转化因子的化学成分，其中包括：清除死菌中残留的所有荚膜碎片，使用乙醇来溶解上述物质中的脂质成分，将实验材料浸入氯仿以去除其中的蛋白质，应用各种酶来消化蛋白质，将实验温度提高到 65 摄氏度（这个温度足以令绝大多数蛋白质发生变性）后再加入酸性试剂使蛋白质凝固，然而所有这些手段都无法影响转化因子的效果。虽然这些用心良苦的实验让他们精疲力竭，但是结果与预期相去甚远。无论其化学成分究竟是什么，转化因子的组成应该与糖类、脂质或者蛋白质无关。

那么转化因子到底是何方神圣呢？它能够经受冻融的考验，乙醇可以促进其发生沉淀。它在溶液中表现为白色的"纤维状物质……这种物质缠绕在玻璃棒上好似线轴上的细丝。"如果埃弗里用舌头品尝过这种纤维状物质，那么他也许能体会到一种轻微的酸涩，此外还有糖的余味与盐的金属感，就像某位作家描述的那样，这种味道仿佛来自"原初之海"[8]。他们发现 RNA 消化酶并不能影响转化因子的活性，而只有采用 DNA 降解酶来消化上述物质才能消除转化作用。

DNA？难道 DNA 就是遗传信息的携带者？这个"愚蠢的分子"能够携带生物界最复杂的信息吗？埃弗里、麦克劳德与麦卡蒂又进行了一系列实验，他们分别用紫外线、化学分析以及化学电泳的方法来检测转化因子。无论他们采取何种方法，实验结果都非常明确：这种具有转化功能的物质就是 DNA。"谁又能想到会是它呢？" 1943 年，埃弗里在给他哥哥的信中不无感慨地写道，"如果我们的结果确定无疑，当然这还有待证明，那么核酸的重要性就不仅反映在结构上，而是体现在这种活性物质的功能上……其诱导细胞发生的改变<u>可以预见并且得到遗传</u>（埃弗里在信中用下划线标记）。"[9]

埃弗里想要在实验结果发表前进行再次确认："草率公布研究结论具有很大风险，如果后期论文被撤回将令人十分尴尬。"但是他对于此项具有里程碑意义的实验结果充满了信心："这个问题中蕴含着启示……而这也是遗传学家们长期以来的梦想。"[10]后来某位研究人员曾这样描述，埃弗里发现了"基因的物质实体"，也就是解决了"基因到底源自何方"的问题。[11]

※ ※ ※

1944 年，奥斯瓦尔德·埃弗里关于 DNA 研究的论文正式发表。与此同时，纳粹在德国进行的灭绝行动已经达到了丧心病狂的极限。[12]每个月都会有成千上万被放逐的犹太人乘坐火车抵达集中营。同时受害者的人数也在不断增长：仅在 1944 年，就有将近 50 万名成年男女与儿童被送往奥斯威辛集中营。而附属营地、毒气室与火葬场也在紧锣密鼓地建造，许多万人坑中都堆满了死难者的遗体。就在那一年，大约有 45 万人被毒气杀害。[13]截至 1945 年，共有 90 万名犹太人、7.4万名波兰人、2.1 万名吉卜赛人（罗姆人）以及 1.5 万名政治犯在奥斯威辛集中营惨遭杀害。

1945 年初，由于苏联红军穿越冻土地带逼近了奥斯威辛与比克瑙，因此纳粹政府企图将近 6 万名囚犯从集中营及其附属营地疏散。[14]疲惫不堪的囚犯饱受严重营养不良的折磨，许多人都在冰天雪地的跋涉中不幸死去。1945 年 1 月 27 日清晨，苏联红军攻入集中营，解救了仍然在押的 7 000 名囚犯，而这个数字与那些遇难者相比简直是所剩无几。到了此时，暴虐无道的种族仇恨早已凌驾于优生学和遗传学概念之上，同时遗传净化这个借口也逐渐被融入种族净化的过程。但是即便如此，纳粹遗传学的印记依然非常清晰，就像一道永远无法抹去的伤痕。那天早上，满脸困惑的囚犯步履蹒跚地走出集中营，其中就包括一家侏儒和数对双胞胎，而他们是门格勒遗传实验中屈指可数的几位幸存者。

※※※

或许这是纳粹对于遗传学发展做出的最后一点贡献：它为优生学盖上了奇耻大辱的烙印。纳粹优生学暴行成为一部现实版的反面教材，而人们也开始对某些教唆势力重新进行了全面审视。在世界范围内，各个国家的优生学计划悄然终止。1939 年，美国优生学档案办公室的运营资金开始明显减少，到了 1945 年之后则大幅下降。[15] 对于那些最狂热的支持者来说，他们似乎对曾经蛊惑德国优生学家的事实集体失忆，并且最终灰溜溜地放弃了这场轰轰烈烈的优生运动。

第六章

DNA 双螺旋

成功的科学家必将意识到，他们与报纸报道或其母亲描述的形象大相径庭，他们中有许多人不仅狭隘沉闷，而且愚不可及。[1]

——詹姆斯·沃森

科学家的作用要远逊于分子的魅力。[2]

——弗朗西斯·克里克

如果以体育竞技为尊，那么科学将走向毁灭。[3]

——本华·曼德博（Benoit Mandelbrot）

奥斯瓦尔德·埃弗里的实验实现了另外一种"转化"。在所有生物分子中，DNA 曾经只是个无足轻重的角色，然而现在终于轮到它闪亮登场。尽管某些科学家开始还对"基因由 DNA 组成"的观点持反对态度，但是埃弗里的实验证据让他们无法反驳（虽然埃弗里曾获得三次诺贝尔奖提名，但是由于艾纳·哈马斯登这位极具影响力的瑞典化学家拒不相信 DNA 能携带遗传信息，因此埃弗里终生都没能获得诺贝尔奖）。20 世纪 50 年代，随着其他实验室的研究结果相继问世 [1]，就连最顽固的怀疑论者也不得不转为 DNA 的信徒。生物分子的角色就此发生转变：以染色质侍女身份存在的 DNA 突然间化身为王后。

　　莫里斯·威尔金斯是一位年轻的新西兰物理学家，他是早期皈依 DNA 信仰的科学家之一。4 作为乡村医生的儿子，威尔金斯曾于 20 世纪 30 年代在剑桥大学攻读物理学。其实还有一位重量级的科学家也来自遥远的新西兰，他就是颠覆 20 世纪物理学的欧内斯特·卢瑟福（Ernest Rutherford）。5 1895 年，这位年轻人在奖学金的资助下进入剑桥大学，他从此踏上了揭开原子物理学奥秘的道路。卢瑟福在实验研究中展现出无与伦比的才华，他根据结果推导出放射性的特点，搭建出一个令人信服的原子概念模型，然后还将原子拆分成亚原子粒子，并且开辟出亚原子物理学这个新领域。1919 年，卢瑟福成为第一位实现中世纪关于化学嬗变梦想的科学家：他使用放射性 α 粒子轰击氮原子并将其转化为氧原子。卢瑟福证实化学元素并不是构成物质的基本单位。就像作为物质基本单位的原子也是由电子、质子与中子等更基本的物质单位组成。

　　威尔金斯追随卢瑟福的方向开始研究原子物理学与放射线。20 世纪 40 年代，威尔金斯搬到伯克利居住，他曾经短期参与过曼哈顿计划，并与其他科学家共同分离纯化同位素。但是在返回英格兰以后，威尔金斯与许多顺应潮流的物理学家一样，在逐渐远离物理学的同时向生物学靠拢。他也被埃尔温·薛定谔的《生命是什么？》深深打动。威尔金斯推断，基因作为遗传的基本单位必然是由亚单位组成，而 DNA 的结构则可以解释这些亚单位的功能。现在这位物理学家就面临着解决生物学领域最具诱惑问题的良机。1946 年，威尔金斯被任命为伦敦国王学院新成立的生物物理系主任助理。

---

[1]　在 1952 年与 1953 年，阿尔弗雷德·赫希（Alfred Hershey）与玛莎·蔡斯（Martha Chase）也通过实验证实了 DNA 是遗传信息的载体。

※※※

生物物理学是学科发展进入新时代的标志，而这个奇特的称谓由生物学与物理学组成。19世纪学术界的观点认为，活细胞不过是相互关联的化学反应的产物，并由此诞生了生物化学（融合了生物学与化学）这门重要的学科。化学家保罗·埃利希（Paul Ehrlich）曾经说过："生命……就是个化学反应过程。"[6] 他将细胞裂解后释放的"活化学物质"按照组别与功能分类。其中糖源提供能量，脂肪储存能量。由于蛋白质不仅能够进行化学反应，同时还可以调控生化过程的节奏，因此起到生物界交换机的作用。

但是蛋白质是如何调控生理反应的呢？例如血液中氧气的载体血红蛋白，它所执行的是一项貌似简单但是却至关重要的生理反应。血红蛋白在含氧量较高的环境里会与氧分子结合，而当其运动到含氧量较低的环境后会释放氧分子。这种属性能够让血红蛋白将氧气从肺部转运至心脏和大脑。但是血红蛋白需要具备什么特点才能让它成为高效的分子摆渡车呢？

其实答案就在血红蛋白的分子结构里。血红蛋白A是目前研究最为广泛的分子，它的分子构象好似长着四片叶子的幸运草。其中两片"叶子"由α-珠蛋白构成，而另外两片叶子由β-珠蛋白构成[1]。叶子之间两两重叠，其中心部位是一种名为血红素的含铁物质，它可以与血液中的氧分子结合，整个过程有点类似于可控的氧化反应。一旦氧分子与血红素结合完毕，围绕氧分子血红蛋白的四片叶子就会像搭扣一样收紧。当血红蛋白释放氧分子时，这种搭扣装置将会自然放松。此外，某个血红蛋白释放氧分子会引起其他同伴的协同效应，就像从儿童拼图游戏中移走了关键部位的零片。然后幸运草的四片叶子在扭动

---

[1]   血红蛋白具有多种变异体，其中某些特殊类型只出现于胎儿体内。本书讨论的血红蛋白是最为常见且研究最为透彻的变异体，它们在血液系统中占据主导地位。

中打开，血红蛋白可以再次与氧分子结合。通过控制铁离子和氧分子的结合与释放（血液的周期性氧化与还原），血红蛋白可以为机体组织提供充足的氧气。与单纯溶解在血浆中的氧含量相比，血红蛋白可以让血液的携氧量提高 70 倍。脊椎动物的身体构造依赖于这种属性：如果血红蛋白向较远部位供氧的能力遭到破坏，那么我们将变成身材矮小的冷血动物。也许我们醒来后会发现自己蜕变为昆虫。

血红蛋白的结构造就了其独特的功能。分子的物理结构决定其化学性质，化学性质决定其生理功能，而生理功能最终决定其生物活性。生物体复杂的功能可以按照以下逻辑来理解：物理结构决定化学反应，化学反应决定生理功能。对于薛定谔提出的"生命是什么"，生物化学家可能会这样回答："生命由化学物质组成。"而生物物理学家还会补充道："如果化学物质不以分子形式存在，那么生命又会是什么？"

生理学是形态与功能的精妙匹配，其具体过程发生于分子作用过程中，而对于生理学的描述则可以追溯到亚里士多德时代。在亚里士多德眼中，生物体不过是由某些精致原件组装的机器。生物学从中世纪开始逐渐摆脱了传统理论的影响，当时的学术界认为神奇法力与魔幻之水是决定生命的要素，而生物学家则使用天外救星（deus ex machina）来解释生物体的神秘功能（对于神的存在进行辩护）。生物物理学家打算在生物学研究中重启教条的机械论描述。他们认为应该根据物理学概念来解释生理活动，例如力、运动、行为、动力、引擎、杠杆、滑轮以及搭扣。牛顿发现的万有引力定律同样适用于苹果树的生长。人们没有必要援引神奇法力或者杜撰魔幻之水来解释生命现象。生物学的基础是物理学。天外救星其实就近在眼前。

※※※

在伦敦国王学院期间，威尔金斯的主攻方向就是破解 DNA 的三维结构。他推断，如果 DNA 确实是基因的载体，那么其结构理应体现基因的特征。严酷的进化过程使长颈鹿的颈部拉长，并且让血红蛋白的四臂搭扣结构趋于完美，根据同样的原理，DNA 的构象也应该与其功能相匹配。而这种携带基因的分子必定与众不同。

为了破译 DNA 结构，威尔金斯决定采用某些源自剑桥大学的生物物理学手段，其中就包括晶体学与 X 射线衍射技术。为了对晶体学有个初步了解，我们可以在脑海中试着想象出一个微小的立方体。尽管上述立方体既"看不见"也摸不到，但是它却具备影子这种所有物质实体的共性。假设我们记录下光线从不同角度照射在立方体上留下的影子，那么立方体正对光源时投射出的阴影为正方形，斜对光源时形成的阴影为钻石状，而再次移动光源时阴影将变成梯形。虽然这项工作耗时费力，就像要从上百万的剪影中还原出某张面部的轮廓，但是该方法的确行之有效：只要通过逐个拼接就可以把二维图像变为三维立体结构。

X 射线衍射技术的原理与之类似，当 X 射线投射到晶体上发生散射时就会留下"影子"，而为了洞悉分子世界的内在结构并产生散射现象，我们就需要 X 射线这种具有强大穿透力的光源。但是这项技术还存在一个小问题：分子在不停运动中难以捕捉成像。在液态或者气态条件下，随机运动的分子就像尘埃颗粒一样令人眼花缭乱。当光线照射到数以百万计的移动立方体上时，我们看到的只是某个处于运动状态的模糊影子，仿佛是由无数分子组成的电视静态图。而有一种方法可以巧妙地解决该问题，那就是让分子从液态转化为晶态，然后原子就会固定在某个位置。既然发现了影子成像的规律，那么这些晶格就可以产生有序可读的剪影。物理学家通过 X 射线照射晶体就能破译其三维空间结构。莱纳斯·鲍林（Linus Pauling）和罗伯特·科里（Robert Corey）是加州理工学院的两位物理化学家，他们曾经用这项技术测定了几种蛋白质片段的结构，而鲍林也凭借该成果于 1954 年获得了诺贝尔奖。

当然威尔金斯也希望能借助这项技术来测定 DNA 的结构。使用 X 射线照射 DNA 的过程简单明了并且无须专业知识。他在化学系里找了一台 X 射线衍射仪，然后将其安置在堤岸侧翼一间具备放射防护的实验室里，其位置正好低于旁边泰晤士河的水平面。[7] 威尔金斯已经备齐了实验所需的全部关键材料。他现在面临的主要挑战是如何让 DNA 静止不动。

※※※

20 世纪 50 年代早期，正当威尔金斯紧锣密鼓地开展工作时，一位不速之客的到来打破了这种平静。1950 年冬季，作为伦敦国王学院生物物理系主任，J. T. 兰达尔（J. T. Randall）新招募了一位从事晶体学研究的年轻科学家。兰达尔出身于贵族家庭，他个头不高但是为人绅士且衣着考究，平时热衷于板球运动，然而他在下属面前却有着拿破仑般的权威。这位新人名叫罗莎琳德·富兰克林，她刚刚在巴黎完成了煤晶体方面的研究。1951 年 1 月，富兰克林来到伦敦拜访兰达尔。

那时威尔金斯恰好在外面跟未婚妻度假，而他后来定会为此事追悔莫及。当兰达尔向富兰克林推荐威尔金斯的项目时，我们不清楚他能否预料到这两位学者将会在日后水火不容。他告诉富兰克林："威尔金斯已经发现这些（DNA）纤维具有非常完美的结构。"或许富兰克林会考虑通过这些纤维的衍射照片来推导出 DNA 的结构？不管怎样，兰达尔给她提供了 DNA 样本。

当威尔金斯度假归来后，他希望富兰克林到他的团队担任初级助理，毕竟 DNA 三维结构是威尔金斯倾注了全部心血的项目。但是富兰克林无意给任何人做助手。作为一位英国著名银行家的女儿，黑眼睛的富兰克林长着一头乌黑的秀发，而她咄咄逼人的目光就像 X 射线一样扫过台下听众。富兰克林是实验室里的奇葩，她居然能够在当时由男性主导的世界里树立起自己的学术地位。威尔金斯后来写道，富兰克林有一个"教条且固执的父亲"，在她的家庭环境中，父亲与兄弟们并不喜欢这个聪慧的女孩。她不会给任何人当助手，更不用说莫里斯·威尔金斯了。富兰克林不喜欢威尔金斯温和的做派，她认为威尔金斯的"中产阶级"价值观无可救药。而威尔金斯破译 DNA 结构的项目更是与她自己的研究方向直接冲突。正如富兰克林的一位朋友后来所言，她与威尔金斯"相见两厌"。[8]

起初威尔金斯与富兰克林的合作也曾有过"蜜月期"，他们偶尔会一起到斯特兰德皇宫酒店（Strand Palace Hotel）喝咖啡，但是这种关系很快就化为冰冷的敌意。[9]由于他们在理论水平上旗鼓相当，因此相互之间都表现出傲慢不逊的态度；几个月后，他们便几乎不再说话。（威尔金斯后来写道："她经常大声吼叫，所幸没有真正伤到我。"）[10]某天清晨，两人分别与各自的朋友外出，可是他们却在康河上划船的时候不期而遇。富兰克林驾船沿河冲向威尔金斯，眼看两船越来越近险些撞在一起。"她现在就想把我淹死！"[11]威尔金斯佯作惊恐地大喊。他在自嘲中流露出内心的紧张，而这种玩笑即将成为尴尬的现实。

富兰克林真正想要对抗的是当时盛行的男权主义。她对于男人们平日里在酒吧推杯换盏已经习以为常，但是无法忍受学院的公共休息室禁止女士入内，只能看着那些男性同事悠然自得地谈古论今。富兰克林发现周围许多男同事都"令人厌恶"。[12]她不仅要面对性别歧视的压力，还要忍受含沙射影的讥讽：她不愿意把精力浪费在斤斤计较或者察言观色上。[13]富兰克林更喜欢把时间用在科学研究（寻找自然界各种晶体中那些看不见的结构）上。兰达尔的观点在当时显得标新立异，他并不反对雇佣女性科学家，而在伦敦国王学院，还有几位女性同道与富兰克林携手共进。实际上女性早已成为科技领域的开拓者：包括工作严谨且不失热情的居里夫人（Marie Curie），其典型的装束就是那身炭黑色的长裙，她用干裂的双手从数吨残渣中提取出元素镭，并且两次成为诺贝尔奖获得者；[14]还有来自牛津大学的多萝西·霍奇金（Dorothy Hodgkin），她是一位端庄且优雅的生物化学家，后来因测定青霉素的晶体结构而获得诺贝尔奖[15]（某家报纸形容她是一位"和蔼可亲的家庭主妇"[16]）。但是富兰克林与她们完全不同：她既不是和蔼的家庭主妇，也不会穿着羊毛长袍在铁锅里搅拌，她既不是慈眉善目的圣母马利亚，也不是面目狰狞的魔法女巫。

　　DNA 图像中模糊的静态画面让富兰克林感到十分困惑。威尔金斯从某家瑞士实验室获得了一些高纯度 DNA，然后把它们拉伸成均匀细长的纤维。他将这些 DNA 纤维缠绕在弯曲的回形针上，并且希望通过 X 射线衍射得到图像。可是结果证实这种材料很难成像，只会在胶片上留下分散且模糊的圆点。是什么原因让高纯度的分子也难以成像呢？富兰克林百思不得其解。但没过多久，她就在不经意中发现了答案。DNA 在纯态时以两种形式存在。在潮湿状态下，DNA 会表现为 B 型晶体结构；在干燥状态下，DNA 将转换为 A 型晶体结构。当样品池湿度降低时，DNA 分子体积会发生舒缩，仿佛可以透过这种呼吸换气看到生命的节律。由于 DNA 两种结构之间的转换对于实验结果产生了部分干扰，因此这也是威尔金斯一直在努力克服的障碍。

　　富兰克林设计了一个精巧的装置，可以通过电解食盐水产生氢气泡来调节样品池的湿度。[17] 随着样品池内湿度增加，这些纤维似乎永久性地处于松弛状态。她终于获得了成功。在接下来的几周内，富兰克林拍摄了许多前所未有的高清晰照片，后来被晶体学家 J. D. 贝尔纳（J. D. Bernal）称为"有史以来最迷人的 X 射线照片"。[18]

※※※

　　1951 年春季，莫里斯·威尔金斯在那不勒斯动物所参加了一场学术会议，而波弗利与摩尔根曾在这里的实验室研究过海胆。尽管来自海洋的寒流还会不时横扫城市的街道，但是也无法挡住天气逐渐变暖的步伐。在那天早上的听众中，有一位威尔金斯从来没有听说过的生物学家，这位叫作詹姆斯·沃森的年轻人神采奕奕且能言善道，他的衬衫下摆露在外面，破旧的裤子可以看到膝盖，袜子只提到脚踝处……可是他本人却像只公鸡一样骄傲地昂着头。[19] 威尔金斯关于

DNA 结构的演讲枯燥乏味。他在最后一张幻灯展示了某张 DNA 早期 X 射线衍射照片。在结束这段长篇大论之前，他将这张幻灯片投射到屏幕上，却没有引起现场听众的热情反响，就连威尔金斯本人也并未对这张模糊的照片表露出多大兴趣。[20] 由于他无法解决样品质量与样品池干燥度的问题，因此得到的 DNA 衍射照片总是一片模糊。然而沃森却当即为之心动。威尔金斯的结论明确无误：从理论上讲，DNA 可以结晶成为某种易于发生 X 射线衍射的形式。沃森后来写道："在聆听莫里斯的演讲之前，我曾经担心基因的结构可能无章可循。"但是这张衍射照片却迅速打消了他之前的顾虑："我突然间就对基因的化学组成产生了极大兴趣。"[21] 沃森试图与威尔金斯就这张衍射照片交换看法，但是"威尔金斯表现出了英国人的傲慢，他从不和陌生人交谈"，[22] 因此沃森只能失望而去。

沃森"并不了解什么是 X 射线衍射技术"[23]，但是他对某些生物学问题的重要性具有敏锐的洞察力。沃森在芝加哥大学接受过鸟类学专业培训，他曾想尽一切办法躲开那些化学或物理课。然而最终，他还是在归巢本能的引导下进入了 DNA 研究领域。沃森也非常崇拜薛定谔的名著《生命是什么？》。当时沃森正在哥本哈根从事核酸化学领域的研究，而他后来将其描述为"失败透顶"[24]，可是威尔金斯的 DNA 衍射照片却令他为之一振。"虽然我无法诠释其中的含义，但是这并不影响它对我的吸引。与那些碌碌无为的学者相比，功成名就当然更令人心动。"[25]

沃森急忙赶回哥本哈根并要求转到位于剑桥的马克斯·佩鲁茨实验室（佩鲁茨是奥地利生物物理学家，他于 20 世纪 30 年代逃离纳粹德国后移居英国）。[26] 那张具有预见性的模糊阴影萦绕在沃森的脑海中挥之不去，而当时佩鲁茨从事的分子结构研究与威尔金斯的 DNA 项目十分接近。于是沃森下定决心要解开 DNA 的结构之谜，仿佛他要从"罗塞塔石碑中获取万物生长的奥秘"。沃森后来说道："对于遗传学家而言，DNA 是唯一值得去攻克的难关。"那时，他年仅 23 岁。

沃森为了拍摄 DNA 衍射照片搬到了剑桥。就在来到剑桥的那一天，他再次遇到了志同道合的伙伴。这位名叫弗朗西斯·克里克的学者恰巧也在佩鲁茨实验室工作。他们之间的默契无关儿女情长，两个人更多的交集是思想上的共鸣。沃森与克里克都具有桀骜不驯的个性，他们可以在言谈话语中碰撞出火花，而且同样怀着超越现实的雄心壮志。[1] 克里克后来这样写道："我们那时候年少轻狂且无所顾忌，头脑中经常闪过急于求成的念头。"[27]

克里克当时 35 岁，尽管他比沃森年长整整 12 岁，但是却依然没有拿到博士学位（部分原因在于克里克曾在战争时期参加过海军）。克里克并不是传统意义上的"学者"，当然他也不是什么"庸才"。作为曾经的物理学高才生，性格开朗的克里克嗓音稳如洪钟，他在战时会帮助同事做好掩护并且备好珍贵的阿莫西林。克里克同样拜读过薛定谔的《生命是什么？》，而"这本小册子引发的一场革命"彻底震撼了生物学领域。

虽然英国人平时比较挑剔，但是如果有人在早班火车上坐在你身旁，不请自来就替你完成填字游戏，那么这种行为将更让人反感。克里克的才华就像他的声音一样与众不同，虽然从不对别人的项目指手画脚，但是他总是正确的那一方。20 世纪 40 年代末期，物理系毕业的克里克在研究生期间转投生物学领域，他在此期间自学了许多关于晶体学的数学理论，而那些复杂的嵌套方程可以让模糊的剪影转化为三维结构。克里克与佩鲁茨实验室里大多数同事的研究方向都是蛋白质结构，但是不同之处在于，他从工作伊始就对 DNA 产生了浓厚的兴趣。克里克与沃森、威尔金斯和富兰克林一样，也本能地被携带遗传信息的 DNA 分子结构吸引。

---

[1] 1951 年，早在詹姆斯·沃森的名字在全世界家喻户晓之前，小说家多丽丝·莱辛（Doris Lessing）就通过朋友的朋友结识了年轻的沃森，并且花了三个多小时陪他散步。他们穿过剑桥附近的荒地与沼泽，而在整个过程中沃森一言不发，只有莱辛在使尽浑身解数没话找话。在即将抵达终点之时，莱辛已经"感到筋疲力尽而且只想赶快离开"，此刻终于听到了来自同伴的声音："希望你能理解我在这个世界上只能与一个人沟通。"[28]

沃森与克里克就像是在游戏厅一起玩耍的孩童，他们两人之间总有说不完的话。他们后来终于拥有了一间黄色砖木结构的实验室，这里不仅安放了实验设备也成就了彼此的"疯狂梦想"。沃森与克里克仿佛就是两条互补的核酸长链，虽然他们性格里有玩世不恭的狂傲，但是却无法遮掩两位学者卓越的才华。他们藐视权威的束缚却又渴望得到世俗的认可。他们深谙科研体系因循守旧的弊病，却又懂得韬光养晦的规则。他们渴望成为悠然自得的闲云野鹤，可是又心甘情愿受制于剑桥大学的条条框框。他们甚至自嘲为宫廷中的弄臣。

假如可以找到某位令他们敬畏的科学家，那么恐怕非莱纳斯·鲍林莫属。具有传奇色彩的鲍林是加州理工学院的一位化学家，他刚刚宣布自己解决了蛋白质结构测定中某个重要的难题。蛋白质由各种氨基酸链组成。氨基酸链在三维空间中折叠形成亚结构，然后再次折叠形成更高级的结构（让我们想象一下，某条氨基酸链先盘绕成螺旋状，然后再进一步蜷曲成球形或球状）。鲍林在研究晶体结构时发现，蛋白质经常折叠成某种典型的亚结构，看上去就像由单螺旋链缠绕而成的弹簧。在加州理工学院举办的学术会议上，鲍林用魔幻的手法展现了上述蛋白质结构的模型：他在演讲结束前一直把模型藏在窗帘后面，然后随着一声"变"才正式推出，当时现场被惊呆的观众无不为之喝彩。据传言，鲍林当时已经将注意力从蛋白质转到了 DNA 结构上，而沃森与克里克在 5 000 英里外的剑桥似乎已经感到了迫在眉睫的危机。

1951 年 4 月，鲍林发表了关于蛋白质螺旋结构的学术论文。[29] 这篇文章中密布着各种方程与数据，即便是专家学者也会感到论文晦涩难懂。尽管鲍林将关键的研究方法隐藏在数字迷雾中，但是克里克对于那些复杂的数学公式了如指掌。克里克告诉沃森，实际上鲍林的模型"只是根据常识判断的产物，并非复杂数学推理的结果"[30]，他丰富的想象力才是重中之重。"鲍林有时会使用方程来支持论点，其实在大多数情况下可以用文字描述代替……人们无法从 X 射线衍射照片中辨别出 α-螺旋结构，现在关键步骤是要确定原子之间的排列顺序。

就像学龄前儿童的玩具一样，我们要用分子模型取代纸笔来完成这个过程。"

在鲍林工作的启发下，沃森与克里克在科学理念上发生了质的飞跃。那么 DNA 的结构能否通过鲍林的"诀窍"来测定呢？克里克认为，X 射线衍射照片固然有助于解开 DNA 结构的奥秘，然而试图通过实验技术来确定生物分子结构则纯属徒劳。"这就好像当你从楼梯上失足摔下之时却还惦记着从钢琴音符中分辨出和弦的组成。"[31] 但是假设 DNA 的结构非常简单，甚至简单到可以通过"常识"或构建模型来推断呢？那么能否用某个简单的组合来诠释 DNA 结构呢？

※※※

就在 50 英里之外的伦敦国王学院，富兰克林对于用玩具构建 DNA 模型的想法嗤之以鼻。她执着地专注于自己的实验研究，并且拍摄了许多愈发清晰的 DNA 衍射照片。富兰克林坚信结果就在其中，完全没有必要再进行猜测。她认为实验数据是构建模型的前提，而其他方法都是旁门左道。[32] 在 A、B 两种 DNA 晶体结构（A 型含水量低，B 型含水量高）中，B 型 DNA 的结构似乎相对简单。当威尔金斯提出合作测定 B 型 DNA 结构时，骄傲的富兰克林一口回绝。她认为合作就是一种变相的投降。他们就像两个争强好胜的孩子，就连兰达尔也在不久后被迫介入并将他们分开。此后，威尔金斯继续研究 B 型 DNA 结构，而富兰克林则专攻 A 型 DNA 结构。

这种恶性竞争让双方两败俱伤。由于威尔金斯在 DNA 制备过程中质量不过关，因此无法得到清晰的 X 射线衍射图。与此同时，尽管富兰克林能够得到清晰的衍射图，但是她却无法解释其中的道理（她曾厉声指责威尔金斯："你竟敢替我解释数据？"[33]）。他们两人的实验室相距不过几百英尺，可是这种剑拔弩张的关系却像两个处于战争状态的敌国。

1951 年 11 月 21 日，富兰克林在国王学院做了一次演讲。沃森则受威尔金斯的邀请来参加本次活动。那是个灰蒙蒙的午后，整个天空都被笼罩在伦敦潮湿的雾气中。老旧阴冷的报告厅隐藏在学院深处的某个角落，这里就像是查尔斯·狄更斯小说中令人压抑的账房。沃森就在这区区 15 位参会人员中，他"身材干瘪瘦小且神情局促不安……虽然目光炯炯有神，但却没有做任何笔记"。

沃森后来这样形容富兰克林的演讲："她表现得非常紧张……言谈举止显得呆板严肃。我有时候甚至在想，如果她摘下眼镜，然后再换个新发型，那会是什么样子？"富兰克林在讲话时不苟言笑，演讲的方式就像在播报苏联的晚间新闻。如果有人在认真聆听她的演讲，而不是只盯着她奇怪的发型，那么他们将会注意到，尽管富兰克林只是独自一人踽踽前行，但是她正为之奋斗的目标却具有里程碑式的意义。她在笔记中写道："几条核酸链组成了一种大螺旋结构[1]，其中磷酸位于螺旋外侧。"[34] 她似乎已经隐约看到了精美绝伦的 DNA 骨架结构。然而富兰克林只给出了某些粗糙的测算结果，她对于这种结构的细节未能做出任何解释。随后，盛气凌人的富兰克林就草草结束了这场枯燥的学术研讨会。

第二天早上，沃森兴奋地跟克里克描述了富兰克林演讲的内容。当时他们正要登上开往牛津的列车，准备去拜访著名的晶体学家多罗西·霍奇金。罗莎琳德·富兰克林在演讲中只提供了某些初步的测算结果，因此当克里克向沃森询问精确数据时，沃森只能做出某些似是而非的答复。在沃森的学术生涯中，这是他参加过的最重要的研讨会之一，可是他居然没有做笔记。

尽管如此，克里克还是理解了富兰克林的基本设想，然后他们匆

---

[1] 在富兰克林进行的 DNA 早期研究中，她并不确定 X 射线衍射图谱显示的是螺旋结构，可能原因在于其研究对象只局限于含水量较少的 A 型 DNA。事实上，富兰克林与她的学生曾一度草率地宣称"螺旋结构已死"。然而根据她的实验记录，随着 DNA 衍射照片的质量不断改善，她也开始认为磷酸应该位于螺旋结构的外侧。沃森曾告诉某位记者，富兰克林的不足之处在于她对自己的数据缺乏激情："她并未意识到 DNA 的生命力。"

忙赶回剑桥开始搭建 DNA 模型。第二天早上他们就开始动工了，午饭就在附近的老鹰酒吧解决，当然这里还有他们喜欢的醋栗馅饼。两个人意识到："从表面上看，通过 X 射线衍射技术可以反映 DNA 的结构（无论核酸链的数量是两条、三条还是四条）。"[35] 但是问题在于，他们如何才能把这些核酸链整合起来，并构建出一个高深莫测的分子模型。

※ ※ ※

　　单股 DNA 由糖基和磷酸骨架以及与之相连的四种碱基（A、T、G、C）构成，这些碱基看起来就像是某条拉链上突起的链牙。为了测定 DNA 结构，沃森与克里克首先要计算出每个 DNA 分子中拉链结构的数量，其中哪些组分位于螺旋内侧，而哪些组分又位于螺旋外侧。这个问题看起来并不难，可是想要构建一个简单明了的 DNA 模型却谈何容易。"尽管该模型只涉及 15 个原子，但是怎么都无法用夹子固定住那些代表原子的小球。"到了下午茶时间，沃森与克里克还在摆弄那个令人纠结的模型，最后他们终于想出了一个貌似满意的答案：其中三条核酸链相互缠绕形成螺旋结构，糖基与磷酸组成的骨架则位于螺旋内侧，也就是说磷酸在这个三螺旋结构的内侧。可是他们也不得不承认："由于个别原子的间距过于接近，因此整个模型看起来有点别扭。"也许这个问题可以通过某些微调来解决。与理想中的 DNA 结构相比，该模型还算不上完美。沃森与克里克意识到，他们在下一步研究中需要借鉴富兰克林的定量检测方法。[36] 于是这两人突发奇想，主动邀请威尔金斯与富兰克林前来实验室参观，而后来他们对此决定追悔莫及。

　　第二天清晨，威尔金斯、富兰克林与她的学生雷·戈斯林（Ray Gosling）从国王学院乘火车出发，他们准备一睹沃森与克里克构建的模型。[37] 这次剑桥之行令人心驰神往，就连富兰克林也对此满怀期待。

　　然而当他们看到模型之后却感到心灰意冷。虽然威尔金斯对此感到"失望"，但是他并没有流露出来。而性格直率的富兰克林就没那么客气了。她只扫了一眼就发现了这个模型的荒谬之处。富兰克林认为其设计糟糕至极，这个奇丑无比的模型就像是满目疮痍的灾难现场或者地震后倒塌的摩天大楼。戈斯林后来回忆道："罗莎琳德拿出她教训学生的架势：'让我告诉你们毛病在哪儿！'……她在逐条列举的时候根本听不进去别人的建议。"[38] 她甚至想把这个丑陋的模型一脚踢出去。

克里克试着把磷酸骨架挪到螺旋结构中央，并以此来稳定"摇摆不定的核酸链"。可是磷酸带有负电荷，如果它们在螺旋结构内侧相遇，那么彼此排斥会让 DNA 分子在瞬间分崩离析。为了解决排斥问题，克里克在螺旋结构中央插入一个带正电荷的镁离子，希望它能像分子胶一样使 DNA 结构稳固。但是富兰克林的测算结果表明，镁离子不可能出现在螺旋结构中央。更糟糕的是，由于沃森与克里克设计的模型结构非常紧凑，因此无法容纳足够数量的水分子。而就在争分夺秒搭建模型的过程中，他们居然忽略了富兰克林的一项重要发现：DNA 的晶体结构与含水量密切相关。

这次由沃森与克里克主动邀请的参观反倒变成了对他们的批判。当富兰克林劈头盖脸地把这个模型从里到外说得一无是处时，他们从心底里感到无地自容。克里克看上去非常沮丧。沃森后来回忆道："他再也无法恢复到从前向穷苦孩子演讲时的自信了。"[39] 与此同时，富兰克林对这些"幼稚的解释"感到怒不可遏。这两个大男孩以及他们"自以为是"的玩具浪费了她太多时间。于是富兰克林乘坐下午 3 点 40 分的火车愤愤离去。

※※※

与此同时，莱纳斯·鲍林正在帕萨迪纳的实验室试图揭开 DNA 结构的奥秘。沃森知道，他们在这场"DNA 结构测定的竞赛"中肯定无法与之匹敌。鲍林不仅在化学、数学以及晶体学领域造诣颇深，同时还在构建模型方面具有敏锐的直觉，因此他的出现不啻平地一声惊雷。沃森与克里克对此忧心忡忡，他们担心某天早上醒来，某份 8 月出版的学术期刊已经发表了 DNA 结构测定结果，但是署名作者是鲍林，而非他们自己。

1953 年 1 月的第一个星期，他们一直担心的噩梦似乎就要成真：鲍林与科里撰写了一篇有关 DNA 结构的文章，并且将优先出版的副本提供给剑桥大学。而这无异于在大西洋彼岸投下了一枚重磅炸弹。[40] 就在得知此事的那一瞬间，沃森觉得"一切都完了"。他疯狂地把这篇文章从头到尾通读一遍，然后找到了文中具有关键意义的 DNA 结构图。但是当沃森凝神观察的时候，他立刻意识到"这个结构有问题"。非常凑巧的是，鲍林与科里也提出了 DNA 三螺旋结构，其中 A、C、G、T 四种碱基朝向螺旋外侧。同时扭曲的磷酸骨架面朝外，位于螺旋内侧，看上去就像螺旋楼梯的中柱一样。然而鲍林提出的 DNA 结构中并没有用镁离子来固定磷酸骨架。不仅如此，他还提出 DNA 的结构可以通过较弱的化学键来维系。这句重要的结论没有逃过沃森的眼睛。他当即做出判断：这个 DNA 结构根本不成立，它完全无法维持稳定。鲍林的某位同事后来写道："如果 DNA 以这种结构存在，那么它将会发生爆炸。"鲍林的实验没能实现一鸣惊人，但是他构建的模型却能导致分子大爆炸。

沃森描述道："这种低级错误令人难以置信，我恨不得马上就去告诉别人。"他冲到隔壁实验室，向某位化学家朋友展示了鲍林提出的 DNA 结构。这位化学家调侃道："伟人（鲍林）忘记了基础化学定律。"沃森兴高采烈地告诉了克里克，然后两个人来到他们最喜欢的老鹰酒吧，幸灾乐祸地用威士忌来庆祝鲍林的失败。

※※※

1953 年 1 月底，沃森来到伦敦拜访威尔金斯，并且顺便也到实验室看望了富兰克林。当时富兰克林正坐在实验台前工作,她的周围散落着几十张 DNA 衍射照片,而桌上的那本书上则布满了各种笔记和方程。他们在辩论鲍林文章观点的时候争得面红耳赤。富兰克林在某个问题上被沃森惹恼,她愤怒地在实验室里踱来踱去。沃森担心"富兰克林在盛怒之下会动手打他",于是自讨无趣地从前门悄悄溜走了。

相比之下,他在威尔金斯这儿就受欢迎多了。由于他们饱受富兰克林火暴脾气的折磨,因此彼此之间表现出惺惺相惜,此外威尔金斯在研究上对于沃森的开放程度可以说是前所未有。而接下来发生的事情就让人有些匪夷所思了,当然也可能只是捕风捉影与主观臆测的结果。威尔金斯告诉沃森,罗莎琳德·富兰克林在去年夏季已经获得了一组全新的 B 型 DNA 照片,这些照片的清晰程度令人难以置信,DNA 骨架的基本结构几乎跃然纸上。

1952 年 5 月 2 日,那是个星期五的晚上,富兰克林与戈斯林将DNA 纤维置于 X 射线下曝光过夜。虽然镜头略微有点偏离样本中心,但是这张衍射照片在技术上已经堪称完美。富兰克林在她的红色笔记本上写道:"非常完美的 B 型 DNA 照片。"[41] 到了第二天(周六)晚上6 点半,当其他同事去酒吧放松的时候,富兰克林还在实验室里工作,她在戈斯林的帮助下重新调整了镜头的位置。星期二下午,她拍摄了新的照片。它看上去比之前那张更为清晰,而这也是她所见过最完美的 DNA 照片。富兰克林将其标记为"51 号照片"。

威尔金斯走到隔壁房间,他从抽屉里取出这张关键的照片,然后将它展示给沃森。与此同时,富兰克林还待在办公室里,心中燃烧着愤怒的火焰。她并不知道自己最珍贵的数据刚刚被威尔金斯透露给了沃森[1]。("或许我应该先得到罗莎琳德的许可,但是我没有这样做,"威尔金斯后来对此深感内疚,"那时的情形一言难尽……如果在正常

---

[1]   但是这张照片只属于富兰克林吗?威尔金斯后来坚称该照片由戈斯林转交,因此他认为自己有权随意处置。当时富兰克林正要离开国王学院,她准备前往伯贝克学院从事某项新研究,而威尔金斯认为她即将放弃 DNA 项目。

情况下，那么我自然会先征得她的允许，可是即使当时大家相处融洽，她也不会允许别人这样做……虽然我先看到了这张照片，但是相信没有人会忽略其中的螺旋结构。"）

沃森立刻就为眼前的照片所震撼。"我在看到这张照片的瞬间即感到目瞪口呆同时心跳也开始加速。该图案比之前得到的那些结果更加清晰，简直达到了令人难以置信的程度……只有某种螺旋结构才能在照片中表现为黑十字的模样……在经过简单计算后就可以得知该分子中核酸链的数量。"

那天晚上，沃森坐在冰冷的车厢里穿过沼泽地返回剑桥，他在报纸的边缘勾勒出记忆中那张照片的轮廓。沃森首次去伦敦国王学院参加学术交流时没有做笔记，而他再也不会犯同样的错误。当沃森回到剑桥后，他兴奋地从学院的后门一跃而入，他确信DNA结构由两条相互缠绕的螺旋链组成：这种"重要的生物分子成对出现"[42]。

※※※

第二天早晨，沃森与克里克冲到实验室满怀热情地开始搭建模型，整个过程严格遵循遗传学与生物化学的原理来进行。他们在有条不紊开展工作的同时尽量做到精益求精，并且在模型结构内部为关键的水分子留下了足够空间。如果他们想要赢得这场竞赛，那么智慧与直觉都不可或缺；只有具备这些条件，他们才能实现心中的梦想。起初，他们试图把磷酸骨架置于中央，然后让碱基朝向侧面突出来挽救三螺旋模型。可是这种结构不仅看起来摇摆不定，而且狭小的分子间距令人感到十分别扭。沃森在喝了杯咖啡之后对于上述结构不再坚持：也许磷酸骨架应该位于螺旋结构的外侧，而A、T、G、C四种碱基则面对面并列于螺旋内侧。虽然上述问题刚刚解决，但是更大的难题却接踵而至。当碱基朝向外侧突出时并不需要考虑空间问题：它们只是像螺旋状花环一样围绕着中央的磷酸骨架。然而当碱基朝向内侧时，它们相互之间就会发生挤压与嵌合，很像拉链上交错排列的链牙。如果A、T、G、C四种碱基位于 DNA 双螺旋结构的内侧，那么它们之间就必须存在某些互动与联系。例如腺嘌呤（A）与其他碱基之间存在什么联系呢？

某位落寞的化学家曾提出，DNA 的碱基之间必定存在某种联系。欧文·查加夫（Erwin Chargaff）是一位出生于奥地利的生物化学家。1950 年，他在纽约哥伦比亚大学工作期间发现了某种独特的化学现象。每当查加夫消化 DNA 并对碱基组成进行分析时，他总能发现 A 与 T所占比例几乎相同，而 G 与 C 的比例也十分相近。某种神秘的力量让A 与 T 以及 G 与 C 出双入对，好像这些碱基天生就相互绑定在一起。然而尽管沃森与克里克了解查加夫法则，但是他们并不知道如何将其用于构建 DNA 结构模型。

当碱基在螺旋内部的配对问题解决后，他们又面临着第二个关键问题，也就是如何对于 DNA 骨架的外部尺寸进行精确测算。这关乎模型中各组分的布局问题，并且明显受到 DNA 结构空间维度的限制。而富兰克林的数据又一次在她不知情的情况下发挥了重大作用。1952 年冬季，巡视委员会受命前往国王学院审查工作。威尔金斯与富兰克林准备了一份关于 DNA 研究最新进展的工作报告，其中就包括许多已经完成的初步测算结果。马克斯·佩鲁茨是该委员会的成员之一，他得到了一份报告副本并将其转交给沃森与克里克。虽然该报告没有明确标注为"机密"，但是显然不能供他人随意借阅，尤其是那些富兰克林的竞争对手。

我们至今都不清楚佩鲁茨的意图，以及他为何在科学竞争中故作天真（他后来写道："我在行政事务方面缺乏经验且考虑不周。既然报告上没有标明'机密'，那么我就没有理由为其保密。"[43]）。于是就出现了这种结果：富兰克林的报告最终到了沃森与克里克手中。他们已经确认糖基–磷酸骨架位于螺旋结构外侧，同时相关测量的基本参数已经明确，现在这两位搭档开始进入构建模型中最为复杂的阶段。起初，沃森试图通过腺嘌呤（A）配对来连接双螺旋结构的两条链，他以为相同碱基之间可以彼此配对。但是这样建立的螺旋结构看上去凹凸不平且分布不匀，就像身着紧身潜水衣的米其林轮胎人。然后沃森试着将模型调整为理想的形状，但是依然无法得到满意的结果。直到次日早晨，他才忍痛放弃这个模型。

就在 1953 年 2 月 28 日的清晨，正当沃森忙着摆弄着用纸板制作的碱基模型时，他开始怀疑螺旋内部相互配对的碱基彼此是否相同。如果其中的规律是 A 与 T 配对或 C 与 G 配对呢？"我突然间意识到，腺嘌呤与胸腺嘧啶形成的碱基对（A → T）在形状上与鸟嘌呤与胞嘧啶形成的碱基对（G → C）相同……由于这两种碱基对形状一致，因此无须对此进行额外修饰。"[44]

沃森现在意识到，碱基对可以轻而易举地彼此堆叠在一起，然后它们会朝向螺旋结构的中央。如果此时再回顾查加夫法则，那么其重要性不言而喻，鉴于 A 与 T 以及 G 与 C 彼此互补，因此它们必须以相同数量出现，看上去就像是拉链上相互咬合的链牙。此事再次提醒我们，最重要的生物分子必须成对出现。沃森根本等不到克里克走进办公室。"弗朗西斯刚一出现，他甚至还没来得及跨入大门，我就迫不及待地告诉他，答案已经尽在我们掌握中。"[45]

克里克只扫了一眼就对这种碱基配对模式深信不疑。尽管该模型的具体细节还有待进一步完善，A : T 与 G : C 碱基对在螺旋骨架内的位置仍需明确，但这无疑是一项重大突破。该方案设计非常完美，几乎找不到任何瑕疵。沃森回忆道，克里克"冲进老鹰酒吧，逢人便拉过来附耳低言，然后告诉对方我们发现了生命的奥秘"[46]。

DNA 双螺旋结构是一个标志性的象征，它与毕达哥拉斯三角形、拉斯科洞穴壁画、吉萨金字塔以及从外太空俯瞰人类居住的蓝色弹珠图像有异曲同工之妙，并且将永久铭刻在人类历史与记忆中。我认为心灵之眼可以明察秋毫，因此很少在文中引用生物图表。但是我偶尔也会打破惯例。

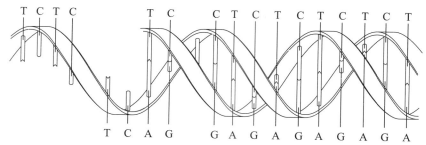

DNA 双螺旋结构示意图：单螺旋结构（左）以及成对的双螺旋结构（右）。注意碱基互补配对原则：A 与 T 配对，G 与 C 配对。盘绕 DNA "骨架" 由糖基-磷酸链组成。

　　两股 DNA 链缠绕在一起构成了双螺旋结构。"右手螺旋" 是最为常见的 DNA 构象，就像向右旋转的螺丝钉一样扭转延伸。在 DNA 分子中，双螺旋结构的直径均为 23 埃（1 埃等于 1 毫米的千万分之一）。假如把一百万个螺旋并排码放在一起，那么可以组成字母 O 的形状。生物学家约翰·萨尔斯顿（John Sulston）写道："由于双螺旋结构很少表现出其细长的特点，因此它看起来是一种短粗的样子。每个人体细胞中 DNA 的总长度可以达到两米；假如我们按照比例将 DNA 放大到缝纫线粗细，那么每个细胞内 DNA 的总长度将达到 200 千米。"[47]

　　在双螺旋模型中，每条 DNA 链均是由 A、T、G、C 构成的长 "碱基" 序列。而糖基-磷酸骨架把这些碱基串联起来。该骨架向外侧扭曲变形成为螺旋状结构，同时那些附着在内侧的碱基就像是旋转楼梯的踏板。两条链上的碱基相互对应：A 与 T 配对，G 与 C 配对。从互补的角度来说，两条链包含相同的信息：每条链都是对方的 "倒影"，或者是彼此的回声（更贴切的比喻是二者互为阴阳）。A∶T 与 G∶C 碱基对之间的分子间作用力将两条链牢固地锁定在一起。DNA 双螺旋结构可以看作由四个字母（——ATGCCCTACGGGCCCATCG……——）组成的密码编写而成，互补的两条链将会永远通过这种镜像密码缠绕在一起。

　　法国诗人保尔·瓦莱里（Paul Valéry）曾经写道："如果你想了解事物的本质，那么就不要被它们的名字迷惑。" 如果我们想要了解 DNA 的奥秘，那么也不能被它的名字或化学结构式干扰。就像人类使用的那些简单工具（锤子、镰刀、风箱、梯子以及剪刀）一样，我们完全可以从分子结构中领悟其功能。只要了解 DNA 的结构，那么就可以直接掌握这种信息载体的功能。对于生物学中最重要的分子来说，DNA 名字的含义与功能相比可以忽略不计。

※※※

　　就在 1953 年 3 月的第一个星期里，沃森与克里克已经成功构建出完整的 DNA 模型。沃森冲到卡文迪许（Cavendish）实验室的地下金属加工车间，督促工人们抓紧时间制造模型零件。整个锻造、焊接以及抛光的过程需要几个小时，而在此期间克里克就在楼上焦急地走来走去。当拿到这些闪闪发光的金属零件后，沃森与克里克随即开始搭建 DNA 双螺旋模型，他们把代表碱基的纸板逐一固定在骨架上，仿佛是在谨小慎微地建造一间纸牌屋。每个零部件都必须处于恰当的位置，同时还要符合已知的分子测算结果。沃森每添加一个组件，克里克就会皱起眉头，而这种压力也会令他感到反胃。最后，全部零部件终于成功组装到一起，感觉就像完成了一幅复杂的拼图。第二天，他们带着铅垂线和尺子回到实验室，然后仔细地测量各部件之间的距离。无论是角度、宽度还是分子间隙，所有这些测量结果都近乎完美。

　　第二天清晨，莫里斯·威尔金斯在闻讯后迫不及待地赶到剑桥。[48] 他"在转瞬间……就迷上了它"。威尔金斯后来回忆道："那个模型高高地伫立在实验台上，（它）就是生命的精灵，看上去就像一个刚刚呱呱坠地的婴儿……这个模型似乎正在自言自语：'我才不在乎你们怎么想，我知道自己就是完美的化身。'"[49] 威尔金斯返回伦敦后再一次进行了确认，他发现自己与富兰克林最新得到的晶体学数据都明确支持双螺旋结构。1953 年 3 月 18 日，威尔金斯从伦敦致信沃森与克里克："我觉得你们就是一对老谋深算的恶棍[50]，但是你们的确能做到出类拔萃，我喜欢这个创意[51]。"

富兰克林在两周之后才见到了双螺旋模型，她也随即相信这就是理想中的 DNA 结构。起初，沃森担心她会"在咄咄逼人的惯性中落入思维僵化的陷阱"，并且拒绝接受双螺旋模型。但是聪慧过人的富兰克林已经做出了判断。飞速运转的大脑让她在第一时间就意识到这是个完美的解决方案。"在这个 DNA 模型中，糖基–磷酸骨架位于双螺旋外侧，同时独特的 A：T 与 G：C 碱基对也符合查加夫法则，因此她没有理由对于上述事实进行反驳。"[52] 正如沃森描述的那样："它具有无与伦比的魅力。"

1953 年 4 月 25 日，沃森与克里克在《自然》（*Nature*）杂志上发表了《核酸分子结构：脱氧核糖核酸结构》。同期发表的还有一篇由戈斯林与富兰克林撰写的论文，他们为支持双螺旋结构提供了强有力的晶体学证据。而第三篇文章则由威尔金斯完成，他从 DNA 晶体实验中获取的数据进一步印证了该模型的合理性。[53]

但是生物学界似乎存在某种因循守旧的传统，总是用傲慢的姿态来对待这些重大发现，历史上孟德尔、埃弗里以及格里菲斯都曾经历过这种遭遇。沃森与克里克在文章结尾谦虚地提及："我们已经注意到，文中提出的特定碱基配对直接暗示了某种潜在遗传物质的复制机理。"DNA 最重要的功能就隐藏在其结构之中，它具有在细胞间以及生物体间传递遗传信息的能力。这种不稳定的分子组合不仅记录了生物体的信息、运动与形态，还为达尔文、孟德尔与摩尔根苦苦追寻的梦想找到了答案。

1962 年，沃森、克里克与威尔金斯凭借他们的发现荣获了诺贝尔奖，可惜富兰克林却没能分享到这种成功的喜悦。1958 年，她死于卵巢癌广泛转移，当时年仅 37 岁。而这种疾病归根结底还是与基因突变有关。

※※※

贝尔格维亚区远离伦敦市中心，蜿蜒流淌的泰晤士河就途经这里缓缓远去。当你漫步在文森特广场的时候，可以看到不远处的英国皇家园艺协会办公室。1900 年，威廉·贝特森正是在此将孟德尔理论引入科学界，并由此拉开了现代遗传学的序幕。如果你迈着轻盈的步伐从广场向西北侧行进，那么将会途经白金汉宫南侧的花园，从这里可以看到拉兰特郡别具风格的城镇住宅。弗朗西斯·高尔顿于 20 世纪早期在这里提出了优生学理论，他希望通过操纵遗传技术让人类走向完美。

英国卫生部病理实验室的旧址位于泰晤士河对岸以东 3 英里处。20 世纪 20 年代，弗雷德里克·格里菲斯在此发现了转化反应，他注意到遗传物质可以在不同生物体之间进行传递，并且通过实验证明 DNA 就是"基因分子"。而伦敦国王学院的实验室就在泰晤士河的北岸。20 世纪 50 年代，罗莎琳德·富兰克林与莫里斯·威尔金斯在此对 DNA 的晶体结构进行了研究。如果现在就此转向西南方向，那么本次旅程将带你莅临位于展览会路上的科学博物馆，参观者可以在这里目睹"基因分子"诞生的历史。沃森与克里克搭建的原始 DNA 双螺旋模型被放置在一个玻璃箱内，那些左右摇摆的拉杆与经过锻压的金属片铰接在一起，而支撑这个模型的只是一个钢制的实验台。DNA 双螺旋模型看上去就像是某个疯子发明的开瓶器，当然也可以将其比作一段精雕细刻的旋转楼梯，然而只有它才可以衔接人类的过去和未来。时至今日，我们还可以在纸板上看到当年克里克亲手写下的四种碱基符号。

尽管沃森、克里克、威尔金斯与富兰克林的成果为遗传学探索开辟了新方向，但是 DNA 结构在得到破解之后也意味着基因发现之旅步入了尾声。沃森于 1954 年写道："只要我们破解了 DNA 结构的奥秘，那么接下来亟待解决的谜题就是，决定生物体性状的海量遗传信息存储于这种分子中的机制。"⁵⁴ 现在既往的问题已经被当今的焦点替代。双螺旋结构应该具备哪些特征才能承载生命密码？这些密码是如何转录并翻译成为有机体的实际形态和功能？为什么 DNA 结构会表现为双螺旋，而不是什么单螺旋、三螺旋或者四螺旋呢？为什么 DNA 的两条链之间会彼此互补，并且其中的碱基就像阴阳分子一样按照 A：T 以及 G：C 的规律进行配对呢？为什么在如此众多的选项中，只有双螺旋结构脱颖而出作为所有生物信息的中央储存库呢？克里克后来谈道："它（DNA）的美丽不在于外表，而是源自其丰富的内涵。"

图像是反映事物内在规律的具体表现形式，其中双螺旋分子的结构图携带着人类构建、操作、修复以及复制的遗传指令，它承载着 20 世纪 50 年代科学界意气风发的豪情壮志。人类的完美性与脆弱性均隐藏在 DNA 分子的编码中：只要我们学会操纵这种化学物质，那么我们将能够改写自然、治愈疾病、改变命运并且重塑未来。

当沃森与克里克构建的 DNA 双螺旋模型问世后，基因作为代际神秘信息载体的概念正式终结，同时也意味着遗传学领域从此跨入新纪元。基因作为一种能够编码与存储信息的化学物质或分子，它可以在各种生物体之间传递信息。假如说 20 世纪早期遗传学领域的关键词是"遗传信息"，那么到了 20 世纪末期这个关键词可能就变成了"遗传密码"。半个世纪以来，基因是遗传信息载体的事实已经尽人皆知。而接下来的问题就是，人类能否破译自身的遗传密码。

第七章

"变幻莫测的难解之谜"

自然界已经为蛋白质分子设计了某种装置，它可以通过某种简明扼要的途径来诠释其灵活性与多样性。只有充分把握这种特殊的优势组合，我们才能以正确的视角来认识分子生物学。[1]

——弗朗西斯·克里克

"代码"这个词在拉丁语中是植物茎基的意思，而这种也被称为木髓的材料曾经用于早期记录。对于代码这个词来说，它从形态到功能演变的过程不免令人深思。其实DNA又何尝不是如此，沃森与克里克意识到，分子形态与其功能之间存在着某种内在联系，遗传密码已经被写入组成DNA的材料中，它就像刻入木髓的符号一样清晰可见。

然而遗传密码到底是什么呢？A、C、G、T四种碱基如何串联形成DNA分子（RNA中的碱基由A、C、G、U组成），并且决定毛发质地、眼睛颜色、细菌荚膜的性质（或者结合前述案例来说，家族性精神病或血友病的易感倾向）呢？孟德尔提出的抽象"遗传单位"概念如何通过物理性状表达呢？

※※※

　　乔治·比德尔（George Beadle）与爱德华·塔特姆（Edward Tatum）是两位来自斯坦福大学的科学家，他们于 1941 年在位于地下隧道中的实验室里发现了连接基因与物理性状之间的缺失环节，并且比埃弗里完成的肺炎球菌转化实验还提前了 3 年。[2] 比德尔的同事更喜欢称他为"比茨"，而他在就读于加州理工学院时曾是托马斯·摩尔根的学生。[3] 比德尔曾经对红眼果蝇与白眼果蝇变异体的产生困惑不解。他明白"红眼基因"是一种遗传信息单位，它通过 DNA（位于染色体上的基因中）以某种不可分割的形式由亲代传递给子代。相比之下，"红眼"这种物理性状则是直接源自果蝇眼内的某种化学颜料。可是遗传微粒是如何转变成眼内色素的呢？对于"红眼基因"与"红眼"来说，它们的遗传信息与相应的物理或解剖形态之间存在什么联系呢？

　　果蝇凭借这些罕见突变体改变了遗传学发展。就像摩尔根描述的那样，这些罕见突变体像黑夜里的明灯一样，指引着生物学家代际追踪"基因行为"。比德尔对于这种虚无缥缈的基因"行为"十分着迷。[4] 20 世纪 30 年代末期，比德尔与塔特姆推断，分离出果蝇眼内现有的色素可能会破解基因行为的谜题。但是由于基因与色素的关系过于复杂，他们无法提出一个切实可行的方案，因此这项工作始终停滞不前。1937 年，比德尔与塔特姆在斯坦福大学期间将研究对象进行了调整，而这种名为粗糙链孢菌（*Neurospora crassa*）的生物体结构更为简单，人们最初在巴黎某家面包店发现它的时候以为这只是一种污染物。现在比德尔与塔特姆打算用粗糙链孢菌来破解基因与性状之间的联系。

　　日常生活中随处可见的面包霉菌具有顽强的生命力。它们可以在皮氏培养皿营养丰富的培养基里生长，不过实际上此类霉菌不需要太多营养便可生存下去。比德尔发现，当霉菌菌株将培养基中的绝大部分营养成分消耗殆尽后，它们依然能够在仅含有糖与生物素的基本培养基上生长。显而易见，此类霉菌细胞可以利用基本化学物质合成其生存所需的全部分子，它们将葡萄糖合成脂质，用前体化学物质合成DNA与RNA，并且把单糖合成为复杂的碳水化合物，而这就是"神奇面包"创造的奇迹。

比德尔明白，上述合成能力由细胞内的酶类控制。这些具有催化功能的蛋白质在细胞内扮演着建筑大师的角色，它们能够利用初级前体化学物质合成复杂的生物大分子。如果希望面包霉菌能在基本培养基中顺利繁殖，那么必须保证其新陈代谢与分子合成功能完整。即使某种突变只导致了某一项功能失活，那么这株霉菌也将无法继续繁殖下去，除非通过人为手段在培养基中补充那些缺失的组分才能逆转。因此，比德尔与塔特姆可以利用这项技术来追踪每个突变体中缺失的代谢功能：如果某种突变体需要物质 X 才能在基本培养基中生长，那么它必然从一开始就缺少合成物质 X 的酶。尽管这种方法费力不讨好，但是比德尔的优点就是极具耐心。他曾经用整整一下午的时间来指导研究生腌制牛排，并且在此过程中严格按照预设时间间隔放各种调料。

"组分缺失"实验促使比德尔与塔特姆对基因有了新的认识。他们指出，缺少某种代谢功能的突变体将表现为相应的蛋白酶活性障碍。遗传杂交结果显示，每种突变体中仅有一个基因存在缺陷。

但是如果基因突变破坏了酶的功能，那么该基因在正常状态下必定携带合成正常酶的信息。而那些执行代谢或者细胞功能的蛋白质则由遗传单位所编码。比德尔于 1945 年写道："基因可以指导蛋白质分子折叠形成最终构象。"[5]其实这就是一代生物学家始终梦寐以求的"基因行为"：基因通过编码信息来合成蛋白质，然后由蛋白质来实现生物体的形态或功能。[1]

---

[1] 这种"基因"概念在后续章节中还会继续完善与扩展。基因不仅携带有构建蛋白质的指令，比德尔与塔特姆的实验还为研究基因的其他功能奠定了基础。

或者以信息流来表示：

　　1958 年，比德尔与塔特姆凭借上述发现获得了诺贝尔奖。但是他们在实验中提出的一个关键问题仍然悬而未决：基因如何通过编码信息来合成蛋白质呢？蛋白质是由 20 种名为氨基酸（甲硫氨酸、甘氨酸、亮氨酸等）的简单化合物串联形成的链状结构。它们与 DNA 的不同之处在于，DNA 链主要以双螺旋形式存在，而蛋白质链则可以扭转形成各种特殊的空间构象，看起来就像是被折叠成特殊形状的电线。这种变形能力可以让蛋白质在细胞中执行不同的功能。它们在肌肉（肌球蛋白）中表现为细长且柔韧的纤维，也可以化身为球形（例如，酶类中的 DNA 聚合酶）然后促进化学反应发生，还能够与产生颜色的化学物质结合，合成眼睛或者花朵内的色素。它们在扭曲形成搭扣状构象后可以充当其他分子的搬运工（血红蛋白），此外还可以指定神经细胞之间的信息传递方式，并对正常状态下的认知功能与神经系统发育起决定作用。

　　但是 DNA 序列（例如 ATGCCCC……）是如何携带合成蛋白质的指令呢？沃森始终感觉 DNA 首先会转换成为某种携带信息的中间体，于是他将其称作"信使分子"，而这些分子上携带有基因密码发出的合成蛋白质指令。1953 年，沃森写道："我在最近一年多总在跟弗朗西斯（克里克）念叨，DNA 链携带的遗传信息必定先复制到与其互补的 RNA 分子中。"[6]然后 RNA 分子将作为合成蛋白质的"信使"发挥作用。

　　1954 年，为了破解蛋白质的合成机制，俄裔物理学及生物学家乔治·伽莫夫（George Gamow）与沃森合作成立了一个科学家"俱乐部"。同年，伽莫夫用蹩脚的英语致信莱纳斯·鲍林："亲爱的鲍林，我正在研究复杂的有机分子（我从未接触过这些！），并且得到了（原文将 getting 写为 geting）一些有趣的结果，希望能听听你的意见（原文将 opinion 写为 opinnion）。"[7]

伽莫夫将其称为 RNA 领带俱乐部。[8] 克里克后来回忆说："俱乐部并非某种实体，它的存在显得虚无缥缈。"[9] 俱乐部从来没有举行过会议或制定过章程，甚至连最基本的组织原则都不具备。与传统的学术组织不同，俱乐部主办的活动都是松散的非正式会谈。他们想起来就开个会，想不起来就不开。成员之间在内部传阅的函件中会提出某些胆大妄为的想法，他们还经常给这些未经发表的观点配上潦草的手绘插图，而这种形式俨然就是那个年代的博客。沃森在洛杉矶找到一个裁缝，然后请他在绿色羊毛领带上绣出一条金色的 RNA 链，伽莫夫则亲自在朋友圈中挑选俱乐部成员，并为他们送上特制的领带与领夹。他还将自己的座右铭印刷在信笺抬头上："勇往直前，时不再来。"[10]

※※※

雅克·莫诺（Jacques Monod）与弗朗索瓦·雅各布（François Jacob）是两位在巴黎工作的细菌遗传学家，他们在 20 世纪 50 年代中期也开展了相关实验，其结果也隐约暗示 DNA 在蛋白质翻译过程中需要某种中间体分子作为信使来发挥作用。[11] 他们提出，基因并不能直接发出指导蛋白质合成的指令。确切地说，DNA 中的遗传信息需要先转换成软拷贝（草稿），然后蛋白质翻译将以该软拷贝为模板，而不是直接采用原始 DNA 的序列。

1960 年 4 月，弗朗西斯·克里克与雅各布在悉尼·布伦纳（Sydney Brenner）位于剑桥的狭小公寓内会面，他们共同讨论了这种神秘中间体分子的身份。布伦纳是一位南非鞋匠的儿子，他在获得奖学金后来到英国学习生物学。就像沃森与克里克一样，他也对沃森的"基因信仰"和 DNA 功能十分着迷。这三位科学家甚至来不及品味刚刚入口的午餐就意识到，此类中间体分子必须能够往来于细胞核与细胞质之间，其中前者是基因的存储地点，而后者是蛋白质的合成场所。

然而这种基因"信使"的化学成分是什么呢？蛋白质？核酸？还是某种其他类型的分子？它与基因序列之间存在什么关系？尽管缺乏确凿证据，但是布伦纳与克里克仍旧怀疑这种中间体分子就是 RNA（DNA 的分子"表兄弟"）。1959 年，克里克为"RNA 领带俱乐部"赋诗一首：

> 遗传 RNA 的特点是什么，
> 它究竟是天使还是恶魔？
> 这变幻莫测的难解之谜。[12]

※※※

1960 年早春，雅各布飞抵加州理工学院与马修·梅塞尔森（Matthew Meselson）共同联手，他们打算破解这个"变幻莫测的难解之谜"。几周之后的 6 月初，布伦纳也加入了他们的团队。

布伦纳与雅各布知道，蛋白质是由细胞内一种名为核糖体的特殊细胞器合成的，而纯化信使中间体最有效的方法就是突然中止蛋白质合成。这种过程相当于生化版本的冷水浴，当那些冻得发抖的分子连同核糖体一起被提纯后，就可以揭开这个"难解之谜"。

虽然上述理论看似简单易行，但是在实际操作中却举步维艰。布伦纳在汇报的时候说，他最初在实验中一无所获，满眼皆是"潮湿阴冷的加州浓雾"。他们花费了数周时间来完善烦琐的生化实验步骤，然而每当成功捕获到核糖体后，这些细胞器就会旋即崩解。核糖体在细胞内似乎非常稳定地粘连在一起。那么它们为何在离开细胞后就发生变性，就像划过指尖的浓雾一般稍纵即逝呢？

其实答案就隐藏在迷雾背后。某天清晨,当布伦纳与雅各布正坐在海滩上小憩时,布伦纳突然从基础生物化学课本中获得了启示,他意识到一个极其简单的事实:他们的解决方案必定遗漏了某种重要化学因子,而它可以保证核糖体在细胞内保持完整。但是这种因子是什么呢?它应该普遍存在于细胞内,同时具备体积小巧的特点,其角色就像某种微量的分子胶。雅各布猛然从沙滩上蹦了起来,完全不顾凌乱的头发以及从口袋中滑落的细沙,他兴奋地大声尖叫道:"是镁离子!是镁离子!"[13]

细胞内使核糖体保持完整性的化学因子就是镁离子。镁离子的作用至关重要:当我们在溶液中补充镁离子后,核糖体将会保持彼此黏合的状态,布伦纳与雅各布终于从细菌细胞中提纯出微量的信使分子。果不其然,这种分子就是 RNA,但是其类型却异乎寻常。[1]当基因启动翻译时,信使分子随之生成。与 DNA 相似,RNA 分子也由四种碱基串联而成,它们分别是 A、G、C、U(请注意,在基因的 RNA 拷贝里,U 将取代 DNA 中的 T)。[14]值得关注的是,布伦纳与雅各布后来发现信使 RNA 与原始 DNA 呈互补关系。当基因的 RNA 拷贝从细胞核转移到细胞质时,其携带的信息将被解码并指导蛋白质合成。信使 RNA 既不是天使也不是恶魔,它只是一个专业的中介。基因生成 RNA 拷贝的过程被称为转录,仿佛它们在以原始语言为模板对单词或句子进行重写。最终基因密码(ATGGGCC……)被转录为 RNA 密码(AUGGGCC……)。

这个过程类似于对珍本图书馆内的藏书进行翻译。信息的原版拷贝(例如基因)被永久尘封在幽深的密室或者金库里。当细胞发出"翻译请求"时,RNA 作为 DNA 的拷贝接受指令从细胞核转移到细胞质。基因的副本(例如 RNA)将被作为蛋白质翻译的源代码。上述过程允许多拷贝基因同时流通,此外 RNA 拷贝的数量可根据需求增减,而该

---

[1] 1960年,詹姆斯·沃森与沃尔特·吉尔伯特在哈佛大学带领团队也发现了"RNA 中间体"。沃森/吉尔伯特与布伦纳/雅各布的论文在同期《自然》杂志上先后发表。

事实很快就被证明在理解基因的活性与功能中起到至关重要的作用。

※ ※ ※

然而转录只解决了蛋白质合成的一半问题。剩下的另一半问题依然存在：信使 RNA 是如何解码并合成蛋白质的呢？在生成基因的 RNA 拷贝时，细胞采取了一种非常简易的转位方式：基因中的 A、C、T 和 G 序列在复制到信使 RNA 后其对应的序列为 A、C、U 和 G（即 ACT CCT GGG → ACU CCU GGG）。基因的原始序列与 RNA 拷贝之间的唯一区别就是胸腺嘧啶被尿嘧啶所取代（T → U）。可是一旦 DNA 转录生成 RNA，那么基因中的"信息"是如何解码并合成蛋白质的呢？

在沃森与克里克看来，单个碱基（A、C、T 或 G）携带的遗传信息非常有限，根本无法承担合成蛋白质的重任。生物体内的蛋白质由 20 种氨基酸构成，而仅凭上述四种碱基不可能生成 20 种选项。秘密应该就隐藏在碱基组合之中。他们写道："似乎那些鳞次栉比的碱基序列才是携带遗传信息的密码。"[15]

我们可以运用自然语言进行类比来说明这一点。字母 A、C 与 T 自身携带的信息量微乎其微，但是它们在经过多种方式组合后就可以产生纷繁复杂的信息。同样还是这些字母，当它们的序列改变后其反映的信息也大相径庭：例如，行为（act）、战术（tac）以及猫（cat），尽管这些单词由相同的字母组成，但是它们代表的含义却存在天壤之别。解决遗传密码的关键是将 RNA 链中的序列原件映射到蛋白质链的序列中。而这就像破译遗传学界的罗塞塔石碑：哪种 RNA 碱基序列可以决定蛋白质中氨基酸的组合呢？或者从概念层面来讲：

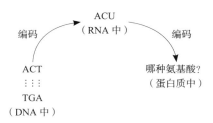

克里克与布伦纳通过大量设计精妙的实验证实，遗传密码必定以某种"三联体"的形式存在：也就是说，DNA 上三个碱基（例如 ACT）只对应蛋白质中一个氨基酸[1]。

然而三联体密码与氨基酸之间存在何种关系呢？到了 1961 年，来自世界各地的几个实验室相继加入破译遗传密码的竞赛中。在位于贝塞斯达的美国国立卫生研究院中，马歇尔·尼伦伯格（Marshall Nirenberg）、海因里希·马特哈伊（Heinrich Matthaei）与菲利普·里德（Philip Leder）曾经试图采用某种生物化学的方法来破解三联体密码。哈尔·科拉纳（Har Khorana）是一位出生于印度的化学家，正是他提供的关键化学试剂使得破解密码成为可能。与此同时，在纽约工作的西班牙生物化学家塞韦罗·奥乔亚（Severo Ochoa）也在着手展开一项平行研究，他希望能够发现三联体密码映射到对应氨基酸的规律。

就像所有的密码破译工作一样，这项研究在推进过程中也是举步维艰。起初，人们感觉三联体之间似乎会彼此重叠，而这也让寻找简码的努力前途渺茫。之后又有一段时间，实验结果证实某些三联体似乎根本不起作用。但到了 1965 年，所有这些研究（尤其是尼伦伯格的团队）成功地将每个 DNA 三联体映射到与其对应的氨基酸上。例如，ACT 对应苏氨酸，CAT 对应的则是功能与结构完全不同的组氨酸。此

[1] 其实初等数学理论同样支持"三联体密码"假说。如果密码子是二联体，例如两个碱基序列（AC 或 TC）编码一个氨基酸，那么你只能得到 16 种组合，显然不足以编码 20 种氨基酸。三联体密码具有 64 种组合，不仅编码 20 种氨基酸绰绰有余，同时额外的组合还能用来执行其他编码功能，例如"终止"或"启动"蛋白质链的功能。而四联体密码子则有 256 种组合，远远超出编码 20 种氨基酸所需。虽然遗传密码具有简并性（两个以上的密码子对应一个氨基酸），但是依然会保留必要的组合。

外，CGT 对应的是精氨酸。假设某段特定的 DNA 序列为 ACT–GAC–CAC–GTG，那么细胞可以通过碱基互补的原则生成 RNA 链，然后 RNA 链经过翻译后形成氨基酸链，并且最终合成某种蛋白质。其中，三联体密码（ATG）是合成蛋白质的起始密码子，而另外三个三联体密码（TAA，TAG，TGA）是合成蛋白质的终止密码子。至此，我们已经掌握了遗传密码的基本规律。

遗传信息流动可以简述如下：

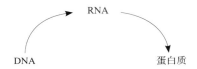

或者从概念层面表示为：

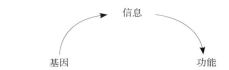

或者：

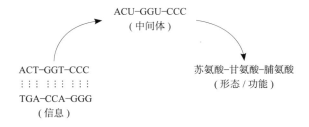

弗朗西斯·克里克将这种信息流称为生物信息的"中心法则"（the central dogma）。尽管"法则"一词令人费解（克里克后来承认，他从未理解"法则"的深层含义，而实际上法则意味着固定不变的信

条），但是"中心"一词却精准无误地反映了这种规律的本质。[1]克里克以此来说明遗传信息流在生物学中具有普遍性。[2]无论是细菌、大象、红眼果蝇还是王公贵族，生物信息始终以某种原始的方式在生命体系中有条不紊地流动：其中 DNA 经过转录形成 RNA，然后 RNA 通过翻译合成蛋白质，并且最终由蛋白质构建结构并且执行功能，从而让基因展现出无穷无尽的生命力。

※※※

镰刀形红细胞贫血症是一种血红蛋白分子结构异常的遗传病，也许没有哪种疾病比它更能反映这种信息流的本质以及对生理功能的影响。早在公元前 6 世纪，印度阿育吠陀医师就已经注意到了贫血（血液中红细胞数目不足）患者的常见症状，他们的嘴唇、皮肤与手指会表现为特征性的苍白。贫血在梵文中被称为潘杜罗加（pandu roga），它可以分为许多类型，其中就包括营养缺乏与大量失血。镰刀形红细胞贫血症与其他类型的贫血迥然不同，它是一种表现为间歇发作的遗传病，同时会伴有骨骼、关节以及胸部的突发性剧痛。西非的加族（Ga）部落将这种疼痛称为身体跳动（chwechweechwe），而埃维人（Ewe）则把它叫作身体扭曲（nuiduidui）。这些词语形象地抓住了躯体疼痛的残酷本质，仿佛有人将利器深深刺入他们的骨髓。

1904 年，某张在显微镜下拍摄的画面为这些貌似无关的症状找到了答案。[16]沃尔特·诺埃尔（Walter Noel）是一位在芝加哥求学的年轻口腔专业学生，他于同年因急性贫血危象伴随胸部与骨骼疼痛前来就诊。来自加勒比海地区的诺埃尔具有西非血统，而他在过去几年里曾

---

[1] 克里克版本的"中心法则"认为 RNA 可以反向转录为 DNA。而霍华德·特明（Howard Temin）与戴维·巴尔的摩（David Baltimore）则在逆转录病毒中发现了逆转录酶，从而证实了这种反向转录机制的可能性。

[2] 在克里克的最初版本中，信息可以从 RNA 反向转录至 DNA。沃森在将该图进行简化之后指出，信息将从 DNA 传递给 RNA，再从 RNA 传递给蛋白质，而这就是后来人们熟悉的"中心法则"。

经出现过数次类似发作。心脏病专家詹姆斯·赫里克（James Herrick）在排除了心脏病发作以后，就漫不经心地把诺埃尔交给一位名叫欧内斯特·艾恩斯（Ernest Irons）的年轻医生。艾恩斯灵机一动，决定在显微镜下看看诺埃尔的血细胞形态。

艾恩斯发现红细胞产生的变化令人困惑。正常红细胞呈扁平圆盘状，这种形状有利于红细胞之间相互堆叠，从而顺利通过动脉和毛细血管网，并将氧气运至肝脏、心脏以及大脑。但在诺埃尔的血液中，红细胞不可思议地皱缩成镰刀状的新月形，后来艾恩斯将其描述为"镰刀形红细胞"。

但是为什么红细胞会变成镰刀形？为什么这种疾病会遗传？其实该病的罪魁祸首在于编码血红蛋白的基因发生异常，而红细胞的主要成分就是这种具有携氧功能的蛋白质。1951 年，在加州理工学院哈维·伊塔诺（Harvey Itano）的协助下，莱纳斯·鲍林发现镰刀形红细胞中血红蛋白变异体与正常红细胞中的血红蛋白完全不同。[17] 5 年以后，来自剑桥的科学家指出，正常与异常血红蛋白链的区别在于单个氨基酸发生了改变。[1]

※※※

如果蛋白质链上恰好有某个氨基酸发生了改变，那么基因上的某处三联体（"三联体编码氨基酸"）肯定与原来不同。而实际情况与预测结果完全吻合，在鉴定与测序镰刀形红细胞贫血症患者体内编码血红蛋白 B 链的基因之后，人们终于发现 DNA 上某处三联体由 GAG 变成了 GTG，并进一步导致血红蛋白 B 链中的谷氨酸被缬氨酸替换。这种改变影响了血红蛋白链的折叠，同时大量血红蛋白突变体在红细胞中积聚成团，再也无法盘绕形成正常状态下整齐的钩状结构。这些团

---

[1]   弗农·英格拉姆（Vernon Ingram）发现了单个氨基酸的改变，他曾是马克斯·佩鲁茨的学生。

块的体积随着缺氧程度加深而增大，同时红细胞的细胞膜也在牵拉下从正常的圆盘状变为新月形，也就是显微镜下所见到的"镰刀形红细胞"。镰刀形红细胞无法顺利通过毛细血管与静脉，它们在体内积聚形成微小的血凝块后将会造成血液中断，并且导致患者在贫血危象中出现剧烈疼痛。

镰刀形红细胞贫血症的发病机制非常复杂。首先，基因序列改变引起了蛋白质序列变化；其次，血红蛋白的形态改变会导致红细胞出现皱缩，随后这些积聚成团的血凝块将阻塞静脉并中断循环，最终产生各种临床症状（基因突变导致）。基因通过合成蛋白质来影响生理功能并决定了人类的命运，而这种冰火两重天就源自 DNA 上某个碱基对的改变。

第八章

基因的调控、复制与重组

必须要找到这种痛苦背后的根源。[1]

——雅克·莫诺

正如核心部位少数重要原子的规则排列才是巨大晶体形成的基础，伟大科学体系的诞生也取决于几个关键概念的连锁互动。在牛顿之前，曾有几代物理学家思考过诸如力、加速度、质量以及速度等现象。但是牛顿的贡献在于他严格定义了这些术语的概念，然后将它们通过一系列方程联系起来从而开创了力学研究的新篇章。

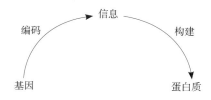

根据相同的逻辑，几个关键概念的连锁互动也让遗传学获得了新生。最终，遗传学的"中心法则"就像牛顿力学一样在不断地提炼、改进与修订过程中日臻完善。由于"中心法则"构建了一种独特的思维体系，因此它对于新兴学科的意义非常深远。1909 年，约翰森创造了"基因"一词，他曾宣称基因是"独立于任何假说之外"的概念。然而到了 20 世纪 60 年代早期，人类在基因领域取得的成果已经远远超出"假说"的范畴。遗传学描述了生物体内部沟通与外部联络的信息流，涉及从转录到翻译的各个阶段。至此，神秘的遗传机制终于浮出水面。

那么这种生物信息流如何才能演化成为复杂的生命系统呢？我们在此以镰刀形红细胞贫血症为例。由于沃尔特·诺埃尔经遗传获得了两个血红蛋白 B 链基因的异常拷贝，因此他体内的每个细胞都携带有两个异常拷贝（人体内每个细胞都遗传了相同的基因组）。但是诺埃尔体内只有血红细胞受到突变基因的影响，而神经细胞、肾细胞、肝细胞或者肌细胞则相安无事。为什么这种选择性的"攻击"会发生在红细胞中的血红蛋白上呢？为什么在他的眼睛或皮肤里没有血红蛋白呢（事实上，包括眼睛和皮肤细胞在内的所有体细胞中都含有相同的基因组）？正如托马斯·摩尔根指出的那样："为什么基因中隐形的特征会在（不同）的细胞中以显性的方式表达呢？"[2]

※※※

大肠杆菌（Escherichia coli）是一种在显微镜下呈胶囊状的肠道细菌，同时它也是结构最简单的生物体之一。1940 年，围绕这种细菌开展的实验为回答上述问题提供了第一条重要线索。大肠杆菌可以通过摄取葡萄糖与乳糖这两种不同的糖源而生存下去。无论提供何种糖源供能，大肠杆菌都会进入快速分裂阶段，大约每 20 分钟细菌数量就可以倍增。同时其生长曲线也表现为指数增长，并按照 1、2、4、8、16 倍的规律延续下去，整个过程直到培养基浑浊与糖源耗尽才会停止。

这种绵延的生长曲线让法国生物学家雅克·莫诺乐在其中。[3] 莫诺于 1937 年返回巴黎，而他之前曾在加州理工学院花了一年的时间与托马斯·摩尔根共同研究果蝇。可是此次加州之行并没有什么特别的收获，莫诺在这里的大部分时间都在音乐声中度过，他曾与当地的管弦乐队一起演奏巴赫的曲目，同时还热衷于迪克西（美国南北战争时期南方邦联的非正式国歌）与爵士乐，而彼时战争的阴影正在慢慢包围巴黎这座城市。到了 1940 年夏季，比利时与波兰已相继被德国军队占领。同年 6 月，在战争中损失惨重的法国签署了停战协定，允许德国军队占领法国北部和西部的大部分地区。

虽然巴黎在宣布成为"不设防城市"后免于战火毁灭，但是纳粹军队已经长驱直入。孩子们被疏散到乡下，博物馆的藏品被清空，店铺也关闭歇业。1939 年，莫里斯·舍瓦利耶（Maurice Chevalier）悲切地唱道："巴黎永远是巴黎。"然而光明之城不再，街道上缥缈阴森，咖啡馆空无一人。当夜幕降临后，频繁停电经常会让这座城市突然陷入地狱般惨淡的黑暗中。

到了 1940 年秋季，全部政府建筑上都悬挂着红黑两色的纳粹旗帜，德国士兵沿着香榭丽舍大道用高音喇叭宣布将在夜间实行宵禁，而莫诺当时正在索邦大学闷热幽暗的阁楼里研究大肠杆菌（莫诺于同年秘密加入了法国抵抗组织，不过许多同事并不了解他的政治倾向）。那年冬季，凛冽的寒风将实验室变成了冰窖，他只能耐心地等待正午的阳光来融化冻结的乙酸，与此同时街道上充斥着纳粹分子蛊惑人心的宣传。莫诺对这些重复进行的细菌生长实验进行了某些战略调整。他将葡萄糖与乳糖这两种不同的糖源同时加入培养基中。

如果葡萄糖与乳糖在大肠杆菌中的代谢机制相同，那么这些以混合糖源为营养的细菌也应该表现为同样光滑的生长曲线。然而莫诺却在研究结果中无意间观察到一种怪象。起初大肠杆菌数量与预期的一样呈指数倍增，可是紧接着细菌生长在停滞一段时间后才得以继续。当莫诺研究这种停滞的机理时，他发现了这个超乎寻常的现象。在这种含有混合糖源的培养基中，大肠杆菌细胞首先会选择性地消耗葡萄糖，而不是对等地同时消耗乳糖。大肠杆菌细胞生长停滞似乎就是在重新选择食谱，当培养基中的糖源由葡萄糖变换为乳糖后，这些细菌将再次恢复生长。莫诺将该现象称为"两期生长"（diauxie）。

　　尽管细菌生长曲线的变化并不明显，但是莫诺却对此感到十分困惑，仿佛是对他严谨科学态度的一种不屑。对于这些以糖源为营养的细菌来说，它们的生长曲线应该表现为平稳流畅的特点。那么为何在改变糖源后会引起生长停滞呢？细菌怎么可能会"知道"或"察觉"糖源发生了改变呢？为什么细菌在消耗糖源过程中会按照先后顺序进行（就像在同一家餐馆吃了两顿饭）？

　　直到 20 世纪 40 年代末期，莫诺才发现这种现象是代谢调节的结果。当细菌消耗的养分从葡萄糖转变为乳糖时，它们会诱导产生特定的乳糖消化酶。然后当葡萄糖再次占据主导地位时，那些乳糖消化酶将会消失，同时葡萄糖消化酶会重新出现。在该转换过程中，诱导消化酶的产生需要几分钟的时间，而这就好像在吃饭期间更换餐具（放下鱼刀，改用甜点叉），于是我们就可以观察到生长停滞。

　　莫诺认为，两期生长表明基因将通过代谢输入受到调控。如果细胞中的酶（蛋白质）可以在诱导下出现与消失，那么基因就应该起到分子开关的作用（毕竟酶是由基因编码而成）。20 世纪 50 年代早期，弗朗索瓦·雅各布来到巴黎加入了莫诺的团队，他准备通过突变体来系统地研究大肠杆菌中基因调控的机制，而摩尔根曾经采用该方法在果蝇遗传领域取得了辉煌的成就。[1]

　　这些细菌突变体与果蝇突变体一样在揭示真相时起到了重要的作用。来自美国的微生物遗传学家阿瑟·帕迪（Arthur Pardee）与莫诺、雅各布共同发现了支配基因调控的三项基本原则。

　　首先，当某个基因启动或关闭时，细胞内的 DNA 原版拷贝始终保持完整。而真正发挥作用的是 RNA：当某个基因启动时，它会在诱导

[1]　莫诺与雅各布早已相互仰慕，他们两人还都是微生物遗传学家安德烈·利沃夫（André Lwoff）的好友。当时雅各布在阁楼的另一侧工作，他正在研究一种可以感染大肠杆菌的病毒。虽然他们的研究方向表面上各不相同，但是实际上都围绕基因调控进行。莫诺与雅各布在比较了彼此的实验记录后发现，他们只是从不同的角度在研究相同的问题，而这也促成了两人于 20 世纪 50 年代的合作。

下产生更多的 RNA 信息，同时生成更多的糖源消化酶。细胞的代谢特性（即它消耗的是乳糖还是葡萄糖）并非来自其恒定的基因序列，而是取决于基因产生的 RNA 数量。在乳糖代谢过程中，存在大量指导乳糖消化酶合成的 RNA。这些信息在葡萄糖代谢过程中被抑制，取而代之的是大量指导葡萄糖消化酶合成的 RNA。

　　其次，RNA 信息在产生过程中也会同步受到调控。当糖源由葡萄糖转换为乳糖时，细菌就会启动某个基因模块（其中包含了几种乳糖代谢基因）来消化乳糖。模块中的基因将指定某个"转运蛋白"协助乳糖进入细菌细胞，而另一个基因会编码乳糖分解所需的酶，此外还有一个基因可以合成将上述产物进行再分解的酶。但是令人感到惊讶的是，染色体结构分析结果显示，所有参与某个特定代谢通路的基因均彼此相邻，它们就像是经过分类整理的馆藏图书，可以在细胞中同时被诱导参与代谢过程。这种代谢改变对于细胞的遗传变化具有深远的影响。该过程不仅仅是更换某件餐具那么简单，而是彻底改变了晚餐的全套用具。这种基因调控的模式好似功能电路的启动与关闭，它们仿佛受到某个共用阀芯或是主控开关的操纵。因此莫诺将这类基因模块称为操纵子（operon）。[1]

　　蛋白质的合成与环境的需求完美同步：只要在细胞生长过程中提供正确的糖源，那么相应的糖代谢基因就会同时启动。冷酷的物种进化再次为基因调控提供了完美的解决方案，而携带遗传信息的基因则通过合成蛋白质来完成各种功能。

---

[1]　　1957 年，帕迪、莫诺与雅各布发现乳糖操纵子由一个单独的主控开关控制，这种蛋白质开关最终被命名为阻遏蛋白。阻遏蛋白的功能类似于分子锁。当人们在细胞生长培养基中添加乳糖后，阻遏蛋白将在检测到乳糖的同时发生分子结构改变，然后"解锁"乳糖消化基因与乳糖转运基因（也就是允许基因被激活），从而使细胞能够代谢乳糖。当另外一种糖（例如葡萄糖）存在时，阻遏蛋白的分子结构将维持不变，因此无法激活乳糖消化基因。1966 年，沃尔特·吉尔伯特与本诺·穆勒–希尔（Benno Muller-Hill）从细菌细胞中分离出阻遏蛋白，从而证实莫诺提出的操纵子假说毋庸置疑。同年，马克·普塔什尼（Mark Ptashne）与南希·霍普金斯（Nancy Hopkins）从病毒中分离出另一种阻遏蛋白。

※※※

对于细胞中成千上万的基因而言，乳糖感应蛋白是如何做到只对乳糖消化基因进行选择性识别与调控的呢？莫诺与雅各布发现了基因调控的第三项基本原则，他们认为每个基因上都附有特定的 DNA 调控序列，其作用类似于识别标签。只要糖源感应蛋白在环境中检测到糖，它就会识别这个标签并启动或关闭靶基因。由于这种基因信号能够产生大量 RNA 信息，因此它们可以指导合成与糖源消化有关的酶。

简而言之，基因携带的信息中不仅包括蛋白质编码的内容，还反映了蛋白质合成的时间与空间特征。生物体中所有的数据均加密存储在 DNA 中，并且通常会附加到每个基因的前端（当然调控序列也可以位于基因的两端与中间）。而调控序列与蛋白质编码序列组合则决定了基因的功能。

我们在此将回顾性分析一下既往的研究结果。1910 年，当摩尔根发现基因连锁现象时，他并未找出染色体上相邻基因之间的逻辑关系：虽然果蝇黑体与白眼基因在染色体上的位置紧密相连，但是它们在功能上似乎没有交集。然而雅各布与莫诺却得出与之相反的结论，他们认为细菌基因串联在一起绝非偶然事件。实际上，参与相同代谢通路调控的基因在物理位置上彼此相邻：它们只有在位于同一基因组的情况下，才能在代谢过程中共同发挥作用。基因上附加的特定 DNA 序列为其活性（即该基因序列的"功能"）提供了行动指南。这些用于启动或者关闭基因的序列让人联想到句子中的标点与注释（例如引号、逗号以及大写字母等）：通过它们可以理解基因语言的背景，并且对其中的重点内容进行诠释，同时读者也将据此掌握阅读与断句的规律：

"这就是基因组的结构。除此之外，它还包含有独立的调控模块。基因组就像是某种奇妙的语言，其中有些词语聚集成句；而另一些则被分号、逗号和破折号分隔开来。"

1959 年，就在沃森与克里克关于 DNA 双螺旋结构的文章问世 6 年之后，帕迪、雅各布与莫诺发表了他们在乳糖操纵子领域取得的重要成果。这篇论文被称为 Pa-Ja-Mo［也有人将其戏称为"睡衣"（pajama）］，分别由三位科学家姓氏的前两个字母拼写而成。[4] 由于该研究结果对于生物学具有普遍意义，因此迅速被学术界奉为经典。Pa-Ja-Mo 论文指出，基因并不是某种死气沉沉的模板。尽管每个细胞都含有相同的成套基因（基因组相同），但是在选择性激活或者抑制因素的作用下，某些特殊基因亚群依然允许单个细胞对环境做出应答。基因组就像一幅波澜壮阔的蓝图，它可以根据天时地利来调整遗传密码。

在此过程中，蛋白质扮演着调控传感器或者主控开关的角色，它在基因启动、终止或者组合过程中发挥着重要的协调作用。基因组就像是某首娓娓动听的交响乐总谱，它包含着维系生物体成长发育的指南。但在缺少蛋白质的情况下，基因组"乐谱"总是显得有气无力。蛋白质可以让遗传信息以具体的形式展现出来。它们仿佛正在指挥基因组乐团进行演奏，当乐谱进行到第 14 分钟时，中提琴加入弦乐，而琶音变换中铙钹的撞击的出现将让气氛开始活跃，最后密集的鼓声将整个作品烘托至高潮。或者从概念层面表示为：

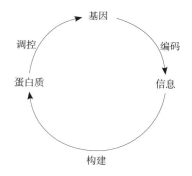

Pa-Ja-Mo 论文解决了遗传学领域的一个核心问题：具有固定基因

组的生物体如何在环境变化时做出如此快速的反应呢？除此之外，它同时也为胚胎发生的核心问题提供了解决方案：这些相同的基因组如何让胚胎演变出成千上万种类型的细胞呢？基因调控（在特定时间里选择性启动或关闭特定细胞中的特定基因）必须根据生物信息的复杂性设置关键分层。

莫诺认为，只有在基因调控的基础上，细胞才得以在时间和空间上实现自己独特的功能。莫诺与雅各布总结道："基因组不仅包含有一系列生命蓝图（基因），它还是一种协调机制……同时也是一种控制执行的手段。"[5] 沃尔特·诺埃尔体内的红细胞与肝脏细胞含有相同的遗传信息，可是基因调控确保血红蛋白只出现于红细胞中，而不会在肝脏细胞中表达。对于毛虫与蝴蝶来说，虽然它们也携带着完全相同的基因组，但是毛虫可以在基因调控下蜕变成蝴蝶。

胚胎发生可以被想象为基因调控单细胞胚胎逐步成长发育的过程。很久以前，亚里士多德就曾惟妙惟肖地描绘过这种"运动"。而某位中世纪的宇宙学家对于地球构成的回答也被传为历史佳话。

"是海龟。"他答道。

"海龟是由什么构成的呢？"他被问道。

"更多的海龟。"

"这些海龟又是由什么构成的呢？"

"你怎么还不明白，"宇宙学家跺了跺脚，"只有海龟才能决定一切。"

对于遗传学家来说，生物体的发育过程可以用基因序列诱导（或抑制）与基因电路来描述。基因指定的蛋白质可以序贯启动其他基因，整个过程不断循环往复一直可以追溯至最原始的胚胎细胞。自始至终只有基因才能决定这一切。[1]

---

[1]　与宇宙学家提到的海龟概念不同，这种遗传学观点并不荒谬。原则上来说，单细胞胚胎的确拥有构成完整生物体的全套遗传信息。而对于序贯基因电路在生物体发育中的作用，我们将在随后的章节里进行阐述。

※※※

基因调控（蛋白质控制基因的启动与终止）的作用在于，它可以让细胞的遗传信息在原有拷贝的基础上变得更加丰富多彩。然而它并不能解释基因自身的复制问题，那么基因在细胞分裂或者精子与卵子形成阶段是如何进行复制的呢？

对于沃森和克里克来说，DNA 双螺旋模型（两条互补共存的"阴阳"链）实际上已经暗示了基因复制的机理。1953 年，他们发表于《自然》杂志上论文的最后一句指出："我们注意到了那些尚处在假设阶段的（DNA）特异性配对，它们直接预示了遗传物质的复制机理。"[6]他们构建的 DNA 模型不仅是一幅美丽的蓝图，其结构还反映了 DNA 功能中最重要的特征。沃森和克里克提出，每条 DNA 链都将生成各自的拷贝，进而从原来的双螺旋结构演变为两条双螺旋链。在 DNA 复制过程中，原有的两条阴阳链会率先解离。然后它们将被作为模板创建互补的阴阳链，并且最终形成两条相互配对的 DNA 链。

DNA 双螺旋不能自主进行复制，否则它将成为脱缰的野马。在 DNA 复制过程中，某种名为复制蛋白的酶可能起到了重要作用。1957 年，生物化学家阿瑟·科恩伯格开始着手分离 DNA 复制酶。科恩伯格推断，如果这种酶在自然界中确实存在的话，那么最容易发现它的地方将位于某种快速分裂的生物体内，例如处于迅猛生长阶段的大肠杆菌。

到了 1958 年，科恩伯格在对大肠杆菌沉淀物进行反复蒸馏后，得到了一种近乎纯净的酶制剂（他曾经告诉我："遗传学家仰仗统计，生化学家依靠提纯。"）。他将这种物质称为 DNA 聚合酶[7]（DNA 是由碱基 A、C、G 与 T 组成的聚合物，因此这是一种制备聚合物的酶）。当科恩伯格在 DNA 中加入此类纯化酶，并且提供足够的能量与核苷酸碱基（A、T、G 与 C）后，他目睹了核酸链在试管中形成的过程：DNA

终于实现了自我复制。

科恩伯格于 1960 年写道，"就在 5 年前，DNA 合成还被视为'遥不可及'"，人们认为这种神秘的化学反应根本无法在试管中通过增减化学物质来完成。当时流行的理论认为，"篡改（生命）固有的遗传装置只能造成其原有结构发生混乱"。[8] 然而科恩伯格成功合成 DNA 意味着遗传信息从无序到有序的升华，从而让基因摆脱化学物质亚基的束缚脱颖而出。无懈可击的基因已不再是研究领域的壁垒。

值得注意的是，这里存在某种递归现象：与所有蛋白质一样，启动 DNA 复制的聚合酶本身就是基因的产物。[1] 也就是说每个基因组中都含有允许自身复制的蛋白质密码。由于 DNA 复制过程错综复杂，因此为其调控提供了关键节点。当然 DNA 复制也可在其他信号或调节分子的调控下启动或终止，例如年龄或细胞的营养状态，并确保细胞在准备分裂时才进行 DNA 复制。但是这种机制却引出了另外一个问题：如果调节分子自身发生失控，那么没有任何手段能够阻止细胞持续复制。我们很快就会意识到，癌症这种顽疾就是基因功能障碍的结果。

基因合成的蛋白质可以作用于基因的调控与复制。而重组（recombination）是基因生理学中第三个以"R"作为首字母的单词，它具有产生全新基因组合的能力，因此对于物种生存来说必不可少。

为了理解基因重组的概念，我们可能需要再次重温孟德尔与达尔文的贡献。在长达一个世纪的探索中，遗传学已经阐明了"相似性"在生物体之间传播的规律。编码遗传信息单位的 DNA 位于染色体上，它们可以通过精子与卵子传递到胚胎，然后再从胚胎进入生物体的每个细胞。这些遗传单位编码合成蛋白质的信息，而它们与蛋白质反过来又决定了生物体的形态和功能。

但是当这种遗传机制解决了孟德尔的问题（如何保持不变）后，它却未能进一步诠释达尔文的逆向谜题（如何推陈出新）。如果生物体要

---

[1]　除了聚合酶之外，DNA 复制尚需许多蛋白质来参与双螺旋结构解螺旋，同时还要确保遗传信息得到精准复制。目前在细胞中已发现了多种 DNA 聚合酶，而它们在功能上则略有不同。

发生进化，那么它必须要能产生遗传变异，也就是说子代与亲代的遗传物质并不相同。如果通常情况下基因只传递相似性，那么它们是如何传播"差异性"的呢？

在自然界中，突变只是生物体产生变异的一种机制，例如 DNA 序列（碱基由 A 变为碱基 T）改变可能导致蛋白质的结构与功能受到影响。而突变常见的原因包括：DNA 被化学物质或 X 射线破坏，以及 DNA 复制酶在复制基因时偶然产生错误。

但是除了突变以外，自然界还存在另一种遗传多样性的发生机制，那就是遗传信息可以在染色体之间发生交换。源自母本与父本的染色体 DNA 可以交换位置，随后可能产生父本与母本基因的杂合体。而重组也是一种遗传物质"突变"的形式，只不过是整段遗传物质在染色体间发生了交换。[1]

遗传信息在染色体之间发生移动只见于极特殊的情况下。第一种情况发生在精子与卵子形成的过程中。在精子与卵子发生之前，细胞临时起到基因护栏的作用。由于来自母本与父本的染色体按照配对原则相互拥抱在一起，因此它们相互之间很容易发生遗传信息互换。配对染色体间遗传信息的互换对于混合与匹配亲本遗传信息至关重要。摩尔根将该现象称为"交叉互换"（他的学生们曾经使用交叉互换对果蝇基因进行定位）。然而更符合现代学科发展的称谓是"重组"，这个术语可以反映基因组合进行再次组合的能力。

相比前者，第二种情况的意义更为重大。如果 DNA 被诱变剂（如 X 射线）损伤，那么遗传信息显然会受到威胁。在这种遗传损伤发生后，细胞可以根据基因配对染色体上的"孪生"拷贝对其进行重新复制，其中母本拷贝中的部分信息可能被父本拷贝改写，并且将再次导致杂合基因的产生。

---

[1]　芭芭拉·麦克林托克（Barbara McClintock）是一位美国遗传学家，她发现遗传因子可以在基因组之间来回移动，而研究人员将其称为"跳跃基因"（jumping gene）。麦克林托克于 1983 年获得诺贝尔奖。

在上述基因重建的过程中，碱基配对原则再次发挥了重要作用。同时基因在阴阳互补的作用下恢复了原始状态：DNA 就像奥斯卡·王尔德小说中的人物道林·格雷（Dorian Gray）那样，他可以源源不断地从自身画像中汲取新的活力。与此同时，蛋白质则对于整个过程进行监管与协调（引导受损 DNA 链向完整基因靠拢，复制与纠正缺失的遗传信息，并且缝合基因断裂位点），并且最终用正常基因上的信息修复受损的 DNA 链。

※※※

值得注意的是，调控、复制与重组这三个基因生理学概念与 DNA 的分子结构密不可分，而沃森与克里克提出的双螺旋结构中碱基配对原则发挥着关键作用。

在基因调控过程中，DNA 向 RNA 转录需要依赖碱基配对才能完成。当某条 DNA 链被用于构建 RNA 信息时，它们将会根据碱基配对原则生成基因的 RNA 拷贝。而在复制过程中，DNA 将再次根据其序列为模板进行拷贝。每条 DNA 链都会生成与自身互补的拷贝，双螺旋结构就此可以形成两条双螺旋链。此外在 DNA 重组过程中，还是碱基配对原则让受损的 DNA 得以恢复。这些受损的基因拷贝将以互补链或者第二份基因拷贝为模板进行重建。[1]

双螺旋结构充分展示了碱基配对原则的重要性，成功解决了遗传生理学中的三大难题。这些互为镜像的化学物质使得基因可以根据正常拷贝进行重建。而碱基配对原则就是确保遗传信息准确性与稳定性

---

[1]　此外有几位科学家还发现基因组也可以编码用于修复损伤的基因，其中就包括美国遗传学家伊夫林·威特金（Evelyn Witkin）与史蒂夫·埃利奇（Steve Elledge）。威特金与埃利奇独立开展了各自的研究，他们完整地分离出可以检测 DNA 损伤的蛋白质级联，而这些蛋白质可以诱导细胞对损伤产生修复或者延迟反应（如果损伤具有毁灭性，那么它将终止细胞分裂）。这些基因突变会造成 DNA 损伤累积，它们将在日后引发更多的突变，并且最终导致肿瘤发生。在基因生理学中，第四个以 "R" 为首字母的单词应该非 "修复"（repair）莫属，而它对于生物体的生存与突变来说均不可或缺。

的基础。"莫奈不过是有一双善于发现的眼睛,"塞尚（Cézanne）曾这样称赞他的朋友,"可是上帝啊！这双慧眼实在令人钦佩不已！"如果按照这个逻辑,那么DNA也不过是一种化学物质,可是上帝啊,这种化学物质简直就是旷世奇迹！

※※※

在生物学领域中,解剖学家和生理学家不仅分属于两大阵营,同时他们的研究方法也大相径庭。解剖学家通过描述物质、结构与身体部位的属性来反映生物体的形态变化。与之相反,生理学家通过观察这些结构与部位交互作用产生的功能来了解其运行规律。

这种学科之间的差异让基因历史发生了根本性转变。或许孟德尔是最早的基因"解剖学家"：根据豌豆代际信息传递的特点,他将基因的基本结构描述为不可分割的信息微粒。20世纪20年代,摩尔根与斯特提万特将该解剖链的意义延伸,证明基因是染色体上呈线性排列的物质单位。到了20世纪40年代至50年代,埃弗里、沃森与克里克证实了DNA就是基因分子,并且用双螺旋结构来描述其空间构象。从此将基因的解剖概念推向巅峰。

然而在20世纪50年代末期至70年代之间,基因生理学却异军突起成为该领域的主力军。调控（例如,基因会在特定条件下被"启动"或"关闭"）可以让基因在时空交错中风云变幻,从而加深了人们对不同细胞之间千差万别的理解。此外,基因还能够在染色体之间进行复制与重组,并且由特定的蛋白质进行修复,而这也解释了细胞与生物体如何代际保存、复制与重组遗传信息的问题。

对于人类生物学家来说,上述每项发现都意义深远。随着遗传学从基因概念的物质层面转向机制层面,也就是从研究基因的组成发展为探索基因的功能时,人类生物学家逐渐察觉到,他们终于通过这条主线将基因、生理学以及病理学紧密联系起来。疾病发生未必与遗传密码改变有关（例如镰刀形红细胞贫血症中的血红蛋白），这种情况也可能是基因调控的结果，从而导致正确的基因无法在适当的时间与空间内被启动或关闭。基因复制不仅需要解释单细胞演化为多细胞生物体的原理，同时还要阐明基因复制错误对于疾病的影响，例如那些没有自发性代谢病或严重精神疾病家族史患者的发病机制。基因组之间的共性可以解释亲代与子代的相似性，而基因突变与基因重组则能解释它们之间的差异性。对于家庭成员来说，他们不仅共享相似的社交文化网络，而且还拥有功能相仿的活性基因。

众所周知，19 世纪的人体解剖学和生理学为 20 世纪的医学奠定了基础，同时基因解剖学与生理学也为这门重要的新兴生物学科开辟了一片天地。在接下来的几十年里，这种具有革命性意义的学科研究对象将从简单生物体扩展到更为复杂的领域。其中那些概念性的词语（调控、重组、突变、修复）将从晦涩的基础科学期刊融入普通医学教科书，并且会在渗透过程中引发社会与文化领域的广泛争议（接下来本书会提到"种族"的概念，然而如果没有首先理解基因重组与突变的机制，那么我们不可能理解其深刻内涵）。这门新兴学科将诠释基因在构建、维护、修复与繁殖中的作用，同时它还将揭秘基因解剖与生理变异和人类身份、命运、健康与疾病的关系。

第九章

基因与生命起源

天地伊始，万物从简。[1]

——理查德·道金斯（Richard Dawkins），

《自私的基因》（*The Selfish Gene*）

我难道不是一只

像你一样的虻虫？

你难道不是一个

像我一样的俗人？[2]

——威廉·布莱克（William Blake），《虻虫》（*The Fly*）

尽管遗传物质的传递机制已经从分子层面得到阐明，但是这反而让困扰托马斯·摩尔根的谜题更加令人费解。对于摩尔根而言，生物学需要探寻的主要奥秘不是基因而是生命的起源："遗传单位"如何在机体构成与功能维护中发挥作用呢？（他曾经对某个学生说："由于自己刚刚结束（遗传学）演讲，因此请原谅我哈欠连天。"）

摩尔根指出，基因是解决纷繁复杂生命现象的完美方案。在有性生殖过程中，生物体的信息以压缩形式进入单个细胞，然后这个细胞又可以重新演化为生物体。摩尔根意识到，基因解决了遗传信息的传递问题，可是由此又产生了生物体的发育问题。因此这种单个细胞必须能够携带构建生物体的完整指令（也就是基因）。那么基因到底如何指导单个细胞再次成为完整的生物体呢？

※※※

如果人们仅凭直觉进行判断，那么胚胎学家应该肩负起探索生命起源的重任，而这个过程需要涵盖从胚胎早期到生物体成熟阶段的全过程。由于某些无法避免的原因（我们即将看到），人类对于生物体发育的认识是以某种倒序方式进行的。其中最先破译的是基因影响大体解剖特征（四肢、器官与结构）的机制，接着是生物体决定这些结构位置（前后、左右、上下）的机制，最后才是明确机体轴线、前后以及左右方位（胚胎发育过程中最早期发生的事件）的机制。

当然产生这种倒序研究的原因显而易见。控制大体结构（例如四肢与翅膀）的基因突变往往具有典型的特征且非常容易被发现与描述。然而控制机体结构基本要素的基因突变较难分辨，其原因在于这种突变大大降低了生物体的存活率。此外由于头尾结构异常的胚胎在早期即夭折，因此无法捕捉到胚胎形成初期发生的基因突变。

※※※

20 世纪 50 年代，加州理工学院的果蝇遗传学家爱德华·路易斯（Edward Lewis）开始重建果蝇胚胎的形成过程。路易斯就像一位专心致志的建筑史学家，他对果蝇结构的研究已经坚持了将近 20 年。形状与豌豆类似的果蝇胚胎细如沙粒，但是其生长发育的速度却非常惊人。

卵子受精大约 10 小时后，果蝇胚胎就可以分出头节、胸节以及腹节等三部分，而这些体节还将进一步形成亚节。路易斯知道，胚胎体节与成年果蝇的结构呈对应关系。其中某段胚胎体节将发育为第二胸节并长出一对翅膀。此外，果蝇的三个胸节上还长有六条腿，而其他体节则可以长出刚毛或者触角。果蝇与人类发育的共同之处在于，胚胎的基本轮廓与成年状态十分相似。随着这些体节的发育，果蝇也在不断走向成熟，整个过程就像手风琴演奏一样自然连贯。

但果蝇胚胎是如何"知道"该从第二胸节中长出腿或者从头节长出触角（而不是按照相反的顺序）的呢？路易斯专门研究那些体节异常的果蝇突变体。[3] 他发现这些突变体具有相同的特征，其中果蝇大体结构的基本轮廓都得到保留，只有体节的位置或是功能发生了互换。例如，某个突变体出现一个额外的（形态完整功能相似）胸节，那么这将导致产生四翼果蝇（两组翅膀分别从正常胸节与额外胸节中长出）。仿佛构建胸节的基因明知自身位置异常，但是依然固执地按照错误的指令运行。而在另一种突变体中，本应该是果蝇头节触角的部位却长出了两条腿，感觉是头节错误地发出了构建蝇腿的指令。

路易斯总结道：构建器官与结构的信息由主控"效应"基因编码，其工作原理类似于自主部件或子程序。在果蝇（或任何其他生物体）正常繁衍过程中，这些效应基因会在特定的位点与时间启动，并且将决定果蝇机体分节与器官功能。这些主控基因可以左右其他基因的"启动"与"关闭"，它们就像是微处理器中紧密相连的电路。效应基因突变可以导致畸形或者体节与器官异位。就像《爱丽丝漫游仙境》中红桃皇后身边那个不知所措的仆人一样，基因在错误的时间与空间里匆忙发布着指令（构建胸节或是长出翅膀）。如果某个主控基因发出了"启动触角发育"的信号，那么构建触角的子程序就会开始运行并生成触角（即便这种结构错误地发生于胸节或者腹节上）。

※※※

　　然而谁才是真正的幕后指使呢？爱德华·路易斯的发现包括控制体节、器官与结构发育的主控基因，并且成功解决了胚胎发育最后阶段的问题，但同时也提出了一个看似无限递归的难题。如果胚胎是由控制各个体节和器官（它们彼此之间互为邻里）身份的基因构建，那么某个体节从胚胎发育伊始是如何知道自己身份的呢？例如，某个负责翅膀的主控基因如何"知道"要在第二胸节构建翅膀，而不是在第一或者第三胸节呢？如果遗传模块的自主性如此之高，那么果蝇的腿为何不会生长在头上，人类拇指也不会从鼻子里长出来呢？

　　为了能更好地解释这些问题，我们需要回顾一下研究胚胎发育的进程。克里斯汀·纽斯林-沃尔哈德（Christiane Nüsslein-Volhard）与埃里克·威绍斯（Eric Wieschaus）是海德堡大学的两位胚胎学家。1979 年，他们开始通过果蝇突变体来探究胚胎形成的早期事件，而此时距路易斯发表有关控制肢体与翅膀发育基因的论文已经过去一年。

　　纽斯林-沃尔哈德与威绍斯制造的突变体甚至比路易斯所描述的种类更为丰富。在某些突变体中，部分胚胎的整个体节消失或者胸节与腹节大幅缩短，类似于某个出生时即表现为中段或者后段缺失的胎儿。纽斯林-沃尔哈德与威绍斯推断，这些突变体中的基因决定了胚胎发育的蓝图，它们才是主宰胚胎世界的统治者。上述突变基因将把胚胎分成基本亚节，并且可以激活路易斯发现的主控基因，然后开始在某些（且只有这些）位置构建器官与身体结构（例如头上的触角以及第四胸节上的翅膀等）。因此纽斯林-沃尔哈德与威绍斯将其命名为"分节基因"。

　　可是即使是分节基因也会受到主控基因的影响：果蝇的第二胸节如何"知道"自己属于胸节而并非腹节呢？或者说果蝇如何才能分辨出头尾发育的正确位置呢？果蝇胚胎的每个节段均对应着胚轴上的某

个部位。果蝇头节的功能类似于内置的 GPS（全球定位系统），其中每个体节相对于胚胎头尾的位置使它们拥有了独一无二的"地址"。那么胚胎是如何在发育过程中展现出其基本的原始不对称性（例如头尾之间的区别）的呢？

20 世纪 80 年代末期，纽斯林－沃尔哈德带领学生们开始孵化最后一批果蝇突变体，而此时已经不用考虑胚胎结构不对称的问题。这些头尾不全的突变体早在分节出现之前就已经停止发育（当然更无从谈起什么结构与器官）。某些突变体胚胎的头部会出现畸形，另外一些则会出现背腹不分的情况，并将表现为怪异的镜像胚胎（其中最有名的突变体当属"bicoid"，从字面上理解是"双尾"的意思）。显然镜像胚胎缺乏某些可以决定果蝇背腹面的因子（化学物质）。1986 年，纽斯林－沃尔哈德的学生设计了一项精巧的实验，他们使用显微操作针穿刺正常的果蝇胚胎，并且从它的头部提取一滴体液，然后将其移植到无头突变体上。令人惊讶的是，这种细胞手术居然获得了成功：来自正常头部的体液可以诱导无头胚胎在其尾部发育出头状结构。

1986 年至 1990 年间，纽斯林－沃尔哈德与同事发表了一系列具有开创性的文章，他们最终鉴别出几个发出控制胚胎头尾信号的因子。现在我们知道，果蝇卵子在发育过程中会产生 8 种此类化合物（主要是蛋白质），而且它们在卵子内沉积的位置并不对称。雌性果蝇可以决定母体因子在卵子中的生成与位置。由于不对称性沉积源自卵子本身在雌性果蝇体内的不对称分布，因此这些母体因子可以分别沉积于卵子的头端或者尾端。

这些蛋白质在卵子中按照浓度梯度分布。就像方糖在咖啡中溶解扩散一样，卵子中的蛋白质浓度也会根据位置不同而表现出高低差异。化学物质在蛋白质基质中的扩散颇具立体感，看上去好似麦片粥上呈条带状分布的糖浆。此外分别位于高低浓度端的特定基因将被激活，于是果蝇胚胎将按照"头－尾轴"或者形成其他模式发育。

这是个无限递归的过程，与鸡蛋相生的故事类似。头尾完整的果蝇会产生携带头尾基因的卵子，它们将在发育中成为具有头尾的胚胎，并且最终长成为拥有头尾的果蝇，而该过程依此类推循环往复。如果我们从分子水平来解释的话，那么母体果蝇将让早期胚胎中的蛋白质优先沉积于卵子的某端。它们可以激活或者沉默与发育有关的基因，并且按照从头到尾的顺序定义胚胎轴。然后这些基因又将激活产生分节的"制图师"基因，它们将把果蝇身体划分为不同的结构域。制图师基因可以激活与沉默构建器官和结构的基因。[1] 最终，器官形成基因与体节识别基因又可以使遗传子程序得到激活或沉默，从而形成果蝇的器官、结构以及部位。

事实上，人类胚胎发育可能也需要通过上述三个过程来实现。与果蝇胚胎发育的过程一样，"母体效应"基因可以使早期胚胎按照化学梯度形成主轴（包括头尾轴、背腹轴以及左右轴）。接下来，某些功能与果蝇分节基因相仿的基因将启动胚胎分裂，并且形成大脑、脊髓、骨骼、皮肤、内脏等主要结构。最后，器官构建基因将授权建造四肢、手指、眼睛、肾脏、肝脏以及肺等器官、部位与结构。

1885 年，德国神学家马克斯·穆勒（Max Müller）曾经提出质疑："虫化身为蛹，蛹破茧成蝶，蝶重回尘埃，这难道不是罪孽吗？"[4] 但是仅仅过了一个世纪，飞速发展的生物学就给出了答案。这与罪孽无关，而是基因在起作用。

※※※

在利奥·李奥尼（Leo Lionni）经典的儿童绘本《一寸虫》中，由于一寸虫承诺将以身体作为工具来"测量万物"，因此知更鸟没有把

---

[1]　这就引出了一个问题，即自然界中第一个非对称性生物体是如何出现的呢？我们对此一无所知，或许我们永远都无法找到答案。在进化史的某个阶段，生物体进化就是为了将机体功能按照不同的部位进行区分，并且可以产生大相径庭的结果。幸运的突变体与生俱来拥有某种神奇的能力，它能将蛋白质局限于口端而非足端。这种鉴别口足的能力赋予突变体一种选择性优势：每个不对称部位都可以根据其特定任务得到进一步细化，从而使生物体更能适应生活环境。因此人类的不对称性也是进化创新的产物。

它吃掉。一寸虫测量了知更鸟的尾巴、巨嘴鸟的喙、火烈鸟的脖子以及苍鹭的腿，并且成为鸟类世界的首位比较解剖学家。[5]

现在就连遗传学家也学会了借助小型生物体去测量、比较以及理解体型更大的生物体。其中孟德尔和摩尔根曾经开展的豌豆与果蝇研究就是最好的案例。果蝇从胚胎诞生到首个体节形成需要历经 700 分钟，同时该过程无疑是生物学发展史上最受人们关注的时间段，其研究结果部分解决了生物学中最重要的问题之一：基因是如何将单个细胞打造成为结构精致的复杂生物体的呢？

现在我们还需要某种体型更小的生物体来解决剩余的难题，即胚胎中的细胞如何"知道"自己将要变成什么。在总结果蝇胚胎大体轮廓特点的基础上，果蝇胚胎学家将其发育过程依次分为轴线确立、体节形成以及器官构建这三个阶段，其中每个阶段都会受到一系列的基因调控。可是如果我们希望从最基础的层面来理解胚胎发育的话，那么基因学家就需要了解基因支配单个细胞命运的机制。

20 世纪 60 年代中期，悉尼·布伦纳开始在剑桥寻找某种有助于破解细胞命运决定之谜的生物体。对于布伦纳来说，即便是果蝇（拥有"复眼、节足与复杂的行为模式"）这般袖珍的生物体也显得过于庞大。如果要了解基因支配细胞命运的机制，那么布伦纳就需要找到某种体型微小且结构简单的生物体，这样每个源自胚胎的细胞都可以非常容易地被计数与跟踪（相比而言，人类由 37 万亿个细胞组成。哪怕是功能最强大的计算机也无法预测人类细胞的命运）。

布伦纳成了微小生物的鉴赏家，他简直就是阿兰达蒂·洛伊（Arundhati Roy）笔下的微物之神。为了找到符合要求的动物，他仔细查阅了大量 19 世纪出版的动物学教科书。最后，布伦纳选定了一种体形微小的土壤线虫，其学名为秀丽隐杆线虫（*Caenorhabditis elegans*），也可以简称为秀丽线虫。动物学家指出，只要秀丽线虫进入成熟期，那么每个成虫都将具有固定的细胞数。根据布伦纳的理解，这些恒定的细胞数就像是通往新宇宙的大门：如果每个蠕虫具有相同数量的细胞，那么基因必然携带着决定蠕虫体内每个细胞命运的指令。他在给佩鲁茨的信中写道："我们打算对秀丽线虫体内的每个细胞进行鉴别并且追溯其谱系。此外，我们还将研究它们发育的恒常性问题，然后再通过寻找突变体来了解其遗传控制机理。"[6]

细胞计数法早在 20 世纪 70 年代早期就已经得到广泛应用。起初，布伦纳说服了实验室的同事约翰·怀特来对秀丽线虫神经系统中的所有细胞进行定位。但是布伦纳很快就将该范围扩大到追踪线虫体内每个细胞的谱系。正在从事博士后工作的研究人员约翰·萨尔斯顿也应邀加入了细胞计数工作。1974 年，刚刚走出哈佛大学校门的年轻生物学家罗伯特·霍维茨（Robert Horvitz）也参与到布伦纳与萨尔斯顿的团队中。

根据霍维茨的回忆，细胞计数令人筋疲力竭，甚至会在工作中产生幻觉，实验者仿佛在长时间注视着"某个盛有几百颗葡萄的容器"[7]，然后要在这些葡萄的时空关系发生改变后找到其具体位置。经过艰苦的努力，他们终于完成了这幅反映细胞命运的图谱。秀丽线虫的成虫分为雌雄同体与雄性这两种不同类型。其中雌雄同体线虫有 959 个细胞，雄性线虫有 1 031 个细胞。到了 20 世纪 70 年代末期，雌雄同体线虫中 959 个体细胞的谱系均可追溯至其原始细胞。这幅貌似普通的图谱承载着细胞的命运，科学史上的其他作品均不能与之相提并论。现在他们将开始进行细胞谱系与身份的研究。

※※※

这幅细胞图谱具有三大显著特征。首先是它的不变性。每条线虫体内的 959 个细胞都以某种中规中矩的方式出现。霍维茨说："你只需要看着地图就可以逐个细胞重现生物体的构建过程。你也许会说，细胞每 12 小时将分裂一次，那么它在 48 小时后应该分化为神经元细胞，并且在 60 小时后移动到线虫神经系统所在部位，然后会在那里度过余生。其实你的判断完全正确，实际中的细胞发育模式正是如此。它会在精确的时间移动到正确的位置。"

然而是什么决定了每个细胞的身份呢？到了 20 世纪 70 年代末期，霍维茨与萨尔斯顿已经创建了数十个正常细胞谱系被打乱的线虫突变体。如果头上长腿的果蝇让人感到另类的话，那么这些线虫突变体就是来自动物园的怪胎。例如在某些突变体中，控制线虫外阴（该器官形成了子宫出口）的基因失去了正常功能。由于此类无外阴线虫排出的卵细胞无法脱离子宫，因此母体相当于被自己未出生的后代生生吞掉，而它们就像来自日耳曼神话中的怪物。这些突变体中发生改变的基因负责控制外阴细胞的身份。此外另有某些基因分别负责控制细胞分裂的时机、细胞移动的方向以及细胞最终的形状和大小。

爱默生曾经写道："没有历史记载；只有传记流传。"[8] 当然对于线虫来说，历史已被凝聚成为细胞传记。基因告诉每个细胞该"做"什么（何时何地），因此它们都知道自己"是"什么。线虫的结构就像是一部计时精准的遗传钟表，其运行规律与运气、魔法、混沌以及命运毫无关系。细胞是组成生物体的基本单元，而它们会接受遗传指令的统一调控。生命起源实际上是基因潜移默化的过程。

※ ※ ※

如果说基因在调控细胞属性（出生、位置、形状、大小以及身份）方面已经做到无懈可击，那么最后那批线虫突变体则揭开了另外一项更为重要的发现。20 世纪 80 年代早期，霍维茨与萨尔斯顿逐渐发现，即便是细胞死亡的过程也为基因所掌控。每个成年雌雄同体线虫具有 959 个细胞，但是如果算上线虫发育中生成的细胞，那么实际的细胞数应该达到 1 090 个。而就是这个不起眼的差异让霍维茨陷入了无尽的遐想，为什么上述 131 个细胞会莫名其妙地消失呢？[9] 它们在发育过程中产生，但是却在成熟阶段死亡。这些细胞在发育过程中被遗弃，它们就像是迷失在生命之路上的孩童。当萨尔斯顿与霍维茨用谱系图追踪这 131 个细胞的死亡路径时，他们发现只有在特定时间产生的特定细胞才会被杀死。这种选择性净化由基因决定，属于线虫正常发育的过程。此类按照细胞意愿发生的有序死亡也可以看作基因"编程"的结果。

程序性死亡？遗传学家刚才还在研究线虫的程序性生活，难道死亡也是由基因控制的吗？ 1972 年，澳大利亚病理学家约翰·克尔（John Kerr）在正常组织与肿瘤组织中均发现了某种相似的细胞死亡模式。在克尔的结果公布之前，生物学家曾认为死亡在很大程度上是由外伤、损害或感染引起的偶发事件，而人们将这种现象称为"坏死"（necrosis），其字面的意思是"变黑"（blackening）。坏死通常伴随着组织分解，并且出现化脓或者坏疽形成。但是克尔在某些组织里发现，濒死细胞似乎可以在这条不归路中激活特定的结构发生改变，好像它们在内部启动了"死亡子程序"。濒死细胞不会引起坏疽、创伤或炎症，它们呈现出珍珠样光泽的半透明状，感觉像是花瓶中即将凋谢的百合。如果坏死的表现为细胞变黑，那么这种死亡的特点就是细胞变白。克尔本能地推测这两种死亡形式有着本质区别。他写道，这种"受控的细胞缺失不仅会定期发生，而且还是一种与生俱来的程序化现象"，它由细胞内的"死亡基因"控制。克尔用"凋亡"（apoptosis）来描述这一过程，这个源自希腊语的词语让人联想起树叶从枝头或者花瓣从花朵上飘落。[10]

但是这些"死亡基因"到底长什么样呢？霍维茨与萨尔斯顿又构建了一批突变体，它们的区别并不在于细胞谱系，而是在于细胞的死亡模式。在某种突变体中，濒死细胞的成分无法充分碎片化。在另一种突变体中，死细胞无法从线虫体内排出，导致死细胞杂乱地堆积在虫体周边，就像罢工后堆满垃圾的那不勒斯街头。[11]霍维茨认为，这些突变体内发生改变的基因就是导致凋亡的始作俑者，它们就相当于细胞世界中的刽子手、清道夫、保洁员与殡葬师。

此外还有一组突变体的细胞死亡模式更为夸张，甚至就连细胞的尸体都没有来得及形成。他们在某条线虫体内发现，本应该消失的131个细胞全部活了下来。可是在另一条线虫体内，某些特定的细胞也可以幸免于难。霍维茨的学生将这些突变线虫戏称为"不死虫"或"僵尸线虫"。它们体内的失活基因是细胞死亡级联反应的主控基因。霍维茨将其命名为 ced 基因，源自秀丽隐杆线虫死亡（C. elegans death）首字母的缩写。

值得注意的是，科学家们很快就在人类癌症中发现了某些调节细胞死亡的基因。此外正常人类细胞同样拥有这种控制程序性死亡的凋亡基因。许多凋亡基因的历史非常久远，它们的结构和功能与在线虫和果蝇体内发现的死亡基因相类似。1985年，肿瘤生物学家斯坦利·歌丝美雅（Stanley Korsmeyer）注意到一种名为 BCL2 的基因在淋巴瘤中反复发生突变。[1] 原来，BCL2 基因相当于人类的 ced9 基因，而该基因是霍维茨发现的线虫死亡调节基因。在线虫中，ced9 基因通过隔离细胞死亡相关执行蛋白来阻止细胞死亡（因此会在线虫突变体中出现"不死"细胞）。但是在人体中，BCL2 被激活后将会阻断细胞的死亡级联反应，从而导致细胞出现病理性永生化，并且最终导致癌症发生。

※※※

难道只有基因才能决定线虫体内每个细胞的命运吗？霍维茨与萨尔斯顿在线虫体内还发现了某些成对存在的罕见细胞，然而它们的命运就像抛硬币一样难以捉摸。[12] 实际上，决定这些细胞命运的并不是遗传因素，而是细胞之间邻近效应的结果。戴维·赫什（David Hirsh）与朱迪思·金布尔（Judith Kimble）是两位在科罗拉多大学工作的线虫生

---

[1]　澳大利亚的大卫·沃克斯（David Vaux）与苏珊娜·科丽（Suzanne Cory）也发现 BCL2 基因具有抑制细胞凋亡的功能。

物学家，他们将这种现象称为"自然模糊性"。

金布尔发现，即便是自然模糊性也无法充分诠释上述现象。[13]事实上某个模糊细胞的身份会受到来自邻近细胞的信号调控，但是邻近细胞本身又会接受遗传指令的预排。线虫之神明显在虫体设计时留下了细微的破绽，但是它就是若无其事地我行我素。

因此线虫在构建虫体时受到两种输入信号的作用，分别源自基因的"内部"指令与细胞间交互作用的"外部"指令。布伦纳则开玩笑地称其为"英国模式"与"美国模式"。布伦纳写道，在英国模式中，细胞"只关注自己的事情，并且很少与'邻居'交流。它们的命运由血统决定，一旦细胞在某个特定位置降生，它将会在此处按照苛刻的规则进行发育。然而美国模式却与之大相径庭。血统不会起到任何作用……只有邻里之间的交互作用才是决定因素。它会频繁地与同伴细胞交换信息，同时还会经常改变位置来完成上述任务，最终找到适合自己的栖身场所"。[14]

如果强行把外部与内部指令引入到线虫的生命中会产生什么变化呢？ 1978 年，金布尔搬到剑桥后就开始研究强力干扰对细胞命运的影响。[15]她先采用激光烧灼的方法杀死虫体内的单个细胞。然后她发现在严格控制实验条件的前提下，细胞消融可以改变其邻近细胞的命运。但是那些已经由遗传因素预先决定的细胞几乎无法改变自身的命运。与之相反，那些表现为"自然模糊性"的细胞却具有较好的依从性，可即便如此，它们改变自身命运的能力也非常有限。下面我们举例来说明外因与内因之间的相互作用。假设你把一位身着灰色法兰绒西服的先生从伦敦地铁的皮卡迪利线上突然带走，然后施展腾挪把他塞入纽约地铁开往布鲁克林的 F 线上。尽管此刻时空环境已经转换，但是当他离开幽深的隧道后，还是希望在午餐时吃到伦敦的牛肉馅饼。外因带来的改变在线虫的微观世界发挥着作用，不过这种作用需要经过基因镜片的过滤与折射，因此会在现实中受到遗传物质的严重制约。

※ ※ ※

虽然是胚胎学家发现了控制果蝇与线虫生死的基因级联反应，但是这些成果对于遗传学领域同样具有深远的影响。在解答摩尔根"基因如何指定果蝇"问题的同时，胚胎学家还破解了一个更深层面的谜题：遗传单位如何让生物体表现出令人困惑的复杂性。

其实我们可以从组织结构与交互作用中找到答案。单一主控基因编码的蛋白质功能可能相当有限，例如它只是起到控制12个靶基因开启的作用。假设基因开关的活性取决于蛋白质浓度，并且该蛋白质在生物体内呈梯度分层，同时高浓度区与低浓度区分别位于其两端，那么这种蛋白质可能会在某个部位启动全部12个靶基因，而在另外一个区域启动8个靶基因，当然在其他地方也会出现只能启动3个靶基因的情况。此外每种靶基因的组合（数量分别为12、8、3）还与其他蛋白梯度相交，并且起到激活与抑制其他基因的作用。如果给这种基因组合赋予时空维度（例如基因在何时何地被激活或被抑制），那么就可以根据自己的想象来自由发挥了。当基因与蛋白质的属性（等级、梯度、开关以及"电路"）完成混合与匹配之后，我们就可以观测到生物体在解剖结构与生理功能上的复杂性。

就像某位科学家描述的那样："……单个基因本身并没有什么过人之处，它们能够影响的分子非常有限……但是这种简单性并未成为构建高度复杂生物体的障碍。如果通过几种不同种类的蚂蚁（工蚁、雄蚁等诸如此类）就可以建起庞大的蚁群，那么在面对随机配置的3万个级联基因时，你可以让自己的想象尽情地发挥。"[16]

遗传学家安托万·当尚（Antoine Danchin）曾经用德尔斐之船的寓言来形容个体基因为自然界创造复杂性的过程。[17]众所周知，人们用德尔斐神谕来思考水中泛舟船板腐烂的问题。随着船体出现破损，船板也被逐个换掉。等到10年之后，最初的船板已经荡然无存。然而船主却认为这还是同一条船。但是如果每个原始的物质元素都已被替换，那么现在这条船怎么可能跟原来那条船相同呢？

答案在于"船"并非由船板制成，而是由船板之间的关系组成。如果你把一百张彼此堆叠的木板压实，那么就可以得到一堵厚实的木墙；如果将木板边对边钉在一起，那么就可以做成甲板；因此造船时船板的形状、关系与顺序均需要满足特定条件。

研究显示，基因也在以相同的方式运行。个体基因可以决定个体功能，而它们之间的相互关系将促成生理功能。如果没有这些交互作用的关系，那么基因组的功能将无从体现。虽然人类与线虫拥有的基因数量均为 2 万左右，但是只有人类能够创作出西斯廷教堂的穹顶壁画。这个事实表明，基因数量对于机体的生理复杂性而言无足轻重。某个巴西桑巴舞教练曾经对我说："重要的不是你拥有什么，而是你通过它实现什么。"

※※※

理查德·道金斯是一位进化生物学家与作家，他提出的解释基因形态与功能之间联系的比喻最具代表性。道金斯指出，某些基因具备反映生物体发展蓝图的作用。蓝图是展示建筑结构或者机械构造的缩影，其全部特性均与它代表的结构具有点对点的对应关系。例如房门可以精确地按照 1∶20 的比例进行缩小，而螺丝也可以被不差分毫地定位在距轮轴 7 英寸的地方。根据同样的逻辑，"蓝图"基因可以编码"构建"结构（或蛋白质）的指令。凝血因子Ⅷ基因只生产一种蛋白质，其主要功能是促进血液凝集成块。凝血因子Ⅷ基因发生突变相当于蓝图中出现错误。突变基因产生的效应非常明显并且完全可以预测。突变的凝血因子Ⅷ基因无法实现正常的血液凝固，由此导致的相应功能障碍（无缘无故出血）是蛋白质功能改变的直接后果。[18]

然而绝大多数基因的作用与蓝图不同，它们并不指导单一结构或部分的构建。相反，这些基因将与其他基因级联协作实现复杂的生理功能。道金斯认为，这些基因不像蓝图而更像某种配方。例如在某种蛋糕配方中，认为糖与面粉构成了蛋糕"顶部"与"底部"的想法毫无意义。通常情况下，配方中的单一组分与结构之间并不存在对应关系，配方只是操作过程的指南。

蛋糕是糖、黄油与面粉交互作用的结果，但是它们也受到混合比例、环境温度与时间因素的制约。同理，人类生理学也是特定基因与其他基因交互作用的产物，并且整个过程必须按照正常的顺序与地点进行。单个基因只是构建生物体的复杂配方中的一员，而人类基因组才决定人类的配方。

※※※

到了 20 世纪 70 年代早期，就在生物学家开始破译基因在生物体形成中的复杂机制时，他们也遇到了定向操纵生物基因这个无法回避的问题。1971 年 4 月，美国国立卫生研究院组织召开了一次会议，其内容是明确在不久的将来向生物体引入遗传改变是否可行。本次会议被命名为"人为遗传改变之前景"，主办方希望公众提高对于操纵人类基因可能性的认识，并且认真思考这些技术产生的社会与政治影响。

1971 年，基因操作（即便是在结构简单的微生物体内）的方法尚未问世，但是专家组成员表示他们对该技术的前景充满信心，实现上述目标不过是时间早晚的问题。某位遗传学家宣称："这不是科幻小说。科幻小说虚无缥缈，根本无法用实验证实……目前可以想象到的是，或许就在未来的 5 年到 10 年内，而无须再过 25 年或是 100 年，某些先天性疾病……将在引入缺失基因的管理后得到治疗甚至治愈。为了让社会做好迎接挑战的准备，我们任重而道远。"

只要此类技术问世，那么其影响力将不言而喻，而构建人体的配方也可能会被改写。某位科学家在会议上指出，基因突变历经岁月长河的精挑细选，但是人工突变可以在短短几年之内就完成上述过程。如果能够将"人为遗传改变"引入人体，那么遗传改变的步伐可能会赶上文化变革的速度。某些常见的人类疾病或许就此根除，而个人史与家族史将被永远改写。同时这项技术将重塑遗传、身份、疾病与未来的概念。正如加利福尼亚大学旧金山分校的生物学家戈登·汤姆金斯（Gordon Tomkins）所言："人类有史以来第一次开始质疑自己——我们到底在做什么？"

※ ※ ※

接下来是我的一段回忆：那是在 1978 年或 1979 年，我大概八九岁的时候，父亲正好出差回来。他的包还放在车里，餐厅桌子的托盘上放着一杯冰水，杯子的外壁上挂满了水滴。这种酷热的午后在德里已经司空见惯，吊扇徒劳地转动却丝毫不能缓解室内的高温。两位邻居正在客厅里等着父亲，空气中似乎弥漫着某种难以名状的焦虑气息。

父亲走进客厅与邻居们交谈了几分钟，我感到这次谈话并不愉快。他们的声音越来越大，双方的言辞也愈发尖锐。我本该在隔壁房间做作业，但是即便隔着水泥墙也能听出他们谈话的大概内容。

虽然贾古向两位邻居借的钱并不多，但是也足够让他们愤愤不平地来我家追债了。贾古对其中一位邻居说他没钱去买药（从来没人给他开过处方），然后又对另外一位邻居说他要乘火车去加尔各答探望其他兄弟（由于贾古不可能独自旅行，因此根本不存在这种事）。其中一位邻居责怪父亲："你该好好管管他了。"

父亲在安静倾听的时候表现出极大的克制，但是我还是能感觉到他胸中无处宣泄的怒火。父亲走向钢制壁橱，取出家里的备用现金还给两位邻居，并且示意钱数足以弥补他们的损失。他并不在意这几个小钱，而邻居们也不用找零。

两位债主刚一离开，我就知道家里必将上演一场激烈的争吵。就像动物在海啸来临前具有逃难的本能一样，家里的厨师早已悄悄溜走去找祖母。父亲与贾古之间的紧张状态已经持续了一段时间：过去的几周里，贾古在家里的行为尤具破坏性，而这件事则把父亲推向了爆发的边缘。我看到他憋得满脸通红。父亲长期以来竭尽全力维系着家族的体面，可是这些曾经不为人知的秘密却在顷刻间暴露无遗。现在左邻右舍都知道贾古只是个满口胡言的疯子。同时他们也对父亲的形象彻底失望：认为他卑劣刻薄且冷酷愚蠢，连自己的兄弟都管不好。更为糟糕的是，人们怀疑他可能也是家族性精神病患者。

父亲走进贾古的房间，猛地将他拽到床下。贾古发出阵阵凄惨的哀号，就像个面临惩罚的懵懂孩童。怒不可遏的父亲情绪变得极不稳定。他将贾古猛然推到房间的另一头。父亲从未与家人发生过冲突，但是眼前的暴力倾向令人感到害怕。妹妹跑到楼上躲了起来，母亲则藏在厨房里哭泣，而我当时就站在客厅的窗帘后面，如同观看慢动作电影一样目睹了可怕的一幕。

随后祖母赶到现场，眼神中闪着愤怒的寒光。她冲着父亲大声喊叫，音量至少是父亲的两倍。她的眼睛就像烧红的木炭，语气中也充满了挑战："你敢再碰他一下！"

"还不出来！"祖母厉声催促着，这时贾古才匆忙躲到她身后。

我从未见过祖母如此刚烈的一面。她似乎回到了曾经的故乡，重新操起了熟悉的孟加拉语。祖母浓重的乡音掷地有声，而我只能勉强辨认出子宫、洗刷、污点这几个单词。当我把这些单词拼成句子后，才明白祖母正在对天发誓："如果你再敢动手，我就把你赶出这个家。我说到做到！"

此时父亲的眼中也噙满了泪水。他的头无力地垂下，似乎已经筋疲力尽。"好吧，"父亲在一旁恳求着喃喃自语道，"好吧，我走，好吧。"

"遗传学家的梦想"

———

基因测序与基因克隆

(1970 — 2001)

人们通常认为，科学进展有赖于新技术、新发现与新设想的实现。[1]

——悉尼·布伦纳

如果我们的结果确定无疑，……诱导细胞发生的改变可以预见并且得到遗传。那么这也是遗传学家长期以来梦寐以求的事情。[2]

——奥斯瓦尔德·埃弗里

第一章

"交叉互换"

人是何等巧妙的一件天工！理性何等高贵！智能何等广大！仪容举止是何等匀称可爱！行动多么像天使！悟性多么像神明！

——威廉·莎士比亚，《哈姆雷特》第 2 幕第 2 场

1968 年冬季，保罗·伯格（Paul Berg）结束了在加州拉霍亚（La Jolla）的索尔克生物研究所为期 11 个月的学术假期后回到了斯坦福大学。时年 41 岁的伯格身体像运动员一样强壮有力，走起路来习惯肩膀前倾。伯格性格中还保留着儿时在布鲁克林留下的痕迹，例如在科学争论中被激怒的时候，他会在举手示意后以"注意听我说"作为惯用的开场白。伯格酷爱艺术，他非常崇拜那些抽象派画家，其中就包括波洛克（Pollock）、迪本科恩（Diebenkorn）、纽曼（Newman）以及弗兰肯瑟勒（Frankenthaler）。伯格陶醉在这些大师营造的梦幻时空里，正是他们为光影、线条与形状等抽象概念赋予了灵性，同时创造出具有顽强生命力的伟大作品。

伯格曾经在位于圣路易斯的华盛顿大学从事生物化学研究，他在这里遇到了阿瑟·科恩伯格，并且跟随他来到斯坦福大学共同创建了

生物化学系。伯格之前的学术生涯主要集中在蛋白质合成领域，但是在拉霍亚的学术休假给了他思考全新研究方向的机会。索尔克生物研究所矗立在可以俯瞰太平洋的一座平顶山丘上，这里看上去就像一座露天修道院，经常有浓重的晨雾环绕在四周。在病毒学家雷纳托·杜尔贝科（Renato Dulbecco）的协助下，伯格将研究重点调整为动物病毒方向。而他在整个休假期间都在思考基因如何借助病毒来传递遗传信息。[1]

此时，猿猴空泡病毒40（简称SV40）引起了伯格的兴趣，它被称为"猿猴"病毒是因为它能感染猿猴与人类细胞。如果从概念上来理解，那么每个病毒都是一个专业的基因载体。病毒的构造非常简单，其基因外仅有衣壳包被，而免疫学家彼得·梅达沃（Peter Medawar）则将其形容为"包裹在蛋白质衣壳下面的恶魔"。[2]当某个病毒进入细胞时，它会脱掉外面的衣壳，开始把细胞作为复制自身基因的工厂，并且大量制造新的衣壳，结果就是数以百万计的新生病毒从细胞内以芽生方式释放。病毒依靠基本营养成分就可以完成生命周期。它们生存的目的就是感染与复制，而感染与复制又是它们生存的手段。

对于纷繁复杂的病毒家族来说，SV40是其中极简的代表。它的基因组相当于一个DNA碎片，长度还不及人类基因组的六十万分之一，该DNA仅携带了7个基因，而人类基因组则具有21 000个基因。伯格了解到，SV40的与众不同之处在于，它非常善于和某些特殊类型的被感染细胞和平共处。[3]通常情况下，病毒在感染细胞后会生成无数病毒粒子，并且将最终导致宿主细胞死亡。而SV40却能够将其DNA插入宿主细胞的染色体中，然后细胞将进入复制间歇期，直到被特定的信号激活。

由于SV40基因组结构十分紧凑，同时它导入细胞的效率也非常可观，因此SV40成为携带基因进入人类细胞的理想载体。伯格灵机一动：如果能够把外源基因（至少对于病毒来说属于外源范畴）作为诱饵装配给SV40病毒，那么病毒基因组就可以将该外源基因偷偷转运到人类细胞中，并且最终改变细胞的遗传信息，而该创举将开辟遗传学发展的新篇章。但是就在伯格对修饰人类基因组满怀憧憬之时，他不得已要去面对一个技术上的难题：需要找到可以将外源基因插入到病毒基因组中的方法。伯格必须人工设计一个基因"嵌合体"，即由病毒基因与外源基因形成的杂合体。

※※※

人类基因以串联形式排列在染色体上，就像是穿在细绳上的串珠，而与之不同的是，SV40 的基因是串联排列在环状 DNA 上的。这种基因组看上去好似一条由分子组成的项链。当病毒感染细胞并将其基因插入细胞染色体时，项链就会开环成为线性 DNA，然后把自己附着于染色体的中央。为了将外源基因添加到 SV40 的基因组，伯格需要强行打开项链的环扣，同时把外源基因插入开环的 SV40 DNA 上，最后重新封闭两端形成环状 DNA。而病毒基因组将会继续完成后续工作：它将把这段外源基因带入人类细胞，然后再将它插入到某条人类染色体上。[1]

伯格并不是唯一注意到病毒 DNA 可以协助外源基因插入染色体的科学家。1969 年，彼得·洛班（Peter Lobban）正在斯坦福大学读研究生，站在伯格实验室的走廊就可以看到他工作的地方。当时洛班为第三次参加博士资格考试完成了一篇论文，他在文中提出的基因操作的方法与伯格的实验非常相似，只不过所使用的病毒不同而已。4 洛班在麻省理工学院完成了本科教育，并且在毕业后就来到斯坦福大学。他的实操能力出类拔萃，更确切地说是一名颇具"灵感"的天才。洛班在他的研究方案中提出，基因与钢梁并没有什么不同：它们在投入使用之前都可以根据人类的需求进行重装、改造与塑形。而解决问题的

---

[1] 如果将某个基因添加到 SV40 的基因组，那么它就会失去产生病毒的能力，其原因就在于 DNA 体积增大后将无法装配到病毒衣壳内。尽管如此，对于携带有外源基因的 SV40 基因组来说，它完美保留了将自己与负载基因插入到动物细胞中的能力。而伯格正希望能够利用好这种基因传递的特性。

关键在于能否找到合适的方法。在论文导师戴尔·凯泽（Dale Kaiser）的支持下，洛班甚至迫不及待地启动了预实验，他利用标准酶实现了基因在不同 DNA 分子之间进行转移。

事实上，就像伯格与洛班分别发现的那样，实验成功的秘诀在于要彻底忽略 SV40 的病毒身份，只把它作为某种化学物质来对待。也许在 1971 年时，科学界对 DNA 的一切已经了如指掌，但是人们对于基因操作还处于"遥不可及"的阶段。埃弗里曾经把 DNA 当作一种普通的化学物质进行加热，却没想到它还具有在细菌之间传递信息的能力。[5] 科恩伯格当年只是在 DNA 中加入了某些酶，就使得它们可以在试管里进行复制。外源基因插入 SV40 基因组的过程涉及一系列化学反应。现在伯格需要两种特殊的酶来完成这个过程，其中一种可以将环状基因组切开，而另一种则可以把外源基因片段"粘贴"到 SV40 的基因组。与其说是病毒，还不如说是病毒中包含的信息将再次展现出生命力。

※ ※ ※

但是科学家在哪里才能找到能够剪切与粘贴 DNA 的酶呢？正如遗传学历史上常见的重大发现一样，我们需要在细菌世界里寻找这个答案。自 20 世纪 60 年代以来，微生物学家一直致力于从细菌中提纯出用在试管里操纵 DNA 的酶类。细菌细胞，或者说任何细胞都要通过自身的"工具箱"来操纵 DNA：在细胞分裂、修复损伤基因或者基因在染色体之间发生交叉互换的过程中，均需要用酶去复制基因或者填充损伤造成的缺口。

上述化学反应工具箱具有"粘贴"DNA 碎片的功能。伯格深知，即便是最简单的生物体也具有把基因黏合在一起的能力。我们应该还记得，DNA 链可以在 X 射线这样的损伤剂的作用下发生解离。其实 DNA 损伤在细胞中很常见，为了修复断裂的 DNA 链，细胞会产生特殊的酶用于破损片段粘贴。其中一种酶被称为"连接酶"（来源于拉丁语"ligare"，意思是连接到一起），它可以通过化学方法将两条断裂的DNA主链黏合到一起，从而恢复双螺旋结构的完整性。此外用于DNA复制的"聚合酶"有时也会被招募来填充缺口并且修复受损的基因。

值得注意的是，切割酶的来源与众不同。实际上，所有细胞都有用来修复损伤DNA的连接酶与聚合酶，但是DNA切割酶在大多数细胞中并不能随心所欲地发挥作用。然而对于细菌与病毒来说，它们总是颠沛流离地行走在生命边缘。它们赖以生存的资源极其匮乏，而生物体生长又非常迅猛，这导致生存竞争异常激烈，因此它们拥有功能强大的切割酶来保护自己不受损伤。这些DNA切割酶就像锋利的弹簧刀，可以将入侵者的DNA切断，并且启动自身宿主免疫进行攻击。由于切割酶可以限制特定病毒引发的感染，因此这类蛋白质被称为"限制性酶"。这种酶的作用好似分子剪刀，它们能够识别DNA上的特定序列，并且可以在特异位点将双螺旋结构切断。DNA切割酶的特异性作用至关重要：在DNA的分子世界，只要切中要害便可一招制敌。某种微生物可以通过切断其他入侵微生物的信息链使其瘫痪。

对于伯格的实验而言，这些来自微生物世界的酶工具将为其奠定坚实的基础。伯格知道，改造基因需要的关键成分就冻存在五家独立实验室的冰箱里。他只需要来到这些实验室，准备好研究所需要的各种酶，然后按照先后次序完成各项化学反应即可。其中一种酶起到切割作用，而另一种酶起到粘贴作用，这样就可以使任意两个DNA片段拼接在一起，并且可以让科学家在基因操作时游刃有余。

伯格深知这项新兴技术蕴含的能量。基因之间可以通过相互结合创造出全新组合，甚至还可以在新组合的基础上继续拓展；它们可以发生改变、产生突变并且穿梭于生物体之间。例如，在将青蛙基因引入人类细胞之前，首先要把它们插入病毒基因组中。而人类基因也能转移到细菌细胞里。如果能将这项技术运用到极致的话，那么基因将会具有无限的可塑性：你可以创造出新型突变或者清除它们，你甚至可以憧憬实现遗传信息修饰，并且随心所欲地洗刷、清理或者改变遗传标记。伯格回忆道，在构建这种基因嵌合体的过程中，"所有用于制备重组 DNA 的步骤、操作与试剂都早已司空见惯，其新颖之处在于它们之间特定的组合方式"。[6]其实真正关键的进步在于剪切与粘贴概念的提出，也可以说是对近 10 年来遗传学领域直觉与技术的提炼升华。

※※※

1970 年冬季，伯格与戴维·杰克逊（伯格实验室里的一位博士后研究人员）开始了他们首次剪切与拼接两段 DNA 的尝试。[7]由于此项实验的过程非常单调乏味，因此伯格将其形容为"生物化学家的噩梦"。DNA 需要先经过提纯，然后与相应的酶混合在一起，接着在冰浴状态下用纯化柱进行再提纯，而他们在此期间会不断重复上述步骤，直至每个独立反应都能实现预期目标。由于当时使用的切割酶还有待优化，因此 DNA 的产量极低。尽管洛班一直专注于制备自己的基因杂合体，但是他仍不断地向杰克逊提供重要的技术见解。他发现了一种可以在 DNA 末端添加 DNA 片段的方法，这些 DNA 片段能够产生像锁钥一样紧密结合的搭扣状结构，从而极大地提高了制备基因杂合体的效率。

尽管伯格与杰克逊面临着各种难以想象的技术障碍，但是他们还是成功地将外源基因片段连接到完整的 SV40 基因组上，其中就包括一段来自细菌病毒（λ 噬菌体）的 DNA 和三个来自大肠杆菌的基因。

这项研究成果具有举足轻重的意义。虽然 λ 噬菌体和 SV40 都属于"病毒"，但是它们彼此的差异堪比马与海马之间的区别（SV40 可以感染灵长类动物细胞，而 λ 噬菌体只能感染细菌）。众所周知，大肠杆菌是一种源自肠道的细菌，其结构与上述两种生物体完全不同。因此就产生了一种奇怪的嵌合体，这些基因在进化树上的亲缘关系相距甚远，可是它们在经过粘贴后却能成为一条连续的 DNA。

伯格将这种杂合体称为"重组 DNA"。他在选择这个词组的时候应该煞费了一番苦心，而这令人想起了有性生殖过程中产生杂合基因的"重组"现象。在自然界中，由于遗传信息频繁在染色体间发生混合与配对，因此产生了纷繁复杂的生物多样性：源于父本染色体的 DNA 与源于母本染色体的 DNA 互换位置会产生"父本：母本"基因杂合体，这也就是摩尔根所说的"互换"现象。伯格在制备基因杂合体时使用了某些特殊工具，它们可以在生物体自然状态下对基因进行剪切、粘贴和修复，其结果就是将交叉互换原理延伸到生殖概念以外。伯格的研究实际上也是在合成基因杂合体，只不过他是将不同生物的遗传物质在试管中进行混合与配对。现在这种与生殖无关的基因重组指引他跨入了崭新的生物学世界。

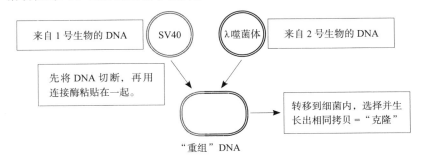

插图源自保罗·伯格关于"重组"DNA 的论文。科学家们不仅可以将任意生物体的基因进行组合，而且还能自由地改造基因，而这也为人类基因治疗与人类基因组工程埋下了伏笔。

※ ※ ※

同年冬季，一位名叫珍妮特·默茨（Janet Mertz）的研究生决定加入伯格的团队。她的性格坚忍执着，并且在表达自身观点时毫无顾忌。伯格认为她是位"聪明绝顶"的姑娘。默茨是近 10 年来第二位加入斯坦福大学生物化学系的女性，她在以男性为主的生物化学家的圈子里也算是个异类。默茨与洛班的求学经历类似，她也是从麻省理工学院来到斯坦福大学的，并且曾经在本科阶段主修工程学与生物学。默茨被杰克逊的实验吸引，她对制备不同生物体的基因嵌合体的想法十分着迷。

但是如果她将杰克逊的实验目标颠倒过来又会怎样呢？此前，杰克逊已经成功将细菌遗传物质插入 SV40 的基因组。如果她把 SV40 基因插入大肠杆菌的基因组，那么这种基因杂合体又会表现出什么特点呢？如果默茨培养出携带病毒基因的细菌，而不是携带细菌基因的病毒，那么又将出现何种结果呢？

这种逻辑上的颠倒（更确切地说是生物体的逆转）实现了技术上的重大飞跃。大肠杆菌与许多细菌具有相同之处，它们都携带有体型小巧的额外染色体，而这类染色体被称为迷你染色体或者质粒。质粒的结构与 SV40 基因组十分相似，其 DNA 看起来就像个环形的项链，并且可以在细菌内部生存与复制。随着细菌细胞分裂与生长，质粒也会同步进行复制。默茨意识到，如果她能将 SV40 基因插入大肠杆菌的质粒中，那么就可以把细菌当作生产新型基因杂合体的"工厂"。当细菌生长与分裂时，质粒以及质粒上的外源基因也会同时进行倍增。经过修饰后的染色体将在原有基础上重复复制，这样细菌就可以将染色体上装载的外源基因制造出来。而这种数以百万计的 DNA 片段精准复制品就是"克隆"。

※※※

1971 年 6 月，默茨从斯坦福大学启程来到位于纽约的冷泉港，她要在这里参加一个有关动物细胞与病毒的课程。[8] 作为课程的一个环节，同学们被要求描述一下自己将来希望从事的研究项目。默茨在展示环节时谈到，她打算制备 SV40 病毒与大肠杆菌基因的嵌合体，并指出这种杂合体具有在细菌细胞内增殖的潜力。

通常来说，暑期班上举办的研究生演讲并不会引人关注，可是就在默茨播放完最后一张幻灯片后，观众们突然意识到她的发言内容非比寻常。默茨的演讲结束后现场先是陷入了一片沉寂，然后同学与指导老师的质疑如潮水一般涌来：她是否研究过制造这种杂合体的风险？如果伯格与默茨放任这些基因杂合体的应用，那么它们会对人类产生什么后果？他们是否考虑过构建新型遗传物质所产生的伦理问题？

病毒学家罗伯特·波拉克（Robert Pollack）是本次课程的指导老师。演讲环节刚一结束，他就迫不及待地给伯格打去了电话。波拉克认为，如果"打破细菌与人类从共同祖先进化产生的隔离"，那么这种草率进行的实验将面临巨大的危险。

众所周知，SV40 病毒可以在仓鼠体内诱发形成肿瘤，因此这个问题回答起来非常困难，而大肠杆菌则生活在人类肠道里（现有证据表明 SV40 病毒不大可能会在人体内引起肿瘤，但是在 20 世纪 70 年代时这种风险水平还不为人知）。假如伯格与默茨最终制造出这场遗传领域的"超级飓风"，那么此类携带有致癌基因的人类肠道细菌会产生何种后果呢？生物化学家欧文·查加夫曾经写道："你可以让原子停止分裂，你也可以停止造访月球，你还可以停止使用喷雾剂……但是你无法召回一种崭新的生命形态。（新的基因杂合体）将会延续千秋万代……而普罗米修斯（Prometheus）与赫洛斯塔图斯（Herostratus）[1]的组合必将导致恶果。"9

伯格花了几个星期的时间去认真思考波拉克与查加夫提出的顾虑。"我的第一反应就是这种担忧简直荒谬至极，我丝毫看不出其中存在任何风险。"10 这些经过无菌处理的实验设备条件可控，而且从未发现 SV40 与人类肿瘤存在直接相关的证据。实际上，许多病毒学家都曾被 SV40 病毒感染过，可是却没有任何人因此罹患癌症。在公众舆论的巨大压力下，杜尔贝科甚至主动喝下含有 SV40 病毒的溶剂以证明它与人类癌症毫无关系。11

此时的伯格已经身处风口浪尖，他不能再对这种情况掉以轻心。

---

[1] 赫洛斯塔图斯：古希腊时期纵火烧毁阿尔忒弥斯神庙的青年。——编者注

伯格给几位肿瘤生物学家与微生物学家写信，向他们征求对此类研究风险的独立意见。杜尔贝科坚持认为 SV40 没有风险，可是有哪位科学家能对未知风险做出恰如其分的评估呢？最后，伯格断定该实验的生物危害不足为患，然而这并不意味着完全没有危害。伯格说道："事实上我当时知道几乎没有什么风险，但是我无法说服自己它真的毫无风险……我意识到自己曾经在预测实验结果上出现过太多的失误，如果这次我对该风险的结果判断失误，那么其造成的后果将不堪设想。"[12]

在做出风险预估与防范计划之前，伯格主动暂停了该项实验。直到现在，含有 SV40 基因组片段的 DNA 杂合体仍旧处于实验阶段。它们将不会被引入到活体组织内。

与此同时，默茨有了另一项重大发现。按照伯格与杰克逊的最初设计，完成 DNA 剪切与粘贴需要经历六步冗长的酶促反应，而默茨则发现了一条行之有效的捷径。她从来自旧金山的微生物学家赫伯特·博耶（Herbert Boyer）那里获得了一种叫作 EcoR1 的 DNA 切割酶，随后默茨发现 DNA 片段的剪切与粘贴过程可以从六步精简为两步。[1]伯格回忆道："珍妮特的确让整个过程变得极为高效。现在我们只需要几个化学反应就能生成全新的 DNA 片段……默茨把切断的 DNA 片段混合在一起，再加入一种能将 DNA 片段末端相互连接在一起的酶，然后她就得到了同时具有两种原材料特性的产物。"[13]尽管默茨成功制备出"重组 DNA"，但是该项研究在伯格的实验室尚处于暂停阶段，因此她不能将基因杂合体转运到活菌体内。

※ ※ ※

1972 年 11 月，就在伯格反复权衡病毒-细菌 DNA 杂合体风险的

---

[1]　默茨与罗恩·戴维斯（Ron Davis）意外地发现了某些酶（例如 EcoR1）的特性。她发现，如果用 EcoR1 来剪切细菌质粒与 SV40 的基因组，那么 DNA 末端会像两片互补的魔术贴一样自然地表现出"黏性"，从而使它们连接形成基因杂合体的过程变得更为简单。

时候，来自旧金山的科学家赫伯特·博耶飞到夏威夷参加一个微生物学会议，他曾经为默茨的实验提供了 DNA 切割酶。1936 年，博耶出生在宾夕法尼亚州的一个矿业城镇，他初次接触到生物学的时候还是个高中生，从此便在成长过程中以沃森与克里克作为自己的人生目标（他用这两位科学家的名字为自己的两只暹罗猫命名）。博耶曾在 20 世纪 60 年代早期申请到医学院深造，但是由于哲学课成绩太差被拒之门外，随后他转而成了一名微生物学研究生。

1966 年夏季，博耶来到加州大学成为旧金山分校（UCSF）的一名助理教授，他留着蓬松的爆炸头，上身穿着皮制马甲，而下身则穿着破洞牛仔裤。他的研究内容主要与分离新型 DNA 切割酶有关，其中就包括他为伯格实验室提供的 DNA 切割酶。博耶从默茨那里听说了她正在进行 DNA 切割实验，同时还了解到 EcoR1 在简化 DNA 杂合体制备过程中发挥着重要作用。[14]

※※※

这场在夏威夷召开的学术会议关乎细菌遗传学的未来，其中大部分令人兴奋的消息都与新发现的大肠杆菌质粒有关。质粒是一种呈环形的迷你染色体，它能够在细菌体内进行复制，并且可以在不同的菌株之间转移。听了整整一上午的发言后，博耶忙里偷闲溜到热闹的海滩，然后在朗姆酒与椰子汁的陪伴下度过了午后的时光。

当天晚些时候，博耶偶然遇到了斯坦福大学的斯坦利·科恩（Stanley Cohen）教授。[15] 博耶对于科恩的了解源自他发表的论文，但是他们两人从未见过面。科恩的灰白胡须修剪得非常整齐，他戴着眼镜显得文质彬彬，并且在表达意见时也会颇为谨慎。某位科学家回忆道，科恩看上去就是"一位典型的犹太学者"，他掌握的微生物遗传学知识就像犹太法典一样浩瀚无边。科恩长期从事质粒方面的研究，他已经掌握了弗雷德里克·格里菲斯的"转化"反应，而这正是将

DNA 转移到细菌细胞内所需的技术。

虽然晚餐已经结束，但是科恩与博耶仍旧饥肠辘辘。他们与同是微生物学家的斯坦·弗科沃（Stan Falkow）一起到酒店外散步，然后向怀基基（Waikiki）海滩商业区里一条寂静黑暗的街道走了过去。在周围火山阴影的环抱下，有一家纽约风格的熟食店在霓虹灯标的映衬下显得格外突出。他们找了一个露天的位置坐下，而服务员连基什凯香肠（Kishke）与克尼什烙薄面卷（Knish）都分不清，不过好在菜单上还有腌牛肉与碎肝。就这样，博耶、科恩与弗科沃一边吃着熏牛肉三明治，一边讨论着质粒、基因嵌合体与细菌遗传学。

博耶与科恩都知道伯格与默茨成功地在实验室里制备出基因杂合体，因此他们讨论的内容也在不经意间转到了科恩的研究领域。科恩已经从大肠杆菌中分离出几种质粒，其中一种质粒的纯化过程非常可靠，它能够轻易地在大肠杆菌菌株之间进行转移。据说其中某些质粒携带有抗生素（例如四环素或青霉素）抗性基因。

但是假如科恩从某个质粒上切下抗生素抗性基因，然后把它导入另外一个质粒中会发生什么呢？某个原本会被抗生素杀死的细菌是否得以存活，并且在抗生素抗性基因的保护下选择性地苗壮成长，而那些不含有杂交质粒的细菌会死去呢？

这种想法突然划破了寂静的夜空，就像黑暗小岛上闪烁的霓虹灯标。在伯格与杰克逊的早期实验中，缺少一种简便易行的方法来鉴别细菌或病毒是否已经获得了"外源基因"（从生化混合物中纯化杂合质粒的唯一方法就是利用其大小的区别：因为 A+B 大于单独的 A 或 B）。与此相反，科恩的质粒带有抗生素抗性基因，而这也为鉴别基因重组体提供了强有力的方法。他们开始用"进化论"来协助完成实验。自然选择的过程在培养皿中就已经开始，并且顺理成章地筛出了符合他们要求的杂交质粒。细菌之间出现抗生素抗性转移证实了基因杂合体或重组 DNA 的存在。

但是困扰伯格与杰克逊的技术障碍是什么呢？如果生成基因嵌合

体的频率只有百万分之一，那么无论这种选择方法是否灵敏高效都不
会产生任何效果，其原因就在于几乎没有基因嵌合体可供选择。博耶
一时心血来潮，开始讲述 DNA 切割酶以及默茨高效改进基因杂合体制
备的过程。就在科恩与博耶苦思冥想的时候，周围的一切突然变得鸦
雀无声。此时他们之间的思想碰撞迸发出了火花。博耶通过纯化酶使
制备基因杂合体的效率得到了大幅提升，而科恩则分离出了可以轻易
地在细菌中进行选择与扩增的质粒。弗科沃回忆道："任何人都不会错
过这个千载难逢的机会。"

科恩缓慢而又清晰地说道："那就意味着——"

博耶打断了他的思路，说道："没错……这很有可能……"

弗科沃随后写道："有时候科学就像生活一样只可意会不可言传，
完全没必要点透每句话或者每个想法的意思。"现在实验步骤已经一目
了然，整个过程简单明了，使用标准试剂就可以在一个下午的时间内
实现目标，"如果将 EcoR1 剪切过的质粒 DNA 分子混合在一起并使它
们重新连接，就可以得到一定比例的重组质粒分子。然后利用抗生素
抗性筛选出获得外源基因的细菌后，就能够从中筛选出杂交 DNA。如
果让这种含有外源基因的细菌细胞持续繁殖下去，那么就可以将杂交
DNA 进行成百万倍地扩增，于是便完成了重组 DNA 的克隆。"

该实验不仅具有创新性与高效性，同时安全性也得到了保障。与
伯格和默茨实验（涉及病毒-细菌杂合体）的不同之处在于，科恩与博
耶制备的嵌合体完全由细菌基因构成，而他们认为这样可以大大降低
危险性。他们找不到任何停止制备这些质粒的理由。毕竟细菌原本就
能够悄然无息地进行遗传物质交换，并且它们从来不会去思索这样做
的理由，事实上基因的自由交换是微生物世界特有的标志。

※※※

博耶与科恩为了制备基因杂合体一直在奔波劳碌中度过，而他们

在送走了寒冷的冬季后迎来了 1973 年的早春。101 高速公路连接着加州大学旧金山分校与斯坦福大学，为了便于交换质粒与各种酶，博耶安排了一名研究助理开着大众甲壳虫汽车频繁穿梭于两地之间。到了同年夏末的时候，博耶与科恩已经成功地制备出基因杂合体，他们将两条来自不同细菌的遗传物质联结起来，然后形成了一个单基因嵌合体。博耶后来还能非常清晰地回忆起成功的那一刻："我注视着第一块凝胶，它竟是如此美丽。我记得当时喜悦的泪水湿润了双眼。"两种生物体的遗传物质经过重组后获得了全新的身份，而人类也因此接近了哲学领域的核心问题。

1973 年 2 月，博耶与科恩准备在活细胞中对第一个人工制备的基因嵌合体进行扩增。他们用限制性酶切开两个细菌质粒，并且让两种质粒的遗传物质进行互换。然后通过连接酶将携带有杂交 DNA 的质粒紧密封闭起来，接着再用改良版的转化反应将制备的嵌合体导入细菌细胞中。含有基因杂合体的细菌将在培养皿上迅速繁殖，它们可以形成微小的半透明菌落，仿佛闪耀的珍珠密布在琼脂上。

那是个万籁俱寂的夜晚，科恩将含有单基因杂合体的细菌菌落接种到一大瓶无菌培养基里。这些细胞在摇摆不停的培养瓶中生长过夜。基因嵌合体的拷贝数在迅猛增长，其中每个拷贝都含有来自两个完全不同生物体的遗传物质。除了细菌培养箱发出的咔嗒声以外，这里没有任何其他声音的干扰，而就是这种铿锵有力的节奏宣告了一个全新世界的诞生。

第二章

现代音乐

每代人都有属于自己的现代音乐。[1]

——弗朗西斯·克里克

现在人们可以从万物中创造旋律。[2]

——理查德·鲍尔斯（Richard Powers），《奥菲欧》（*Orfeo*）

当伯格、博耶与科恩正在各自的机构（斯坦福大学与加州大学旧金山分校）里忙着混合与匹配基因片段时，剑桥大学的研究人员则完成了另一项具有同样意义的重大遗传学突破。为了理解这项发现的本质，我们必须重温基因研究的规范用语。与任意一种语言类似，遗传学也是由基本的结构单元组成的，其中就包括字母、词汇、句法与语法等。基因的"字母表"里只有四个字母，它们就是 DNA 的四个碱基（A、C、G 与 T）。而"词汇"由三联体密码构成，三个相连的碱基可以编码蛋白质中的某个氨基酸，其中 ACT 编码苏氨酸，CAT 编码组氨酸，GGT 编码甘氨酸，并且以此类推。蛋白质就像是基因编码的"句子"，它可以将字母串连成链（例如 ACT–CAT–GGT 编码苏氨酸-组氨酸-甘氨酸）。此外，莫诺与雅各布发现的基因调控则为这些词句创造出具有丰富内涵的语境。附加在基因上的调控序列（在特定时间与空间启动或关闭某个基因的信号）可以被视为基因组内部的语法。

尽管遗传学字母表、句法和语法就存在于细胞内，但是这些内容并非人类的"母语"。为了帮助生物学家读写基因语言，我们需要发明一套全新的工具。其中"写入"就是将单词按照特定的排列方式进行混合与搭配后产生新的含义。伯格、科恩与博耶在斯坦福大学开始应用克隆技术来写入基因，产生出自然界中不存在的 DNA 词句（例如把细菌基因与病毒基因联合起来形成全新的遗传因子）。但是"读取"基因，也就是解读某段 DNA 上精密排列的碱基序列，仍然存在着巨大的技术障碍。

具有讽刺意味的是，人类并不了解细胞读取 DNA 的机制，而这个问题对于化学家来说尤为突出。就像薛定谔曾经预测的那样，DNA 这种化学物质令化学家百思不得其解，同时该分子本身的特征也自相矛盾：虽单调乏味却日新月异，既循规守矩又变幻莫测。化学家在拼接分子结构时通常会把它拆分为拼图中的小碎片，然后再把各化学成分组合起来装配出该分子的结构。可是当 DNA 变成碎片后，它就会降解为 A、C、G 与 T 等四种碱基的混合物。如果把书中的每个单词都拆分成字母，那么我们根本无法进行阅读。DNA 就像那些单词一样，其序列中携带有相应的含义。只要将 DNA 降解为碱基，它就变成了原始的"四字母浓汤"。

※※※

然而化学家是如何确定基因序列的呢？在英国剑桥大学，有一处位于沼泽附近的非常简陋的半地下实验室。从 20 世纪 60 年代开始，生物化学家弗雷德里克·桑格（Frederick Sanger）就在这里从事基因测序研究。桑格对于复杂生物分子的化学结构非常痴迷。20 世纪 50 年代早期，桑格就利用改良的传统分解方法解决了胰岛素蛋白质的测序问题。[3]1921 年，来自多伦多的外科医生弗雷德里克·班廷（Frederick Banting）与他的学生查尔斯·贝斯特（Charles Best）率先从几十磅（1磅约等于 0.45 千克）碾碎的狗胰腺中提纯出胰岛素。胰岛素是蛋白质纯化工作的重大成果，它本身是一种参与血糖调节的激素，[4]当其被注射到糖尿病患儿体内便可以迅速扭转这种致命的糖代谢疾病。直到 20世纪 20 年代末期，礼来制药公司（Eli Lilly）仅能从大量源自牛与猪胰腺的裂解液中生产出几克胰岛素。

然而尽管经过多次尝试，科学家们依然无法了解胰岛素的分子特征。而桑格准备用化学家严谨的方法论来破解这个难题：其实任何一名化学家都明白，答案就在那些溶解的混合物中。每种蛋白质都由串联成链的氨基酸序列构成，例如：甲硫氨酸-组氨酸-精氨酸-赖氨酸，或者甘氨酸-组氨酸-精氨酸-赖氨酸，以此类推。桑格意识到，为了鉴别蛋白质的序列，他需要进行一系列的降解反应。他将胰岛素蛋白质链末端的一个氨基酸切断，并且将其溶解在溶剂中，随后通过化学手段确定它就是甲硫氨酸。接下来他按照上述方法，切断相邻的组氨酸。桑格不断重复着蛋白质降解与氨基酸鉴定，并且依次获得了精氨酸与赖氨酸，直到他抵达蛋白质的另一端。这种实验设计好似从项链上逐颗褪下串珠，恰好与细胞构建蛋白质的过程相反。当胰岛素经过逐渐降解后，其氨基酸链的组成结构终于水落石出。1958 年，桑格因其做出的巨大贡献被授予诺贝尔奖。[5]

1955 年到 1962 年间，虽然桑格使用改良的降解法阐明了几个重要蛋白质的序列，但是他的研究成果却并未触及 DNA 测序问题。桑格写道，他在这些年里"毫无建树"，只是生活在盛名的阴影下。[6]他在那段时间鲜有论文发表，即便仅有的几篇有关蛋白质测序的文章得到热捧，可是他认为这些工作都与预期的成功存在差距。1962 年夏季，桑格搬到了位于剑桥大学医学研究委员会（MRC）大楼里的另一处实验室。[7]他在那里遇到了许多新邻居，其中就包括克里克、佩鲁茨与悉尼·布伦纳，而这些科学家都沉浸在对 DNA 的狂热崇拜中。

实验室位置的改变标志着桑格的研究重点发生了巨大转变。在这些科学家中，克里克与威尔金斯是 DNA 研究的早期开拓者，而沃森、富兰克林与布伦纳则是后期加入的合作者。现在弗雷德·桑格必须重整旗鼓进军 DNA 领域。

※ ※ ※

20 世纪 60 年代中期，桑格将研究重点从蛋白质转移到了核酸，并且开始认真考虑 DNA 测序问题。但是曾经在胰岛素研究中崭露头角的方法（切断、溶解、再切断、再溶解）在 DNA 测序中却无法施展。蛋白质的化学结构使得氨基酸可以按照顺序被依次切断，然而桑格在 DNA 研究中并未发现可供使用的工具。于是他重新调整了降解反应，但是实验结果只能用一败涂地来形容。当桑格把 DNA 碎片溶解后发现，携带遗传信息的 DNA 已经变成了乱码。

1971 年冬季，桑格在逆向考虑这个问题时突然获得了灵感。在过去几十年间，他一直通过打破分子之间的联系来解决测序问题。但是如果他将原有的研究方向颠倒过来，尝试以构建 DNA 替代分解反应，那么又会出现何种结果呢？桑格推断，要想解决基因测序问题，研究者就必须按照基因的变化规律进行思考。细胞无时无刻不在构建基因，而每次细胞分裂都会生成新的复制体。

假设生物化学家能够身临其境进入基因复制酶（DNA 聚合酶）中，那么将有机会目睹 DNA 复制以及基因复制酶逐个添加碱基（例如 A、C、T、G、C、C、C 等依此类推）的过程，而生化学家只要在一旁仔细观察就可以了解这段基因的序列。其工作模式与复印机相仿，你可以通过 DNA 拷贝来重建原始结构。此时，镜像将再次还原其本来面目，道林·格雷的真容将从这些散乱的映像中得到显现。

1971 年，桑格开始利用 DNA 聚合酶的复制反应研制基因测序技术。[在哈佛大学，沃尔特·吉尔伯特（Walter Gilbert）和艾伦·马克西姆（Allan Maxam）也在设计 DNA 测序系统，虽然采用的试剂不同，但是方法同样有效，不过很快他们就被桑格的方法超越了。] 起初桑格的方法效率很低，并且经常莫名其妙地失败。他后来发现该问题与复制反应的速度有关，当聚合酶沿着 DNA 链快速前进时，其添加核苷酸的速度简直是疾如闪电，以至于桑格根本无法捕捉到中间的步骤。1975 年，桑格对原有实验步骤进行了巧妙的修改，他通过一系列经过化学改造的碱基（这些变异体与 A、C、G 和 T 之间只有非常轻微的差异）来打乱复制反应。虽然上述碱基仍能被 DNA 聚合酶识别，但是会干扰它们的复制能力。当聚合酶暂缓复制时，桑格便可以在减速反应中利用干扰信号从成千上万的碱基中对基因进行定位，例如：这里是 A，那里是 T 与 G 等等，依此类推。

1977 年 2 月 24 日，桑格的研究成果发表于《自然》杂志，他在文中描述了使用这项技术揭示 ΦX174 病毒完整 DNA 序列的过程。[8] ΦX174 是一个体积微小的病毒，全长只有 5 386 个碱基对，其基因组大小甚至无法与某些最小的人类基因相比。但是这篇论文发表后在科学界掀起了变革的浪潮。桑格写道："通过这些序列可以识别出许多特性，而正是它们负责制造该生物体内 9 个已知基因所合成的蛋白质。"[9] 现在桑格已经读懂了基因的语言。

※※※

作为遗传学领域的新技术，基因测序与基因克隆随即被用于基因与基因组新特征的鉴定。而这些技术应用的首个重大发现与动物基因和动物病毒的独特功能有关。1977 年，科学家理查德·罗伯茨（Richard Roberts）与菲利普·夏普（Phillip Sharp）分别发现，绝大多数动物蛋白质并非由连续的 DNA 序列编码，事实上它们会被分为许多独立模块。[10] 但是在细菌中，每个基因都是由连续的 DNA 序列组成，从第一个三联体密码（ATG）开始算起，一直延伸直至最后的"终止"信号。由于细菌的基因内部不存在间隔区，因此它们不含有那些独立模块。但是罗伯茨与夏普发现在动物与动物病毒中，某个基因通常会被较长的 DNA 填充片段分割成多个部分。

现在我们将"*structure*"这个词比喻成基因来进行诠释。在细菌中，基因"*structure*"可以准确无误地嵌入到基因组中，不存在断裂、填充、间插以及中断等现象。但是在人类基因组中会出现完全相反的情况，基因"*structure*"会被某些 DNA 间隔片段打断，表现为 *s...tru...ct...ur...e* 的形式。

那些被标记为省略号（...）的长段 DNA 并不含有任何蛋白质编码信息。当此类断裂基因被用于生成某种信息时（例如当 DNA 转录形成 RNA 时），那么这些填充片段会从 RNA 信息中被切除，然后去除间插序列的 RNA 将重新连接在一起，而基因 *s...tru...ct...ur...e* 的结构也将简化为 *structure*。于是罗伯茨与夏普把该过程称为基因剪接或者 RNA 剪接（因为基因的 RNA 信息通过"剪接"移除了填充片段）。

起初，这些断裂基因的结构令人难以理解：为什么动物基因组要耗时费力地把长链 DNA 片段变得七零八落，难道只是为了重新恢复这些信息的连续性吗？但是很快断裂基因的内在逻辑就变得显而易见：假如把基因分成不同的功能模块，那么细胞就可以让单个基因产生成令人眼花缭乱的信息组合。由于基因 *s...tru...ct...ur...e* 可以被剪接组合成为 *cure*，或是 *true* 等基因，因此可以从单个基因中创造出大量各式各样的信息（也称为亚型）。当然你还可以用剪接的方式从 *g...e...n...om...e* 中生成 *gene*、*gnome* 与 *om* 基因。此外，模块基因还具有进化上的优势：来自不同基因的单个模块经过混合与匹配后可以构建出全新的基因种类（例如：*c...om...e...t*）。哈佛大学遗传学家沃利·吉尔伯特（Wally Gilbert）为这些模块创造了一个名词，他将其称为"外显子"（exon），而外显子之间的填充片段则被命名为"内含子"（intron）。

内含子并非人类基因的特有产物，它们广泛存在于各种生物体中。人类基因的内含子体积庞大，能够容纳数十万个 DNA 碱基。但是基因彼此之间又被长段的间插 DNA 序列隔离开来，而这些 DNA 被称为基因间序列。基因间序列与内含子（基因间的间隔片段与基因内的填充片段）被认为含有使基因根据环境变化进行调节的序列。现在让我们回到最初的比喻上来，基因间 DNA 与内含子就像是长省略号间零散分布的标点符号。因此，人类基因组的结构可以被看作：*This......is......the......(...)...s...truc...ture......of...... your...... gen...om...e.*

这些单词代表着基因。其中单词间的长省略号代表基因间 DNA，单词间的短省略号（*gen...ome...e*）则代表内含子，括号与冒号这样的标点符号相当于调节基因的 DNA 区域。

除此之外，基因测序与基因克隆这对双胞胎还把遗传学从实验的泥沼中拯救了出来。20 世纪 60 年代末期，人们意识到遗传学的发展已经深陷僵局。那时候所有实验科学的设计理念基本雷同，先是对于某个系统进行有计划的干预，然后再测量干预带来的效果。由于改变基因的唯一手段就是构建突变体（其实这是个随机过程），因此读懂变化的唯一途径就是比较形态与功能的差异。你可以效仿穆勒构建无翅或无眼果蝇突变体的方法将果蝇暴露在 X 射线下，但是你无法定向操纵那些控制果蝇眼睛或翅膀的基因，而且你也无法准确地理解翅膀或者眼睛的基因发生了何种改变。就像某位科学家描述的那样："基因遥不可及。"

基因这种遥不可及的属性让"新兴生物学"的救世主（詹姆斯·沃森就是其中一员）感到尤为沮丧。1955 年，就在他发现 DNA 结构两年之后，沃森来到了哈佛大学生物系，但是这一举动也随即招致了哈佛大学内部某些学术泰斗的反感。在沃森看来，生物学是一门横跨传统与现代领域的新兴科学。传统学派由博物学家、分类学家、解剖学家以及生态学家组成，他们仍然专注于动物分类以及对生物解剖学与生理学特征进行定性描述。而"现代"生物学家则与之完全不同，他们开始研究分子与基因在生物体内的作用。当传统学派还在讲授生物多样性与变异时，现代学派已经在讨论通用编码、共同机理以及"中心法则"了。[1]

克里克曾经说过："每代人都有属于自己的现代音乐。"沃森则直白地表达了自己对古典音乐的轻蔑。沃森认为博物学在很大程度上是一门"描述性"学科，而它终将被具有勃勃生机的实验科学取代。那些研究恐龙的"老古董"很快就会因为自身因素退出历史舞台。沃森将秉承传统学派的生物学家称为"集邮者"，对他们聚精会神于生物标本收集与分类的做法嗤之以鼻。[2]

然而即便是沃森也不得不承认，由于无法定向进行基因干预以及解读基因改变的确切本质，因此现代生物学研究的道路依然崎岖坎坷。如果可以对基因进行测序与操作，那么这个领域将会呈现出波澜壮阔的前景。而在此之前，生物学家只能依靠仅有的研究工具（也就是在结构简单的生物体内产生随机突变）来探索基因的功能。但是让沃森愤懑不平的是，博物学家也可以如此这般来嘲弄他们的工作：如果传统学派的生物学家是"集邮者"的话，那么现代学派的分子生物学家不过是"突变体猎手"。

1970 年到 1980 年，这些突变体猎手摇身一变成为基因操作者与基因解码者。假设时间回到 1969 年，如果在人类中发现了某种疾病相关基因，那么科学家们根本没有切实可行的方法来理解该突变的本质，他们没有途径去比较该基因与正常基因之间的差异，同样也没有简便易行的方法在其他生物体内重建基因突变来研究其功能。然而到了 1979 年，这种致病基因已经能够被导入细菌体内，它们在与病毒载体进行拼接后能够转移到哺乳动物细胞的基因组中，随后可以使用克

---

[1] 值得注意的是，达尔文与孟德尔都曾经努力消除传统与现代生物学之间的隔阂。达尔文在崭露头角的时候不过是一名博物学家（化石收集者），但是后来在探索自然史发展机制时从根本上改变了生物学这门学科。同样，孟德尔刚开始也是一名植物学家兼博物学家，后来在寻觅驱动遗传与变异机制的过程中使该学科发生了天翻地覆的变化。达尔文与孟德尔的共同之处在于，他们都是通过观察自然世界来探寻其组织架构背后更深层次的原因。

[2] 沃森从欧内斯特·卢瑟福那里借用了这个具有纪念意义的短语。欧内斯特·卢瑟福曾经桀骜不驯地宣称："所有学科只分为物理与集邮。"

隆与测序手段将该基因与正常基因进行比较。

　　1980年12月，为了表彰这些基因技术领域中的开创性发现，弗雷德里克·桑格、沃尔特·吉尔伯特与保罗·伯格被共同授予诺贝尔化学奖，他们就是率先读写DNA奥秘的先驱。就像某位科学记者指出的那样，"化学操纵（基因）的武器库"现在已经初具规模。生物学家彼得·梅达沃则写道："对于DNA这种遗传信息的载体来说，基因工程可以通过定向操纵使其发生遗传改变……技术的真相不就是理论先行吗？……登陆月球？是的，已经实现。消灭天花？毋庸置疑。那么弥补人类基因组上的缺陷呢？当然是大势所趋，哪怕在实现的过程中还会遇到更多艰难险阻。虽然我们还没有完成这个目标，但是我们确实在朝着正确的方向前进。"[11][12]

※※※

　　按照伯格、博耶与科恩的想法，最初发明基因操作、克隆与测序技术是为了在细菌、病毒与哺乳动物的细胞之间转移基因，可是后来这些技术在有机生物学领域产生了巨大反响。对于基因克隆与分子克隆本身来说，虽然这些术语原本被用来指代细菌或病毒中产生的相同DNA拷贝（也就是"无性繁殖"），但是没多久它们就成为整个生物技术领域的象征，正是这些技术使得生物学家们能够从生物体内提取基因，并且在试管中进行基因操纵、构建基因杂合体以及在活体生物中扩增基因（毕竟只能利用这些技术的组合来克隆基因）。伯格说道："只要掌握了基因操作的实验技术，那么就可以通过这些手段来操纵生物体。通过基因操作与基因测序工具混合搭配，科学家研究的领域将从遗传学扩展至整个生物世界，而这种基于实验科学获得的胆识在过去看来简直是天方夜谭。"[13]

　　假设免疫学家正打算解决免疫学里的一个基础问题，例如T细胞在体内识别与杀死外源细胞的机制。几十年来，人们已知T细胞可以通过其表面的传感器来获知入侵细胞与病毒感染细胞的存在。这种传感器被称为 T 细胞受体，它实际上是一种只由 T 细胞产生的蛋白质。T 细胞受体能够识别外源细胞表面的蛋白质并与之结合。[14] 而反过来，这种结合又会触发杀死入侵细胞的信号，并且构成生物体的防御机制。

但是 T 细胞受体的本质是什么呢？生物化学家开始通过擅长使用的减法来解决该问题：他们先是通过细胞培养获得大量的 T 细胞，接着用脂肪酸盐与洗涤剂将细胞成分溶解形成灰色的细胞泡沫，然后去除提取物中的细胞膜与脂质，并且对这些物质进行反复提纯，从而最终捕获罪犯蛋白（culprit protein）。可是溶解在那些细胞提取物中的受体蛋白依然无影无踪。

此时基因克隆可以提供另一种解决方案。现在我们假设：T 细胞受体蛋白的与众不同之处在于它只在 T 细胞内合成，而不会出现在神经元、卵细胞或者肝细胞中。虽然编码该受体的基因应该存在于每个人类细胞中（人类神经元、肝细胞以及 T 细胞拥有相同的基因组），但是最终负责转录的 RNA 却只产生于 T 细胞。那么人们能否通过比较两个不同细胞的"RNA 目录"，然后从该目录中克隆出某个功能相关的基因呢？生物化学家的方法总是以浓度为中心：他们会在蛋白质最有可能聚集的地方找到它，然后将其从混合物中提取出来。相比之下，遗传学家的方法则是以信息为中心：他们通过比较两个密切相关的细胞"数据库"差异来找到该基因，进而使用克隆技术在细菌体内对该基因进行扩增。生物化学技术注重提取方式，而基因克隆手段可以扩增信息。

1970 年，病毒学家戴维·巴尔的摩与霍华德·特明的一项重要发现使得上述比较成为可能。[15] 巴尔的摩与特明两人各自独立开展了研究工作，他们在逆转录病毒中发现了一种可以使用 RNA 作为模板构建 DNA 的酶。由于它逆转了遗传信息流动的正常方向，因此他们将这种酶命名为逆转录酶。这种从 RNA 到 DNA（或者说从转录信息到基因本身）的过程违反了"中心法则"的某个版本（遗传信息只会从基因转录为信息，而且绝不可能反向流动）。

在细胞内逆转录酶的协助下，每条 RNA 都可以作为模板来构建与之相应的基因。这样生物学家就能为细胞中全部"活跃"基因制作目录或者"文库"，而这种过程就像图书馆根据主题对书籍进行分类。[1] 基因文库并不是 T 细胞的专利，它还存在于其他类型的细胞（包括红细胞、视网膜中的神经元、胰腺里的胰岛素分泌细胞等）里。通过比较源自两种细胞（例如 T 细胞与胰腺细胞）的基因文库，免疫学家就可以筛选不同细胞中的活跃与不活跃基因（例如胰岛素或者 T 细胞受体）。只要上述基因被验明正身，那么就可以将其在细菌中成百万倍地进行扩增，然后对该基因进行分离与测序，并且确定相应的 RNA 与蛋白质序列。此外还可以确定调控区域的位置，当然也可以将发生突变的基因插入到不同的细胞中，从而破译该基因的结构与功能。1984 年，这项技术被用于克隆 T 细胞受体，而此项成果在免疫学领域具有里程碑式的意义。[16]

就像某位遗传学家后来回忆的那样，生物学"被克隆技术解放了……此后生物学领域开始爆发出各种令人惊喜的消息"[17]。在过去几十年里，科学家一直在寻找那些神秘莫测且不可或缺的基因（其中包括凝血蛋白基因、生长调节因子基因、抗体基因、激素基因、神经间递质基因、控制其他基因复制的基因、癌症相关基因、糖尿病相关基因、抑郁症相关基因以及心脏病相关基因等），而我们则可以利用来自细胞的基因文库来进行纯化与克隆。

基因克隆与基因测序让生物学发生了天翻地覆的变化。如果把实验生物学比作"现代音乐"的话，那么基因就是它的指挥、管弦乐队、类韵副歌、首席乐器以及总谱。

---

[1] 基因文库由汤姆·马尼亚蒂斯、阿基里斯·埃弗斯特蒂亚迪斯（Argiris Efstratiadis）以及福蒂斯·卡法托斯（Fotis Kafatos）共同构思并创建。由于担心重组 DNA 的安全性问题，马尼亚蒂斯无法在哈佛大学从事基因克隆工作。此后马尼亚蒂斯应沃森之邀来到了冷泉港，他在那里可以心无旁骛地从事基因克隆研究。

第三章

海边的爱因斯坦

人生在世难免经历跌宕起伏，

也许踏浪前行即可功成名就；

倘若错失良机那么生命之旅

将淹没在苍茫无尽的痛苦中。

我们现在只能在苦海中漂浮。

——威廉·莎士比亚，《恺撒大帝》(*Julius Caesar*)第四幕第三场

对于所有心智成熟的科学家来说，私下场合有些异想天开的举动我认为不足为奇。[1]

——悉尼·布伦纳

意大利小镇埃里切位于西西里岛的西海岸，在海拔 2 000 英尺高的峭壁上矗立着一座建于 12 世纪的诺曼人堡垒。整座堡垒从远处望去似浑然天成，其陡峭的石墙仿佛由岩石蜕变而来。埃里切城堡（亦称维纳斯城堡）建于一座古罗马神庙的遗址上。原来的古建筑已经被保护性拆除，现在的城墙、炮台与塔楼是后人按照城堡原样复建的。神

庙中的神殿在很久前就已消失，据传它是为维纳斯所建。作为罗马的生育、性与欲望之神，维纳斯并非经过自然孕育降生，而是由凯卢斯（Caelus）掉入海中的生殖器溅起的泡沫形成的。

1972年夏季，就在保罗·伯格于斯坦福大学成功制备第一个DNA嵌合体后几个月，他来到埃里切参加学术研讨会。[2] 当伯格到达巴勒莫的时候已经是深夜，随后他乘坐出租车花了两个小时才来到海边。此时的夜色越来越浓，他向一位陌生人问路，这名男子只是随意向夜空中指了一下，而伯格似乎看到2 000英尺的高空中有微光在闪烁。

这场会议在第二天上午召开。现场听众包括大约80位来自欧洲的青年学者，其中大部分是在读的生物学研究生，当然参会者中也包括个别几位教授。伯格做了一次非正式演讲，并且将此称为"恳谈会"。他向参会者介绍了基因嵌合体、重组DNA与病毒-细菌杂合体制备的研究情况。

在场的学生们无不感到欢欣鼓舞。正如伯格预期的那样，他被扑面而来的提问淹没，可是人们关注的焦点却令他感到震惊。1971年，当珍妮特·默茨在冷泉港做报告时，人们最为关注的是实验安全性问题：伯格或默茨如何才能保证他们构建的基因嵌合体不会引起人类生物学混乱？与之相反的是，在西西里岛谈论的内容很快就转向政治、文化与伦理领域。伯格回忆道："人类基因工程里潜在的幽灵是什么？难道是行为控制吗？"但是学生们则问道："如果我们可以治愈遗传病呢？""（或者）可以改变人类的眼睛颜色、智力以及身高吗？……而这对于人类与人类社会的意义是什么呢？"

谁能保证基因技术不被强取豪夺或遭到滥用（就像曾经在欧洲大陆发生过的那些悲剧一样）？显然伯格的演讲激起了人们对历史的争论。基因操作在美国的前景问题主要涉及未来生物危险；而在意大利一个距离前纳粹集中营不足几百英里的地方，潜藏在对话中的不仅是基因的生物危害，更有遗传学的道德危害。

那天晚上，一位德国研究生与同伴组织了一个临时小组继续进行讨论。他们爬上维纳斯城堡的城墙，凝望着远处幽深的海岸线，而下面就是闪烁着微光的市区。伯格与这些莘莘学子连夜又开始了第二场恳谈会。他们喝着啤酒，谈论着自然与非自然的概念。"这是一个新纪元的开始……研讨内容则涉及基因工程潜在的危害与前景。"[3]

※※※

1973 年 1 月，此时距伯格的埃里切之旅已经过去了几个月，他决定在加利福尼亚组织一次小型会议来解决人们对基因操作技术与日俱增的担忧。本次会议在阿西洛马（Asilomar）的帕西菲克格罗夫会议中心举行，这些建筑群沿着蒙特利湾迎风而建，距离斯坦福大学只有大约 80 英里。参加本次会议的人员包括病毒学家、遗传学家、生物化学家以及微生物学家等来自多个领域的学者。伯格后来将其称为"第一次阿西洛马会议"（Asilomar I），虽然本次会议让与会者兴致盎然，但是却没有任何实质性的建议。[4] 会议内容主要与生物安全有关，此外 SV40 与其他人类病毒的应用也得到了热议。伯格说："我们那时候还在用嘴充当移液器来加注病毒与化学药品。"伯格的助理玛丽安娜·迪克曼（Marianne Dieckmann）想起一位学生曾意外地将某些溶液洒到燃烧的香烟上（这种现象在实验室里很常见：半燃的香烟在烟灰缸里闷烧，而空气中弥漫着烟雾）。当含有病毒的液滴在烟灰中消失时，这位学生只是耸耸肩然后继续抽烟。

本次阿西洛马会议的重要成果之一是促成了《生物学研究中的生物危害》（*Biohazards in Biological Reserch*）这部著作的问世，但是其主要结论却对基因操作技术做出了负面评价。[5] 正如伯格自己描述的那样："坦率地说，这让我明白人们的认知多么有局限性。"

1973 年夏季，博耶与科恩在另一场会议中展示了他们关于细菌基因杂合体的实验，而这也进一步加剧了人们对于基因克隆技术的担忧。[6] 与此同时，伯格在斯坦福大学收到了大量索要基因重组试剂的信件。来自芝加哥的一位研究人员曾经提出，要将高致病性人类疱疹病毒基因插入细菌细胞，然后创建出携带致死性毒素基因的人类肠道细菌菌株，而该研究表面上看起来是为了研究疱疹病毒基因的毒性（伯格对此婉言相拒）。通常情况下，抗生素抗性基因可以在细菌之间进行互换。如今基因居然可以在不同生物的种属之间自由穿梭，仿佛在瞬间就跨越了过去百万年才能完成的生物进化过程。美国国家科学院注意到了此类研究与日俱增的不确定性，于是要求伯格牵头成立研究基因重组技术的专项小组。

该小组由八位科学家组成，其中就包括伯格、沃森、戴维·巴尔的摩与诺顿·津德（Norton Zinder）等知名学者。1973 年 4 月某个春寒料峭的下午，专项小组成员在波士顿的麻省理工学院召开了碰头会。随后这些科学家就进入了工作状态，他们通过头脑风暴来搜寻任何可能用于基因克隆调控的方法。巴尔的摩建议研发"'安全'病毒、质粒与细菌，其毒性可以被人为削减"[7]从而丧失致病能力。但是即便采取此类安全措施也难以做到万无一失，谁又敢保证"减毒"病毒永久保持这种状态呢？总之，病毒与细菌并非被动与懒惰的物体。哪怕在实验室环境下，它们也是具有生命、进化与移动特征的对象。只要发生突变，那么曾经无毒的细菌可能会再次恢复毒性。

在津德提出一项看似折中的方案之前，这场辩论已经持续了数个小时："好吧，如果我们还有一点担当的话，那么就直接告诉人们不要进行这些实验。"[8]该建议随即在与会者之中引起了一阵轻微的骚动。这根本不是什么理想的解决方案，假借科学之名去限制学科发展本身就充满了虚伪，但是它至少可以作为暂缓执行的权宜之计。伯格回忆道："尽管该方案令人不悦，但是我们认为它可以平息事端。"专项小组起草了一封正式信函，恳请"暂停"某些特定种类的重组 DNA 研究。信中权衡了基因重组技术的利弊，建议在安全性问题得到解决之前，暂缓特定类型的实验。伯格指出，"那些酝酿中的实验并非都具有危险性"，但是"某些实验确实比其它研究更具有危险性"。伯格提议对于以下三类涉及重组 DNA 的操作要严加控制："不要将致毒性基因转入大肠杆菌，不要将耐药基因转入大肠杆菌，不要将致癌基因转入大肠杆菌。"[9] 伯格与同事们认为，随着相关研究的暂停，科学家们可以有更多时间来思考自身科研工作的意义。他们提议在 1975 年召开第二次会议，并且让更多的科学家参与到讨论中来。

1974 年，"伯格信函"在《自然》《科学》与《美国科学院院刊》上刊登，随即吸引了全世界的注意。[10] 英国专门成立了一个委员会来处理重组 DNA 与基因克隆的"潜在获益与危害"。法国则将针对信函的回应刊登在了《世界报》上。同年冬季，弗朗索瓦·雅各布（基因调控领域的著名科学家）在应邀参与评审某项科研经费申请时，竟然发现该项目计划将人类肌肉基因插入到病毒中。雅各布的态度与伯格相同，他强烈要求在国家规范重组 DNA 研究之前一律搁置此类提案。1974 年，在德国举办的一场会议上，许多遗传学家都重申了类似警告。在风险评估与正式建议出台以前，有必要严格限制重组 DNA 研究。

但是与此同时，重组 DNA 研究却呈现出排山倒海之势，彻底摧毁了传统生物学与进化论的抵抗，后两者在风起云涌的基因技术面前根本不堪一击。在斯坦福大学，博耶、科恩与他们的学生将某种青霉素抗性基因进行了细菌间移植，并且成功构建出耐药型大肠杆菌菌株。从理论上讲，任何基因都可以在不同的生物体之间进行转移。博耶与科恩对此进行了大胆预测："如果将人类代谢或合成功能相关基因引入其他物种（例如植物与动物中），那么这种设想或许真的具有可行性……"博耶开玩笑地表示，物种"只不过徒有其表罢了"[11]。

1974 年元旦，来自斯坦福大学科恩实验室的一位研究人员报告，他已经成功地将某个青蛙基因插入了细菌细胞。[12] 这个事实再次突破了进化论的底线，并且跨越了不同物种的边界。我们在此借用奥斯卡·王尔德的表述来反映生物学的实质："自然"不过是"虚张声势的伪装"。

※※※

1975 年 2 月，第二次阿西洛马会议由伯格、巴尔的摩以及其他三位科学家组织召开，而这也是科学史上最与众不同的会议之一。[13] 遗传学家再次齐聚到那个清风拂面的加州海滩，他们继续在这里讨论基因、重组以及未来的框架。在这个美丽动人的季节，红色、橙色与黑色的帝王蝶正沿着海岸忙于迁徙，它们每年都会飞往广袤的加拿大草原，并且经常在不经意间就将红杉与威忌州松淹没在蝴蝶花海中。

所有参会人员于 2 月 24 日到达，但是他们并非都是来自生物学领域的专家。伯格与巴尔的摩还特意邀请了律师、记者与作家共同参会。如果要讨论基因操作技术的未来，那么他们不仅需要尊重科学家的意见，还要倾听社会上广大民众的呼声。会议中心周边的小路铺着木板，那些生物学家可以边走边相互交流关于重组、克隆和基因操作的想法。中央大厅是一个类似教堂的石质建筑，明媚的加州阳光并没有改变周边阴冷的氛围，作为本次会议的中心，这里即将爆发有关基因克隆领域最为激烈的论战。

伯格在会议上首先发言。他归纳总结了各项研究数据并概括了目前存在的主要问题。在研究通过化学手段改造 DNA 的过程中，生物化学家在最近几年发现了一种相对便捷的技术，而它可以将不同生物体的遗传信息进行混合与匹配。伯格指出该技术"极其简单"，即便是业余生物学家也能用它在实验室里构建出嵌合基因。这些杂交 DNA 分子（重组 DNA）可以在细菌中进行传代与扩增（也就是克隆），并且产生数以百万计的相同拷贝。部分上述分子能够被导入哺乳动物细胞内。专项小组认识到此类颇具潜力的技术还存在巨大风险，此前预备会议已提议暂时停止开展此类实验。而召开第二次阿西洛马会议是为了仔细研讨下一步的发展问题。由于第二次会议最终产生的影响与范围远远超过第一次会议，因此被简称为阿西洛马会议或直接叫"阿西洛马"。

第一天上午的会议迅速弥漫出火药味。主要问题仍然是围绕自愿暂停：科学家开展重组 DNA 实验是否应该受到严格限制？沃森对此持反对态度。他希望能够实现完全自由，并且极力主张让科学家在研究领域不受约束。巴尔的摩与布伦纳重申，他们可以构建"减毒"基因载体以确保安全。与此同时其他学者也产生了巨大分歧。他们认为当前生命科学势头正盛，暂停研究可能会阻碍学科发展。某位微生物学家被这种严格的限制激怒，他对会议组委会厉声指责道："你们这种行为玷污了质粒研究。"[14] 伯格认为沃森没有充分意识到重组 DNA 技术的风险，因此曾经一度威胁要起诉他。[15] 在某场涉及基因克隆风险这个尤为敏感的内容的会议上，布伦纳在发言之前甚至要求《华盛顿邮报》的一位记者先关掉他的录音机。随后他说道："对于所有心智成熟的科学家来说，私下场合有些异想天开的举动我认为不足为奇。"然而他随即被指控为"法西斯主义者"。

作为组织委员会的五位成员，伯格、巴尔的摩、布伦纳、理查德·罗布林（Richard Roblin）与生物化学家玛克辛·辛格（Maxine Singer）在焦虑中巡视着会场，他们紧张地评估着不断升温的势态。一位记者这样写道："整个会议争论持续不断，有些人开始厌烦这一切，他们干脆来到海边吸食大麻提神。"[16] 伯格火冒三丈地坐在房间里，他担心会议最后会一无所获。

当会议进行到最后一天的傍晚时，参会人员依然未能达成任何共识，现在该轮到法律专家出场了。五位律师要求对克隆技术的法律后果与潜在风险进行评估：他们认为，只要有任何一位实验室工作人员被重组微生物感染，并且哪怕该感染导致的疾病临床症状非常轻微，那么实验室负责人、实验室以及研究机构都将要承担法律责任。涉事学校与实验室将被勒令关闭，它们的大门也会被激进分子包围，并且由身穿防护服的危险品处理人员封锁；NIH（美国国立卫生研究院）会被一系列质问淹没，仿佛世界末日就要来临。联邦政府将对此采取严格的措施，而这种谨慎的态度不仅是针对重组 DNA，亦针对广义上的生物学研究。因此在这种背景下制订的管理规范将比科学家的自律标准更加严格。

律师们在第二次阿西洛马会议最后一天的出现成为整个事件的转折点。伯格意识到，会议不应该，也不能够在缺乏共识的情形下结束。那天晚上，巴尔的摩、伯格、辛格、布伦纳与罗布林在房间内久久不能入睡，他们一边吃着纸袋包装的中餐外卖，一边在黑板上写写画画，最后终于为基因技术发展的未来起草了一份方案。第二天清晨 5 点半，他们手里攥着一份文件，衣冠不整且睡眼惺忪地从海滩小屋里走出来，浑身散发着咖啡与打字机墨水的味道。该文件从一开始就明确，克隆技术让科学家在无意中发现了与传统生物学平行的另类时空。"这项新技术可以让不同生物体的遗传信息结合在一起，并且让我们置身于充满未知的生物学竞技场……由于我们被迫在知识匮乏的时候做出决定，因此以谨慎的态度来开展此类研究是明智之举。"[17]

为了降低可能存在的研究风险，该文件提出了针对转基因生物潜在生物危害的分级方案（四级），同时为不同级别的实验室提供了指导意见（例如致癌基因插入人类病毒应该属于最高级别限制，而将青蛙基因转移至细菌细胞符合最低级别限制）。[18] 就像巴尔的摩和布伦纳坚持的那样，该文件提议研发携带缺陷基因的生物体与载体，从而进一步将风险控制于实验室阶段。文件在结尾处要求对基因重组与限制措施开展动态调控，也许这些限制措施在不久以后具有放宽或者收紧的可能。

当闭幕会议于最后一天早晨 8 点半开始时，这五位委员会专家非常担心该提案将遭到否决。然而令人惊讶的是，几乎所有与会者都表态支持这项决定。

※※※

在阿西洛马会议结束后，有几位科学史学家曾试图寻找某个相

似的历史事件来进行类比，可是他们却一无所获。而我们也许可以从
1939 年 8 月阿尔伯特·爱因斯坦（Albert Einstein）与利奥·齐拉特
（Leo Szilard）写给罗斯福总统的信件中找到答案，他们在这封长达两
页纸的信中告诫总统，制造某种具有强大威力武器的可能性正在与日
俱增。[19]爱因斯坦写道，目前科学界已经发现一种"重要的新型能源"，
它"将释放出……巨大的能量"。"这种全新的化学反应可以用来研制
炸弹，而且其后果应该不难想象……人们将据此制造出某种具有极强
威力的新式炸弹。如果船只携带一颗此类炸弹在港口引爆，那么其破坏
力将完全摧毁整个港口的设施。"随后，美国政府迅速对爱因斯坦与齐
拉特的信件做出了回应。罗斯福总统感到危机迫在眉睫，于是他委派
科学委员会进行调研。仅仅过了几个月之后，该委员会即更名为铀元
素顾问委员会。到了 1942 年，上述委员会演变为曼哈顿计划，并且最
终在世界上率先制造出了原子弹。

　　然而阿西洛马会议与曼哈顿计划的意义并不相同：科学家在这里
认真反思自己使用技术具有的危害性，并且积极寻求对自身工作进行
规范与约束。从历史角度看，科学家很少主动要求成为自律管理者。
就像美国国家科学基金会负责人艾伦·沃特曼（Alan Waterman）于
1962 年所写的那样："纯粹的科学并不在意发现导致的结果……其信
徒只对探索真理感兴趣。"[20]

　　但是当我们回到重组 DNA 这个话题上的时候，伯格却坚持认为
科学家再也不能只满足于"探索真理"的现状。真理的内涵极其复杂
且难以诠释，人们在证实之前需要经过缜密的评估。此外，面对重大
技术创新时就更需要谨小慎微，而政治力量不能作为评估基因克隆危
害与潜力的工具（历史上的教训告诫我们，政治力量介入遗传技术的
应用将会适得其反，学生们曾经在埃里切对伯格提出了尖锐的质疑）。
1973 年，也就是阿西洛马会议召开后不到两年，尼克松总统就厌烦了
那些科学顾问，于是毫不客气地解散了科学和技术政策办公室，而这
种行为也引发了科学界的极大忧虑。[21]虽然当时的科学发展氛围已经渐

入佳境，但是如果政府采取这种武断、独裁与质疑的态度，那么总统很可能会随时干预科学家的自主权。

现在科学界处于进行重大抉择的时刻：要么将基因克隆的控制权交给他人监管，然后发现工作陷入被随意干涉的僵局；要么科学家自己成为科学研究的监管者。科学家应该如何面对重组 DNA 的风险与不确定性呢？当然还是通过他们最熟悉的研究方法：其中就包括数据收集、证据筛选、风险评估、谨慎决策与集思广益。伯格说："阿西洛马会议所取得的重要成果之一就是证明科学家具有自治能力。"[22] 而以前那些习惯于"追求自由研究"的科学家必须学会自我约束。

阿西洛马会议的亮点之二在于促成了科学与公众交流的机制。当年爱因斯坦与齐拉特的信件曾经作为秘密被刻意隐藏起来；与之相反的是，阿西洛马会议则尝试在主流媒体上公开有关基因克隆的担忧。正如伯格所描述的那样："由于超过 10% 的与会者来自新闻媒体，因此公众的信任感无可置疑地得到了提升。它们可以自由报道、评论以及抨击实验结果与研究结论……同时与会记者还记录下协商、争吵、指责、犹豫以及共识的过程。"[23]

阿西洛马会议的最后一个亮点（会议日程并未涉及相关内容）其实更值得商榷。虽然人们在会议中广泛讨论了基因克隆的生物学风险，但是实际上并未涉及该问题的伦理与道德层面。那么操纵人类细胞中的基因会产生何种后果呢？如果将新的信息"写入"人类基因（尤其是基因组）会产生何种结果呢？令人感到意外的是，整个会议只字未提伯格在西西里担心的那些问题。

随后，伯格对于这种纰漏做出了回应："难道说阿西洛马会议的组织者与参与者是在故意掩饰这些问题吗？……由于本次会议回避了重组 DNA 技术的潜在误用与伦理困境（基因筛选与基因治疗），因此还有其他专家也对该会议持批判态度。但是我们不应忘记这些可能性也许就会在不远的未来出现……总之，这场历时三天的会议主要关注的是（生物危害）风险评估。如果在此领域出现其他危机，那么我们会立即采取措施应对。"[24] 虽然有几位参会嘉宾指出了这个纰漏，可是并未引起会议主办方的重视。随后我将就该话题进行深入探讨。

※※※

1993 年春季，伯格带领我们这批来自斯坦福大学的研究人员来到阿西洛马。那时我还只是个在伯格实验室工作的研究生，阿西洛马则是学系召开年会的地方。我们乘坐由小轿车与面包车组成的车队离开斯坦福，沿着圣克鲁斯海岸行驶，目的地就是蒙特利半岛上那片像鸬鹚颈部一样的狭长地带。科恩伯格与伯格在前面开路。我则坐在由某位研究生租来的面包车中，而与我们同行的还有一位从事 DNA 复制的生物化学家，她作为一位曾经的歌唱家在途中不时吟唱着普契尼的歌剧。

玛丽安娜·迪克曼是伯格的资深研究助理与合作伙伴，就在年会召开的最后一天，我与她一起来到矮松林散步。迪克曼带着我在阿西洛马走过了一段特殊的旅程，她将那些爆发激烈对抗与争论的地方指给我看。而这也是一次穿越时空的旅行。迪克曼告诉我："阿西洛马会议是我参加的所有会议中分歧最严重的一个。"

我不禁问道，这些争论达成了什么共识吗？迪克曼停下步伐，然后眺望着大海。当潮汐退去的时候，海浪在沙滩上留下婀娜的身形。她用脚趾在潮湿的沙滩上画了一条直线。迪克曼说，阿西洛马会议是科学史上的重要转折点。掌握操纵基因的能力代表了遗传学发展的飞跃，而我们从此也掌握了一门新型语言。我们需要让自己以及其他所有人相信，人类完全可以承担应用此类技术的责任。

尝试理解自然是科学的冲动，而企图操控自然则是技术的野心。重组 DNA 研究已经将遗传学从科学领域引入技术王国。基因的概念从此不再是抽象的传说。它们可以从尘封千年的生物体基因组内解放出来，自由地在不同物种之间往来穿梭，并且在此过程中历经修饰、提纯、延长、缩短、改造、混合、突变、再混合、匹配、剪切、粘贴以及编辑的改变；它们的功能在人类干预下可以得到无限延伸。基因不再只是研究对象，它们已经成为研究工具。例如，在儿童正常发育过程中，当孩子掌握了语言递归性后会表现出喜悦的神情：他会意识到思想可以构建词汇，而词汇亦可产生思想。重组 DNA 技术使得遗传学语言具备递归的特点。生物学家曾经花费数十年时间试图阐明基因的本质，但是他们现在却可以通过基因技术来指引生物学的发展。简而言之，我们已经从学习基因语言转变为使用基因语言进行思考。

综上所述，阿西洛马会议恰好成为这些重要成果的展示舞台。这次盛会不仅是遗传学突飞猛进的庆典，同时还在激烈的交锋中提出了评价标准与预警机制。而科学界将阿西洛马会议视为遗传学迈向新时代的标志。

第四章

"克隆或死亡"

如果你知道问题所在，那么就已经理解了一半。[1]

——赫伯特·博耶

先进技术与神奇魔法有异曲同工之妙。[2]

——阿瑟·C. 克拉克（Arthur C. Clarke）

在阿西洛马会议中，斯坦利·科恩与赫伯·博耶不仅是受邀嘉宾，他们还共同参与讨论了重组 DNA 的未来。但是他们二位对这场会议大失所望。博耶无法忍受与会者彼此倾轧与人身攻击，他将那些科学家称为"自私"小人，而整个会议简直就是场"噩梦"。科恩干脆拒绝在阿西洛马协议书上签字（不过作为美国国立卫生研究院项目的受资助者，他最终还是被迫对此表示认可）。

科恩与博耶返回自己的实验室后，随即开始研究在阿西洛马会议中被遗漏的问题。1974 年 5 月，科恩的实验室发布了"青蛙王子"实验，也就是将青蛙基因转移至细菌细胞。当某位同事问及如何鉴定表达青蛙基因的细菌时,科恩开玩笑地说道,他可以通过亲吻来检验哪些细菌能够变成王子。

起初该实验只是一种学术行为,只能吸引生物化学家的注意。[生物学家乔舒亚·莱德伯格(Joshua Lederberg)既是诺贝尔奖获得者,也是科恩在斯坦福大学的同事。作为当时几位颇有预见性的科学家之一,莱德伯格曾经写道,该实验"可能彻底改变制药工业生产生物制剂的方法,例如胰岛素与抗生素等"[3]。] 随着时间推移,媒体也逐渐意识到了这项研究的潜在影响。同年 5 月,《旧金山纪事报》登载了一篇关于科恩的文章,其主要内容是转基因细菌在未来的应用,它们可能成为生产药品或化学制剂的生物"工厂"。[4]很快《新闻周刊》与《纽约时报》就刊登了基因克隆技术的相关文章。而科恩也旋即经历了冰与火的洗礼。他曾经花了一下午时间向报社记者深入浅出地讲解重组 DNA 与细菌基因转移的原理,结果他第二天清早醒来后看到的却是个耸人听闻的头条:"人造病菌即将毁灭地球。"[5]

供职于斯坦福大学专利办公室的尼尔斯·赖默斯(Niels Reimers)曾是一位精明能干的工程师。赖默斯通过新闻媒体获知了科恩与博耶的工作,他对于其中蕴含的巨大潜力非常着迷。与其说赖默斯是位从事专利工作的职员,倒不如说他是一名人才发掘者。赖默斯为人积极主动,从不坐等发明者送上门来,他会通过检索文献获得可能的专利知识。赖默斯主动与博耶和科恩沟通,敦促他们申报基因克隆工作的联合专利 [而斯坦福大学与 UCSF(加利福尼亚大学旧金山分校)作为他们两人所在的研究机构也将获得部分专利权]。科恩与博耶对此感到非常意外。他们在闷头做实验的时候根本没有想过重组 DNA 技术还可以用来"申请专利",更不用说该技术在未来可能存在的商业价值了。1974 年冬季,尽管这两位科学家还有点将信将疑,但是他们还是愿意听从赖默斯的建议,提交了重组 DNA 技术的专利申请。[6]

基因克隆申请专利的消息不胫而走,而这也让科恩伯格与伯格勃然大怒。伯格写道,科恩与博耶声称"其拥有克隆所有可能 DNA 技术的商业所有权，包括在所有可能的载体、所有可能的生物体内，以及使用所有可能的联合克隆方式，（这种）说法根本不切实际，完全是自以为是的主观臆测"[7]。他们认为该专利将会导致公共资金支持的生物学研究成果私有化。此外，伯格还担心阿西洛马会议的共识无法在私企中得到充分贯彻与实施。但是在博耶与科恩看来，伯格的顾虑不过是杞人忧天。他们申请的重组 DNA 技术"专利"只是在法务办公室内部流转的一摞材料而已，它们或许还不如打印这些纸的墨水值钱。

1975 年秋季，尽管用于专利申请的大量文书工作还在走法律程序，但是科恩与博耶已经在科学道路上分道扬镳。他们在合作期间著作颇丰，两个人在 5 年间共发表了 11 篇重量级的文章，可是最终彼此的志趣还是出现了分歧。科恩后来成为加州西特斯公司的顾问，而博耶则回到旧金山的实验室，继续从事细菌基因转移的研究。

※※※

1975 年冬季，28 岁的风险投资人罗伯特·斯旺森（Robert Swanson）出乎意料地打电话给赫伯特·博耶提出会面。斯旺森非常痴迷于科普期刊与科幻电影，而他也听人说起过这项名为"重组 DNA"的新技术。虽然斯旺森并不了解生物学原理，可是他对该技术的前景具有一种敏锐的直觉，并且意识到重组 DNA 为基因与遗传学发展带来了根本性的转变。他搞到一本已经破旧的阿西洛马会议手册，并整理出一份研究基因克隆技术重要参与者的名单，然后他开始按照字母顺序来联系这些专家。伯格（Berg）的姓氏笔画本来排在博耶（Boyer）之前，但是伯格并没有耐心接听投机商人冷不丁打进实验室的电话，于是他毫不客气地拒绝了斯旺森。而斯旺森锲而不舍地继续在名单中寻觅合适的人选。在首字母为 B 的名字中下一个就是博耶。那么博耶会同意见面吗？斯旺森在某天上午致电博耶时，他正沉浸在实验研究的乐趣中。所幸，他同意在周五下午抽出 10 分钟的时间。

1976 年 1 月，斯旺森来到加州大学旧金山分校拜会博耶。博耶的实验室位于医学院大楼布满灰尘的深处。[8]斯旺森当天穿着深色西装并且打着领带，博耶则身着牛仔裤与名牌皮马甲，他的实验室里到处都是细菌培养皿与孵化器。博耶对斯旺森的背景一无所知，他只是听说面前这位风险投资人打算围绕重组 DNA 技术成立公司。如果博耶做过进一步调查，那么他会发现斯旺森此前的投资项目几乎全军覆没。那时斯旺森已经失业，他住在旧金山的某个合租公寓里，开着一辆破旧的达特桑，午饭与晚饭都是冷切三明治。

原本约定的 10 分钟见面变成一场马拉松式的长谈。他们来到附近的酒吧，畅想着重组 DNA 与生物学的未来。斯旺森提议成立一家利用基因克隆技术生产药物的公司，而博耶对于这个想法非常着迷。由于儿子被诊断患有某种潜在的生长障碍，因此他一直在关注人类生长激素的研制工作（治疗此类生长缺陷的蛋白质）。博耶对自己开发的克隆技术（将基因缝合后插入细菌细胞）充满信心，他甚至可以在实验室中制备生长激素，但是这种努力在旁人看来似乎都不切实际，正常人不会将实验室试管中长满细菌的培养基注射到自己的孩子体内。为了实现这个目标，博耶需要成立一家使用基因技术生产药品的新型制药公司。

斯旺森与博耶在 3 个小时内喝掉了 3 瓶啤酒，然后两人达成了一项临时协议。他们将各自投入 500 美元用于支付创建此公司的法律费用。随后斯旺森完成了这份篇幅为六页的商业计划书。他找到之前曾经供职的风险投资公司凯鹏华盈（Kleiner Perkins），向其申请了 50 万美元的种子基金。公司管理层在快速浏览商业计划书之后，决定将预算削减至原来的五分之一，也就是 10 万美元。（凯鹏华盈随后在信中向加利福尼亚州的监管机构致歉道："虽然这项投资具有高风险，但是我们从事的就是高风险投资的生意。"）

除了公司的产品与名称尚未落实之外，博耶与斯旺森筹备新公司的工作已经基本完成。由于糖尿病患者与日俱增，他们早就盯上了胰岛素的生物合成。尽管人们曾经尝试了各种替代方法来合成胰岛素，但是其主要来源仍然依靠牛与猪内脏的提取物，当时从 8 000 磅胰腺组织中仅能获得 1 磅胰岛素，这种落后的工艺不仅效率低下而且成品价格昂贵。如果博耶与斯旺森可以在细胞中通过基因操作来表达胰岛素蛋白，那么这种方法对于新公司来说将具有重要的意义。现在剩下的问题就是公司的名称了。博耶拒绝了斯旺森提议的 "HerBob" 一名，其原因在于它听起来就像卡斯楚街上的美发沙龙。[9] 经过一番冥思苦想之后，博耶建议采用简写的基因工程技术一词，即 "基因泰克"（Gen-en-tech）。

※※※

胰岛素是激素家族的重要一员，其地位相当于美国影星葛丽泰·嘉宝（Greta Garbo）。保罗·朗格汉斯（Paul Langerhans）是一位在柏林就读的医学生，他于 1869 年在显微镜下观察胰腺（隐藏在胃后方，其组织质地脆弱呈叶状分布）时发现，许多形态独特的细胞相互环绕形成小岛。这些细胞岛随后被命名为 "朗格汉斯岛"，但是它们的功能并不为人所知。[10] 20 年后，外科医生奥斯卡·闵科夫斯基（Oskar Minkowski）与约瑟夫·冯·梅林（Joseh von Mering）通过手术切除狗的胰腺来鉴定该器官的功能。术后狗在表现出严重口渴的同时开始在地板上撒尿。[11]

梅林与闵科夫斯基对此感到十分困惑：为什么切除一个腹腔器官会迅速产生这些奇怪的症状呢？其实线索就来自一个不起眼的现象。就在手术结束后几天，某位助理发现实验室里到处都是嗡嗡作响的苍蝇，它们非常喜欢聚集在那些已经凝固且黏稠的狗尿（类似于糖浆）上。[1] 当梅林与闵科夫斯基检测了狗的尿液和血液，他们发现这两者中所含的糖分均超标。与此同时，这些狗在胰腺切除术后患上了严重的

---

[1]   闵科夫斯基对于这些细节并不知情，但是实验室的其他工作人员记录了此类现象。

糖尿病。他们意识到，胰腺合成的某种因子一定可以调节血糖，胰腺功能障碍则会导致糖尿病。后来人们发现血糖调节因子就是一种激素，它实际上是由朗格汉斯鉴定的"岛状细胞"分泌进入血液的一种蛋白质。这种激素先是被命名为导素（isletin），随后被改胰岛素（insulin），其字面意思就是"岛蛋白"。

胰岛素的发现让人们竞相加入提纯这种物质的竞赛，然而直到20年后人们才从动物体内分离出此类蛋白质。1921年，班廷与贝斯特终于从数十磅牛胰腺中提取出几微克的物质。[12]当人们将胰岛素注射到糖尿病患儿体内后，该激素可以让血糖水平迅速恢复正常，同时口渴与多尿的症状也随即消失。但是胰岛素的性状非常难以把握，这种由岛状细胞分泌的神秘激素具有不可溶、不耐热以及不稳定的特点。又过了30年，也就是到了1953年，弗雷德里克·桑格才解析出胰岛素的氨基酸序列。[13]桑格发现，胰岛素蛋白由长短两条多肽链组成，它们二者通过化学键交联呈U型，仿佛一只由分子构成的微型小手，其结构包括收拢的手指与对生拇指，这种奇特的蛋白质似乎随时都会去拨动体内调控糖代谢的旋钮与转盘。

博耶合成胰岛素的计划非常简单。尽管他手头并没有人类胰岛素基因的序列（尚未完成测序），但是他可以利用合成DNA的化学反应从头构建该基因，并且在该过程中严格遵循核苷酸与三联体（ATG，CCC，TCC）之间的规律，同时按照从头到尾的顺序生成三联体密码。他将先合成产生A链的基因，接着再合成产生B链的基因，然后将两个基因插入细菌细胞中诱使它们合成人类蛋白质。最后他将两条蛋白质链提纯后用化学方法缝合在一起获得U型分子。博耶设计的重组DNA方案简明扼要，他正是通过这种聚沙成塔的方式合成出了临床医学领域最热门的胰岛素分子。

然而即便是勇往直前的博耶也刻意回避直接向合成胰岛素发起冲击。博耶想要找个相对简单的项目进行测试，也就是在尝试征服分子世界的珠穆朗玛峰之前，他希望能够先从某个攀登条件较为理想的山峰开始。博耶将注意力集中在生长抑素上，虽然这种蛋白质也是一种激素，但是却看不出有什么商业价值。生长抑素作为研究对象的优势在于其自身尺寸大小。胰岛素的结构比较复杂，它由 51 个氨基酸组成，其中一条链有 21 个氨基酸，另一条链有 30 个氨基酸。与之相比，生长抑素可以被视为身材矮小的近亲，它仅包含有 14 个氨基酸。

为了从头合成生长抑素基因，博耶从旧金山希望之城医院聘来了两位 DNA 合成领域的高手，他们分别是化学家板仓圭一和阿特·里格斯（Art Riggs）。[1] 14 由于斯旺森担心合成生长抑素会导致精力分散，因此他对整个计划表示强烈反对，并且希望博耶直接投入到合成胰岛素的研究中。基因泰克公司靠借款才租下了当时的办公场所。只要稍微细心一点就可以发现，这家"制药公司"不过是在旧金山的办公区里租了一个小隔间，门口挂着加州大学旧金山分校微生物学实验室分部的牌子，同时在另外某家实验室工作的两位化学家受雇于此构建基因，因此这让旁人感觉到该项目仿佛是制药界的庞氏骗局。好在博耶还是说服了斯旺森给合成生长抑素一个机会。他们聘请了汤姆·基利（Tom Kiley）律师来负责协调加州大学旧金山分校、基因泰克与希望之城之间的协议。虽然基利从未听说过"分子生物学"一词，但是他凭借代理特殊案件的记录令众人充满信心，在受雇于基因泰克公司之前，基利最有名的委托人当属美国裸体小姐大赛（Miss Nude America）。

当时基因泰克公司的处境非常艰难。博耶与斯旺森知道有两位遗传学家也加入了合成胰岛素的竞争。来自哈佛大学的沃尔特·吉尔伯特是一位研究 DNA 的化学家，他曾经与伯格和桑格共同获得过诺贝尔奖，现在正领导着一个强大的科学家团队通过基因克隆技术来合成胰岛素。而在加州大学旧金山分校，也就是博耶自己的后院，另一个团队也在向着基因克隆胰岛素全速前进。博耶的一位合作者回忆道："我

---

[1]   后来又有新的合作者加入了该项目，其中包括来自加州理工学院的理查德·舍勒（Richard Scheller）。此外博耶将赫伯特·海尼克（Herbert Heyneker）与弗朗西斯科·玻利瓦尔（Francisco Bolivar）两位研究员安排到项目中，而希望之城方面则推荐了 DNA 化学家罗伯托·克雷（Roberto Crea）。

认为在大部分时间里，每个人的脑海中只萦绕着一件事……几乎每天都困扰着大家。反正我无时无刻不在想：我们是不是就要听到吉尔伯特宣告成功的声明了？"[15]

到了 1977 年夏季，在博耶急切地关注下，疯狂工作的里格斯与板仓已经为合成生长抑素备齐所有的反应物。制备完成的基因片段已经插入细菌质粒。细菌也经历了转化与增殖的过程，并且为合成生长抑素做好了准备。1977 年 6 月，博耶与斯旺森乘飞机来到旧金山见证最后的步骤。当天早晨，整个研究团队在里格斯的实验室里各就各位，他们身体前倾注视着检验细菌中生长抑素的分子探测器。计数器的屏幕闪了一下，随后又陷入一片沉寂。整个实验室鸦雀无声。最终他们没有发现任何生长抑素存在的迹象。

斯旺森彻底崩溃了。第二天早上，他就因急性消化不良被送到了急诊室。而研究团队的科学家只是简单补充了一点咖啡与甜甜圈，他们仔细审视了整个实验计划以便发现问题所在。对于从事了数十年细菌研究的博耶来说，他知道微生物经常会消化自己的蛋白质。作为微生物在人类遗传学家面前最后的抵抗，也许生长抑素已经被这些细菌破坏掉了。他据此猜测，解决方案可以采用以其人之道还治其人之身的手段：将合成生长抑素的基因与某个细菌基因结合在一起，随后可以生成一种联合蛋白，接着再使用化学方法切下生长抑素。这种偷梁换柱的概念被成功地应用于遗传学领域：细菌将认为它们是在制备细菌蛋白，然而实际上它们最终（秘密地）分泌的是人类蛋白。

于是他们又花费了 3 个月的时间来装配诱饵基因，现在生长抑素就藏在另一个由细菌基因构建的"特洛伊木马"体内。1977 年 8 月，该研究团队第二次在里格斯的实验室齐聚。斯旺森无法忍受显示器上闪烁的灯光，随即他将脸转向一侧。此时人们身后的蛋白质检测仪再次噼啪响起。板仓回忆道："我们获得了大约 10 个或 15 个样本。同时放射免疫检测结果清晰地证实生长抑素基因得到了表达。"然后他转身对斯旺森说："生长抑素就在那里。"

※※※

基因泰克的科学家们根本无暇庆祝生长抑素实验的成功。他们只用了一个晚上就合成出了一个新型人类蛋白质，到了第二天早上，科学家们已经开始重新分组并准备攻克合成胰岛素这个难题。当时来自各方的竞争非常激烈，坊间传言也是满天飞：有人说吉尔伯特的实验室显然已经从人类细胞中克隆出胰岛素基因，即将准备大量合成胰岛素蛋白；还有人说加州大学旧金山分校的竞争者已经合成出几微克胰岛素并准备将其注射给患者。或许合成生长抑素的研究的确拖了后腿，而斯旺森与博耶对此决定均追悔莫及，他们怀疑自己选错了方向并且已经在合成胰岛素的竞争中处于下风。[16] 即便在平时也会出现消化不良的斯旺森，现在再次被焦虑与腹泻困扰。

但具有讽刺意味的是，恰好是阿西洛马会议（博耶对此表示强烈鄙视）令研究柳暗花明。就像大多数接受联邦基金资助的大学实验室一样，吉尔伯特在哈佛大学的实验室也受到阿西洛马会议关于重组 DNA 限令的约束。由于吉尔伯特试图将"自然"状态的人类基因克隆至细菌体内，因此这些限制对于他的研究更为严格。与之相反，里格斯与板仓根据合成生长抑素获得了经验，他们决定采用化学合成的方法以核苷酸入手从头构建胰岛素基因。根据阿西洛马会议的精神，通过化学手段合成基因恰好规避了相关限制。此外，基因泰克公司作为私营企业亦不受联邦指南的约束。[1] 综上所述，所有这些因素组合在一起为公司提供了制胜法宝。某位工作人员回忆道："吉尔伯特像平时一样缓步走向洁净区的入口，然后在进入实验室开始工作之前还要将鞋子浸

---

[1]   基因泰克合成胰岛素的策略对于规避阿西洛马协议限制同样至关重要。在人体胰腺内，胰岛素蛋白质通常会以某种单一且连续的形式合成，然后它将被切割成为两条链，仅留下一个狭窄的交联部分。相比之下，基因泰克采取的方法是分别合成胰岛素的 A 链及 B 链，然后将它们连接在一起。由于基因泰克所用的两条独立链并不是"自然"基因的产物，因此联邦政府颁布的暂停令对此没有约束力，不受"自然"基因创建重组 DNA 的限制。

在甲醛溶液里进行消毒。而在基因泰克公司，我们只是通过简单的化学方法来合成 DNA 并将其转移至细菌内，在这里甚至不需要遵守美国国立卫生研究院的相关指南。"在后阿西洛马的遗传学世界里，"自然"反而成为重组 DNA 实验的负担。

※※※

基因泰克位于旧金山的"办公室"（对于这个小隔间的美称）已经无法满足使用需求。斯旺森开始在城里为这家崭露头角的创业公司寻觅新的实验场地。1978 年春季，他几经周折之后在湾区发现了一个合适的地点。此处位于旧金山以南几英里一个名为工业城的地方，旁边的褐色山坡常年暴露在炎热的加州阳光下。尽管这里叫作工业城，但是无论是工业还是城市规模都名不副实。基因泰克公司的实验室位于圣布鲁诺大道 460 号，这里曾是个面积为 10 000 平方英尺的原料仓库。[17]它周围分布着存储仓库、垃圾场以及货运机场停机库。而仓库的后半部分是个色情影片经销商的储藏室。某位公司早期雇员写道："你要是穿过基因泰克的后门，就可以看到货架上全是这些电影。"[18]为了弥补人手不足的问题，博耶又额外聘请了一些研究人员（其中有些不过是刚毕业的学生）开始进行设备安装。他们通过隔断墙将巨大的空间进行划分，同时在部分屋顶上吊起黑色防水布来搭建临时实验室。当年实验室里第一个用来繁殖大量微生物污泥的"发酵罐"就是个升级版的啤酒桶。戴维·戈德尔（David Goeddel）是公司的第三位正式员工，他脚踩运动鞋身着黑色 T 恤在仓库里走了一圈，衣服上印着"克隆或死亡"（CLONE OR DIE）。

到目前为止，科学界尚无成功合成人类胰岛素的先例。斯旺森知道，吉尔伯特在波士顿已经做好了充分的准备。由于厌倦了哈佛大学对重组 DNA 的限制（在学校所在剑桥市的街道上，年轻的抗议者们经常手持写有反对基因克隆的标语游行），因此在获得英国某处高安全性生物武器基地的使用权后，吉尔伯特将手下最优秀的科学家派到那里开展研究。军事基地的管理极为严格，吉尔伯特回忆道："你必须彻底换掉衣服，进出前后均需沐浴。这里备有防毒面具，一旦警报响起，你就可以给整个实验室消毒。"与此同时，来自加州大学旧金山分校的研究团队也不甘落后，他们选派了一位研究生来到制药公司位于法国斯特拉斯堡的实验室，希望可以在防护设备齐全的法国实验室中合成胰岛素。[19]

此时此刻，吉尔伯特的团队距离成功仅有咫尺之遥。1978 年夏季，博耶得知吉尔伯特的团队即将宣布成功分离出人类胰岛素基因的消息。[20]而斯旺森则为第三次可能袭来的打击感到惴惴不安。不过令他得到巨大安慰的是，吉尔伯特克隆的基因并非来源于人类，他煞费苦心只得到了大鼠胰岛素基因，原因在于消毒过的无菌克隆设备发生污染。克隆技术使基因在穿越物种间屏障的过程变得易如反掌，但是这种便利也意味着不同物种的基因可以在生化反应中发生污染。

对于吉尔伯特来说，移师英国以及克隆出大鼠胰岛素基因的错误令其稍有耽搁。与此同时，基因泰克公司却实现了突飞猛进。这是一个以弱胜强的神话：学术界的歌利亚对阵制药界的大卫，庞然大物受到各种条框的限制，而小巧灵活的对手游走在政策的边缘。1978 年 5 月，基因泰克团队已经可以在细菌中合成出胰岛素 DNA 双链。同年 7 月，科学家从细菌碎片中成功提纯出胰岛素蛋白。8 月初，他们将附着的细菌蛋白剪掉后分离出两条独立的蛋白质链。1978 年 8 月 21 日深夜，戈德尔在试管里将蛋白质链拼接在一起，在世界上首次合成出重组胰岛素分子。[21]

※※※

1978 年 9 月，就在戈德尔于试管中合成胰岛素的两周后，基因泰克开始为重组胰岛素申请专利。但是公司从开始就面临着一系列

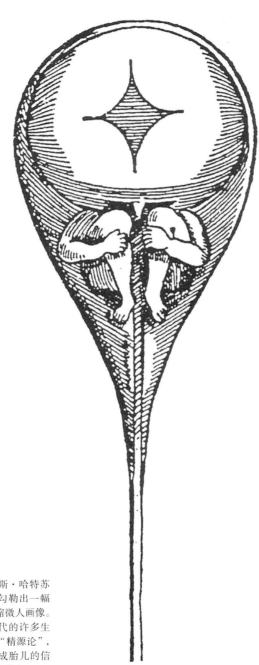

1694 年，尼古拉斯·哈特苏克根据主观臆测勾勒出一幅蜷曲在精子中的缩微人画像。哈特苏克与同时代的许多生物学家一样崇尚"精源论"，而该理论认为形成胎儿的信息源自精子中的缩微人。

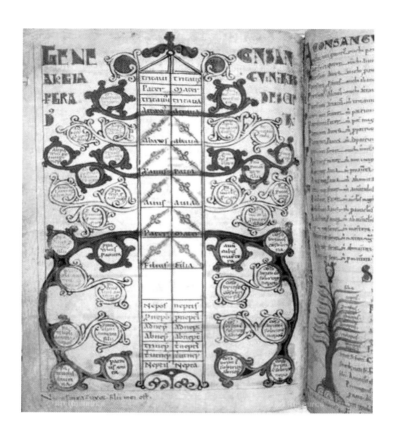

在欧洲中世纪时期，人们通常会根据"谱系树"来标记贵族家庭中的祖先与后代。这些谱系树被用来证明爵位与财产的归属或者是家族之间联姻的参考（部分减少了表兄妹之间近亲婚配的机会）。位于图片左上角的"基因"一词在这里是谱系或者血统的意思，直到几个世纪之后的1909年，基因这种遗传信息单位才被赋予现代意义。

查理·达尔文（70岁像）与他绘制的"生命之树"草图，该图显示所有生物体均源自某个相同的祖先（他在图片上方用怀疑的语气潦草地写着"我认为"）。达尔文进化论中的变异与自然选择需要基因理论的支持。仔细阅读达尔文进化论的读者可能会意识到，该理论仅在遗传微粒（不可分割且可以突变）能够在亲本与子代之间进行传递时才有意义。但由于达尔文从来没有拜读过格雷戈尔·孟德尔的文章，因此他也未能在有生之年对于进化论做出进一步的完善。

格雷戈尔·孟德尔手中的花朵可能摘自布尔诺（现位于捷克共和国）修道院花园中的某株豌豆。19世纪50年代到60年代，孟德尔通过实验开创性地证实了某些不可分割的信息微粒就是遗传信息的载体。孟德尔的论文（发表于1865年）被人们忽视了将近40年，而直到他的工作被重新发现后，生物学才跨入了新纪元。

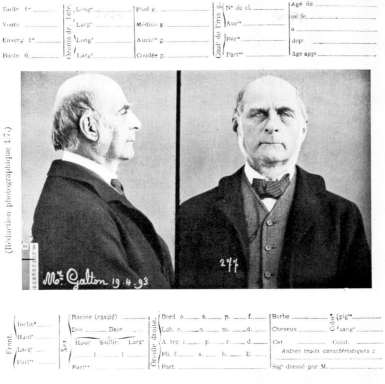

Francis Galton, aged 71, photographed as a criminal on his visit to Bertillon's
Criminal Identification Laboratory in Paris, 1893.

弗朗西斯·高尔顿是英国数学家、生物学家与统计学家，他将个体数据制成"人体测量学卡片"，并且使用表格来反映身高、体重、容貌以及其他特征。高尔顿反对孟德尔的基因理论。他希望通过选择"最佳"的遗传性状与定向繁育后代来改良人种。高尔顿将这种借助遗传操作使人类获得解放的方法称为优生学，而这门学科随即沦为实现社会统治与政治野心的可怕工具。

1900 年，威廉·贝特森"重新发现"了孟德尔的工作，而他本人也成为基因理论的忠实拥护者。1905 年，贝特森首次使用"遗传学"这个词来描述遗传学研究。1909 年，威廉·约翰森（左）在描述遗传单位的时候创造了"基因"一词。图为约翰森来到英国剑桥拜访贝特森时的合影，他们既是亲密的合作伙伴，也是基因理论的坚强捍卫者。

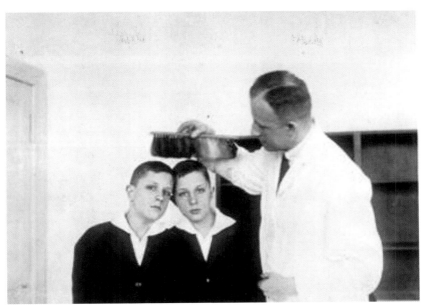

为了推行"种族卫生"计划，德国纳粹政府动用国家机器通过绝育、监禁与屠杀的方式进行种族清洗。他们通过双胞胎实验来证明遗传对于人类的影响，并且从肉体上清除那些携带有缺陷基因的男女老幼。更令人发指的是，纳粹分子还妄图使用"优生"手段来消灭犹太人、吉卜赛人、不同政见者以及同性恋者。上两图为纳粹科学家正在为双胞胎测量身高以及向新兵演示谱系图。

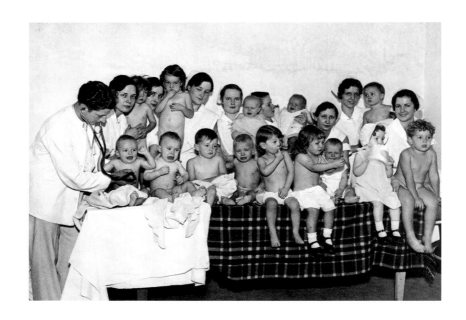

20世纪30年代，"健康婴儿大赛"被引入美国。医护人员正在对具有最佳遗传特征的儿童（均为白人）进行检查。这种比赛将最健康的婴儿作为基因选择的产物来展示，实际上被动支持了美国的优生学运动。

美国的《优生树》漫画主张"自我定向的人类进化"。其中医学、外科学、人类学与谱系学就相当于"树根"。优生学希望通过这些基本理论来选择更适合、更健康以及更聪明的人类。

20世纪30年代，卡丽·巴克与母亲艾玛·巴克被送至弗吉尼亚州立癫痫与智障收容所，而这里所有被认定为"弱智"的女性均需要接受绝育。这张照片摄于她们母女不经意的瞬间，其目的就是为了说明卡丽与艾玛彼此十分相似，并且以此作为她们具有"遗传性弱智"的证据。

20世纪20年代至30年代，托马斯·摩尔根在哥伦比亚大学与加州理工学院从事果蝇遗传领域的研究。他不仅证实了某些基因之间存在物理连接，而且还颇有先见之明地预测出这种单一的链状分子携带有遗传信息。最终，连锁定律被用于绘制人类基因图谱，并且为人类基因组计划奠定了基础。这张照片摄于摩尔根在加州理工学院的蝇室，他周围堆满了用于饲养蛆与果蝇的奶瓶。

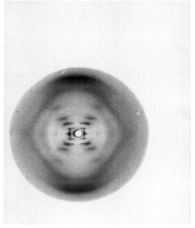

20 世纪 50 年代，罗莎琳德·富兰克林在伦敦国王学院使用显微镜观察研究结果。富兰克林在分析 DNA 结构的时候采用了 X 射线衍射成像技术，而她拍摄的 51 号照片是所有 DNA 晶体结构影像中最为完美的一张。尽管无法从照片中分辨出碱基 A、C、T 与 G 的方向，但是 DNA 的双螺旋结构已经一目了然。

1953 年，沃森与克里克根据双股 DNA 链之间的碱基配对关系（A 与 T 配对，G 与 C 配对）证明了 DNA 为双螺旋结构。

20 世纪 50 年代，维克多·马克库斯克在巴尔的摩创建了摩尔诊所，他在此对大量人类疾病相关基因进行了登记分类。马克库斯克发现数个不相干的基因突变决定了矮小症或侏儒症的表型。与之相反，单基因突变也可以导致患者出现各种不同的表型。

亨廷顿病（亨廷顿舞蹈症）是一种致死性的神经系统退行性疾病，患者身体会出现不自主的"舞蹈"动作或突然抽搐。由于南希·韦克斯勒的母亲与舅舅就患有此病，因此她义无反顾地投入到了寻找亨廷顿病基因的工作中。经过不懈努力，韦克斯勒在委内瑞拉发现了许多亨廷顿病患者，而他们体内的致病基因似乎均来源于同一位祖先。亨廷顿病是第一种通过现代基因定位技术确诊的单基因遗传病。

20 世纪 70 年代，学生们在遗传会议现场举行抗议活动。由于无法忘却历史上德国纳粹政府推行优生学的暴行，因此人们非常担心基因测序、基因克隆与重组 DNA 等新技术会沦为创建"完美种族"的工具。图中标语出自希特勒："我们将创造完美的种族。"

1975 年，保罗·伯格、玛克辛·辛格与诺顿·津德在阿西洛马会议期间进行交流，与此同时悉尼·布伦纳在后面做记录。伯格等学者发现某类技术可以让杂交 DNA 分子（重组 DNA）在细菌中大量扩增（基因克隆），于是他们建议在这种技术的风险得到充分评估前"暂停"某些重组 DNA 工作。

1976年，赫伯特·博耶（左）与罗伯特·斯旺森创建了通过基因工程生产药物的基因泰克公司。他们背后黑板上展现的是应用重组DNA技术生产胰岛素的方案，而斯旺森见证了首次大规模从细菌培养箱中生产出此类蛋白质的过程。

弗雷德里克·桑格正在检查DNA测序凝胶。桑格发明的DNA测序技术（也就是按照基因上碱基A、C、T与G的顺序读取）不仅彻底改变了我们对于基因的认识，而且还为人类基因组计划奠定了基础。

1999 年，杰西·基辛格在去世前几个月于费城的光谱球馆前拍照留念。基辛格是世界上首批接受基因治疗的患者之一。研究人员通过病毒将矫正的突变基因注入其肝脏，但是基辛格随即就对病毒发生了超敏免疫反应，而他最终不幸因多器官功能衰竭死亡。基辛格"死于生物技术"的事实在全美引起了强烈反响，人们对于基因治疗临床试验的安全性表现出严重关切。

2000 年 6 月 26 日，克雷格·文特尔（左）、克林顿总统（中）以及弗朗西斯·柯林斯在白宫宣布完成了人类基因组序列草图。（图片来源：AP / 东方 IC）

2001年2月,《科学》杂志在封面上宣传了人类基因组序列草图。

尽管胎儿性别鉴定并不能改变人类基因组,但是这种方法还是在全球造成了极大的负面影响。历史上在亚洲部分地区,人们在通过羊膜穿刺对胎儿进行性别鉴定后会选择性地将女性胎儿流产,从而导致男女性别比例出现严重失衡,并且使人口与家庭结构发生前所未有的改变。

由于超级计算机可以快速精准地对遗传信息进行分析与注释，因此新型基因测序仪（位于那些灰箱样的柜子中）可以在几个月之内就完成人类基因组的测序。此类技术可以对多细胞胚胎或胎儿进行基因组测序，从而使胚胎植入前遗传学诊断与宫内诊断疾病成为现实。

珍妮弗·杜德娜（右）是加州大学伯克利分校研究 RNA 的生物学家，她与其他科学家一起正在研究某种可以实现基因定向突变的系统。尽管其安全性与保真性尚待进一步完善，但是该系统从理论上来讲能够用于"编辑"人类基因组。如果定向基因改变可以被导入精子、卵细胞或人类胚胎干细胞，那么这项技术就可以让人类的基因发生改变。

前所未有的法律难题。自 1952 年起,《美国专利法》规定可以在四个不同的领域授予专利:方法（methods）、机器（machines）、产品（manufactured materials）与组合物（compositions of matter）,而律师则喜欢将该分类称为"4M 分类"。可是胰岛素应该归为哪一类呢?虽然人们将胰岛素称为一种"产品",但是事实上在没有基因泰克帮助的情况下每个人都可以产生这种物质。如果将胰岛素归为"组合物"的范畴,那么它毫无疑问只是一种天然产物。胰岛素蛋白质或基因专利申请与其他人体部位（例如鼻子或胆固醇）的专利申请有何不同呢?

基因泰克巧妙地利用擦边球解决了上述难题。它并没有将胰岛素作为"物质"或"产品"来申请专利,而是大胆地将其作为一种特殊的"方法"来申请。基因泰克在申请书中声称,该专利设计了一种用于携带基因进入细菌细胞的"DNA 载体",然后通过该方法在微生物中合成重组蛋白质。基因泰克的创意非常新颖,当时还从未有人能在细胞中生产医用重组人类蛋白质,因此这种毅然决然的果敢行为也获得了回报。1982 年 10 月 26 日,美国专利及商标局（US Patent and Trademark Office）授予基因泰克使用重组 DNA 技术的专利,允许公司利用上述技术在微生物体内合成诸如胰岛素或生长抑素这类蛋白质。[22]正如某位观察家所写的那样:"作为一项发明,该专利声称可以有效地制备出（各种）转基因微生物。"[23]而此项专利很快就成为技术专利申请史上最具商业价值且饱受争议的案例之一。

※※※

重组胰岛素是生物技术产业上的重要里程碑,同时也成为基因泰克公司的畅销产品。但是显而易见的是,这种药物并不能令基因克隆技术家喻户晓。

肯·霍恩（Ken Horne）是一位来自旧金山的芭蕾舞演员。1982 年 4 月,他因为出现一系列无法解释的症状去看皮肤科医生。几个月来,霍恩一直感到身体虚弱并且出现咳嗽的症状。他发生过几次严重的腹泻，同时体重减轻使脸颊变得塌陷，而颈部肌肉显得非常突兀。此外霍恩的颈部淋巴结也出现了肿大。当他将衬衫撩起的时候，可以看到皮肤上密布的网状肿块，这些蓝紫色的凸起仿佛源自恐怖卡通片里的蜂巢。

霍恩的病例并非个案。1982 年 5 月到 8 月间，随着热浪席卷美国东西海岸，旧金山、纽约与洛杉矶也报道了类似的怪异病例。亚特兰大疾病预防控制中心（CDC）的一位技术人员收到了 9 份使用喷他脒的申请，而该药是一种用于治疗卡氏肺孢子虫肺炎（*Pneumocystis pneumonia*，PCP）的特殊抗生素。由于 PCP 是一种罕见的感染性疾病，并且通常出现在伴有严重免疫系统缺陷的肿瘤患者中，因此这些集中提交的申请令人感到十分费解。况且上述患者均是此前身体非常健康的年轻人，而他们的免疫系统突然间莫名其妙地陷入灾难性的崩溃。

与此同时，霍恩被诊断为卡波西肉瘤（Kaposi's sarcoma），这种惰性皮肤肿瘤主要见于地中海附近的老年男性。在霍恩被确诊后的 4 个月里，又有 9 例患者相继被发现患有此病，虽然既往文献描述的卡波西肉瘤进展缓慢，但是上述病例的临床表现却大相径庭。这些生长迅速的肿瘤侵袭性很强，能够在皮肤中迅速播散并转移至肺部，其好发人群似乎集中于居住在纽约与旧金山的男同性恋者。霍恩的病例令医学专家们感到手足无措，他们仿佛置身于某个复杂的拼图游戏中，然而霍恩已经出现卡氏肺孢子虫肺炎与脑膜炎。到了 1982 年 8 月末，人们才意识到一场颇具灾难性的流行病正在蔓延开来。医生们注意到患病主体为男同性恋者，于是开始将这种疾病称为"男同性恋免疫缺乏症"（GRID）。此外，还有许多报纸将其指责为"同性恋瘟疫"。[24]

到了 1982 年 9 月，GRID 这个称谓的局限性已经暴露无遗：在三位免疫系统衰竭的 A 型血友病患者体内，人们也发现了卡氏肺孢子虫肺炎与特殊类型的变异脑膜炎病毒。现在让我们回顾一下相关内容，血友病是流行于英国王室内部的一种出血性疾病，其根源在负责凝血的Ⅷ因子基因发生了单一突变。长期以来，血友病患者始终生活在对出血危象的恐惧中，即便是轻微的皮肤划伤也可能导致灾难连锁发生。不过到了20世纪70年代中期，血友病已经可以通过注射浓缩Ⅷ因子得到治疗。提取凝血因子需要耗费大量的血液，而单次剂量就相当于进行一百次输血。因此血友病患者接受的凝血因子可能来自成千上万名供者。对于需要接受多次输血治疗的患者来说，其病因（可能是某种新型病毒）指向了影响Ⅷ因子供应的血源性因素，它可以导致免疫系统出现神秘衰竭。最终该疾病被重新命名为获得性免疫缺陷综合征（AIDS，即艾滋病）。

※※※

1983年春季，在早期研究艾滋病患者的基础上，基因泰克的戴维·戈德尔开始致力于克隆Ⅷ因子基因。就像解决胰岛素的问题一样，克隆技术的优势不言而喻：与其从大量人类血液中提纯缺失的凝血因子，为什么不使用基因克隆技术人工合成这种蛋白质呢？如果Ⅷ因子可以通过基因克隆的方法制备，那么它将完全不会受到供者血液携带病原微生物污染的威胁，其本质比任何血源性蛋白质都要安全，我们将有可能遏制血友病患者不断出现的感染与死亡。此时，戈德尔旧T恤上的"克隆或死亡"口号迸发出崭新的活力。

戈德尔与博耶并非唯一关注Ⅷ因子研究领域的遗传学家。与克隆胰岛素相同，这项研究也演变成为一场竞争，只不过此次的对手跟以往不同。在马萨诸塞州的剑桥市，由哈佛大学的汤姆·马尼亚蒂斯与马克·普塔什尼率领的团队也加入了构建Ⅷ因子基因的竞争。他们自己也成立了公司，并且命名为遗传研究所（Genetics Institute, GI）。上述两个团队都心知肚明，Ⅷ因子项目将挑战基因克隆技术的底线。生长抑素、胰岛素以及Ⅷ因子分别由14个、51个以及2 350个氨基酸组成。构成Ⅷ因子的氨基酸数量是生长抑素的160倍，而这相当于林德伯格（Lindbergh）飞越太平洋与威尔伯·莱特（Wilbur Wright）首次驾驶飞机在基蒂霍克（Kitty Hawk）上空盘旋之间的差距。

氨基酸数量的多少并不是主要问题，如果想要在这场竞争中取胜，研究人员必须采用全新的克隆技术。生长抑素与胰岛素基因的构建方法如出一辙，它们均是通过化学方法将 DNA 的碱基从头缝合而成，也就是 A 与 T 或者 C 与 G 分别结合。可是对于 DNA 化学手段来说，Ⅷ因子基因的结构过于复杂。为了分离出Ⅷ因子基因，基因泰克与 GI 公司都需要从人类细胞中获取天然基因，而整个分离过程就像抽丝剥茧一样精细。

※　※　※

但是想获得完整的Ⅷ因子基因组并非易事。让我们回想一下，对于人类基因组中的大多数基因来说，它们会被称为内含子的 DNA 片段隔开，而这些内含子就像安插在遗传信息中的无序填充片段。如果我们以"genome（基因组）"这个单词举例说明，那么基因的实际序列应该是"gen......om......e（基……因……组）"。由于人类基因中组成内含子的碱基数量通常十分巨大，并且在 DNA 上占据了相当可观的长度，因此研究人员无法直接克隆基因（由于含有内含子的基因过长，因此无法插入细菌质粒）。

马尼亚蒂斯找到了一个巧妙的解决办法：他率先尝试了一种新型技术手段，使用逆转录酶以 RNA 为模板构建基因，然后逆转录酶可以从 RNA 中转录出 DNA。人们通过该方法能够大大提高基因克隆的效率。逆转录酶可以通过细胞剪切装置将插入的填充序列去除后再克隆基因，这样细胞就可以顺利完成全部克隆过程。即便是像Ⅷ因子这样含有大量碱基与内含子的基因，人们也可以通过细胞中的基因剪切装置来完成克隆。

1983 年夏末，这两个研究团队在尝试了各种技术手段后均克隆出

Ⅷ因子基因，此时他们之间的竞争已经到了最后的冲刺阶段。1983年12月，势均力敌的两个团队都宣称完成了全部序列的装配并且已经将基因插入质粒。随后质粒被导入源自仓鼠卵巢的细胞，后者可以大量合成蛋白质。1984年1月，第一批装载有Ⅷ因子的细胞进入体外培养阶段。同年4月，也就是美国首次报道艾滋病群体后整整两年，基因泰克与GI公司同时宣布，他们已经在实验室提纯出重组Ⅷ因子，且该凝血因子将不会受到人类血液中病原微生物的"污染"。[25]

吉尔伯特·怀特（Gilbert White）是一位来自北卡罗来纳州血栓中心的血液学家，他于1987年3月首次开展了仓鼠细胞来源的重组Ⅷ因子临床试验。第一位接受治疗的患者名叫G.M.，他是一位43岁的男性血友病患者。当最初几滴含有重组Ⅷ因子的液体进入他的血管时，怀特紧张地徘徊在G.M.的床边，以便随时防范可能发生的药物不良反应。就在静脉输液持续了几分钟后，G.M.突然变得沉默不语，与此同时他的双眼也闭上了，下巴几乎垂到胸口。"快说说话。"怀特着急地催促道，但是G.M.却没有任何反应。就在怀特马上要呼叫医务人员进行抢救的时候，G.M.却悄然无息地转过身来，然后发出了爽朗的笑声。

※※※

G.M.治疗成功的消息迅速在绝望的血友病患者群中传播开来。感染艾滋病对于深陷灾难中的血友病患者来说无疑是雪上加霜。与男同性恋者的消极态度不同，血友病患者已经迅速针对艾滋病做出了一致的回应，他们抵制公共浴室与夜总会，提倡安全的性行为，并且呼吁使用避孕套。由于血友病患者无法拒绝接收血液制品治疗，因此他们只能在恐惧中目睹艾滋病的阴影逐渐靠近。1984年4月至1985年3月间，在FDA（美国食品药品监督管理局）首个检测病毒污染血液制品项目发布之前，每位住院治疗的血友病患者都在面对恐怖的选择，他们要么死于严重出血，要么将感染这种致命病毒。在此期间，血友病患者的艾滋病感染率令人难以置信，其中高达 90% 的重症患者因血液污染而感染艾滋病。[26]

对当时绝大多数的血友病患者而言，重组Ⅷ因子的姗姗来迟使得他们失去了治疗机会。早期感染 HIV 的血友病患者几乎全部死于艾滋病并发症。尽管上述结果令人非常遗憾，但是通过基因重组生产Ⅷ因子至少突破了理论的束缚。时至今日，人们在阿西洛马会议上对基因技术应用的恐惧被彻底扭转。最终，HIV 这种"自然"存在的病原体成为威胁人类的浩劫。基因克隆技术堪称奇思妙想，它可以将人类基因插入到细菌内，然后再用仓鼠细胞制造出蛋白质，并且将成为医用制品生产领域中最为安全的方法。

※※※

通过产品来书写技术的历史令人浮想联翩，例如车轮、显微镜、飞机以及网络。但是通过转换来描绘技术的历史更具启发意义，例如从直线运动到圆周运动、肉眼空间到微观空间、陆地运动到天体运动以及物理连接到虚拟连接。

而对于医学技术的历史来说，通过重组 DNA 合成蛋白质正是这种具有里程碑意义的转换。为了理解这种转换（从基因到药物）造成的影响，我们需要了解药用化学品的历史。就其本质而言，药用化学品（即某种药物）无非是一种能够对人体生理功能产生治疗效果的分子。药物可能源自某些结构非常简单的化学物质，例如我们赖以生存的水，如果在恰当的条件下以正确的剂量使用，那么它也可以成为具有疗效的药物，此外药物还可以由多种具有复杂功能的分子组成，当然这种类型的化学物质在实际情况中非常罕见。尽管从表面上看人类使用的药物种类成千上万（仅阿司匹林就有几十种剂型），但是实际上这些药物所针对的分子反应数量只占人体中化学反应总数的极少部分。正常人体中包含有数以百万计的生物分子变异体（例如酶、受体以及激素等），然而我们能够使用的药物仅能对其中大约 250 种（0.025%）分子产生治疗效果。[27] 如果将人类生理功能比作遍及全球的电话网络系统，那么现代药物化学能够起到的作用仅仅是沧海一粟；药物化学就像是威奇托小城的一位接线员，只能在庞大的网络空间里充当无足轻重的角色。

缺乏特异性是造成药物治疗手段裹足不前的主要原因。几乎所有药物的作用原理均与靶点结合有关，它们通过开启或者关闭分子开关使靶点活化或失活。为了发挥治疗作用，药物必须与靶点上某些特定的开关结合才能发挥作用，而缺乏特异性的药物无异于毒药。尽管大多数化学分子都无法对此进行鉴别，但是蛋白质从设计伊始就具备选择的特性。众所周知，蛋白质是生物世界的枢纽，它们是细胞反应的推动者、阻断者、策划者、调控者、守卫者以及操作者。它们就是大多数药物寻求开启或关闭的分子开关。

鉴于上述原因，蛋白质有望成为药物世界中最具疗效与特异性的产品。但是为了合成某种蛋白质，我们必须要先了解其基因序列，而重组 DNA 技术就是通往成功的关键桥梁。克隆人类基因使得科学家能够大规模合成蛋白质，同时这些产物又为特异性作用于人体内数以百万计的生化反应提供了可能。因此从事药物研究的化学家就可以通过蛋白质对人体生理功能进行前所未有的干预。综上所述，重组 DNA 技术用于生产蛋白质的意义不仅是单个基因到治疗方法的转变，更是从遗传领域到药物世界的飞跃。

※※※

1980 年 10 月 14 日，基因泰克公开发行了 100 万股股票，并且以 "GENE" 为交易代码在证券交易所挂牌。[28] 而本次股票发行也成为华尔街历史上技术公司最为炫丽的登场，基因泰克公司只用了几个小时就获得了 3 500 万美元的认购。与此同时，制药巨头礼来获得了生产与销售重组胰岛素的许可，为了与来自牛或猪的胰岛素进行区分，重组胰岛素被命名为优泌林（Humulin）。礼来公司迅速扩大其市场份额，销售业绩从 1983 年的 800 万美元上升至 1996 年的 9 000 万美元，并且于 1998 年蹿升至 7 亿美元。《时尚先生》杂志将时年 36 岁的斯旺森描述成"一位矮胖且脸颊圆润"的商界精英，而他与博耶都成功跻身于亿万富翁的行列。1977 年夏季，曾经有位研究生在公司协助克隆生长抑素，他后来也持有少量的基因泰克股份，并且在公司上市后一夜之间发现自己成为新晋富翁。

　　1982 年，基因泰克开始生产人类生长激素（HGH），并且用于治疗特定类型的侏儒症。1986 年，该公司的生物学家克隆出 α 干扰素，这是一种可以有效治疗血液肿瘤的免疫蛋白。1987 年，基因泰克成功制备了重组组织型纤溶酶原激活剂（TPA），这是一种用于治疗中风或者心脏病的溶栓剂。1990 年，该公司开始利用基因重组技术制备疫苗，并且将乙型肝炎疫苗作为首个研究目标。1990 年 12 月，罗氏制药出资 21 亿美元收购了基因泰克公司的大部分股权，随后斯旺森不再担任公司的首席执行官，博耶也于 1991 年辞去了副总裁的职务。

　　2001 年夏季，基因泰克公司成为世界上最大的生物技术研究体。[29] 基因泰克现在的公司园区由多座玻璃建筑物组成，四周被茂密的绿色植物覆盖，人们可以看到年轻的研究生们在这里玩着飞盘，而此番情景与任何一座大学校园毫无二致。在巨大综合体的中心地带矗立着一座青铜雕塑，其中西服革履的男士正在向桌子对面那位身着喇叭牛仔裤与皮马甲的科学家示意。我们可以看到前者的身体微微前倾，但是那位遗传学家看起来有些迷茫，眼神仿佛越过他的肩膀凝视着远方。

　　令人遗憾的是，斯旺森没能参加这座纪念他与博耶初次会面雕像的揭幕仪式。1999 年，52 岁的斯旺森被诊断为脑部多形性胶质母细胞瘤。1999 年 12 月 6 日，斯旺森于希尔斯堡的家中去世，距离基因泰克的园区仅有区区几英里。

第四部分

"人类是最适合的研究对象"

———

人类遗传学

(1970—2005)

人贵在自知，莫揣测天意；
人类是最适合的研究对象。[1]

    ——亚历山大·蒲柏（Alexander Pope），《人论》（*Essay on Man*）

人类是如此美丽！啊，崭新的世界，
竟然拥有这般出色的人物！[2]

    ——威廉·莎士比亚，《暴风雨》第五幕第一场

第一章

父亲的苦难

奥本尼：你如何了解你父亲经历的苦难？

爱德伽：殿下，我之所以了解他的苦难，是因为我就在他的身边守护。

——威廉·莎士比亚，《李尔王》第五幕第三场

2014 年春季，父亲不慎摔了一跤。当时父亲正坐在自己最钟爱的摇椅上，而这个奇丑无比且难以把控的摇椅出自他从本地找的一位木匠之手，结果他向后翻倒摔了下来（这位木匠设计了一个让椅子摇摆的装置，但是他却没有考虑到椅子摇摆幅度过大会翻倒的问题）。当母亲发现他的时候，父亲正脸朝下趴在阳台上，手不自然地压在身体之下，就像一只被折断的翅膀，他的右肩已浸满了鲜血。由于她无法脱下父亲的套头衫，因此只能用剪刀将它破坏。尽管当时父亲正在痛苦中呻吟，但是目睹这件完好的衣服被剪成碎片更令他心生悲凉。"你应该把它脱下来。"父亲随后在乘车前往急诊室的途中向母亲发牢骚。其实他的这种表现也事出有因：在父亲小的时候，因为祖母没有能力让

五兄弟都穿上属于自己的衬衫，所以她会想方设法珍惜每一件衣服。人们也许能够从时空上远离印巴分治的动乱，但是却无法摆脱精神上永久的伤害。

父亲在划伤额头的同时还合并右肩骨折。父亲与我一样都害怕生病，他会表现出情绪激动、疑神疑鬼、粗心大意与焦虑不安的神情，还会编造自己身体的恢复情况。我在得知此事后立刻乘飞机赶回印度去探望他。当我从机场回到家的时候已是深夜。父亲躺在床上茫然地盯着天花板，他看上去似乎突然苍老了许多。我问他是否知道今天是什么日子。

"4月24日。"他正确地回答出日期。

"哪一年呢？"

"1946年。"父亲脱口而出，然后他迅速从思绪中惊醒过来并改口道："2006年？"

那是一段不堪回首的岁月。我告诉父亲现在是2014年。但是我非常清楚地意识到，1946年曾发生了另外一场悲剧，父亲的弟弟拉杰什不幸因病去世。

在接下来的几天里，父亲在母亲的照料下逐渐好转。尽管短期记忆遭到严重损害，但是他的神智开始恢复清醒，而长期记忆也有改善的迹象。我们认为摇椅事件并非表面上看起来那么简单。父亲当时并没有向后翻倒，相反他正试图从椅子上起来，结果没能稳住自己的身体，最终失去平衡向前冲去。我让父亲在房间里四处走动一下，随后发现他的步态出现了轻微的异常。父亲的动作看上去有些呆板，似乎受到某些因素的限制，他的双脚仿佛由纯铁打造，而地板也突然表现出磁性。我对父亲说："请快速转身。"结果他差点又摔了一跤。

令父亲感到尴尬的是，那天晚上他无意中把床尿湿了。我在浴室发现他紧握着内裤，看上去羞愧得不知所措。在《圣经》里，含碰巧看到父亲诺亚醉酒后赤身裸体，并且暴露着私处在昏暗的黎明中躺在田地里，含的子嗣因他的举动而受到诅咒。但是在这个故事的现代版中，假如你在客房浴室昏暗的灯光下，看到自己老年痴呆的父亲一丝不挂，那么也能预见笼罩在自己未来的那片阴霾。

我后来了解到，父亲出现尿失禁的症状已经有一段时间。他刚开始只是感到尿急，膀胱充盈到一半就控制不住想去排尿，最终逐渐发展到尿床。父亲曾经把尿床的事告诉过他的医生，可是医生们对于上述症状却不以为然，只是笼统地将其归咎为前列腺增生。父亲那时候已经82岁了，而他们轻描淡写地告诉父亲，年纪大了就会出现此类症状。老年人经常会跌倒，记忆力将逐渐减退，并且会出现尿失禁。

父亲在一周之后接受了脑部核磁共振检查，最终影像学的诊断结果瞬间让我们感到内疚。核磁共振影像显示，父亲充满脑脊液的脑室出现肿胀扩张，同时将脑组织挤向边缘，这种情况被称为正常压力脑积水（Normal pressure Hydrocephalus，NPH）。神经病学家对此解释说，脑脊液流通障碍是NPH的病因，这将导致脑室出现继发性扩张，在某种程度上类似于"脑部高血压"。典型的NPH患者经常出现步态不稳、尿失禁与痴呆的症状，但是医学界对于上述三联征的原因尚无法做出解释。原来父亲的问题不是意外跌倒，真正的罪魁祸首是NPH。

在接下来的几个月，我想方设法去了解一切有关NPH的信息。目前NPH的病因尚不清楚，患者往往呈家族性分布。从遗传学的角度来看，由于其中一种NPH的亚型与X染色体相关联，因此男性患者的数量明显居多。在某些家族中，男性患者在20岁或30岁时即会发病；而在另外一些家族中，只有老年男性才会患病。此外，遗传模式在某些家族中的作用非常明显，而另外一些家族中只有个别几位成员患病。据文献对于家族性病例的报道，最年轻的患者发病年龄大约在四五岁，最年长的患者则会延迟到七八十岁才出现症状。

总之，尽管其"遗传"方式与镰刀形红细胞贫血症和血友病都不同，但是NPH很可能是一种遗传病。然而这种奇特疾病的易感性并非受单一基因控制。就像果蝇翅膀形成受到分布在多条染色体上多个基因的调控一样，位于多条染色体的多个基因在发育过程中参与了大脑导水管形成的过程。我了解到，其中部分基因负责编码脑室中导水管与血管的解剖结构（作为类比，我们可以想象一下"模式形成"基因构建果蝇器官与结构的机制），此外另一些基因负责编码在不同腔隙间转运体液的分子通道，当然还有某些基因负责编码调节液体在大脑与血液之间吸收的蛋白质。但是由于大脑及其导水管的生长受到颅骨固定容积的限制，因此决定颅骨大小与形状的基因也会间接影响分子通道与导水管之间的比例。

这些基因中的任意成员出现变异都可能改变导水管与脑室的生理机能，从而导致脑脊液在分子通道中流动的方式发生改变。此外，老龄化或者颅脑损伤等环境因素将增加上述过程的复杂性。基因的位置与疾病之间并不存在一一对应的关系。即使你遗传了可以导致 NPH 的全套基因，你或许也还需要某场意外或在某个环境因素的触发下才能将这些基因"释放"出来（在我父亲的病例中，这个触发器很可能是年龄）。但是如果你遗传了上述基因中的某些特殊组合，例如控制脑脊液吸收速率与导水管大小的基因，那么你罹患 NPH 的风险就可能会大大增加。这就像承载着疾病的德尔斐之船，它告诉我们疾病并非由单一基因决定，其结果受到基因与基因以及基因与环境之间交互作用的影响。

亚里士多德曾经提出一个问题："生物体如何把创造形态与功能的信息传递到胚胎中呢？"学者们通过观察模式生物（豌豆、果蝇以及面包霉菌）得出了答案并且创立了现代遗传学。经过不懈的努力，我们终于得到了这张诠释生命体系中信息流方向的示意图：

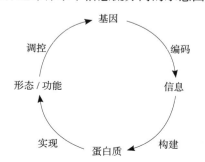

但是父亲患病的事实却让我们深切体会到遗传信息对生物体形态、功能以及命运的影响。难道父亲意外跌倒是基因作用的结果吗？我在此很难进行判断。他体内的基因只是间接促进了跌倒发生，而不是直接导致这种结果的因素。难道父亲跌倒是环境因素造成的吗？回答当然不能这样武断。尽管父亲出事的时候正坐在摇椅上，可是这把摇椅在此之前已经陪伴他度过了 10 年的光阴。难道是巧合吗？当然不是，谁能想到某件沿着特定角度运动的家具能把人给甩出去呢？难道是意外吗？当然也不是，他无法保持身体平衡则注定难逃一劫。

随着遗传学研究对象从简单的生物体逐渐过渡至复杂的人类，它面临的挑战也转变为需要采用全新的方法来思考遗传、信息流、功能与命运的本质。基因与环境交互作用影响常态与病态的机制是什么呢？为了回答这个问题，我们首先要明确什么是常态与病态。基因变异是如何导致人类形态与功能产生变异的呢？多个基因是如何共同影响某个单一结果的呢？不同的基因变异在维持相同生理功能的同时，又是如何产生独特病理变化的呢？

第二章

诊所诞生

我在研究中假设所有人类疾病都具有遗传性。[1]

——保罗·伯格

1962 年，就在尼伦伯格与同事们在贝塞斯达成功破译 DNA "三联密码" 几个月之后，《纽约时报》刊登了一篇描绘人类遗传学爆炸性前景的文章。[2]《纽约时报》大胆地推断，既然遗传密码已被 "攻克"，那么对人类基因进行干预将指日可待。"虽然破解遗传密码产生的结果难以预测，但是某些生物'炸弹'不久之后将会掀起波澜，而其（打破遗传密码）多样性堪比人类已经熟知的原子世界。对于癌症与遗传病等现阶段的不治之症来说，其中某些生物'炸弹'可能会成为它们的首选治疗方案。"

幸运的是，由于怀疑论者并未关注上述研究领域，因此这些源自人类遗传学的生物 "炸弹" 没有受到干扰。1943 年至 1962 年间，随着埃弗里实验、DNA 结构以及基因的调节与修复机制相继问世，人们对基因也有了更为深刻的认识，但是基因在人类世界中的应用却非常有限。从某一方面来说，纳粹优生学家曾经将人类遗传学赖以发展的基础付之一炬，让人们先入为主地认为这门学科缺乏科学合理性与严谨性；而另一方面，就实验研究对象来说，人们已经证实细菌、果蝇、蠕虫等生物模型要远比人体研究容易驾驭。1934年，托马斯·摩尔根前往斯德哥尔摩领取诺贝尔奖，可是他对于自己从事的遗传学理论研究在医学中的应用不抱任何期望。摩尔根写道："在我看来，遗传学为医学做出的最大贡献就是造就了一批专家学者。"[3] 而此处的"专家学者"一词并非恭维，它实际上充满了鄙视的含义。摩尔根指出，近期遗传学根本不可能对人类健康产生任何影响。按照摩尔根的说法，接诊医生"主动从研究遗传学的朋友那里获取会诊意见"简直就是天方夜谭。

不过就人类世界的需求而言，医学是引领遗传学前进或者准确来说是步入正轨的动力。维克多·马克库斯克（Victor McKusick）是位于巴尔的摩市约翰·霍普金斯大学的一位年轻内科医生。1947年，他在接诊一位青少年患者的时候发现，这名男孩的嘴唇与舌头上散布着许多斑点，同时还合并多发胃肠道息肉。[4] 马克库斯克对这些症状感到十分迷惑。他注意到该患者的其他家庭成员也有类似症状，而且此前已有文献报道过具有相似特征的家族性病例。随后马克库斯克将这位患者的临床表现发表在《新英格兰医学杂志》（*New England Journal of Medicine*）上。他在文章中指出，那些看似散在的症状（舌斑、息肉、肠梗阻与肿瘤）实际上是某个基因突变的结果。[5]

为了纪念首位描述该病临床表现的医生，马克库斯克报道的病例后来被命名为波伊茨-耶格（Peutz-Jeghers）综合征，而这也促使他将毕生的精力投入到遗传学与人类疾病联系的研究中。马克库斯克在刚开始将人类疾病作为研究对象时，他刻意挑选那些最易受到基因影响且临床表现最为明显的病例，也就是所谓的单基因遗传病。尽管这种理想的人类疾病模型为数不多，但是其中最具代表性的病例将令人终生难忘：例如在英国王室中遗传的血友病以及在非洲和加勒比海地区家族中遗传的镰刀形红细胞贫血症。马克库斯克在霍普金斯大学医学图书馆查阅了大量既往发表的文献，他发现某位伦敦医生在 20 世纪早期就已经报道了首例单基因突变导致的人类遗传病。

1899 年，英国病理学家阿奇博尔德·加罗德（Archibald Garrod）描述了一种奇怪的疾病，此类患者呈家族式分布且通常在出生后几天内就会发病。[6] 加罗德首次从一位正在伦敦西克医院接受治疗的婴儿身上观察到了这些症状。那个男孩的尿布在出生几个小时后就被某种特殊的尿渍染黑。加罗德细致入微地追踪了所有罹患相同疾病的患者以及他们的亲属，他发现这种疾病呈家族式分布，而且症状将一直持续至患者成年。成年患者的汗液颜色会自发加深，同时还可以在衬衫袖子的内侧形成一条条深棕色的浸渍，甚至连耳朵里的耵聍在接触空气后都会变成红色，好像它们在转瞬之间就被腐蚀得锈迹斑斑。

加罗德对此进行了大胆地猜测，他认为在这些患者中必定有某些遗传因素发生了改变。那个尿色加深的男孩应该先天就存在某种遗传单位变异，因此导致细胞的某些代谢功能出现异常，从而造成尿液成分与正常人相比存在明显差异。加罗德写道，"肥胖现象以及头发、皮肤和眼睛的颜色差别"均与遗传单位发生变异并导致人体"化学多样性"有关。[7] 他做出的这一科学预见具有深远的意义。虽然英国科学家贝特森重新发现了"基因"的概念（将近 10 年之后才有了基因一词），但是加罗德已将人类基因的概念形象化，并且把人类变异的原因解释为遗传单位编码的"化学多样性"。加罗德认为，基因决定了人类发展方向，变异则使我们彼此各不相同。

在加罗德工作的启发下，马克库斯克开始系统地为人类遗传病进行等级分类，他要撰写一部"人类表型、遗传性状与遗传病的百科全书"。马克库斯克逐渐发现，他开启了一扇通往神秘宇宙的大门：受到单基因控制的人类疾病种类要远比他预期的更为纷繁复杂。例如马方综合征，它最早源自某位法国儿科医生在 19 世纪 90 年代早期所作的描述。现代研究结果显示，某个控制骨骼与血管结构完整性的基因发生了突变。其结果是患者的身材异常高大，手臂与手指均长于普通人，并且容易出现主动脉或心脏瓣膜突然破裂而导致死亡（近几十年来，有些医学史学家坚称亚伯拉罕·林肯就患有某种未经确诊的马方综合征亚型）[8]。另外一种家族遗传病叫作成骨不全症，其病因在于此类患者体内编码胶原蛋白的基因发生了突变，而胶原蛋白是用来形成与加强骨质的一种蛋白质。患儿生来表现为骨骼脆性增强，其质地好似干燥的石膏，哪怕是轻微的触碰都可能导致骨折发生。他们可能出现腿部自发性骨折或者清晨醒来出现多发肋骨骨折（此类患儿经常被误认为遭到虐待，他们会在接受警方调查后再被送往医疗机构）。1957年，马克库斯克在约翰·霍普金斯大学创建了摩尔诊所。该诊所的命名是为了纪念约瑟夫·厄尔·摩尔（Joseph Earle Moore）医生，他在巴尔的摩工作期间将毕生的精力用于慢性病研究。但是现在摩尔诊所将专注于人类遗传病领域。

马克库斯克在研究中获取了大量有关各种遗传综合征的知识。他发现有的患者因为氯离子代谢异常而受到难治性腹泻与营养不良的困扰，有的青年男性在20多岁时就容易发生心脏病，有的家族经常出现精神分裂症、抑郁症或是焦虑症患者，有的孩子天生就有蹼颈、多指或者身上散发着鱼腥味。截至20世纪80年代中期，马克库斯克与他的学生们已经对2 239种人类疾病相关基因进行了登记分类，同时还发现了3 700种与单基因突变相关的疾病。[9] 1998年，当该书更新至第二十版时，马克库斯克竟然发现有多达12 000种基因变异与人类性状和疾病有关，其中有些变异对于人体影响不大，可是另有一些会产生致命性的后果。[10]

在完成单基因遗传病的分类后，马克库斯克与他的学生们备受鼓舞，他们决定将研究重点转向多基因遗传病领域。他们发现多基因遗传病具有两种表现形式，其中某些患者体内具有完整的多余染色体，例如于19世纪60年代被首次报道的唐氏综合征，此类患儿天生携带一条由 300 多个基因组成的额外的 21 号染色体。[1] 而唐氏综合征患者的多个器官将会受到这条额外染色体的影响。他们在出生时即表现为鼻根低平、面部增宽、小颌畸形以及眼部皮肤皱褶。此外这些患者还会表现为认知功能障碍、心脏病发作提前、听力减退、不孕症以及较高的血液系统肿瘤发病率。许多患者在幼年或者童年时代就会夭折，只有少数人能够存活至成年晚期。值得注意的是，唐氏综合征患儿的性格都十分温顺，仿佛他们在继承那条额外染色体的同时摒弃了残忍与怨恨的习性（如果还有人怀疑基因型能否影响脾气或者性格的话，那么他只需遇到唐氏综合征患儿就会打消所有疑虑）。

马克库斯克归纳总结的最后一类多基因遗传病的表现更为复杂，并且导致产生此类疾病的基因散布在遗传物质世界的各个角落。前面介绍的两类遗传病大多是临床上罕见的特殊综合征，可是现在要讨论的这类多基因遗传病与之完全不同，其中许多是日常生活中发病率很高的慢性病，例如糖尿病、冠心病、高血压、精神分裂症、抑郁症、不孕症以及肥胖等。

这些多基因遗传病（多对多）与单基因遗传病（一对一）有着本质的区别。例如导致高血压的病因有成千上万种，而在同期参与调节的基因也涉及成百上千个，其中每个基因都会对血压与血管的完整性产生微弱的叠加效应。在马方综合征或唐氏综合征中，单个基因突变或染色体畸变即可以成为致病的充分必要条件。但是在多基因遗传病中，任意某个基因的作用却微不足道。它们反而需要依赖饮食、年龄、吸烟史、营养状况以及产前暴露等环境变量才能发挥作用。由于多基因遗传病的表型具有多样性与连续性，因此其遗传模式必定具有不为人知的复杂性。对于此类疾病来说，遗传改变仅是众多触发器中的一员，它只是致病的必要不充分条件。

---

[1]   1958 年，杰罗姆·勒琼（Jérôme Lejeune）发现 21 号染色体异常是导致唐氏综合征的元凶。

※※※

马克库斯克从事的遗传病分类工作具有四项重大意义。第一，马克库斯克意识到单个基因突变可以导致不同器官产生各式各样的临床表现。例如在马方综合征患者中，某个编码纤维样结构蛋白的基因发生突变后会影响所有结缔组织，包括肌腱、软骨、骨骼与韧带，而此类患者经常会出现关节与脊柱的异常。其实马方综合征对于心血管系统的影响非常隐蔽，由于支撑肌腱与软骨的结构蛋白同样用于维系大动脉与心脏瓣膜的功能，因此该基因突变将会导致严重的心功能衰竭与主动脉破裂。这些患者通常在青年时期就死于血管破裂。

然而令人惊讶的是，虽然第二项与第一项的内容相悖，但是同样具有正确的指导意义，也就是说多个基因可以共同影响某一种生理功能。我们在此以血压变化机制为例，血压受到众多遗传回路的调控，而其中一个或多个回路出现异常都将导致高血压。虽然完全可以说"高血压就是一种遗传病"，但是需要进行补充说明的是"单独的高血压基因并不存在"。人体内有许多基因参与调控血压的升降过程，它们就像是牵引木偶手臂的细线。当人们试图改变它们的长度时，木偶的姿态就会随之变化。

马克库斯克的第三项贡献关乎人类疾病中基因的"外显率"与"表现度"。果蝇遗传学家与蠕虫生物学家研究发现，某些特定基因所控制的功能或形态能否真实表达，取决于环境触发器或者随机概率。例如在果蝇的复眼中，某个控制小眼面的基因具有温度依赖性。而在蠕虫体内，另外一种可以改变其肠道形态基因的表达率只占20%。"外显不全"意味着即使某种突变存在于基因组中，那么它也未必能使自己表达出相应的外观或形态特征。

马克库斯克从人类疾病中找到了几种外显不全的案例。例如对于像泰伊–萨克斯二氏病这种外显率接近100%的遗传病来说，患者一旦携带此类突变基因将不可避免地发病。但是在另外一些人类疾病中，基因对疾病的实际影响则更为复杂。我们随后将会了解到，虽然 *BRCA1* 基因突变可以显著增加罹患乳腺癌的风险，但是并非所有携带该突变基因的女性都会患上乳腺癌，而且不同的 *BRCA1* 基因突变亚型所表现出的外显率也参差不齐。尽管血友病是一种典型的出血性遗传病，但是此类患者在发病时的出血程度也有很大差异。有些患者每个月都会出现致命的大出血，而另外一些患者几乎不出血。

※※※

马克库斯克的第四项贡献与本书内容密切相关，因此我必须进行单独阐述。与果蝇遗传学家狄奥多西·多布然斯基一样，马克库斯克清楚突变只不过是变异而已。尽管这句话听起来像是老生常谈，但是它却传递出言简意深的真理。马克库斯克意识到，突变只是个统计学上的概念，它无关病理学或者道德层面的改变。突变并不意味着疾病，亦不能代表功能上的增减。从字面意义上理解，突变指的是偏离正常的程度（"突变体"的反义词不是"正常体"而是"野生型"，也就是在自然状态下更为常见的类型或变异）。因此，与其说突变是某种规范性概念，还不如说是个统计学概念。"正常人群"中的马方综合征患儿会被视为突变体，其意义与矮人国中的巨人或褐发人群中的金发婴儿如出一辙。

突变体或突变本身并不能直接反映躯体疾病或者功能紊乱的信息。疾病是个体遗传因素与所处环境之间失衡导致的特定缺陷，其中涉及个体突变、周边环境、生存目标以及成功终点。最终导致疾病的不是突变，而是众多因素之间的错配。

这些错配会对个体造成无法弥补的损害，例如在某些病例中，疾病就意味着残疾。假如某位儿童患有严重的自闭症，那么他会整天躲在角落里枯燥无味地独自摇摆，抑或不停地搔抓自己的皮肤直至溃烂，而这种不幸的遗传特质将让他几乎无法与任何环境或任何目标相匹配。但是对于另外一个患有少见自闭症亚型的患者来说，他会在大多数情况下表现得神态自若，甚至可能在某些场合（例如象棋比赛或者记忆大赛）中表现得聪慧过人。在该病例中，由于疾病表现与患者处境密切相关，因此基因型与环境之间特殊的平衡关系更为明显。其实"错配"的本质就是个万象更新的过程，疾病也在跟随环境不断变化进行着动态调整。尽管正常人可以在盲人的世界里行动自如，但是如果这片土地笼罩在炫目的强光里，那么只有盲人才能适应这种恶劣的环境。

马克库斯克认为人们关注的重点应该在残疾而不是畸形，他在自己的诊所里接诊患者时就秉承了这种临床思维。例如治疗侏儒症患者的多学科团队会由遗传学顾问、神经病学家、骨科医生、护士以及精神病学家组成，他们将共同为身材矮小的患者解决某些特殊残疾带来的问题。这些专家只有在特定畸形加重时才会采取手术干预措施对其进行矫正。治疗的目的不是让患者重获"正常"的肢体，而是让他们找回人生的意义与乐趣并且改善生理功能。

马克库斯克的工作促进了人类病理学的发展，并且在该领域重新发现了现代遗传学的基本原则。对于人类而言，其无处不在的遗传变异过程与野生果蝇十分相似。遗传变异、环境以及基因-环境交互作用最终将共同导致表型出现，只不过在此处所谈论的"表型"是疾病的外在形式罢了。此外，某些基因还存在外显不全与表现度差异巨大的问题。单个基因可以导致多种疾病，同时某种疾病也可以源自多个基因。在此处，"适应度"并不只是某种绝对的概念。"疾病"也可以被看作缺乏适应性的表现，其根源就在于生物体与环境之间发生了相互错配。

※ ※ ※

华莱士·史蒂文斯曾经写道："不完美才是我们的天堂。"[11]而踏入人类世界的遗传学给我们上的第一堂课就是：不完美不仅是我们的天堂，还是我们赖以生存的尘世。遗传变异的程度以及它对人类病理改变的影响令人叹为观止。我们生活在日新月异的大千世界里，遗传多样性是人类与生俱来的属性，它并非隐藏在遥不可及的角落，而是与我们的生命息息相关。那些貌似同源的种群实际上千差万别。其实我们对于突变体早已司空见惯，因为人类就是由庞大的突变体组成。

众所周知，漫画是反映美国人内心焦虑与幻想的传统风向标，而"突变体"在这些作品中的出镜率也与日俱增。到了 20 世纪 60 年代早期，以人类突变体为主题的作品疯狂地出现在漫画世界。1961 年 11 月，漫威漫画（Marvel Comics）公司推出了《神奇四侠》（*Fantastic Four*）系列作品，其中四位被困在宇宙飞船上的宇航员就像赫尔曼·穆勒实验中装在瓶子里的果蝇，他们在肆虐的宇宙射线作用下产生了基因突变并从此拥有了超自然能力。[12]《神奇四侠》一经推出便大获成功，随后又催生出《蜘蛛侠》（*Spider-Man*）这部更为成功的作品。《蜘蛛侠》刻画了彼得·帕克（Peter Parker）的传奇故事。他被一只摄入"超量辐射"[13]污染的蜘蛛咬伤，于是该蜘蛛的突变基因大概通过水平转移的方式赋予了帕克"敏捷的身手以及蜘蛛特有的能力"，而这些简直就是埃弗里转化实验应用于人类的版本。

如果说《蜘蛛侠》与《神奇四侠》让变种人超级英雄的形象展现在美国民众的面前，那么 1963 年 9 月出版的漫画《X 战警》（*X-Men*）则使变种人的故事占据了人们的精神世界。[14]《X 战警》与之前的漫画不同，它的主要情节是变种人与普通人类之间的矛盾冲突。漫画中的"正常人"逐渐开始怀疑变种人，后者终日处于监视的恐惧与暴徒的威胁下，因此只能躲藏在为保护变种人建立的天才少年学校里，其作用相当于现实中的摩尔诊所。《X 战警》系列漫画最突出的亮点是将受害者与加害者的角色进行了互换，而并非是其中种类繁多且相貌怪异的变种人（例如长有钢爪的狼人或者是可以呼风唤雨的巫婆）。在 20 世纪 50 年代出版的经典漫画书里，通常都是人类在胆战心惊地躲避妖魔鬼怪的侵扰。可是在《X 战警》的故事情节中，可怜的变种人为了逃脱正常人的暴行被迫流落他乡。

※※※

1966 年春季，所有这些关于缺陷、变种人以及正常人的忧虑已经不再局限于漫画的范畴了，此时人们的注意力已经转移到一只两英尺见方的培养箱上。[15] 马克·斯蒂尔（Mark Steele）与罗伊·布雷格（Roy Breg）是美国康涅狄格州研究精神发育迟滞遗传学的科学家，他们从某位孕妇的羊膜囊内抽取了数毫升含有胚胎细胞的羊水，经过细胞培养后对它们的染色体进行染色，最后再通过显微镜分析其变化情况。[16]

从技术角度来看，上述方法并没有什么过人之处。早在 1956 年，已经有人率先利用羊膜囊内的胚胎细胞进行了性别预测（鉴别 XX 染色体与 XY 染色体）。此外在 19 世纪 90 年代早期，人们就已经掌握了安全抽取羊水的技术，对于染色体进行染色则始于波弗利在海胆中开展的研究。但是随着人类遗传学的重要性不断凸显，这些实验技术的地位也在与日俱增。布雷格与斯蒂尔意识到，某些明显由染色体异常导致的遗传综合征（例如唐氏综合征、克氏综合征与特纳综合征）可以实现宫内诊断，如果检测出胚胎染色体异常，那么可以选择主动终止妊娠。羊膜穿刺与人工流产是两种相对安全的常规诊疗操作，只要我们将它们整合起来就可以产生事半功倍的效果。

实际上，我们对于首批接受这种严酷考验的女性知之甚少。根据病例报道中只言片语的描述，我们能够感受到那些年轻母亲在面临痛苦抉择时经历的悲伤、迷惘与困惑。1968 年 4 月，一位名叫 J.G. 的29 岁女性来到位于布鲁克林的纽约州立大学下城医学中心就诊。她的家族成员中有许多人被诊断为某种唐氏综合征的变异亚型，例如其外祖父与母亲就是此病的携带者。J.G. 在 6 年前于孕晚期早产生下一位患有唐氏综合征的女婴。1963 年夏季，她终于诞下了一位健康的女婴。

1965 年春季，她生下了一位男婴。这个孩子随即被诊断为唐氏综合征、精神发育迟滞以及严重的先天畸形（其中包括心脏上的两处缺损）。他在这个世界上仅仅坚持了五个半月，而其中绝大多数时间是在不幸中度过的。为了纠正先天缺陷，他被迫接受了一系列复杂的手术治疗，但是最终还是因心功能衰竭在重症监护室里夭折。

由于过去的悲伤经历令她提心吊胆，因此在怀孕 5 个月时，第四次做母亲的 J.G. 主动来看产科医生，她希望进行全面的产前检查。1968 年 4 月初，J.G. 接受的第一次羊膜穿刺以失败告终。而随着第三孕期即将到来，医生于 4 月 29 日又尝试了第二次羊膜穿刺。这次努力终于获得了成功，人们可以在培养箱中观察到成片生长的胚胎细胞。可是染色体分析结果显示，J.G. 腹中的男性胎儿患有唐氏综合征。

1968 年 5 月 31 日，恰逢人工流产还可以作为治疗手段的最后一周，J.G. 做出了终止妊娠的决定。[17] 胎儿的遗体于 6 月 2 日娩出，而他也符合唐氏综合征的基本特点。J.G. 的病历中写道，产妇"可耐受手术，无手术并发症"，术后两天出院，除此之外再没有关于这位母亲及其家族的任何信息。尽管这是首例完全参考遗传检测结果进行的"治疗性人工流产"，但是就这样在秘密、痛苦与悲伤的裹挟下被人类历史淹没。

1973 年夏季，禁锢产前检查与人工流产的闸门突然被一场出人意料的官司冲破。诺尔玛·麦科维（Norma McCorvey）是一位来自得克萨斯州的嘉年华商贩。1969 年 9 月，她在 21 岁时怀上了自己的第三个孩子。失业的麦科维身无分文且无家可归，于是她想通过人工流产来结束这次意外妊娠，然而她却找不到一家可以合法依规开展人工流产的诊所。[18] 麦科维后来透露，她最终在某座废弃建筑中找到了一家早已关门的诊所，"房间里到处摆放着脏兮兮的医疗器械，而且……地板上还留有已经干涸的血迹"。[19]

1970 年，两位律师在得克萨斯州的一家法院就麦科维的案子起诉政府，他们主张麦科维在法律上具有选择人工流产的权利。此次诉讼的名义被告是达拉斯地区检察官亨利·韦德（Henry Wade），麦科维则在诉讼中采用简·罗（Jane Roe）作为化名。1970 年，这起"罗诉韦德案"由得克萨斯州法院提交至美国最高法院进行审理。

最高法院在 1971 年至 1972 年间听取了"罗诉韦德案"的口头辩论。1973 年 1 月，法院做出一项历史性的裁定，判决结果支持麦科维获胜。最高法院大法官哈里·布莱克门（Henry Blackmun）在撰写主要意见书时认定，政府不能将堕胎归为违法行为。布莱克门写道，女性隐私权"足以支持（她）做出是否终止妊娠的决定"。[20]

然而"女性隐私权"并不是一项绝对的权利。为了平衡孕妇权利与发育中的胎儿"人格"之间的关系，法院认为政府不应在妊娠早期限制孕妇堕胎的权利。但是随着胎儿长大成人，政府应该对这些新生命加以保护，同时限制人工流产技术的应用。尽管将妊娠分为三个孕期只是生物学划分，但是将其作为法律解释却令人耳目一新。正如法学家亚历山大·比克尔（Alexander Bickel）所述："在妊娠早期和妊娠中期，个人（即孕妇）的利益优先于社会利益，并且仅受制于卫生法规的管束；而在妊娠晚期，需要以社会利益至上。"[21]

最高法院对"罗诉韦德案"的裁决迅速在医学界产生了巨大反响。该案看似把生育权交还给了妇女掌控，其实在很大程度上是将胚胎基因组的支配权交给了医学。[22] 在麦科维之前，产前基因检测一直处于模棱两可的边缘地带，虽然临床上允许进行羊膜穿刺，但是人工流产的合法性未能明确。然而随着人工流产技术在妊娠早期与中期的应用逐渐合法化，人们对于医学诊疗建议的重要性也更加认可，于是产前基因检测在全美医疗机构受到了广泛欢迎。从此对人类基因进行干预正式步入了"实操阶段"。

对于基因检测与人工流产这两项技术来说，它们产生的正面效应很快就得到了印证。根据美国某些州 1971 年至 1977 年的统计，唐氏综合征的发病率大约降低了 20%～40%。[23] 1978 年，在纽约市的高危孕妇中，有更多的女性选择了终止妊娠而不是坚持到足月生产。[1] 截至20 世纪 70 年代中期，已经有近百种染色体疾病与 23 种代谢性疾病可以用宫内基因检测方法进行诊断，其中就包括特纳综合征、克氏综合征、泰伊-萨克斯二氏病以及戈谢病等遗传病。24 某位遗传学家曾经写道，随着"那些不起眼的遗传缺陷被接连发现"25，医学界已经可以对"几百种常见遗传病的患病风险"进行评估。就像某位历史学家所述，"基因诊断已经成为医疗产业的一员"，而"将基因异常的胚胎进行选择性流产"也成为"基因组医学的初级干预方式"。

在获得了干预人类基因的能力之后，人们甚至认为步入快速发展阶段的遗传医学可以重塑历史。1973 年，就在"罗诉韦德案"判决结束几个月后，马克库斯克主编的新版医学遗传学教材正式发行。26 在"遗传病的产前检测"一章中，儿科医生约瑟夫·丹西斯（Joseph Dancis）这样写道：

> 近几年来，无论是医生还是公众都有一种共同的感觉，那就是我们关注的重点不能仅局限于婴儿的安全降生，更应该确保这个孩子不会对社会、父母或者自身造成负担。但是"出生权"也需要得到另外一种保障的支持，那就是婴儿在出生后应该尽可能获得幸福美满的人生。而人们态度上的转变体现在许多方面，其中之一就是要求改革甚至废除堕胎法的全国性运动。27

丹西斯通过这种婉转的表述巧妙地改变了遗传学发展史。其实在这场由丹西斯构思的堕胎运动中，医生终止遗传缺陷胎儿继续妊娠并非推动人类遗传学发展的动力。与之相反，人类遗传学将饱受争议的堕胎运动推到台前，然后借助治疗严重先天性疾病改变了人们的"态度"，从而潜移默化地松动了反堕胎运动阵营的立场。丹西斯还认为，

---

[1] 堕胎合法化之后，产前检查在世界范围内得到了广泛认可。1967 年，英国通过了确认堕胎具有合法性的议会法案。到了 20 世纪 70 年代，英国的产前检查率与妊娠中止率均迅速攀升。

任何能够得到确诊的遗传病均可以通过产前检查与选择性人工流产进行干预。"出生权"也可以改写为天生拥有正常基因的权利。

※※※

1969 年 6 月，赫蒂·帕克（Hetty Park）产下了一个患有婴儿型多囊肾病的女婴。[28] 由于肾脏先天畸形，孩子出生 5 个小时便夭折了。帕克与丈夫对此悲痛欲绝，他们来到长岛希望得到产科医生赫伯特·谢森（Herbert Chessin）的指导。然而谢森错误地认为孩子的疾病与遗传无关（实际上，婴儿型多囊肾病与囊性纤维化一样，患儿遗传了来自父母的两个突变基因），他向这对夫妻做出保证并且让他们安心回家。在谢森看来，帕克与丈夫生育的下一个孩子患有同样疾病的概率可以忽略不计（近乎为零）。1970 年，按照谢森的建议，帕克夫妇再次怀孕并产下一名女婴。不幸的是，女儿劳拉·帕克（Laura Park）同样患有多囊肾病。她自出生起就经常住院，最终在两岁半时死于肾功能衰竭引起的并发症。

1979 年，随着约瑟夫·丹西斯的观点定期在医学文献与流行作品中不断亮相，帕克夫妇决定以提供错误医学意见为由起诉赫伯特·谢森。帕克夫妇声称，如果他们能够事先了解自己孩子真实的遗传倾向，那么就绝不会选择怀上劳拉。他们的女儿是谢森对遗传病错误估计的受害者。而这个案件最不寻常之处或许就在于它对劳拉伤害的描述。在针对医疗差错的传统法律纠纷中，被告（通常是医生）往往会被指控因其错误导致患者死亡。可是帕克夫妇控告谢森的罪名却闻所未闻：这位产科医生"因其错误导致患者出生"。法院支持了帕克夫妇的主张，并且做出了具有里程碑意义的判决。法官认为："如果婴儿被确诊为先天畸形，那么父母有权选择是否终止它的生命。"某位评论员曾经指出："法院的裁决相当于宣布，保护即将出生的婴儿免于（遗传）异常侵害的权利是一项基本社会义务。"[29]

第三章

"干预，干预，再干预"

几千年来，大多数人对待生育的态度都是一种近乎无知的天真，全然不知自己冒着怎样的风险。现在我们必须对人类遗传的未来承担起历史的责任……而在此之前，我们从来没有考虑过在该领域进行医学干预。[1]

——杰拉尔德·利奇（Gerald Leach），《培育优秀的人类》（*Breeding Better People*），1970 年

新生儿在正式成人之前需要通过某些反映遗传天赋的测试。[2]

——弗朗西斯·克里克

约瑟夫·丹西斯不仅重塑了历史，同时还宣告了遗传学未来的发展方向。丹西斯主张，每位父母都有责任确保自己的孩子"不会成为社会负担"，或者说防止"遗传缺陷"发生是人类社会的一项基本义务。而任何一位接触过上述宣言的普通读者都能感受到这种重生的呐喊。如果从褒义的角度出发，那么这是优生学在 20 世纪后期转型的标志。早在 1910 年，英国优生学家悉尼·韦布（Sidney Webb）就已经在

不断强调"干预，干预，再干预"，但是直到 60 多年后，随着人工流产得到法律认可以及遗传分析科学的逐渐发展，新型优生学作为一种脱胎换骨的遗传"干预"手段才步入正轨。

为了撇清新型优生学与纳粹暴行的关系，支持者们迅速对此做出了正式回应。尽管我们不会忘记 20 世纪 20 年代美国推行的优生学政策以及 30 年代在欧洲进行的各种邪恶运动，但是新型优生学绝对不会采取强迫绝育、强制拘禁以及种族灭绝的手段。没有女性会被遣送到弗吉尼亚州的收容所，也不会再有专案法官用"弱智""愚钝"与"白痴"来划分人群，当然更不会有将染色体数量作为衡量个人品位标准的行为。新型优生学的支持者坚称，基因检测为胚胎选择奠定了基础，而这种标准化的手段具备客观严谨的特点。基因检测结果与接踵而至的疾病综合征之间存在必然的联系：例如，对于所有先天携带额外 21 号染色体或是缺少 X 染色体的儿童来说，他们将会或多或少地表现出某些唐氏综合征或特纳综合征的典型特点。在此需要特别强调的是，国家不会强制孕妇进行产前检查与选择性人工流产，同时不存在任何形式的集中命令，做出上述选择完全取决于个人意志。女性可以自行选择是否进行产前检查以及了解检查结果，即便在知道胚胎异常检查结果为阳性时，依然可以自行决定是否要终止妊娠。此时优生学已经化身为仁慈的象征，其捍卫者则将它称为现代优生学。

现代优生学与传统优生学之间的关键区别在于前者将基因作为选择的基本单位。对于英国的高尔顿、美国的普利迪以及纳粹的优生学家来说，他们认为只有根据表型（身体与精神特征）才能确保遗传选择顺利进行。然而由于这些特征非常复杂，因此想要了解它们与基因的关系并非易事。例如"智力"可能具有一定的遗传因素，但是很明显它是基因、环境、基因-环境交互作用、触发器、概率以及机遇共同作用的结果。因此，期望通过选择智力基因来实现聪明才智的想法并不现实，其难度堪比通过筛选"财富"基因来确保荣华富贵一样。

新型优生学的支持者坚持认为，他们与高尔顿和普利迪所采用的方法完全不同，科学家已不再将表型选择作为遗传性状的替代品。现在遗传学家可以通过检查胚胎的遗传组成来获得直接选择基因的机会。

※※※

对于现代优生学的众多粉丝来说，它已经摆脱了过去的邪恶烙印并在科学界破茧重生。20世纪70年代中期，其涉及的领域甚至达到了一个前所未有的高度。产前检查与选择性人工流产实现了个体化形式的"消极优生学"，而这也成为某种选择性防治遗传病的手段。当然与之密切相关的"积极优生学"也在努力拓展相同水平的发展空间，并且希望能够从中选择出优良的遗传属性。就像遗传学家罗伯特·辛斯海默（Robert Sinsheimer）所描述的那样："随着现有主流基因库的规模不断发展，传统优生学的局限性已经有目共睹。从理论上来讲，新型优生学可以按照最优遗传标准来改造人类的所有缺陷。"[3]

1980年，罗伯特·格雷厄姆（Robert Graham）在加利福尼亚州捐资兴建了一座精子库，而这位百万富翁的企业以开发防碎太阳镜著称。[4]该精子库声称其保存的精子来自世界上"最具聪明才智"的男性，并且只用来帮助健康伶俐的女性受孕。格雷厄姆将这里称为"精种选择储藏所"，他希望世界上的诺贝尔奖得主捐赠精子。威廉·肖克莱（William Shockley）不仅是发明硅晶体管的著名物理学家，也是为数不多的几位同意捐精的科学家之一。[5]或许大家都能猜到，为了确保格雷厄姆的精子能够如愿以偿地进入精子库，他会把自己描述为大器晚成的天才与"未来的诺贝尔奖得主"，然而时至今日位于斯德哥尔摩的诺贝尔奖委员会也没有承认这一点。格雷厄姆通过商业手段营造了极具诱惑的幻象，但是他的"冷冻乌托邦计划"并未受到大众的青睐。在接下来的10年里，这座储藏所仅为15位孩子的出生提供了精子。尽管其中大多数孩子的长期发展尚不得而知，但是时至今日他们之中没有人获得过诺贝尔奖。

虽然格雷厄姆的"天才银行"在一片嘲弄声中草草收场，但是它早期倡导的"精种选择"（个人应该能够自由地为自己的后代选择遗传性状）却为某些科学家津津乐道。使用精子库来储存天才遗传物质的想法显然非常幼稚，然而如果我们从展望未来的角度出发，那么从精子里挑选"天才基因"也是人类非常合理的期待。

那么如何挑选精子（或者卵子）才能让特定基因型得到增强表达呢？我们可以将新型遗传物质引入人类基因组吗？尽管目前推动积极优生学发展的精准技术手段尚不成熟，但是某些科学家认为这些技术难题在不久的将来就会迎刃而解。遗传学家赫尔曼·穆勒、进化生物学家厄恩斯特·迈尔（Ernst Mayr）与朱利安·赫胥黎（Julian Huxley）以及种群生物学家詹姆斯·克罗（James Crow）都是积极优生学最坚定的支持者。在优生学诞生之前，人类只能通过自然选择来实现有益基因型的筛选，同时它也要遵循马尔萨斯与达尔文残酷理论的规律：这里充满了各种形式的生存竞争，同时幸存者的筛选是个缓慢而冗长的过程。克罗写道，自然选择的过程"残酷、愚蠢并且低效"。[6]与之相反，人工遗传选择与基因操作则彰显了"健康、智慧与快乐"。在许多科学家的支持下，各路知识分子、作家与哲学家纷纷投入到这场运动中。其中弗朗西斯·克里克与詹姆斯·沃森都是现代优生学的忠实支持者。美国国立卫生研究院院长詹姆斯·香农（James Shannon）向国会表示，遗传筛查不仅是"医学界的道德义务，更是社会的重要责任"。[7]

当现代遗传学在美国以及国际上蓬勃兴起之时，其创始人开始竭尽全力将这项新兴运动与龌龊的过去做个了断，特别是与带有希特勒色彩的纳粹优生学划清界限。现代优生学家认为，在缺乏科学素养与极端政治路线这两项重大错误的影响下，德国的优生学已经坠入纳粹恐怖的深渊。伪科学被用来支撑伪政权，反过来伪政权也会推动伪科学。但是现代优生学将坚定不移地遵循科学严谨性与选择权相结合的原则，并且将在实际应用时避开这些陷阱。

　　科学的严谨性能够保证现代优生学不被纳粹优生学的邪恶理论污染。人们在评估基因型的时候将采取严格的科学标准，从而确保整个过程不受来自政府的干扰或命令。同时每一个步骤都要为自主选择留有余地，并且承诺产前检查与人工流产等优生选择完全出自个人意愿。

　　不过在批评家看来，传统优生学曾经被诟病的重要缺陷如今也同样令现代优生学千疮百孔。人类遗传学曾经为现代优生学的诞生注入了活力，但是对于这门新兴学科最强烈的批评声也恰恰源自这里。马克库斯克与他的同事们逐渐理清了思路，事实上人类基因与疾病之间交互作用的复杂程度要远超出现代优生学的范畴。其中唐氏综合征与侏儒症便是具有典型意义的案例。在唐氏综合征中，由于与众不同的染色体异常非常容易辨认，而且遗传病变与临床症状之间高度相关，因此将产前检查与人工流产用于干预唐氏综合征似乎合情合理。可是即便同样是唐氏综合征与侏儒症患者，携带相同突变基因的个体之间仍存在惊人的差异。对于大多数唐氏综合征患者来说，他们会出现严重的身体畸形、发育迟缓与认知障碍。然而不可否认的是，其中部分患者却具有较强的自理能力，他们可以在最小干预下实现基本生活自理。尽管细胞内出现额外染色体已属严重的遗传病，但是这种情况并非造成患者残疾的唯一因素。该染色体不仅会受到其他基因的影响，同时还会接受环境因素与整个基因组的修饰。疾病与健康并不是相互剑拔弩张的敌国，它们其实是不分彼此的亲密邻邦。

　　当然多基因遗传病的临床表现更为复杂，例如常见的精神分裂症和自闭症。众所周知，遗传因素在精神分裂症患者中起着重要作用，早期研究显示该病与多条染色体上的多个基因密切相关。那么如何通过负选择来彻底根除这些独立的遗传因素呢？如果导致精神障碍的基因变异所处的遗传或者环境因素发生了改变，那么其功能发生逆转后我们该如何解释这种现象呢？具有讽刺意味的是，作为格雷厄姆天才银行中声名最为显赫的捐献者，威廉·肖克莱本人也遭受着偏执症、攻击性行为与社交退缩症的折磨，几位传记作家则暗示他的表现属于某种表现亢奋的自闭症。如果我们将来有机会重新审视格雷厄姆的天才银行,那么包含所谓特殊基因的优质"天才样本"会在其他条件下成为致病因素吗?(反之亦然:如果"致病"基因变异可以促成天才,那么我们该如何应对呢?)

马克库斯克认为遗传学可以用"多元决定论"来解释,如果该理论肆无忌惮地被应用于人类选择,那么就会导致他所称的"遗传-商业"复合体出现。马克库斯克指出:"艾森豪威尔总统在任期即将结束时对军事-工业复合体的危险性做出了警告。而现在人们也需要对遗传-商业复合体的潜在危害保持清醒的头脑。随着各种用来检测遗传优劣的方法不断涌入市场,商业公司与麦迪逊大道上的推销员都开始紧张地忙碌,他们多少会对选择自身配子(形成受精卵的精子或卵子)孕育后代的夫妻的价值判断产生影响。"[8]

1976年,马克库斯克的担忧似乎很大程度上仍停留在理论阶段。尽管人类中受基因影响的疾病数目还在以指数形式增长,但是其中大部分致病基因的身份尚未得到确认。20世纪70年代末期,基因克隆与基因测序技术横空出世,它们可以从人体中成功识别出上述基因,并且为疾病诊断提供了预测手段。由于人类基因组由30亿个碱基对组成,单个致病基因突变可能只会改变基因组中的某一对碱基,因此对全部基因进行克隆与测序来筛选突变的方法并不现实。为了寻找致病基因,我们需要将目标定位于或局限在基因组中某个较小的范围内。当然这也恰好遭遇现有技术的短板:尽管人体内的致病基因看似数量众多,但是想从浩瀚的基因组中找到它们谈何容易。就像某位遗传学家所描述的那样,人类遗传学正身陷"大海捞针"[9]的窘境。

1978年,解决人类遗传学"大海捞针"难题的机缘不期而至,这使得遗传学家能够定位与克隆人类致病基因。而这次巧遇带来的后续发现也成为人类基因组研究的重要转折点。

第四章

基因定位

斑驳万物荣归上帝。[1]

——杰勒德·曼利·霍普金斯（Gerard Manley Hopkins），

《斑驳之美》（*Pied Beauty*）

我们突然遇到一对身材高挑且骨瘦如柴的母女，她们在弯腰扭身的同时流露出痛苦的表情。[2]

——乔治·亨廷顿（George Huntington）

1978 年，两位遗传学家受邀前往位于盐湖城的犹他大学参加研究生论文评审，他们是来自麻省理工学院的戴维·博特斯坦（David Botstein）与斯坦福大学的罗恩·戴维斯（Ron Davis）。[3] 本次会议在距离盐湖城只有几英里远的瓦萨奇山阿尔塔镇举行。就在博特斯坦与戴维斯感觉到索然无味时，突然有一个报告同时引起了他们二人的共鸣。该项目由研究生克里·克拉维茨（Kerry Kravitz）与导师马克·斯科尔尼克（Mark Skolnick）完成，而他们当时正在竭尽全力寻觅引起遗传性血色素沉着症（hemochromatosis）的致病基因。血色素沉着症自古以来就为医学界所熟知，病因是调节肠道铁吸收的基因发生了突变。随着血色素沉着症患者吸收大量铁元素，他们的身体也将逐渐出现铁负荷过量。肝脏与胰腺会出现功能障碍，皮肤也会变成青铜色甚至灰白色。血色素沉着症患者的器官将无一幸免，其身体仿佛变成一座铁矿山，就像《绿野仙踪》里的铁皮人，最终组织变性、器官衰竭并且导致死亡。

对于克拉维茨与斯科尔尼克来说，他们要挑战的这个难题尚处于遗传学研究领域的空白。到 20 世纪 70 年代中期，人类已经鉴别出成千上万种遗传病，其中就包括血色素沉着症、血友病以及镰刀形红细胞贫血症。不过发现了疾病的遗传属性并不等于确认了真正的致病基因。例如，血色素沉着症的遗传模式清晰地说明它属于某种单基因遗传病，可是该突变基因在患者体内却表现为隐性遗传，也就是说只有两个缺陷基因（分别来自父母双方）同时存在才会致病。然而这种遗传模式并未告诉我们血色素沉着症基因的本质与功能。

为了鉴别血色素沉着症基因的位置，克拉维茨与斯科尔尼克设计了一种精妙绝伦的解决方案。寻找致病基因的首要步骤是对染色体上某个特殊的区域进行"定位"：只要在特定染色体上确认了该基因的物理位置，那么便可以运用标准克隆技术完成分离、测序与功能验证。克拉维茨与斯科尔尼克推断，如果想要明确血色素沉着症基因在染色体上的位置，那么他们需要借助基因连锁的属性来进行分析。

现在让我们梳理一下整个实验的思路。假如血色素沉着症基因位于 7 号染色体，而在同一条染色体上的相邻基因可以决定头发质地（直发、微卷发、卷发以及波浪发）。假设在进化史上某个遥远的时刻，血色素沉着症缺陷基因出现在具有卷发的个体之中。那么父母每次将这个祖先基因遗传给后代时，卷发基因都会跟它一起如影随形：由于上述两个基因位于相同的染色体上，同时此类遗传物质的载体极少出现断裂，因此即便是这两个基因的变异体也不会分离。虽然这种关系可能在一代人中尚不明显，但是在历经几代人之后就可以得出某种统计学模式：该家族中具有卷发的孩子更有可能罹患血色素沉着症。

克拉维茨与斯科尔尼克的研究也得益于这个逻辑推理。通过分析犹他州许多具有错综复杂血缘关系的摩门教徒谱系档案，他们发现血色素沉着症基因在遗传时与某个免疫应答基因连锁，而后者拥有多达几百种变异体。[4]鉴于早期研究已将该免疫应答基因定位于6号染色体，因此这就意味着血色素沉着症基因必定也潜伏在这条染色体上。

细心的读者可能会对此提出异议并且认为以上案例先入为主：血色素沉着症基因碰巧与相同染色体上的某个基因连锁，而该基因既容易辨别又具有高度的变异性状。不过这样的性状确实极为罕见。这种免疫应答蛋白存在多种易于识别的变异体，同时编码该蛋白的基因恰好与斯科尔尼克的目的基因比肩而立，因此这种幸运着实可遇而不可求。如果要使用同样的方法为其他基因定位，那么人类基因组中就需要分布着各式各样容易辨认的标记物，这岂不是相当于在染色体上均匀地设置好明亮的路标吗？

然而博特斯坦心里非常清楚，这种路标很可能就存在于染色体中。在经历了几个世纪的进化之后，人类基因组已经可以让DNA序列产生成千上万个微小的变异。而这些序列变异被称为"多态性"，也就是"多种形式"的意思。实际上它们与等位基因或变异体非常相似，只不过自身并不需要出现在基因中，它们可能就存在于两个基因之间的长段DNA或者内含子中。

我们可以把这些序列变异想象成分子版的眼睛或皮肤的颜色，而它们在人群中有成千上万种变化形式。某个家族成员的染色体可能会在特定位置携带一段ACAAGTCC序列，另一个家族成员在同样的位置则是一段AGAAGTCC序列，它们之间仅仅是一个碱基对的区别。[1]与头发颜色或者免疫应答不同的是，这些序列变异无法通过肉眼观察。

---

[1]　1978年，另外两名研究者简悦威（Y. Wai Kan）与安德里·多则（Andree Dozy）在镰刀形红细胞贫血症基因附近发现了一种DNA多态性，并且利用它追踪患者体内镰刀形红细胞贫血症基因的遗传规律。70年代末期，梅纳德·奥尔森（Maynard Olson）与同事们也根据DNA多态性描述了基因定位的方法。[5]

它们不会引起表型改变，甚至不会影响到基因的功能。虽然它们不能通过常规的生物或物理性状进行区分，但是精细入微的分子技术可以提供鉴别的手段。例如，某个可以识别 ACAAG 但不可识别 AGAAG 序列的 DNA 剪切酶或许可以分辨出特定的序列变异。

※※※

20 世纪 70 年代，当博特斯坦与戴维斯首次从酵母菌与细菌基因组中发现 DNA 多态性时，他们二人还不知道这种现象能有什么用处。[6] 与此同时，他们发现人类基因组中也散布少量多态性，不过这些人类变异序列的规模与位置尚不明确。诗人路易斯·麦克尼斯（Louis MacNeice）曾经感同身受地写下"心醉神迷迥然不同"的佳句。[7] 对于某位处于微醺状态的遗传学家来说，只要他想到人类基因组中到处都随机散布着微小的分子变异（就像遍布全身的雀斑），那么就会有种愉悦的感觉划过脑海，可是我们很难想象此类信息能发挥什么作用。或许这种现象还停留在华而不实的阶段，展现在眼前的只是一幅布满雀斑的地图。

然而就在犹他州的那个上午，博特斯坦在听完克拉维茨的报告后脑海中突然灵光乍现：如果人类基因组中存在上述变异的基因路标，那么只要将某个遗传性状与这种变异连锁在一起，就可以大致确定任意一个基因在染色体上的位置。这种像雀斑一样分布的遗传标记地图潜力巨大，它可以用来绘制反映基因位置的大体解剖图。多态性相当于基因组内部的全球导航系统，我们可以通过某个基因与序列变异的关系实现精准定位。到了午餐时分，博特斯坦已经兴奋得快要跳起来了。为了定位血色素沉着症基因，斯科尔尼克花了 10 多年来寻觅那个免疫应答标记物。博特斯坦对斯科尔尼克说："我们可以给你提供各种所需的标记物……它们会布满整个基因组。"[8]

博特斯坦意识到，定位致病基因的关键步骤不是寻找基因而是要找到目标人群。如果某个人数足够庞大的家族成员携带有任意相同的遗传性状，并且假设该性状可以与散布在基因组中的任意一种变异标记物相关联，那么基因定位的工作将变得易如反掌。对于罹患囊性纤维化的家族成员来说，如果他们全部"共同继承"了某些变异的 DNA 标记物，并且这些所谓的 X-变异体就位于 7 号染色体的顶端，那么囊性纤维化基因也应该距离此处不远。

1980 年，博特斯坦、戴维斯与斯科尔尼克将基因定位的概念发表于《美国人类遗传学杂志》（*American Journal of Human Genetics*）。博特斯坦写道："我们为描绘人类基因组遗传图谱提供了新方法。"[9] 这项内容古怪的研究隐藏在某本名不见经传的杂志中，字里行间充斥着统计学数据与数学公式，而这不由让人联想起当年孟德尔那篇遗传学经典之作。

由于上述研究的内容非常新颖，因此需要人们逐渐理解其深刻内涵。我之前曾经说过，遗传学发展的关键在于概念转变，其间历经了从统计性状到遗传单位以及从基因到 DNA 的变迁。如今博特斯坦同样也实现了重要的概念转变，他将染色体描绘成遗传生物特征的人类基因分布图。

※※※

1978 年，心理学家南希·韦克斯勒（Nancy Wexler）了解到博特斯坦关于基因定位的概念。之所以韦克斯勒会关注此项研究，是因为她自己的亲人曾经深受其害。1968 年夏季，当时韦克斯勒年仅 22 岁，她的母亲莉奥诺·韦克斯勒（Leonore Wexler）在洛杉矶驾车时被警察拦下，理由是不遵守交通规则。莉奥诺并没有酒后驾车，她当时正遭受着不明原因抑郁症的折磨，可能突然就会出现情绪波动与行为异常，甚至还有一次曾经试图自杀，但是没有人意识她患有生理上的疾病。保罗与西摩是莉奥诺的两位兄弟，他们曾经是纽约某个摇摆

乐团的成员。20 世纪 50 年代，二人被诊断为患有一种叫作亨廷顿病
（Huntington's disease）的罕见遗传综合征。莉奥诺另一个兄弟杰西则
是个喜爱魔术的推销员，而他在表演魔术时发现自己的手指会不自主
地抖动。最终杰西也被诊断为亨廷顿病。虽然他们的父亲亚伯拉罕·萨
宾（Abraham Sabin）于 1926 年死于亨廷顿病，但是莉奥诺一直认为自
己会幸免于难。到了 1968 年 5 月，当莉奥诺去看神经科医生的时候，
她已经开始出现痉挛性抽搐与舞蹈样动作，并且最终也被诊断为亨廷
顿病。

　　19 世纪 70 年代，来自美国长岛的乔治·亨廷顿医生首次报道了
此类患者，而该病也因此得名为亨廷顿病。亨廷顿病曾经被称作亨廷
顿舞蹈症（Huntington's chorea），其中 chorea 在希腊语里是"舞蹈"
的意思。当然，这种"舞蹈"与正常意义上的舞蹈大相径庭，这种毫
无乐趣可言的病态模仿只是大脑功能失调的一种临床表现。通常来说，
如果患者通过遗传获得了显性亨廷顿基因，也就是说只需要一个基因
拷贝就可以导致亨廷顿病，那么他们在三四十岁之前并不会出现神经
系统症状。患者起初可能只是偶尔经历情绪波动或者出现社交退缩的
微弱迹象，然后他们的身体会出现难以察觉的轻微抽动，例如抓取物
体会变得很困难，手指无法拿住酒杯与手表，就连肢体动作也逐渐演
变为抽搐与痉挛。最终患者全身出现不自主的"舞蹈"动作，仿佛突
然间开启了魔鬼的音乐。他们的四肢运动完全不受控制，身体会摆出
各种扭曲与弧形的姿态，并且还经常被不时出现的晃动打断，这种过
程"就像在观看某个巨型木偶表演……而真正的操纵者其实就隐身于
幕后"[10]。该病发展至晚期会出现深度认知能力减退合并运动功能几近
完全丧失。患者最终将在"舞蹈"的陪伴下死于营养不良、痴呆或者
感染。[11]

　　造成亨廷顿病患者预后不良的原因部分在于它起病时间较晚。亨
廷顿基因携带者到了三四十岁才发现自己的宿命，而彼时他们已经为
人父母。该病就以这种方式躲过了残酷的进化并悄然蛰伏在人体中：

自然选择甚至还没来得及清除致病基因，它就已经传递至下一代。由于每位亨廷顿病患者都具有一份正常拷贝与一份突变拷贝基因，因此其子女的患病概率为50%。对于这些孩子来说，他们的生命将陷入一场残酷的赌局。正如某位遗传学家所描述的那样，这只是一场"等待症状发作的游戏"。[12] 某位患者曾经写下面对这种茫然无助时惊恐万状的感受："我不知道灰色的世界何时才是尽头，也不敢想象等待我的是何种更加悲惨的命运……而我只是这个恐怖游戏中束手就擒的玩家，眼睁睁地等着疾病发作与肆虐。"[13]

※※※

南希的父亲米尔顿·韦克斯勒（Milton Wexler）是洛杉矶的一名精神病学家，他在1968年将妻子的诊断透露给两个女儿。[14] 尽管南希与爱丽丝那时还没有症状，但在没有进行任何基因检测的前提下，她们二人都有50%的概率患病。米尔顿·韦克斯勒告诉女儿："你们每个人都有二分之一的概率得这种病。而且一旦确诊，你们的孩子也会有二分之一的概率得病。"[15]

南希·韦克斯勒回忆道："当时我们姐妹俩紧紧抱在一起失声痛哭，我根本无法忍受这种坐以待毙的感觉。"

米尔顿·韦克斯勒在当年成立了一家叫作遗传病基金会的非营利机构，致力于资助有关亨廷顿病与其他罕见遗传病的研究。[16] 韦克斯勒认为，寻找亨廷顿病的致病基因才是诊断、治疗以及治愈的基础。这将让他的女儿们掌握预测的手段，并且提前为疾病的到来做好准备。

与此同时，莉奥诺·韦克斯勒已逐渐病入膏肓，就连说话也开始不由自主地变得含糊起来。她的女儿回忆道："新鞋买来没穿上多长时间就会磨坏。在疗养院的时候，她所坐的椅子就位于床与墙壁之间的狭小空间里。无论椅子摆放在何处，她的身体在持续运动中发出的力量都会把它推向墙壁，直到她的头撞上墙面才被迫停下来……持续运动会使亨廷顿病患者日渐消瘦，他们的体重与症状加深呈反比关系，而其中的原委并没有人能说清楚，因此我们也试图增加她的体重……她曾经面露欣喜地在半小时内吃掉了一磅土耳其软糖。可惜她的体重并未增加，反倒是我长胖了。我陪着她一起胡吃海塞，只有这样才能忍住悲伤。"[17]

1978 年 5 月 14 日，莉奥诺离开了人世。[18] 1979 年 10 月，也就是在母亲去世 17 个月之后，南希在华盛顿参加了一场遗传学研讨会，她正是在此听说了博特斯坦的基因定位技术。[19] 由于该技术在很大程度上还停留在理论阶段，并且当时还没有成功定位人类基因的先例，因此使用它来寻找亨廷顿基因更是遥不可期。毕竟这项技术的关键在于疾病与标记物之间的关联程度：只有在患者数量充足以及关联程度非常密切时，遗传图谱才能更加精确地反映真实情况。可是在整个美国仅有零星分布的几千名亨廷顿病患者，而这看上去并不符合基因定位技术所需的必备条件。

即便如此，南希·韦克斯勒脑海中有关基因定位的画面也始终挥之不去。就在几年之前，米尔顿·韦克斯勒从一位委内瑞拉神经病学家口中得知，委内瑞拉马拉开波湖（Lake Maracaibo）沿岸的巴兰基塔斯（Barranquitas）与拉古内塔斯（Lagunetas）村亨廷顿病发病率非常高。那位神经病学家曾拍摄过一部模糊不清的黑白影片，米尔顿·韦克斯勒从中看到有十几位村民摇摇晃晃地走在街上，画面中人们的四肢在不由自主地颤抖着。他据此认定这个村子里存在大量的亨廷顿病患者。南希·韦克斯勒推断，只有获取这些委内瑞拉患者的基因组标本，博特斯坦发明的基因定位技术才有可能起效。虽然巴兰基塔斯村距离洛杉矶有几千英里之遥，但是南希寻找家庭成员致病基因的希望就寄托在此。

1979 年 7 月，韦克斯勒启程前往委内瑞拉去追踪亨廷顿基因。她写道："我曾经在人生中做出过几次重大抉择，而只有这一次让我感到忐忑不安。"[20]

※※※

初次来到巴兰基塔斯的访客刚开始可能不会注意到这里的村民有任何特殊之处。[21] 某位男子从尘土飞扬的小路上走来，他的身后跟着一群赤膊的儿童。另有一位瘦弱的黑发女子正从铁皮屋顶的窝棚里钻出来，她穿着碎花裙子走向集市。此外还有两位男子相对而坐，他们正在闲聊与打牌中消磨时光。

不过这些最初的正常印象旋即原形毕露。前面那位男子走路时的步态看上去极不自然。他每走几步身体就会剧烈抽动一下，其间手部还不时会在空中画出蜿蜒的弧形。他突然浑身抽搐着冲向路边，随后又挣扎着让自己回到原来的路线，有时他的面部肌肉在收缩时还令其表现为眉头紧锁。那位女子的双手也在抽搐中扭动，同时还围绕身体在空中画出半圆。她体形羸弱且流着口水，已经出现进行性痴呆的症状。至于那两位闲聊的男子，其中一位突然冲上去把对方紧紧抱住，等风平浪静后他们继续聊着前面的话题，好像什么都未曾发生过。

20 世纪 50 年代，当委内瑞拉神经病学家亚美利哥·内格瑞特（Américo Negrette）第一次来到巴兰基塔斯时，他还以为自己在这里遇见的村民全都是酒鬼。不过他很快就意识到自己错了：对这些表情痴呆、面部痉挛、肌肉萎缩以及出现不自主运动的人来说，他们所有的神经系统症状均源自亨廷顿病。这种遗传病在美国非常罕见，发病率大约在万分之一左右。相比之下，在巴兰基塔斯村与毗邻的拉古内塔斯村部分地区，亨廷顿病患者或者基因携带者的数量高达 2 000 人，平均每 10 人到 20 人中就有一人患病。[22] 据报道，他们体内的致病基因均来自一位叫玛利亚·康塞普西翁（María Concepción）的女性，尽管她的名字看上去很奇怪，但是在此却非常贴切（concepción 在西班牙语里是怀孕的意思），她养育的后代成为 19 世纪以来上述村落中首个携带突变基因的家族。亨廷顿病在这里可谓无处不在，以至于当地人将其称为魔鬼（西班牙语 el mal）。

※※※

1979 年 7 月，韦克斯勒来到马拉开波湖。她先是从当地雇了八位工人，然后沿湖畔冒险进入这些讲西班牙语的村落，并且开始记录患者与正常人的家族谱系（尽管韦克斯勒原先只是一位临床心理学家，但是那时她已经成为世界上研究亨廷顿病与神经退行性疾病的顶级专家之一）。她的助手回忆道："那里根本无法开展研究工作。"韦克斯勒在当地建立了一个临时性流动诊所，以方便神经病学家在确诊患者的同时完成症状描述，并且顺便为他们提供科普宣传信息与支持性治疗。韦克斯勒对携带两个致病基因拷贝（纯合子）的人群非常感兴趣，此类个体的父母也必须是亨廷顿病患者。某天清晨，一位当地渔民带来了重要线索：他知道在距离湖边大约两小时路程的地方有一片水上棚屋，那里有许多家庭正在遭受魔鬼的摧残。那么韦克斯勒愿意冒险穿过沼泽前往此处一探究竟吗？[23]

她当然不会错失这个良机。第二天，韦克斯勒与两名助手乘船驶向这个水上村落。他们忍受着闷热的天气在河汊里转了好几个小时，终于在某个水湾的拐角处看到了一位村妇，她身着棕色图案的连衣裙正盘腿坐在门口。小船的到来显然惊动了那位女性，她在起身走进房间的途中突然表现出亨廷顿病特征性的舞蹈样动作。就在这片远离家乡的土地上，韦克斯勒亲眼见到了令人心痛的病态舞姿。她回忆道："这是一种似曾相识的碰撞，我感到既熟悉又陌生，简直无法控制内心的激动。"[24]

片刻之后，就在韦克斯勒驾船驶入村落腹地时，她发现一对躺在吊床上的夫妇正在摇摆之间兴奋地手舞足蹈。村子里共有 14 名成人，他们全部是亨廷顿病患者与基因携带者。[25]当韦克斯勒采集了他们以及子女的信息之后，其记载的家族谱系资料便迅速丰富起来。只用了几个月，她就已经整理出一份包含有数百位亨廷顿病患者的名单。[26] 在接下来的日子里，韦克斯勒组建了一个包括专业医生与护士在内的团队，他们深入这些零星分布的村落逐一收集患者血液样本。随后这些血样被送往波士顿麻省总医院詹姆斯·古塞拉（James Gusella）与印第安纳大学遗传学家迈克尔·康奈利（Michael Conneally）的实验室。

在波士顿，古塞拉用酶把从血液细胞中提纯出的 DNA 切断，然后试图找出一个与亨廷顿基因连锁的变异序列。而康奈利的研究小组则对数据进行了统计分析，并且通过量化手段来了解 DNA 变异与亨廷顿病之间的联系。原本这个三方团队预计工作不会开展得那么顺利，毕竟需要筛选成千上万个多态变异序列，但是他们很快就有了惊人的发现。1983 年，也就是在收到血样后仅仅 3 年，古塞拉的团队碰巧发现一段位于 4 号染色体的变异 DNA 与亨廷顿病密切相关。值得注意的是，古塞拉的团队也给一群人数要小得多的美国亨廷顿病患者采集了血样，他们同样在其中发现了 4 号染色体上与亨廷顿病密切相关的 DNA 标记。[27] 由于上述两个独立人群表现出相似的内在联系，因此可以说该病与遗传关联的事实确凿无疑。

1983 年 8 月，韦克斯勒与古塞拉在《自然》杂志发表论文，他们明确指出亨廷顿基因就位于 4 号染色体上的一处远端位点——4p16.3。[28] 人们对于此处基因组的结构非常陌生，甚至可以说是研究领域的荒野，这里仅发现了少数几个不知名的基因。在遗传学家眼中，这就像是船舶突然搁浅在废弃的滩头，放眼望去却找不到任何可供参考的标志物。

※※※

运用连锁分析确定基因染色体定位相当于从外太空观察地球上的某个大都市：虽然该方法可以让基因定位的精确度得到极大提升，但是距离找到真正的基因仍有很长一段路要走。接下来，我们还需要使用更多的连锁标记物来改进遗传图谱，然后逐步将基因定位至最小的染色体区块中。既往粗犷的遗传学研究方法已经落伍，取而代之的是更为精准的全新手段。

基因定位的最后阶段非常烦冗复杂。携带有可疑罪犯基因的染色体片段将被继续细分成节，当这些染色体片段从人类细胞中分离出来后，它们会被嵌入到酵母菌或细菌的染色体中进行克隆。这些完成克隆的染色体片段将接受测序与分析，然后研究人员会对这些经过测序的片段进行基因扫描，从而确定该片段中是否含有潜在基因。研究人员将不断重复与精炼上述过程，其中每个染色体片段都要接受测序与复验，直到在某段单一 DNA 片段上识别出候选基因为止。[29] 检验的终极环节是对正常人与患者体内的同种基因进行测序，并且以此来确定遗传病患者体内该基因片段是否发生改变，可以说该过程就像是挨家挨户搜捕犯罪嫌疑人。

※※※

1993 年 2 月某个阴冷的早晨，詹姆斯·古塞拉收到一名资深博士后研究员发来的电子邮件，通篇内容言简意赅："成功了！"而这也意味着此项研究终于瓜熟蒂落。自 1983 年古塞拉的团队首次将亨廷顿基因定位于 4 号染色体开始，他与另外 58 名科学家为了寻找亨廷顿基因顽强拼搏了 10 年。他们曾经尝试过各种分离基因的捷径，但却总是无功而返。由于在研究早期阶段爆发出的灵感早已耗尽，因此他们只得沮丧地采取逐个基因筛选的传统方法。1992 年，他们逐步聚焦于一个最初被命名为 *IT15*（interesting transcript 15）的基因，随后它被重新命名为"亨廷顿基因"。

IT15 编码的蛋白质体型巨大，它是一个含有 3 144 个氨基酸的生化怪兽，其分子量在人体内几乎高居各种蛋白质的榜首（胰岛素仅有 51 个氨基酸）。就在那个 2 月的清晨，古塞拉的博士后完成了正常对照组与亨廷顿病患者的 *IT15* 基因测序。在统计了测序凝胶中的条带数

目后，她发现患者与正常亲属之间存在明显的差别，于是就这样找到了候选基因。

当古塞拉给韦克斯勒打电话的时候，她正准备再次启程前往委内瑞拉采集样本。韦克斯勒在听到这个消息后感到不知所措，激动的泪水抑制不住夺眶而出。她告诉一位记者："我们成功了，我们成功了。这就是走出黑夜之前需要经历的漫长旅程。"[30]

※ ※ ※

尽管亨廷顿基因已经找到，但是其蛋白质的功能仍不为人所知。正常的亨廷顿蛋白质存在于神经元与睾丸组织中，并且大脑在发育时也需要这种蛋白质。然而导致亨廷顿基因发生突变的原因却颇为神秘。正常亨廷顿基因中包含有一段高度重复的 DNA 序列 CAGCAGCAGCAG……而这种单调的重复序列数量平均为 17 个（某些人为 10 个，而另一些人可能会达到 35 个）。亨廷顿病患者体内发现的基因突变十分怪异。镰刀形红细胞贫血症的病因源自蛋白质中的某个氨基酸发生突变，可是在亨廷顿病患者体内，发生突变的部位并不是一两个氨基酸，其原因在于亨廷顿基因重复序列的数量增加，从正常基因中小于 35 个增长到突变基因中大于 40 个。重复序列数量增多延长了亨廷顿蛋白的尺寸。此类延长的蛋白质将在神经元中被切割成碎片，并且在细胞内日积月累缠绕成团，这可能是导致细胞死亡与功能障碍的症结。

虽然只是亨廷顿基因中的重复序列的数量发生了改变，但是造成这种奇特"断续"结构的原因却令人百思不得其解。这也许与基因复制时发生的错误有关，DNA 复制酶可能在重复序列片段中加入了多余的 CAG 碱基，就像小孩在拼写单词 Mississippi 时多写了一个字母 s。亨廷顿病在遗传时有一个非常显著的特征叫作"早发"现象：亨廷顿病家族患者体内的重复序列数量将逐代增多，其结果就是致病基因将出现 50 个或 60 个重复序列（就像那个出现拼写错误的孩子，还在不停在 Mississippi 中添加 s）。[31] 随着致病基因中的重复序列数目与日俱增，亨廷顿病患者的症状将会逐渐加重，同时其家族成员的起病年龄也出现低龄化趋势。研究人员在委内瑞拉甚至发现了年仅 12 岁的患者，其中某些患者携带的亨廷顿基因含有 70 个或 80 个重复序列。

※※※

戴维斯与博特斯坦发明的基因定位技术以其在染色体上的物理位置为基础，而这个后来被称为定位克隆的方法也标志着人类遗传学走入新纪元。1989 年，该技术被用于鉴定囊性纤维化（这种严重危害人体健康的疾病可以累及肺、胰腺、胆管以及肠道等器官）的致病基因。尽管导致亨廷顿病的突变基因在人群中非常罕见（在委内瑞拉出现的聚集性患者实属例外），但是引起囊性纤维化的突变基因却较为常见：平均每 25 个欧洲后裔中就有一人携带这种突变。只具有单个突变基因拷贝的个体并不会出现症状。如果两个无症状携带者结为夫妻，那么他们生下的孩子携带两个突变基因的可能性为四分之一。而遗传两份突变囊性纤维化基因拷贝将会导致患者死亡。此外，某些突变基因的外显率接近 100%。截至 20 世纪 80 年代，携带两份突变等位基因拷贝的青少年平均寿命为 20 岁。

几个世纪以来，人们一直怀疑囊性纤维化与盐和分泌物异常有关。1857 年，瑞士出版了一本有关儿童歌谣与游戏的年鉴，提醒人们要注意那些"眉毛舔起来有盐味"的儿童的健康问题。[32] 患有囊性纤维化的儿童会通过汗腺分泌大量盐分，如果把汗水湿透的衣服搭在金属晾衣绳上，那么其对金属产生的腐蚀作用与海水相仿。由于患者肺部排出的分泌物过于黏稠，因此一口痰咳上不来就可以阻塞呼吸道。此外充满痰液的呼吸道也将成为细菌滋生的温床，并且经常会导致患者出现致命性的肺炎，而这也是患者死因中最常见的并发症之一。囊性纤维化的发展过程非常恐怖，患者的身体将淹没在自己排出的分泌物中，他们最终会以悲惨的结局离开人世。1595 年，莱顿大学某位解剖学教授记录了患儿死亡后的情况："打开心包之后，可以看到心脏漂浮在海绿色的毒液中，直接的死因来自其体内异常肿胀的胰腺……这位可怜的小姑娘非常瘦弱，她的能量被阵发性的持续潮热消耗殆尽。"[33] 根据以上描述，我们现在几乎可以断言，他记录的就是囊性纤维化病例。

1985 年，在多伦多工作的人类遗传学家徐立之（Lap-Chee Tsui）发现了一个"匿名标记"，而这就是博特斯坦在基因组中发现的 DNA 变异序列，他发现这个 DNA 标记与突变的囊性纤维化基因连锁出现。[34] 虽然上述标记很快就被定位于 7 号染色体，但是囊性纤维化基因却仍旧迷失在染色体的荒野中。为了寻找囊性纤维化基因，徐立之开始逐步缩小可能的目标区域。随后，密歇根大学的人类遗传学家弗朗西斯·柯林斯（Francis Collins）与同样来自多伦多的杰克·赖尔登（Jack Riordan）也加入了这场围猎。柯林斯对标准基因捕获技术进行了巧妙的改进。以往在进行基因定位时，研究人员通常采用的是染色体"步移"法，也就是按照先后顺序与重叠情况逐个克隆 DNA 片段。这种传统方法着实耗时费力，就像人们在攀爬绳索时双手不停地在交替换握。而柯林斯采用了染色体"跳查"法，这样他就可以越过染色体上那些不易被克隆的区段。

到了 1989 年春季，柯林斯、徐立之与赖尔登已经利用染色体跳查技术将几个候选基因锁定在 7 号染色体上。[35] 他们当下的任务就是进行基因测序与身份识别，然后明确导致囊性纤维化基因功能改变的突变位置。那年夏季，徐立之与柯林斯来到贝塞斯达参加一个关于基因定位的研讨会。虽然当天夜里大雨滂沱，但是他们却默默地守候在传真机旁边，等待柯林斯实验室的博士后将基因测序的结果发过来。随着机器吐出一沓打印有各种晦涩 DNA 序列（ATGCCGGTC）的纸张，柯林斯终于不负众望找到了囊性纤维化基因：患儿体内持续存在两份突变基因拷贝，而他们未患病的父母仅携带一份突变基因拷贝。

　　囊性纤维化基因可以编码一种协助电解质跨膜转运的分子。该基因最常出现的突变类型是 DNA 中出现三个碱基缺失，从而导致蛋白质中某个氨基酸（按照基因语言，DNA 上的三个碱基编码一个氨基酸）缺失。上述氨基酸的缺失将造成蛋白质功能障碍，无法实现氯离子（食盐就是由氯化钠组成的）的跨膜转运。由于汗液中的盐不能被重新吸收至体内，因此会出现特征性的高盐汗液。同时人体向肠道分泌电解质与水分的功能也出现异常，进而出现各种腹部症状。[1]

　　对人类遗传学家来说，成功克隆囊性纤维化基因具有划时代的意义。几个月之后，用于检测突变等位基因的诊断试验就闪亮登场了。到了 20 世纪 90 年代早期，人们不仅可以对携带者进行突变基因筛查，还可以对子宫内的胎儿进行常规诊断，而这也让父母有机会考虑是否为受累的胎儿实施人工流产，或者能够从孩子身上发现早期囊性纤维化的临床表现。由于"携带者夫妻"的父母都拥有至少一份突变基因拷贝，因此他们可以选择不生育或者考虑领养子女。在过去 10 年间，随着针对父母的靶向筛查与胚胎诊断得到联合应用，对于那些突变等位基因出现频率最高的人群来说，其先天性囊性纤维化的发病率降低了大约 30% ~ 40%。[36] 1993 年，纽约某家医院开展了为阿什肯纳兹犹太人筛查三种遗传病的大胆研究，其中就包括囊性纤维化、戈谢病与泰伊-萨克斯二氏病（这三种基因在阿什肯纳兹犹太人群中具有较高的突变率）。[37] 父母可以选择是否进行筛查，或者为明确产前诊断而进行羊膜穿刺，以及在发现胎儿受累的情况下终止妊娠。自该项目实施以

---

[1]　虽然欧洲人中囊性纤维化基因的突变率很高，但是遗传学家对于导致这种情况的原因却困惑了数十年。如果说囊性纤维化是一种致命性疾病，那么为何它没有在进化选择的过程中被淘汰出局呢？最近的研究结果提出了一种颇具争议的理论：霍乱可能会为突变的囊性纤维化基因提供选择性优势。霍乱可以引发患者出现严重的难治性腹泻，并且导致其出现急性水、电解质丢失，而上述改变又将使患者出现脱水、代谢紊乱甚至死亡。对于仅携带一份突变囊性纤维化基因拷贝的霍乱患者来说，其体内水、电解质跨膜丢失的程度相对较轻，并且可以缓解那些严重并发症的程度（可以通过转基因小鼠证实）。该研究证实，基因突变对人体产生的影响具有双面性与条件性的特点，其中携带一个拷贝可以起到积极作用，而出现两个拷贝将导致患者死亡。根据以上研究结果，携带一份突变囊性纤维化基因的个体可能会在欧洲霍乱流行期间幸免患病。当这样的两个个体结合后，他们的孩子出现囊性纤维化（携带两份突变基因）的概率为四分之一。然而即便如此，选择性优势已经足以使突变囊性纤维化基因在人群中延续下去。

来，以上三种遗传病就在这家医院出生的新生儿中绝迹。

※※※

1971 年，伯格与杰克逊构建了第一个重组 DNA 分子。到了 1993 年，人们成功分离出亨廷顿基因。现在我们非常有必要将在此期间遗传学实现的转换进行系统梳理。尽管在 20 世纪 50 年代末期，DNA 已经被确认是遗传学的 "主控分子"，但是当时却没有任何手段可以对它进行测序、合成、改变或操作。除了为数不多的几个知名案例以外，人类疾病的遗传基础在很大程度上仍是一个未知数。当时致病基因被明确定位的人类疾病只有寥寥几种，其中就包括镰刀形红细胞贫血症、地中海贫血以及 B 型血友病。而当时临床上唯一可行的遗传学干预手段就是羊膜穿刺与人工流产。虽然科学家已经从猪内脏与人血中分离出胰岛素与凝血因子，但是没有人能利用基因工程制造出治疗疾病的药物。人类基因从来不会主动在人类细胞以外的地方进行表达。为了实现改变生物体基因组的目的，人们可以采用引入外源基因或者使内源基因发生突变的方法，而它们产生的影响要远远超出任何其他技术所能达到的范围。如果我们查阅那个年代出版的牛津词典，那么根本找不到 "生物技术" 一词。

仅仅 20 年之后，遗传学就发生了巨大的变化：人类已经实现了基因的定位、分离、测序、合成、克隆与重组。与此同时，基因还可以进入细菌细胞与病毒基因组，并且用于生产治疗疾病的药物。就像物理学家与历史学家伊夫林·福克斯·凯勒（Evelyn Fox Keller）所说描述的那样：一旦 "分子生物学家（发现）可以让他们操纵（DNA）的技术"，那么他们就会 "总结出某种专业知识，并且彻底改变我们认为 '先天' 永恒不变的历史观"。

"传统观点认为，'先天' 来自遗传，而 '后天' 在于培养。现在看来二者的角色可以发生互换……对我们来说，控制前者（即基因）比控制后者（即环境）更为简单，并且可以让这些遥不可及的目标变得近在咫尺。"[38]

1969 年，就在遗传学发生巨大变革的 10 年到来前夕，遗传学家罗伯特·辛斯海默发表了一篇关于未来的随笔。他认为掌握合成、测序与操纵基因的能力开启了"人类历史上的新纪元"[39]。

"有些人可能会嘲笑这种说法，他们或许觉得这不过是当年制造完美人类的旧梦重温。尽管终极目标的确如此，但是其内涵已经日渐丰满。旧梦中的完美人类总是受限于自身与生俱来的缺陷与瑕疵……我们现在发现了另外一种捷径，也可以说是一种千载难逢的机遇，能够让人类超越 20 亿年来生物进化所创造的奇迹，然后创造出梦寐以求的完美世界。"[40]

然而也有科学家在展望这场生物学革命时并没有表现得那么乐观。1923 年，遗传学家 J.B.S. 霍尔丹曾经说过，只要人类掌握了控制基因的能力，那么"所有信仰、价值观以及制度都将岌岌可危"。[41]

第五章

基因组时代

打猎去啦！打猎去啦！

把抓到的狐狸塞进笼子，

然后再让它们回归自然。

——18世纪儿歌精选

人类读取自身基因组序列的能力引发了哲学悖论。难道智慧生命真能解开构建自身的谜题吗？[1]

——约翰·萨尔斯顿

从15世纪末期到16世纪，航海技术的迅猛发展最终指引当时的人们发现了新大陆，而文艺复兴时期的造船专家经常争论这种技术的本质到底是什么。是将其归功于造船技术（加利恩帆船、克拉克帆船与北欧商船）的进步还是新型航海仪器（精密星盘、导航罗盘与早期六分仪）的问世呢？

其实科学技术史与航海史也存在相似之处，它们的突破性进展往往都是以两种形式呈现的。其中一种是规模上的改变，许多重要进展不过是得益于尺寸或者范围的改变（就像某位工程师做出的形象比喻，登月火箭就是径直飞向月球的大型喷气式飞机）。而另一种则是概念上的转换，通常这类进展都是由某种全新的概念或想法引起的。实际上，这两种形式非但不会相互排斥，反而还能彼此巩固。规模改变促进了概念的转换，而新概念又对规模产生了新的诉求。显微镜为人类打开了微观世界的大门，从而让细胞与细胞器的结构尽收眼底，并且引发了人们对于细胞解剖学与生理学的关注，但是为了理解亚细胞区室的结构与功能，我们需要功能更为强大的显微镜。

　　从 20 世纪 70 年代中期到 80 年代中期，遗传学领域已经见证了许多概念的诞生，其中就包括基因克隆、基因定位、断裂基因、基因工程以及基因调控新模式，但是在规模层面并没有发生任何根本性的改变。在过去 10 年间，科学家已经完成了成百上千个基因的分离与测序，并且可以根据它们的功能特点对其进行克隆，然而反映细胞生物全基因组的综合目录尚未完成。从理论上说，虽然全基因组测序技术已经问世，但是纷繁复杂的测序过程却令科学家们望而却步。1977 年，弗雷德里克·桑格经过测序后发现，phiX 病毒的基因组含有 5 386 个碱基对，而这在当时已经达到基因测序技术的上限。[2] 相比之下，人类基因组含有 3 095 677 412 个碱基对，其数量是 phiX 病毒碱基对的 574 000 倍。[3]

※※※

　　成功分离致病基因使得开展全面测序的必要性显得格外迫切。从 20 世纪 90 年代早期开始，完成重要人类基因的定位与测序令大众媒体欢呼雀跃，但是遗传学家与患者却对这些烦冗拖沓的过程深感忧虑。以亨廷顿病为例，从发现首位患者（南希·韦克斯勒的母亲）到明确致病基因至少度过了 25 年的光景（如果按照该病原始病例的发现时间计算，那么整个过程长达 121 年）。虽然人们在很早以前就注意到乳腺癌存在遗传倾向，可是最常见的乳腺癌相关基因 *BRCA1* 直到 1994

年才被发现。[4] 即便用于分离囊性纤维化基因的染色体跳查技术已经投入使用，但是寻找与定位基因的过程依然遥遥无期。[5] 蠕虫生物学家约翰·萨尔斯顿曾经指出："尽管有许多优秀的科学家都在寻觅人类致病基因，但是他们那些纸上谈兵的理论知识不过是徒劳。"[6] 萨尔斯顿担心，这种逐个辨别基因的方法将使研究工作陷入停滞。

詹姆斯·沃森曾经谈起"单基因"遗传病研究中遇到的挫折。"到了 20 世纪 80 年代中期，即便我们已经掌握了功能强大的重组 DNA 技术，但是依然无法分离大多数疾病的致病基因。"[7] 沃森希望能够从头到尾完成整个人类基因组 30 亿个碱基对的测序。其中不仅包含全部已知的人类基因（全部遗传密码、调控序列、内含子与外显子），还涉及所有基因之间的长段 DNA 序列与所有编码蛋白质的片段。全基因组序列将为今后发现的基因提供注释模板：例如，如果遗传学家发现了某种使乳腺癌风险增加的新型基因，那么通过与基因组主序列进行比较就应该能破译出该基因的精确位点与对应序列。而且全基因组序列也可以为异常基因（例如突变基因）提供"正常"模板来进行注释——通过对比患病女性与健康女性体内的乳腺癌相关基因，遗传学家们就有可能找出致病的突变基因。

※※※

除此之外，开展人类全基因组测序的动力还来自其他两个方面。虽然单基因测序方式在囊性纤维化与亨廷顿病等单基因病的研究中大获成功，但是大多数常见的人类疾病并非由单基因突变引起。它们不仅是遗传病，更是基因组病：这些疾病涉及多个基因并且影响到整个人类基因组，而它们才是决定患病风险的重中之重。我们无法通过研究单一基因的作用来理解上述疾病的本质，只能通过分析多个独立基因之间的相互关系来进行诊断或预测。

众所周知，癌症是典型的基因组病。医学界在一个多世纪前就将其认定为遗传病。1872 年，巴西眼科专家伊拉里奥·德·戈维亚（Hilário de Gouvêa）描述了某个患有罕见眼部肿瘤的家族，这种被称为视网膜母细胞瘤的疾病曾导致了多代人的悲剧。[8] 就该病而言，家族的生活方式似乎发挥着比基因更为重要的作用，例如不良习惯、劣质饮食、冲动易怒、身体肥胖、艰苦环境以及个人行为，因此这种呈家族式分布的疾病很容易让人联想到遗传因素。德·戈维亚当时认为这种罕见肿瘤源自某种"遗传因子"。而在地球的另一端，默默无闻的植物学家孟德尔在 7 年前已经发表了一篇关于豌豆遗传因子的文章，只是德·戈维亚从未接触过孟德尔的著作或是"基因"这个名词。

到了 20 世纪 70 年代末期，也就是在德·戈维亚提出"遗传因子"概念整整一个世纪后，科学家们开始集中意识到，癌症是正常细胞生长调控基因发生突变的结果。[1] 由于这些基因在正常细胞生长过程中发挥着强大的调节作用，因此皮肤创面在自愈后会停止生长从而避免形成肿瘤（我们也可以使用基因语言来表述：基因将会告诉创面细胞生长或者停止的时间）。遗传学家意识到，癌细胞中的这些调控通路已经在某种程度上遭到破坏。其中启动基因与终止基因会出现功能障碍，而维护细胞代谢与完整的基因也将难以维系，最终导致细胞生长失控。

其实癌症就是这种内源性遗传通路改变的结果。就像癌症生物学家哈罗德·瓦默斯（Harold Varmus）所言，癌症是"对正常自我的扭曲"。这种疾病的蔓延趋势令人极为不安：科学家曾经在过去的数十年里心存期待，希望将某些细菌或者病毒之类的病原体与癌症发生联系起来，并且可以通过注射疫苗或抗菌治疗来治愈该病。然而癌基因与正常基因之间的亲密关系形成了针对癌症生物学的挑战：当细胞在未受干扰的情况下正常生长时，如何让突变基因恢复到原有的"开放"

---

[1] 探究癌症的过程是一场艰难的跋涉，虽然我们曾被各种虚假的线索误导，途中又历经了千难万险，但最终还是在智慧的引导下了解了其发病机制，而这种由内源性基因病变导致的顽疾需要通过其他作品来进一步详述。20 世纪 70 年代的主流观点认为病毒是致癌的罪魁祸首。加州大学旧金山分校的哈罗德·瓦默斯与迈克尔·毕肖普（J. Michael Bishop）等科学家进行的开创性研究发现，这些病毒主要是通过影响细胞基因导致癌症发生的，此类基因被称为原癌基因（proto-oncogene）。总而言之，人类基因组本身并非固若金汤，癌症就是上述基因突变后引发细胞异常增殖的结果。

或"关闭"状态？无论从过去到现在，医学界都始终将上述目标作为治疗癌症的努力方向，它不仅承载着人们长期以来的梦想，同时也是癌症治疗过程中的最大障碍。

正常细胞可以通过四种机制发生致癌突变。首先，突变可能源自环境危害，例如吸烟、紫外线或者 X 射线，它们均能攻击 DNA 并改变其化学结构。其次，细胞在分裂过程中产生的自发错误将导致突变（每次 DNA 在进行胞内复制时都有可能会出现小概率错误，例如，碱基 A 可能会转变为碱基 T，G 或 C）。第三，癌基因可以遗传自父母，从而导致遗传性癌症综合征，例如具有家族遗传特点的视网膜母细胞瘤与乳腺癌。第四，病毒是专业的基因载体，它可以携带基因进入细胞并且在微生物世界内完成基因互换。最终，上述四种原因将导致相同的病理过程——控制细胞生长的遗传通路出现异常活化或者失活，最终导致细胞分裂失去正常调节并且开始恶性增殖，而这也就是癌细胞的与众不同之处。

作为人类历史上最为常见的疾病之一，癌症涉及生物学中两个最为重要过程的改变绝非偶然：癌症发生沿袭了遗传学与进化论的逻辑理念，同时也是孟德尔与达尔文理论的病理性交集。癌细胞在经过突变、生存、自然选择与增殖后实现了永生，它们还通过基因将恶性指令传给子代细胞。20 世纪 80 年代早期，生物学家意识到，癌症是一种"全新"概念的遗传病，其结果是遗传、进化、环境与概率交互作用的产物。

※※※

但是到底有多少种基因参与了某种常见癌症的发生过程呢？其致病基因是一个、一打还是一百个呢？20 世纪 90 年代末期，约翰·霍普金斯大学的癌症遗传学家伯特·福格尔斯泰因（Bert Vogelstein）做出了一项惊人之举，他决心要创建一个涵盖几乎全部人类癌症相关基因的综合索引目录。福格尔斯泰因发现，癌症发生是个循序渐进的过程，它由细胞内各种各样的突变积累而成。随着基因突变不断出现，正常细胞开始向癌细胞转变，最终导致调控增殖的生理功能走向失控。[9]

对于癌症遗传学家来说，这些数据清楚地表明，单次单基因测序将无法满足研究、诊断或者治疗癌症的需求。遗传多样性差异巨大是癌症的基本特征之一：假设某位女性双侧乳房均发生乳腺癌，那么在同期采集的标本中基因突变谱可能会大相径庭。这些肿瘤的临床表现、进展速度以及化疗反映也各不相同。为了掌握癌症的发病机制，生物学家需要对整个癌细胞基因组进行分析。

如果癌症基因组测序（并非针对个别癌基因）对了解其生理机能与遗传多样性必不可少，那么我们应该首先完成正常人类基因组的测序工作。而人类基因组就可以作为癌症基因组的正常对照。只有明确了正常或"野生型"基因的结构，我们才能准确识别出基因突变的类型。如果没有正常 DNA 序列模板作为参照，那么我们根本无法解决那些基本的癌症生物学问题。

※※※

遗传性精神病与癌症的相似之处在于它们都涉及多基因突变。1984 年，一场震惊全美的血案将精神分裂症这个话题推到了风口浪尖。[10]詹姆斯·休伯蒂（James Huberty）是一名偏执性精神障碍患者，他于 7 月的某个下午冲进了圣地亚哥的一家麦当劳餐厅，冷酷无情地开枪射杀了 21 位无辜平民。在惨案发生的前一天，休伯蒂给精神卫生诊所的前台留下了一则绝望的求助信息，然后在电话机旁守候了很长时间。但是他始终没有能够接到回访电话——前台不仅误将 Huberty 拼成了 Shouberty，还忘记了休伯蒂的电话号码。到了次日清晨，休伯蒂仍未脱离偏执幻想的状态，他告诉女儿自己要去"捕杀人类"，随后用方格毯包着上膛的半自动武器离开了家门。

在休伯蒂惨案发生 7 个月之后，某项由美国国家科学院（NAS）主持的大型研究结果证实了精神分裂症与遗传因素的关系。NAS 使用的双胞胎法为高尔顿于 19 世纪 90 年代首创，后来曾经在 20 世纪 40 年代被纳粹遗传学家利用，而本次研究发现同卵双胞胎罹患精神分裂症的一致率高达 30%～40%。[11] 1982 年，遗传学家欧文·戈特斯曼（Irving Gottesman）发表了一篇有关同卵双胞胎的早期研究论文，他在文中指出其相关性甚至可以达到 40%～60%。[12] 如果双胞胎中的一个被确诊为精神分裂症，那么双胞胎中另一个罹患精神分裂症的风险要比普通人群高出 50 倍。在患有重症精神分裂症的同卵双胞胎中，戈特斯曼发现该一致率可以达到 75%～90%：也就是说，只要同卵双胞胎中的一个患有精神分裂症，那么另一个几乎注定无法幸免。[13] 这种同卵双胞胎之间的高度一致性表明，遗传因素对于精神分裂症具有重要作用。但是值得注意的是，根据美国国家科学院与戈特斯曼的研究结果，异卵双胞胎之间的一致率会出现明显降低（只有 10% 左右）。

对于遗传学家来说，这种遗传模式隐含着影响疾病遗传的重要线索。假设精神分裂症是由单个显性基因的高度外显突变引起的，如果同卵双胞胎中的某一个遗传了突变基因，那么另一个也必将携带这个基因。于是这两位都将表现出疾病症状，并且他们之间的一致率应该接近 100%。异卵双胞胎与其他兄弟姐妹有一半的可能会遗传该基因，因此他们之间的一致率应该降为 50%。

现在我们假设精神分裂症并非单基因病而是多基因病。我们可以把大脑的认知区域看作某台复杂的机械引擎，它需要通过中心轴、主变速箱、数十个小活塞以及垫片来对功能进行调节与优化。如果中心轴断裂或变速箱卡顿，那么整个"认知引擎"就会崩溃。该比喻也可以用来说明重症精神分裂症患者的认知变化过程：少数控制神经传导与发育的基因发生了高度外显突变，它们相互协同可以导致中心轴与变速箱彻底崩溃，从而使患者产生严重的认知缺陷。因为同卵双胞胎遗传了相同的基因组，所以上述突变基因也趁势进入他们的体内。由于这些突变基因的外显率较高，因此同卵双胞胎的患病一致性仍将接近 100%。

我们现在也可以假设一下，如果只是几个小垫片、火花塞与活塞出现异常，那么认知引擎也会发生故障。可是在这种情况下，引擎并不会完全失灵，它可能会发出噼里啪啦的声响。当然其功能障碍也可能与所处的环境有关，例如引擎在冬季的表现都会较差。以此类推，我们就可以推出轻症精神分裂症的发病机制。虽然此类疾病受到多种突变基因的影响，但是每种突变基因的外显率都较低，就这些功能类似于垫片、活塞与火花塞的基因来说，它们对于认知的整体机制发挥着更为精妙的调控作用。

这些道理同样也适用于同卵双胞胎。他们彼此都拥有相同的基因组，并且遗传了导致精神分裂症（分为五种类型）的全部基因，但是由于其外显不全，而且触发器容易受到环境影响，因此同卵双胞胎的发病一致率可能会下降到 30%～50%。相比之下，异卵双胞胎与兄弟姐妹之间只有几个突变基因相同，根据孟德尔定律，异卵双胞胎与兄弟姐妹遗传全部致病突变基因的概率极低。异卵双胞胎与兄弟姐妹之间的发病一致率也将大幅度下降至 5%～10%。

其实这种遗传模式在精神分裂症患者中极为常见。由于同卵双胞胎之间的一致率为 50%，也就是说，如果双胞胎之中的一个受到影响，那么另一个双胞胎受到影响的概率为 50%，因此该结果清晰地表明某些触发器（环境因素或随机事件）对于遗传倾向起到了重要作用。但是，如果父母是精神分裂症患者，孩子在出生后就被无精神分裂症病史的家庭收养，那么这个孩子仍有 15%～20% 的患病风险，大约是普通人群患病风险的 20 倍。以上结果说明，尽管环境因素发生了重大改变，但是遗传因素自发产生的影响仍然具有强大的力量。所有这些发病模式均证实，精神分裂症是一种复杂的多基因病，它涉及多种基因的突变且临床表现扑朔迷离，同时潜在的环境因素或者随机触发器也会对疾病产生影响。就像癌症以及其他多基因病一样，通过单次单基因分析根本无法揭示精神分裂症的奥秘。

※※※

1985 年夏季，政治学家詹姆斯·Q. 威尔逊（James Q. Wilson）与行为生物学家理查德·赫恩斯坦（Richard Herrnstein）合著了《犯罪与人性：犯罪成因的确定性研究》（*Crime and Human Nature:The Definitive Study of the Causes of Crime*），这部充满煽动性言论的书籍随即引发了民粹主义者对于基因、精神病与犯罪之间关系的忧虑。[14] 威尔逊与赫恩斯坦认为，罪犯罹患特殊类型精神病（其中最值得注意的是精神分裂症，尤其是此类患者表现出的暴力与破坏倾向）的现象非常普遍，这种与遗传有关的疾病很可能是产生犯罪行为的原因。除此之外，吸毒成瘾与家庭暴力也具有很强的遗传成分，同时该假设也给大众留下了充分的想象空间。第二次世界大战以后，院校里讲授的犯罪学一直由"环境"犯罪理论主导，也就是说，人们认为罪犯是恶劣环境（包括"狐朋狗友、贫民社区以及恶语中伤"[15]）的牺牲品。虽然威尔逊与赫恩斯坦承认上述三类影响因子的作用，但是他们将"劣质基因"作为第四类因子的提议引起了轩然大波。他们指出，被污染的是种子而不是土壤。《犯罪与人性》这部作品以迅雷不及掩耳之势占据了各大主流媒体的版面，包括《纽约时报》《新闻周刊》以及《科学》在内的二十家主要新闻媒体都争相报道。著名的《时代周刊》曾以"罪犯是天生的吗？"为标题进行大肆渲染，而《新闻周刊》发表的文章更加直言不讳："罪恶与生俱来。"

威尔逊与赫恩斯坦的作品一经出版即遭到各方的猛烈抨击。即便是精神分裂症遗传论的铁杆粉丝也不得不承认，此类疾病的发病机制在很大程度尚不清楚，同时后天因素必定起着关键的触发作用（因此，同卵双胞胎之间的一致率只有 50% 而非 100%）。尽管绝大多数精神分裂症患者生活在病魔的阴影下，但是他们从来没有发生过违法行为。

20 世纪 80 年代，美国民众对于暴力犯罪的关注正在持续发酵。人们不仅期待着基因组研究可以揭示疾病的奥秘，而且还希望它能够阐明社会弊病（例如出轨、酗酒、暴力、腐败、堕落、毒瘾等）产生的原因。某位神经外科医生在接受《巴尔的摩太阳报》(Baltimore Sun)的采访时提出设想，提前识别那些具有"罪犯倾向"（例如休伯蒂案例）的个体，然后在他们实施犯罪之前进行隔离与治疗，也就是通过遗传学手段实现预防犯罪。某位精神病遗传学家曾就基因对犯罪、责任与刑罚的影响发表了一番言论："它们之间的关系不言而喻……如果时至今日还不考虑使用生物学手段来控制犯罪，那么这些人实在是过于天真了。"

※※※

虽然公众对于开展人类基因组测序已经翘首以待，但是为这项计划举办的首次协调会却令人泄气。1984 年夏季，美国能源部（DOE）健康与环境研究项目主任查尔斯·德利西（Charles DeLisi）召开了专家会议，旨在评估人类基因组测序技术的可行性。自 20 世纪 80 年代早期以来，能源部的研究人员一直在致力于调查辐射对人类基因的影响。1945 年，有数十万日本人在广岛与长崎原子弹爆炸期间遭受了不同剂量的辐射，而当时幸存的 1.2 万名儿童现在已经是四五十岁的中年人了。那么他们体内发生了多少种基因突变？到底是哪些基因发生了突变？这些突变发生在什么时间？由于辐射诱导的突变很容易随机发生在整个基因组中，因此通过单次单基因测序来寻觅突变基因就如同大海捞针。1984 年 12 月，来自全美各地的知名科学家再次齐聚一堂，他们将要对全基因组测序用于核辐射儿童基因突变检测的可行性进行评估。[16] 本次会议在犹他州的阿尔塔举行，而博特斯坦与戴维斯就是在此迈出了关键一步，他们设计出了通过基因连锁与基因多态性构建人类遗传图谱的方法。

从表面上来看，阿尔塔会议没有取得任何成果。参会的科学家们意识到，20 世纪 80 年代中期兴起的测序技术还不具备定位人类基因组中突变基因的能力。但是这次会议却成为启动全面基因测序的关键转折点。1985 年 5 月以及 1986 年 3 月，有关基因组测序的系列会议分别在圣克鲁兹与圣达菲召开。1986 年夏末，詹姆斯·沃森煞费苦心地将在冷泉港举办的会议命名为"现代人之分子生物学"，而这场活动或许对于推动人类基因组计划起到了决定性的作用。此处就像当初的阿西洛马，连绵起伏的山峰倒映在宁静的水晶湾里，校园般的宁静与炙热的讨论形成鲜明对比。

本次会议上公布了一系列最新的研究成果，而这也让基因组测序突然间从技术上变得触手可及。其中最关键的技术突破或许要归功于研究基因复制的生物化学家凯利·穆利斯（Kary Mullis）。[17] 为了能够进行基因测序，我们首先要具备充足的 DNA 起始原料。由于单个细菌细胞可以繁殖达到百亿级别的数量，因此它们也为测序提供了丰富的细菌 DNA。但是想要获得同样数量级的人类细胞谈何容易。不过穆利斯已经发现了一条捷径。他先用 DNA 聚合酶在试管中得到一份人类基因拷贝，接着再以该拷贝为模板进行复制，然后经过数十次的复制循环获得大量拷贝。每个复制循环都可以让 DNA 得到扩增，从而实现了目标基因产量的指数增长。该技术最终被命名为聚合酶链式反应，人们将其简称为 PCR（polymerase chain reaction），它对于实现人类基因组计划至关重要。

埃里克·兰德（Eric Lander）是一位由数学家转行的生物学家，他为与会者讲述了新型数学模型在寻找复杂多基因遗传病相关基因中的应用。此外，来自加州理工学院的勒罗伊·胡德（Leroy Hood）还介绍了一种半自动测序仪，它可以让传统的桑格测序过程加快 10 倍到 20 倍。

沃尔特·吉尔伯特是 DNA 测序领域的先驱，他提前利用餐巾纸的空白处测算出了人类基因组测序所需的人员与成本。根据吉尔伯特的估计，完成人类基因组中 30 亿个碱基对的测序工作需要斥资 30 亿美元，同时每年大约需要征召 5 万名科研人员，相当于每个碱基对的测序成本为 1 美元。[18]吉尔伯特跨步走到台前，在黑板上写下成串的数字，在现场观众中引发了一场激烈的争论。吉尔伯特公式随后被证实具有惊人的准确性，而它也再次将人类基因组计划打回到冰冷的现实。如果我们客观地来看待这件事，就会发现基因组测序的成本并非高不可及：阿波罗计划在巅峰时期曾经雇用了近 40 万人，其投入的总成本累积约为 1 000 亿美元。假如吉尔伯特没有算错的话，那么人类基因组计划的成本甚至还不到登月计划的三十分之一。悉尼·布伦纳后来开玩笑地说，资金或者技术可能不是制约人类基因组计划的瓶颈，而整个过程极度单调乏味才是阻碍其发展的根源。他甚至对此大加调侃，也许基因组测序工作应该作为惩罚犯人的手段，例如，分别判处抢劫犯、过失杀人者以及蓄意谋杀犯承担 100 万、200 万以及 1 000 万个碱基对的测序工作。

当天傍晚，落日的余晖洒满了海湾，詹姆斯·沃森向几位科学家讲述了他自己面临的窘境。5 月 27 日，就在会议举行的前一天晚上，沃森 15 岁的儿子鲁弗斯·沃森（Rufus Watson）从白原市（White Plains）的一家精神病医院里逃了出来。人们后来发现鲁弗斯在离铁路不远的树林里游荡，于是他又被带回了精神病医院。就在几个月前，鲁弗斯曾试图打破世界贸易中心的窗户跳楼自杀，他也因此被诊断为精神分裂症患者。沃森坚信该病源自遗传，现在人类基因组计划出现得恰逢其时。精神分裂症研究没有动物模型可供参考，同时遗传学家也无法通过基因多态性来识别相关基因。"让鲁弗斯获得新生的唯一办法就是了解他的病因。目前我们仅有的手段就是对其基因组进行测序。"[19]

※※※

但是到底要对哪些物种的基因组进行测序呢？包括萨尔斯顿在内的某些科学家主张要遵循由浅入深的步骤——先从面包酵母、蠕虫或果蝇等结构简单的生物体入手，随后再根据人类基因组的特点逐步提高测序的复杂性与工作量。然而以沃森为代表的其他学者希望跳过上述步骤直接进行人类基因组测序。经过长时间的内部辩论后，各执己见的双方最终达成了一致，他们决定先从蠕虫与果蝇等结构简单的生物体基因组入手。这些项目将根据研究对象被命名为蠕虫基因组计划或果蝇基因组计划，参与实施的科学家则会对涉及的基因测序技术进行微调。与此同时，人类基因的测序工作也将同步进行。在总结简单基因组测序经验教训的基础上，人们开始向错综复杂的人类基因组测序进发。而这项对整个人类基因组进行全面测序的宏伟工程最终被命名为人类基因组计划（Human Genome Project）。

在此期间，美国国立卫生研究院与能源部开始争夺人类基因组计划的主导权。直到1989年，双方在经过几次国会听证后才再次达成妥协：美国国立卫生研究院将作为该项目的官方"领导机构"，同时能源部为该项目提供资源并参与其战略管理。[20]沃森当选为人类基因组计划的负责人。该项目旋即吸引了英国医学研究委员会与惠康基金会等国际合作者的参与。此后，来自法国、日本、中国与德国的科学家们也陆续加入了人类基因组计划。

美国国立卫生研究院坐落于马里兰州的贝塞斯达，其中的31号楼就位于园区某个偏僻的角落里。1989年1月，由12位成员组成的顾问委员会在这里召开了全体会议。[21]本次会议由遗传学家诺顿·津德主持，他曾经参与起草阿西洛马会议中暂停使用重组DNA技术的相关协议。津德在此宣布："我们今天正式启动了人类基因组计划，人类生物学从此将步入漫漫征途。无论其结果如何，这都将是一次伟大的冒险，更是一次宝贵的尝试。当这项计划完成后，就会有其他人来催促我们，'是时候开始新项目了'。"[22]

※※※

1983年1月28日，就在人类基因组计划启动前夕，卡丽·巴克在宾夕法尼亚州韦恩斯伯勒（Waynesboro）的一家养老院里去世，享年76岁。[23] 她悲惨的人生恰好见证了基因概念在近百年内的蓬勃兴起。与巴克同时代出生的人自幼就目睹了遗传学的复兴，它以迅雷不及掩耳之势闯入了公众的视野，并且曾经被社会工程学与优生学扭曲，最终在"二战"后成为"新兴"生物学的中心议题。它对人体生理学与病理学产生了巨大的影响，同时为我们深入了解疾病奥秘提供了强有力的武器，当然还与人类的命运、身份以及选择都有着密不可分的交集。卡丽·巴克是这门强大新兴学科的早期受害者之一，她亲历了遗传学对于医学、文化以及社会造成的剧变。

那么她真的是"遗传性弱智"吗？ 1930年，当卡丽被最高法院裁定强制接受绝育手术3年后，她终于得以离开弗吉尼亚州立收容所，被遣送到布兰德县找了个工作。她唯一的女儿薇薇安·多布斯，也就是那个被法院判定为"弱智"的女孩儿，于1932年因肠炎夭折。[24] 在8年多的短暂生命里，薇薇安在学校中的表现一直十分正常。例如，在一年级下半学期中，她在礼仪与拼写课中分别得到了A和B，而花费精力最多的数学课得到了C。1931年4月，她被列入学校的优等生名单。从学校成绩单来看，薇薇安是一个活泼可爱且无忧无虑的小姑娘，她平时的表现与其他同学没有什么不同，完全看不出任何精神病或弱智的遗传倾向，但是当时法庭采信的诊断书却扼杀了卡丽·巴克一生的可能。

第六章

基因地理学家

身处非洲版图的地理学家，

满眼皆是狂野大地的凄凉；

这里遍布起伏的丘陵地带，

人迹罕至终成象群的乐土。[1]

——乔纳森·斯威夫特（Jonathan Swift），《诗论》

人类基因组计划本应成为一项崇高的事业，可是现在却越来越像某种纠缠不清的泥地摔跤比赛。[2]

——贾斯汀·吉利斯（Justin Gillis），2000 年

从客观角度来讲，人类基因组计划所取得的第一个成果与基因毫无关系。1989 年，当沃森、津德与同事们正在全力以赴筹备人类基因组计划时，美国国立卫生研究院一位名不见经传的神经生物学家克雷格·文特尔（Craig Venter）却提出了基因组测序的捷径。[3]

生性争强好胜的文特尔在学生时代成绩平平，他热衷于冲浪与帆船运动，并且曾经参加过越南战争。文特尔对挑战未知领域的工作充

满了信心，他原本接受的是神经生物学方面的培训，可是后来大部分
时间都花在了肾上腺素的研究上。20 世纪 80 年代中期，文特尔在美国
国立卫生研究院工作期间对于人脑中表达基因的测序工作产生了兴趣。
1986 年，文特尔听闻勒罗伊·胡德发明了快速测序仪后，他当机立断
为自己的实验室购入了早期型号的设备。⁴ 测序仪送达之后，文特尔激
动地将其称为"成就梦想的宝盒"。⁵ 他不仅拥有一双工程师般的巧手，
还能像生物化学家一样通过实验来解决问题。只用了短短几个月，文
特尔就掌握了使用半自动测序仪进行快速基因组测序的方法。

　　文特尔实现快速基因组测序的秘诀就在于大幅精简原有的步骤。
尽管人类基因组由许多基因组成，但是其结构大部分为非编码序列组
成。这种存在于基因之间的序列被称为基因间 DNA，它就像是连接加
拿大小镇之间绵延不绝的高速公路。菲尔·夏普与理查德·罗伯茨已
经证实，基因的编码序列并不是连续排列，那些介于它们之间的非编
码序列被称为内含子。

　　对于基因间 DNA 与内含子来说，它们就是编码序列之间的间隔序
列与间插序列，本身并不编码任何蛋白质信息。[1] 某些 DNA 序列所包
含的信息可以决定基因表达的时间与空间，它们负责编码基因调控开
关的启动与终止，而其他序列所编码的功能尚不得而知。我们可以把
人类基因组的结构用以下例句进行说明：

　　This.........is the......str...uc......ture..., , , ...of...your...（ ...gen ... ome... ）...
其中每个单词对应基因编码序列，省略号对应间隔序列与间插序列，
偶尔出现的标点符号则代表基因调控序列的界限划分。

---

[1]　"启动"基因转录的 DNA 序列被称为启动子，这些序列可以编码基因激活的时间与空间信息（因
　　此血红蛋白只在红细胞内表达）。与之相反，"终止"基因转录的 DNA 序列被称为终止子，它可
　　以编码基因关闭的时间与空间信息（只有当乳糖成为主要供能物质时才会"启动"，否则细菌细
　　胞内的乳糖消化酶基因将始终处于"关闭"状态）。很显然，在细菌中首次发现的调控基因启动
　　与终止的系统在生物界中普遍存在。

※※※

文特尔在测序时首先要忽略掉的就是人类基因组中的间隔序列与间插序列。他认为，既然内含子与基因间 DNA 并不携带编码蛋白质的信息，那么为何不聚焦于编码"活性"蛋白质的片段呢？在对测序步骤进行反复精简之后，他大胆提出，如果只对基因组中的某些序列进行测序，那么将可能加快完成上述活性片段评估的进程。文特尔在论证了这种基因片段测序法的可行性后，开始应用该方法对脑组织中数以百计的基因片段进行测序。

如果我们把前述英文例句比作基因组的结构，那么文特尔就是通过搜寻例句中的单词片段（struc，your 与 geno）来完成基因组测序。虽然采用这种方法可能无法了解整句话的内容，但是或许能从中得到足以了解人类基因关键要素的信息。

文特尔发明的"基因片段"测序法令沃森都感到震惊。毫无疑问，这种方法使用起来更加方便且成本非常低廉，但是对于许多遗传学家来说，通过该方法得到的基因组信息支离破碎。[1]不同观点之间的矛盾日趋激化。1991 年夏季，当文特尔的团队正致力于脑组织中基因片段的测序工作时，美国国立卫生研究院的技术转让办公室与文特尔联系商讨新基因片段的专利问题。⁶对沃森来说，这种不和谐的局面令他感到十分尴尬：现在看来，美国国立卫生研究院的研究人员正在分裂为两个阵营，其中一派在为申请新基因片段的专利而努力，而另一派却希望将测序结果免费开放。

然而基因（在文特尔这个案例中，指的是"活性"基因片段）怎么能够申请专利呢？我们应该还记得，斯坦福大学的波伊尔与科恩曾为利用"重组"DNA 片段构建遗传嵌合体的方法成功申请专利，并且

---

[1]　文特尔发明的测序法是遗传学家的制胜法宝，它可以针对编码蛋白与 RNA 的基因组区域进行测序。文特尔的方法可以发现基因组的"活性部位"，从而使遗传学家能够在基因组上标记出这些区域。

基因泰克公司也曾为在细菌中合成胰岛素蛋白质取得了专利。1984 年，安进公司（Amgen）为应用重组 DNA 技术分离血液中的促红细胞生成素申请了专利。[7] 如果我们仔细解读此项专利就会发现，虽然其中也涉及某种具有特殊功能蛋白质的生产与分离问题，但是在此之前从未有人为某个基因或某段遗传信息申请专利。难道人类基因与根本不具有专利性的其他身体部位（例如鼻子或者左臂）有什么不同之处吗？还是说新发现的基因片段具有神奇的功能，它理应获得所属权与专利权的保护呢？萨尔斯顿就是坚决反对基因专利的学者之一，他写道："就我个人理解来说，授予专利是为了保护发明，可是发现基因片段与'发明'毫无关系，因此为什么要允许基因申请专利呢？"[8] 某位研究人员也以轻蔑的口吻记述道："这是一种卑劣的掠夺行为。"[9]

由于基因片段测序只是随机进行，而且大多数基因的功能尚不清楚，因此围绕文特尔申请基因专利展开的争论已经趋于白热化。文特尔发明的测序方法并不能保证待测基因片段能够完全粉碎，所以通过这种方式得到的遗传信息往往残缺不全。虽然偶尔也可以对获得的长段基因片段功能进行推断，但是在大多数情况下，这些基因片段所携带的信息根本不为人知。埃里克·兰德曾经反驳道："难道能通过描述象尾为大象申请专利吗？更何况只是看到了象尾上彼此独立的三个部分呢。"[10] 在某场关于基因组计划的国会听证会上，按捺不住心中怒火的沃森指出，"几乎所有的猿猴"都可以生成类似的基因片段。英国遗传学家沃尔特·博德默（Walter Bodmer）则警告，如果美国授予文特尔基因片段专利权，那么英国将另起炉灶进行专利申请。[11] 就在短短的几周内，人类基因组计划已经四分五裂，形成了美国、英国以及德国这三大阵营主导的局面。

1992 年 6 月 10 日，文特尔厌倦了无休止的争吵，他离开美国国立卫生研究院成立了自己的私人基因测序机构。文特尔起初将其命名为基因组研究所（Institute for Genome Research），但是他随即就敏锐地发现了这里面的问题：基因组研究所的缩写为 IGOR，而这恰巧与科

学怪人手下那个长着斗鸡眼的邪恶管家同名。[12] 于是文特尔将其改名为
The Institute for Genomic Research，英文缩写为 TIGR。

※※※

　　根据媒体报道宣传，或者说至少在学术期刊层面，TIGR 取得了非
凡的成就。文特尔与贝尔特·福格尔斯泰因以及肯·凯泽等杰出科学
家合作，他们共同发现了某些与癌症相关的新基因。除此之外，文特
尔还一直奋斗在基因组测序工作的最前沿。他对外界的批评格外敏感，
当然对此也会予以强有力的反击：1993 年，文特尔经过不懈努力，终
于将他发明的方法逐步应用到全长基因与基因组测序中。此时，曾经
获得诺贝尔奖的细菌学家汉密尔顿·史密斯（Hamilton Smith）也正式
加盟，这让文特尔在工作上找到了一位志同道合的新战友。[13] 现在，他
决定要对引起致命性肺炎的流感嗜血杆菌（Haemophilus influenzae）进
行全基因组测序。

　　虽然文特尔使用的方法是既往在脑组织中采用的基因片段测序法
的延续，但是这次基因组测序研究却标志着某种重要的转折。在本次
试验中，他将会使用类似霰弹枪的装置将细菌基因组击碎成为上百万
个小片段。接下来，他将随机选取数十万个片段进行测序，然后利用
片段之间的重叠序列将其组装，并且最终得到整个基因组的序列。而
我们将再次使用英文例句对此进行说明，假设需要通过下列单词片段
来构成某个完整的单词：stru, uctu, ucture, structu 以及 ucture，那么计
算机可以根据其重叠部分拼出完整的单词：structure。

　　综上所述，该测序方法有赖于重叠序列的存在：如果单词片段之间
不存在重叠部分，或者说其中某些片段已经缺失，那么都将无法拼出正
确的单词。尽管如此，文特尔依然坚信他可以借助这种方法来粉碎并重
组大多数基因组。此类方法非常像童谣中矮胖子采取的招数：为了完成
拼图，他让国王的手下充当里面的零件。虽然自从 20 世纪 80 年代起，

基因测序的开拓者桑格就已经使用过这种"鸟枪法"测序，但是文特尔对流感嗜血杆菌基因组的测序堪称该方法应用史上最为大胆的尝试。

1993 年冬季，文特尔与史密斯启动了流感嗜血杆菌基因组测序项目。到了 1995 年 7 月，这项创举就已经大功告成。文特尔后来写道："（论文）草稿长达 40 页。我们深知这篇文章必定会载入史册，同时我也坚信此项试验的结果近乎完美。"[14]

在众人眼中，上述项目的顺利完成简直就是个奇迹！露西·夏皮罗（Lucy Shapiro）是一位来自斯坦福大学的遗传学家，她记述了实验室团队通宵达旦解读流感嗜血杆菌基因组序列时的场景，而初次见到一个物种的完整基因组令他们感到非常激动。[15] 基因组包括提供能量、编码外壳蛋白、控制营养摄入以及防止免疫入侵的各种基因。桑格在写给文特尔的信中也用"无与伦比"一词形容此项工作。

※※※

当文特尔在 TIGR 进行细菌基因组测序工作时，人类基因组计划却经历了剧烈的内部变化。1993 年，沃森与美国国立卫生研究院的负责人吵得难解难分，随后他辞去了项目负责人的职务。这个位置很快由来自密歇根大学的遗传学家弗朗西斯·柯林斯接替，而他为人们熟知的工作就是曾于 1989 年成功克隆了囊性纤维化基因。

如果人类基因组计划没有选择柯林斯的话，那么其后续的发展可能就会陷入泥潭，没有人比他更适合来引领该项目克服困难并且勇往直前了。柯林斯出生于弗吉尼亚州，他不仅是个虔诚的基督教徒，亦是一位干练的沟通者与管理者，同时还是一位出类拔萃的科学家。他为人谦虚谨慎且谋略过人，如果把文特尔比作在风浪中顽强抗争的一叶孤舟，那么柯林斯就好似一艘无惧风暴袭扰的远洋邮轮。1995 年，当 TIGR 在流感嗜血杆菌基因组测序中遥遥领先时，人类基因组计划还停留在完善基因测序基本技术的阶段。TIGR 应用的测序法是先将基因组粉碎，接着对基因片段进行随机测序，最后再根据重复序列组装基因组。而人类基因组计划采取的测序法更为循规蹈矩，他们将基因组片段组装并排列成物理图谱（确定"谁挨着谁"），先是确定克隆片段的身份与重叠部分，然后再依次对克隆片段进行测序。

对于人类基因组计划的早期领导者而言，逐步克隆法是完成基因组装唯一路径。兰德是一位由数学家转型而来的生物学家，他对鸟枪法测序的反感可以表述为一种审美观的厌恶。他喜欢通过分段的方法来完成基因组测序，而该过程就像是在解决代数问题。兰德担心，文特尔的方法难免会在基因组测序时留下遗漏。兰德问道："假如你将某个单词拆分成字母，那么还能保证还原这个单词吗？如果你能找到构成该词的所有片段，或者每个片段之间都有重叠部分，那么这种方法也许还说得通。但是一旦某些字母丢失了又该怎么办？"[16]你可能会根据现有的字母拼出某个与原意截然不同的单词，例如，假设原词是"profundity"，可是你只找到了"p...u...n...y"这几个字母。

与此同时，公共基因组计划的支持者也担心这些半成品会带来假象：如果在测序中有10%的基因组序列被忽略，那么人们将永远无法得到完整的基因组。兰德后来说道："人类基因组计划的真正挑战并不是测序工作的启动，而是如何完整地实现基因组序列测定……如果在基因组测序过程中留下遗漏，同时又给公众造成已经实现的假象，那么人们就会对于基因组测序计划失去信心。尽管科学家们也会对此表示祝贺，然后一身轻松地回去继续其他工作，但是基因组的序列草图将永远停滞在现阶段。"[17]

逐步克隆法不仅需要大量资金与基础设施的投入，而且更需要从事基因组研究的科学家具有锲而不舍的精神。在麻省理工学院，兰德已经组建起一支以年轻科学家为核心的强大科研团队，其中包括数学家、化学家、工程师以及一帮20多岁的疯狂电脑黑客。菲尔·格林（Phil Green）是一位来自华盛顿大学的数学家，他正在开发用于基因组测序的算法。与此同时，惠康基金会支持的英国研究团队也在开发自身的分析与组装平台，而当时世界上共有十余个团队致力于基因组数据的采集与组装。

※※※

1998 年 5 月，春风得意的文特尔再次做出了重大决定。尽管 TIGR 推出的鸟枪测序法已经取得了无可争议的成功，但是文特尔却对研究所的组织架构感到不满。由于 TIGR 隶属于人类基因组科学公司（HGS）这家营利性机构，这与其非营利性机构的性质完全相悖，[18] 同时文特尔感到此类俄罗斯套娃似的组织架构荒谬绝伦。在与公司老板几经争论后，他决定脱离 TIGR。随后文特尔成立了一家新公司，专注于人类基因组测序工作。文特尔将新公司命名为 Celera（塞莱拉），取自 "accelerate"（加速）的缩写。

就在人类基因组计划会议即将在冷泉港召开前一周，文特尔在杜勒斯机场转机期间于贵宾室偶遇柯林斯。文特尔若无其事地宣布，塞莱拉公司将要用鸟枪法完成人类基因组测序。公司已经购置了 200 台最先进的测序仪，并且准备以创纪录的速度完成测序工作。虽然最后文特尔同意将大部分信息资源共享，但是他提出了一项霸王条款：塞莱拉公司将会为 300 个具有重要意义的基因序列申请专利，而它们可能成为治疗乳腺癌、精神分裂症与糖尿病药物的靶点。为了实现这个野心勃勃的目标，他甚至已经制定好了时间表。塞莱拉公司希望能够在 2001 年前完成整个人类基因组的组装，其进度将比政府资助的人类基因组计划设定的期限提前 4 年。

在上述言论的刺激下，惠康基金会将项目资助的金额翻倍。而美国国会也同意追加联邦资助的额度，并且为 7 家美国研究中心拨款 6 000 万美元用于测序工作。其中酵母遗传学家梅纳德·奥森与基因测序专家罗伯特·沃特斯顿（曾经是一位蠕虫生物学家）提出了重要的战略性建议。[19]

※ ※ ※

1998年12月，蠕虫基因组项目取得了决定性的胜利。[20]在约翰·萨尔斯顿、罗伯特·沃特森（Robert Waterson）以及其他研究人员的共同努力下，他们采用逐步克隆法（也就是人类基因组计划支持者所认可的方法）完成了整个秀丽隐杆线虫基因组的测序工作。

如果说流感嗜血杆菌基因组完成测序曾让遗传学家们欣喜若狂，那么作为多细胞生物代表的蠕虫基因组亮丽登场才值得人们顶礼膜拜。虽然蠕虫要远比流感嗜血杆菌复杂，但是它与人体结构却有许多相似之处。蠕虫的身体由口部、消化道、肌肉以及神经系统（甚至还有原始的大脑）组成，它们具有触觉与感觉并且能够移动。蠕虫会转动头部躲避有害刺激，而且它们彼此之间还存在着社交关系。蠕虫可能会在食物耗尽后表现出焦虑，也可能在交配时感到短暂的快乐。

秀丽隐杆线虫基因组由 18 891 个基因组成。[1]其体内 36% 的编码蛋白质与人体蛋白质相类似，而剩余的大约 10 000 个基因与已知的人类基因毫无关系。上述 10 000 个基因为蠕虫所特有，或者说其中蕴含着某种特殊的含义，它们仿佛在提醒人们对于自身基因了解程度的匮乏（事实上，人们后来发现其中许多基因都与人类基因同源）。值得注意的是，只有 10% 的蠕虫编码基因与细菌中发现的基因结构相似，其余 90% 的线虫基因组专注于构建复杂的生物体结构。该事实再次验证了进化创新的伟大作用，而单细胞祖先需要经过数百万年的演化才能形成多细胞生物。

---

[1] 估算生物体的基因数量是个错综复杂的过程，为此需要对基因的性质与结构进行某些基本的假设。在全基因组测序工作展开之前，我们只能根据基因的功能来对其进行辨别。由于全基因组测序无法反映出基因的功能，因此这相当于在目不识丁的情况下通读百科全书。基因数量估算不仅需要借助基因组测序的结果，还要注意识别 DNA 片段上那些看似基因的序列，例如，某些包含调控序列或编码 RNA 序列的片段，或者类似于其他生物体中已知基因的片段。然而随着我们对基因结构与功能了解的不断加深，基因数量也会同步发生变化。例如，目前蠕虫基因组只有 19 500 个基因，可是其数量将根据研究进展动态发生变化。

就像人类基因一样，单个蠕虫基因也可以拥有多种功能。例如，*ceh-13* 基因能够控制发育中的神经系统细胞的位置，从而使细胞迁移至蠕虫身体的前部，并且该基因还将确保其阴门得到正常发育。[21] 与之相反，多个蠕虫基因也可能具有相同的"功能"，例如，蠕虫口部发育就需要多个基因彼此之间相互协调。

如果我们发现了一万种新型蛋白质，那么它们具有的功能绝对会超过一万种，而这种现象足以证实该项目的与众不同之处。但是蠕虫基因组最引人注目的特征并不是蛋白质编码基因，而是能够转录成 RNA 信息（不是蛋白质）的基因数量。由于这些基因不能编码蛋白质，因此它们被称为"非编码"基因。尽管它们分布在基因组的各个角落，可是却会聚集于特定染色体上。这些"非编码"基因的数量从几百到几千各不相同。我们已经掌握了某些非编码基因的功能：例如细胞器中体型巨大的核糖体就是蛋白质合成的场所，其中还有可以协助制造蛋白质的特殊 RNA 分子。其他非编码基因还包括最终被证实可以编码某种名为"microRNA"的小 RNA，它们在调控基因表达时具有强大的特异性。尽管如此，多数非编码基因的神秘功能时至今日仍不得而知。虽然这些基因不是暗物质，但是它们却笼罩在基因组的阴影下。即使遗传学家发现了此类基因，人们也难以明确理解其功能或意义。

※※※

然而什么是基因呢？ 1865 年，当孟德尔在研究中首次发现"基因"时，他只知道这是一种令人匪夷所思的现象：它是以离散状态进行代际传递的决定因素，并且可以左右生物体的外在性状或者表型，例如花的颜色或豌豆种子的质地。接下来摩尔根与穆勒通过证实基因是位于染色体上的物质结构加深了人们的感性认识。随后埃弗里根据其化学形态确认 DNA 就是遗传信息的载体。而沃森、克里克、威尔金斯和富兰克林最终解开了基因的分子结构之谜，它是由两条互补配对的 DNA 链组成的双螺旋结构。

20 世纪 30 年代，比德尔与塔特姆在研究基因的作用机制时发现，它可以通过改变蛋白质的结构来"发挥作用"。接着布伦纳与雅各布发现了信使 RNA 这种中间体分子，它在遗传信息翻译成蛋白质的过程中扮演着至关重要的角色。莫诺与雅各布则引入了基因的动态概念，其中信使 RNA 就像是附着在基因上的调控开关，并且可以通过其数量增减来启动或关闭相应基因。

成功实现蠕虫全基因组测序使基因概念的内涵得到了发扬光大。虽然生物体中某个基因可以对应某种功能，但是单个基因却可以对应多种功能。基因不能直接发出合成蛋白质的指令，它首先要转录为 RNA 而不是蛋白质。基因结构未必由连续的 DNA 片段组成，它可能会被非编码序列分成不同的区域。此外，基因上还附着调控序列，它们会与编码基因保持距离。

全基因组测序为人类开启了通向有机生物学未知世界的大门。它就像一部内容浩瀚的百科全书，其中的词条必须不断更新。现在基因组测序已经颠覆了传统的基因概念，甚至从某种意义上说也改变了基因组本身的意义。

※※※

1998 年 12 月，《科学》杂志专刊登载了秀丽隐杆线虫基因组的测序结果，而本期杂志的封面就是一条毫米级别的线虫，该文一经发表便得到了科学界的广泛好评，当然这也是对于人类基因组计划强有力的辩白。[22] 在蠕虫基因组测序完成后几个月，兰德自己领导的团队也传来了好消息：人类基因组计划已经完成了四分之一的测序工作。兰德领导的研究机构位于马萨诸塞州剑桥市肯德尔广场附近的工业区，实验室设在一座光线幽暗且空气干燥的拱形仓库里，共摆放着 125 台体积巨大的灰色的半自动测序仪[1]，它们每秒钟能读取大约200个DNA序列（在这些机器的帮助下，桑格用时3年才完成的病毒测序工作只需25秒就能完成）。人类22号染色体的测序工作已经完成组装，目前正等待进行最后的确认工作。1999年10月，人类基因组计划即将迎来测序开展以来一个值得纪念的里程碑：研究人员即将在全部30亿个碱基对中完成第10亿个碱基对的测序工作（后来证实该碱基对是G-C）。[23]

与此同时，塞莱拉也在这场激烈的竞争中紧追不舍。由于私人投资者的资金非常充裕，因此塞莱拉的基因测序速度比人类基因组计划快了一倍。1999年9月17日，就在蠕虫基因组测序结果发表9个月后，塞莱拉在迈阿密的枫丹白露酒店举办了一场基因组研究的盛会，并且以完成黑腹果蝇（*Drosophila melanogaster*）基因组的测序为契机发起了战略反击。[24] 在果蝇遗传学家格里·鲁宾（Gerry Rubin）与一批来自伯克利和欧洲遗传学家的协助下，文特尔的团队在短短11个月内就完成了果蝇基因组的测序，其速度之快打破了此前所有基因测序项目的纪录。随着文特尔、鲁宾以及马克·亚当斯逐个登台亮相发表演说，果蝇基因组测序的意义就显得愈发清晰：自从托马斯·摩尔根在90年前开创了果蝇研究以来，遗传学家已经在果蝇体内发现了大约2 500个基因。塞莱拉的序列草图不仅包含了所有已知的2 500个基因，而且还令人震惊地新增了10 500个新基因。演讲结束时，现场突然一片寂静，在座观众对于上述成果无不充满敬意，文特尔则不失时机地向竞争对手发起攻击："哦，顺便说一下，我们已经着手进行人类DNA的测序工作，目前看来其（技术门槛）并不比果蝇基因组测序更复杂。"

2000年3月，《科学》杂志在另外一期专刊上发表了果蝇基因组的测序结果，其封面采用了1934年完成的一幅以雌雄果蝇为题材的版画。[25] 即便是鸟枪测序法最坚定的反对者也不得不为这些数据的质量与深度所震撼。虽然鸟枪法在测序时遗漏了某些重要的序列，但是果蝇

---

[1]　125台半自动测序仪：迈克·汉卡彼勒（Mike Hunkapiller）在发展基因测序技术领域做出了重要贡献，因此半自动基因测序仪才可以迅速实现成千上万对碱基的测序工作。

基因组的关键片段依然可以保持完整。如果将人类、蠕虫以及果蝇的基因进行比较，那么就会发现某些惊人的相似之处。在已知的 289 个人类致病基因中，[26] 有 177 个（超过 60%）可以在果蝇体内找到同源序列。[27] 由于果蝇体内没有红细胞且不能形成血栓，因此并未发现与镰刀形红细胞贫血症和血友病相关的基因。目前研究人员已经在果蝇基因组内发现了与结肠癌、乳腺癌、泰伊–萨克斯二氏病、肌肉萎缩症、囊性纤维化、阿尔茨海默病、帕金森病以及糖尿病相关的基因或者同源序列。虽然长着四条腿与一对翅膀的果蝇经历了数百万年的进化，但是它与人类却享有共同的核心通路与遗传网络。就像威廉·布莱克在 1794 年的作品中描述的那样，小巧的苍蝇"就像我一样"[28]。

众所周知，基因组的大小并不是决定性因素，因此数量有限的果蝇基因却令人感到非常困惑。与那些具有丰富经验的果蝇生物学家的预期相反，果蝇基因组只有区区 13 601 个基因，比线虫的基因数量少了 5 000 个。但是果蝇通过数量有限的基因就构建出了结构更为复杂的生物体，它不仅具有雌雄交配、繁衍后代、生老病死与代谢酒精的特征，同时还拥有痛觉、嗅觉、味觉、视觉与触觉等功能，并且与人类一样渴望夏季成熟的瓜果。鲁宾曾经说过："我们从果蝇基因组研究中获得了启示，生物体的基因数量与其复杂性并不成正比。人类基因组……很可能就是果蝇基因组的放大版……此类复杂特征的进化轨迹从本质上讲是一个循序渐进的过程，而这些交互作用的结果起源于结构相似基因在时空上的隔离。"[29]

就像理查德·道金斯所描述的那样："所有动物都具有结构相似的蛋白质库，它们随时处于待命状态……"下面我们举例说明复杂生物体与简单生物体之间的区别，"人类与线虫之间的差异并不在于基因数量的多少，而是生物体能否在千变万化的环境中发挥基因错综复杂的功能"[30]。如果将果蝇基因组比作德尔斐之船，那么船体的大小并不是主要问题，关键在于船板的连接方式。

※※※

2000 年 5 月，塞莱拉与人类基因组计划之间的竞争已经到了白热化的程度，它们都希望能够率先发布人类基因组序列草图。此时文特尔接到了美国能源部的朋友阿里·帕特里诺斯（Ari Patrinos）的电话，而之前帕特里诺斯已经邀请弗朗西斯·柯林斯晚上到自己家里小聚。文特尔会接受邀请吗？本次会面将仅限于他们三个人之间，并且谈话内容也将严格保密。

其实帕特里诺斯在给文特尔打电话之前已经精心策划了好几个星期。塞莱拉与人类基因组计划竞赛的消息已经通过政治渠道传入白宫。克林顿总统敏锐地意识到，如果塞莱拉在这场竞赛中获胜，那么将使美国政府处于十分尴尬的境地。克林顿在给助手的便签边缘写下了"搞定"[31]这两个字，而帕特里诺斯就是被派来解决问题的中间人。

一周之后，文特尔与柯林斯在帕特里诺斯位于乔治敦的家的地下娱乐室见了面。可想而知，当时的气氛非常冷淡。帕特里诺斯静待双方的情绪缓和下来，然后才委婉地提到这次会面的主旨：柯林斯与文特尔能否就人类基因组测序发布一份联合声明？

文特尔与柯林斯在见面之前已经对于该提议做好了心理准备。虽然文特尔提出了几点注意事项，但是基本上对于该提议表示了默许。他同意与柯林斯一起在白宫举行联合仪式以庆祝序列草图的完成，并且愿意和后者在《科学》杂志上共同发表文章。然而文特尔并未就项目完成的时间做出任何承诺，就像某位记者后来所描述的那样，这是一个"精心策划的圈套"。

对于文特尔、柯林斯与帕特里诺斯来说，在阿里·帕特里诺斯家地下室进行的会面是他们之间进行的首次磋商。[32]在随后的三个星期里，柯林斯与文特尔经过深思熟虑制定了发布联合声明的日程：克林顿总统将首先致辞，接着是英国首相托尼·布莱尔表态，随后柯林斯与文

特尔将会发表演讲，最终塞莱拉与人类基因组计划将分享人类基因组
测序竞赛的并列冠军。白宫方面旋即在知晓双方态度的基础上要求迅
速确定日期，而文特尔与柯林斯在征得各自团队的同意后将时间定在
2000 年 6 月 26 日。

※※※

2000 年 6 月 26 日上午 10:19，克林顿总统在白宫接见了文特尔与
柯林斯，他在众多科学家、记者与外国政要面前宣布人类基因组"初
步测序"首战告捷（事实上，无论是塞莱拉还是人类基因组计划均
未完成测序工作，但是两大阵营共同发表联合声明将具有象征性意
义；即便白宫宣布了基因组"初步测序"成功的消息，但是塞莱拉
与人类基因计划的科学家仍然在计算机前夜以继日地工作，他们正在
努力将完成测序的基因片段组装成为有实际意义的基因组）。[33] 英国
首相托尼·布莱尔则在伦敦通过卫星转播参加了本次会议。此外在观
众席就座的还有诺顿·津德、理查德·罗伯茨、埃里克·兰德以及哈
姆·史密斯，当然还有身着纯白西装的人类基因组计划首任负责人詹
姆斯·沃森。

克林顿总统首先发言，他将人类基因组图谱与刘易斯和克拉克的
探险地图进行了比较：

"将近两个世纪之前，就在我们所在楼层的这个房间里，托马
斯·杰斐逊与其助手展开了一幅气势宏伟的地图，而正是该作品承载
了杰斐逊总统毕生追求的梦想……这幅地图不仅描绘了山川地貌，还
将美利坚合众国的疆土延伸至远方，同时极大地丰富了我们的想象力。
今天，全世界的目光都聚焦在白宫东厅，人们将共同见证另一幅伟大
地图的诞生。我们在此热烈庆祝人类基因组初步测序工作完美收官。
毋庸置疑，这是人类迄今为止所能绘制的最重要与最美妙的地图。"[34]

文特尔是本次活动的最后一位演讲嘉宾，他还是忍不住要提醒在

座的观众，这场由他个人引领的探险也已经同步抵达终点："在今天中午 12:30，塞莱拉基因公司会与人类基因组计划联合召开新闻发布会，研究人员将介绍通过鸟枪法完成测序后进行首次基因组装的过程。目前，我们已经完成了三女两男的基因组测序工作，他们分别是西班牙人、亚洲人、高加索人以及非洲裔美国人。"[1]

※※※

　　与众多停战协定一样，文特尔与柯林斯之间的约定几乎从达成伊始就面临着危机。在某种程度上，他们二人之间的冲突仍集中在既往的争论上。虽然基因专利申请能否得到受理尚不明确，但是塞莱拉已经决定将收取测序项目订阅费作为盈利模式，而其付费对象就是相关领域的科研人员与制药公司（文特尔机敏地察觉到，大型制药公司可能会根据基因序列来研发新药，尤其是针对某些特殊蛋白质的靶向药）。此外文特尔还希望能够在《科学》杂志这本重量级刊物上发表文章，但是这就需要塞莱拉将遗传图谱告知天下（科学家不应在公开发表论文的同时还坚持为实验数据保密）。可想而知，沃森、兰德与柯林斯均对塞莱拉企图名利双收的行为进行了尖锐抨击。文特尔曾经对某位采访者说道："我最引以为荣的成就当属被商界与学术圈嫉恨。"[35]

　　与此同时，人类基因组计划也遇到了技术瓶颈。就在采用逐步克隆法完成了大部分测序工作之后，这项计划也需要解决把基因序列组装成遗传图谱的难题。虽然该任务从理论上看来并不复杂，但是实际操作中的计算量却非常庞大，更何况某些重要序列在测序过程中会出现缺失。由于克隆与测序手段并不能涵盖基因组的每个角落，因此组装非重叠片段要远比预料中复杂得多，这个过程就好比是在组装一幅残缺不全的拼图。于是兰德又额外招募了一批科学家来帮忙，其中就

---

[1]　当时的实际情况是，文特尔团队只是从受试对象的基因组中选取了某些序列作为代表，并未对上述任何个体的基因组进行完整测序。——译者注

包括来自加州大学圣克鲁兹分校的计算机学家戴维·豪斯勒（David Haussler）以及他的学生詹姆斯·肯特（James Kent），其中年届不惑的肯特在成为分子生物学家之前曾经是一位程序员。[36] 为了便于肯特编写与测试数以万计的计算机代码，豪斯勒突发奇想说服学校购置了 100 部台式电脑，此外肯特在夜间都会冷敷手腕以确保早晨能够正常编程。

由于部分人类基因组充满了奇怪的相似重复序列，因此塞莱拉也在基因序列组装时陷入了窘境。就像文特尔所描述的那样："仿佛迷失在拼图游戏中那片广阔的蓝天里。"尽管负责组装基因组的计算机学家们马不停蹄地工作，并且尽力将完成测序的基因片段进行有序排列，但是组装好的基因组中仍有部分序列不知所踪。

到了 2000 年冬季，随着塞莱拉与人类基因组计划即将完成，两大阵营之间的蜜月期也走到了尽头。文特尔指责人类基因组计划公然诋毁塞莱拉公司。兰德则致信《科学》杂志编辑部，抗议塞莱拉在兜售序列数据库的同时限制部分资源共享，并且还希望在某些杂志上发表部分经过筛选的数据的行为，塞莱拉就是企图"将基因组数据据为己有并且以此牟利"。兰德对此大声疾呼："科学写作的历史源自 17 世纪，其中任何一项发现的问世都伴随着相关数据的公布，目前这种共识已经成为现代科学的基石。如果社会还处于前现代时期，那么人们可能会在拒绝公开结果的情况下提出主张，'我找到了答案！'或者说'我能点石成金！'然而专业科学期刊的权威性就在于其信息披露与诚信制度。"[37] 更为尖锐的是，柯林斯与兰德指责这种将人类基因组计划已发表的序列作为组装基因组"骨架"的行为几乎等同于分子抄袭（文特尔对此回应说这种言论简直荒谬之极！塞莱拉在破译基因组时从不需要参考别人的"骨架"）。兰德宣称，假如塞莱拉只依靠自身的设备进行测序，那么其获得的数据不过是"一盘散沙"[38]。

就在塞莱拉即将完成文章的终稿时，广大科学家强烈呼吁该公司将测序结果交给公共数据库 GenBank 管理。最终，文特尔同意向科研人员免费提供开放数据，前提是要遵守某些特殊的条款。由于萨尔斯顿、兰德与柯林斯对于文特尔的妥协颇为不满，因此他们选择将论文发表在与《科学》杂志互为竞争对手的《自然》杂志上。

2001 年 2 月 15 日与 16 日，人类基因组计划联盟与塞莱拉的文章分别在《自然》与《科学》杂志上发表。上述论文均是内容丰富的长篇巨著，并且几乎占据了这两份杂志的全部篇幅（人类基因组计划撰写的文章大约有 66 000 字，成为《自然》杂志有史以来刊登过的最长论著）。每部科学著作都是各自时代的写真，而发表在《自然》杂志上的文章在开篇就充分认识到了其所处的历史时刻：

"20 世纪初，孟德尔遗传定律的重新发现指明了探索科学之路，而这也让人们对于上个世纪推动生物学发展的遗传信息性质与内容产生了浓厚的兴趣。从此以后，遗传学发展逐渐演化为四个阶段，大约每隔 25 年就会上一个台阶。

"在第一阶段，染色体被正式确认为遗传学的细胞基础；到了第二阶段，DNA 双螺旋结构成为遗传学跨入分子时代的里程碑；而在进入第三阶段后，遗传学已经驶入信息高速路的轨道（例如遗传密码）。同时人们还发现了细胞读取基因中遗传信息的机制，并且根据重组 DNA 技术实现了遗传物质的克隆与测序。"

这篇文章在结尾之处断言，完成人类基因组测序标志着遗传学从此晋级"第四阶段"。"基因组"时代已经悄无声息地降临，我们将对包括人类在内的所有生物体基因组进行评估。然而这样将再次陷入哲学悖论的迷局：智能机器能否破译控制其自身的指令手册呢？虽然我们已经获得了完整的人类遗传图谱，可是如何进行破译、读取以及理解应另当别论。

第七章

人之书（共 23 卷）

人难道不过就是这样吗？好好想想他吧。

——威廉·莎士比亚，《李尔王》第三幕第四场

山外有山。

——海地谚语

人类基因组由 3 088 286 401 个碱基对组成（该数字前后出入不大，而最新的估算结果是 32 亿个碱基对）。

·假如将人类基因组比作以标准字体印刷的图书，那么该书的内容将仅由 ATGC 这四个字母循环往复组成：……AGCTTGCAGGGG……它们会按照碱基配对的原则无限延伸下去，而本书的页数也将达到 150 万页以上，是《大英百科全书》的 66 倍。

·人体大多数细胞具有 23 对（46 条）染色体。大猩猩、黑猩猩与猩猩等类人猿细胞则具有 24 对染色体。当人类进化到达某个节点时，猿类祖先体内两条中等大小的染色体会发生互相融合。几百万年前，人类基因组彻底从猿类基因组中分离出来，它们随着时间推移获得了

新的突变与变异。虽然人类少了一对染色体，但是却从此脱颖而出。

·人类基因组共编码大约 20 687 个基因，其数量仅比蠕虫多 1 796 个，比玉米少 12 000 个，比水稻或小麦少 25 000 个。当然"人类"与"早餐谷物"之间的区别不在于基因数量多少，而在于其细胞内部基因网络的复杂性。[1] 也许我们在数量上不占优势，但是却懂得发挥到极致。

·人类基因组极具创新性。它可以把复杂问题简单化。它能在特定的时间与空间内激活或抑制某些基因，并且根据时空变化为每个基因匹配独特的环境与搭档，从而利用有限的基因库演化出无限的功能。此外，在外显子的作用下，单个基因可以获得比基因谱系本身更为复杂的多样性。对于基因调控与基因剪接这两种方法来说，它们在人类基因组中的应用要远比其他物种广泛得多。基因具有数量庞大、类型多样以及功能繁杂的特征，因此诠释人类复杂性奥秘的关键就在于基因组的创新性。

·人类基因组时刻处于动态变化中。在某些细胞中，基因通过对自身序列进行重排来构建新型突变体。免疫系统细胞可以分泌"抗体"，而这些像导弹一样的蛋白质将附着在入侵的病原微生物上。但是由于病原体在不断变化，因此抗体也必须随之改变，而这些变化多端的病原体需要机体做出及时调整。基因组可以通过对遗传物质进行重排获得令人惊奇的多样性（例如，利用 *s...tru...c... t...ure* 与 *g...en...ome* 可以重排出 *c...ome...t* 这个新词）。而经过重排后的基因能够产生抗体多样性。在这些细胞中，基因组可以通过重排生成完全不同的基因组。

·某些基因的功能着实无懈可击。例如，在第 11 号染色体上，有一条专门用于嗅觉感知的通路。该基因簇由 155 个基因组成，其编码的蛋白质受体就是嗅觉传感器。每个受体都会与某种结构独特的配体结合，而它们之间的关系可以用锁和钥匙的关系来形容，并且最终在大脑中生成各种各样的嗅觉，例如，薄荷、柠檬、香菜、茉莉、香草、姜或是辣椒的味道。这是一种精密的基因调控方式，它将确保从上述基因簇中选择某个气味受体基因，然后使该基因在位于鼻子的嗅觉神经元中表达，于是我们就可以区分出成千上万种不同气味。

·然而令人不解的是，基因在基因组中所占的比例非常小。基因组序列的绝大部分（98%）是由大量散布在基因之间（基因间 DNA）或者基因内部（内含子）的 DNA 片段组成。这些长段的间插 DNA 序列并不编码 RNA 或蛋白质：它们存在于基因组中的意义可能与调控基因表达有关，当然还可能有某些我们尚不了解的原因，或者说它们本身没有任何作用（也就是所谓的"垃圾 DNA"）。假如把基因组比喻成为横跨大西洋连接北美洲与欧洲之间的交通线，那么基因就是散落在狭长幽暗水域中星罗棋布的小岛。而即便它们首尾相连也无法与加拉帕戈斯群岛中最大的岛屿相媲美，更不用说日本东京市内蜿蜒曲折的地铁路线了。

·人类基因组铭刻着历史。在很久以前，某些特殊的 DNA 片段就已经嵌入人类基因组，而它们中的部分成员来自古代病毒，并且自那时起已经被动地传承了成千上万年。其中某些 DNA 片段曾经能够在基因与生物体之间灵活地"跳跃"，但是现在大多数此类片段已经失活或者沉默。它们就像生活中无处不在的旅行推销员，永远藏在我们的基因组里无法移动或剔除。这些 DNA 片段的规模要远远超过基因的数量，从而产生了人类基因组的另一个重要特征：人类基因组中的大多数 DNA 片段并非人类特有。

·人类基因组中的 DNA 序列具有高度重复性。例如，Alu 是一个由 300 个碱基对组成的重复序列，虽然它在基因组中的拷贝数可能达到数百万份，但是这个神秘序列的起源、功能及意义仍然不得而知。

·人类基因组中包含有数量庞大的"基因家族"，这些基因在结构与功能上具有相似性，它们紧密排列在一起形成基因簇。某些染色体上 200 个密切相关的基因可以形成基因岛，它们可以编码"同源基因"家族成员，并且在决定胚胎的命运、身份与结构、体节形成以及器官分化中起着重要作用。

· 人类基因组中还存在成千上万的"假"基因，这些曾经发挥作用的基因现在已经丧失功能，也就是说它们现在并不能编码蛋白质或者 RNA。这些灭活基因的序列散落在基因组中，看上去就像海滩上饱经风霜的石子。

· 正是基因组携带的海量信息造就了人类的千姿百态。虽然人类与黑猩猩和倭黑猩猩的基因组一致性高达 96%，但是人类与这些灵长目动物相比却有着天壤之别。

· 1 号染色体上的第一个基因可以编码鼻子中的嗅觉蛋白（又是那些无处不在的嗅觉基因）。而基因组中最后一个基因位于 X 染色体上，它可以编码某种用来调节免疫系统细胞间交互作用的蛋白。（染色体编号只是人为设定的结果，而 1 号染色体因其长度独占鳌头而得名。）

· 染色体的末端存在"端粒"这种结构。端粒就像是鞋带末端的塑料绳花，这些 DNA 序列可以保护染色体免于磨损与退化。

· 尽管我们已经掌握了遗传密码（即单个基因携带的信息如何构建蛋白质）的奥秘，但是我们对于基因组密码（即基因组中的多个基因如何根据时空变化来协调基因表达，然后实现构建、维护以及修复人体的功能）几乎一无所知。遗传密码的作用机制一目了然：DNA 经转录后生成 RNA，随后 RNA 通过翻译来合成蛋白质，同时 DNA 中的三个连续碱基对可以对应蛋白质中的某个氨基酸。相比之下，基因组密码的作用机制十分复杂——附着在基因上的调控序列携带有决定基因表达的时空信息。我们并不了解某些基因位于基因组特定位点的原因，也不清楚基因间 DNA 片段如何调控基因的生理功能。因此我们可以用山外有山来形容这种错综复杂的关系。

· 人类基因组能够根据环境变化产生化学标记，并且构建出某种特殊的细胞"记忆"模式（该理论尚需要进行深入研究）。

· 虽然神秘莫测的人类基因组容易受到外界影响，但是它却具有强大的适应性与重复性，从而令其在遗传学研究中傲视群雄。

· 人类基因组进化的脚步从未停歇，我们可以从中发现历史遗留的蛛丝马迹。

- · 人类基因组的功能以生存为导向。
- · 人类基因组就是我们自身的写照。

第五部分

镜中奇遇

遗传一致性与"常态"

（2001 — 2015）

要是我们能够进入那间镜屋该多好啊！我敢肯定那里面，嗯！一定会有五彩斑斓的宝贝！[1]

——刘易斯·卡罗尔（Lewis Carroll），

《爱丽丝漫游仙境》（*Alice in Wonderland*）

第一章

"不分彼此" [1]

我们必须重新投票。这个结果不对。[2]

——史努比狗狗在发现其欧洲血统比查尔斯·巴克利还纯正时的表态

我怎么可能与犹太人有相似之处？我甚至都无法从自己身上找到共同点。[3]

——弗兰兹·卡夫卡（Franz Kafka）

社会学家埃弗里特·休斯（Everett Hughes）曾经以某种嘲讽的口吻评论道，医学只是通过"镜像书写"的方式来感知世界。例如，人们会通过疾病来划分健康，根据畸形来区别正常以及利用偏离来界定一致。然而镜像书写反映的内容可能会与人体实际情况大相径庭，例如骨科医生看到骨骼就会联想起骨折的部位，而大脑在神经科医生的印象里就是失忆的地方。在某个疑似杜撰的轶事中，失忆后的主人公是一位来自波士顿的外科医生，他只有通过手术名称才能想起那些曾经入院治疗的朋友姓名。

纵观人类生物学的主要历史，镜像书写在推进基因研究发展的过程中功不可没，我们可以通过鉴别异常或者突变基因来发现相关疾病，其中的典型代表就包括囊性纤维化基因、亨廷顿基因以及与乳腺癌发病相关的 *BRCA1* 基因。在生物学家看来，基因的命名简直就是荒诞不经：正常 *BRCA1* 基因的功能是修复 DNA 而不是在突变后导致乳腺癌发生。[4] 即便是乳腺癌基因 *BRCA1* 也会表现出"良性"的一面，其唯一的功能就是确保受损的 DNA 得到修复。对于大多数没有乳腺癌家族史的女性来说，她们体内都遗传有这种良性的 *BRCA1* 基因变异体。如果上述变异体或者等位基因发生突变（被称为 *m-BRCA1*），那么这将导致 *BRCA1* 蛋白质结构产生变化，无法修复受损的 DNA。因此当 *BRCA1* 基因功能出现异常时，基因组中就会产生致癌突变。

令人不解的是，果蝇体内无翅基因的真正功能是编码构建翅膀的指令，而这与该基因的字面含义完全相反。科学作家马特·里德利（Matt Ridley）曾经评论过囊性纤维化基因（或者简称 *CF*）的命名："这种方法简直就像用疾病来命名人体器官一样荒谬，例如，使用肝硬化、心肌梗死与中风来替代我们习以为常的肝脏、心脏与大脑。"[5]

随着人类基因组计划的横空出世，遗传学家彻底摆脱了对镜像书写的依赖。目前完成的综合目录已经涵盖了人类基因组的每个角落，同时人类在此过程中也创造出直接洞悉遗传学奥秘的工具，从此再不需要利用病理学标准来划定正常生理学的边界。1988 年，美国国家研究理事会（NRC）在一份关于基因组计划的文件中对其未来做出了重要预测："DNA 序列编码不仅决定了学习、语言与记忆等智力要素，它们还构成了人类社会的文明基础。除此之外，这些序列还可以编码众多致病或增加疾病易感性的突变与变异，并且让人类在漫长的历史中饱受苦难的折磨。"[6]

思维敏捷的读者可能已经注意到，上面这两句话对于新兴学科发展方向的判断释放出了双重信号。传统的人类遗传学研究主要关注病理学改变，其核心无外乎那些"影响人类健康的疾病"。但是随着研究工具与方法的日新月异，现在遗传学已经可以在生物学的世界里自由翱翔，其研究重点早就从病理改变跨越至生理功能。这门新兴学科能够帮助人类领悟历史、语言、记忆、文化、性别、身份以及种族的变迁。此时此刻，它正怀揣着伟大的梦想扬帆起航，努力成为反映健康、身份与命运常态的科学。

与此同时，遗传学研究方向的转换也预示着基因的故事将要随之发生变化。到目前为止，虽然从基因到基因组计划的旅途中各种概念与发现层出不穷，但是它们整体的演化规律还是以年代为主线展开的，因此本书内容的组织结构也是按照历史沿革的顺序进行设计。但是当人类遗传学的重点由病态转为常态后，墨守成规已经无法满足这门学科多维度发展的渴求。遗传学所关注的焦点已经深入生物学的各个角落，其中就包括种族、性别、性、智力、气质与人格等因素，而它们之间的组织结构彼此迥异却又相互重叠。

就在基因研究所覆盖的领域不断扩展时，我们对于其带来的影响也有了更加清晰地认识。由于通过基因来解决人类常态的尝试未必能够一帆风顺，因此遗传学也不得不直面历史中某些颇为棘手的科学与道德难题。

※※※

为了理解基因到底在人类进化中发挥了何种作用，我们或许应该从基因在人类起源中的角色开始入手。19 世纪中期，那时候人类遗传学尚未问世，但是人类学家、生物学家与语言学家经常就人类起源问题争得不可开交。1854 年，出生于瑞士的博物学家路易斯·阿加西斯（Louis Agassiz）成为人类起源多祖论最积极的倡导者。多祖论认为，三大人类种群（阿加西斯习惯将人类分为白种人、黄种人与黑种人）在几百万年前分别独立起源于完全不同的祖先。

阿加西斯被认为是科学史上最著名的种族主义者，而此处提到的"种族主义者"不仅指他从理论上就相信种族之间存在固有差异，同时也在实践中笃信某些种族从根本上具有优越性。阿加西斯非常恐惧自己可能与非洲人拥有共同的祖先，他坚持认为每个种族都有唯一的男女祖先，并且这些起源上相互独立的人群在时间与空间上根本没有交集。（他认为"亚当"这个名字源于希伯来语中"脸红"一词，只有白人在脸红时才能被察觉，于是阿加西斯断定，每个种族都有属于自己的"亚当"，我们可以通过个体是否会出现脸红进行区分。）

1859 年，阿加西斯的多祖论遭到了达尔文《物种起源》的挑战。尽管《物种起源》在刻意回避人类起源的问题，但是达尔文认为进化需要通过自然选择来实现，而这显然与阿加西斯所倡导的多祖论相互排斥：假如雀鸟与乌龟都可以拥有共同的祖先，那么人类为何要独树一帜呢？

这场双方实力对比悬殊的学术之争曾被人们讥讽为不自量力。满脸络腮胡子的哈佛大学教授阿加西斯是当时世界上最负盛名的博物学家之一。而来自剑桥大学的达尔文曾经做过牧师，只是个靠自学才进入博物学领域的新手，而且这位敢于挑战权威的晚辈在英国以外几乎无人知晓。尽管阿加西斯占据了天时地利，但是他还是感到了来自对手的致命威胁，于是他迅速向达尔文的著作发起了猛烈的反击。阿加西斯厉声呵斥道："无论是达尔文先生还是他的追随者，哪怕他们能够提供任何一个确切的案例，说明个体改变可以跟随时间推移产生新物种……那么我也会对此心服口服。"[7]

然而即便是阿加西斯也不得不承认，多祖论所面临的挑战已经从"单一个案"上升至大量证据确凿的事实。1848 年，在德国尼安德河谷（Neander Valley）的某个石灰石采石场，工人们偶然间挖掘出了一个外形奇特的头骨。[8] 虽然它看上去与人类的头骨相似，但是实际上却有着本质的区别，这些特点包括额部宽大、下巴内收、下颌强健以及眉弓粗壮。最初这个头颅被认为是某个遭遇不测的怪物的遗骸，当然也有可能来自某个被困在洞穴中的疯子。在此后的数十年里，人们从散布于欧亚大陆的峡谷与洞穴中发现了许多类似的头颅与骨骼。科学家根据这些骨骼标本重绘出一种身材强壮的物种，它们可以用略微弯曲的双腿直立行走，看上去就像某位脾气暴躁且眉头紧锁的摔跤手。研究人员根据最初发现这些原始人的地点将其命名为尼安德特人（Neanderthal）。

起初，许多科学家都相信尼安德特人就是现代人类祖先的代表，它们的出现弥补了从猿类到人类进化链中的重要一环。1922 年，《大众科学月刊》（*Popular Science Monthly*）刊登的某篇文章称尼安德特人是"人类进化过程中的早期形式"[9]。该文的配图在日后成为大名鼎鼎的人类进化图，在其描绘的现代人类演变历程中，我们的祖先经历了长臂猿猴、大猩猩以及直立行走的尼安德特人。但是到了 20 世纪 70 年代到 80 年代，尼安德特人作为人类祖先的假设被推翻，取而代之的是一种更为新颖的理论，它认为早期现代人类曾经与尼安德特人同时存在。按照修正后的"进化链"演示图，人类进化并非按照从长臂猿猴、大猩猩、尼安德特人到现代人的顺序进行，它们应该全部起源于某个共同的祖先。此外，人类学证据显示，现代人类（也就是克罗马农人）首次遭遇尼安德特人大约是在 4.5 万年前，他们当时很可能在迁徙过程中途径尼安德特人在欧洲的部分领地。我们现在知道尼安德特人已经在 4 万年前灭绝，而它们与早期现代人类重叠的时间大约有 5 000 年。

其实我们的真正祖先可能来自较为接近的克罗马农人，他们有着与现代人相似的解剖学特征，例如头颅狭小、面部扁平、眉弓中断与下颌轻薄（严格来说，克罗马农人应该被称为欧洲早期现代人类，或者 EEMH）。这些早期现代人至少在欧洲部分地区与尼安德特人存在交集，并且很有可能与他们相互争夺生产资料、食物以及领地。根据这种说法，我们可以认为尼安德特人曾是现代人祖先的邻居与对手。某些研究证据显示，现代人的祖先曾经与尼安德特人交配，并且在争夺食物与生产资料的过程中使他们走向灭绝。尽管我们的祖先与尼安德特人曾朝夕相处，但是最终还是将他们送上了不归之路。

※※※

　　但是尼安德特人与现代人之间的差别又让我们回到问题的起点：人类的历史有多长？我们到底从何而来？20世纪80年代，加州大学伯克利分校的生物化学家艾伦·威尔逊开始用遗传学工具来解答这些问题。[1] 10 其实威尔逊的实验设计思路简单明了。假设你突然来参加某场圣诞晚会，可是却与在场主宾素不相识。就在上百位男女老少齐聚一堂觥筹交错时，主持人突然宣布要开始做一个游戏：你需要按照家庭、亲缘与血缘来给这群人进行分类。你非但不能询问他们的名字或年龄，而且还要被蒙上双眼，无法根据长相或举止来建立谱系图。

　　然而上述问题对于遗传学家来说却易如反掌。首先，他意识到在个体基因组中散布着成百上千的自然变异（也就是突变）。如果这些个体间的亲缘关系越接近，那么它们所共享的变异或突变谱也越接近（例如，同卵双胞胎拥有完全相同的基因组，总体来说，父母双方分别为其后代贡献了一半的遗传物质）。如果这些个体中的变异能够被测序与识别，那么谱系的问题就可以迎刃而解：因为亲缘关系就是突变的一种功能体现。众所周知，具有亲缘关系的个体之间拥有相似的相貌、肤色或者身高，同时家族内部发生的变异没有家族之间的差别明显（实际上，由于个体之间具有相似的遗传变异，因此它们的相貌与身高才会比较接近）。

　　如果这位遗传学家并不了解任何一位嘉宾的年龄，那么他该怎样找出晚会中辈分跨度最大的家族呢？假设某个家族包括曾祖父、祖父、父亲以及儿子在内的四代人悉数到齐，而另一个家族是父亲与同卵三胞胎两代人出席。那么我们可以在不了解相貌与姓名的情况下识别出

---

[1]　威尔逊的核心观点受到生物化学界泰斗莱纳斯·鲍林与埃米尔·朱克坎德（Émile Zuckerkandl）的启发，他们二人曾经提出从某种全新视角来诠释基因组的功能。他们认为基因组不仅是指导构建生物体的百科全书，同时还是记载生物体进化历史的"分子时钟"。此外，日本进化生物学家木村资生也为发展该理论做出了贡献。

辈分跨度最大的家族吗？显而易见，仅靠比较家庭成员的数量并不足以说明问题，例如前面提及的三胞胎父子与四世同堂的儿孙都拥有四个家族成员。

尽管上述问题貌似难以回答，但是基因与突变却为此提供了捷径。既然基因突变会随着世代沿袭（例如代际时间）而累积，那么基因变异多样性最高的家族就是辈分跨度最大家族。由于同卵三胞胎的基因组完全一致，因此他们的基因多样性最低。与之相反，虽然曾祖父与曾孙的基因组彼此相关，但是他们的基因多样性最高。进化就像某种特殊的节拍器，它可以在嘀嗒作响中记录下突变的发生。虽然基因多样性在其中扮演着"分子时钟"的角色，但是基因变异却能够整理谱系之间的关系。总而言之，任意两个家族成员之间的辈分差异与他们之间的基因多样性呈正比。

威尔逊意识到该技术不仅可以分析家族成员之间的差异，而且还适用于整个生物界种群的研究。我们可以根据基因变异来绘制亲缘关系图，然后通过基因多样性来判定谁是物种中最古老的种群：部落成员的基因多样性越高，这个部落的历史也就越久。

通过了解基因组携带的信息，威尔逊几乎可以预估任意物种的生存年代，但是这种方法也有美中不足的地方。假如基因变异全部由突变产生，那么威尔逊的方法当然无懈可击。但是威尔逊知道，绝大多数人类细胞都含有两个基因拷贝，它们可以在配对染色体之间发生"交叉互换"，并且将以这种替代方式产生变异与多样性。毫无疑问，此类基因变异产生的途径将会动摇威尔逊研究的说服力。为了构建完美的遗传谱系，威尔逊需要找到一段不受基因重排与交叉互换影响的DNA片段，而它就隐藏在基因组的角落里经受着突变累积作用的考验，并且最终成为调控遗传物质的完美分子时钟。

然而他在哪里才能找到此类基因片段呢？聪慧过人的威尔逊提出的解决方案令人耳目一新。尽管绝大多数人类基因储存在细胞核中的染色体内，但是线粒体这种用于产生能量的亚细胞结构却是一个例外。[11] 线粒体自身的微型基因组只包含有 37 个基因，大约是人类染色体上基因数目的六千分之一。（某些科学家提出，线粒体起源于某些侵入单细胞生物的古代细菌。这些细菌与单细胞生物形成了某种共生关系：它们可以为单细胞生物提供能量，同时利用细胞环境来获取营养、新陈代谢以及自我防卫。而停留在线粒体内的基因也随着这种古老的共生关系保留下来。研究显示，与人类染色体基因相比，人类线粒体基因与细菌基因的组成更为接近。）

线粒体基因组几乎不会发生重组，它们只会以单拷贝形式存在。由于线粒体基因突变得到完整的代际传递，并且在岁月磨砺的过程中不会发生交叉互换，因此线粒体基因组就成为理想的基因计时员。最为关键的是，威尔逊发现这种年代重建的方法完全独立且不受任何偏倚的影响：人们根本无须参考化石记录、语言谱系、地层数据、地图信息或是人类学调查的结果。对于人类来说，基因组中铭刻着物种进化发展的历史，而这就好比钱包里永远放着一张包含所有祖先的全家福照片。

1985 年至 1995 年间，威尔逊与他的学生们摸索出了将此类技术用于人类样本（1991 年，威尔逊因白血病去世，此后由他的学生们继续其未竟的工作）检测的方法，而人们通过这些研究结果可以得出三项重要结论。首先，当威尔逊测量了人类线粒体基因组的整体多样性后，他发现其多样性非常之低，甚至还不如同等级别的黑猩猩线粒体基因组。[12] 换句话说，现代人的历史本质上比黑猩猩的历史更短且同源性更强（虽然在我们眼中，所有黑猩猩看起来都大同小异，但是在具有分辨能力的黑猩猩眼里，反倒是所有人类都长得不分彼此）。根据推算，人类的历史大概只有 20 万年左右，而这在漫长的进化历程中不过是沧海一粟。

那么最早的现代人类究竟从何而来呢？截至 1991 年，威尔逊已经开始用该方法为来自世界各地的不同种群重建亲缘关系。[13] 此外，他还利用基因多样性作为分子时钟来计算各个种群的相对年龄。随着基因测序与基因注释技术的发展，遗传学家对于上述分析方法进行了改进，其应用领域也不再局限于线粒体基因组突变，而是扩展到来自全球数百个人类种群中成千上万的个体。

2008 年 11 月，来自斯坦福大学的路易吉·卡瓦利-斯福扎（Luigi Cavalli-Sforza）、马库斯·费尔德曼（Marcus Feldman）与理查德·迈尔斯（Richard Myers）组织召开了一场研讨会，他们在会上宣布已经从全世界 51 个亚种群中的 938 名个体身上获取了 642 690 个基因变异体。[14] 而我们根据上述结果得出了人类起源中第二项重要结论：现代人的祖先似乎均生活在地球上一处非常狭小的区域里，其具体位置就在撒哈拉沙漠以南地区的某个地方。现代人出现于距今约 10 万至 20 万年前，随后他们向北部与东部迁徙并在中东、欧洲、亚洲与美洲定居下来。费尔德曼写道："人类越是远离非洲大陆，其基因变异就会越少。这种模式与源出非洲的理论相吻合，即首批现代人大约在 10 万年前离开非洲，他们以跳跃的方式分布到世界各地。每当某个分支离开种群去开辟新的领地时，他们只会带走总群基因多样性中的一小部分。"[15]

历史最悠久的人类种群（这些人类种群的基因组变异既丰富多彩又历史悠久）是分布于南非、纳米比亚与博兹瓦纳的桑族人（San tribes），以及生活在刚果伊图里（Ituri）森林深处的姆布蒂俾格米人（Mbuti Pygmies）。[16] 相比之下，最"年轻"的人类种群则是来自北美洲的原住民。[17] 在距今约 1.5 万年到 3 万年前，他们离开欧洲后穿越白令海峡的冰裂来到阿拉斯加的苏厄德（Seward）半岛。这种人类起源与迁徙的理论得到了化石标本、地质数据、出土工具以及语言模式的佐证，同时也被绝大多数人类遗传学家充分认可。该理论后来被称为"源出非洲"学说（The Out of Africa Theory），或"晚近源出非洲"模型（The Recent Out of Africa Model。[18]"晚近"反映了现代人进化历程的跌宕起伏，其首字母缩写 ROAM 也可以理解为漫步，它似乎是一段情意绵绵的告白，诉说着源自人类基因组深处那段历经沧桑的岁月）。

※※※

　　现在我们需要借助某些概念来加深对于第三项重要结论的理解。假设卵子与精子完成受精形成了单细胞胚胎，那么该胚胎的遗传物质分别源自父体基因（来自精子）与母体基因（来自卵子）。但是构成胚胎的细胞质却全部来源于卵细胞，精子只不过是某种光鲜亮丽的雄性DNA运载工具，或者也可以把它描述成为活蹦乱跳的基因组。

　　除了蛋白质、核糖体、营养物质与膜结构之外，卵细胞还为胚胎提供了一种名为线粒体的特殊结构，其作用就相当于细胞中的能量工厂。由于其解剖结构各异且功能上高度专一，因此细胞生物学家将它们称为"细胞器"，也就相当于细胞内的迷你器官。我们曾经在前面提到，人类的23对染色体（大约包含21 000个基因）均位于细胞核内，但是携带有独立微型基因组的线粒体却位于细胞质中。

　　胚胎线粒体全部源自母系的现象具有重要意义。无论男性还是女性，所有人类的线粒体只能从母亲那里继承，而线粒体来源又可以追溯至她们的母亲，并且沿袭着某条绵延不绝的血脉延伸至无限遥远的过去。（女性细胞里携带有未来全部后代的线粒体基因组。具有讽刺意味的是，假如世界上真的存在某种"缩微人"的话，那么构成它们身体的物质必定源自女性，而从技术上来看，这不就是"女性缩微人"吗？）

　　现在假设某个部落由200位女性组成，且她们每人都只有一个孩子。如果某位女性的孩子恰好是个姑娘，那么她将把线粒体基因组传给女儿，然后再由女儿传给外孙女。但是如果她的后代中只有儿子没有女儿，那么这位女性的线粒体谱系就会陷入绝境并且从此消失（由于精子的线粒体不能遗传给胚胎，因此男性无法将线粒体基因组遗传给自己的后代）。在部落进化过程中，成千上万的线粒体的谱系将在意外落入绝境后被清除出局。那么问题的症结来了：如果某个物种的缔造人群规模非常小，那么具有母系血统的人群数量将随着时间延长而持续萎缩，并且最终会在种群中变得无足轻重。如果这 200 位部落女性中有半数的人只有一个儿子，那么将有 100 种线粒体谱系受制于男性遗传的窘境并会从下一代中消失，而剩下一半女性的线粒体谱系也将止步于其男性后代并以此类推。当经过几代人之后，所有该部落后代的线粒体祖先都可能会指向某几位女性。

对现代人类来说，每个人的线粒体谱系均可以追溯至某位女性。而作为我们这个物种的母系祖先，她应该生活在距今 20 万年前的非洲大地。尽管其亲缘关系与生活在博茨瓦纳或纳米比亚的桑族女性最为接近，但是我们并不知道她到底长什么样子。

我发现这种众生之母的概念可以令人产生无尽的遐想，而她在人类遗传学研究中被称为线粒体夏娃（Mitochondrial Eve）。

※※※

1994 年夏季，我在读研期间突然对于免疫系统的遗传起源产生了兴趣，于是从肯尼亚沿着东非大裂谷来到津巴布韦，然后穿过赞比西河盆地进入南非平原。整个行进的路线恰好与人类进化之旅相反。本次旅途的终点位于南非某处的不毛之地，这里距离纳米比亚与博茨瓦纳的距离大致相等，曾经是某些桑族部落居住的地方。放眼望去，这片平坦干旱的土地就像月球一样满目苍凉，仿佛经历了某种源自地下复仇之力的浩劫。我还没来得及喘口气，随身携带的物品就被偷得所剩无几，只留下四条平角裤（我通常两条叠在一起当内裤穿）、一盒蛋白棒以及几瓶水。《圣经》中曾经提到，我们赤裸地来到这个世界，而我当时对此深有感触。

只需稍加想象，我们就能以这座饱经沧桑的台地为起点来重建人类历史。现在将时钟拨回到 20 万年前，那时有某个早期现代人的种群开始在此处栖身，当然也可能是在附近某个环境与之相似的地方（进化遗传学家布伦娜·亨、马库斯·费尔德曼与莎拉·蒂什科夫曾经指出，人类迁徙的起源地位于更靠西部的纳米比亚海岸附近）。事实上我们对于这个古老部落的文化习俗一无所知。他们没有留下包括工具、绘画以及洞穴在内的任何手工制品，但是却将基因这种最具价值的遗产永久融入人类的血脉中。

这个种群的规模似乎非常有限，大约不超过 6 000 人到 1 万人，按照现代标准来看的话简直是微不足道。另有学者曾经估计其人数可能最多只剩下 700 人，甚至无法与居住在某个街区或者村庄的人数相比。线粒体夏娃可能就生活在他们之中，她应该至少有一个女儿与一个外孙女。虽然我们并不了解该部落成员停止与其他原始人杂交的具体时间与原因，但是他们从大约 20 万年前开始出现相对排他性并且仅在彼此之间交配。（诗人菲利普·拉金曾经写道："我的性生活始于 1963年。"[19] 与之相比，他已经落后了大约 20 万年。）而出现上述情况的原因可能与天气变化、地理障碍以及谈情说爱有关。

※ ※ ※

就像现在大部分初来非洲大陆旅行的年轻人一样，当年人类祖先的迁徙路线也是从这里先向西部进发然后再转向北部的。[1]东非大裂谷或刚果盆地的热带雨林都是他们艰险旅程的必经之路，而现如今这些地方生活着姆布蒂人（Mbuti）与班图人（Bantu）。

尽管我们现在描述的人类迁徙路线貌似简单明了，但是在实际过程中却并非像地理分布那样简单。研究结果发现，某些早期现代人种群曾经返回了撒哈拉地区，而那时的撒哈拉还是一片郁郁葱葱，到处是密布的湖泊与河流。他们闯入当地的类人种群中，与其共存甚至发生杂交，并且可能在进化中产生了回交。就像古人类学家克里斯托

---

[1]   某些近期研究结果显示，如果这个种群起源于非洲西南部，那么他们主要的迁徙方向应为向东与
       向北。

弗·斯特林格（Christopher Stringer）描述的那样："这对现代人意味着……某些现代人比其他种群拥有更多的古老基因。由于在现实中也似乎确实如此，因此这就导致我们再次提出疑问——现代人究竟源自何方？在接下来的一两年里，某些颇具吸引力的研究课题将重点关注尼安德特人的 DNA……科学家在看到这些 DNA 时也许会情不自禁地发问——难道它们有什么功能吗？它真的会在尼安德特人体内发挥作用吗？它会对大脑、解剖以及生理等方方面面产生影响吗？"[20]

尽管人类迁徙之路充满艰辛，但是这场长征依然在继续。大约 7.5万年前，某个人类种群来到埃塞俄比亚或埃及东北部的边缘地带，而红海缩窄后形成的裂隙样海峡将非洲大陆与也门半岛的凸出部分隔开来。在当时的自然环境下，还从来没有人能够漂洋过海。我们无从知晓究竟是什么力量让他们穿越了海峡，也不知道他们通过什么方式到达了彼岸（那时的红海水位要比现在低，某些地质学家认为当时有沙洲岛屿链贯穿海峡两端，我们的祖先可能就是沿着这些沙洲岛屿辗转来到亚洲与欧洲的）。大约 7 万年前，位于印度尼西亚的托巴（Toba）火山喷发，火山灰遮天蔽日，导致地球上出现长达数十年的冬季。在这种突如其来灾难的威胁下，我们的祖先可能被迫加速去寻觅新的食物与领地。

与此同时，另有学者提出了人类迁徙的多扩散理论，他们认为某些较小的灾难事件会贯穿人类历史的不同年代。[21] 某项主流理论显示，历史上至少出现过两次独立的横渡事件。其中最早的横渡发生在 13 万年前。当时移民们由中东出发，他们沿着海岸线穿越亚洲抵达印度洋，随后又南下来到缅甸、马来西亚与印度尼西亚。而第二次横渡发生在距今较为接近的 6 万年前左右。这些移民北上进入欧洲，他们在那里邂逅了尼安德特人。由于上述两种迁徙路径都以也门半岛为枢纽，因此这里才是真正的人类基因组"大熔炉"。

毋庸置疑，能够在这种冒险跨海横渡中幸存的人寥寥无几，也许只剩下不足 600 名男女老幼。无论我们的祖先经历了何种艰难险阻，最终他们还是遍布欧洲、亚洲、大洋洲以及美洲的各个角落，而历史的脚步也在人类的基因组中留下了独特的印迹。从遗传学角度来说，我们的祖先为了获得空间与资源走出非洲，他们之间的亲缘关系要比以前我们所想象的更为紧密。其实人类彼此就是同舟共济的兄弟。

※※※

那么人类进化史对于种族与基因有何意义呢？其实这些故事蕴含的内容非常丰富。首先它提醒我们，人种分类本身是个有先天局限性的问题。政治学家华莱士·塞尔（Wallace Sayre）讽刺地说道，学术争论的赌注几乎可以忽略不计，而它们之间的较量往往非常险恶。按照相同的逻辑，我们在对种族问题展开激辩之前也许应该先明确一点，那就是人类基因组的变异程度微乎其微，甚至要比许多其他常见物种都要低（例如，人类基因组要比黑猩猩基因组的变异程度低）。由于人类作为物种在地球上存在的时间并不长，因此我们之间的相似之处要远胜于不同之处。人类的蓬勃发展是进化推动的必然结果，甚至于我们的祖先都没有机会偷吃到禁果。

然而即便是那些新兴物种也拥有自己独特的历史。众所周知，基因组学具有强大的分析能力，它可以将基因组按照相似程度进行分类。假如我们希望在种群中发现可供识别的特征，那么其前提是这些特征自身就存在与众不同之处。我们只要仔细观察就不难发现，人类基因组变异不仅具有地域分布的特点，而且还符合传统的种族界限。由于任何基因组都铭刻有祖先的烙印，因此通过研究个体遗传特征就能够精确地指出其所属地区、国别、省份甚至是部落。可以肯定的是，基因组技术已经成为鉴别这些细微差异的典范。但是假如这就是人们理解的"种族"，那么其概念不仅经受了基因组时代的考验，并且还在此期间得到了发扬光大。

对于种族歧视来说，它并非通过遗传特征来推断种族分类，而是通过种族分类来判断遗传特征。种族歧视不是根据肤色、发质或者语言来判别人们的祖先或者起源。这个问题涉及生物系统学，其中涵盖了谱系、分类学、人种地理学以及生物鉴别等内容。尽管你可以根据相关信息做出推断，但是基因组学能够让上述结果的准确性大为提升。你也可以在审视任意个体的基因组后，对于其祖先或发源地提出自己的真知灼见。然而目前争议最大的领域在于其逆命题：假如你已经知道了某人的种族身份，例如非洲人或者亚洲人，那么你能推断出该个体的特征吗？这里的特征并不仅局限于皮肤或者头发的颜色，它还包括了更为复杂的人类功能，例如智力、习惯、个性与天赋。基因无疑能够反映种族的信息，但是种族能够诠释基因的信息吗？

为了能够回答这个问题，我们需要掌握遗传变异在不同种族之间的分布情况。种内或种间的遗传多样性到底孰高孰低呢？如果我们已知研究对象是来自非洲与欧洲的后裔，那么这会改变人们对于其遗传性状、个人属性、身体素质与智力水平的认识吗？还是说由于非洲人与欧洲人的种内变异巨大，以至于其种内多样性在进行比较时占据了主导地位，因此根本没有必要将他们分为"非洲人"或"欧洲人"呢？

其实现在我们对于这些问题已经有了明确的量化答案。许多学者曾经尝试过使用定量手段来研究人类基因组的遗传多样性。最新研究结果显示，绝大多数遗传多样性（85%~90%）就发生在这些所谓的种族内部（例如亚洲人或非洲人），而仅有极少部分（7%）发生在种族之间［早在1972年，遗传学家理查德·莱旺顿（Richard Lewontin）就已经计算出近似的分布结果］。[22] 当然有些基因的确在不同种族或族群间存在巨大差异，例如常见于加勒比黑人与印度人中的镰刀形红细胞贫血症，以及经常发生在阿什肯纳兹犹太人中的泰伊-萨克斯二氏病。但是在大多数情况下，种内遗传多样性会超过种间遗传多样性，并且将会始终占据着主导地位。其实种内变异性的程度会使"种族"失去鉴别的意义：根据遗传学对"种族"的定义来看，由于来自非洲的尼日利亚人与纳米比亚人彼此"迥然各异"，因此将他们划分为同类简直是无稽之谈。

对于种族与遗传来说，基因组是衡量它们之间关系的黄金标准。尽管利用基因组可以推测 X 染色体或者 Y 染色体的来源，但是即便掌握了 A 或 B 的身份却依然无法让你知晓其基因组的详情。或者说每个人的基因组都携带有个体祖先的印记，可是根据个体种族血统却无法反映基因组的奥秘。你可以给某位非洲裔美国人进行 DNA 测序，然后判定他的祖先是否来自塞拉利昂或尼日利亚。但是如果此人的曾祖父来自塞拉利昂或尼日利亚，你却说不出来这个人到底有什么特别之处。此时，遗传学家可以感到志得意满，种族主义者则铩羽而归。

就像马库斯·费尔德曼与理查德·莱旺顿指出的那样："种族分类已经失去了在生物学领域的价值。对于人类物种而言，将个体进行种族划分不会对遗传分化产生任何影响。"[23] 1994 年，斯坦福大学遗传学家路易吉·卡瓦利-斯福扎发表了一项具有划时代意义的研究结果，其内容涉及人类遗传学、迁徙与种族之间的关系。卡瓦利-斯福扎将种族划分问题描述为"缘木求鱼"，他认为文化仲裁的作用要远大于遗传分化的驱使。[24]"至于何时停止这种划分完全取决于人们的主观意识……虽然我们可以从种群中辨别出这些'群体'的差异……'但是'不同水平的聚类均会影响划分方式的选择……因此从生物学角度来讲，我们这种做法并不具备充分的依据。"卡瓦利-斯福扎继续说道，"进化学对于此类现象的解释非常简单。种群中存在巨大的遗传变异，而出现这种情况与其规模大小无关。当然遗传变异发生需要经过漫长岁月的积累，因为大多数'遗传变异'出现在大陆分裂之前，有些甚至可能发生于物种出现前 50 万年左右……所以并没有充裕的时间来形成显著差别。"

最后这段描述实际上是对遗传学发展史上那些谬论的反驳：其中就包括阿加西斯与高尔顿、19 世纪的美国优生学家以及 20 世纪的纳粹遗传学家。尽管遗传学于 19 世纪释放出了科学种族主义的幽灵，但是幸运的是基因组学终于将它重新降伏。就像电影《相助》(The Help)

里描述的那样，非洲裔美国人女佣爱比（Aibee）直截了当地对白人梅·莫布利（Mae Mobley）说："其实我们本质相同，只不过肤色有别。"[25]

1994年，就在路易吉·卡瓦利–斯福扎有关种族与遗传的综述问世同年，另外一部描写种族与基因的前卫作品也让美国社会陷入了极度的焦虑。[26]《钟形曲线》（The Bell Curve）这本畅销书由行为心理学家理查德·赫恩斯坦与政治学家查尔斯·默里（Charles Murray）合著。[27]就像《时代周刊》杂志评论的那样："这部有关阶级、种族与智力的作品极具煽动性。"[28]《钟形曲线》让我们看到基因与种族的概念在是非曲直面前的无奈，同时也感受到这些涉及遗传与种族的内容能够在当前社会引起的强烈反响。

赫恩斯坦不愧是策划社会舆情的行家里手：1985年，他在《犯罪与人性》这部引起广泛争议的作品中声称，犯罪行为与个体的先天特征（性格与气质）密不可分。[29]仅仅过了10年，《钟形曲线》又在人们的思想领域掀起了惊涛骇浪。默里与赫恩斯坦提出，智力不仅主要依赖先天（也就是遗传），并且其水平在不同种族之间参差不齐。总体来说，白人与亚洲人的智商（IQ）较高，而非洲人与非洲裔美国人的智商较低。默里与赫恩斯坦认为，这些"智力水平"的差异是非洲裔美国人社会与经济地位落后的主要原因。之所以这些非洲裔美国人会落后于时代发展，并不是因为美国的社会契约机制有系统性缺陷，而是因为他们自己的心智结构存在根本问题。

为了便于理解《钟形曲线》这部著作的观点，我们首先需要明确作者对于"智力"的定义。不出所料，默里与赫恩斯坦刻意选用了一种狭义智力的定义，而这又把我们带回到19世纪计量生物学与优生学的时代。我们应该不会忘记，高尔顿与他的追随者们曾经痴迷于进行智力测量。在1890年至1910年间，欧洲与美国学者设计了几十种不同的测试手段，他们希望能够找到某种准确的定量方法来测量智力。1904年，英国统计学家查尔斯·斯皮尔曼（Charles Spearman）注意到这些测试手段均具有一种相同的重要特征：如果人们在某项测试中取得良好结果，那么他们在其他测试中也会有同样的表现。[30]斯皮尔曼根据此类正相关现象进行了大胆地猜测，他认为这些测试手段中存在某种神秘的共同因素。他指出该因素本身并不是知识，而是获取与掌握抽象知识的能力。斯皮尔曼将其称之为"一般智力"并用字母 g 来表示。

到了 20 世纪早期，g 因素已经引发了公众的无限遐想。首先，它令早期的优生学家十分着迷。斯坦福大学的心理学家路易斯·特曼是美国优生运动的狂热支持者，他于 1916 年发明了一套可以快速定量评估一般智力的标准化测试手段，并且希望通过该方法为人类优生事业筛选出聪明伶俐的个体。特曼意识到其测量结果在儿童生长发育阶段会受到年龄的影响，因此他提出了一种全新的度量方法来量化分年龄智力。[31]如果某人的"心理年龄"与他（她）生理年龄相一致，那么其智商就被定义为 100。如果心理年龄小于生理年龄，那么其智商就小于100；如果心理年龄大于生理年龄，那么其智商就大于 100。

在第一次与第二次世界大战期间，数字智力测试也曾被用于满足战争的需要。例如在新兵接受作战任务之前，人们希望能够对他们的技能迅速做出定量评估。当老兵于战争结束后重返平民生活时，他们将发现自己的生活完全被智力测试主宰。到了 20 世纪 40 年代早期，这些测试已经成为美国文化不可或缺的一部分。智商测试被广泛用于求职排名、学生择校以及特工招募。在 20 世纪 50 年代，美国人通常会把他们的 IQ 值写在简历上，并且会为应聘工作提交某项智力测试的结果，甚至还可能根据测试结果来选择配偶。当年在"健康婴儿大赛"上展览的婴儿身上都标明了自己的 IQ（但是如何给两岁的孩子测量智商仍然存疑）。

由于后续段落的内容也将涉及智力的概念，因此我们需要注意它在修辞与历史转换中的角色。一般智力（g）最初只是被用来反映特定条件下特定人群智力测试结果之间的统计相关性。然而在人类先天具有获取知识的能力这一假设的支持下，它逐渐演变为"一般智力"的概念。随后为了满足战争的需求，它又被加工整理以"智商"的形式出现。如果我们从文化的角度理解，那么 g 的定义可以被视为一种微妙的自我强化现象：那些拥有高智商的人仿佛天生就是"智者"，并且他们会被赋予进行智力质量测定的权力，因此这些人会不遗余力地在世界范围内将其定义发扬光大。进化生物学家理查德·道金斯曾经将模因（通过非遗传的方式，特别是模仿而得到传递）定义为文化的基本单位，它可以通过突变、复制与选择的方式像病毒一样在社会中传播。而我们也可以将 g 想象成自我传播的单位，甚至可以称之为"自私的 g"。

　　20 世纪 60 年代到 70 年代，席卷美国的反主流文化运动撼动了一般智力与智商概念的根基。随着民权运动与女权主义风起云涌，美国社会中长期存在的政治与社会不平等现象也日渐凸显。研究结果显示，人们的生理与心理特征并非与生俱来，社会背景与生存环境可能对其产生深刻的影响。此外，教条的智力观点也遭到了来自各方科学证据的挑战。作为发展心理学领域的权威，路易斯·瑟斯顿（50 多岁时）与霍华德·加德纳（快 80 岁时）认为"一般智力"测试是一种非常愚蠢的方法，它不过是将许多特定背景下的智力细分类型（例如视觉空间、数学或语言智力）混为一谈罢了。[32] 遗传学家在分析这些数据后可能得出这样一种结论，g 可能是某种与基因毫不相干的性状，不过是为了迎合特定背景而杜撰出的假定测量方法。尽管反对之声不绝于耳，但是默里与赫恩斯坦却不为所动。默里与赫恩斯坦的主要理论依据来自心理学家阿瑟·詹森（Arthur Jensen）早年发表的一篇论著，现在他们开始着手印证 g 因素的遗传性与种群之间的差异性，并且以白人与非洲裔美国人之间的先天不同来解释种族差异这个至关重要的问题。[33]

※※※

　　g 可以遗传吗？从某种意义上来说可以。20 世纪 50 年代，大量研究结果显示 g 具有很强的遗传倾向，而其中的双胞胎实验最具说服力。[34]20 世纪 50 年代早期，当心理学家对于共同生活的同卵双胞胎（即基因与环境都一样）进行智力测试时，他们发现这些双胞胎的智商具有惊人的一致性，其相关系数可以达到 0.86。[1]20 世纪 80 年代末期，心理学家又对分开抚养的双胞胎进行了智力测试，尽管他们发现上述相关系数下降到 0.74，但是这个结果依然令人感到吃惊。

此外，无论某种性状的遗传性有多强，它都可能是多基因共同作用的结果，而其中每个基因产生的影响非常微弱。假如事实果真如此，那么 g 应该在同卵双胞胎之间表现出很强的相关性，同时父母与子女之间的一致性应相差较远。研究结果显示，IQ 确实符合这种遗传模式。例如，共同生活的父母与子女的 IQ 相关系数降至 0.42，分开生活的父母与子女的相关系数则暴跌至 0.22。无论 IQ 测试的结果是什么，IQ 只是一种可遗传的因素，它将受到多基因与环境修饰作用的影响，也就是说 IQ 是先天与后天因素相互融合的结果。

我们根据这些事实能够得出以下结论，虽然某些基因与环境的组合可以对 g 产生强烈影响，但是这种组合几乎不可能完整地从父母遗传给子女。众所周知，孟德尔定律可以确保特殊的基因排列只在每代中呈离散分布。由于环境交互作用难以捕捉与预测，因此它们不能随着时间推移被复制。简而言之，智力可以遗传（受到基因的影响），但是（完整地传给后代）并非易事。

假如默里与赫恩斯坦能够得出这些结论，那么他们出版的有关智力遗传的著作就会更为客观，或者说至少不会那么充满争议。但是《钟形曲线》的核心并不是 IQ 的遗传力，而是 IQ 在不同种族之间的分布情况。默里与赫恩斯坦首先回顾了 156 个有关种间 IQ 的独立研究。总体来说，这些研究发现白人的平均 IQ 是 100（根据定义，标准人群的平均智商为 100），而非洲裔美国人的平均 IQ 是 85，两者之间存在 15

---

[1]　最新预测结果显示，同卵双胞胎之间的相关系数为 0.6 ~ 0.7。在此后的几十年里，里昂·卡明（Leon Kamin）等心理学家对 20 世纪 50 年代的数据进行重新验证，他们发现这些研究所采用的方法并不可靠，并且开始质疑这些早期测试结果的真实性。

分的差异。虽然默里与赫恩斯坦曾经试着从这些测试中发现歧视非洲裔美国人的成分，但是他们只选取了 1960 年以后在美国南部地区以外开展的项目，并且希望通过这种方法来减少地方性偏倚。[35] 然而事与愿违，两者之间 15 分的差异依然存在。

难道非洲裔美国人与白人之间 IQ 分数的差异是社会经济地位不同导致的结果吗？在过去几十年中，人们发现贫穷儿童在 IQ 测试中的表现较差，而该结果与他们的种族无关。时至今日，在所有解释种间 IQ 差异的假说中只有以下说法看似最为合理：贫穷的非洲裔美国儿童所占比例过高是造成白人与非洲裔美国人之间 IQ 差异的主要原因。20 世纪 90 年代，心理学家埃里克·特克海默（Eric Turkheimer）证明，在极度贫穷的环境下，基因对 IQ 所起的决定作用非常微弱，从而有力地支持了上述理论。[36] 假如某位儿童集贫穷、饥饿与疾病于一身，那么这些变量将会对 IQ 产生重要影响。只有在摆脱上述限制的束缚后，控制 IQ 的基因才会起主导作用。

我们可以很容易在实验室里验证此类影响的作用：假设高茎与矮茎植株均生活在营养匮乏的环境中，那么其内在遗传驱动力也无法改变植株矮小的现实。相比之下，假如它们的生长环境营养充足，那么高茎植物将会生长至正常高度。综上所述，究竟是基因还是环境或者说是先天还是后天在起主导作用将取决于具体情况。如果环境因素作用明显，它可以产生更大的影响。当环境因素的限制被去除后，基因的优势才逐步凸显。[1]

虽然贫穷与匮乏的影响完美地解释了非洲裔美国人与白人 IQ 差异的原因，但是默里与赫恩斯坦并未就此止步，而是对于该问题进行了更深层次的挖掘。他们发现，即便研究对象的社会经济地位得到改善，但是依然无法完全消除非洲裔美国人与白人 IQ 之间的差异。如果以社会经济地位为横坐标绘制反映白人与非洲裔美国人的 IQ 曲线，那么他

---

[1] 只有首先确保环境因素稳定，然后才能考虑人类的遗传潜能，这种解释在遗传平等的争论中最具说服力。

们的 IQ 都会随着社会经济地位的提升而增高。尽管富裕家庭儿童的
IQ 分数要高于出身贫穷的同伴，但是白人与非洲裔美国儿童之间的 IQ
差异却仍然存在。令人感到自相矛盾的是，随着社会经济地位的提升，
白人与非洲裔美国人之间的 IQ 差异会继续扩大。此外，富有的白人与
非洲裔美国人之间的 IQ 差异不但没有缩小反而更为显著，并且这种缺
口在高收入人群中还将进一步扩大。

　　与此同时，上述研究结果也成为各种书籍、杂志与报刊竞相追
踪的热点。例如，进化生物学家斯蒂芬·杰·古尔德（Stephen Jay
Gould）在为《纽约客》撰稿时言辞犀利地指出，由于这些测试的效
果非常有限，并且各种测试方法之间的变异千差万别，因此根本无法
得出任何能够解释这些差异的统计学结论。[37] 来自哈佛大学的历史学
家奥兰多·帕特森（Orlando Patterson）则巧妙地将自己的文章命名为
"钟形曲线之殇"（*For Whom the Bell Curves*）。他在文中提醒读者，
奴隶制、种族主义与偏见的遗毒加深了白人与非洲裔美国人之间的文
化芥蒂，我们无法根据客观公正的方法来对种间的生物属性进行比
较。[38] 事实上，社会心理学家克劳德·斯蒂尔（Claude Steele）曾经证
实，在对非洲裔美国学生进行 IQ 测试之前，如果告诉他们只是在试
用某种新型电子笔或记分方式，那么他们在测试中就会有良好的表现。
但是如果告诉他们要进行"智力"测试，那么他们的分数将会一落千
丈。[39] 总体来说，IQ 测试中真正的变量并不是智力，而是受试者的天赋、
自尊、自我以及焦虑。在这个非洲裔美国人经常遭受阴险歧视的社会
里，认同这种 IQ 差异的倾向得到了充分的自我强化：由于非洲裔美国
儿童在接受测试之前就被告知不被看好，因此他们在 IQ 测试过程中的
表现往往不尽人意，而测试结果又造成了智商不高的负面影响，并且
将进入永无止境的恶性循环。

　　但是《钟形曲线》却犯了个致命的低级错误，它其实就淹没在这
部厚达 800 页作品的一个段落里，以至于几乎不会引起读者的注意。[40]
假设非洲裔美国人与白人的 IQ 分数完全相同（例如均为 105），然后

开始衡量他们在不同智力分项测试中的表现。研究结果显示，非洲裔美国儿童在某些测试项目中（例如短期记忆力与长期记忆力测试）得分较高，而白人儿童在另外一些项目中表现更好（例如视觉空间与感知变化测试）。换句话说，IQ测试方法的配置将对不同种族以及基因变异体的表现产生重大影响：只要调整同一测试中各项变量的权重，那么就可以改变智力测试的结果。

1976年，桑德拉·斯卡尔（Sandra Scarr）与理查德·温伯格（Richard Weinberg）已经证实上述测试存在严重偏倚，但就是这项实验的结果几乎被人们遗忘。[41] 斯卡尔对于跨种族收养（非洲裔美国儿童由白人父母收养）进行了研究，他发现被收养的非洲裔美国儿童平均智商为106，与年龄相仿的白人儿童没有区别。斯卡尔通过仔细分析对照组的数据得出结论：这些被收养儿童的"智力"并未得到提升，他们只是在参加特定智力分项测试时正常发挥罢了。

对于IQ测试而言，虽然它可以预测人们在现实世界中的表现，但是我们不能因此就草率地认为这种方法绝对正确。当然IQ概念的确具有非凡的自我强化功能：它反映的特质不仅蕴含着某种出类拔萃的意义与价值，还可以令其自身得到发扬光大，并且可以塑造成为某种坚不可摧的逻辑闭环。由于IQ测试的实际配置相对随意，因此智力不会受到某项测试内部权重改变的影响（例如从视觉空间感知力到短期记忆），但是这会导致非洲裔美国人与白人之间的IQ分数出现差异。g概念的微妙之处就在于，它本应是某种可测量与可遗传的生物属性，然而却在很大程度上被文化优先掌控。其实这种情况极其危险：简单来说就是误把模因当成了基因。

假如说人类从医学遗传学中汲取了某种教训的话，那么就是要时刻提防生物学与文化之间的差异陷阱。我们现在已经知晓，不同人种的遗传物质大同小异，而体内各种变异才是产生多样性的真正原因。或者更为准确地说，尽管变异对于基因组的影响微乎其微，但是如果我们从文化或者生物学角度出发就很容易将它们放大。这些精心设计的测试手段当然可以检测出能力上的差异，同时还会发现此类差异很有可能沿着种族界线分布，但是如果我们把这种测试结果称为"智力"的话，尤其是当分数只依赖于某种测试的配置时，那么简直是对其严谨性的侮辱。

基因的作用与环境、文化、地理以及历史不可相提并论，它无法告诉我们该如何对人类多样性进行分类或者判别。我们曾试图用语言来诠释这种现象，但是却总觉得难以自圆其说。我们将某种统计学上最普遍的遗传变异称为"常态"，该词不仅代表了统计学上的优势，并且还是品质甚至是道德优越的象征（韦氏词典中对"常态"一词的定义至少有 8 种，其中就包括"自然发生"以及"心理与生理健康"的概念）。如果某种变异非常罕见，那么它将被称为"突变"，该词不仅代表了统计学上的劣势，还是品质低下甚至道德败坏的表现。

随着语言歧视介入遗传变异，人们逐渐将生物学与主观愿望混为一谈。在特定环境下，当某种基因变异导致生物体的适应性下降时（例如生活在南极的男性容易秃顶），我们就将这种现象称为"遗传病"。而在另外一种环境下，如果同样的变异使生物体的适应性得到了提升，那么我们会说生物体发生了"遗传增强"。其实进化生物学与遗传学的统一提醒我们这些评判毫无意义："增强"或"疾病"只是判断某个基因型在特定环境中适应能力的词语；如果环境因素发生改变，那么这两个词语的含义甚至可以彼此互换。心理学家艾莉森·高普尼克（Alison Gopnik）曾经写道："如果没有人去读书，那么就不存在阅读障碍。如果你在大家狩猎的时候走神，那么这不仅无大碍而且还可能是某种优势的体现（例如狩猎者可以同时注意多个目标）。但是如果你在大家学习期间开小差，那么就要成为反面典型了。"[42]

※ ※ ※

无论是按照种族界线对人类进行分类的愿望，还是将智力、犯罪、创造力与暴力等遗传特征凌驾于种族界线之上的冲动，它们展现的主题都离不开遗传学与分类学的领域。如果把人类基因组比作各式各样的小说或面部表情，那么它产生的变化种类可以说不胜枚举，并且所有这些表现形式均是基因组做出的选择。当某种与众不同的可遗传生物特征（例如遗传病中的镰刀形红细胞贫血症）占据主流时，通过基因组分析来确定其位点就会具有重要意义。如果能够细化对于可遗传特征或性状的定义，那么我们发现该基因位点的可能性就越大，而且该性状局限于某个亚种群的可能性也就越大（例如阿什肯纳兹犹太人中的泰伊-萨克斯二氏病或者加勒比黑人中的镰刀形红细胞贫血症）。人们熟悉的马拉松正日益成为一项由遗传因素决定的运动：来自肯尼亚与埃塞俄比亚（位于非洲大陆东部一处狭长的楔形区域）的运动员经常占据此类赛事的排行榜，这不仅与他们自身的天赋与艰苦训练有关，还在于马拉松是一种挑战人体极限的特殊测试，而自然选择会筛选出这种决定性格刚毅的基因（例如特定基因变异的组合能够产生独特的解剖、生理以及代谢特征）。

相对而言，如果我们对于某种特征或性状（例如智力或气质）的定义越广，那么就会发现它与单个基因关联的可能性就越小，而这种模式也可以扩大到种族、部落或亚种群的范围。由于智力与气质不同于马拉松比赛，它们不存在获胜标准也没有起点或终点，因此想要进行比较需要另辟蹊径。

无论采取狭义还是广义的标准，生物学特征事实上涉及人类的身份问题，也就是我们该如何从文化、社会与政治角度来定义、分类以及理解人类自身。尽管我们对于种族定义的表述看起来含混晦涩，但是其中缺失的关键部分就是在讨论身份的定义。

第二章

遗传算法

过去几十年来，人类学在参与"身份"全面解构的工作中能够始终保持严谨的学术方向。某种观点认为，由于个体通过社会表现才能塑造自己的身份，因此其身份并不是一种固有本质，而这也使得性别与性成为目前研究领域的主流。另一种观点认为，集体身份源自政治斗争与妥协，并为当代种族研究、种族划分以及民族主义奠定了基础。[1]

——保罗·布罗德温（Paul Brodwin），《遗传学、身份以及本质主义人类学》（ *Genetics, Identity, and the Anthropology of Essentialism* ）

我看你不是我的哥哥，简直就是我的镜子。

——威廉·莎士比亚，

《错误的喜剧》（ *The Comedy of Errors* ）第五幕第一场

1942 年 10 月 6 日，也就是父亲一家离开巴里萨尔前 5 年，我的母亲在德里呱呱坠地。其实先于母亲降生的是安静端庄的布鲁（Bulu）姨妈，而我的母亲图鲁（Tulu）要比这位同卵双胞胎的姐姐迟几分钟来到人世，当时她一边剧烈挣扎一边高声哭喊。幸运的是负责接生的助产士对于婴儿护理非常专业，她知道漂亮宝宝容易遭受命运的诅咒：饱受重度营养不良折磨的布鲁姨妈正处于危险的边缘，她后来被裹在毯子里经过认真调养才侥幸死里逃生。布鲁姨妈刚出生时显得非常脆弱，她甚至都无法主动吸吮乳汁。据说（可能为杜撰）那时的条件极为艰苦，德里在20世纪40年代时居然没有婴儿奶瓶，家人只好用棉芯浸满乳汁或者用勺状的玛瑙贝外套膜喂她，此外他们还聘请了一名护士来照料布鲁姨妈。当这对孪生姐妹长到7个月的时候，外婆的母乳量开始迅速下降，而为了把最后仅有的乳汁留给姐姐，作为妹妹的母亲随即就被断奶。从出生开始，我的母亲与她的双胞胎姐姐就是典型的遗传学实验对象，她们拥有完全一致的先天条件以及完全不同的后天抚养方式。

作为晚出生两分钟的"妹妹"，我的母亲是个性格外向的人。母亲天性活泼好动同时无所畏惧，她的学习能力出众并且愿意去试错。相比之下，布鲁姨妈的性格比较内向，可是她的头脑更灵活、表达更清晰、才思也更为敏锐。母亲的沟通能力非常强，她很容易就可以结交新朋友，并且始终保持良好的心态。布鲁姨妈的性格则较为含蓄与克制，她看上去就是个温文尔雅的弱女子。我的母亲喜欢戏剧与舞蹈，而布鲁姨妈则是一位诗人、作家与梦想家。

其实，正是这些反差映衬出这对双胞胎姐妹的相似之处。母亲与姨妈的相貌简直难以辨别：她们的雀斑、瓜子脸与高颧骨几乎如出一辙，而这些面部特征在孟加拉人中并不常见。此外，她们的外眼角都略微向下倾斜，仿佛是意大利画家笔下充满怜悯之情的圣母马利亚。当然，母亲与姨妈也像其他双胞胎一样有着专属于彼此的语言，她们讲着只有对方才能够听懂的笑话。

随着母亲与姨妈长大成人，她们也开始渐行渐远。1965年，我的母亲与父亲正式结为夫妻（他于3年前移居到德里）。尽管这是一场包办婚姻，但其中也蕴含着风险。在这座完全陌生的城市里，我的父亲当时只是个身无分文的穷光蛋，况且家中还有一位强势的母亲与一个半疯的兄弟。在母亲娘家那些体面的西孟加拉亲戚眼中，父亲的家族是东孟加拉乡巴佬的典型代表：父亲的兄弟们在吃午饭的时候会把米饭堆成山丘状，接着在上面打一个火山口样的洞，然后往里面灌满肉汁，而这种方式仿佛就是他们在乡下饱受饥寒的写照。相比之下，布鲁姨妈的婚姻看上去更为门当户对。1966 年，她与一位年轻的律师订婚，未婚夫是加尔各答某个名门望族的长子。1967 年，布鲁结婚后搬到丈夫家位于加尔各答南部破旧不堪的老宅，偌大的花园中杂草丛生。

到了我出生时的 1970 年，姐妹俩的命运开始朝着意想不到的方向转变。20 世纪 60 年代末期，加尔各答的城市发展开始滑向深渊。它的经济逐渐走向瓦解，而移民潮使得脆弱的基础设施不堪重负。由于导致种族之间自相残杀的政治运动频繁爆发，因此街道与商铺时常连续关闭数周。随着整个城市在暴力与冷漠的循环中动荡不宁，布鲁一家被迫倾其所有以求自保。虽然她的丈夫号称拥有一份工作，并且每天早晨都会带着公文包与午餐盒去上班，但是在这座毫无法律秩序的城市里谁会需要律师呢？他们最终还是忍痛卖掉了已经发霉的宅院，然后很不情愿地搬到一处廉价的两居室公寓，而此处距离祖母初次来到加尔各答时栖身的房子只有几英里远。

相比之下，我父亲的命运则反映了第二故乡的蓬勃发展。首都德里就像一个营养过剩的孩童。在当时建设超级大都会愿景的指引下，各种财政激励政策推进了城市改造与经济发展。父亲当时在一家日本跨国公司工作，他迅速从一名普通员工成长为中高级管理人员。我小时候生活的街区曾经布满了荆棘树丛，经常有野狗与山羊出没，而不久以后这里就成为整座城市中最为昂贵的地块之一。我们不仅可以去欧洲度假，还学会了用筷子吃中餐，并且夏季还能去酒店的游泳池玩耍。当印度洋的季风在加尔各答肆虐时，街道上成堆的垃圾将下水道堵塞使城市变成了一片巨大的沼泽。布鲁姨妈家门外就有一个存在多年的臭水坑，经常有成群结队的蚊子从眼前飞过。而姨妈则自嘲地把这里称作她的"游泳池"。

我可以从布鲁姨妈的话里体会到某种无奈的释然。你可能会认为，家境的巨变必然导致母亲与姨妈发生了天翻地覆的变化。然而事实却恰好相反：在过去这些年里，尽管她们的相貌差异变化非常显著，但是两人之间某种难以言表的特征（态度与气质）不仅保持着惊人的相似，甚至可以说被放大得愈加清晰。对于这对孪生姐妹来说，除了各自家庭的经济差距逐渐拉开以外，她们均在生活中表现出乐观豁达、积极向上、幽默风趣以及淡定自若的态度，并且在保持贤淑典雅的过程中丝毫没有盛气凌人的骄傲。只要我们全家出国旅游，母亲就会给布鲁带回许多纪念品，其中包括比利时的木制玩具、美国的果味口香糖（没有一点水果的味道）或者瑞士的玻璃饰品。布鲁姨妈会仔细阅读我们所到之处的旅行指南，然后她会轻声地说"这里我也去过"，并且会把这些纪念品整齐地摆放在玻璃橱柜里，而我从姨妈的声音里听不出任何苦涩的痕迹。

当我作为儿子终于能够了解母亲的时候，任何言语在此都显得苍白无力。这种领悟并非浮于表面，而是源自感同身受的体会。此时我重回童年记忆深处那种完美的双重体验：我在了解母亲的同时也熟悉了姨妈的脾气秉性。我清楚地知道姨妈什么时候会笑，什么会使她感觉受到轻视，什么会让她充满活力，或者她的同情心与亲和力会表现在什么地方。对于母亲与姨妈来说，她们眼中的世界似乎毫无二致，也许唯一的区别就是二人眼睛的颜色略有不同。

我现在开始意识到，母亲与姨妈之间的相似之处并不是性格，而是某种人格特征的倾向，如果在此借用数学名词来解释的话，那么可以将其描述为性格的一阶导数。在微积分里，某个点的一阶导数并不是指其在空间的位置，而是反映了它改变位置的倾向；也就是说它与物体的所在位置无关，只是映射出物体在时空中运行的轨迹。虽然这对姐妹共有的特征令旁人感到不可思议，但是在一个 4 岁孩子的眼里却是不证自明的，它将母亲与双胞胎姐姐紧密地联系在一起。即便母亲与姨妈的身份具有相同的一阶导数，我还是能够分辨出她们之间的细微差异。

※※※

只有愚昧无知的人才会怀疑基因对于个体身份的决定作用,他们没有意识到人类实际上是由男女这两种基本的变异体组成。随着文化评论家、酷儿理论家、时尚摄影师以及流行歌手 Lady Gaga 的出现,上述这些传统的"基本"分类概念已经出现了令人不安的动摇。尽管目前各种议论众说纷纭,但是以下三项事实却毋庸置疑:第一,男性与女性在解剖与生理上存在很大差异;第二,基因是决定这些解剖与生理差异的根本原因;第三,这些差异会介入自身的文化与社会建构,从而对个体身份的确立产生潜在影响。

对于生理性别(sex)、社会性别(gender)与性别认同(gender identity)来说,历史上从未有人想到它们的形成与基因有关,然而这三个概念之间的区别与后续讨论的内容密不可分。生理性别指的是男性与女性身体的解剖和生理特征。社会性别的概念较为复杂,它是个体所扮演的精神、社会与文化角色。性别认同是个体对于性别的自我认识(女性或男性,两者均不是,或介于二者之间)。

几千年来,人们对男性与女性间的解剖差异(性别的"解剖二态性")知之甚少。公元 200 年,古希腊最具权威的解剖学家盖伦(Galen)在仔细研究后得出结论,男性与女性生殖器之间没有什么区别,只不过男性生殖器翻出体外,而女性生殖器翻入体内罢了。他认为卵巢就相当于女性体内的睾丸,由于女性缺少某种"生命之热",因此不能将器官排出体外。他在著作中写道:"如果将女性的(生殖器)翻出体外并将男性的生殖器增大一倍,那么你会发现它们的形状完全一致。"此后,盖伦的学生与他的追随者根据其表述又进行了荒谬地类比,他们推断子宫就是向体内膨胀的阴囊,而输卵管由扩张的精囊延伸构成。下面这段中世纪韵文就反映了上述理论,并且成为当时医学生的解剖学助记：

> 虽然男女生殖器的形状各异，
> 但是实际上两者并没有区别。
> 根据那些权威学者们的分析，
> 女性器官源自男性器官翻入。

　　但是究竟是什么力量使男女生殖器像袜子一样内外翻转呢？早在盖伦之前的几个世纪，希腊哲学家阿那克萨哥拉（Anaxagoras）就曾经有过相关记述。大约在公元前400年左右，他声称性别取决于精子产生的位置（就像纽约市的地产）。与毕达哥拉斯观点一致的是，阿那克萨哥拉也相信男性精子携带有遗传要素，女性只是通过子宫将男性精子"塑造"成为胎儿。阿那克萨哥拉认为性别遗传也遵循同样的模式。右侧睾丸产生的精液可以生出男孩，而左侧睾丸产生的精液可以生出女孩。此外，性别规范还将在子宫内继续发挥作用，并且把射精时产生的"左-右"空间密码传递下去。其中男性胚胎会非常精准地着床于右侧宫角，女性胚胎则位于相反的左侧宫角。

　　现在看来阿那克萨哥拉的理论根本就是无稽之谈，这种对于左右位置（某种餐具摆放的方式）决定性别的盲从明显属于另一个时代。但是由于该理论取得了两项重要进展，因此它在当时的历史条件下具有革命性的意义。首先，它认识到性别决定从本质上来说是种随机行为，而人们需要某种随机理由（精子起源的左右理论）来解释该现象。其次，上述随机行为一旦发生，它们就会在环境因素的放大与巩固下产生性别。在此过程中，胚胎的发育方案至关重要。来自右侧睾丸的精子在进入右侧子宫后会形成男性胚胎，而来自左侧睾丸的精子进入左侧子宫后将形成女性胚胎。根据上述理论，性别决定是由某个单一步骤启动的连锁反应，其中胚胎着床位置决定了男女之间的解剖差异。

　　在过去几个世纪里，这种性别决定理论始终占据着主导地位。尽管在此期间各种学说纷沓而至，但是从概念上来看都是阿那克萨哥拉观点的变体，它们均认为性别决定源自某种随机行为，并且得到了卵子或胚胎环境的巩固与放大。1900年，某位遗传学家写道："性别与遗传无关。"[2] 就连发育遗传学的泰斗托马斯·摩尔根也认为性别不可能由基因决定。1903年，摩尔根在书中写道，与单一遗传因素相比，多重环境输入才是决定性别的关键因素，"卵子似乎原本处于某种平衡状态，而环境暴露却决定了其性别分化的方向。此外，试图发现影响卵子性别的各种因素的努力很可能徒劳无获"。[3]

※※※

1903年冬季，就在摩尔根非正式公布放弃遗传决定性别论的同年，正在攻读博士学位的内蒂·史蒂文斯却开始了一项具有划时代意义的研究。1861年，史蒂文斯出生于佛蒙特州的一个木匠家庭。她早年在接受培训后成为一名教师，到了19世纪90年代早期，史蒂文斯通过省吃俭用攒足了学费，然后以优异的成绩考入斯坦福大学。1900年，她在报考研究生的时候选择了生物学专业，而这个决定对于她那个年代的女性来说非比寻常。更为与众不同的是，史蒂文斯主动申请去遥远的那不勒斯动物研究所（也就是西奥多·波弗利收集海胆卵的地方）进行野外考察。为了方便与那些给她提供海胆卵的当地渔民沟通，史蒂文斯甚至学会了意大利方言。与此同时，她还在波弗利的帮助下掌握了鉴别海胆卵中染色体（细胞中那些奇形怪状且被染成蓝色的细丝）的染色技术。

波弗利已经证实，染色体发生改变后细胞将不能正常发育，因此决定发育的遗传指令必然存在于染色体内。那么决定性别的遗传信息是否也存在于染色体内呢？1903年，史蒂文斯选取了黄粉虫这种结构简单的生物体作为研究对象，然后开始分析其染色体组成与性别之间的联系。当史蒂文斯使用波弗利的方法对雄虫与雌虫染色体进行染色后，问题的答案随即就暴露于显微镜下：黄粉线虫的性别与其中一条染色体的变异密切相关。黄粉虫共有 20 条染色体，也就是 10 对染色体（大多数动物拥有成对染色体；人类拥有 23 对染色体）。研究结果显示，雌虫细胞包括 10 对配对的染色体，而雄虫细胞内却含有两条大小不一的未配对染色体，其中体型较小的那条呈条索状。史蒂文斯认为这条小型染色体可以决定性别，于是她将其命名为性染色体。[4]

对于史蒂文斯来说，该现象暗示着某种简明扼要的性别决定理论。雄虫性腺会产生两种比例相当但是形态各异的精子，其中一种携带有条索状的雄性染色体，另一种携带有正常大小的雌性染色体。携带有雄性染色体的精子（即"雄性精子"）使卵子受精产生雄性胚胎，而"雌性精子"使卵子受精可以产生雌性胚胎。

她的发现得到了重要合作伙伴细胞生物学家埃德蒙·威尔逊（Edmund Wilson）的验证。不仅如此，威尔逊还简化了史蒂文斯对于性染色体的命名，他将雄性染色体与雌性染色体分别称为 Y 染色体与 X 染色体。根据性染色体的组成，雄性细胞可以表示为 XY，而雌性细胞为 XX。威尔逊认为卵子含有一条单独的 X 染色体，当含有一条 Y 染色体的精子使卵子受精时，性染色体 XY 将决定雄性个体的产生。而当各自含有一条 X 染色体的精子与卵子相遇时，性染色体 XX 将决定雌性个体的产生。现在人们终于证实，右侧或者左侧睾丸并不能决定男女性别，实际上该过程也是一种与之类似的随机行为，其结果由第一个使卵子受精的精子所携带的遗传负荷性质决定。

※※※※

我们根据史蒂文斯与威尔逊发现的 XY 系统可以得出如下重要结

论：如果 Y 染色体携带有决定雄性性状的所有信息，那么它必定携带能够制造雄性胚胎的基因。起初，遗传学家希望能够在 Y 染色体上找到多个雄性决定基因：毕竟性别与多种解剖、生理与心理特征形影不离，因此很难想象单独某个基因能够实现上述全部功能。但是对于那些细心的遗传专业学生来说，他们都清楚 Y 染色体并非基因停留的理想场所。Y 染色体与其他染色体不同，它没有姐妹染色体与副本拷贝，而这种"未配对"状态使得染色体上的每个基因都需要进行自我保护。如果其他染色体出现任何突变，那么它们可以通过复制配对染色体上的完整基因得到修复。但是由于 Y 染色体基因缺少相应的备份或指南（实际上，Y 染色体具有某种独特的基因修复系统），因此无法对它们进行修理、修复或复制。当 Y 染色体遭遇突变攻击时，它根本不具备恢复遗传信息的机制，于是在漫长的历史演化中留下累累伤痕，并且成为人类基因组中最为脆弱的地方。

在接二连三的遗传突变轰炸下，人类 Y 染色体从几百万年前就开始出现信息流失。对于具有生存价值的基因来说，它们可能会被转移到基因组的其他部位并且被安全地储存起来，而那些价值有限的基因将被废弃、停用或替代，也就是说只有最重要的基因才会保留下来。随着遗传信息不断流失，Y 染色体自身在循环往复的突变与基因丢失的作用下开始萎缩。因此，Y 染色体作为全部染色体中最小的一条绝非偶然：它很大程度上是计划报废（2014 年，科学家发现某些极其重要的基因就位于 Y 染色体）的受害者。

按照遗传学的逻辑，上述现象反映出某种奇特的悖论。作为人类最复杂的性状之一，性别不大可能由多个基因编码。然而对于某个隐藏在 Y 染色体上的单个基因来说，它却有可能成为决定雄性的主控因子。[1]男性读者在此需要注意了：我们能活到现在实属不易。

※ ※ ※

20世纪80年代早期，伦敦一位叫作彼得·古德费洛（Peter Goodfellow）的年轻遗传学家开始在Y染色体上寻找性别决定基因。骨瘦如柴的古德费洛是一名狂热的橄榄球迷。他看上去邋里邋遢且神情紧张，言语中带有明显的东盎格鲁方言的拖沓腔调，其穿戴则有种"朋克与新浪漫风格"⁵的味道。为了将搜索范围局限于Y染色体上的某个小区域，古德费洛打算采用博特斯坦与戴维斯发明的基因定位方法。但是如果没有突变表型或相关疾病的证据，那么该如何确定某个"正常"基因的位置呢？众所周知，通过追踪致病基因与基因组中路标序列之间的联系，我们已经实现了囊性纤维化与亨廷顿基因的染色体定位。在这两种疾病中，患病的兄弟姐妹同时携带有致病基因与路标

---

[1]　虽然XY性别决定系统从问世之初就存在很多争议，但是它始终立于不败之地的确是个奇迹。为什么哺乳动物会在进化中保留这种具有明显缺陷的性别决定机制？为什么在所有区域内，性别决定基因会选择这种不起眼的未配对染色体，此处又非常容易遭到突变的攻击呢？
　　为了回答这个问题，我们先要明确一个更为基础的概念：为什么会存在有性生殖？其实达尔文也想知道，为什么新生命需要"两个性元素结合之后才能产生，而无法通过单性生殖的过程实现"。大多数进化生物学家认为，性别的出现是为了产生快速的基因重组。如果要将两个生物体的基因混合在一起，那么或许只有把卵子与精子混合在一起的方式最为快捷，甚至连精子与卵子形成都会导致基因通过重排而发生变化。在有性生殖过程中，功能强大的基因重组会增加变异的发生。而变异反过来又可以提高生物体面对持续变化环境时的适应度与生存率。由此看来，"有性生殖"这个词纯属用词不当。如果不存在性别的话，那么生物体可以产生更好的自身复制品，因此性别进化的目的并不是"生殖"。实际上，创造性别完全是基于相反的理由，它是遗传物质发生"重组"的基础。然而"有性生殖"与"性别决定"的概念并不相同。即使我们承认有性生殖具有诸多优势，但是大多数哺乳动物还是通过XY系统来决定性别。总而言之，我们并不清楚Y染色体存在的原因。其实决定性别的XY系统早在几百万年前就已经在进化中出现，可是该系统在鸟类、爬行动物与某些昆虫中却以相反的状态存在：其中雌性携带有两条不同的染色体，雄性则携带两条相同的染色体。此外在某些爬行动物以及鱼类中，它们的性别是由卵的温度或生物体相对于其竞争者的体型大小决定的。目前认为这些性别决定系统的出现早于哺乳动物的XY系统。但是为什么XY系统会在哺乳动物中保持稳定？为什么它目前仍在发挥作用？这些问题时至今日都是未解之谜。拥有两种性别的生物体具有以下优势：雄性与雌性可以发挥各自的独特功能，并在哺育后代的过程中承担不同的角色。但是从本质上来说，Y染色体并不是决定两种性别的必备条件。也许在进化过程中，偶然选择Y染色体只是性别决定的某种权宜之计，这样便可以将雄性决定基因限制在某条独立的染色体上，并且在其中插入某个具有强大功能的雄性控制基因。某些遗传学家认为Y染色体将持续萎缩下去，但是另有专家认为这种改变会恰到好处，以确保染色体上保留SRY以及其他关键基因。尽管上述解决方案看似切实可行，但是从长远考虑它并不完善：在缺少备份拷贝的情况下，雄性决定基因抵御外来攻击的能力极其脆弱。随着人类不断进化，我们可能最终会失去整条Y染色体，恢复为女性具有两条X染色体而男性只有一条的XO系统。而作为最后一个可识别的男性特征，Y染色体的地位将变得无足轻重。

序列，而未患病的兄弟姐妹只拥有路标序列。可是古德费洛从何处才能找到这种具有可遗传性别变异（第三性别）成员的家庭呢？

※ ※ ※

事实上，尽管鉴别它们的工作要比预期中的更为复杂，但是要找到这些研究对象并非难事。1955 年，英国内分泌学家杰拉尔德·斯威尔（Gerald Swyer）在研究女性不孕症的时候发现了一种罕见的综合征，这些携带男性染色体的患者却具有女性生物学特征。[6] 虽然这些生来患有"斯威尔综合征"的"女人"在童年期间具有女性的解剖与生理特征，但是进入成年早期后却无法达到女性性成熟。遗传学家对她们的细胞进行分析后发现，这些"女人"的细胞中居然携带有 XY 染色体。从染色体角度来说，每个细胞都表现为男性，而这些细胞所构成的个体却表现为女性的解剖、生理与心理特征。患有斯威尔综合征的"女人"体内所有细胞天生携带有男性染色体（XY 染色体），但是却不知为何没能在她们身体上释放出"男性"信号。

研究显示，斯威尔综合征很可能与决定男性特征的主控基因有关，该基因在发生突变后失活并且使患者表现为女性特征。在麻省理工学院，由遗传学家戴维·佩奇（David Page）领导的科研团队已经取得了进展，他们将此类性别颠倒的女性作为研究对象，并且将雄性决定基因定位在 Y 染色体某段相对狭窄的区域。其实后续的鉴别工作更加耗时费力，他们需要对目标区域包含的数十个基因进行逐个筛选，从而找到正确的候选基因。但就在古德费洛的项目在稳步向前推进时，他却得到了一个令人震惊的消息。1989 年夏季，他听说佩奇已经找到了雄性决定基因，同时还以该基因在 Y 染色体上的位置将其命名为 ZFY。[7]

起初，ZFY 看上去是一个绝佳的候选基因：它位于 Y 染色体上正确的区域，而且其 DNA 序列显示它可以作为许多其他基因的主控开关。但是当古德费洛仔细检查之后发现，佩奇的发现存在自相矛盾的地方：测序结果显示，*ZFY* 基因在斯威尔综合征患者中完全正常，并不存在导致这些女性出现雄性信号中断的突变。

既然 *ZFY* 不是导致斯威尔综合征的致病基因，古德费洛又开始继续进行自己的研究。由于雄性决定基因必定位于佩奇团队所确定的那段染色体区域，因此他们当时应该已经近在咫尺，可是却又在不知不觉中擦肩而过。1989 年，古德费洛在 *ZFY* 基因附近经过仔细搜寻后，他发现了另一个颇具希望的候选基因。虽然这个名为 *SRY* 的小型基因很不起眼，但是它的结构非常致密且无内含子序列，同时该基因给人留下的第一印象就是非他莫属。[8] 正常的 *SRY* 蛋白质在睾丸中呈高表达，因此这也符合人们对于性别决定基因的期待。除此之外，其他动物（例如有袋动物）的 Y 染色体上也有 *SRY* 变异体，并且只有雄性可以遗传该基因。当然最终验证 *SRY* 真实性的权威数据还是源自患者队列分析结果：*SRY* 基因突变只见于女性斯威尔综合征患者，人们在其他正常的兄弟姐妹里没有发现该基因突变。

现在古德费洛还需要完成最后一项实验就可以尘埃落定了，当然这也是他的研究成果中最为精彩的部分。假如 *SRY* 基因是"雄性"的单一决定因子，那么如果在雌性动物体内强行激活该基因会发生什么呢？雌性动物难道会被迫变为雄性吗？当古德费洛与罗宾·洛弗尔-巴杰（Robin Lovell-Badge）将一份额外 *SRY* 基因拷贝插入雌性小鼠细胞后，他们发现其全部后代细胞正如预期的那样都携带有 XX 染色体（遗传学上的雌性），然而这些小鼠在发育过程中却表现出雄性的解剖特征（其中包括阴茎与睾丸）、骑跨雌性小鼠以及雄性小鼠的行为特征。[9] 此时只要古德费洛启动遗传开关，那么他就可以改变某种生物体的性别，甚至可以构建出与斯威尔综合征完全相反的基因。

※※※

难道单个基因就可以决定性别吗？几乎可以这么认为。尽管女性斯威尔综合征患者体内的全部细胞均携带有男性染色体，但是由于雄性决定基因在突变作用下失活，因此 Y 染色体相当于遭到了阉割（此处使用阉割这个词没有任何贬义，纯粹是出自某种生物学角度）。对于那些女性斯威尔综合征患者来说，细胞内的 Y 染色体确实阻碍了某些女性解剖结构的发育。其中较为突出的问题就包括乳房与卵巢发育异常，而这将导致女性患者体内的雌激素处于较低水平。但是她们不仅完全没有感到任何生理方面的异常，同时大部分解剖特征也与正常女性完全相同：例如外阴与阴道完好无缺，同时尿道口与二者的位置也像教科书上描写的那样准确。然而令人惊讶的是，女性斯威尔综合征患者对于性别认同非常明确，实际上她们与正常女性之间只差一个基因。尽管雌激素无疑对于第二性征发育与某些成年女性解剖特征的强化至关重要，但是女性斯威尔综合征患者却从未对她们的性别与性别认同产生过困惑。就像某位女性患者记述的那样："我对于自身的女性性别角色深信不疑，并且始终认为自己具有女性的全部特征……我曾经与双胞胎兄弟在男子足球队里训练过一段时间，虽然我们彼此的长相差距很大，但是我明显就是男队中的女汉子。我当时对此感到有些别扭，还曾经建议将球队改名为'蝴蝶'。"10

　　女性斯威尔综合征患者并不是"具有女性外表的男性"，她们实际上是携带男性染色体的女性（其中仅有一个基因不同）。SRY 基因突变的个体不仅在身体结构上与正常女性相差无几，更为重要的是她们拥有成为完整女性的意识。其实该基因的功能可谓平淡无奇，就像按下开关一样简单。[1]

---

[1]　那么该如何看待两性畸形（intersexuality）呢？例如，某些人出生时就伴有生殖系统或生理功能异常，而他们的解剖结构也与正常男女不同。难道说两性畸形与控制性别解剖和生理的基因开关概念相互矛盾吗？当然不是。请注意，SRY 基因位于决定男女性别级联层级的最顶端，它可以启动与关闭基因，同时这些基因又将依次激活与抑制其他基因网络，然后对生殖、性解剖以及生理功能产生弥散效应。这些变化的下游网络可以与暴露和环境因素（例如激素）之间发生交互作用，并且很有可能导致生殖器解剖结构出现改变（尽管该二元开关位于性别级联的最顶端）。我们将在其他章节中继续讨论基因网络中的层次结构问题，其中具有强大自主功能的驱动基因位于顶部，而作用微弱的整合基因与效应基因位于下部。

※※※

假如基因单方面就可以决定男女的解剖结构，那么它又是如何影响性别认同的呢？大卫·利马（David Reimer）是一名家住加拿大温尼伯（Winnipeg）的男子，他于 2004 年 5 月 5 日清晨走进一家杂货店的停车场，然后用一把短管霰弹枪结束了自己 38 年的生命。[11] 1965年，大卫以布鲁斯·利马（Bruce Reimer）的身份出生，而他无论从染色体还是遗传角度来看都是个标准的男性。可惜布鲁斯在婴儿早期就沦为某位庸医的受害者，一次失败的包皮环切术导致他的阴茎受到了严重毁损。由于已经无法通过手术进行阴茎重建，因此布鲁斯的父母匆忙带他来到约翰·霍普金斯大学寻求精神科医生约翰·曼尼（John Money）的帮助。曼尼当时是享誉国际的性别认同与性行为领域的专家，他对布鲁斯的情况进行了评估，然后将其作为某项试验的研究对象，同时建议布鲁斯的父母带他去做变性手术，并且把他当成女孩来抚养。布鲁斯的父母非常渴望能够让儿子回归"正常"生活，于是他们被迫带他接受了手术并改名为布伦达（Brenda）。[12]

就在曼尼对大卫·利马开展临床试验之时，他从未征询或者得到过大学以及医院的授权，所有这些尝试只是为了检验 20 世纪 60 年代学术圈某项广为流行的理论。该理论在当时如日中天，它认为性别认同并非与生俱来，人们可以通过社会表现与文化模仿对此进行塑造（"人是社会角色的产物；后天可以战胜先天"），而曼尼正是上述理论的忠实支持者与积极参与者。曼尼俨然将自己视为变性领域的亨利·希金斯（萧伯纳剧作中将卖花女改造成贵妇的人物），他鼓吹自己在几十年前就发明了"变性"的方法，并且可以通过行为与激素治疗手段来重新定位性别身份，然后使他的试验对象心满意足地接受自己的身份转换。按照曼尼的建议，布鲁斯的父母将把"布伦达"作为女孩来对待，她会穿上女孩的服装并开始留长发，就连玩具也被换成了娃娃与缝纫机，而她的老师与同伴对于此事竟然一无所知。

布伦达有一个被当作男孩抚养长大的同卵双胞胎兄弟布莱恩。为了满足临床试验的需要，布伦达与布莱恩在童年期间频繁到访曼尼位于巴尔的摩的诊所。随着青春前期的到来，曼尼开始给布伦达补充雌激素让她具有女性化的特征，并且还要安排她接受人工阴道再造术，从而令其在解剖结构上完成向女性的转变。与此同时，曼尼发表了大量高被引论文，其内容主要是吹嘘他在变性领域取得的丰功伟绩。他扬扬得意地指出，布伦达已经非常顺利地适应了自己的新身份。她的双胞胎兄弟布莱恩是个"调皮捣蛋"的小男孩，布伦达则是一个"活泼可爱"的小姑娘。曼尼声称，布伦达毫不费力可以转变为一名成年女性。"由于性别认同在出生时尚未完全分化，因此我们可以将遗传学上的男性转换为女性。"[13]

尽管曼尼对此极力渲染，但是事实的真相终究会浮出水面。在布伦达4岁的时候，她拿起剪刀把被迫穿上的粉色与白色裙子剪成碎片。此外，布伦达非常讨厌别人要求她像女孩子一样走路与说话。布伦达发现自己被束缚在某种黑白颠倒的错误身份里，她对此感到焦虑、沮丧、困惑、痛苦并且经常大发雷霆。根据学校成绩单的描述，布伦达平时不仅比较"顽皮"与"霸道"，而且"体力非常充沛"。她排斥玩具娃娃以及其他女孩，但是却很喜欢布莱恩的玩具（布伦达仅有的一次例外是，她曾经从父亲的工具箱里偷出一把螺丝刀，然后小心翼翼地把缝纫机的零部件逐个拆下来）。或许最让她的小伙伴们感到惊讶的是，布伦达在去女卫生间上厕所的时候会分开双腿站着尿尿。

在接受治疗14年以后，布伦达强烈要求结束这种荒谬的伪装。布伦达拒绝接受人工阴道再造术与口服雌激素治疗，随后她为了改变丰满的胸部进行了双侧乳房切除术，同时开始注射睾酮来恢复男性特征。他现在已经不再是原来的"她"，而且名字也从布伦达改为大卫。1990年，他与一位单身母亲结婚，可是这段婚姻从开始就注定是一种折磨。无论是早期的布鲁斯还是后来的布伦达与大卫，这个经历了变性的男人始终无法摆脱焦虑、愤怒、否定与抑郁的煎熬。他最终不仅丢掉了工作，就连婚姻也面临失败。2004 年，大卫在与妻子发生激烈争吵不久后走上了绝路。

大卫·利马的情况并非个案。在 20 世纪 70 年代到 80 年代，文献报道中还描述过其他几宗变性（通过心理与社会训练将具有男性染色体的儿童转变为女性的尝试）病例，而他们都毫无例外地遇到了各种各样的困扰。在某些病例中，尽管他们表现出的性别焦虑症并不像大卫那样激烈，但是这些接受变性治疗的对象会经常出现焦虑、愤怒、烦躁与定向障碍，并且此类症状将一直延续至成人阶段。在某个被披露的特殊病例中，C 女士来到明尼苏达州的罗切斯特市寻求精神科医生的帮助。C 女士在褶边花衬衫的外面穿了件做旧皮夹克，她自己则把这身装束形容为"皮革与蕾丝混搭"[14]。尽管 C 女士的双重身份在某些方面并未给她带来困扰，但是她始终无法接受"完全将自己视为女性的观点"。20 世纪 40 年代，C 女士在出生时就是个女婴，并且也一直按照女孩的方式来抚养，可是据她回忆自己在学校就是个假小子。C 女士从不认为自己在身体上与男性有什么相似之处，但是她却对于男性有着某种亲切感（"我感到自己具有男性的思维方式"[15]）。她在 20 多岁时与丈夫结婚并开始共同生活，然而某位女性的偶然介入使他们身处三角关系的旋涡，最终她的丈夫与第三者结婚。虽然 C 女士离开了丈夫，但是内心却燃起对女性的幻想，于是她开始沉湎在同性恋的生活里。由于 C 女士的情绪经常在平静与抑郁中来回波动，因此她加入了教会并且发现了某个信仰属灵的社群，其中有一位牧师对于她的同性恋行为表示反对，同时向她推荐了能够"转变"这种现状的治疗方法。

在 C 女士 48 岁那年，为了摆脱内疚与恐惧带来的痛苦，她开始寻求精神治疗的帮助。在接受全面检查之后，她的细胞被送去进行染色体分析，结果显示其细胞携带有 XY 染色体。如果从遗传学的角度来说，那么 C 应该是一名男性。她后来才得知，尽管自己拥有男性染色体，但是其发育不良的生殖器在出生时就表现为两性畸形，因此母亲当时同意采用重建手术使她变为女性。她在 6 个月大的时候接受了变性手术，随后以治疗"激素失调"为名从青春期开始长期口服雌激素。在整个童年与青春期阶段，C 从来没有对自己的性别产生过半点疑惑。

C 女士这个病例表明，慎重考虑性别与遗传之间的联系具有重要意义。与大卫·利马的不同之处在于，C 在社会中的性别角色没有出现混乱：她在公众场合穿着女性服装，曾经与异性结婚（至少维持了一段时间），并且其表现在过去 48 年里符合女性的文化与社会标准。然而尽管 C 对自己的性欲充满罪恶感，但是她在某些关键的性别认同（包括亲切感、幻想、欲望与性冲动）上还是受到男性的影响。C 通过社会表现与行为模仿已经掌握了许多后天性别所需的必要特征，但是她依然无法摆脱其自身遗传物质产生的性驱力。

2005 年，某个来自哥伦比亚大学的团队对这些病例进行了分析，他们通过纵向研究确认了"遗传学男性"（即出生时具有 XY 染色体的儿童）的事实。[16] 由于他们的生殖器解剖结构往往发育不良，因此这些"遗传学男性"的社会性别在出生时就被认定为女性。虽然某些病例不像大卫·利马或 C 那样痛苦，但是根据报道，绝大多数被认定为女性的男性曾在童年经历过中度至重度的性别焦虑。许多人在此期间遭受了焦虑、抑郁与困惑的折磨，而到了青春期与成年期之后，主动将性别恢复成男性的人也不在少数。最值得注意的是，当两性畸形的"遗传学男性"在出生后按照男孩而不是女孩进行抚养时，研究人员在文献中没有发现一例有关性别焦虑或在成年期要求性别转换的报道。

尽管这些病例报道最终令此类假设得到了平息，但是上述观点依然在某些圈子里颇受欢迎，其支持者坚信可以通过训练、建议、强制执行、社会表现或文化干预等手段对性别认同实现全方位甚至颠覆性的改造。现在我们已经清醒地意识到，基因在性别认定与性别认同上的影响力要超越任何其他因素，仅有某些性别特征可以在限定情况下通过改变文化与社会背景或激素水平来获得。既然连激素都是由"遗传"（本身就是基因的直接或间接产物）决定，那么完全指望通过行为治疗与文化强化来改变性别简直就是异想天开。事实上医学界已经对此达成共识，除了某些极其罕见的病例以外，判断儿童性别应该以其染色体（遗传学检测）为准，而与解剖变异和外在差异无关。如果他们在日后迫切希望改变性别，那么我们理应尊重个人选择的权利。值得一提的是，就在我撰写本章内容的时候，这些儿童中没有一人要求改变基因赋予他们的性别。

※※※※

性别认同在人类社会中以某种连续分布的形式存在，同时性别又是人类身份中最为复杂的问题之一，那么我们该如何诠释单个基因开关把控全局的现象呢？社会性别的多样性得到了各种文化的认可，它们并不是以非黑即白的形式存在，而是由众多深浅不一的灰度组成的。甚至连以厌恶女人著称的澳大利亚哲学家奥托·魏宁格（Otto Weininger）都承认："难道男女之间的界线竟是如此鲜明吗？……世间万物之间存在各种各样的过渡形式，其中就包括金属与非金属、化合物与混合物、动物与植物、显花植物与隐花植物以及哺乳动物与鸟类等等……因此人们可能理所应当地认为，男女之间根本不存在什么天壤之别。"[17]

从遗传学的角度来看，这种表述并没有自相矛盾之处：基因的主控开关和层级结构与行为、身份和生理特征组成的连续曲线完美契合。毫无疑问，*SRY* 基因以某种开/关的形式掌控了性别决定。启动 *SRY* 基因可以让动物在解剖与生理上表现为雄性，而关闭 *SRY* 基因会使它们在解剖与生理上表现为雌性。

但是如果想让 *SRY* 基因在性别决定与性别认同方面发挥更深层次的作用，那么该基因必须选择更多的靶点，然后通过控制它们的启动与关闭来激活或抑制某些基因，而这个过程就像比赛中接力棒的交接。

于是这些基因在依次整合自身与环境（包括激素、行为、暴露、社会表现、文化角色扮演与记忆）输入的基础上就产生了性别。我们在此讨论的性别实际上是一个结构复杂的遗传与发育级联，*SRY* 基因位于整个层级的最顶端，排在它后面的则是具有修饰、整合、策动以及翻译功能的基因。此外，这种遗传与发育级联还决定了性别认同。我们可以打个比方，性别决定基因就像是制作糕点的文字说明，其中 *SRY* 基因起着至关重要的作用，它提醒糕点师要事先准备好面粉。如果连基本的原材料都没备齐，那么也别指望能做出什么像样的糕点。虽然前期准备工作没有任何差异，但是面粉经过加工后就可以变成法式长棍面包或是中式蛋黄月饼等各式美味。

※※※

对于遗传–发育级联来说，跨性别身份的存在为它提供了强有力的证据。从遗传与生理的角度来看，性身份具有二元性的特点：也就是说只需要一个基因就可以决定人类的性身份，并且会使男女之间在解剖与生理上出现非常明显的二态性。然而社会性别与性别认同的形成十分复杂。让我们假设人体内存在某个叫作 *TGY* 的基因，它能够决定大脑对于 *SRY* 基因做出何种应答（或者其他雄性激素与信号）。如果某位儿童遗传了 *TGY* 基因变异体，那么它可以对 *SRY* 基因对大脑的作用产生高度抵抗，虽然我们得到了一位解剖学意义上的男性，但是大脑并不能阅读或翻译雄性信号。对于这种个体来说，大脑可能会从心理上把自己当成女性，也可能认为自己既不是男性也不是女性，或者完全把自己归属为第三种性别。

这些男性（或女性）与斯威尔综合征患者的身份有类似之处：他们的染色体与解剖性别是男性（或女性），但是其染色体或解剖状态并不能产生同义信号。特别是在大鼠中，如果改变雌性胚胎大脑内的某个单一基因，或是将胚胎暴露在可以阻断向大脑发送"雌性特征"信号的药物中，那么均可以导致上述综合征发生。虽然转基因或经过药物处理的雌鼠均具有雌鼠的解剖与生理特征，但是它们却表现出骑跨雌鼠等雄鼠的行为。也就是说，这些解剖结构为雌性的大鼠具有雄性的行为特征。[18]

※※※

综上所述，遗传级联的层级组织总体上反映了基因与环境之间内在联系的核心原则。人们在持续多年的激辩中始终难分胜负，占据主导地位的到底是先天还是后天，或者说是基因还是环境呢？这种针锋相对的争论所带来的仇恨让对阵双方均两败俱伤。我们现在能够达成的共识是，身份是先天与后天、基因与环境以及内部输入与外部输入共同作用的结果。但是这种表述简直就是废话，完全没有任何实际意义。如果控制性别认同的基因是按照层级关系组成的话（SRY 基因位于整个层级的最顶端，然后由此延伸出成千上万条信息流），那么无论是先天还是后天都无法占据绝对的优势，其结果在很大程度上取决于它们在组织层级中的位置。

处于遗传-发育级联顶端的先天因素拥有运筹帷幄的强大实力，它只需要通过主控基因的启动或关闭就可以决定性别。如果我们能够掌控这个开关（例如通过遗传学方法或药物干预手段），那么就可以决定人类的男女性别，而他们也会具有非常完整的男女身份（甚至包括大部分解剖结构）。相比之下，假如先天因素作用于遗传-发育级联的底部，那么它根本无法实现遗传物质的宏伟蓝图，性别或性别认同的概念将无法被精准提炼。在这片幅员辽阔的大地上，历史、社会以及文化因素推动着纵横驰骋的信息流与遗传物质相互碰撞交融。那些浪花有时看似平静却在转瞬间又掀起波澜。虽然单个因素的力量非常有限，但是它们凝聚产生的合力却组成了一道亮丽的风景线，而这也就是我们所说的个体身份。

第三章

最后一英里

分开抚养的双胞胎具有奇特的相似性。[1]

——威廉·赖特（William Wright），《生来如此》（*Born That Way*）

新生儿两性畸形的发生率大约为两千分之一，而这些患儿性身份的来源问题（先天还是后天）并未激起人们对于遗传、偏好、反常与选择领域的热议。性别认同（即对于性伴侣的偏好与选择）与先天或者后天因素密不可分。在 20 世纪 50 年代到 60 年代，似乎关于该话题的讨论已经达成了永久的共识。精神病学家普遍认为，性取向（即"异性恋"与"同性恋"）由后天因素决定，而与先天遗传无关。同性恋被定性为某种抑郁类型的神经性焦虑症。1956 年，精神病学家桑德尔·罗兰（Sándor Lorand）写道："当时许多精神分析师均认为同性恋与所有性变态一样都属于精神病。"[2]20 世纪 60 年代末期，另一位精神病学家曾经写道："同性恋真正的问题并不在于其反常行为，而是（他）拒绝外界帮助的愚昧无知与回避治疗的精神受虐。"[3]

来自纽约的知名精神病学家欧文·比伯（Irving Bieber）以治疗男同性恋的性取向著称。1962 年，他完成了《同性恋：男同性恋者精神分析研究》这部重磅作品。比伯指出，扭曲的家庭关系是导致男同性恋的根源，在这种致命的组合中，强势的母亲经常表现出异性的亲昵，或者就是某种公开的诱惑，同时形同陌路的父亲则在一旁虎视眈眈。[4] 在上述因素的影响下，这些男孩会出现神经性焦虑、自毁以及自残行为（1973 年，比伯曾经说过："失去异性恋功能的同性恋者就相当于下肢残疾的脊髓灰质炎患者。"[5]）。最终，某些男孩会在潜意识里渴望等同于母亲的地位并且削弱父亲的存在，然后他们会逐渐适应这种离经叛道的生活方式。比伯认为同性恋者接受了病态的生活方式，而这就像是脊髓灰质炎患者的病理步态一样。到了 20 世纪 80 年代末期，同性恋已经被强行定义为某种放荡不羁的生活方式。1992 年，作为此类教条主义的重要支持者，时任美国副总统的丹·奎尔（Dan Quayle）信心十足地宣称："同性恋更像是某种选择而并非生物学情境……当然这种选择简直是荒诞不经。"[6]

1993 年 7 月，随着所谓同性恋基因的发现，遗传学历史上也爆发了一场关于基因、身份与选择的激烈讨论。[7] 该发现展现了基因左右公众舆论的巨大影响力，几乎完全颠覆了原先探讨的内容。同年 10 月，《人物》杂志（我们可能会注意到，在激进的社会变革中出现了某种尤为刺耳的声音）的专栏作家卡罗尔·萨蕾（Carol Sarler）写道："某些女性宁肯堕胎也不愿养育长大后可能会爱上同性的暖男，但是我们对此除了善意的提醒还能说什么呢？我们认为没有任何孩子期望拥有这样的母亲。如果她们只是迫于压力才选择生养后代，那么这些面目狰狞的魔鬼将让孩子生活在水深火热中。"[8]

"温柔体贴"是指孩子的先天性格倾向，与某些成人的变态癖好无关，而这也让讨论的方向发生了根本逆转。如果证实性取向发展与基因概念有关，那么同性恋儿童就不应受到歧视，仇视他们存在的人才是畸形的怪胎。

※※※

实际上在寻觅同性恋基因的过程中，机遇往往就在不经意中悄然到来。迪安·哈默（Dean Hamer）是美国国家癌症研究所的一位研究员，他并没有参与这场声势浩大的激辩。虽然哈默公开承认自己是同性恋者，但是他从未对遗传学在身份、性或者任何其他领域的作用产生过兴趣。哈默大部分时间都安静地在公立机构的实验室里度过，这里堆满了各式各样的烧杯与玻璃瓶，他当时研究的方向是金属硫蛋白（MT）的调控机制，而这种化合物可以与细胞内的铜、锌等有毒重金属发生反应。

1991年夏季，哈默飞往牛津参加某个以基因调控为主题的科学研讨会。他先是在会议上介绍了研究进展，然后像以前一样受到与会者的好评。但是在进行到讨论环节的时候，他却经历了从未有过的尴尬场面：他在10年前做报告的时候就解答过这些问题。接着来自竞争对手实验室的下一位讲者登台亮相，其公布的数据只是在肯定的基础上延续了哈默的工作，于是他发现自己陷入了令人沮丧的窘境。"我突然意识到，即使我在这项研究上再奋斗10年，充其量也就是构建某个小型（遗传）模型的三维副本。这不应该是我为之终生奋斗的目标。"

哈默在休息期间怅然若失地离开会场出来透透气。他在途经高街上的布莱克威尔书店时停下了脚步，然后走进这座内部空间巨大的老式建筑，浏览着书架上那些与生物学有关的书籍。哈默在这里买了两本书，第一本是达尔文于1871年出版的《人类的由来》（*Descent of Man*）。该书认为，人类的祖先源自古代类人猿，而这种观点在当时曾经引发过社会的激辩（虽然达尔文在《物种起源》一书中谨慎地回避了人类起源的话题，但是他在《人类的由来》这本书中却迎难而上）。

对于生物学家来说，《人类的由来》的地位就相当于文学研究生眼中的《战争与和平》：尽管几乎每位生物学家都声称拜读过这本著作，或者对于其基本观点已经了然于心，但是实际上很少有人真正翻阅过此书，当然这其中也包括哈默。他惊讶地发现，达尔文在此书中用了很大篇幅来讨论性、性伴侣选择及其对支配行为与社会组织的影响。达尔文清楚地意识到，遗传对性行为起着重要的影响。但是达尔文描述的"性行为终极因素"，也就是性行为与性取向的遗传定子依然神秘莫测。

时至今日，将性行为或者任何行为与基因挂钩的观点已然落伍。哈默买的第二本书是 1984 年理查德·路温顿（Richard Lewontin）撰写的《基因之外：生物，思想与人性》（*Not in Our Genes:Biology, Ideology and Human Nature*）。[9]路温顿在书中对于大部分人类天性由基因决定的观点进行了猛烈抨击。在他看来，那些由基因决定的行为要素不过是统治阶层为了强化文化与社会建设采用的手段罢了。路温顿写道："没有确凿的证据表明同性恋具有任何遗传基础……这种观点完全是凭空杜撰。"[10]他还认为，达尔文在生物进化上的观点基本正确，但是对于其人类身份演化的观点却持否定态度。

那么这两种理论中到底孰对孰错呢？就哈默而言，至少性取向这个复杂的问题不可能完全由文化力量决定。"为什么路温顿这位令人尊敬的前辈会坚决否定行为的遗传基础呢？"哈默对此深表疑惑，"难道是由于他无法在实验室里证明行为遗传学的谬误，因此转而利用政治上唱反调的方法来进行回击？也许这其中真的存在什么奥秘。"于是哈默决定抓紧时间自学行为遗传学知识。他在会议结束后便赶回自己的实验室着手新的研究，但是这个领域可供参考的资料少得可怜。哈默在科技期刊数据库中检索了自 1966 年以来发表的全部文章，他在其中只找到了 14 篇与"同性恋"和"基因"有关的文献。相比之下，同期关于金属硫蛋白基因的文章达到了 654 篇。

虽然这些文献报道中的线索并不明显，但是依然逃不过哈默敏锐的目光。20 世纪 80 年代，心理学教授 J. 迈克尔·贝利（J. Michael

Bailey）曾经试图借助双胞胎实验来研究性取向与遗传学的关系。[11] 贝利的出发点非常明了：如果性取向受到遗传因素的部分影响，那么同卵双胞胎中同性恋的比例要高于异卵双胞胎。凭借同性恋杂志与报纸广告，贝利招募到 110 对男性双胞胎，而这些孪生兄弟中至少有一位是同性恋者。（即便现在开展此类项目都会面临举步维艰的困境，更何况是在同性恋遭到普遍排斥的 1978 年，当时很少有人敢公开承认自己是同性恋，并且同性性行为在某些州等同于犯罪。）

　　当贝利对双胞胎中同性恋的一致性进行统计后，他得出了令人震惊的结果。在 56 对同卵双胞胎中，有 52% 的双胞胎双方都是同性恋。[1] 而在 54 对异卵双胞胎中，只有 22% 的双胞胎兄弟都是同性恋，虽然这个数字要低于同卵双胞胎中同性恋的比例，但还是要明显高于整个人群中 10% 的预估比例。（而贝利在多年以后将会听说以下这个特殊的案例：1971 年，加拿大的某对孪生兄弟在出生后几周就天各一方。其中一个男婴由富裕的美国家庭收养，另一个则由其亲生母亲抚养，虽然兄弟二人的相貌几乎完全一致，但是生长环境却千差万别，并且他们根本不知道对方的存在，直到二人偶然间在加拿大某个同性恋酒吧里相遇。）[12]

　　贝利发现男同性恋者的性取向并不完全取决于基因。包括家庭、朋友、学校、宗教信仰以及社会结构在内的各种因素都可以对性行为产生明显影响。甚至可以这样说，如果同卵双胞胎中的某个兄弟是同性恋，那么另一个有 48% 的概率是异性恋。也许内外部因素的影响会触发不同的性行为模式。毫无疑问的是，由于笼罩在同性恋者周围的传统文化信仰如影随形，因此这种压力足以动摇双胞胎中的某个对于"异性"身份的选择。但是该研究以无可辩驳的证据说明基因可以影响

---

[1]　虽然相同的宫内环境或者妊娠期暴露可能与某些一致性有关，但是具有同样生长环境的异卵双胞胎的一致率却低于同卵双胞胎，而该结果也令前述理论自相矛盾。由于非孪生同性恋兄弟之间的一致率要明显高于普通人群（但是低于同卵双胞胎），因此该领域也是遗传学研究争论的焦点。以后的研究也许会揭示环境与遗传因素在性取向决定过程中的角色，但是基因在其中起到的重要作用不容忽视。

同性恋，并且要明显强于基因对于 1 型糖尿病倾向的作用（双胞胎中的一致率仅为 30%），甚至几乎等同于基因在身高中的地位（一致率大约为 55%）。

贝利的研究为性身份的话题带来了深远影响，人们不再束缚于 20 世纪 60 年代流行的"选择"与"个人取向"理论，逐渐开始从生物学、遗传学以及继承权的角度来解释这些现象。如果我们无法自主决定身高以及是否发生阅读障碍或 1 型糖尿病，那么我们也同样无法选择性身份。

可是影响性身份的基因到底是一个还是多个呢？这个（或这些）基因是什么？它定位在哪里？为了能够识别出"同性恋基因"，哈默需要扩大研究的规模，并且最好能够追踪某个家庭中多代成员的性取向。此时哈默却遇到了资金问题，他需要申请新项目以获得科研经费。然而哈默只是个研究金属硫蛋白调控的普通科研人员，究竟谁能为他寻找影响人类性取向基因的项目提供资金呢？

※※※

1991 年初，以下两个领域的研究进展为哈默的项目创造了条件。首先，人类基因组计划正式公布。尽管实现人类基因组精确测序可能还需要至少 10 年，但是确定人类基因组中关键遗传标记的位置使得寻找其他基因的难度大大降低。20 世纪 80 年代，哈默关于绘制同性恋相关遗传图谱的想法在方法学上还难以实现。仅仅过了 10 年之后，人们就已经掌握了染色体上那些像跑马灯一样的遗传标志物分布规律，因此哈默的想法至少在理论层面变得触手可及。

其次，艾滋病研究领域受到重视。20 世纪 80 年代末期，该疾病曾使同性恋社群名誉扫地，但是社会活动家与艾滋病患者并未放弃努力，他们通过各种温和或激进的方式来表达诉求，最终美国国立卫生研究院做出承诺要在艾滋病研究领域投入上亿美元的经费。哈默则机智地将寻找同性恋基因的工作归为与艾滋病相关的研究。他知道卡波西肉瘤这种罕见的惰性肿瘤在患有艾滋病的男同性恋中有着相当高的发病率。哈默推测，促使卡波西肉瘤进展的危险因素或许就与同性恋有关。倘若果真如此，那么就可以顺藤摸瓜找到同性恋相关基因。其实这种想法非常幼稚：人们后来发现病毒才是导致卡波西肉瘤的罪魁祸首，该病主要通过性行为传播且常见于免疫功能低下的人群，而这也解释了它与艾滋病共生的原因。但是这无疑取得了战术上的胜利：1991 年，美国国立卫生研究院同意拨款 7.5 万美元支持哈默进行同性恋相关基因的研究。

1991 年秋季，编号为 #92-C-0078 的研究计划正式启动。[13] 到了 1992 年，哈默已经招募到 114 位男同性恋者。他打算根据上述人群资料绘制精准的谱系图，然后用来确定性取向是否具有家族遗传倾向，并且在描述其遗传模式的同时完成基因定位。但是哈默深知，如果兄弟二人均为同性恋，那么同性恋基因的定位工作将易如反掌。虽然同卵双胞胎体内的基因完全相同，但是普通兄弟之间只有部分基因组区域彼此重叠。如果哈默能够找到某对同性恋兄弟，那么他就可以发现这对兄弟之间共享的基因组区域，从而达到分离同性恋基因的目的。现在除了需要了解他们的谱系之外，哈默还需要同性恋兄弟的基因样本。而他的预算足以为这些同性恋兄弟提供 45 美元的补贴，让他们能够飞到华盛顿过个周末。这些久未谋面的兄弟非常渴望重逢，于是哈默就顺理成章地得到了期待已久的血液样本。

到了 1992 年夏末，哈默已经采集到近 1 000 名家庭成员的信息，并且为其中 114 位男同性恋者绘制了各自的谱系图。同年 6 月，他第一次静下心来坐在电脑前浏览这些数据。哈默仅仅思索了片刻就有了令人振奋的发现：其研究结果与贝利获得的数据十分相似，这些孪生兄弟的性取向具有较高的一致性（大约为 20%），几乎是普通人群中同性恋发生率（10%）的两倍。尽管实验结果确实可信，但是这种喜悦随即烟消云散。当哈默仔细阅读这些数据后，他多少感到有些失望。

除了孪生兄弟间性取向具有较高的一致性之外，他没有发现任何与同性恋有关的模式或趋势。

　　该结果对于哈默来说无疑是个沉重的打击。他曾经试着将这些数据分组归类，但最终还是一无所获。就在哈默几乎要放弃谱系图的时候，他突然在随手边写边画之间获得了灵感，而这种模式只有用肉眼才能辨别出细微的不同。在偶然一次绘制谱系图的过程中，哈默把每个家庭的父系亲属置于左侧，同时将母系亲属置于右侧，并将其中的男性同性恋者用红色标记。当哈默将这张谱系图展开时，他立即察觉到了某种不同寻常的趋势：红色标记趋于集中于图右侧，而未标记的男性集中在图左侧。男同性恋者的舅舅往往也是同性恋，并且这种特征只会出现在母系亲属中。随着谱系图中具有亲属关系的同性恋者数量不断增多（他将其称为"同性恋溯源计划"[14]），这种趋势也愈发明显。其中表兄弟有着较高的一致性，但是这种趋势在堂兄弟中并不明显。此外，姨表兄弟较任何其他同辈兄弟具有更高的一致性。

　　研究结果显示这种模式代代相传。在经验丰富的遗传学家眼中，该趋势提示同性恋基因必定位于 X 染色体上。哈默几乎已经在脑海中勾勒出同性恋基因的行踪，这种可以代际遗传的元素就像某种朦胧的魅影，虽然不像囊性纤维化或亨廷顿基因突变那样明显，但是毫无疑问也是延续着 X 染色体的轨迹。例如在某个典型的谱系图中，舅姥爷就可能会被认定为潜在的同性恋者。（实际上许多研究对象的家族史并不完整。同性恋者在以前比现在隐藏得更深，而哈默采集的数据来自某些具有代表性的家族，并且他已经掌握了两代或者三代人的性身份情况。）由于男性不能将 X 染色体遗传给男性后代（所有男性的 X 染色体均源自母亲），因此男同性恋者的父系兄弟们都是异性恋者。但是男同性恋者的外甥却有可能是同性恋，同时其外甥的外甥也可能是同性恋：男同性恋者的 X 染色体与其姐妹或者外甥之间存在部分相同之处。依此类推：在整个谱系图中，舅姥爷、舅舅、外甥以及外甥的兄弟都有可能是同性恋，这种与母系亲属密切相关的遗传模式代际传递，仿佛是国际象棋中的马在棋盘上辗转腾挪。此时，哈默猛然从同性恋的表型描述（性取向）跨入到对基因型（潜在的染色体位点）的研究。虽然哈默还没有鉴别出同性恋基因，但是他已经证明了与性取向有关的DNA片段可能就位于人类基因组中。

但是同性恋基因到底位于 X 染色体的哪个区域呢？现在哈默将注意力集中在 40 对已经获得血液样本的同性恋兄弟。我们假设同性恋基因确实位于 X 染色体上某个不起眼的片段上。然而与那些仅有一人为同性恋的双胞胎相比，这 40 对同性恋兄弟很可能具有某个特殊的DNA片段。哈默采用数学方法对于人类基因组计划公布的基因组路标进行了仔细分析，他沿着整条 X 染色体设置了 22 个标记物，随后再逐渐划分出同性恋基因可能存在的区域。值得注意的是，哈默从中发现 33 对同性恋兄弟均携带有一个名为 Xq28 的染色体片段。根据随机原则，这种情况只应出现在半数（20 对）的同性恋兄弟中，而另有其他 13 对同性恋兄弟携带这种染色体片段的概率可以说是微乎其微（甚至不到万分之一）。因此哈默非常自信地认为，决定男性性身份的基因就位于 Xq28 片段附近。

※※※

Xq28 一经问世旋即成为万众瞩目的焦点。哈默回忆道："在那段时间里，此起彼伏的电话铃声响个不停，电视台的摄像记者在实验室门外排起了长队，同时各种信函与电子邮件也蜂拥而至。"[15] 内容保守的英国《每日电讯报》曾经写道，如果科学能够分离出同性恋基因，那么"科学也可以根除同性恋基因"。[16] 此外，其他报刊也以"很多母亲都会感到内疚"，甚至把"遗传暴政！"作为醒目的头条。而伦理学家也不知道父母是否会通过检测胎儿的基因型以避免同性恋孩子的出生。某位作家写道："尽管哈默只是发现了可用于分析雄性个体的染色体区域，但是该成果却可能成为预估某些男性性取向概率的工具。"[17]

此言一出，哈默当即就陷入了来自对立双方的夹击。[18] 反对同性恋的保守派认为不应将同性恋归入遗传学领域，但是哈默的研究恰恰证实了其生物学存在的合理性。与此同时，同性恋权利的拥护者却在指责哈默助长了人们进行"同性恋测试"的野心，并且创造了同性恋检测与识别手段的新机制。

哈默采用的方法不仅客观公正而且科学严谨。他在研究过程中不断地改进分析方法，积极尝试通过各种手段来验证 Xq28 的功能。他甚至怀疑 Xq28 可能不是同性恋基因，它也许只是某种编码"娘娘腔"的基因（唯有男同性恋者才敢于在科学论文中采用这种说法）。携带 Xq28 的男性在性别特定行为或者传统的男子气概上并没有显著差异。那么 Xq28 编码的基因是否可以决定同性恋对于肛交行为的接受态度呢？（哈默问道："难道它是肛交基因吗？"）当然这种假设并不存在。那么该基因可能与叛逆性格有关吗？还是它能够起到反抗世俗束缚的作用？或者说它是不良行为的根源？由于无法找到它们之间的内在联系，因此这些假设被接连推翻。当所有的可能性均被排除后只剩下一个结论：Xq28 片段附近的某个基因参与了男性性身份的决定过程。

※※※

1993 年，哈默的论文在《科学》杂志上发表，随后有几个研究团队开始对哈默的数据进行验证。[19] 1995 年，哈默团队通过更为翔实的数据再次证实了原先的结果。1999 年，某个加拿大团队曾经在实验对象较少的情况下试图重现哈默的结果，但是却没有发现性身份与 Xq28 之间存在相关性。2005 年，某项涉及 456 对同性恋兄弟的课题正式启动，而这或许是迄今为止规模最大的一宗有关性身份的研究。[20] 虽然该项目并未发现性身份与 Xq28 之间存在相关性，但是却注意到 Xq28 片段与 7 号、8 号以及 10 号染色体存在某种联系。2015 年，在另外一项针对 409 对同性恋兄弟的分析报告中，研究人员再次提到性身份与

Xq28 之间具有微弱的相关性，并且重申了该片段与 8 号染色体存在联系的证据。[21]

　　当然上述研究的共同之处就在于时至今日都没有人能够分离出某个影响性身份的确切基因。就连强大的连锁分析法都无法鉴别出这个神秘的基因，研究人员只能为它在染色体上划定某个可能存在的范围。经过将近 10 年的艰苦努力后，遗传学家并没有发现"同性恋基因"，只是找到了"同性恋基因的位置"。虽然该位置上的某些基因的确与性行为调控有关，但是迄今尚未有哪个基因被证实与同性恋直接相关。例如，对于某个位于 Xq28 区域的基因来说，它可以编码一种调节睾酮受体的蛋白质，而睾酮受体是众所周知的性行为中介物质。[22]但是我们并不清楚该基因是否就是学者们梦寐以求的同性恋基因。

　　其实所谓的"同性恋基因"可能根本就不是基因，或者至少不是传统意义上的基因。它也许只是某种 DNA 片段，可以对远处的基因产生调控与影响。它也可能处于某个内含子的掩护下，而这些非编码的 DNA 序列将基因分隔成为各种模块。无论这种决定因素的分子身份源自何方，我们迟早会发现影响人类性身份遗传要素的确切性质，而哈默对 Xq28 判断的对错已经无关紧要。双胞胎实验清晰地证实，影响性身份的某些决定因素就位于人类基因组。随着遗传学领域各种基因定位、辨别与分类方法不断完善，我们终将发现它们的庐山真面目。这些元件可能具有类似于性别决定中的层级组织，其中主控基因位于整个级联的顶端，具有整合与修饰功能的基因位于底部。但是它与性别决定机制的不同之处在于，性身份不可能由某个主控基因左右，该过程可能是多个基因共同作用的结果，尤其是那些调节并整合环境因素输入的基因很可能与性身份决定有关。

※※※

　　哈默的研究结果恰好与 20 年前流行过的学术观点不谋而

合，当时许多专家学者认为基因可以对行为、冲动、个性、欲望以及气质产生重要影响。1971年，著名的澳大利亚生物学家麦克法兰·伯内特（Macfarlane Burnet）在《基因，梦想与现实》（*Genes, Dreams and Realities*）一书中写道："显而易见，与生俱来的基因决定了人类的智力、气质与性格等功能性自我。"[23] 但是到了70年代中期，伯内特的定义已经不再"显而易见"了，基因可以决定气质、性格与身份等"功能性自我"的概念被毫不犹豫地赶出了大学。心理学家南希·西格尔（Nancy Segal）写道："这是一种环保主义者的观点……在20世纪30年代到70年代之间的心理学理论与研究中占据主导地位。除了先天具有的学习能力，人类行为几乎完全取决于个体以外的因素。"[24] 正如某位生物学家比喻的那样，"蹒跚学步的幼儿"就像"文化网络中可以运行各种操作系统的随机存储器"[25]。孩子的心灵好似柔软的橡皮泥，你可以通过改变环境或行为将其塑造成任何形状（因此约翰·莫尼等人才会尝试通过行为与文化疗法来扭转同性恋者的性取向）。20世纪70年代，另一位心理学家参加了耶鲁大学的一项人类行为研究项目，他对于这里排斥遗传学的教条主义立场感到十分困惑："无论我们通过遗传性状（可以对人类行为产生驱动与影响）带给该项目何种启迪，耶鲁大学的研究团队都会把它们当成旁门左道。"[26] 当时的人们将一切改变都归于环境因素。

　　当然重新确立基因在生理功能调控上的重要地位并非易事。在某种程度上，我们需要对双胞胎实验这种饱受诟病的经典人类遗传学方法进行彻底改造。在遗传学发展史上，纳粹政府曾经不遗余力地开展双胞胎实验，人们不会忘记约瑟夫·门格勒在双胞胎身上实施的暴行，可是实际上他们在理论层面已经陷入僵局。遗传学家在研究来自相同家庭的同卵双胞胎时发现，想要理清先天与后天之间错综复杂的关系简直是天方夜谭。这些双胞胎不仅衣食住行没有任何区别，就连受教育的环境也毫无二致，因此根本无法分清基因与环境对他们影响的程度。

由于在相同环境下成长的异卵双胞胎平均只有半数基因一致，因此将同卵双胞胎与其进行比较就可以部分解决这个问题。但是也有批评人士指出，这种把同卵与异卵双胞胎进行比较的方法从本质上就存在谬误。与异卵双胞胎相比，同卵双胞胎的父母也许对待孩子们的方式更加均等。例如，同卵双胞胎的营养摄入与生长发育类型较为相似，那么这种结果是先天获得还是后天养成的呢？或者同卵双胞胎之间可能会做出相反的行为以区别彼此，就像我的母亲与她的双胞胎姐姐经常会自觉地选择色调相反的口红，但是这种行为与基因的差异有关还是她们对基因做出的反应呢？

※※※

1979 年，明尼苏达大学的一位科学家找到了打破这种僵局的办法。就在同年 2 月的某个晚上，行为心理学家托马斯·布沙尔（Thomas Bouchard）在整理邮箱时注意到自己的学生留下了一则新闻报道。在这个非比寻常的故事中，某对来自俄亥俄州的同卵双胞胎自出生后就分开，随后他们被不同的家庭收养，并且在 30 岁时经历了一场意外的重逢。尽管这种分开抚养的同卵双胞胎实属罕见，但是却成为研究人类基因影响的强大工具。这种同卵双胞胎的基因完全相同，但是其生长环境却大相径庭。通过比较分开抚养双胞胎与共同抚养双胞胎的不同之处，布沙尔就可以了解基因与环境对他们的影响程度。此类双胞胎之间的相似性与后天因素毫无关系，它们只可能反映先天遗传的特质。

1979 年，布沙尔开始招募此类双胞胎作为研究对象。到 20 世纪 80 年代末期，他已经打造出世界上最大的双胞胎研究队列，其中就包括分开抚养与共同抚养的双胞胎。布沙尔将其称为明尼苏达双胞胎实验（或 "MISTRA"）。[28] 1990 年夏季，布沙尔研究团队的详细分析报告登上了《科学》杂志的头版。[1] 他们收集的数据源自 56 对分开抚养的同卵双胞胎与 30 对分开抚养的异卵双胞胎。除此之外，该项目还涵盖了来自早期研究的数据，其中就包括 331 对共同抚养的双胞胎（同卵与异卵）。这些分开抚养的双胞胎来自社会经济阶层的各个角落，它们彼此之间存在着明显的个体差异（分别），并且其生活的自然环境与种族环境也大相径庭。为了客观评估环境因素，布沙尔详细记录了双胞胎的生活起居习惯，其内容涉及他们的家庭、学校、工作、行为、选择、饮食、接触与生活方式等方方面面。而在确定"文化层次"指数时，布沙尔的团队巧妙地将抚养家庭是否拥有"望远镜、大型词典或原创艺术品"的情况作为参考。

这篇文章仅用一个表格就诠释了研究结果的精华，而这与《科学》杂志中充斥着大量图表的其他论文风格截然不同。近 11 年以来，明尼苏达小组对双胞胎的生理与心理状况进行了逐一测试。根据这些测试结果，研究人员发现受试双胞胎之间依然具有惊人的相似性。其中生理特征的相关性本身就在预料之中：例如，拇指上的指纹脊线数量几乎没有区别，其相关值约为 0.96（数值 1 代表完全一致或绝对等同）；智商测试的相关值为 0.70，也显示出较强的相关性，并且与既往的研究结果如出一辙。此外，明尼苏达小组还采用多种独立测试手段对性格、爱好、行为、态度与气质等心理特征进行了评估，尽管这些结果令人感觉高深莫测，但是受试双胞胎之间还是显示出较强的相关性（相关值介于 0.50 至 0.60 之间），同时该结果与共同抚养同卵双胞胎之间的相关性几乎完全一致。（研究结果显示，人群中身高与体重的相关性介于 0.60 与 0.70 之间，教育程度与收入之间的相关性约为 0.50，双胞胎对于 1 型糖尿病这种遗传病的一致性只有 0.35。）

在明尼苏达双胞胎实验中，这些具有高度相关性的受试双胞胎非常耐人寻味。无论是分开抚养还是共同抚养，这些双胞胎在社会与政

---

[1]　该分析报告的早期版本分别于 1984 年和 1987 年面世。

治态度上均保持高度一致：他们对于自由主义或者正统观念的认可没有改变。此外，他们在宗教与信仰上也具有惊人的一致：受试双胞胎要么都是虔诚的信徒，要么都是无信仰者。这些双胞胎在传统观念或者"愿意屈服于权威"方面密切相关，并且在"过度自信、追逐权力以及渴望关注"等方面也十分接近。

与此同时，其他有关同卵双胞胎的研究也相继展开，它们为了解基因对于人类性格与行为的影响提供了更多证据。例如，受试双胞胎在标新立异与感情用事上显现出惊人的相关性。事实上，他们在某些非常个性化的主观感受上也高度相似，其中就包括"共情、利他、公平、爱情、信任、音乐、经济行为甚至政见"。某位颇感意外的观察家曾经这样描述，"双胞胎居然在审美体验（聆听交响乐音乐会）中也表现出惊人的遗传倾向"。[29] 尽管兄弟二人出生后的居住环境与经济状况完全不同，但是他们在晚上听到肖邦夜曲时都会流下激动的泪水，而这种微妙的感应就源自基因组发出的旋律。

※※※

布沙尔曾经尽量把各种特征进行量化处理，但是他明白只有通过实例才能诠释这种似曾相识的感觉。达夫妮·古德希普（Daphne Goodship）与巴巴拉·赫伯特（Barbara Herbert）是一对来自英国的双胞胎。[30] 1939 年，某位未婚的芬兰交换生诞下了这对姐妹，后来这位母亲在回到芬兰之前放弃了孩子的抚养权。此后这对双胞胎被分开抚养：巴巴拉成为某个中产阶级下层园丁的女儿，达夫妮则变成某位著名冶金学家的千金。虽然她们都生活在伦敦附近，但是考虑到 20 世纪 50 年代英国社会森严的等级划分，因此这对孪生姐妹的成长环境肯定截然不同。

然而对于布沙尔手下的研究人员来说，这对双胞胎之间惊人的相似性经常让他们目瞪口呆。姐妹二人会在毫无诱因的情况下开怀大笑

（工作人员将她们称为"爱笑双胞胎"）。她们喜欢在工作人员或者彼此身上搞恶作剧。两人的身高均为5英尺3英寸，同时手指都有着同样的弯曲度。原来她们头发的颜色都是灰褐色，可是又不约而同地染成了少见的红褐色。此外，姐妹俩的智商测试结果完全一致。她们在儿时均有从楼梯上跌落摔坏脚踝的经历，并且从此以后都患上了恐高症。虽然她们的步伐和体形有些笨拙，但是都参加过交谊舞培训，而且在舞蹈课上遇到了未来的丈夫。

研究对象里还有一对叫吉姆的兄弟，他们在出生后37天就被不同的家庭领养，并且都生活在俄亥俄州北部的某个工业区，而彼此居住的地方相距只有80英里。兄弟二人在学校里都是好学生，他们平时"都开雪佛兰汽车、抽塞勒姆牌香烟以及热爱体育运动，尤其对赛车情有独钟，但是这哥俩对于棒球运动均不感兴趣……吉姆兄弟的妻子都叫琳达，而他们给各自的宠物狗均起名为托伊……他们二人的儿子分别叫作詹姆斯·艾伦（James Allan）与詹姆斯·艾伦（James Alan）。兄弟两个均做了输精管切除手术同时血压都有点高，他们还在相似的年龄段经历了超重与减肥。此外，吉姆兄弟都经历过持续半天左右的偏头疼发作，而且没有药物可以缓解这种疼痛"。[31]

对于另外一对分开抚养的孪生姐妹来说，她们在相聚之前分别乘坐不同的班机，但是每个人手上都戴着七枚戒指。[32]还有一对双胞胎兄弟也很有趣，他们分别生活在特立尼达与德国，接受的是犹太教与天主教的熏陶。这兄弟二人的穿着十分相似，例如他们都喜欢穿有四个口袋且带肩章的蓝色牛津纺衬衫，在日常生活里经常表现出强迫行为，例如，哥俩会在衣服口袋里塞上几包纸巾，还有就是上厕所时必须在使用前后各冲一次马桶；他们在谈话时一紧张就会假装打喷嚏，并且以此作为笑料来缓解气氛。此外，这对孪生兄弟的脾气都非常急躁，经常在意想不到的时候出现焦虑发作。[33]

在这些受试对象里，有一对从未谋面的双胞胎就连擦鼻子的方式都完全相同，而且他们还分别发明了一个单词squidging来描述这个奇怪的习惯。[34] 研究人员发现，有一对双胞胎姐妹在出现焦虑与绝望时会表现出相同的反应。她们承认自己在青少年时期都曾饱受过相同噩梦的困扰，并且因此会在半夜时分被憋醒，仿佛喉咙里塞满了各种各样的东西，其中包括金属"门把手、缝衣针以及鱼钩等"。[35]

　　其实这些分开抚养的双胞胎之间还具有某些迥然不同的特征。虽然达夫妮与巴巴拉看上去长得很像，但是巴巴拉要比达夫妮重20磅（值得注意的是，除了二人体重相差20磅以外，她们的心率与血压却完全一样）。对于那对分别在天主教与犹太教家庭里长大的德国双胞胎来说，其中一位在年轻时曾经是个坚定的德国民族主义者，而与此同时他的兄弟却在以色列的集体农场里度过夏日。即便兄弟二人的信仰几乎截然相反，但是他们却都是充满激情的坚定信仰者。明尼苏达双胞胎实验并不是为了反映分开抚养双胞胎的相似之处，而是要说明他们在相似或者趋同行为上具有强大的共性。尽管双胞胎的身份千差万别，但是在遗传算法中却具有相同的一阶导数。

※※※

　　20世纪90年代早期，以色列遗传学家理查德·艾伯斯坦（Richard Ebstein）拜读了托马斯·布沙尔发表的有关分开抚养双胞胎实验的文章。其结果令艾伯斯坦非常着迷：布沙尔的研究将我们对性格与气质的理解从文化与环境因素上升至基因领域。艾伯斯坦与哈默的想法一样，他也希望能够找出那些决定不同行为的确切基因。实际上人们在以前就注意到了基因与性格的关系：心理学家早就发现唐氏综合征患儿往往表现得特别乖巧顺从（其他遗传综合征经常会突然出现暴力与攻击行为）。但是艾伯斯坦的兴趣所在不是这种病态的外在表现，而是它在正常人群中变化多端的气质类型。极端的遗传学改变显然会导致气质产生过激变化。那么是否存在能够影响正常人类性格的"正常"基因变异体呢？

艾伯斯坦深知，在着手寻找此类基因之前，他必须首先严格定义那些可能与基因相关的性格亚型。20世纪80年代末期，研究人类气质的心理学家设计了一份问卷，其内容由100道是非题组成，它可以有效地把气质划分为四种维度：探求新奇（冲动与谨慎）、奖赏依赖（热情与疏远）、回避伤害（焦虑与平静）、坚持有恒（忠诚与善变）。双胞胎实验结果显示，上述性格类型都具有很强的遗传倾向：对于同卵双胞胎来说，他们的问卷得分一致率超过50%。

艾伯斯坦对于其中的探求新奇亚型产生了浓厚的兴趣。具有这种性格的人也被称为"猎奇者"，他们的性格特点就是"冲动任性、乐于探索、反复无常、容易激动以及奢侈浪费"（例如杰伊·盖茨比、爱玛·包法利与夏洛克·福尔摩斯）。相比之下，"恐新者"表现为"教条死板、深思熟虑、忠诚坚忍、慢条斯理以及节俭朴素"（例如尼克·卡拉维、命运多舛的查尔斯·包法利以及忠厚老实的华生医生）。作为猎奇者最典型的代表，盖茨比几乎完全沉浸在心醉神迷的生活里。[36] 此外，撇开成绩不论，猎奇者甚至在考试时情绪也会出现剧烈波动。他们要么交白卷，要么在房间里来回踱步冥思苦想，并且还经常会感到令人绝望的厌倦。

为了深入了解这些人群的特点，艾伯斯坦开始通过民意测验、刊登广告与问卷调查（例如，假设大多数人觉得尝试新鲜事物浪费时间，那么你是否经常会为了开心与刺激而固执己见呢？或者说，你在处理问题时只是基于当下感受而不考虑既往结果吗？）的方式来募集队列研究所需的猎奇者。经过3年多的努力，艾伯斯坦找到了124位具有这种性格的男女。他先是将研究目标缩小到某些可能与之相关的基因上，然后再通过分子与遗传技术确定以上受试对象的基因型。艾伯斯坦发现，极端猎奇者体内某个遗传标记的比例表达明显异常，后来这种多巴胺受体基因的变异体被命名为 D4DR。（由于该方法可以通过特定表型的关联来识别基因，因此我们将其称为关联研究。在这个案例中，极度冲动就是特定表型。）

多巴胺是一种神经递质，它可以在大脑神经元之间传递化学信号，特别是涉及大脑对"奖赏"的识别。众所周知，多巴胺是人体内最为强大的神经化学信号之一：如果我们对大鼠脑中的多巴胺应答奖赏中枢进行电刺激，那么实验动物将会因为拒绝进食与饮水死亡。

D4DR 相当于多巴胺的"系泊部位"，刺激信号将从这里被传递给多巴胺应答神经元。生化检测结果显示，其中一种名为 *D4DR-7* 的变异体扮演着猎奇者的角色，该基因上包含有 7 段重复的 DNA 序列，它可以使人体对多巴胺奖赏变迟钝，而也许只有提高外部刺激的强度才能让应答水平恢复到以前。它就像某个被卡在半截的开关，或是被天鹅绒盖住的收音机扬声器，需要用力把开关按下或是将音量调大。猎奇者试图通过增加风险来刺激大脑使信号放大。他们就像长期吸毒的瘾君子或是多巴胺奖赏实验中的大鼠，只不过这种所谓的毒品是大脑中产生冲动的化学物质。

艾伯斯坦的原始研究结果也得到了其他团队的验证。非常有趣的是，如果根据明尼苏达双胞胎实验的结果，那么 *D4DR* 基因根本不可能"导致"性格或气质发生变化。与之相反的是，*D4DR* 基因与寻求刺激或兴奋的冲动气质倾向呈线性相关。尽管刺激的确切性质各不相同，但是它能够在人类中产生最为奇妙的特质，例如探究驱力、激情以及创新紧迫性，但是刺激同样也能产生反向冲动、成瘾、暴力以及抑郁。*D4DR-7* 这种突变体不仅与创造力爆发有关，还是注意力缺失症的重要原因，而此类看似矛盾的现象实际上源自相同的冲动。某些与众不同的研究甚至将 *D4DR* 变异体的地理分布进行了归纳，结果发现游牧与流动人口具有较高的基因突变率。此外，随着个体远离位于非洲的人类发源地，其 *D4DR* 基因发生突变的频率也会逐渐增高。也许正是在 *D4DR* 突变体潜移默化的推动下，人类祖先才敢于冒险穿越海洋"走出非洲"。[37] 甚至就连我们情绪中那些不安与焦虑的成分也都是基因的产物。

由于猎奇行为无疑取决于年龄大小，因此 *D4DR* 变异体研究难以在不同人群与环境中复制。或许可以预见，人们到了 50 岁左右就不会再那么血气方刚。尽管地理与种族差异也会干扰 *D4DR* 对气质的影响，但是造成该研究难以复制的最可能原因是 *D4DR* 变异体的效应较弱。某位研究人员曾经估计，*D4DR* 效应只能解释个体猎奇行为差异的 5%，而且它可能只是众多（也许多达 10 个）决定具体性格基因中的一员。

※※※

以上讨论的内容涉及性别、性取向、气质、性格、冲动、焦虑与选择。虽然它们是人类经验中最为神秘的领域，但是却在悄然之间被逐个赋予基因的概念。人们曾经相信行为取决于文化、选择与环境因素，或者把它当作自我与认同的特殊产物，可是现如今居然证明这一切都是基因作用的结果。

其实真正出乎意料的是，所有这些结果均超出我们的想象。如果我们承认基因变异可以导致人体发生病理改变，那么我们对于基因变异影响正常人体功能就不应感到诧异。由于基因的致病机制与其影响正常行为与发育的机制非常相似，因此我们可以通过某种基本的对称性概念来诠释这个问题。爱丽丝曾经说道："如果我们能够进入镜中世界该多好啊！"[38] 而对于人类遗传学来讲，它本身的镜中世界就是现实世界的写真。

那么我们该如何描述基因对正常人类表现与功能的影响呢？实际上我们应该对此并不陌生，而且这些内容也曾经被用来描述基因与疾病之间的联系。例如，你从父母那里继承的基因变异要先经过混合与匹配，然后它们将引起细胞功能与身体发育异常，并且最终导致生理状态发生改变。如果此类变异影响了位于级联顶端的主控基因，那么它对人体产生的效应将十分明显（例如男性与女性，矮小与正常）。但更为普遍的情况是，这些变异或者突变基因位于信息级联的底层，它们只能引起个体的某些倾向发生改变。总体来说，有数十种基因参与了这些倾向或者体质的形成过程。

　　这些倾向在不同环境暗示与机会因素的作用下会产生种类繁多的结果，其中就包括种类、功能、行为、性格、气质、身份与命运。可是在大多数情况下，它们仅具有某种概率上的意义，例如，某些结果之间的权重与平衡发生改变，或者导致它们发生的可能性与可信性出现增减。

　　尽管上述过程只涉及某些可能性的变化，但是它们却足以令我们看上去与众不同。当受体的分子结构发生改变，它可以让大脑内的神经元产生"奖赏"信号，并且使某个分子与受体的作用时间发生改变。虽然神经元内不同受体产生的信号持续时间不过半秒钟，但是这种变化足以让人陷入冲动与冷漠或者狂躁与抑郁的对立面。此外，这些身心状态会导致人们在感知、选择与情感方面出现复杂的改变。随着此类化学作用的时间不断延长，它们最终将演化为进行情感互动的渴望。例如，某个具有精神分裂症倾向的男子可能会认为，卖水果的商贩言语中流露出要谋害他的企图。与之相反的是，他那位表现为躁郁症倾向的兄弟会把这些话作为前程似锦的祝福，哪怕此类恭维之词只是出自某个卖水果的商贩口中。上述案例说明个体之间对于相同事物的判断截然不同。

※※※

　　尽管这些内容看上去并不复杂，但是我们该如何解释个体的表现、气质与选择呢？或者说，抽象的遗传倾向是如何具化为特定人格的呢？我们在此可以将其描述为遗传学研究中的"最后一英里"。虽然基因能够从可能性与概率的角度描述复杂有机体的表现或命运，但是它却无法准确诠释产生这些表现或命运的机制。特定的基因组合（基因型）可能会影响鼻子或性格的构成，但是却无法决定鼻子的具体轮廓或长度。我们应当注意不要把倾向与性格相互混淆，它们分别代表了出现某种结果的统计概率与具体现实。根据目前取得的研究成果，遗传学似乎很快就可以揭开人类表现、身份或行为的奥秘，然而它却始终无法跨越这最后一英里。

为了重新梳理基因领域面临的"最后一英里"问题，我们可以把两项完全不同调查的结果进行整合。20 世纪 80 年代以来，人类遗传学已经在研究分开抚养的同卵双胞胎相似性方面花费了大量精力。如果这种出生后便分离的双胞胎仍然共享冲动、抑郁、癌症或者精神分裂症的倾向，那么他们的基因组中必定包含编码此类特征的信息。

但是如果我们想要理解倾向转变为性格的机制，那么就得采用逆向思维的方式。也就是说，我们可以通过提出某个相反的问题作为解答工具：为什么在相同环境与家庭中成长的同卵双胞胎会拥有迥异的生活与特征呢？为什么相同的基因组能够造就拥有不同人格、气质、性格、命运与选择的个体呢？

20 世纪 80 年代以来的 30 年里，心理学家与遗传学家一直致力于同卵双胞胎的研究，他们尝试着对于某些细微差异进行分类与测量，希望能够解释成长于相同环境下同卵双胞胎之间迥然不同的命运。然而所有试图在现实中找到可供测量的系统化差异的努力均以失败告终：尽管这些双胞胎的成长环境（家庭、学校、营养、知识、文化以及朋友圈）毫无二致，但是他们之间的差异有如天壤之别。

到底是什么原因造成了这些差异呢？在过去的 20 多年间，有 43 项权威研究[39] 得出了相同的结论："非系统性因素造成了此类特殊的意外事件。"[40] 例如疾病、事故、创伤与触发器，还有错过的火车、丢失的钥匙以及暂停的思绪。分子改变引发了基因变异，最终导致个体表现出现细微的变化。[1]而这种意外就像跌入威尼斯运河或者坠入情网一样充满了偶然性。

可是这种毫无意义的答案有什么用呢？难道说我们在深思几十年后只能得出命中注定的结论吗？其实结果并非如此悲观，我反而觉得此类提法值得期待。在莎士比亚的作品《暴风雨》中，普罗斯彼罗与变形怪物凯列班进行了殊死搏斗，他将对方描述为"一个恶魔，一个天生的恶魔，后天因素根本无法影响其先天本质"。[4]凯列班最可怕的地方在于他的内在本质不受任何外界信息左右。由于他生来就是个冷血的食尸鬼，因此其下场也比任何人都更为可悲。

其实所有这些结果均是基因组无穷魅力的外在表现，只有它们才能让大千世界如此多彩。我们的基因会对特定环境做出灵活的应答：如果缺乏此类自我调节的能力，那么我们将退化成为机器人。长期以来，印度教哲学家一直把生命历程描述成为某种特殊的网络（jaal）。其中基因相当于构成网络的线程，它们将单个网页链接起来组成了互联网。由于基因对于环境应答的要求非常苛刻，因此该网络系统势必精益求精，否则其后果将无法控制。与此同时，这种网络系统也为变幻莫测的机会留下了充足的空间。我们将这种交集称为"命运"，而把自身做出的应答称作"选择"。对于具有对生拇指且直立行走的生物来说，它们会在进化过程中逐渐摆脱原有的束缚，于是我们将此类特殊的生物变异体称为"自我"。

---

[1]　亚历山大・范・奥德纳登（Alexander van Oudenaarden）是一位来自麻省理工学院的蠕虫生物学家，其实验室于近期开展的有关概率、身份以及遗传的研究成为最具争议的焦点。概率与基因的关系是遗传领域最为复杂的问题之一，而范・奥德纳登选择了蠕虫作为模型来解开这个难题：为什么具有相同基因组与生长环境的双胞胎命运完全不同？他检查了 skn-1 基因上的某个突变，发现其"外显不全"。例如，携带该突变的蠕虫可以显示出某种表型（细胞在肠道内形成），可是与此同时，携带相同突变基因的双生蠕虫却不具备该表型（细胞不在肠道内形成）。那么是何种原因导致它们之间出现这种差异呢？由于两条蠕虫均含有相同的 skn-1 基因突变，并且二者的饲养条件与所处环境完全一致，因此产生这种差异的根源应该与基因和环境无关。那么相同的基因型是如何造就了表型的外显不全呢？范・奥德纳登发现，一个名为 end-1 的单一调节基因的表达水平具有决定性作用。蠕虫在特定发育阶段中的 RNA 分子数量可以反映 end-1 的表达水平，因此导致该结果发生最可能的原因就是随机效应（机会）。如果 end-1 的表达水平超过某个阈值，那么蠕虫将表现为某种表型；如果其表达水平低于某个阈值，那么蠕虫将表现出其他表型。也就是说，某个单一分子的随机波动决定了蠕虫的命运。详见阿琼・拉杰（Arjun Raj）等学者所著的《基因表达变异构成外显不全的基础》（Variability in Gene Expression Underlies Incomplete Penetrance），发表于 2010 年《自然》杂志，第 463 卷 7283 期，913—918 页。

第四章

冬日饥荒

同卵双胞胎拥有完全相同的遗传密码。他们不仅共同孕育于同一个子宫，而且通常来说生长环境也极为相似。考虑到这些因素后，我们就不会对双胞胎之间的一致性感到诧异，如果其中某个双胞胎患有精神分裂症，那么另一个双胞胎罹患该病的概率应该很高。事实上，我们应该思索为什么这个数字不能更高？例如说概率为什么不是100%？[1]

——内莎·凯里（Nessa Carey），

《表观遗传学革命》（*The Epigenetics Revolutiom*）

基因概念在20世纪得到了迅猛发展，并且将我们引领到生物学新时代的边界，而这也为人类社会进步提供了坚定的承诺。与此同时，在其他生物学体系概念、观点与思想的推动下，基因势必摆脱原有的束缚，在生命科学的天空里自由翱翔。[2]

——伊夫林·福克斯·凯勒，

《生物医学中的人类学》（*An Anthropology of Biomedicine*）

在前述章节中隐藏着一个亟待解决的问题：如果"自我"只是事

件与基因之间交互作用产生的偶然现象，那么我们又该如何证明这个过程呢？例如，双胞胎中的一个在冰面摔倒导致膝盖骨折，然后受伤部位形成骨痂，而另一个双胞胎却安然无恙。再如，某位孪生姐妹嫁入了德里的名门望族，而另一个却只能委身于加尔各答的没落人家。那么细胞或机体是通过何种机制来记录这些"命运"的呢？

其实在过去的几十年间，人们公认基因就是解决上述问题的标准答案。更确切地来讲，答案在于如何调控基因的启动或者关闭。20 世纪 50 年代，莫诺与雅各布在巴黎已经证实，当细菌所需的养分从葡萄糖转换为乳糖时，它们将关闭葡萄糖代谢基因并启动乳糖代谢基因。将近 30 年以后，两位研究蠕虫的生物学家发现，邻近细胞发出的信号可以决定某个细胞的命运，它们将通过启动或者关闭主控基因导致细胞谱系发生改变。当某个双胞胎在冰面摔倒后，其体内促进伤口愈合的基因就会启动，并且让骨折断端硬化形成骨痂。甚至就连大脑在储存复杂记忆的时候也伴随着基因的启动与关闭。当夜莺遇到其他同类发出与众不同的鸣叫后，其大脑中的 ZENK 基因表达水平就会升高。可是如果这种叫声来自不同的物种或者表现为降调，那么 ZENK 基因的表达水平将大打折扣，而夜莺也不会对于这种声音留下记忆。[3]

但是对于细胞与机体（针对环境输入做出应答：跌倒、意外与创伤）中的基因活化与抑制作用来说，它们能给基因组留下某种永久性的标志或印记吗？当生物体进行复制的时候，这些标志或印记可以传递给其他生物体吗？来自环境的信息能否跨代进行传递呢？

※※※

我们现在即将进入基因发展史上最具争议的领域，理清某些重要的历史脉络是当务之急。20 世纪 50 年代，英国胚胎学家康拉德·沃丁顿（Conrad Waddington）就曾经尝试着去理解环境信号对于细胞基因组的影响。[4] 他在胚胎发育过程中注意到，成千上万种不同类型的细胞

（神经元、肌细胞、血细胞以及精细胞）均源自同一个受精卵。沃丁顿为此做了一个非常形象的比喻：胚胎分化的过程就像无数颗弹珠从沟壑纵横的斜坡上滚落。他认为每个发育中的细胞在"沃丁顿景观"中都有自身独特的路径，但是由于它们在途中被困在某些特殊的沟坎或缝隙中，因此限制了细胞分化的类型。

在沃丁顿看来，细胞周围环境对于基因的影响方式令他十分好奇。他将这种现象称为"表观遗传"，其字面含义就是"基因之外"[1]。沃丁顿写道，表观遗传学关注的是"基因与其周围环境交互作用后产生的表型"。

如果仅凭基因的瞬间启动与关闭就可决定机体的命运，那么这个过程为何无法逆转呢？尽管上述问题看似无足轻重，但却是长期困扰生物学家的难题：如果不存在"锁定"命运的正向机制，那么也就无从谈起什么反向机制。如果基因开关的作用时间转瞬即逝，那么为何命运或记忆却无法做到昙花一现呢？为什么我们不能返老还童呢？

※※※

此时沃丁顿从一项可怕的人体实验中找到了理论依据，万幸其结果并没有对受试人群的后代产生显著影响。1944 年 9 月，第二次世界大战进入最为残酷的阶段，占领荷兰的德国军队禁止将粮食与煤炭运往该国的北部地区，并且全面封锁了水陆交通。鹿特丹港的起重机、船只以及码头全部被炸毁，整个情景就像某位电台播音员描述的那样，只留下了一个"在死亡边缘痛苦挣扎的荷兰"。

---

[1]　沃丁顿起初把后成说（epigenesis）当作动词而非名词来看待，人们曾经用它来描述单个细胞发育成为胚胎的过程（"后成说"反映了不同类型细胞的胚胎发生过程，例如，神经元与皮肤细胞均来自原始受精卵。随着时间推移，"表观遗传学"逐渐引起人们的重视，它被用来描述细胞或者生物体在基因序列不变（例如基因调控）的情况下获得各种表型的途径。更为流行的说法是，在 DNA 序列不变的情况下，影响基因调控的 DNA 发生了化学或物理变化。某些科学家认为"表观遗传学"只适用于那些可遗传的改变，例如，从细胞到细胞或者从生物体到生物体，而"表观遗传学"捉摸不定的含义在该领域引起了巨大的困惑。

　　由于荷兰的内陆河网四通八达，因此封锁无疑让这个处于战火中的国家雪上加霜，而阿姆斯特丹、鹿特丹、乌得勒支与莱顿等城市的食品与燃料供应完全依赖外界定期运输。到了 1944 年初冬，送抵瓦尔河与莱茵河北部省份的战时配给严重供不应求，当地百姓面临着饥荒的威胁。虽然同年 12 月水路重新开放，但是航道已经完全冻结。首先是黄油从餐桌上消失，接下来是奶酪、肉、面包与蔬菜。在绝望、寒冷与饥饿的驱使下，人们先是用自家院子里种植的郁金香球茎与菜皮充饥，然后又被迫开始食用桦树皮、树叶与野草。最终，食物摄入量降至每天约 400 卡路里，只相当于 3 个土豆所能提供的热量。有人曾经写道，人们"只剩下饥饿与本能"[5]。时至今日，这段历史依然铭刻在荷兰人民的记忆中，并且被正式称为"冬日饥荒"（Hunger Winter）或"饥饿冬天（Honger winter）"。

　　这场饥荒一直持续到 1945 年。虽然死于营养不良的男女老幼数以万计，但是最终还是有几百万人得以幸免。在这种营养条件剧烈变化的过程中，实际上催生出某种可怕的自然实验：当人们摆脱了冬日饥荒的煎熬后，研究人员开始审视突如其来的灾难对特定人群的影响，而他们曾经预测人们会出现诸如营养不良与生长迟缓之类的表现。此外，饥荒中幸存的儿童也面临着慢性健康问题：抑郁、焦虑、心脏病、牙龈病、骨质疏松症与糖尿病等。（著名女演员奥黛丽·赫本也是幸存者之一，她曾经饱受各种慢性病的折磨。）

　　然而到了 20 世纪 80 年代，研究人员却发现了一种非常有趣的模式：对于那些在冬日饥荒期间怀孕的女性来说，她们的孩子在长大成人后具有较高的肥胖症与心脏病发病率。[6] 当然这一发现也在预料之内。由于子宫内的胎儿在营养不良的条件下会出现生理机能变化，因此在营养物质缺乏的情况下，胎儿的代谢方式将改为通过储存大量脂肪来抵御热量损失，从而导致迟发性肥胖与代谢紊乱。但是如果想要从冬日饥荒中获得具有说服力的结果，那么我们还需要把其后代的数据纳入综合考虑。20 世纪 90 年代，研究人员发现冬日饥荒幸存者的孙辈也存在较高的肥胖症与心脏病发病率。不知什么原因，突如其来的饥荒不仅对于经历浩劫的幸存者基因产生了影响，而且这些遗传信息还传递到了他们的孙辈。因此某些遗传因素或因子必定已经在饥饿人群的基因组中留下烙印，并且其作用还至少延续了两代人。冬日饥荒不仅载入了史册，同时也形成了这个民族的遗传记忆。[1]

※ ※ ※

但什么是"遗传记忆"呢？遗传记忆是如何超越基因本身进行编码的呢？沃丁顿并未接触过关于冬日饥荒的研究，尽管大部分结果直到他于1975年去世时都未引起重视，但是遗传学家还是机敏地发现了沃丁顿假说与上述多代疾病之间的联系。其中的"遗传记忆"现象显而易见：饥荒幸存者的子孙容易发生代谢性疾病，仿佛他们的基因组携带有祖辈代谢异常的记忆。但是基因序列的改变不可能是产生此类"记忆"的原因：这项队列研究涵盖的人数成千上万，他们的基因不会在祖孙三代人中均发生同样的突变。对于冬日饥荒的幸存者来说，"基因与环境"之间的交互作用改变了他们的表型（例如，发展成某种疾病的倾向）。当人们遭遇饥荒的折磨后，必定会有某种成分融入了基因组，而这些永久性的遗传标记可以世代相传。

假如上述信息能够插入基因组，那么它将带来前所未有的改变。首先，它将挑战经典达尔文进化论的本质特征。从理论上来讲，达尔文进化论的一个重要观点就是，基因无法以某种永久性的可遗传方式来记住生物体的经历。即便羚羊使劲伸长脖子想去够到高处的树叶，其基因也不会为这种努力留下印记，而它的后代更不可能变成长颈鹿（请不要忘记，拉马克进化论的谬误之处就是把适应性直接作为遗传性

---

[1] 有些科学家认为冬日饥荒研究本身就存在偏倚：患有代谢性疾病的父母（例如肥胖症）可能会调整孩子的膳食选择，或者以某些非遗传的方式来改变他们的习惯。批评家则认为，此类代际"传递"的因子并不是遗传信号而是文化或膳食选择。

状）。更确切地来说，长颈鹿的出现是自发变异与自然选择的结果：它们的祖先中可能会出现某些颈部较长的突变体，而在饥荒肆虐期间，这些具有长颈的个体经过自然选择后得以生存。奥古斯特·魏斯曼曾经切断五代小鼠的尾巴来验证环境因素是否能够永久性地改变它们的基因，可是他没有想到第六代小鼠依然长出了完整的尾巴。进化可以在不经意之间造就完美适应环境的生物体：理查德·道金斯认为进化是个丢三落四的"盲眼钟表匠"。生存与选择是进化的唯一驱动力，突变则是它仅存的记忆。

对于冬日饥荒幸存者的孙辈来说，他们获得祖辈饥荒记忆的机制与突变和选择无关，而是把环境信息转化成为某种可以遗传的因子。我们可以将此类"记忆"遗传的形式视为进化过程中的"虫洞"。例如长颈鹿的祖先并没有经过马尔萨斯逻辑、生存与选择的考验，这些个体可能只是把伸长脖子的记忆永远铭刻在其基因组中。依此类推，切断尾巴的小鼠在把信息反馈给基因后应该生出短尾的后代。此外，在启发性环境下成长的孩子的子孙也应具有积极向上的心态。其实上述想法不过是达尔文泛生论的复述，无非是想说明生物体特殊的经历或者历史可以直接影响基因组。这种系统就像是生物体适应性与进化之间的快速公交，它可以让盲眼钟表匠重见光明。

然而沃丁顿本人在该问题的答案上有着自己独到的见解。沃丁顿从年轻时就信仰马克思主义，他认为发现基因组中的"记忆定格"元素不仅可以完善人类胚胎学研究，还将帮助其实现宏伟的政治抱负。如果可以通纵操纵基因记忆来左右细胞的功能，那么也许人类也可以被思想改造（回想一下李森科曾对小麦植株的尝试，还有斯大林试图消灭不同政见者的举动）。这种过程可能会抹去细胞的固有身份，并且允许其沿着"沃丁顿景观"反向运动，于是成体细胞开始向胚胎细胞转化，原有的生物钟也发生了逆转。它甚至有可能解开关于人类记忆、身份与选择的固定不变之谜。

※※※

直到 20 世纪 50 年代末期，表观遗传学还处于远离现实的想象阶段：当时没有人能够从基因组水平诠释细胞的历史或身份。1961 年，在相距不足 20 英里的地方，研究人员在 6 个月之内分别进行了两项不同的实验，其结果将改变人们对于基因的理解，并且为沃丁顿的理论提供强有力的支持。

1958 年夏季，约翰·格登（John Gurdon）在牛津大学读研期间开始专注于青蛙的生长发育。格登在人们的印象中并不是个有前途的学生，他的生物学成绩曾经在全年级 250 人中排名倒数第一。但是就像格登自己描述的那样，他"做事十分专注"[7]。而格登此后也在研究中把自身的优势发挥到了极致。20 世纪 50 年代早期，两位在费城工作的科学家通过吸出细胞核的方法将未受精青蛙卵细胞中的全部基因去除，然后再将其他青蛙的基因组注入剩下的无核卵细胞内。这就像是把假鸟偷偷放入鸟巢，然后期待它可以在那里正常发育。那么"鸟巢"（也就是去除全部自身基因的无核卵细胞）是否含有其他青蛙基因组发育成胚胎所需的所有因子呢？实验结果证明了上述结论，来自费城的研究人员将某只青蛙的基因组注入无核卵细胞后孵出了蝌蚪。我们可以把它视为某种极端的寄生方式：卵细胞不过是个宿主或容器，它为来自正常细胞的基因组提供了场所，并使其发育成完全正常的成年动物。研究人员将这种方法称为核移植，由于在实际应用中成功率极低，因此他们最终基本上放弃了该技术。

格登对上述研究非常着迷，于是他也开始在实验中尝试这种方法。值得注意的是，前面那两位费城同行注入去核卵细胞的是幼胚细胞核。1961 年，格登将成年青蛙小肠细胞的基因组注入去核卵细胞，希望能够借此来验证该方法是否可以培养出蝌蚪。[8] 在当时的实验条件下，格登面临着巨大的技术挑战。为了确保细胞质完好无损，格登首先通过

极低剂量的紫外线照射来破坏未受精青蛙卵细胞的细胞核。然后就像
跳水运动员纵身跃入泳池一样，他用极其锋利的细针垂直刺破卵膜，
并且在膜表面几乎无损的前提下将包裹于液体中的成年青蛙细胞核
注入。

这种将成年青蛙细胞核（即全部基因）移植到去核卵细胞的实验大
获成功：格登培养出的蝌蚪具有全部正常功能，同时每只蝌蚪均携带
有与成年青蛙基因组完全一致的拷贝。如果格登能够将某只青蛙的多
个成体细胞核移植到多个去核卵细胞中，那么他不仅可以培养出完美
的蝌蚪克隆，还能够实现原始供体青蛙的克隆。该过程可以循环往复
地持续下去：这些克隆将会不断产生新的克隆，而所有的个体都将携
带相同的基因型，也就是说此类复制过程通过无性繁殖即可完成。

格登的实验结果激发了许多生物学家的想象力，但是产生这种
轰动与其科幻小说般的情节毫无关系。格登曾经在实验中使用青蛙的
小肠细胞培育出 18 个克隆体，然后将它们分别置于 18 个完全相同的
培养皿内，而这些克隆体就像是隐身于 18 个平行宇宙中的分身幽灵
（Doppelgänger）。与此同时，格登实验所蕴含的科学原理也令人们浮
想联翩：当完全成熟的成体细胞基因组与卵细胞的细胞质短暂接触后，
它又可以恢复成为一个具有完全活力的胚胎。简而言之，卵细胞能够
为基因组提供发育成为合格胚胎所需的全部因子。随后，人们在格登
实验的基础上把研究对象扩展至其他动物。其中最著名的研究成果当
属克隆羊多利，而这也是世界上首次通过无性生殖培育出高等生物 [9]
（生物学家约翰·梅纳德·史密斯后来评论：除此之外，只有耶稣基督
诞生可以勉强与哺乳动物的无性生殖相提并论 [10]）。2012 年，格登凭借

在核移植领域中的贡献荣获了诺贝尔奖。[1]

　　但是格登实验的光环并不能掩盖其存在的问题。虽然通过成年青蛙的小肠细胞可以培育出蝌蚪，但是实验的操作步骤耗时费力，而且核移植的成功率非常低。因此人们迫切需要某种超越传统遗传学的理论对此进行解释。成年青蛙基因组中的 DNA 序列与接受核移植的胚胎或培养出的蝌蚪完全一致。根据遗传学基本原则，上述细胞应该含有相同的基因组。可是如果这些基因分布于不同的细胞中，那么它们可能会在某些条件下被启动或关闭，从而控制胚胎发育为成熟个体。

　　但是如果这些基因从结构上没有任何区别，那么为何成体细胞的基因组无法将其诱导为胚胎呢？而且就像其他研究结果证实的那样，为什么年幼动物的细胞核要比年长动物的细胞核更容易让胚胎发育出现逆转呢？实际上，格登实验与冬日饥荒研究均再次验证了某些累积因素的强大力量，它们可以循序渐进地在成体细胞基因组中留下永久的标记，从而使基因组在发育过程中有进无退。虽然这些标记并不存在于基因序列之中，但是基因表达却发生了可遗传的改变。现在格登又回到了沃丁顿提出的问题上：如果每个细胞的基因组中都携带有反映其历史与身份的印记，那么它可以被视为某种形式的细胞记忆吗？

※ ※ ※

　　从抽象意义上来讲，这种表观遗传标记似乎已经清晰可见，可是

---

[1]　格登发明的技术（将成体细胞核移植到去核卵细胞中）已经在临床上得到了全新的应用。例如，某些女性会出现线粒体基因突变，而线粒体是细胞内产生能量的细胞器。我们之前曾经提到，人类胚胎的全部线粒体均是从母体（精子没有为后代贡献任何线粒体）卵子那里继承。如果母体携带有线粒体基因突变，那么其后代可能会受到该突变的影响；这些基因发生突变后通常会影响能量代谢，并且可以导致肌肉萎缩、心脏异常甚至死亡。2009 年，经过一系列颇具争议的实验的验证，遗传学家与胚胎学家提出了一种应对这些母体线粒体基因突变的奇思妙想。当卵子与来自父体的精子结合后，他们将受精卵细胞核注入来自正常供体且含有完整（正常）线粒体的卵子。由于这些源自供体的线粒体基因均保持完整，因此新生儿将不会携带来自母体的突变，可是从理论上来讲他们应该具有三个父母。受精卵细胞核由"母亲"与"父亲"组成（第一与第二父母），他们提供了绝大部分遗传物质，而第三父母也就是卵细胞的供者只提供线粒体与线粒体基因。2015 年，经过一场旷日持久的全国性辩论后，英国政府宣布将该技术合法化，现在第一批来自"三父母"的后代即将出生。他们代表了人类遗传学（与人类未来）中未知领域的前沿。显而易见，这种情况在自然界中尚无先例。

格登却没有在青蛙基因组上观察到此类印记。1961 年，沃丁顿曾经的学生玛丽·莱昂（Mary Lyon）在某个动物细胞中发现了表观遗传改变的有力证据。莱昂是家中的长女，父母分别做过公务员与教师。她曾经在剑桥读研期间师从脾气暴躁的著名学者罗纳德·费希尔，但是很快莱昂就转到爱丁堡大学继续完成了学位。当莱昂毕业之后，她来到英国小镇哈维尔的一所实验室工作，并且在这里组建了自己的研究小组，而此处距离牛津大学只有 20 英里。

莱昂在哈维尔主要从事染色体生物学方面的研究，她在实验中通过荧光染料来观察它们的形态变化。令人惊讶的是，莱昂在雌性小鼠细胞中发现，除了两条 X 染色体之外，每对着色的染色体看上去都大同小异，而且其中有一条 X 染色体必然会出现皱缩与浓聚。研究证实皱缩后的染色体基因并未发生改变：两条染色体上的 DNA 序列完全相同。然而它们的活性却大相径庭：皱缩染色体上的基因无法编码 RNA，因此整条染色体处于"沉默"状态。仿佛该染色体在被强制退役的同时彻底失去活性。莱昂发现失活的 X 染色体呈随机分布，它们在不同的细胞中可能分别来自父本或者母本 X 染色体。[11] 这种模式是所有包含两个 X 染色体的细胞的普遍特征，也就是说雌性动物的每个细胞均符合上述特征。那么 X 染色体失活有什么意义呢？由于雌性动物具有两条 X 染色体，而雄性动物只有一条 X 染色体，因此 X 染色体失活可以让具有两条染色体的雌性动物细胞产生相同"剂量"的基因。

时至今日，我们仍不清楚 X 染色体发生选择性沉默的原因或意义。但是 X 染色体的随机失活却可以产生重大的生物学意义：雌性动物是两种不同细胞组成的嵌合体。在大多数情况下，X 染色体随机沉默无法通过表型来检测，除非某条 X 染色体（例如来自父本 X 染色体）上碰巧携带明确表征的变异基因。即便是这样，细胞表达变异基因的情况也会不尽相同，于是就产生了嵌合样效应。例如，在猫科动物中，控制毛色的基因位于 X 染色体。X 染色体随机失活将导致细胞产生不同的色素，因此只有通过表观遗传学而不是遗传学才能解释三色猫毛色的难题。（如果人类肤色基因也位于 X 染色体上，那么不同肤色夫妻所生女孩的皮肤也将表现为深浅不一。）

那么细胞是如何使整条染色体发生"沉默"的呢？该过程涉及的内容非常复杂，已经超出环境信息导致个别基因活化与失活的范围，整条染色体以及上面的全部基因都将永久性失活。20 世纪 70 年代，学术界提出了一项最符合逻辑的猜测，也就是细胞以某种方式为染色体中的 DNA 打上了永久的化学烙印，或者说是某种分子水平的"休止符"。既然基因本身的结构始终保持完整，那么此类标记应该附在基因之上，而这也符合沃丁顿提出的表观遗传理论。

20 世纪 70 年代末期，正在研究基因沉默现象的科学家发现，附着在 DNA 上的一种名为甲基的小分子与基因关闭有关。而该过程的主要策动者之一后来被发现是一种名为 *XIST* 的 RNA 分子。研究发现上述 RNA 分子"覆盖"了染色体的部分区域是产生染色体沉默的关键因素。同时这些甲基标签好似项链上的饰物，它们被认为是某些基因的关闭信号。

※ ※ ※

然而甲基标签并非 DNA 链上唯一的修饰物。戴维·阿利斯（David Allis）是来自纽约洛克菲勒大学的一名生物化学家，他于 1996 年发现了另一种能够对基因产生永久影响的标记系统。[1] 该系统可以作用于包装基因的组蛋白（histone），而不是直接在基因上留下标记。

组蛋白与 DNA 紧密结合在一起，它们盘绕成螺旋状结构并形成染色体骨架。当骨架发生变化时，基因的活性也将会随之发生改变，而这就像是通过改变包装规格来影响材料的属性（缠绕成团与拉伸成束的丝线属性截然不同）。于是附着在蛋白质上的环境信号就可以间接地

---

[1] 文森特·奥尔弗里（Vincent Allfrey）是洛克菲勒大学的一位生物化学家，他于 20 世纪 60 年代率先提出了组蛋白可能参与基因调控的观点。非常凑巧的是，就在他提出"组蛋白假说"30 年后，同在洛克菲勒大学工作的阿利斯将利用实验手段来证实奥尔弗里的预见。

在基因上留下"分子记忆"。当细胞开始分裂，这些分子印记将被复制到子细胞中，并且记录下几代细胞的足迹。可想而知，当精子或者卵子形成时，分子印记也会被复制到生殖细胞中，从而记录下几代生物体的变迁。虽然关于组蛋白标记的研究尚有待完善（其中就包括组蛋白标记的遗传性与稳定性，以及确保它们出现在合适的时间与地点的机制），但是对于酵母菌与蠕虫等简单生物体来说，它们体内的组蛋白标记似乎能够延续数代。[12]

※ ※ ※

我们现在已经知道，在各种化学标签与标记的作用下，基因沉默与活化是一种切实可行的基因调控方法。尽管人们在几十年前就发现了基因可以短暂启动与关闭，但是这种沉默与重新激活的系统不会转瞬即逝，并且会在基因上留下永久的化学印记。[1]它们将根据来自细胞或环境的信息做出添加、消除、放大、缩小、打开或关闭等应答。[2]

这些标记就像是语句中的注释或者书中留下的旁注（铅笔线、划线单词、划痕、划掉的字母、下标与尾注），它们可以在基因序列不变的前提下对基因组起到修饰作用。假设生物体中每个细胞的遗传信息均源自这部作品，可是它们采取的处理方式却各有千秋，例如划掉与添加特殊句型、"沉默"与"激活"特定单词以及强调某些短语，那么这些细胞将根据相同的脚本撰写出不同的故事。我们可以通过以下例句来反映人类基因组中化学印记的表现形式：

*…This…is…**the**……，，……<u>struc</u>…ture，……of…Your……Gen…ome…*

---

[1]   主控基因可以持续作用于靶基因，而这种自主性很强的机制被称为"正回馈"。

[2]   遗传学家蒂姆·贝斯特（Tim Bestor）与某些同事认为，DNA甲基化标记的主要作用包括灭活人类基因组中源自古代的病毒样元件、灭活X染色体（莱昂理论）以及对精子或卵子中的某些基因进行差异化标记，这样可以便于生物体了解并"记住"哪些基因源自父本或母本，而我们将该现象称为"印记"。值得注意的是，贝斯特并不相信环境刺激会对基因组产生显著效应。更准确地说，他认为表观遗传标记可以在发育与印记过程中调控基因表达。

就像前述章节描写的那样，上述例句中的单词对应的就是基因。省略号与逗号代表了内含子、基因间区域与调控序列。而粗体大写字母与划线单词就相当于附加在基因组上的表观遗传标记。

现在人们终于找到了格登实验难以逆转成年青蛙小肠细胞胚胎发育的症结：由于小肠细胞基因组被附加了许多表观遗传"标签"，因此只有将这些"标签"抹除后才能让它转化为胚胎基因组。虽然我们能够改写基因组上的化学印记，但是这就像改变人类记忆一样困难重重，而上述化学印记保持稳定将确保细胞身份不会轻易发生改变。只有胚胎细胞基因组具备足够的灵活性时，这些细胞才可能获得与众不同的身份，并且进一步发育成为体内各种类型的细胞。一旦胚胎细胞的身份固定下来，例如分化为小肠细胞、血细胞或神经细胞，那么该过程就几乎没有逆转的可能（因此格登在青蛙小肠细胞逆向培育蝌蚪的实验中举步维艰）。胚胎细胞可以根据相同的脚本演绎出各式各样的作品，而其它细胞就像是一本已经定调的青年小说，很难将其改编成为维多利亚式的恋爱故事。

※※※

虽然表观遗传学部分诠释了细胞的个体特征之谜，但是也许它还可以破解更为复杂的人类个体差异之谜。我们曾经在之前的章节中问过："为什么在相同环境与家庭中成长的同卵双胞胎会拥有迥异的生活与特征呢？"现在我们可以将其解释为双胞胎体内具有记录特殊事件的化学标记。然而这些化学标记又是以何种方式进行"记录"的呢？实际上基因序列中并不存在此类标记：如果你在 50 年内每隔 10 年对某对同卵双胞胎进行基因组测序，那么全部测序结果均会保持一致。但是如果你在同样的时间段内把测序对象改为表观基因组，那么就会发现他们的结果迥然不同：在实验伊始阶段，双胞胎体内附着于血细胞或神经元上的甲基集团几乎完全相同，但是它们之间的差异在第一个 10 年到来时就会逐步显现，并且将在 50 年后成为天壤之别。[1]

　　研究显示，双胞胎对于随机事件（创伤、感染与冲动）、乐曲旋律以及街头美味（巴黎的玛德琳蛋糕）的反应千差万别。而这些事件可以让他们体内的基因"启动"或者"关闭"，并且逐渐在基因序列中留下表观遗传标记。[2] 尽管每个基因组都携带有创伤修复与机体愈合的信息，但是它们只是在被写入基因后才能够发挥作用，甚至可以说环境信号也需要借助基因组来显示其存在。如果说"后天"因素的影子无所不在，那么它也只是"先天"因素的映像。但是这种想法却让人们面临某种惴惴不安的哲学困境：如果抹去双胞胎基因组中的表观遗传印记，那么是否这些偶然事件、环境因素与后天因素从理论上就可以销声匿迹了呢？同卵双胞胎的命运能否真正实现表里如一？

　　豪尔赫·路易斯·博尔赫斯（Jorge Luis Borges）是享誉世界的阿根廷文学家，他曾经发表过著名短篇小说《博闻强识的富内斯》（*Funes the Memorious*），书中描写了一位遭遇意外的年轻人，他苏醒后发现自己拥有了"完美"的记忆力。[3] 富内斯能够记住生活中的每个细节、每件物体以及每次相遇，其中甚至包括乌云的形状或者皮面精装书的纹理。可是这种非凡的能力并未让富内斯从瘫痪中恢复。富内斯被洪水般涌来的记忆淹没，它们就像喧闹人群中持续发出的噪声，而他自己却根本无力反抗。博尔赫斯笔下的富内斯在黑暗中蜷缩于行军床上，由于无法阻止外界信息的疯狂涌入，因此他只能被迫选择这种与世隔绝的生活。

　　假如细胞丧失了选择性沉默部分基因组的能力，那么就会造就这位博闻强识的富内斯（或者，就像该故事描述的那样，这种环境只能培养出孤陋寡闻的富内斯）。基因组中携带着构建各种生物体、组织以

---

[1]　随着甲基化分析方法不断提升，近期研究发现双胞胎之间的差异非常有限。与此同时，这个日新月异的领域目前仍存在较多争议。

[2]　遗传学家马克·普塔什尼对于表观遗传标记的持久性与记忆本质产生了怀疑。根据普塔什尼的观点（某些学者对此表示支持），之前被描述为分子开关的主控蛋白可以决定基因的激活或抑制。表观遗传标记是基因激活或抑制长期作用的结果，虽然它们可能在调节基因的激活与抑制中发挥辅助作用，但是基因表达的主要调节机制仍然需要通过这些主控蛋白来实现。

及细胞的信息，而缺乏选择性抑制与重新激活系统的细胞将会被海量信息流淹没。令人感到自相矛盾的是，如果富内斯想要正常发挥博闻强识的优势，那么他必须具备选择性沉默记忆的能力。综上所述，表观遗传系统的存在就是为了让基因组选择性地发挥作用，并且最终让细胞具备自身的个体特征，而生物体的个体特征或许只是机缘巧合的结果。

※※※

2006 年，日本干细胞生物学家山中伸弥通过实验重置了细胞记忆，这也许是表观遗传学研究中最具说服力的典范。与格登一样，山中伸弥也对那些附着在基因上，可能记载细胞身份的化学标记产生了浓厚的兴趣。那么如果他把这些化学标记去掉会出现何种结果呢？成体细胞能否在彻底舍弃历史的基础上逆转发育过程变成原始的胚胎细胞呢？

山中伸弥再次与格登产生了交集，他也开始尝试细胞身份逆转的研究，只不过实验对象采用了成年小鼠的皮肤细胞。格登实验已经证实，卵子中的蛋白质与 RNA 等因子可以抹除成体细胞基因组上的化学标记，从而逆转细胞的命运并通过青蛙细胞培养出蝌蚪。山中伸弥打算从卵细胞中鉴别与分离出这些因子，然后准备让它们作为操纵细胞命运的分子"擦除器"。经过数十年的努力，山中伸弥将这些神秘因子缩小到仅由四个基因编码的蛋白质。接下来，他通过技术手段将上述四个基因转入成年小鼠的皮肤细胞中。

该实验的结果不仅令山中伸弥感到意外，而且还让全世界的科学家为之震惊，转入成熟皮肤细胞的四个基因使一小部分细胞获得了类似于胚胎干细胞的功能。这种干细胞既能够产生皮肤细胞，也可以分化成为肌肉、骨骼、血液、小肠与神经细胞。实际上，它们能够分化成为整个生物体中所有类型的细胞。山中伸弥与同事们仔细分析了皮肤细胞逆转（或者称之为"回归"）成胚胎样细胞的原因，他们发现该过程由一系列级联事件所组成。基因电路的激活或抑制将导致细胞代谢发生重置，随后表观遗传标记会被抹除并得到重写，同时细胞也会调整其形状与大小。原有的皱纹不见踪影，僵硬的关节恢复柔韧，我们仿佛看到青春再现，而细胞也将重新登上沃丁顿景观中的斜坡。山中伸弥终于可以抹去细胞的记忆来逆转其生物钟了。

不仅如此，该研究还取得了其他意外的收获。山中伸弥用来扭转细胞命运的四种基因之一被称为 c-myc。[14] myc 基因并非等闲之辈，它不仅是一种重要的再生因子，同时也是生物学中功能最为强大的细胞生长与代谢调控调节因子。当该基因被异常激活后，它可以诱导成体细胞转化为胚胎样状态，从而使山中伸弥的胚胎逆转实验成为可能（这种功能只有在其他三个基因的协同配合下才可以实现）。但是 myc 也是生物学中最具危险的致癌基因之一，它在白血病、淋巴瘤、胰腺癌、胃癌以及子宫癌中表现为异常激活。就像某些古代寓言指出的那样，追求青春永驻将付出惨痛的代价。虽然此类基因可以让细胞摆脱死亡与年龄的束缚，但是它们也会将其命运引向永生化与无限增殖的泥潭，而这些都是恶性肿瘤所具有的典型特征。

※ ※ ※

根据基因与基因组调控蛋白的研究结果，我们终于理解了荷兰冬日饥荒及其后续影响的发生机制。毫无疑问，对于那些在 1945 年遭受急性饥饿折磨的人来说，他们体内参与能量代谢与储存的基因表达已经发生了变化。起初这种变化的作用时间非常短暂，可能只涉及环境中营养成分变化基因的启动或关闭。但是随着饥荒持续的时间进一步延长，人体内的代谢模式也将逐渐固化下来，当这种瞬间的变化凝聚成永恒之后，它们就会在基因组上留下印记。食物长期匮乏的信号通过激素在器官之间弥散，并且会导致体内重组基因的过度表达。在此过程中，细胞内的蛋白质会想方设法拦截此类信号，而附着于 DNA 上的印记将协助它们逐个关闭基因。这就像屹立在风暴之中的房屋，如果想要保护建筑物不受破坏，那么只能把基因发挥作用的路径完全封死。无论是基因上附着的甲基化标记，还是经过化学修饰的组蛋白，它们都记载着冬日饥荒的回忆。

为了适应恶劣的生存环境，人体内的细胞与器官均需要经过重新编程。最终，就连精子与卵子这些生殖细胞上也出现了此类标记（我们并不清楚精子与卵子携带饥饿应答记忆的原因与机制；也许对于生殖细胞来说，人类 DNA 中某些古老的通路记录了饥饿或贫困）。[1] 当这些精子与卵子结合孕育出子孙后代时，它们形成的胚胎也可能携带有此类标记，以至于在冬日饥荒过去数十年后，代谢性改变依然铭刻在他们的基因组内。综上所述，历史记忆就是按照这种模式转化成为细胞记忆的。

※※※

值得警惕的是，表观遗传学也正处于某种危险观念的边缘。虽然基因经过表观遗传修饰后可能在细胞与基因组上叠加历史与环境信息，但是这种特殊的能力不仅颇具风险且结果难以预测：饥荒幸存者的后代可能会患有肥胖症与营养过剩，然而父亲患有结核病却不会改变孩子对于该病的应答。实际上，大多数表观遗传"记忆"是古老进化通路演绎的结果，我们不能将客观现实与主观愿望混为一谈。

就像 20 世纪早期的遗传学一样，表观遗传学目前也肩负着辨别垃圾科学与抑制疾病发生的使命。当我们面对这些旨在改变遗传信息的手段（饮食、暴露、记忆与治疗）时，不禁想起了李森科使用休克疗法获得高产小麦的荒谬尝试。在现实生活中，人们也希望女性在怀孕后

[1]　尽管蠕虫与小鼠实验证实了饥饿的跨代效应，但是我们并不了解这种效应是否会随着世代变迁而继续保持或逐渐衰退。某些研究认为，小 RNA 能够在代际传递信息。

通过保持心情舒畅来避免其子孙后代发生线粒体损伤。拉马克学说仿佛重振雄风并成为新时代的孟德尔定律。

总而言之，这些关于表观遗传学的肤浅概念理应招致怀疑。虽然环境信息可以铭刻在基因组上，但是其中大多数印记只反映了单个生物体细胞与基因组的"遗传记忆"，它们并不能在日后的繁衍过程中薪火相传。假如某人在意外中失去一条腿，那么该事件将在细胞、伤口以及瘢痕中留下印记，但是此类结果并不会导致其后代的下肢出现短缩，就像我与孩子们也没有受到家族中精神异常亲属的拖累。

虽然墨涅拉俄斯（Menelaus）曾经告诫说，祖先的血脉正在从我们体内消失，但是幸好他们的瑕疵与罪孽也一同逝去。因此我们对于这种安排理应庆贺而不是懊悔。基因组与表观基因组存在的意义在于，它们可以跨越细胞与世代的时空来传承相似性与历史记忆。而基因突变、基因重组与记忆消除则可以拮抗这些力量，并且推进差异、变化、畸形、天赋与再造的产生，同时在继往开来的过程中为更加辉煌的明天开辟崭新的道路。

※※※

可想而知，基因与表观基因在人类胚胎发生中起着相互配合的作用。现在让我们再回到摩尔根的问题上来：单细胞胚胎是如何发育成为多细胞生物体的呢？当受精作用完成几秒钟后，胚胎就开始迅速发育。与此同时，各种蛋白质也会蜂拥进入细胞核，并且逐步影响基因开关的启动与关闭，仿佛沉寂在太空的飞船突然焕发出勃勃生机。尽管上述基因表达会受到激活与抑制的影响，但是它们编码的蛋白质又会激活或抑制其他基因。现在单个细胞开始按照倍增的方式分裂形成中空的胚泡，接着参与协调细胞代谢、运动、命运以及身份的基因纷纷开始启动，随后细胞内部的各种通信线路也正式投入使用。整个过程就像锅炉缓慢升温与灯光明暗闪烁一样秩序井然。

现在这种第二遗传密码可以让细胞中的基因表达恰到好处，并且使每个细胞都能够获得固定的身份。对于某些特定基因来说，增减化学标记可以单独调节它们在细胞中的表达。例如，DNA 甲基化与组蛋白修饰均可起到抑制或激活基因的作用。

随着胚胎继续发育，原始体节会被细胞取代。当新近合成的基因发出肢体与器官分化指令后，单个细胞基因组上会出现更多的化学标记。而这些附有化学标记的细胞日后将形成不同的器官与结构：例如前肢、后肢、肌肉、肾脏、骨骼以及眼睛等。在胚胎发育期间，某些细胞会出现程序性死亡。与此同时，维持细胞功能、代谢与修复的基因开始启动。于是单个细胞就逐渐成长为生物体。

※※※

亲爱的读者们，请不要被这些描述蒙蔽或误导，产生"我的天啊！这个过程太复杂了！"之类的想法，并因此认为没有人能够在深思熟虑之后理解、破译或操纵这些机制。

当科学家低估了复杂性的危害时，他们将会遇到事与愿违的结果。而这种失败的案例在科学实践中比比皆是：例如控制虫害的外来物种却成为入侵者；原以为增加烟囱高度可以缓解城市污染，殊不知空气中颗粒物排放的提升反而加剧了污染；本来希望通过促进造血来预防心脏病发作，但是却没想到血液黏稠度上升会增加心脏血栓的风险。

然而当普通人高估了复杂性的难度并且感觉"谜题无人能解"时，他们又会陷入意想不到的泥潭。20 世纪 50 年代早期，某些生物学家曾经坚信遗传密码具有环境依赖性，他们认为这种错综复杂的关系完全取决于特定生物体中的特定细胞，而试图破解遗传密码的想法简直就是天方夜谭。后来人们发现事实恰恰相反：只有一种分子能够携带这种在生物界通用的遗传密码。如果能够掌握这种密码的规律，那么我们就可以对生物体甚至人类进行定向改造。同样在 20 世纪 60 年代，许多人都怀疑克隆技术能否实现基因在物种之间的互换。而直到1980年，人们还无法借助细菌细胞来合成哺乳动物蛋白，或者通过哺乳动物细胞来合成细菌蛋白；按照伯格的话来说，这些事情实在"简单得可笑"。其实不同物种往往似是而非，"自然"不过是"虚张声势的伪装"。

由于遗传指令在人类起源中的角色非常复杂，因此我们至今对于其详细的调控机制仍然一无所知。如果社会科学家一味强调形态、功能或命运取决于基因与环境的交互作用（基因并非是唯一因素），那么他实际上低估了主控基因决定生理状态与解剖结构的强大自主能力。如果人类遗传学家认为"多基因控制的复杂状态与行为并不遵循遗传学规律"，那么这位遗传学家就低估了基因的力量（例如能够"重置"整个生命状态的主控基因）。假如激活四个基因就可以使皮肤细胞转化为多能干细胞，假如某种药物可以彻底改变大脑的身份，假如单个基因发生突变就可以使性别与性别认同发生转换，那么无论是人类基因组还是我们自身都比想象中的要更容易改变。

※※※

我曾经在前述章节中写到，技术只有在促成转换时才能彰显其强大的推动力：例如，直线运动与圆周运动（车轮）之间，或者是现实与虚拟（网络）之间的转换。相比之下，科学的优势在于阐明组织规则与定律，其角色相当于透过放大镜对世界进行观察与分类。而技术专家努力通过这些转换将我们从现实的束缚中解放出来。科学在持续发展中不断推陈出新，并且界定了可行性范围的外部极限。与此同时，这些具有深远影响的技术创新也展现出人类征服世界的决心：例如，发动机（engine）源自拉丁语聪明（ingenium）或智慧（ingenuity）、计算机（computer）则源自拉丁语计算（computare）或推算（reckoning together）。与之形成鲜明对比的是，深奥的科学定律往往带有浓厚的认知局限性：例如，不确定性、相对性、片面性以及不可能性。

　　但是生物学却在所有学科中独树一帜：它从创建之初就缺乏可供参考的理论，就算到现在也很难找到普遍适用的定律。虽然芸芸众生都遵循物理与化学的基本原则，但是生命起源往往就存在于这些定律之间的边缘与空隙，并且一直在伺机突破它们的极限。宇宙在实现平衡的过程中会消耗能量、破坏组织甚至制造混乱，而生命的意义就是与这些力量进行抗争。为此人体采取的策略包括减缓反应、集中资源以及调整成分，整个过程就像我们每周三收拾即将送洗的衣服。詹姆斯·格雷克（James Gleick）写道："有时看起来我们想要遏制宇宙混沌的目标根本不切实际。"[15] 人们赖以生存的自然法则并非毫无破绽，我们依旧期待抓住机遇锐意进取。毫无疑问，自然法则仍然主宰着世间万物的运行规律，但是神奇的生命却始终在顽强地挑战极限并走向繁荣。即便是大象也不能违背热力学定律，它们巨大的身躯在运动中完成了特殊的能量传递。

※※※

生物信息的循环流动或许正是为数不多的生物学规律之一。

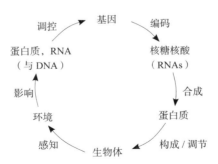

　　当然这种信息流动的方向也会出现例外（例如，逆转录病毒可以

完成从 RNA 到 DNA 的逆向转换）。虽然在生物学世界中还存在某些尚未发现的机制，它们可能会改变生命系统中信息流的顺序或组成（例如，现在已知 RNA 能够影响基因调控），但是我们已经能够大致描述这些生物信息流的概念。

实际上，这种信息流可能已经非常接近我们需要的生物学定律。当我们从技术上掌控了上述定律时，就会迎来人类历史上最深刻的变革，也就是即将实现对自身基因进行读写。

※ ※ ※

但是在展望基因组的未来之前，我们还是先回顾一下它神秘的过去。我们既不知道基因从何而来，也不清楚它们如何发展壮大，更不用说在众多可行的生物学方法中，选择这种信息传输与数据存储的原因。然而我们现在却可以在试管中为基因追本溯源。杰克·绍斯塔克（Jack Szostak）是一位态度温和的哈佛大学生物化学家，他用了 20 多年的时间希望能够在试管中构建自我复制的遗传体系。[16]

绍斯塔克的实验延续了斯坦利·米勒（Stanley Miller）的工作。[17]米勒是一位颇有远见卓识的化学家，他曾经将某些存在于原始大气中的基本化学物质混合后合成"原始汤"。20 世纪 50 年代，米勒正在芝加哥大学从事研究工作，他将甲烷、二氧化碳、氨气、氧气以及氢气经通风孔引入到密闭的玻璃烧瓶中，并且在注入高温蒸汽的同时用电火花模拟闪电，然后通过循环加热与冷却烧瓶模拟原始世界变幻莫测的环境。而这个不起眼的烧瓶中凝聚了烈火与硫黄、天堂与地狱以及空气与水相互交融的精华。

当实验进行 3 周以后，人们并未从烧瓶中发现任何生命迹象，但是米勒却在这些历经高温放电的原料混合物（二氧化碳、甲烷、水、氨气、氧气以及氢气等）中发现了氨基酸（构成蛋白质的基本单位）与单糖的痕迹。研究人员在米勒实验的基础上又在原料中加入了黏土、玄武岩与火山岩，他们随后在产物中发现了脂质与脂肪结构的雏形，而其中甚至还包括 RNA 与 DNA 的化学成分。[18]

绍斯塔克认为，两种成分的机缘巧遇促成了基因从"原始汤"中横空出世。[19]首先，原始汤中产生的脂类彼此结合形成胶束，而这种中空的球状膜有点类似于肥皂泡，它可以将液体包裹起来并且参与构成细胞膜（某些脂肪与水溶液混合时就会自然凝聚成这种膜泡）。绍斯塔克的实验已经证明，此类胶束的作用类似原始细胞：如果研究人员能为它们提供更多的脂质，那么这些中空"细胞"的尺寸就会继续增大。它们将在运动中不断延展，同时纤细的凸起形成了胞膜边缘波动。

其次，在自组装胶束形成的同时，核苷（碱基 A、C、G、U 或其化学前体物质）也通过一系列化学反应组成了 RNA 链。虽然这些 RNA 链绝大多数并不具备自我复制的能力，但是在数以亿计不具备复制能力的 RNA 分子中，碰巧就有一个 RNA 分子奇迹般地完成了自我复制，或者说它根据自身镜像生成了一个拷贝（RNA 与 DNA 分子固有的化学结构为镜像分子的产生创造了条件）。令人难以置信的是，这种 RNA 分子具有从化学混合物中富集核苷的能力，并且可以将其串联起来形成新的 RNA 拷贝，它实际上就是一种具备自我复制能力的化学物质。

接下来就到了彼此融合的阶段。绍斯塔克认为这个过程可能发生在某个池塘或者沼泽的边缘，而拥有自我复制能力的 RNA 分子与胶束就在这里发生碰撞。从理论上来讲，该事件具有决定性的意义：两种陌生的分子在偶然相遇后坠入情网，并从此开启了一段悠远漫长的姻缘。当具有自我复制能力的 RNA 进入正在分裂的胶束内部后，胶束就可以将 RNA 分子在隔离的同时保护起来，只允许 RNA 在安全的膜泡内进行特殊的化学反应。反过来，RNA 分子又会启动编码有利于 RNA-胶束单元自体繁殖的信息。随着时间推移，RNA-胶束复合物中编码的信息将会为生成更多的复合物创造条件。

绍斯塔克写道："这种由原初生命体（protocell）演变出 RNA 的

过程相对容易理解。在此阶段，原初生命体内将会逐步出现新陈代谢，它们可以利用结构简单且数量充裕的原材料合成营养物质。接下来，这些生物体也许会在化学百宝箱中增加蛋白质合成的功能。"[20] 对于此类由 RNA 构成的原基因来说，它们可能已经掌握了诱导氨基酸成链与合成蛋白质的本领，也就是说，这种具有多种用途的分子机器可以使新陈代谢、自体繁殖与信息传递的效率得到极大提升。

※※※

那么离散的"基因"（信息模块）是何时以及为何出现在 RNA 链上的呢？难道基因从一开始就是以模块化形式存在的吗？还是说信息储存具有某种中间或者替代形式吗？尽管我们依然无法回答上述问题，但是也许信息论可以为破解迷局提供关键的证据。对于连续出现的非模块化信息来说，其麻烦之处在于管理起来十分困难。这种信息具有弥散、易损、无序、局限以及衰减的特点，并且它们之间的界线往往无法梳理清楚。如果来自四面八方的信息彼此交错在一起，那么系统将面临更加严重的失真风险，而这就相当于黑胶唱片上出现的严重凹痕。相比之下，"数字化"信息更容易得到修复与弥补。我们无须翻遍整个图书馆就能找到或修改书中的某句话。综上所述，基因的问世可能也是基于相同的道理：某条 RNA 链上呈离散分布的信息模块可以通过编码指令来满足离散与个体的功能。

然而信息的不连续性也会带来额外的优势：这可以让突变的影响只局限于某个基因，并且同时保证其他基因不被累及。现在突变将有针对性地作用于这些离散的信息模块，因此可以在不破坏生物体功能的情况下加速进化。但是上述优势也可能转化为弊端：如果突变数量过多，那么信息将会出现损坏或丢失。也许信息也需要某种备份拷贝，而这种镜像可以使信息在遭到损坏的时候得以保全或者恢复原型。当然这也可能是构建双链核苷酸的原动力。由于核苷酸链上的数据将在互补链中得到完美的映射，因此任何数据破坏都可以被重新修复，其作用就像是记载生命轨迹的硬盘存储器。

经过岁月漫长的磨砺后，DNA 这种物质终于肩负起遗传信息原版拷贝的重任。虽然 DNA 由 RNA 演化而来，但是它很快就替代 RNA 成为基因的载体，并且在生命系统中发挥着至关重要的作用。[1] 古希腊神话记述了父亲克洛诺斯（Cronus）被儿子宙斯（Zeus）推翻的经过，而这个故事仿佛也被铭刻在人类基因组发展的历史中。

---

[1] 某些病毒的基因仍然由 RNA 组成。

第六部分

后基因组时代

————

遗传学的命运与未来

（2015 — ）

那些世间存在天堂的承诺只会令我们深陷地狱。[1]

——卡尔·波珀（Karl Popper）

只有我们人类才想拥有未来。[2]

——汤姆·斯托帕德（Tom Stoppard），
《乌托邦彼岸》（*The Coast of Utopia*）

第一章

未来的未来

尽管基因治疗这种充满争议的手段能够立刻带给人们希望，但是过度宣传 DNA 科学的神奇也会产生潜在的危险。[1]

——吉娜·史密斯（Gina Smith），

《基因组时代》（*The Genomics Age*）

洗涤空气！澄明天空！过滤清风！不仅要清洗岩石上凿下的石子、手臂上剥离的皮肤以及骨头上剔除的肌肉，还要反复清洗岩石、骨骼、大脑与灵魂。[2]

——T. S. 艾略特（T. S. Eliot），

《大教堂谋杀案》（*Murder in the Cathedral*）

现在让我们再次重温在维纳斯城堡上进行的那段对话。1972 年夏末，保罗·伯格来到西西里岛参加一场遗传学研讨会。当天深夜，伯格与一群年轻学生爬上山顶俯视着城市的灯光。他在会议上介绍了将两段 DNA 结合起来创建"重组 DNA"的可能性，而这个爆炸性新闻令与会者在疑惑与焦虑中颤抖。在本次会议上，学生们对于这种新型

DNA 片段的危险性表现出担忧：假如错误的基因被导入错误的生物体，那么该实验将会导致生物学或生态学发生灭顶之灾。但是与会专家学者的担忧却又不仅局限于眼前这些病原体。就像学生们经常担心的那样，他们讨论的内容已经涉及核心问题：人们迫切希望了解人类基因工程（也就是将新基因永久地导入人类基因组）的前景。假如基因能够预测未来呢？难道可以通过基因操作改变人类的命运吗？伯格后来告诉我："他们的想法非常超前，当我还在担忧未来的时候，他们已经在考虑未来的未来。"

在此后一段时间里，"未来的未来"似乎在生物学领域里陷入了僵局。1974 年，就在 DNA 重组技术问世仅仅 3 年之后，研究人员就进行了一次大胆的尝试，他们使用经过基因修饰的 SV40 病毒来感染早期小鼠胚胎细胞。[3] 被病毒感染的胚胎细胞与正常胚胎的细胞混合后可以形成胚胎"嵌合体"（chimera），随后这些混合胚胎被植入到小鼠体内。此类胚胎的全部器官与细胞均由混合细胞构成，其中就包括血液、大脑、内脏、心脏、肌肉以及最重要的精子与卵子。如果病毒感染的胚胎细胞能够形成新生小鼠的部分精子与卵子，那么病毒基因就可以像其他基因一样在小鼠代际垂直传递。病毒就像是经过伪装的特洛伊木马，可以将基因偷运至动物基因组中并且延续多代，从而创建出首批转基因高等生物。

该实验在启动初期进展顺利，但是后来却遇到了两个意想不到的难题。首先，尽管携带病毒基因的细胞确实出现在小鼠的血液、肌肉、大脑及神经组织中，但是病毒基因导入精子与卵子的效率却极其低下。无论怎样尝试，科学家们都不能让基因实现高效代际"垂直"传递。其次，虽然病毒基因存在于小鼠细胞中，但是这些基因的表达却被彻底封闭，从而导致无法产生 RNA 或蛋白质的惰性基因形成。科学家们在多年以后才发现，病毒基因上附加的表观遗传标记使它们集体发生沉默。现在我们知道，细胞在很久以前就具有识别病毒基因的探测器，其作用相当于给病毒打上了化学休止符，从而防止它们出现激活现象。

　　基因组似乎早已预料到这种危机并随时准备进行博弈。在魔术界流行着一则古老的谚语：在学会让物体消失前，要先学会让物体重现。从事基因治疗的专家也可以从中汲取经验教训。根据目前的技术水平，将基因悄无声息地导入细胞与胚胎并不困难，但是真正的挑战在于能否恢复这些基因的功能。

※※※

　　在这些早期研究遭遇挫折之后，基因治疗的发展停滞了大约 10 年之久，而该领域重获新生要归功于胚胎干细胞（embryonic stem cells，ES）的发现。[4] 为了理解人类基因治疗的未来，我们先要熟悉胚胎干细胞的概念。现在让我们以某种器官（大脑或者皮肤）为例进行说明。随着动物的年龄不断增长，皮肤表面的细胞也会经历生长、死亡与脱落的过程。但是如果发生了烧伤或重大创伤，这种大规模的细胞死亡就可能演变为一场灾难。由于需要替代这些死细胞，因此大多数器官具有再生细胞的能力。

　　我们提到的干细胞就具备这种再生功能，尤其是在面临灾难性细胞损伤的情况下，它的重要性就愈发凸显。干细胞是一种特殊的细胞，它可以分为两种类型。在某些条件下，它能够分化成为其他功能细胞，例如神经细胞或皮肤细胞。同时，它还能进行自我更新，也就是说，干细胞能够产生更多的干细胞，进而再分化形成器官所需的功能细胞。干细胞就像是一位拥有子代、孙代、曾孙代的祖辈，它能够产生一代又一代的细胞，并且从不会失去自身的繁殖能力。而它就是组织或器官得以再生的最终源泉。

　　大多数干细胞都存在于特定的器官与组织中，而且它们只能生成某些种类有限的细胞。例如，骨髓中的干细胞只能生成血细胞，存在于肠道隐窝处的干细胞则专门用于生成肠道细胞。但是源自动物胚胎内鞘的胚胎干细胞却拥有巨大的潜能，它们能够生成生物体中各种类型的细胞（造血细胞、神经细胞、肠道细胞、肌细胞、骨细胞以及皮肤细胞）。因此生物学家用"多能"一词来描述胚胎干细胞的特性。

此外，胚胎干细胞还具有第三种与众不同的特性。胚胎干细胞可以从生物体的胚胎里提取出来并在实验室的培养皿中生长。如果营养条件充足，那么它们将会在培养基中持续生长。通过显微镜的放大作用，我们可以看到半透明的微小球体聚集成巢状的回旋，与其说它们是正在形成的生物体，还不如说是正在消融的器官。实际上，早在 20 世纪 80 年代早期，英国剑桥大学的某个实验室就在世界上首次从小鼠胚胎中获得了胚胎干细胞，不过这项重要的成果却未引起遗传学家的兴趣。胚胎学家马丁·埃文斯（Martin Evans）曾经抱怨道："似乎没有人对我发现的细胞感兴趣。"[5]

其实胚胎干细胞真正的强大之处在于其分化能力：胚胎干细胞与 DNA、基因以及病毒都具有二元性，而正是这种内在的属性使得胚胎干细胞成为潜在的生物学工具。胚胎干细胞在组织培养基中的表现与其他类型的细胞没什么两样。它们不仅可以在培养皿中生长，也能够在冻融之后恢复活力。这些细胞可以在液体培养基中繁殖数代，并且在其基因组中进行插入基因或切除基因的操作也相对容易。

但是如果把胚胎干细胞置于合适的环境与背景下，它们就会成长为新的生命。当它们与早期胚胎细胞相混合并被植入小鼠子宫后，这些胚胎干细胞将会分裂形成胚层。接下来，它们可以分化成为各种类型的细胞，例如，造血细胞、神经细胞、肌细胞、肝细胞，甚至是精子与卵子。这些完成分化的细胞将依次构建出不同的器官，然后再奇迹般地整合成具有多胚层的多细胞生物体，于是一只真正的小鼠就这样诞生了。我们在培养皿中进行的每一步操作都可以影响这只小鼠的生长发育。而通过对培养皿中的细胞进行基因修饰"实现"了子宫中生物体的基因改造，并且为科学研究与生命转化奠定了坚实的基础。

由于在胚胎干细胞中进行实验操作相对容易，因此这也就克服了较为棘手的第二个问题。当我们利用病毒将基因导入细胞时，实际上几乎没有办法控制它们在基因组中插入的位点。人类基因组具有 30 亿个 DNA 碱基对，该数字差不多是大部分病毒基因组大小的 5 万倍或者 10 万倍。对于插入基因组的病毒基因来说，它就像是从飞机上飘入大西洋的一张糖纸，人们根本没有办法来预测准确的着陆地点。实际上，几乎所有病毒（例如 HIV 或者 SV40）都具备基因整合的能力，它们通常会将自身的基因随机附着在人类基因组的某些区域上。但是这种随机整合却成为阻碍基因治疗的死敌。病毒基因可能会落入基因组的沉默区间永远无法实现表达。它们也可能整合在染色体上的某个区域，而细胞很容易就可以让它们沉默。或者更糟糕的是，这种整合可能会在破坏必需基因的同时激活致癌基因，从而导致潜在的灾难发生。

但是科学家却掌握了通过胚胎干细胞实现基因改变的方法，并且这些靶点的位置就位于基因组之中或者基因内部。[6]你可以选择某些巧妙的实验手段来改变胰岛素基因，同时确保细胞中只有胰岛素基因发生了改变。[7]理论上来讲，由于基因修饰的胚胎干细胞能够生成各种类型的小鼠细胞，因此我们可以通过上述手段获得只有胰岛素基因发生改变的小鼠。实际上，如果基因修饰的胚胎干细胞最终在成年小鼠体内生成了精子与卵子，那么基因就可以在小鼠代际传递，这样也就实现了遗传物质的垂直传递。

这种技术具有十分深远的意义。在自然界中，唯一能够让基因发生定向或意向改变的途径就是随机突变与自然选择。如果将某只动物暴露在 X 射线下的话，那么基因组可能会永久地发生遗传改变，但是这种方法却不能让 X 射线只针对某个基因。自然选择一定会挑选能为生物体带来最佳适应性的突变，从而让这种突变在基因库中变得越来越普遍。但是在这种方案中，突变或进化都没有任何定向性或意向性。在自然界中，驱动遗传改变的引擎按照自身规律运转。就像理查德·道金斯提醒我们的那样，进化先天就是个"盲眼钟表匠"。[8]

然而，某位科学家却可以借助胚胎干细胞来定向操纵几乎任何被选中的基因，并将这种遗传改变永久地融入动物的基因组中。其实我们也可以采用此类方法完成突变与选择，并且让进化在培养皿中迅速实现。这种具有强大变革能力的技术为生物界带来了一个全新的概念：它们就是转基因（也就是跨越基因的意思）动物。到了 20 世纪 90 年代早期，为了揭开基因功能的奥秘，世界各地的实验室已经创建出数以百计的转基因小鼠模型。其中某只小鼠的基因组被插入了水母基因，于是它就可以在黑暗的环境下发出蓝光。对于那些携带有生长激素基因变异体的小鼠来说，它们的体型大小将会达到对照组小鼠的两倍。此外，我们还可以通过基因改变让某些小鼠罹患阿尔茨海默症、癫痫或者早老症。如果小鼠体内的癌基因被激活，那么它们将罹患各种肿瘤，而这些小鼠也成为生物学家研究人类恶性肿瘤的理想模型。2014 年，研究人员创建出一种携带单基因（控制大脑中神经元之间的通讯）突变的小鼠模型。人们发现，此类小鼠的记忆与认知功能都得到了极大的改善。它们可以称得上是啮齿类动物中的神童：不仅获取记忆更快而且保留记忆更久，同时学习新任务的速度接近于正常小鼠的两倍。[9]

但是上述实验也充斥着复杂的伦理道德问题。这种技术能用于灵长类动物吗？可以用于人类吗？谁来管理转基因动物的创建？哪些基因会被导入或者说允许被导入？转基因技术存在哪些限制条件？

幸运的是，在伦理危害泛滥成灾之前，转基因技术自身遇到了发展的瓶颈。胚胎干细胞研究中大部分基础工作（包括转基因生物体的创建）都是通过小鼠细胞完成。20 世纪 90 年代早期，随着人类胚胎干细胞从人类早期胚胎中提取成功，从事该领域研究的科学家也旋即遇到了意想不到的难题。与那些实验操作相对容易的小鼠胚胎干细胞不同的是，人类胚胎干细胞不能在培养基中生长。"这也许是该领域一个不为人知的小秘密：人类胚胎干细胞并不具备小鼠胚胎干细胞的能力。"[10] 生物学家鲁道夫·耶尼施（Rudolf Jaenisch）说："你无法克隆它们，也无法使用它们进行基因打靶……它们与无所不能的小鼠胚胎干细胞区别很大。"

综上所述，转基因的精灵至少在短时间内还无法摆脱束缚。

※※※

虽然对于人类胚胎进行转基因修饰的想法在短期内无法实现，但是如果基因治疗专家降低他们的预期呢？病毒能否将基因导入人类的非生殖细胞（神经细胞、造血细胞以及肌细胞等）中呢？但是该过程也面临着基因随机整合的问题，而且最为重要的是，非生殖细胞的基因导入不会发生基因在生物体中的垂直传递。但是如果基因能够导入到合适的细胞中，那么它们仍可以起到治疗作用。其实这个目标就足以令人类医学飞越巅峰，而我们可以把它视为简化版的基因治疗。

阿善蒂·德席尔瓦（Ashanti DeSilva）生活在俄亥俄州的北奥姆斯特德（North Olmsted）。1988 年，这位小名叫作阿什（Ashi）的两岁女孩开始出现某些特殊的症状。[11] 尽管家长们都知道，孩子在婴幼儿时期都容易得些小病，但是阿什的病情却显得与众不同：她经常发生不明原因的肺炎与感染，同时伤口还出现迁延不愈，就连白细胞计数也长期徘徊在正常水平以下。阿什的大部分童年时光都是在住院与出院中度过的：她在两岁的时候曾经因严重的内出血长期住院治疗，而病因不过是一次普通的病毒感染。

在很长一段时间里，阿什的医生对她的症状感到非常困惑，他们将这种周期性发作的疾病草率地归结为儿童免疫系统发育不完善，并且认为其症状将随着身体发育成熟而得到缓解。但是当阿什长到 3 岁的时候，病情依然没有任何改观，于是她又接受了各种不同的化验检查。最终，阿什的免疫缺陷问题被确诊为腺苷脱氨酶（Adenosine Deaminase，ADA）基因突变，并且该基因位于第 20 号染色体上的两个拷贝都出现了罕见的自发突变。彼时，阿什已经遭遇过数次死亡的威胁。她不仅要承受身体上的巨大折磨，还要面对更加痛苦的情感煎熬。某天清晨，当时只有 4 岁的她醒来后说道："妈咪，你真不应该有我这样一个孩子。"[12]

ADA 是腺苷脱氨酶的缩写，它编码的酶可以将腺苷这种身体内的天然化学物质转变为无害的产物肌酐。如果 ADA 基因失活的话，那么解毒反应将无法进行，于是体内就会充满腺苷代谢的有毒副产物。而首当其冲的就是具有抗感染功能的 T 细胞，如果 T 细胞无法正常发挥作用，那么免疫系统就会迅速崩溃。ADA 缺乏症实属罕见，其发病率在儿童中为十五万分之一。由于几乎所有患儿都将死于该病，因此这种疾病的治愈希望更为渺茫。ADA 缺乏症属于重症联合免疫缺陷病（SCID）这个臭名昭著的疾病家族。最著名的 SCID 患者是一位名叫戴维·维特尔（David Vetter）的男孩，他在得克萨斯州某所医院的无菌塑料帐篷里度过了 12 年的人生旅途。1984 年，被媒体称为"气泡男孩"的戴维死于一次铤而走险的骨髓移植手术，而他直至生命的终点也没有离开无菌病房。[13]

对于希望通过骨髓移植治疗 ADA 缺乏症的医生来说，戴维·维特尔的噩耗令他们踌躇不前。除此以外，仅有的一种名为 PEG-ADA 药物自 20 世纪 80 年代开始用于早期临床试验。这种源自牛体内的 ADA 与聚乙二醇相结合后可以在血液中保持较长的半衰期（正常 ADA 蛋白由于半衰期较短而难以起效）。但是即便是 PEG-ADA 也很难逆转这种顽固的免疫缺陷。患儿每个月都需要接受药物注射治疗来替代体内被降解的 ADA。更为严重的是，PEG-ADA 具有诱导抗体产生的风险，而这将导致 ADA 被迅速耗尽，并且使患者病情加速恶化，最终成为治疗失败的反面典型。

那么基因治疗能矫正 ADA 缺乏症吗？毕竟，该基因已经实现了鉴定与分离，而我们只需要矫正这个基因。与此同时，专门用于向人类细胞导入基因的运输工具（载体）也已经具备。理查德·马利根（Richard Mulligan）是一位来自波士顿的病毒学家与遗传学家，他设计出一种特殊的逆转录病毒毒株，它从结构上可以看作 HIV 病毒的表亲，能够相对安全地将任何基因运送到任何人类细胞中。[14] 逆转录病毒可以用来感染许多类型的细胞，其独到之处在于能够将自身基因组插入细胞基因组，并且永久性地将遗传物质黏附在细胞中。马利根在对该技术进行调整后创建出减毒病毒，虽然这种病毒可以感染细胞并整合到它们的基因组中，但是却不会将这种感染扩散到其他细胞。也就是说，感染细胞的病毒将会有进无出，而那些插入基因组的基因也会永久性地留在细胞内。

※※※

1986 年，在位于贝塞斯达的美国国立卫生研究院，威廉·弗仑奇·安德森（William French Anderson）与迈克尔·布里兹（Michael Blaese）[1] 领导的一个基因治疗团队正在紧锣密鼓地工作着，他们决定通过马利根载体的异构体将 ADA 基因导入患有 ADA 缺陷症患儿的体内。[2] 15 安德森先是从其他实验室获取了 ADA 基因，然后将其插入逆转录病毒的基因传递载体中。在 20 世纪 80 年代早期，安德森与布里兹就已经开展了某些初期试验，他们希望利用逆转录病毒载体将人类 ADA 基因导入至小鼠与猴子的造血干细胞中。16 安德森认为，只要这些干细胞能被携带 ADA 基因的病毒感染，那么它们就会生成各种血细胞成分，而其中就包括导入了活性 ADA 基因的 T 细胞。

由于基因导入的效率非常低下，因此实验结果与他们的预期相距甚远。在接受病毒介导基因治疗的五只猴子中，只有一只被称为罗伯茨的猴子获得了成功，人们可以从其血液中检测到稳定表达的人类 ADA 蛋白。但是安德森对此并不担忧。"谁都不知道新基因进入人体

[1]　肯尼思·卡尔弗（Kenneth Culver）也是这个初创团队的关键成员。
[2]　1980 年，加州大学洛杉矶分校的科学家马丁·克莱因（Martin Cline）首次在人体中尝试进行了基因治疗。克莱因是一位训练有素的血液学家，他选择了 β–地中海贫血为研究对象。这是一种可以导致严重贫血的单基因遗传病，而突变基因本应该编码血红蛋白的某个亚基。由于美国以外对于应用重组 DNA 技术的限制与监管较松，因此人们推测克莱因是在美国以外的地方完成的试验。他甚至在没有通知所在医院审查委员会的情况下，就在以色列与意大利对两地中海贫血患者进行了试验。克莱因的尝试很快就被美国国立卫生研究院与加州大学洛杉矶分校察觉，于是他因违反联邦监管而遭到处罚，并且最终辞去了所在部门负责人的职位。而克莱因试验的完整数据也从未正式发表。

后会发生什么，"他争论道，"我根本不会在意别人说三道四，这个领域本身就充满了未知数……无论是细胞研究还是动物实验只能给我们提供这些答案。最终还是要通过临床试验才能了解基因治疗的效果。"[17]

1987年4月24日，安德森与布里兹向美国国立卫生研究院提出申请，希望能够获准启动他们制订的基因治疗方案。他们计划从ADA缺陷症患儿体内提取骨髓干细胞，然后在实验室使用携带ADA基因的病毒感染细胞，最终再将这些经过修饰的细胞移植到患者体内。由于干细胞可以生成各种血细胞成分，包括B细胞与T细胞，因此ADA基因一定能够找到进入T细胞（迫切需要ADA发挥作用的地方）的路径。

该方案被提交给重组DNA咨询委员会（Recombinant DNA Advisory Committee，RAC）进行审核，而设立这个隶属于美国国立卫生研究院的机构是为了响应伯格在阿西洛马会议上的提议。该咨询委员会以监管严格而著称，它是所有涉及重组DNA实验的守门人（由于很难与该委员会进行沟通，因此研究人员普遍感到获得批准的希望"十分渺茫"）。果然不出所料，RAC毫不犹豫地否定了这个方案，他们认为申报材料中引用的动物实验数据质量良莠不齐，基因导入干细胞后的表达水平难以检测并且缺少基本的理论基础，同时还指出此前从未有过将外源性基因转入人体进行实验的先例。[18]

安德森与布里兹颇为勉强地接受了RAC的决定。他们悻悻地回到实验室继续修改方案。对于携带基因的病毒载体来说，感染骨髓干细胞效率低下是个亟待解决的问题，此外动物实验的数据也不尽人意。但是如果连干细胞都不能物尽其用，那么基因治疗怎么可能成功呢？由于干细胞是唯一能够在人体内进行自我更新的细胞，因此才有可能为矫正基因缺陷提供长久的解决方案。如果细胞不具备自我更新或者长寿的特点，那么或许可以将基因插入人体基因组中，但是这些携带外源基因的细胞最终还是会逐渐消亡，而这种导入基因的方法根本无法实现基因治疗。

那年冬季，布里兹在经过深思熟虑之后，终于发现了一种可能的解决办法。如果他们放弃将 ADA 基因导入造血干细胞的传统套路，而是用病毒感染从 ADA 缺乏症患者血液中获取的 T 细胞呢？与直接使用病毒感染干细胞相比，这种方法的效果或许不够彻底与持久，但是它所具有的毒性很小并且很容易在临床上应用。由于他们无须采集骨髓即可从外周血中分离 T 细胞，因此细胞的存活时间或许足以生产 ADA 蛋白并矫正基因缺陷。尽管 T 细胞将会不可避免地从血液中消失，但是上述治疗过程可以反复进行。该方法也许不能被称为真正的基因治疗，但是这种精简版的基因治疗可以被视为原理论证的必经之路。

　　但是安德森对于研究结果并不满意，如果按照他的想法进行首例人类基因治疗试验的话，那么这种临床试验需要具有决定性的意义，同时还将成为医学发展史上一颗璀璨的明星。虽然安德森起初表示拒绝接受，但是他最终还是向布里兹做出了妥协。1990 年，安德森与布里兹又一次向委员会提出了申请。而委员会也再次提出了刻薄的异议：支撑 T 细胞治疗方案数据的可靠性甚至还不如上次。虽然安德森与布里兹对治疗方案进行了反复修改，但是几个月过去后依然没有定论。1990 年夏季，在经过一系列长时间的辩论后，委员会终于同意他们进行临床试验。委员会主席杰拉德·麦加里蒂（Gerard McGarrity）说道："医学界期盼这一天的到来已久。"然而委员会中的大部分成员却对该试验的成功不抱希望。

　　安德森与布里兹跑遍了全美各地的医院，希望能够找到适合进行临床试验的 ADA 缺陷症患儿。经过不懈努力，他们终于在俄亥俄州找到了两位具有 ADA 遗传缺陷的患儿。其中一位高个子黑发女孩叫作辛西娅·卡特歇尔（Cynthia Cutshall）。而另一位 4 岁女孩叫作阿善蒂·德席尔瓦，其父母是来自斯里兰卡的药剂师与护士。

※※※

1990 年 9 月，在某个雾霭蒙蒙的早晨，阿什的父母拉贾·德席尔瓦（Raja DeSilva）与范·德席尔瓦（Van DeSilva）将她带到了位于贝塞斯达的美国国立卫生研究院。阿什那时已经 4 岁了，是个害羞内向的女孩，闪亮的秀发剪成娃娃头的样子。尽管她看起来有些局促不安，但是小脸却可以在瞬间就露出微笑。这是她第一次见到安德森与布里兹。当他们走近阿什的时候，她故意把目光转向另一侧。安德森把她带到医院的礼品店，然后她非常高兴地选了一只毛绒兔子玩具。

回到临床中心后，安德森将阿什的静脉血样本迅速送至自己的实验室。在接下来的 4 天时间里，研究人员将两亿个逆转录病毒与阿什体内提取的两亿个 T 细胞混合在一起。只要 T 细胞被成功感染，那么它们就会在培养皿中迅速生长，并且可以形成全新的细胞。安德森的实验室位于临床中心的 10 号楼，而这些细胞就在潮湿的培养箱中夜以继日地无声倍增。距离此处几百英尺就是马歇尔·尼伦伯格的实验室，他于 25 年前在这里破解了遗传密码的奥秘。

1990 年 9 月 14 日，这些经过基因修饰的 T 细胞已经准备就绪。那天清晨天刚蒙蒙亮，安德森就匆忙离开家赶到位于三层的实验室，而内心期盼产生的焦虑让他胃口全无。此时德席尔瓦一家已经在静候他的到来，阿什站在母亲身边，她的胳膊肘紧紧杵在妈妈的腿上，就像是在等待进行牙科检查。在治疗正式开始前，阿什又接受了多次抽血化验。整个治疗室显得十分安静，只能偶尔听到护士进出门的脚步声。阿什身着宽松的黄色睡袍坐在治疗床上，而护士正在把一根输液针刺入她的静脉。她刚开始想往后躲，不过很快就恢复了平静：毕竟她之前已经有过数十次类似的经历了。

到了中午 12 点 52 分，一袋含有大约 10 亿个 T 细胞的混悬液被送到了治疗室，它们均被携带有 ADA 基因的逆转录病毒感染过。阿什恐惧地盯着护士将这袋液体连接到静脉输液器上。前后只用了 28 分钟，这袋混悬液就已经全部输入至阿什的体内。在治疗过程中，阿什的生命体征始终都保持平稳，她乖乖地躺在床上摆弄着一只黄色的海棉球。与此同时，阿什的父亲被安排带着一把 25 美分的硬币去楼下的自动售货机那里买巧克力。现在安德森才终于松了一口气。某位该项目的见证者这样写道："虽然我们亲历了伟大的历史事件，但是却丝毫没有轰轰烈烈的感觉。"[19] 为了表示庆祝，大家满心欢喜地分享了一包M&M豆。

在静脉输注结束后，安德森推着阿什沿着走廊走出治疗室，他神采飞扬地对小姑娘说道："你是世界首例。"尽管门外有几位同事等着见证基因修饰细胞首次应用于人体，但是他们很快就纷纷散去并回到了各自的实验室。安德森埋怨道："这与人们在曼哈顿闹市区的感觉一样。耶稣基督可能从身旁走过，但是却没有任何人注意到他。"[20] 第二天，阿什就跟随父母回家了。

※※※

安德森进行的基因治疗试验真的起效了吗？我们不得而知，或许我们永远也不会知道答案。安德森在设计治疗方案时充分考虑了患者的安全问题，例如能否将逆转录病毒感染的T细胞安全地导入人体。该方案在设计的时候并未包含疗效监测：那么这个方案能否治愈（即便只是暂时起效）ADA缺陷症吗？作为此项研究的首批受试者，虽然阿善蒂·德席尔瓦与辛西娅·卡特歇尔接受了基因修饰T细胞的治疗，但是她们也被允许采用人工酶PEG-ADA进行继续治疗。因此基因治疗所取得的任何疗效都可能受到这种药物的影响。

尽管如此，德席尔瓦与卡特歇尔的父母都相信这种治疗确实有效。辛西娅·卡特歇尔的母亲承认："这种方法并不能彻底治愈疾病。但是我可以举个例子，她以前每次感冒都会引发肺炎，然而她这次却恢复得非常顺利……这对她来说简直就是巨大的飞跃。"[21] 阿什的父亲拉贾·德席尔瓦也表示同意："虽然PEG的疗效非常显著，但是即便在使用PEG-ADA的情况下，她还是会经常会感冒流鼻涕，同时还需要一直服用抗生素。可是就在12月进行第二次基因治疗后，她的症状开始出现改善，我们注意到纸巾的用量比以前明显减少。"

尽管安德森在此项研究中投入了满腔热忱，同时病患家庭也提供了某些轶事证据，但是包括马利根在内的许多基因治疗支持者都认为，安德森进行的临床试验不过是哗众取宠的噱头。从安德森的试验立项伊始，马利根就是对此发表负面意见最多的批评者，他非常反感在没有充分数据支持的情况下就宣称试验已经取得成功。如果将流鼻涕的频率与纸巾的数量作为疗效评判的标准，那么壮志凌云的基因治疗人体试验简直是个天大的笑话。当某位记者问及马利根对于该方案的看法时，他毫不客气地答道："这就是个骗局。"为了验证基因定向改变能否被导入人体细胞，以及这些基因能否安全有效地发挥正常功能，他提出了一项安全严谨的临床试验方案，并将其称为"完美的基因治疗"。

但是在那个时期，基因治疗专家的野心已经膨胀到极点，因此根本不可能实现这种"完美"的试验。在美国国立卫生研究院报道了 T 细胞临床试验后，基因治疗专家开始将目光投向其他遗传病，例如囊性纤维化与亨廷顿病。由于基因几乎可以导入任何细胞，因此任何细胞病（心脏病、精神病以及癌症）都可以成为基因治疗的理想对象。就在这个领域的研究准备加速冲刺的时候，马利根等学者却督促人们要保持谨慎与克制，但是他们的忠告随即被抛到脑后。然而失去理智的狂热必将会付出高昂的代价：它将把基因治疗与人类遗传学引向灾难的边缘，并且其自身也将从科学发展的巅峰坠入阴冷的深渊。

※※※

1999 年 9 月 9 日，几乎就在阿善蒂·德席尔瓦接受基因修饰 T 细胞治疗 9 年之后，一位叫作杰西·基辛格（Jesse Gelsinger）的男孩来到费城接受另一项基因治疗试验。基辛格是个 18 岁的小伙子，他性格开朗且活泼好动，同时还是一位摩托车与摔跤运动爱好者。与阿善蒂·德席尔瓦以及辛西娅·卡特歇尔相似，基辛格也是生来就携带有导致遗传代谢病的单基因突变。基辛格体内的突变基因叫作 OTC（ornithine transcarbamylase），它本应该在肝脏内合成鸟胺酸氨甲酰基转移酶，而这种酶在蛋白分解的过程中起到关键的作用。如果患者体内缺少这种酶，那么蛋白质代谢的副产物氨就会大量蓄积。氨这种化学物质常见于清洗液中，它不仅可以损伤血管与细胞，还能够穿透血脑屏障进行扩散，并最终导致大脑神经元慢性中毒。大多数 OTC 基因发生突变的患者会在儿童时期死亡。即使采用严格的无蛋白饮食，他们也会因生长过程中自身细胞分解而中毒。

在这些先天患有不幸疾病的儿童中，引发基辛格体内 OTC 缺陷的基因突变比较轻微，因此他可以算得上是非常幸运的一位。基辛格体内的基因突变并非来自父母，而是宫内阶段某个细胞自发产生的，那时候他可能还只是个幼小的胚胎。从遗传学角度来看，基辛格代表了一种非常罕见的现象，我们将这种细胞拼接的个体称为人类嵌合体。在基辛格体内，某些细胞表现为 OTC 功能缺陷，而另外一些细胞则具有合成正常 OTC 的基因。尽管如此，他体内的蛋白质代谢能力还是遭到了严重破坏。对于基辛格来说，他只有依靠严格的饮食控制（所有摄入的热量与成分均需要经过称重、测量并且计算占比）才能活下来，除此之外，他每天还要服用 32 片药物才能把血氨水平控制在正常范围以内。但是即便采取了这些严格的预防措施，基辛格还是遇到过几次严重的生命危险。基辛格 4 岁的时候曾经高兴地吃下一份花生酱三明治，而这次轻率的举动随即让他陷入昏迷。[22]

马克·巴特肖（Mark Batshaw）与詹姆斯·威尔逊（James Wilson）是来自宾夕法尼亚大学的两位儿科医生。1993 年，就在基辛格 12 岁的时候，他们开始对 OTC 缺陷症患儿进行基因治疗的临床试验。[23] 威尔逊曾经是一名大学橄榄球运动员，他对充满危险的人体试验非常渴望。此外，威尔逊还组建了吉诺瓦（Genova）基因治疗公司以及宾夕法尼亚大学人类基因治疗研究所（Human Gene Therapy at the University of

Pennsylvania）。威尔逊与巴特肖二人对于 OTC 缺陷症都很感兴趣。与 ADA 缺陷症一样，OTC 缺陷症也是由单基因功能障碍引发的疾病，而这使得它成为开展基因治疗的理想测试对象。但是威尔逊与巴特肖设想中的基因治疗应该具有颠覆性的作用：他们对于安德森与布里兹进行的临床试验（将提取出来的细胞经基因修饰后再输注到患儿体内）不屑一顾，他们打算通过病毒将经过矫正的基因直接导入患者体内。这可不是基因治疗的简化版：他们将构建携带 OTC 基因的病毒载体，然后让病毒随血液循环汇入肝脏，从而使病毒可以在原位感染细胞（OTC 主要位于肝细胞线粒体）。

巴特肖与威尔逊推断，感染病毒的肝细胞将开始合成 OTC，并且可以纠正患者体内酶缺乏带来的问题，而血氨水平下降可以作为反映疗效的指标。"这种细微的变化并非难以察觉。"威尔逊事后回忆道。为了导入基因，威尔逊与巴特肖选择了腺病毒作为载体，虽然该病毒通常会引发普通感冒，但是却没有引发任何重症疾病的报道。该项目堪称是 10 年之内最大胆的人类遗传学实验之一，同时研究人员在构建载体的时候也选择了最温和的腺病毒，因此所有这些安排都看起来既安全又合理。

1993 年夏季，巴特肖与威尔逊开始将修饰过的腺病毒导入小鼠与猴子体内。小鼠实验的结果不出所料：病毒进入肝细胞后释放出外源基因，然后将细胞转化成为制造具有正常功能 OTC 的微型工厂。但是猴子实验的结果却复杂得多。在注射高剂量病毒载体之后，有一只猴子偶然对病毒产生了快速免疫应答，并且引发了炎症与肝功能衰竭，另有一只猴子因出血死亡。此后，威尔逊与巴特肖对腺病毒进行了修饰，剔除了许多可能引发免疫应答的病毒基因，并使其成为更为安全的基因转运载体。为了进一步确保安全，他们还将拟用于人体试验的病毒剂量降低至原来的十七分之一。1997 年，他们向 RAC 提出了开展人体试验的申请，而只有经过该委员会的批准才可以进行基因治疗的临床试验。原来 RAC 对于此类项目的态度非常抵触，但是这次却发生了意想不到的转变：从 ADA 试验到威尔逊试验的 10 年间，那些曾经坚决主张限制重组 DNA 应用的学者已经转变为支持人类基因治疗的铁杆粉丝，同时这种狂热氛围产生的影响也已经波及 RAC 以外的范围。当 RAC 要求生物伦理学家就威尔逊的试验做出评论时，他们认为对完全型 OTC 缺陷症儿童进行治疗可能会导致"胁迫"：但是哪位家长不愿意让濒死的孩子尝试某种可能具有突破性效果的治疗方案呢？经过反复权衡，伦理学家建议以正常志愿者与杰西·基辛格这样的轻症 OTC 患者作为受试者进行临床试验。

※※※

与此同时，基辛格正在亚利桑那为严格的饮食限制与烦琐的药物治疗感到烦躁不安（"青少年都有逆反心理。"基辛格的父亲保罗这样对我说道，但是青春期叛逆在遇到"汉堡与牛奶"的诱惑时可能会变得格外突出）。1998 年夏季，基辛格刚好年满 17 岁，他得知宾夕法尼亚大学正准备开展 OTC 试验，并且被基因治疗的美好前景深深吸引。基辛格非常渴望摆脱目前这种枯燥生活的折磨。他的父亲回忆道："然而让他感到尤为兴奋的是，这种尝试也许可以帮助拯救那些患病的新生儿。你怎么能够忍心拒绝他的请求呢？"

基辛格按捺不住内心的喜悦，他恨不得马上就签署知情同意书。1999 年 6 月，经过当地医生的介绍，他在与宾夕法尼亚大学的研究团队取得联系后加入了 OTC 临床试验。就在当月，保罗与杰西·基辛格飞到费城去拜访威尔逊与巴特肖。杰西与保罗都被基因治疗的前景打动了。保罗·基辛格认为 OTC 试验可以称得上是"完美无瑕"。他们还去参观了进行临床试验的医院，然后兴高采烈地在城里四处逛了逛。杰西在光谱球馆（Spectrum Arena）外的洛奇·巴尔博亚（Rocky Balboa）铜像前拍照留念，并在镜头中摆出了拳击手的胜利姿势。

1999 年 9 月 9 日，杰西带着装满衣服、书籍与摔跤比赛光盘的行李返回费城，他即将开始在宾夕法尼亚大学医院接受 OTC 临床试验。杰西与在费城的叔叔和堂兄们住在一起，他按照约定的时间准时来到了医院。由于治疗的过程非常短暂且没有什么痛苦，因此保罗计划在治疗结束一周后去接儿子乘飞机回家。

※※※

1999 年 9 月 13 日上午是基辛格进行病毒注射的日子，当天杰西的血氨水平一直波动于 70 μmol/L 附近，而这个数值不仅是正常水平的两倍，还达到了试验允许的临界值上限。护士迅速将血氨异常的消息告知威尔逊与巴特肖。与此同时，病毒注射的工作已经准备就绪，手术室也处于随时待命状态。解冻后的病毒注射液在输液袋中闪闪发光。虽然威尔逊与巴特肖曾经就基辛格是否适合进行治疗争辩过，但是他们最终还是认为继续进行试验不会影响患者安全，毕竟之前接受病毒注射的 17 位患者都可以耐受。上午 9 点半左右，基辛格被推入介入放射科的治疗室。医生首先为他注射了镇静剂，然后将两根大号导管沿着腿部血管插入靠近肝脏的动脉。大约在上午 11 点左右，外科医生将 30 毫升浓缩腺病毒溶液一口气注入基辛格的动脉。数以亿计的感染性病毒颗粒携带着 OTC 基因涌入了他的肝脏。到了中午时分，整个治疗过程就全部结束了。[24]

基辛格在当天下午表现得非常平稳，但是他那天晚上回到病房后却突然发起了 40 度的高烧。等到医生赶来的时候，基辛格已是满脸通红。由于其他患者也经历过此类短暂的发热，因此威尔逊与巴特肖并没有太在意这些症状。杰西在睡觉之前还给在亚利桑那的保罗打了电话说："我爱你。"此后他便昏睡了一夜。

第二天清晨，护士发现杰西的眼球出现了黄染。化验检查证实，胆红素这种储存于红细胞中的肝脏代谢产物已经进入他的血液中。胆红素升高只可能源自以下两种情况：肝脏受损或者红细胞破坏。而二者都是不祥之兆。在正常人体内，红细胞崩解的产物或者肝功能衰竭可能很容易得到纠正。但是对于 OTC 缺陷症患者来说，这两种损伤机制产生的协同作用将会导致严重的后果：红细胞破坏后释放出的大量血红蛋白不能得到及时清理，同时受损的肝脏进行蛋白质代谢的能力严重不足，因此根本无力应对血液中多余的蛋白质负荷。而这些代谢废物将导致机体发生毒性反应。到了第二天中午，基辛格的血氨水平已经飙升到令人难以置信的 393 μmol/L，几乎是正常水平的 10 倍。医院方面迅速向保罗·基辛格与马克·巴特肖通报了病情变化，詹姆斯·威尔逊则是从具体执行操作的外科医生那里得到的消息。就在保罗准备搭乘夜间航班飞往费城的同时，一组医生已经冲入重症监护病房，他们开始对杰西进行透析以避免他陷入昏迷。

次日上午 8 点，当保罗·基辛格赶到医院时，杰西已经出现过度换气与神志不清，同时他的肾脏功能也开始出现衰竭。重症监护室的医生为杰西注射了镇静剂，然后尝试使用呼吸机来稳定他的状态。那天深夜，他的肺组织开始硬化并走向崩溃，用于交换氧气的肺泡被炎性渗出物淹没。现在就连呼吸机也无法将足够的氧气输送至他的体内，于是医生使用了某种可以强制提高杰西血液中氧气含量的设备。与此同时他的大脑功能也在迅速恶化。医院安排了神经科医生前来会诊，他注意到杰西的双眼向下凝视，而这也是大脑损伤的体征之一。

第三天清晨，弗洛伊德飓风袭击了美国东部沿海，狂风暴雨不断地拍打着宾夕法尼亚州与马里兰州的海岸。虽然巴特肖被困在赶往医院的火车上，但是一直与现场的医务人员保持着联系，然而随着手机电池耗尽，一切都陷入了无法预知的黑暗。到了午后时分，杰西的状况进一步恶化。他的肾脏已经彻底衰竭，昏迷也在持续加重。由于在这种恶劣的天气下根本没法打到出租车，因此滞留在酒店房间里的保罗·基辛格决定步行前往医院。保罗在狂风暴雨中步行了 1.5 英里才赶到医院的重症监护病房，可是此时他已经无法辨认出自己的儿子。杰西处于深度昏迷状态，他浑身明显肿胀并且到处都是瘀斑，持续的黄疸则造成其皮肤明显黄染。除此之外，他的身上遍布着各种各样的导管与导线。呼吸机徒劳地做着最后的努力，而氧气在泵入肺部时发出了沉闷的气过水声。病房里上百台仪器正在嗡嗡作响，它们记录着这个男孩在绝望的痛苦中逐渐走向死亡。

9月17日（星期五）上午，杰西在接受基因治疗后的第四天被宣布脑死亡。保罗·基辛格决定撤掉他的生命维持系统。牧师来到病房，他将手放在杰西的额头为他行了涂油礼，同时还轻声诵读了主祷文。当仪器设备被逐个关闭后，整个病房陷入一片沉寂，耳边只剩下杰西沉重而痛苦的呼吸声。下午2点30分，杰西的心脏停止了跳动，他被正式宣布死亡。

"为什么这项前途无量的技术会半途而废呢？"[25] 2014年夏季，当我见到保罗·基辛格的时候，他仍旧在思索着问题的答案。几个星期之前，我给保罗发邮件希望能够深入了解杰西的故事。我当时正准备在亚利桑那州的斯科茨代尔参加某个公开研讨会，而演讲的内容有关遗传学与癌症的未来。保罗与我进行了电话沟通，他同意在会后见面。我在研讨会进入尾声后来到礼堂大厅，一位身着夏威夷衬衫的男子穿过拥挤的人群向我伸出了手，他的圆脸盘上浮现着与杰西同样的率真，而我对于网络上这张盛传的面孔再熟悉不过了。

在杰西去世以后，保罗一直在单枪匹马地致力于反对临床试验过度应用的宣传。虽然他并不反对医学或创新，并且也相信基因治疗的未来发展，但是他质疑最终导致杰西死亡的那种狂热与幻想的氛围。当人群慢慢散去时，保罗也转身离开会场。我们之间似乎达成了某种默契：在这部描述医学与遗传学未来的作品里，杰西的故事永远不会被人们遗忘。保罗的声音中仍旧透露出无尽的悲痛。"他们当时根本没有把握，"他说道，"他们不仅仓促上马，而且漏洞百出。他们只是急于求成，太急功近利了。"

※※※

为了认真剖析该项目失败的原因，1999 年 10 月，宾夕法尼亚大学启动了对 OTC 试验的调查。10 月末，《华盛顿邮报》的某位调查记者报道了杰西的死讯，从而引发了社会公众的广泛热议。11 月，美国参议院、众议院以及宾夕法尼亚州地方检察官针对杰西·基辛格之死分别举行了听证会。同年 12 月，RAC 与 FDA 对宾夕法尼亚大学启动了调查。联邦监管机构将基辛格的病历、动物预实验结果、知情同意书、诊疗记录、化验单以及其他所有接受基因治疗患者的资料从大学医院的病案室中取走，他们仔细梳理了这些堆积如山的证据，试图找出这个男孩的死因。

初步分析结果认定，该项目根本不具备开展临床试验的条件，同时在开展过程中屡屡出现各种失误与怠慢，并且还缺乏基础理论的支持。首先，确保腺病毒安全性的动物实验进行得过于仓促。其中一只猴子在接种了最高剂量的病毒后出现死亡，尽管项目组已经向美国国立卫生研究院进行了汇报并在人体试验中减少了剂量，但是他们没有在知情同意书中注明实验动物死亡的事件。保罗·基辛格回忆道："知情同意书中根本没有提及治疗可能导致的危害。其描述的前景更像是场完美的赌博，似乎参与者可以只赚不赔。"其次，在杰西之前接受治疗的患者也出现过副作用，而且某些患者出现的严重症状足以让试验终止，或触发对于方案进行重新评估。虽然病历中记述了体温变化、炎症反应以及肝功能衰竭的早期症状，但是这些症状也同样遭到了低估或者忽视。调查人员发现，威尔逊参股的生物技术公司一直从这项基因治疗试验中获利，而这也加剧了人们对于 OTC 临床试验动机不纯的疑虑。[26]

由于项目组严重忽视 OTC 临床试验中出现的各种问题，以至于他们根本没有意识到危机已经来临。即便当事人承认他们因为急于求成导致疏忽大意，但是基辛格的不幸去世依然是个谜：没人能够解释为何杰西·基辛格会对病毒产生如此严重的免疫应答，而其他 17 位接受基因治疗的患者却安然无恙。很显然，哪怕是已经去除了某些免疫原性蛋白的"第三代"腺病毒载体也会在部分患者中引发特异反应。基辛格的尸检结果显示，他的身体已无法承受这种强烈的免疫应答。值得注意的是，化验检查结果发现，在杰西进行病毒注射之前，他的血液中就存在高反应性的病毒抗体。而基辛格发生的快速免疫应答可能与他之前感冒时接触过相似的腺病毒毒株有关。众所周知，接触病原体后产生的抗体可以在体内存在数十年（但是这也是大部分疫苗发挥作用的原理）。在杰西的案例中，他在接受试验之前接触的病原体可能触发了快速免疫应答，并且在不明原因的情况下迅速恶化。具有讽刺意味的是，选用这种"无害"的常见病毒作为基因治疗初始载体可能恰好是导致试验失败的关键。

但是哪种载体适合用于基因治疗呢？哪种病毒可以安全地将基因导入人体呢？哪个器官才是合适的靶标呢？就在基因治疗面临诸多亟待解决的难题时，监管层对于这个领域的要求也越来越严格。OTC 试验所暴露的问题并不只局限于这个项目。2000 年 1 月，FDA 集中审查了其他 28 项临床试验，结果显示将近半数的项目都需要立刻采取补救措施。[27] 鉴于这些问题的严重性，FDA 几乎中止了所有与基因治疗有关临床试验。"整个基因治疗领域都坠入了万丈深渊，"某位记者这样写道，"FDA 禁止威尔逊 5 年之内在其监管范围内参与人体临床试验的研究。此后，他辞去了人类基因治疗研究所所长一职，仅保留了宾夕法尼亚大学的教授职位。不久之后，人类基因治疗研究所也被撤销。1999 年 9 月，基因治疗正屹立于医学发展的巅峰。但是到了 2000 年末，它却沦落为过度科研的前车之鉴。"[28] 也许就像生物伦理学家鲁思·麦克林（Ruth Macklin）说的那样："基因治疗不是一种成熟的治疗手段。"[29]

在科学界有这样一句名言：最完美的理论也会被残酷的现实抹杀。

而同样的名言在医学界有另外一番寓意：低劣的试验可以毁掉完美的方案。回顾过去，OTC 试验可以说是漏洞百出，该项目设计仓促、规划不当、监管松懈且执行错误。此外，OTC 试验涉及的经济利益冲突更是骇人听闻，项目负责人竟然成了商业公司牟利的傀儡。尽管基因治疗的发展遇到了困难，但是其基本概念在几十年中却始终没有改变：这就是将基因导入人体或细胞来矫正遗传缺陷。从理论上讲，无论是通过病毒或是其他基因载体，这种将基因导入细胞的能力可以创造出具有强大作用的全新医疗技术，我们绝不能像某些基因治疗的早期倡导者一样为名利所迷惑。

展望未来，基因治疗终将成为临床上可以信赖的治疗手段。它将摆脱初期试验质量低劣的阴霾，并且会从"过度科研的前车之鉴"[30]中汲取失败的教训。但是基因治疗想要获得突破尚需经过艰苦努力，而我们为此至少要等待 10 年的光景。

第二章

基因诊断："预生存者"

所有的人类都是错综复杂的个体。[1]

——威廉·巴特勒·叶芝,《拜占庭》(*Byzantium*)

反宿命论者认为 DNA 的重要性无足挂齿,但是每种人类疾病均源自 DNA,而且(每种疾病)只能通过 DNA 才能治愈。[2]

——乔治·丘奇(George Church)

尽管早期基因治疗已于 20 世纪 90 年代末期被主流科学家们摒弃,但是人类基因诊断却走上了伟大的复兴之路。为了增进对于复兴内涵的理解,我们要先回味当年那些学生在维纳斯城堡上所设想的"未来的未来"。就像他们憧憬的一样,人类遗传学的未来将由两大基本要素组成。其中第一个要素就是"基因诊断",根据这种观点,基因可用于预测或明确疾病、身份、选择以及命运。第二个要素则是"基因改造",也就是通过改造基因来影响疾病、选择与命运。

在第二个要素中,定向基因改造("写入基因组")显然已经在基因治疗的禁令下停滞不前。但是对于第一个要素来说,根据基因预测未来命运（"读取基因组"）却得到了学术界的广泛支持。在杰西·基辛格去世后的 10 年里，遗传学家在某些颇为复杂与神秘的疾病中发现了许多相关基因，而此前人们从未想到基因才是导致这些疾病的罪魁祸首。这些发现促成了许多高新技术的发展，并且使疾病预先诊断成为可能。但是遗传学与医学也将被迫面对历史上最为复杂的伦理道德困境。"基因检测"，就像医学遗传学家埃里克·托普尔（Eric Topol）所说的那样，"也是某种道德检测。当你决定检验一下'未来的风险'时，你就难免会扪心自问，我愿意冒险面对什么样的未来呢？"[3]

※※※

接下来，我将用三个案例来诠释利用基因预测"未来风险"的利弊。第一个案例就是乳腺癌基因 *BRCA1*。20 世纪 70 年代早期，遗传学家玛丽-克莱尔·金（Mary-Claire King）开始研究家族乳腺癌与卵巢癌的遗传特征。金原本是一位训练有素的数学家，她在加州大学伯克利分校遇到了曾经提出线粒体夏娃（母系线粒体遗传的祖先）学说的艾伦·威尔逊，此后便将自己的研究方向转向了基因研究与遗传谱系的重建。（金在威尔逊实验室进行的早期研究证实，黑猩猩与人类具有90% 以上的遗传一致性。）

研究生毕业后，金开始专注于遗传学历史中人类疾病谱系的重建。而在众多疾病中，她对于乳腺癌领域格外感兴趣。医学界经过几十年的认真总结发现，乳腺癌可以分为散发性与家族性两大类。散发性乳腺癌见于没有任何家族史的女性，但是家族性乳腺癌可以在几代人中发生。在某个典型的乳腺癌家系中，患病女性的姐妹、女儿、孙女都可能受到影响，而她们之间的区别只是患病准确年龄以及肿瘤具体分期不同罢了。在某些乳腺癌家系中，乳腺癌发病率的升高通常伴随着卵巢癌发病率的迅速增长，而这意味着上述两种癌症均具有相同的基因突变。

1978 年，美国国家癌症研究所发起了一项关于乳腺癌患者的调查，结果显示人们对于乳腺癌的病因众说纷纭。某个阵营的癌症专家认为，乳腺癌是慢性病毒感染的结果，并且会被过量的口服避孕药触发。另一些专家则将其归咎于压力与饮食。金在征得同意后为这项调查追加了两个问题："患者是否具有乳腺癌家族史？是否具有卵巢癌家族史？"等到此项调查结束时，这两种疾病的内在联系也就跃然纸上：她已经鉴别出某些深受乳腺癌与卵巢癌困扰的家族。从 1978 到 1988 年间，金在其工作记录中添加了数百个这样的家族，同时还整理出大量女性乳腺癌患者的谱系。[4] 在某个成员超过 150 人的家族中，她锁定了 30 位女性乳腺癌患者。

金对于全部谱系进行了仔细分析，随后她发现许多家族性病例都指向一个基因，然而鉴定这个基因的工作非常艰难。尽管这个罪犯基因令携带者的患病风险增加了 10 倍以上，但是并非所有遗传该基因的人都会发病。金发现乳腺癌基因具有"外显不全"的特点：即便基因发生了突变，其效应也不会在个体中完全显现出来（例如乳腺癌或卵巢癌）。

在排除了外显不全造成的混淆效应后，金所收集的病例数目已经足以在多个家族与多代之间进行连锁分析，并且最终将致病基因的位置缩小到第 17 号染色体上。1988 年，她明确指出了该基因的位置，也就是第 17 号染色体上的 17q21 区域。[5] "这个基因的作用仍有待验证。"她说道，但是它的确就位于人类染色体上，"我从威尔逊实验室学到的经验就是……要在长期枯燥的工作中耐得住寂寞，而这也是我们从事科学研究的基本态度。"[6] 虽然金还没有分离出这个基因，但是她已经把它命名为 BRCA1。

随着 BRCA1 基因在染色体上的位点逐步明确，人们也在鉴定该基因的过程中展开了一场激烈的竞赛。20 世纪 90 年代早期，金与其他来自世界各地的遗传学团队都在着手克隆 BRCA1 基因。当时以聚合酶链式反应为代表的新技术已经得到广泛应用，研究人员很容易就可以在试管内获得数以百万计的基因拷贝。这些技术与基因克隆、基因测序与基因定位方法相得益彰,迅速提高了人们从染色体上鉴定靶基因的速度。1994 年,犹他州一家名为麦利亚德基因(Myriad Genetics)的私营公司宣布已经分离出 BRCA1 基因。1998 年,麦利亚德公司获得了 BRCA1 基因序列的专利,而这也是历史上首次为人类基因序列颁发专利。[7]

对于麦利亚德公司来说,BRCA1 基因在临床医学上的实际用途就是基因检测。1996 年,麦利亚德公司甚至在获得基因专利之前就已经开始将 BRCA1 基因检测商业化。这种检测的过程非常简单。首先遗传咨询师会为具有患病风险的女性进行评估。如果这位女性具有乳腺癌家族史,那么她的细胞经口腔拭子采集后将被送往中心实验室。实验室会利用 PCR 技术来扩增部分 BRCA1 基因,然后根据测序结果来鉴定突变基因。检测报告结果将分为"正常""突变"或"不确定"(某些特殊类型的突变没有被纳入乳腺癌的患病风险)。

※※※

2008 年夏季,我接诊了一位具有乳腺癌家族史的女性。简·斯特林(Jane Sterling)当时只有 37 岁,她是一位来自马萨诸塞州北岸的护士。玛丽-克莱尔·金本应该从其收集的病例中发现过这个与众不同的家族:斯特林的曾外祖母早年患有乳腺癌,她的外祖母在 45 岁时接受了乳腺癌根治术,母亲则在 60 岁时患上双侧乳腺癌。斯特林自己有两个女儿,她关注 BRCA1 基因检测已经将近 10 年了。当斯特林的大女儿出生时,她就考虑过进行基因检测,但是后来却没了下文。在二女儿出生的时候,斯特林的一位密友被确诊为乳腺癌,于是她主动接受了基因检测。

斯特林的 BRCA1 突变检测结果为阳性。在收到正式报告两周之后,她带着一摞写满了各种问题的草稿来到门诊。那么她将怎样面对这个结果呢？研究显示，*BRCA1* 突变基因携带者一生中乳腺癌的发病率高达 80%。但是基因检测并不能告诉她得病的时间，也不清楚她到底会罹患哪种类型的癌症。由于 *BRCA1* 基因突变具有外显不全的特点，因此携带这种突变的女性在 30 岁时可能患上恶性程度很高的乳腺癌，并且一经发现即失去了手术机会，同时药物治疗的效果也不明显。此外，她也可能在 50 岁患上对于药物治疗敏感的乳腺癌，或者在 75 岁时患上发展缓慢的惰性乳腺癌。或者，她也可能根本不得乳腺癌。

那么她应该在何时告诉女儿诊断结果呢？"有些携带 *BRCA1* 基因突变的女性会憎恨她们的母亲。"[8] 某位基因检测阳性的作家曾经这样写道（仅仅是对母亲的憎恶就反映出遗传学长期遭受误解的现实以及这件事对于人们心理的影响，实际上，从父母双方遗传突变的 *BRCA1* 基因具有相同的机会）。那么斯特林会将结果告诉她的姐妹、姑妈与表姐妹吗？

由于诊断结果具有不确定性，因此加剧了治疗选择的难度。现在斯特林可以选择静观其变，也可以进行双侧乳房切除术或卵巢切除术来明显降低乳腺癌或卵巢癌的风险。就像某位携带 *BRCA1* 突变的女性描述的那样："切除乳房能够摆脱这种基因的困扰。"当然斯特林也可以通过加强筛查（乳房 X 光检查、乳腺自检或者核磁共振）来检测早期乳腺癌。或者，她还可以选择激素治疗（他莫昔芬）来降低某些（并非全部）患上乳腺癌的风险。

其实上述治疗选择的巨大差异也部分反映了 *BRCA1* 基因的基本生物学特征。该基因编码的蛋白质在修复 DNA 损伤中起着至关重要的作用。对于细胞来说，DNA 单链断裂意味着大祸临头。它发出信息丢失的信号并且启动危机处理机制。DNA 损伤发生后不久，*BRCA1* 蛋白被招募到断裂的边缘来修复这段缺口。在携带正常基因的患者体内，*BRCA1* 蛋白通过启动链式反应可以将许多蛋白招募到基因缺口边缘并迅速将其填补完整。在携带突变基因的患者体内，由于突变的 *BRCA1* 蛋白失去招募能力，因此 DNA 断裂也就无法修复。于是基因突变会允许更多的突变出现，而这种过程就像是火种传递，直到细胞的生长调节与代谢调控功能被彻底破坏，并最终导致乳腺癌发生。但即便是在 *BRCA1* 基因突变患者的体内，乳腺癌发生也需要受到多重触发器的影响。其中环境因素显然起着重要的作用：X 射线或 DNA 损伤剂都会导致 *BRCA1* 基因突变率进一步提高。除此之外，由于突变累积属于随机发生，因此概率也是一种触发器。其他参与 DNA 修复或 *BRCA1* 蛋白招募的基因则能够加速或缓解 *BRCA1* 基因的效应。

综上所述，我们认为 *BRCA1* 突变具有预测患病风险的作用，然而这并不能说明其他基因突变（例如囊性纤维化或亨廷顿病）也具有相同的作用。虽然携带 *BRCA1* 突变的女性多少都会受到影响，但是这其中仍有很大的不确定性。对于某些女性来说，基因诊断只会浪费她们的时间与精力；似乎她们的生活目的就是为了等待癌症到来或是想象逃离苦海，但是她们很有可能根本不会患上这种让人心生恐惧的疾病。基因检测营造出某种具有极权（orwellian ring）色彩的阴影，而人们也创造出一个全新的术语来描述这些女性：预生存者（previvor），也就是说她们是暂时的幸存者。

※※※

基因诊断的第二个案例关系到精神分裂症与躁郁症，而这又把我们带回到本书故事的起点。1908 年，瑞士精神病学家尤金·布鲁勒（Eugen Bleuler）首先使用“精神分裂症”一词来描述具有独特心理疾病的患者，他们经常会表现出严重的认知功能障碍（思维崩溃）。[9] 这种疾病在历史上曾被称为早发性痴呆症（dementia praecox）。精神分裂症患者多见于青年男性，他们将缓慢经历不可逆的认知功能衰退，并且会在幻听的控制下做出某些稀奇古怪的行为（我想起莫尼曾经对我说大脑里有个声音命令他“在这里尿，就在这里尿”）。此外，这些患者的脑海中会反复出现各种幻想，而他们组织信息与执行任务的能力也将丧失，同时会伴有新词、恐惧与焦虑的产生，似乎整个人完全变了一个模样。最终，这些患者将丧失全部理性并深陷精神废墟的迷宫。布鲁勒认为，此类疾病的主要特征就是认知脑功能的分裂甚至瓦解。于是他根据这种"脑功能分裂"的现象创造出"精神分裂"（schizo-phrenia）一词。

就像许多其他遗传病一样，精神分裂症也分为家族性与散发性两大类。在某些具有精神分裂症患者的家族中，这种疾病能够在几代人之间传递。当然偶尔也会有某些家族成员表现出躁郁症（例如莫尼、贾古与拉杰什）。与之相反，散发或者新发精神分裂症的出现纯属意外：某位没有精神分裂症家族史的年轻男性可能会突然出现认知崩溃，而这种情况在发生之前通常缺乏或者没有任何预兆。遗传学家曾试图去理解这种疾病产生的模式，但是却无法勾勒出描述精神分裂症的模型。相同的疾病怎么会表现为散发性与家族性呢？躁郁症与精神分裂症这两种看似毫不相干的疾病之间的关系是什么呢？

其实关于精神分裂症的第一条病因学线索来自双胞胎实验。20世纪 70 年代，研究结果表明该病在双胞胎之间具有惊人程度的一致性。[10] 在同卵双胞胎中，两位双胞胎均患有精神分裂症的概率为30%～50%，而在异卵双胞胎中，这个数字仅为 10%～20%。如果精神分裂症的定义能够拓宽到将轻度社会与行为障碍也包含在内，那么同卵双胞胎患病的一致性将提升到 80%。

除了这些指向遗传因素的线索以外，精神病学家还在 20 世纪 70 年代将精神分裂症当作某种性焦虑的表现形式。弗洛伊德曾经提出一个著名的论断，他认为偏执性妄想源自"无意识的同性恋冲动"，而这种说法显然来自母亲占主导地位的家庭。1974 年，精神病学家西尔瓦诺·阿瑞亚提（Silvano Arieti）将精神分裂症归咎于"那些性格专横跋扈且限制孩子发展的母亲"[11]。尽管研究证据显示精神分裂症与此无关，但是阿瑞亚提的观点具有强大的诱惑力，难道还有想法什么比将性别歧视、性以及精神病结合在一起更为引人关注呢？阿瑞亚提也因此赢得了许多奖项与荣誉，其中就包括文学界最重要的美国国家图书奖。[12]

然而就在理智与疯狂并存的年代中，人类遗传学起到了中流砥柱的作用。20 世纪 80 年代，许多双胞胎实验都进一步证实精神分裂症具有遗传因素。在综合各方数据的基础上，人们发现同卵双胞胎之间的一致性要远远超出异卵双胞胎，从而充分说明了遗传因素在精神分裂症中的作用。此外，完整的精神分裂症与躁郁症家族史（例如我的家族）也是反映该病存在遗传因素的重要证据。

但是这种疾病到底涉及哪些基因呢？ 20 世纪 90 年代末期，随着大规模平行 DNA 测序或新一代测序技术等新兴 DNA 测序技术的出现，遗传学家可以对任何人类基因组中数以亿计的碱基对进行测序。与标准测序法相比，大规模平行测序技术具有极大的优势：它能够把人类基因组粉碎为成千上万个片段，并且可以同时对这些 DNA 片段进行测序（也就是所谓的平行测序），然后借助计算机找到序列间的重叠片段并对基因组进行"重新装配"。该方法适用于完整基因组的测序（全基因组测序）或者基因组上指定部位的测序，例如编码蛋白质的外显子测序（外显子组测序）。

由于大规模平行测序技术在进行基因狩猎时显得尤其高效，因此它将帮助人们在两个密切相关的基因组之间寻找差异。如果某个家族中只有一位成员患病，那么找到这个致病基因的过程将易如反掌。原本复杂的基因狩猎也就变成了一场简单的游戏：只要将所有密切相关的家族成员的遗传序列进行比较，那么就可以找到受累个体携带的基因突变。

对于精神分裂症中的散发性变异来说，它们为验证该技术的权威性提供了完美的测试案例。2013 年，在某项涉及散发性精神分裂症的大型研究中，人们对 623 位青年患者（他们的父母与同胞均未患病）的家族成员进行了基因测序。[13] 由于每个家族内部成员之间的基因组非常相似，因此假定的罪犯基因就会很容易露出马脚。[1]

　　研究人员在 617 位患者体内发现了一个父母双方都没有的突变。平均而言，每位患者体内只会出现一个突变，当然偶尔某位患者体内也会存在多个突变。其中将近 80% 的突变都出现在父本染色体上，同时患者父亲的年龄（老年男性尤为突出）也是一项重要的风险因素，而这说明突变可能发生在精子形成阶段。可以预见的是，许多此类突变涉及的基因都与神经元之间的突触或神经系统的发育有关。尽管上述患者体内存在的基因突变不计其数，但是研究人员还是偶然间从几个相互独立的家族中发现了相同的突变基因，因此这也充分说明了该基因与疾病之间存在联系的可能性。[2] 根据之前介绍的定义，这些突变全部为散发性或者原发性，也就是说它们在胚胎时期就已经形成。散发性精神分裂症可能是神经发育改变的结果，其根本原因在于控制神经系统的基因发生了突变。令人感到吃惊的是，该研究中发现的许多基因还与散发性自闭症和躁郁症有关。[3]

※ ※ ※

　　但是哪些基因与家族性精神分裂症有关呢？乍看起来，你可能会认为寻找家族性变异基因的过程更为简单一些。由于家族性精神分裂症患者可以延续数代，因此这些病例应该非常容易查找与追踪。但是实际情况正好相反，鉴定这些复杂的家族性疾病相关基因要困难得多。

---

[1]　将某项新发突变确定为散发性疾病的病因并非易事：能够在孩子体内发现偶发突变的机会微乎其微，并且与其自身的疾病没有任何关系。或者说，疾病发生还需要特定的环境触发器参与：在环境或遗传触发器的作用下，家族性病例越过临界点就成了所谓的散发性病例。

[2]　拷贝数变异（CNV, copy number variation）是一类与精神分裂症有关的重要突变，它是指相同基因的片段出现缺失或重复。拷贝数变异还可见于散发性自闭症以及其他类型的精神病。

[3]　21 世纪早期，研究自闭症的学者率先采用了一种将患儿基因组（携带有散发或者新发突变体）与父母基因组比较的方法，这项成果从根本上推动了精神病遗传学领域的发展。Simons Simplex Collection 数据库（SSC，由西蒙斯基金会自闭症研究计划创建的永久性数据库）鉴别出了 2 800 个父母双方均正常的自闭症儿童（只有一位患病）家庭。随后研究人员对父母与患儿的基因组进行了比较，他们发现某些新发突变只存在于这些患儿中。值得注意的是，自闭症中的某些突变基因也见于精神分裂症患者，从而增加了这两种疾病之间深层次遗传关联的可能性。

在某种疾病中寻找散发性或者自发性突变基因的希望非常渺茫。虽然你可以通过比较来鉴别两套基因组之间的细微差异，但是这种方法对于数据规模与计算能力的要求非常苛刻。而寻找导致家族性疾病的多个基因变异就像是大海捞针。到底哪些基因突变的组合会增加患病风险，哪些部分又是毫无意义的旁观者呢？按照遗传学原理，父母与子女自然而然地共享着部分基因组，但是哪些共享部分与遗传病相关呢？首先"发现异常"需要具有强大的计算能力，其次"辨别相似"又需要对于概念进行细分。

尽管在鉴定这些基因的道路上困难重重，遗传家还是借助各种遗传技术展开了系统性搜索，例如通过连锁分析来定位罪犯基因在染色体上的物理位置，依托大规模关联研究来鉴定与疾病有关的基因，以及运用新一代测序技术来鉴定基因与突变。根据基因组分析的结果，我们发现了至少 108 个与精神分裂症有关的基因（更确切地说是某些基因区段），但是我们对于这些致病基因的真实身份知之甚少。[1] 14 值得注意的是，单基因并不是增加患病风险的唯一动力，而这也是精神分裂症与乳腺癌发病机制上的重要区别。毫无疑问，遗传性乳腺癌的发生与多个基因密切相关，但是类似于 *BRCA1* 这样具有强大功能的单基因却足以造成患病风险（即使我们无法预测携带 *BRCA1* 基因

---

[1]　然而与精神分裂症关系最为紧密且功能最为奇特的一个基因却与免疫系统有关。15 这个叫作 *C4* 的基因由 *C4A* 与 *C4B* 这两种高度同源的片段组成，并且它们在基因组上的位置也是形影不离。*C4A* 与 *C4B* 编码的蛋白质可以识别、清除以及破坏病毒、细菌与细胞碎片，但是上述两个基因与精神分裂症之间的奥秘依然无人知晓。

2016 年 1 月，一项创新性的研究部分揭示了这个问题的答案。在大脑中，神经细胞通讯需要经过"突触"这种特殊的连接来完成。这些突触形成于大脑发育期间，它们之间的连接是确保认知正常的关键，而这就像主板上排列整齐的线路是保证计算机运行的前提一样。

这些突触在大脑发育期间会经过修剪与重构，而此类步骤与制作电路板过程中用到的剪切与焊接类似。令人惊讶的是，本来 *C4* 蛋白的功能是识别与清除坏死细胞、细胞碎片以及病原体，但是它却"改变用途"开始清除突触，于是人们就将这种过程称为突触修剪。在人类中，突触修剪会贯穿整个童年并持续到二三十岁。准确地讲，许多精神分裂症的症状在这段时间内会开始逐步显现。在精神分裂症患者中，*C4* 基因突变会增加 *C4A* 与 *C4B* 蛋白的数量与活性，并且导致突触在发育期间遭到"过度修剪"。而这些分子的抑制剂或许能够恢复易感儿童或青少年大脑中的突触数量。

无论是 20 世纪 70 年代的双胞胎研究、80 年代的关联分析，还是 90 年代至 21 世纪早期兴起的神经生物学与细胞生物学，学科发展在过去 40 年以来始终在关注这个领域。对于像我这样的家庭而言，虽然 *C4* 基因与精神分裂症之间的内在联系为该病的诊断与治疗开创了新格局，但是何时才能开展这些诊断测试或治疗又成为我们亟待解决的难题。

突变女性的确切患病时间，可是她在一生中患乳腺癌的风险将达到70%~80%）。与之相反，精神分裂症通常缺少这种具有强大作用的驱动力或预测因子。"基因组中到处散布着许多不起眼的共同遗传效应……"某位研究人员说，"其中又涉及大量不同的生物学过程。"[16]

虽然家族性精神分裂症（就像智力与气质等正常的人类特征一样）具有高度遗传性，但是该病在发病过程中只得到了适度遗传。换句话说，基因这种遗传决定因子对于疾病的未来发展至关重要。如果你携带有某种特殊的基因组合，那么患病的概率就会明显增加，因此同卵双胞胎之间才会表现出惊人的一致性。另一方面，疾病代际传递的机制错综复杂。因为每代人的基因都要经过混合与匹配，所以从父亲或母亲那里精准地遗传突变排列的概率将会大为降低。或许是基因变异较少的缘故，致病基因在某些家族中具有更加强大的效应，从而解释了疾病跨代复发的现象。在另外一些基因效应较弱的家族里，它们需要得到专门的修饰基因与触发器的协助才能发挥作用，而这也反映了罕见遗传病的发病机制。此外，在某些发生散发性精神分裂症的家族成员中，他们的精子或卵子在受孕之前就出现了某个高外显率的基因突变。[1]

※※※

那么能对精神分裂症进行基因检测吗？首先，我们需要创建涉及该病的全部基因目录，而这项人类基因组研究的规模将十分庞大，但是即便掌握了此类目录还是不足以实现上述目标。遗传学研究结果明确指出，某些突变只有在与其他突变协同作用下才会引发疾病。因此我们需要提前鉴定出能够预测实际患病风险的基因组合。

其次，我们要面对外显率不全与表现度变异的问题。而理解"外

---

[1] 从遗传学角度来看，"家族性"与"散发性"疾病间的差异开始变得模糊不清。某些在家族性疾病中发生的基因突变也可以在散发性疾病中见到，而这些基因很可能是关键的致病因素。

显率"与"表现度"在这些基因测序研究中的概念十分重要。当你对精神分裂症(或其他遗传病)患儿进行基因组测序,然后将其与正常同胞或父母的基因组进行比较时,你实际上是在询问:"如何从遗传学差异的角度来区分患病儿童与'正常'儿童呢?"但是即便如此你还是无法回答以下问题:"如果某位儿童携带有突变基因,那么他(她)罹患精神分裂症或躁郁症的概率有多大呢?"

这两个问题的不同之处非常关键。人类遗传学已经逐渐习惯于通过创建"反向目录"(或者说后视镜)来研究相关疾病:假如已知患儿存在某种综合征,那么到底是哪些基因发生了突变呢?然而为了预测外显率与表现度,我们还需要创建一份"正向目录":假如某位儿童携带有某种突变基因,那么他(她)出现综合征的概率有多大?每个基因都可以准确地预测患病风险吗?相同的基因突变或基因组合会在不同个体中产生高度变异的表型吗?是否可能同时出现精神分裂症、躁郁症以及轻度躁狂症患者并存的情况呢?某些突变基因组合是否需要其他突变或触发器的配合才可以导致发病呢?

※※※

然而我们在明确诊断前还要破解最后的迷局。为了阐述其中的道理,我先来讲个故事。1946 年的某个夜晚,也就是拉杰什去世前的几个月,他从学校带回了一道神秘的数学难题。三位年轻的兄弟对此非常痴迷,他们互不相让就像置身于某场数学竞赛。其实这种兄弟之间的较劲不仅源自青春期无谓的自尊,也反映了流落异乡时内心极度的恐惧。我甚至能够想象出这哥仨(当时他们分别只有 21 岁、16 岁以及 13 岁)蜷缩在那间陋室角落里的样子,他们的脑海中充斥着各种奇思妙想,并且都希望自己的绝招能够一鸣惊人。父亲(严谨、呆断、执着、理性与保守)、贾古(另类、含蓄、犹豫与任性)以及拉杰什(细致、出色、自律与骄傲)的性格特点截然不同。

　　但是兄弟三人直到夜幕降临也没有找到解决办法。大约在晚上 11 点左右，其他兄弟都已经陆续进入梦乡，可是拉杰什却辗转反侧夜不能寐。他不停地在房间里踱来踱去，随手写下各种可能的方案。破晓时分，他终于破解了这道数学难题。第二天早上，他将写满了答案的四页纸放在了一位兄长的脚旁。

　　尽管这个故事充满了穆克吉家族的神话与传说，但是接下来发生了什么我并不清楚。多年以后，父亲才告诉了我随后发生的恐慌。拉杰什经历的第一个不眠之夜成为后续灾难的开始，通宵熬夜使他深陷爆发性躁狂症的折磨。也许他之前已经出现了躁郁症，因此马拉松式的解题只是某种表现。无论源于哪种情况，拉杰什都会连续几天消失得无影无踪，并且每次都是大哥拉坦把他强行拽回家。我的祖母试图将这种疾病消灭在萌芽状态，因此禁止孩子们在家里玩字谜游戏（她一生都坚定地对游戏持怀疑态度，而我们从小就生活在这种枯燥的家庭环境里）。对于拉杰什来说，上述症状只是未来风云突变的前兆，真正的噩梦才刚刚开始。

　　我的父亲曾用身份（abhed）来描述遗传"不可分割"的特征。人们在流行文化中经常将"疯狂天才"比喻为介于癫狂与才华之间的心智分裂，其状态仿佛随着某个单键开关的变化而来回转换。但是拉杰什身上却没有这种开关，也不存在分裂与摇摆。其实魔法与躁狂的边界浑然天成（自由来往于彼此的国度），它们就存在于这种不可分割的整体之内。

　　"做我们这行的都是疯子。"[17]拜伦勋爵（疯狂天才中的极品）曾这样写道，"某些人受到快乐情绪的影响，另一些人则受到忧郁情绪的左右，但是所有人或多或少都有些精神异常。"此类故事总是在以各种不同的版本演绎，尽管他们的病因可能是躁郁症、某些精神分裂症亚型或者是罕见的自闭症，但是故事的主角"或多或少都有些精神异常"。由于人们很容易为精神病披上浪漫的外衣，因此我要告诫大家不要被上述假象蒙蔽，精神病患者将逐渐丧失正常的认知功能，并且会出现严重的社会与心理障碍，从而令他们在生活中饱受痛苦的折磨。但不能否认的是，某些患者的确具有与众不同的能力。人们早已注意到躁郁症患者在思维奔逸时可以迸发出非凡的创造力，在某些时候，这种强烈的创造冲动只会在躁狂症发作期间才会出现。

《疯狂天才》（*Touched with Fire*）是一部探究精神障碍与艺术创造内在联系的权威著作。[18]此书的作者凯·雷德菲尔德·贾米森（Kay Redfield Jamison）是一位心理学家，她在编纂内容的时候整理出许多"或多或少有些精神异常"的案例，而该书读起来更像是一本文化与艺术领域的"名人录"：其中就包括拜伦、凡·高（van Gogh）、弗吉尼亚·伍尔夫（Virginia Woolf）、西尔维娅·普拉斯（Sylvia Plath）、安妮·塞克斯顿（Anne Sexton）、罗伯特·洛厄尔（Robert Lowell）、杰克·凯鲁亚克（Jack Kerouac）等等。如果这份名录继续扩展的话，那么它还将包括科学家（艾萨克·牛顿与约翰·纳什）、音乐家（莫扎特与贝多芬）以及在银幕上塑造出疯狂角色的著名演员罗宾·威廉姆斯（最终因抑郁症自杀）。心理学家汉斯·阿斯珀杰（Hans Asperger）率先描述了自闭症儿童的特征，他善意地将这些孩子称为"小教授"。[19]尽管这些沉默寡言、不懂社交甚至有语言障碍的儿童很难在"正常"世界中实现自我价值，但是他们却可能优雅地弹奏出萨蒂（Satie）的《月光曲》（*Gymnopédies*），或是在 7 秒之内就计算出 18 的阶乘。

解决此类问题的关键在于：如果你无法区分精神病与创作冲动的表型，那么你也无法区分精神病与创作冲动的基因型。其实那些能够"导致"躁郁症的基因也会"产生"创造力。在面对这种窘境的时候，我们不禁想起了维克多·马克库斯克的提法，疾病不一定会造成患者完全丧失行为能力，它只是基因型与环境之间相对失衡导致的结果。虽然高功能自闭症患儿或许与当前的世界格格不入，但是他们可能会在其他环境里展现出异乎寻常的力量，例如，复杂的数学计算能力或者区分细微颜色层次的能力，而这些都是人类生存或成功的必备条件。

那么我们能通过基因诊断来发现精神分裂症吗？未来我们能根据胎儿基因检测的结果来决定终止妊娠，并且从人类基因库中根除精神分裂症吗？但是直到现在，我们依然无法预知何时才能摆脱这种痛苦。

首先，即使大多数精神分裂症亚型都与单基因突变有关，但是其中依然涉及数以百计已知与未知的基因。然而我们并不知道哪些基因组合更具致病性。

其次，即使我们能够创建出所有相关基因的综合目录，但是浩瀚宇宙中的各种未知因素仍有可能改变患病风险的本质。我们并不知道某个基因的外显率是多少，也不清楚是何种因素在修饰特定基因型时发挥了作用。

最后，从某些精神分裂症或躁郁症亚型中鉴别出的基因实际上会增加某种能力。如果某种方法能把精神病中的高致病与高功能亚型筛选或区分开来，那么这一定是我们翘首以盼的检测手段。但是这种方法必然会有自身的局限性：大部分致病基因在情境改变后反而会成为激发创造力的正能量。就像爱德华·蒙克（Edvard Munch）所说的那样："（我的烦恼）源自身心与艺术的结合。它们与我生死相依，而（治疗）会毁灭我的艺术灵感。因此我想要保留这些苦难。"[20] 我们在此要清醒地看到，正是这些"苦难"才引领了 20 世纪绘画艺术的发展。蒙克是现代表现主义绘画的先驱，由于他自己就生活在精神病的痛苦中，因此才能创作出反映内心世界的真实作品。

对于精神分裂症与躁郁症来说，基因诊断在此类疾病中的应用前景面临着质疑、风险与抉择的问题。尽管我们想要根除精神病，但是还要想方设法"保留创造力"，因此也就不难理解为什么苏珊·桑塔格会将疾病比喻为"生命的暗夜"了。[21] 虽然这种修辞非常恰当，但是它并不适用于所有疾病，其难点就在于如何界定暮光的结束或黎明的开始。而疾病的定义可能随着情境改变成为能力的体现。当我们脚下的大地被黑夜笼罩时，地球的另一边却正沐浴在明媚的阳光里。

※※※

2013 年春季，我飞到圣地亚哥参加了一场颇具争议的学术活动。本次在斯克里普斯研究所（Scripps Institute）召开的会议名为"基因组医学的未来"，而距离会场不远的地方就是苍茫无际的太平洋。[22]这座棱角分明建筑由钢筋混凝土组成，周围铺着原色木地板，整个风格仿佛就是反映现代主义的纪念碑。阳光投射到海面上发出耀眼的光芒，晨练的人们正在沿着海滩小路慢跑。群体遗传学家戴维·戈尔茨坦（David Goldstein）在会议上做了关于"未确诊儿童疾病测序"的演讲，他希望能够将大规模平行基因测序推广至未确诊儿童疾病领域。由物理学家转行而来的生物学家史蒂芬·奎克（Stephen Quake）就"胎儿基因组学"进行了探讨，而人们有望在日后通过检测母体血液中的胎儿 DNA 碎片来了解突变情况。

第二天上午，我在会场见到了埃里卡（暂且叫这个名字），当时她的母亲正用轮椅把这位 15 岁的女孩推到台上。身着蕾丝白裙的埃里卡肩膀上披着一条围巾。她将为大家亲身讲述一个关于基因、身份、命运、选择与诊断的故事。埃里卡患有一种症状严重且进展缓慢的退行性遗传病。埃里卡在 1 岁半的时候开始出现症状，起初只是表现为肌肉的微小抽搐。到了 4 岁的时候，这种震颤已经非常明显，她几乎无法让肌肉保持静止。埃里卡每晚都会在大汗淋漓中惊醒二三十次，而这种震颤在发作时简直无法克制。由于睡眠似乎会让症状加重，因此父母每天都轮流陪着她熬夜，同时试着去安慰她睡上几分钟。

医生怀疑这是一种罕见的遗传综合征，但是所有已知的基因检测方法都无法确诊病因。2011 年 6 月，当埃里卡的父亲收听美国国家公共广播电台的时候，一对来自加利福尼亚州双胞胎的故事吸引了他的注意力。兄弟俩分别叫作亚历克西斯·比里（Alexis Beery）与诺厄·比里（Noah Beery），他们也是常年遭受肌肉运动障碍的困扰。[23]这对双胞胎接受了基因测序，并且最终被诊断为一种罕见的新型综合征。根据基因诊断结果，医生为他们补充了一种名为 5-羟色胺（5-HT）的化学物质，从此明显改善了肌肉运动障碍。[24]

现在埃里卡也在期待着类似的结果。2012 年，她作为首例受试者加入了某项通过基因测序来进行诊断的临床试验。2012 年夏季，埃里卡拿到了正式测序报告：结果显示她的基因组中存在两个而不是一个突变。其中一个突变所在的 *ADCY5* 基因可以改变神经细胞间传递信号的能力，另一个突变所在的 *DOCK3* 基因则能够控制协调肌肉运动的神经信号。二者在协同作用下使埃里卡出现肌肉萎缩与震颤的症状。这种情况相当于遗传学上的月食现象，两种罕见的综合征相互叠加后导致了极其罕见的疾病。

埃里卡的讲述结束后，就在听众们纷纷来到礼堂外大厅休息的时候，我赶紧上前一步来到她们母女面前。埃里卡的样子非常迷人，她谦逊、体贴，冷静又有幽默感。她似乎具有修复残缺的智慧，同时还能从这种过程中变得更加强大。她在写完一本书后又开始了第二本的创作。埃里卡平时坚持撰写博客，并且为研究工作筹集了数百万美元的资助。此外，她是我目前遇到过的口才最为出众而又内敛的年轻人之一。我向她询问了病情，埃里卡则非常坦率地说起这种疾病给她的家庭所带来的苦难。"她最害怕的就是我们找不到任何解决办法。对于疾病一无所知是最可怕的事情。"她的父亲曾经这样说道。

但是"知道"就能改变一切吗？尽管埃里卡的恐惧有所减轻，但是医学界对她体内的突变基因或者它们对肌肉产生的效应还是束手无策。2012 年，埃里卡尝试使用了能够缓解肌肉颤搐的药物乙酰唑胺，该药的确让症状得到了暂时的缓解。埃里卡从出生以后几乎在夜里就没有睡过整觉，她破天荒地踏踏实实睡了 18 个晚上，这种经历对她来说简直是弥足珍贵，可是没过多久原来的症状又复发了。埃里卡再次出现震颤，同时肌肉也在不断萎缩，最后她只能蜷缩在自己的轮椅里。

如果我们能设计出针对该病的产前诊断方法呢？史蒂芬·奎克刚

刚结束了他关于胎儿基因组测序的报告。对于胎儿基因组中携带的所有潜在突变来说，很快就可以通过测序方法将它们按照严重性与外显率进行排序。我们并不了解埃里卡发病的全部细节，或许就像某些具有遗传倾向的癌症一样，她的基因组中可能隐藏着其他具有"协同"作用的突变。但是目前大多数遗传学家都认为她只有两个基因发生突变，由于它们均具有高外显率，因此症状非常严重。

那么我们是否应该考虑允许父母对孩子的基因组进行全面测序，并且建议他们在发现这些具有灾难性的基因突变之后终止妊娠呢？虽然我们希望能够把埃里卡携带的突变从人类基因库中清除出去，但是这也就意味着埃里卡将不复存在。我无法减轻埃里卡与家人遭受的巨大苦难，而这种不安让我的内心深处感到怅然若失。如果说漠视埃里卡的痛苦反映了缺乏同情，那么拒绝伸出援手就折射出人性冷漠。

当时许多人开始聚集在埃里卡母女身边，我则缓步走向了不远处的海滩，那里为与会者准备了三明治与饮料。埃里卡的故事在发人深省的同时也让与会者感到希望渺茫：我们也许可以通过基因组测序找到缓解特定变异效应的治疗手段，但是实现这种美好愿望的可行性却微乎其微。目前产前诊断与终止妊娠仍是针对这些罕见病最有效的方法，然而这些技术的应用也面临着最严峻的伦理窘境。会议的组织者埃里克·托普对我说："随着科学技术不断发展，我们也会接触更多的未知领域。毫无疑问，我们将被迫面对极其艰难的选择。在新时代的基因组学里，不太可能有免费的午餐。"

事实上，会议午餐刚刚结束，各位遗传学家又在铃声的提醒下回到礼堂中对未来的未来进行反思。埃里卡的母亲用轮椅推着她走出了会议中心。我向她招招手，可是她并未注意。当我走进礼堂的时候，埃里卡正坐着轮椅穿过停车场，她的围巾在身后随风飘扬，仿佛是某种无声的谢幕。

※※※

　　我选取简·斯特林（乳腺癌）、拉杰什（躁郁症）以及埃里卡（神经肌肉病变）这三个病例进行描述的原因在于，他们所患的遗传病不仅具有广泛的代表性，而且还诠释了基因诊断领域某些颇具争议的热点问题。斯特林体内的单个罪犯基因 *BRCA1* 突变是导致乳腺癌这种常见病的元凶。尽管大约 70%~80%（这种可识别的突变外显率很高）的携带者最终会罹患乳腺癌，但是并非所有携带该突变基因（外显率并非100%）的女性都会发展为乳腺癌，而我们现在根本不了解，或者说以后也无从知晓此类疾病在未来的发展与风险。对于乳房切除术与激素治疗等预防性措施来说，它们不仅会给患者带来身心上的痛苦，并且在应用之后也可能产生各种风险。

　　相比之下，精神分裂症与躁郁症是外显率较低的多基因病。针对此类疾病尚无预防性治疗措施，同时也没有可以治愈它们的方法。这两种反复发作的慢性病将会让患者精神崩溃、家庭破碎。尽管在极罕见的情况下，这些致病基因也可以产生某种与疾病密切相关的神秘创造力。

　　埃里卡罹患的罕见遗传病（表现为神经肌肉运动障碍）源自她基因组中出现的那一两个突变，而这种疾病具有外显率高、危害性大以及无法治愈的特点。现有的药物治疗根本行不通，更何况也不可能找到这种理想中的灵丹妙药。如果把胎儿基因组测序与终止妊娠（或者在对这些突变进行筛选后进行胚胎移植）的手段相互结合，那么这类遗传病或许能够得到有效鉴别并被清除出人类基因库。在少数情况下，基因检测可以鉴别出疾病对于药物治疗或者未来基因治疗的反应（2015年秋季，哥伦比亚大学遗传学门诊接待了一位只有 15 个月大的幼儿。她虚弱的身体经常出现震颤，同时还表现有视力持续下降与流口水的症状，之前曾经被误诊为"自身免疫疾病"。基因测序发现她体内某个与维生素代谢有关的基因发生了突变。在补充了严重缺乏的维生素B2后，小姑娘的神经系统功能大部分得到了恢复）。

斯特林、拉杰什与埃里卡都属于"预生存者"。由于他们无法改变预生存者身份（决定了转归[1]与选择），因此其未来的命运已经铭刻在自身基因组中。我们能够利用此类信息做些什么呢？科幻电影《千钧一发》（*GATTACA*）中年轻的主人公杰尔姆（Jerome）说道："我的真实简历就在细胞里。"但是我们到底能够读懂多少个体基因简历的内容呢？我们能否通过某种实用的方法来破解这些编码在基因组中的命运呢？然而在何种情况下我们才能或者说应该去干预呢？

※※※

现在我们先来讨论第一个问题：如果从实用或者前瞻的角度出发，那么我们能够解读多少人类基因组的内容呢？时至今日，通过人类基因组来预测命运的能力仍旧受到两项重要限制的束缚。

首先，就像理查德·道金斯描述的那样，大多数基因更像是"配方"而不是"蓝图"。虽然它们不能指定具体成分，但是却可以把控全局，其作用更像是某种类型的公式。如果你修改了原有的蓝图，那么最后的产品也必定会发生变化：例如，机器设备中不会出现设计方案中没有的零件。但是调整配方或公式却未必能让产品按照我们的意愿改变：如果你在做蛋糕的时候将黄油的用量翻了两番，那么其效果将与原来的蛋糕大相径庭（试试看，整块蛋糕都将塌陷为一堆油腻的糊糊）。依此类推，你不能根据孤立基因突变的检验结果来诠释它们对于形态与命运的影响。*MECP2* 基因的正常功能是为 DNA 添加化学修饰，而该基因发生突变后会导致某种症状隐匿的自闭症（除非你能理解基因是如何控制大脑神经的发育过程的）。[25]

---

[1]　转归指病情的转移和发展，如恶化或好转，扩散或减轻。——编者注

其次，某些基因的本质无法预测，而这种限制带来的意义可能更加深远。大多数基因将通过与触发器（环境、概率、行为，甚至还包括父母环境危险因素暴露与产前暴露）之间的交互作用来决定生物体的形态、功能以及对未来的影响。但是我们发现大部分此类交互作用都无章可循：由于它们可能只是某种偶然的结果，因此无法准确进行预测或者建模。这些交互作用给遗传决定论造成了很大的限制：仅凭遗传学根本无法预示此类基因-环境交互作用的最终效应。[26]实际上，通过某位患病双胞胎来预测另一位发病风险的研究基本上都未获成功。

虽然面临以上诸多不确定性，但是我们很快就会从人类基因组中发现某些预测因子。随着人们在基因与基因组研究中不断锐意进取，我们将凭借强大的计算能力来更为详尽地"读取"基因组，而这种设想从概率意义上来讲完全有可能实现。目前，只有高外显率的单基因病（例如泰伊-萨克斯二氏病、囊性纤维化或镰刀形红细胞贫血症）或是整条染色体都发生改变的疾病（例如唐氏综合征）才适合在临床上开展基因诊断。但是我们没有理由将基因诊断仅局限于那些由突变导致的单基因病或染色体病。[1]就这点而言，"诊断"本来就不应受限于疾病的种类。功能强大的计算机可以轻易破解"配方"的组成：如果你输入一条修改指令，那么就可以计算出它对产品的影响。

预计到 2020 年末，基因突变的排列组合将被用于预测人类表型、疾病与命运的变化。尽管某些疾病可能永远也不适合进行基因检测，但是也许在某些重症精神分裂症或心脏病、高外显率的家族性癌症中，只需要通过少数基因突变的排列组合就可以进行预测。一旦将这种对"过程"的理解写入预测性算法，那么我们就能够计算出不同基因突变间交互作用对于宿主生理与心理特征的影响，而其重要意义要远远超出检测疾病本身的价值。我们通过计算算法就可以决定心脏病、哮喘

---

[1] 与某种疾病患病风险有关的突变或变异可能并不存在于基因的蛋白质编码区域。此类变异可能位于基因的调控区域，或者是在并不编码蛋白质的基因上。实际上，目前已知的许多遗传变异都位于基因组的调控区域或非编码区域，而它们可以影响某种特殊疾病的风险或表型。

或性取向发展的概率,并且还将针对每个基因组的命运指定相对危险度的水平。因此不能绝对依赖读取基因组的结果,而应当把这些排列组合作为某种可能性来看待。这就像用进步空间来反映学习成绩,或者说用发展趋势来替代既往经历。最终,我们会整理出一本适用于预生存者疾病防治的手册。

※※※

1990 年 4 月,《自然》杂志发表的某篇文章宣告了一项新技术的诞生,它可以在胚胎移植到母体之前对其进行基因诊断,而这就像是要在人类基因诊断的竞赛中提高赌注。[27]

这项技术的成功依赖于人类胚胎所具有的某项特质。当胚胎通过体外授精(IVF,in vitro fertilization)形成后,它在被移植到女性子宫之前通常会在培养箱内生长几天。在潮湿的培养箱内,单细胞胚胎被置于富含营养的液体培养基中,它将在分裂后形成闪闪发光的胚泡。到第三天结束时,胚胎会分裂成 8 个细胞,进而再分裂成 16 个。令人惊奇的是,如果你从胚胎中移除部分细胞,那么剩下的细胞会在分裂过程中填补缺失细胞的空白,而胚胎就像什么都没发生过一样继续正常生长。在人类成长发育的某个时刻,我们的确与蝾螈(salamander)或者蝾螈的尾巴一样具有再生能力,即便是被切掉四分之一,也仍然能够恢复原样。

由于人类胚胎在这个早期阶段就能够进行活组织检查,因此我们可以通过提取某些细胞来进行基因检测。只要相关检测结果正常,那么就可以把这些精挑细选且携带正常基因的胚胎移植到母体。该技术在经过某些改进后,也可以对受精前的卵母细胞(减数分裂后形成卵细胞)进行基因检测。而这项技术被正式命名为胚胎植入前遗传学诊断(PGD,Preimplantation Genetic Diagnosis)。从道德角度来考量,PGD要实现的目标似乎高不可攀。如果在选择性移植"矫正"胚胎的同时将其他胚胎冷冻保存，那么就无须使用流产来解决胎儿选择的问题。PGD 既发挥了积极优生学的长处，又回避了消极优生学的短板，这样就可以避免胎儿死亡。

1989 年冬季，两对英国夫妇首次采用 PGD 进行胚胎选择。其中一对夫妻具有重症 X-连锁智力障碍（X-linked mental retardation）家族史，另一对夫妻则具有 X-连锁免疫综合征（X-linked immunological syndrome）家族史。由于上述两种无法治愈的遗传病只会在男孩中发生，因此研究人员选择将女性胚胎移植到母体子宫内。最终，这两对夫妻都如愿以偿产下了健康的双胞胎姐妹。

PGD 的应用引起了一场严重的伦理风暴，以至于几个国家都立即对这项技术加以限制。或许我们可以理解，最早对于 PGD 技术实施严格限制的国家中就包括了德国与奥地利，而它们都曾经在历史上遭受过种族主义、大屠杀以及优生学的摧残。尽管印度某些地区盛行的性别歧视文化世所罕见，但是据报道，早在 1995 年就已经有人尝试采用 PGD 来"诊断"胎儿性别。由于印度政府禁止对胎儿进行性别选择，因此用于该领域的 PGD 技术也很快被叫停。然而政府的禁令似乎很难回避这个问题：来自印度和其他国家的读者可能会在潜意识里察觉到，人类历史上最大规模的"消极优生学"计划并不是 20 世纪 30 年代纳粹德国对于犹太人犯下的种族灭绝暴行，其实印度才是获得此项恐怖殊荣的冠军，每年都有成千上万的女童死于杀婴、流产与疏于看护。以印度的情况为例，绝对"自由"的公民将自行制订"优生学计划"，虽然其内容荒谬绝伦且歧视女性，但是他们无须任何国家授权即可大行其道。

目前，PGD 可用于筛查携带单基因病的胚胎，例如囊性纤维化、亨廷顿病以及泰伊-萨克斯二氏病等等。但是从理论上讲，基因诊断并非只局限于单基因病检测。我们不应该依靠《千钧一发》这样的科幻电影来提醒自己故步自封有多么幼稚。人们完全没有必要通过模型或隐喻来理解世界，以为孩子的未来会被解析为概率，或者胎儿在出生前就得到诊断，甚至在受孕之前就成为"预生存者"。诊断这个词在希腊语中的意思是"辨别"，但是"辨别"也可以超越医学与科学产生道德与哲学结果。纵观历史，诊断技术使我们能够鉴定、治疗并治愈疾病。当它们表现为仁慈的形式时，这些技术能够让我们通过诊断测试与预防措施来预先制止疾病发生并对其进行适当治疗（例如根据 BRCA1 基因结果对乳腺癌开展预先治疗）。但是它们也可以根据畸形的定义划分出强弱，或者通过某种可怕的化身来隐藏优生学的邪恶。人类优生学的历史曾经反复提醒我们，"辨别"在起始阶段主要强调"辨认"，而在结束时期主要突出"分别"。纳粹科学家痴迷于开展大规模人体测量项目（下颌大小、头部形状、鼻子长度以及身高）绝非偶然，这种曾经得到官方认可的尝试就是为了"辨别种族之间的差异"。

政治理论家德斯蒙德·金（Desmond King）曾经说过："无论如何，我们都将被纳入'基因管理'的范畴，并且将遵循优生学的行为准则。一切都将以个体健康为出发点，而与整个人口的适应度无关，管理者可以是你我，也可以是我们的医生，甚至是这个国家。虽然个性化选择这只看不见的手在影响着基因变化，但是整体结果没有任何区别——它只是某种'改善'后代基因的协调机制。"[28]

※※※

时至今日，我们还在使用三项约定俗成的原则来指导基因诊断与干预领域的发展。第一项，大部分诊断试验都被限制于对疾病有单独决定因素的基因突变，例如某些高外显率的突变导致发病的可能性接近百分之百（例如唐氏综合征、囊性纤维化与泰伊-萨克斯二氏病）。第二项，这些突变所引起的疾病通常会给"正常"生活带来极度痛苦或无法相容。第三项，只有在达成社会与医学共识后才能进行合理干预（决定终止唐氏综合征胎儿妊娠或是通过手术来干预携带 BRCA1 基因突变的女性），而且所有干预措施都必须建立在完全自由选择的基础上。

上述三项原则（它们就像组成三角形的三条边）可以被视为大部分文化不愿违背的道德底线。例如，如果我们准备对某个携带有致病基因的胚胎进行流产，而它在未来只有12%的概率会致癌，那么这种针对低外显率突变做出的干预就违背了原则。同样，如果在没有征得当事人同意的前提下，对于遗传病患者进行强制治疗也跨越了自由与非胁迫的界限。

但是我们清醒地注意到，这三项原则的范围从本质上很容易受到自我强化逻辑的影响。我们明确了"极度痛苦"的定义，我们划定了"正常"与"异常"之间的界限，我们采取医疗手段进行干预，最终还是我们在决定"合理干预"的本质。而某些具有特定基因组的人类正在落实界定、干预甚至是清除其他同类的标准。简而言之，"选择"似乎是基因为了让同类得到传播而制造的幻象。

※※※

尽管如此，上述三项限制原则（高外显率基因、极度痛苦与非胁迫下的合理干预）对于可接受的基因干预形式仍具有指导意义。但是实际上，这些界限随时随地都面临着崩塌的危险。例如，某些极具煽动性的研究甚至把单基因突变作为推动社会工程的选项。[29]20世纪90年代末期，人们发现了一种名为 *5HTTLPR* 的基因，它负责编码某种调节大脑内特定神经元之间信号传导的分子，其功能与心理应激反应有关。*5HTTLPR* 基因具有两种形式，或者说它包括长短两种等位基因。[30]大约40%的人携带有 *5HTTLPR* 基因的短突变体 *5HTTLPR/short*，并且它合成蛋白质的能力似乎非常差。研究发现，*5HTTLPR/short* 与焦虑、抑郁、创伤、酗酒以及高危行为有关。虽然其关联程度不是很强，但是涉及领域却十分广泛：*5HTTLPR/short* 与德国酗酒者自杀风险、美国大学生抑郁症以及退役士兵中创伤后应激障碍（PTSD）高发有关。

2010年，某个研究团队在佐治亚州贫穷的农村地区启动了一项名为"强壮非洲裔美国人家庭"（SAAF, Strong African American Families）的计划。[31] 在这片荒凉的土地上，各种暴力犯罪、酗酒吸毒以及精神病患者随处可见。废弃的板房与破碎的窗户成了这里的一景，违法犯罪现象更是到了肆意泛滥的程度，就连空荡荡的停车场上也遍布注射针头。其中一半的成年人没有接受过高中教育，还有将近一半的家庭由单亲妈妈独自支撑。

该研究招募的 600 个非洲裔美国人家庭中都包含有青春期早期的儿童。[32] 这些家庭根据随机原则被分成两组。为了预防出现酗酒、暴食、暴力、冲动与吸毒，干预组儿童与其父母接受了 7 周的强化教育、心理咨询、情感支持以及结构化社会干预的培训。而在对照组中，受试家庭成员只接受了最小干预。此外，干预组与对照组的儿童均进行了 *5HTTLPR* 基因测序。

这项随机试验的第一个结果实际上源自早期研究的数据：在对照组中，携带 *5HTTLPR/short*（即"高危"基因）的儿童出现高危行为（包括酗酒、吸毒与乱交）的风险是其他青少年的两倍，而这也验证了早期研究中对于该基因子群具有高风险的判断。与此同时，该试验得出的第二个结果看起来更加吸引人：这些儿童同样也最容易对社会干预产生应答。在干预组中，具有高危等位基因的儿童会被迅速"标准化"，也就是说，受影响最大的主体所表现出的应答也最强烈。在某项平行试验中，携带 *5HTTLPR/short* 的弃婴在基线水平上会比携带长突变体的孩子表现得更加躁动不安，但是他们在寄养条件较好的环境下也更容易获益。

在上述两组案例中，*5HTTLPR/short* 会编码某种反映心理易感性的"压力传感器"，同时这种极其灵敏的传感器也最容易对靶向干预易感性做出应答。虽然脆弱的心灵很容易被创伤诱导的环境摧毁，但是这种情况也最容易通过靶向干预来恢复。恢复力似乎本身就起到了某种遗传核心的作用：某些人生来就具有这种恢复力（但是对于干预的应答能力较差），另外一些人则先天非常敏感（但是更容易对他们所属环境的变化做出应答）。

目前"恢复力基因"的概念已经渗透到社会工程领域。2014 年，行为心理学家杰伊·贝尔斯基（Jay Belsky）曾在《纽约时报》上撰文指出："我们是否应该把那些易感性最强的儿童都鉴别出来，并且把稀缺的干预措施与项目资金都不遗余力地向他们倾斜？我相信大家一定会做出肯定的回答。"贝尔斯基写道："打个很常见的比方来说，有些孩子就像娇嫩的兰花，如果遇到精神压力与物质匮乏，那么他们就会迅速枯萎。但如果给予更多的关心与支持，那么他们又将恢复自信。其他孩子则更像是蒲公英，虽然他们对于逆境的负面效应有着很强的恢复力，但是与此同时却不能从正向经验中额外受益。"贝尔斯基提出，如果可以通过基因分析的方法鉴别出"娇嫩的兰花"与"蒲公英"，那么社会在利用稀缺资源进行靶向干预时的效率就能够得到极大提升。"有朝一日，也许我们可以对小学生进行基因分型，然后再根据他们的获益情况来匹配最佳师资。"[33]

难道要对全部小学生进行基因分型吗？遗传图谱可以决定寄养选择吗？到底是"蒲公英"还是"兰花"呢？显然，关于基因与偏好的对话已经超越了原始的界线，从高外显率基因、极度痛苦与合理干预发展到了由基因型驱动的社会工程。如果基因分型鉴定出某个孩子未来具有发生单相抑郁症或躁郁症的风险，那么我们该如何面对呢？能否通过基因分析来鉴别暴力、犯罪以及冲动的特征呢？"极度痛苦"由什么构成，而"合理"的干预手段又是哪些？

什么才算是正常呢？父母可以为他们的孩子选择"常态"吗？如果按照海森堡心理学中的某些原理，那么这种干预的行为会巩固异常身份的地位吗？

※※※

虽然本书以基因的历史作为切入点，但是真正令我感到担忧的却是未来。众所周知，如果父母双方中有一人为精神分裂症患者，那么孩子到 60 岁时会有 13%～30% 的概率患病；如果父母双方均为精神分裂症患者，那么孩子的患病风险将增加到 50%；如果某位叔叔患有精神分裂症，那么孩子的患病概率将是普通人的 3 倍到 5 倍；如果孩子的两位叔叔与一位堂兄弟（姐妹）均患病（例如贾古、拉杰什与莫尼），那么孩子患病的概率将跃升至普通人的 10 倍；如果我的父亲、姐妹或堂兄弟都患有精神分裂症（症状可能会在晚年才表现出来），那么我的患病概率还要再增加数倍。而我在面对遗传风险的时候只能等待与观察，任凭飞速旋转的命运陀螺不断评估与反馈。

　　家族性精神分裂症的遗传学研究具有极其重要的意义，我开始思索是否要对自己还有几位选定的家庭成员进行基因测序。其实我自己的实验室就可以对基因组进行提取、测序与解读（我平时就是利用这项技术对于癌症患者进行基因测序的）。但是现有的技术还不能对大部分基因的突变体或者突变体的组合（增加患病风险）进行鉴定。毫无疑问的是，在 2020 年到来之前，许多这样的基因变异体都将得到鉴定，而它们带来的患病风险也会被量化。对于像我这样的家庭来说，基因诊断的前景将不再是抽象的概念，它将转化为实际的临床与个人应用。而那三项限制原则（高外显率基因、极度痛苦与合理干预）也将融入我们每个人的未来。

　　如果 20 世纪的历史告诫了我们集权政府决定遗传"适应度"的危险所在（也就是说，决定哪些人符合限制条件，或者哪些人不符合限制条件），那么我们在当今时代所面临的问题就是这项选择权交由个人处置时又会发生什么。为了处理好这个问题，我们不仅需要通过个人努力来实现幸福与美满的人生，还要主动承担社会责任来减少民众的痛苦，从短期来看，就是降低患者的疾病负担与康复费用。然而在这背后还有第三种力量在悄然作祟：基因本身会罔顾我们的需求与冲动，它们将会在复制过程中创造出新的突变，尽管其作用方式与效应具有直接或间接以及强烈或温和的区别，但是最终都会影响到我们的需求与冲动。1975 年，文化史学家米歇尔·福科（Michel Foucault）曾经指出："当知识与权力建立起规则网络后，适合异常个体的新技术就会应运而生。"福柯当时考虑的是人类的"规则网络"，但这无疑也适用于基因网络。[34]

第三章

基因治疗：后人类时代

我怕什么？自己吗？旁边根本就没人。

——威廉·莎士比亚,《理查三世》,第五幕,第三场

当时的人们对于生物学发展没有抱任何期望,而这不禁让人联想起 20 世纪早期的物理学。我们仿佛在茫然中踏入了广阔的未知领域,然后在学科发展中收获了精彩与神秘……无论结果如何,20 世纪物理学与 21 世纪生物学之间的相似之处仍将延续下去。[1]

——《生物学大爆炸》(*Biology's Big Bang*),2007 年

1991 年夏季,就在人类基因组计划启动后不久,一位记者来到位于纽约的冷泉港实验室拜访了詹姆斯·沃森。[2] 那是个闷热的午后,沃森正坐在办公室的窗边眺望着不远处波光粼粼的海湾。这位记者希望听听沃森对人类基因组计划未来发展的判断。如果我们基因组中的全部基因均完成了测序,那么科学家就能够随心所欲地操纵人类遗传信息吗?

沃森在轻声笑着的同时抬了抬眉毛。"他抬手梳理了一下稀疏的白

发……目光中闪烁着调皮……'许多人都曾经表示，他们对于人类的遗传指令发生改变感到担忧。但是这些（遗传指令）只不过是进化的产物，它们可以让人类适应某些现在已经不存在的环境。我们都知道人类并不完美。那为什么不让我们更好地适应生存环境呢？'"

"这就是我们要做的事情。"他说道。沃森突然对着来访者大笑起来，而他那独特的高音仿佛就是科学风暴到来的序曲。"这就是我们要做的事情。我们正在努力使自身日趋完善。"

沃森的观点令我们想起了学生们在埃里切会议上所提出的第二个问题：如果我们掌握了定向改变人类基因组的方法呢？直到20世纪80年代末期，我们"使自身日趋完善"的遗传学手段还非常有限，目前重塑人类基因组的唯一方法就是在子宫内对胎儿进行鉴定，然后在发现那些有害的高外显率基因突变（例如泰伊-萨克斯二氏病或囊性纤维化）后终止妊娠。到了20世纪90年代，胚胎植入前遗传学诊断可以让患者选择移植没有致病突变的胚胎，并且用选择生命来替代终止生命的道德困境。在此过程中，人类遗传学家仍将严格遵守前面提到的那三项限制原则：高外显率基因、极度痛苦与非胁迫下的合理干预。

20世纪90年代末期，基因治疗的出现改变了该讨论的主题：现在人们可以对于基因进行定向改造。而这也标志着"积极优生学"东山再起。科学家终于摒弃了消灭有害基因携带者的想法，他们开始憧憬矫正人类基因缺陷的未来，目的就是为了让基因组"日趋完善"。

从概念上讲，基因治疗可以分为两种截然不同的类型。第一种类型是对非生殖细胞（血液、脑或肌细胞）的基因组进行修饰。虽然这些遗传修饰会影响细胞的功能，但是并不会改变人类下一代的基因组。如果将某种基因变化导入肌细胞或血细胞，那么这种变化并不会传递给人类胚胎。当宿主细胞死亡时，上述基因也将随之消失。阿善蒂·德席尔瓦、杰西·基辛格与辛西娅·卡特歇尔均是接受非生殖细胞基因治疗的病例：在这三个病例中，血细胞（并非精子与卵子这样的生殖细胞）在外源性基因导入后发生了改变。

　　相比之下，第二种类型的基因治疗则显得更为激进，它可以通过修饰基因组来影响生殖细胞。只要基因组变化被导入至精子或卵子这种人类生殖细胞后就可以自我复制。它将被永久地整合到人类基因组中并且代代相传下去，而插入的基因会成为人类基因组密不可分的一部分。

　　在 20 世纪 90 年代末期，人们简直不敢想象还能够利用生殖细胞开展基因治疗：当时尚缺乏将基因改变导入人类精子或卵子的可靠技术。而且即便是非生殖细胞治疗也曾经被叫停。就像《纽约时报》描述的那样，杰西·基辛格"死于生物技术"使该领域饱尝失败的痛苦，几乎导致全美范围内所有正在开展的基因治疗试验被叫停。[3] 许多生物技术公司开始倒闭，就连科研人员也相继转行。这项失败的试验让曾经辉煌的基因治疗全军覆没，最终给该研究领域留下一道永恒的伤痕。

　　但是现在基因治疗又小心翼翼地卷土重来。从 1990 年到 2000 年，这看似停滞不前的 10 年实则是人们检讨与反思的时间。首先，基辛格试验中的大量错误需要进行认真剖析。为什么通过某种本应无害的病毒将基因导入肝脏会引起如此致命的反应？当临床医生、科研人员与监管部门对试验进行轮番审查后，此项试验失败的原因也逐渐浮出水面。感染基辛格细胞的病毒载体在用于人体试验之前并未经过严格审查。但尤为重要的是，基辛格对这种病毒的免疫应答本应在预料之中。基辛格很可能在自然条件下接触过基因治疗试验中所使用的腺病毒毒株，因此他随后发生的快速免疫应答并非偶然，只是人体对抗之前遇到过的病原体所产生的正常反应，其来源或许只是一次普通的感冒。在选择常见人类病毒作为基因传递的载体时，这些基因治疗专家出现了严重的判断失误：他们在将基因导入基辛格体内的时候忘了考虑他既往复杂的病史以及可能存在的风险。"为什么这项前途无量的技术会半途而废呢？"保罗·基辛格曾经扪心自问。现在我们已经知道症结所在了：科学家仅仅是在憧憬美好的未来，而他们并未准备好面对灾难性的结局。推动人类医学前沿发展的医学专家居然忘记将普通感冒纳入考虑范围。

※※※

在基辛格去世后的 20 年里,早期基因治疗试验中使用的方法已经基本上被第二代与第三代技术取代。目前新型病毒已经成为将基因导入人体细胞的载体,同时监控基因传递过程的技术也完成了开发。科学家对其中许多病毒进行了有目的的筛选,因此我们在实验室中的操作步骤更加简便,并且不会引发人体的免疫反应,从而避免基辛格的悲剧再度发生。

2014 年,《新英格兰医学杂志》(*New England Journal of Medicine*)发表了一项具有里程碑意义的研究成果,目前基因疗法已经成功用于治疗血友病。[4] 血友病这种可怕的出血性疾病源自凝血因子发生突变,而有关血友病的故事也贯穿了基因的历史,其地位就相当于前述章节提到的DNA。这种顽疾从 1904 年沙皇长子阿列克谢出生时就伴随左右,同时他的健康也成为 20 世纪早期俄国政治的核心问题。血友病是医学界在人类中发现的第一种 X 连锁遗传病,同时该病也证实了基因在染色体上的物理存在。1984 年,基因泰克公司合成出重组Ⅷ因子,并且使该病成为首批得到治疗的遗传病之一。

20 世纪 80 年代中期,人们第一次提出了通过基因疗法治疗血友病的想法。由于血友病与凝血蛋白功能障碍有关,因此人们很容易想到采用病毒将基因导入细胞,然后促使人体产生缺失的蛋白质并恢复凝血功能。21 世纪早期,在经历了将近 20 年的停滞不前后,基因治疗专家决定再次尝试使用基因疗法来治疗血友病。根据血液中缺失的凝血因子不同,血友病主要由 A、B 两种亚型组成,而人们最终选择了B 型血友病(编码凝血因子 IX 的基因发生突变后导致蛋白质功能异常)来进行基因治疗测试。

这项测试的方案非常简单：10 位重症 B 型血友病患者接受了携带 IX 因子基因的单剂量病毒注射。在随后的几个月里，研究人员一直在监测血液中的病毒编码蛋白水平变化。值得注意的是，此项试验不仅要对安全性进行测试，同时还要对疗效进行评估：医生会监测这 10 位接受病毒注射患者的出血发作情况与额外 IX 因子注射量。尽管这些通过病毒传播的基因只能将患者的 IX 因子浓度提高到正常水平的 5%，但是该方法对于控制出血发作的疗效却非常惊人。上述患者发生严重出血的次数骤减了 90%，同时他们接受 IX 因子注射的剂量也明显减少，而且疗效持续的时间超过了 3 年。

虽然 IX 因子浓度只能恢复到正常水平的 5%，但是这种显著的疗效足以令基因治疗专家热血沸腾。它提醒我们不要忘记人体生物学中简并的力量：如果区区 5% 的凝血因子就可以恢复凝血功能，那么还有 95% 的蛋白应该并非人体所急需，它们的作用更像是某种后备的缓冲区或者蓄水池，以防发生真正意义上的灾难性出血。如果相同的原理也适用于囊性纤维化等其他单基因遗传病，那么基因治疗可能要比原来想象中的更容易驾驭。即便是少数治疗基因导入效率较低的细胞亚群，只要它们能够发挥一点点作用就可以治疗原本致命的疾病。

※※※

但是如何才能通过改变生殖细胞来永久性地修正人类基因组，并且借助"生殖细胞基因治疗"实现人类遗传学的终极梦想呢？如果创造出"后人类"或"转基因人类"（例如基因组被永久修饰的人类胚胎）又会怎么样呢？到了 20 世纪 90 年代早期，永久性人类基因组工程所面临的挑战只剩下最后三项。虽然每项挑战都曾经被认为无法逾越，但是现在我们即将迎来胜利的曙光。然而目前对于人类基因组工程来说，最严峻的事实并非遥不可及，它们已经成为迫在眉睫的危机。

第一项挑战就是要建立可靠的人类胚胎干细胞系。胚胎干细胞是从早期胚胎的囊胚内细胞团中提取出的干细胞。它处于一种过渡状态：在实验室条件下，胚胎干细胞可以像普通细胞一样生长与操作，但是它们也能分化为活体胚胎中各种组织的功能细胞。因此改变胚胎干细胞基因组就可以轻而易举地实现永久性改变生物体基因组的目标：如果胚胎干细胞基因组能够被定向改变，那么这种基因改变就有可能被导入至胚胎中，随后又将进入由胚胎形成的各种器官并遍布整个生物体。因此对胚胎干细胞进行遗传修饰是实现生殖细胞基因组工程的必经之路。

詹姆斯·汤姆森（James Thomson）是一位来自威斯康星大学的胚胎学家。20 世纪 90 年代末期，他开始从人类胚胎中尝试提取干细胞。尽管人们在 20 世纪 70 年代末期就已经发现了小鼠胚胎干细胞，但是提取人类胚胎干细胞的多次尝试均宣告失败。汤姆森将这些实验失败的原因归纳为两类：劣质选材与劣质条件。建立人类胚胎干细胞系使用的原材料通常质量不高，而且这些细胞的生长环境也并不理想。20世纪 80 年代，当汤姆森还在读研的时候就对小鼠胚胎干细胞产生了浓厚的兴趣。就像温室里的园丁能够驯化外来植物在非自然环境下生长繁衍一样，汤姆森也逐渐学会了许多培养胚胎干细胞的技巧。这些细胞不仅变化多端，同时对于环境的要求非常苛刻。他十分了解这些细胞的脾气秉性，稍有不慎就可能导致它们死亡。汤姆森对于胚胎干细胞的"照料"可谓是无微不至，它们排列紧密且呈集落状生长，每当他在显微镜下观察这些半透明的细胞时，都会被它们折射出的光线吸引过去。

1991 年，当汤姆森来到威斯康星州国家灵长类动物研究中心后，他开始从猴子体内提取胚胎干细胞。汤姆森从怀孕的猕猴身上取出了一个六天大的胚胎，然后将其置入培养皿中继续生长。六天过后，他就像给水果剥皮一样去掉了胚胎的外层细胞，并从内细胞团中提取出单个细胞。与小鼠胚胎干细胞一样，他通过滋养细胞为这些胚胎干细胞提供了关键的生长因子。而如果没有滋养细胞的存在，那么胚胎干细胞将无法生存。1996 年，汤姆森确认自己已经具备在人体上尝试这项技术的能力后，他向威斯康星大学监管委员会申请进行人类胚胎干细胞试验。

虽然小鼠胚胎与猴胚胎取材非常简单，但是科学家们怎样才能找到刚刚受精的人类胚胎呢？汤姆森在无意中发现了体外受精诊所这一特殊来源。20 世纪 90 年代末期，体外受精已经广泛用于治疗各种人类不孕症。在进行体外受精之前，医生需要在女性排卵后采集卵子。一次常规采集可以获得多个卵子（有时甚至能达到 10 个或 12 个），这些卵子将在培养皿中与男性精子完成受精过程。接下来，胚胎将在培育箱中经过短期生长后再移植到女性子宫内。

然而并非所有体外受精胚胎都会用于移植。由于胚胎移植数量超过 3 个的情况非常罕见且并不安全，因此剩下的胚胎一般都会被废弃（或者在个别情况下，人们也会将胚胎植入到其他女性体内，而她们被称为"代孕母亲"）。1996 年，在获得威斯康星大学的许可后，汤姆森便从体外受精诊所获取了 36 个人类胚胎。他将其中 14 个胚胎放置在培养箱中生长，直到它们成为闪闪发光的细胞团。利用曾经在猕猴身上得到完美验证的这项技术，汤姆森在去掉了胚胎的外层细胞后，将其放入"饲养细胞"与滋养细胞中继续生长，最终提取出少量的人体胚胎干细胞。当这些细胞被植入到小鼠体内后，它们能够分化成为人类胚胎的三个胚层，并且为构建皮肤、肌肉、神经、肠道、血液等各种组织奠定了基础。

尽管这些干细胞能够反映出许多人类胚胎发生的特征，但是汤姆森还是发现它们存在明显的局限性：这些胚胎干细胞几乎能够形成全部人体组织，但是它们在转化为精子与卵子等组织时的效率却非常低。理论上来讲，导入这些胚胎干细胞的基因改变可以传递给胚胎中的所有细胞，但是偏偏那些最重要的生殖细胞却被排除在外，然而只有它们才能把基因传到下一代。1998 年，在汤姆森的研究成果发表在《科学》杂志后不久，来自美国、中国、日本、印度、以色列等世界各地的科学家也开始进行人类胚胎干细胞系的提取工作，他们希望发现具有生殖传递能力的人类胚胎干细胞。[5]

但是几乎是在毫无征兆的情况下，该领域的研究突然被全面叫停。2001 年，就在汤姆森的论文发表 3 年之后，美国总统乔治·沃克·布什（George W. Bush）对胚胎干细胞研究做出了严格限制，除了已经建立的 74 个胚胎干细胞系之外，禁止从胚胎中再提取新的干细胞系，其中也包括体外受精过程中废弃的胚胎组织。[6] 因此从事胚胎干细胞研究的实验室面临着严格监管与资金削减。在 2006 年与 2007 年，布什总统再次否决了扩大联邦政府对胚胎干细胞研究资金支持的法案。此时，干细胞研究的支持者（其中就包括退行性与神经损伤疾病的患者）涌上了华盛顿街头，他们威胁要对做出禁令的联邦机构提起诉讼。为了平息日渐高涨的民愤，布什总统安排了一场特殊的新闻发布会，而站在他身边的孩子都源自"废弃"的体外受精胚胎，他们借助代孕母亲才来到这个世界。

※ ※ ※

尽管当时联邦政府的禁令让基因组工程学家的热情一落千丈，但是它却并不能阻止在人类基因组中创建永久性改变所需的第二步：人们已经可以通过可靠与高效的手段将定向改变导入现存胚胎干细胞的基因组。

起初，人们觉得这项技术挑战的难度根本无法逾越。但实际上，几乎所有改变人类基因组的技术都存在粗糙与低效的共性。科学家可以将干细胞暴露在辐射中使基因发生突变，但是由于这些突变在整个基因组中呈随机分布，因此任何试图对突变产生定向影响的努力均付诸东流。虽然携带已知基因变化的病毒能够将外源基因插入基因组中，但是其插入位点通常也是随机选择，更不用说插入的基因还会被基因组沉默化。20 世纪 80 年代，人们发明了另一种将定向突变导入基因组的技术，也就是将细胞浸泡在携带突变基因的外源 DNA 碎片溶液中。外源 DNA 可以定向插入细胞的遗传物质中，或者说外源 DNA 的信息可以被复制到基因组中。尽管这种方法的确可以奏效，但是其导入效率非常低下并且容易出错。因此以某种特殊的方式让特定基因发生可靠高效的定向突变根本不现实。

※※※

2011 年春季，生物学家珍妮弗·杜德娜（Jennifer Doudna）与细菌学家伊曼纽尔·卡彭蒂耶（Emmanuelle Charpentier）在工作中偶然相识，其实她们当初共同探讨的问题似乎与人类基因工程或基因组工程并没有什么关系。卡彭蒂耶与杜德娜都参加了在波多黎各召开的一场微生物学会议。她们走在圣胡安老城的街道上，四处都是砌有拱形门廊与彩色（桃红色与黄褐色）墙壁的房子，卡彭蒂耶就在这里向杜德娜讲述了自己对于细菌免疫系统的兴趣，而细菌正是通过这种机制来抵抗病毒的入侵。细菌与病毒之间的战争由来已久，这对纠缠不清的宿敌都十分了解对方的底细，同时彼此的敌意也已经深深铭刻在基因里。病毒在进化中形成了入侵并杀死细菌的遗传机制，与此同时细菌也会调兵遣将予以回击。杜德娜非常清楚："病毒感染就像一颗定时炸弹，细菌必须在自身被摧毁之前那短暂的几分钟里拆除爆炸装置。"

2005 年，法国科学家菲利普·霍瓦特（Philippe Horvath）与鲁道夫·巴兰古（Rodolphe Barrangou）在无意中发现了此类细菌自我防御的机制。霍瓦特与巴兰古都是丹麦食品公司丹尼斯克（Danisco）的员工，他们的工作与奶酪生产和酸奶加工的细菌有关。他们发现某些细菌菌种已经进化出一种防御系统，它们可以对病毒基因组进行剪切并使其丧失入侵能力。这套系统就像是某种分子剪刀，它们将通过病毒的 DNA 序列来识别入侵之敌。此类剪切不会随机出现在基因组中，而只会发生在病毒 DNA 的特定位点。

　　研究发现，细菌防御系统至少涉及两项关键要素。其中第一项要素是"搜索者"，这种由细菌基因组编码的 RNA 分子能够匹配并识别病毒的 DNA。因为"搜索者"RNA 本身就是 DNA 的镜像分子（阴阳互补），所以它能够寻找并识别入侵病毒的 DNA。站在细菌的角度来看，它们已经把病毒的特征深深印刻在自身的基因组中。

　　细菌防御系统的第二项要素是"杀手"。一旦病毒 DNA 被镜像分子识别与匹配为外来入侵者（通过其镜像），那么细菌中的 Cas9 蛋白就会受到招募并给病毒基因造成致命创伤。在这个过程中，"搜索者"与"杀手"齐心协力：只有病毒 DNA 序列与识别元件相匹配后，Cas9 蛋白才会对病毒基因组进行剪切。其实这些防御要素之间的配合非常经典，就像观测者与执行者、无人机与火箭炮以及雌雄大盗邦妮与克莱德一样默契。

　　尽管杜德娜既往主要从事 RNA 生物学领域的研究，但是她现在对细菌防御系统也十分着迷。最初，杜德娜将其归为好奇心在驱使，然而她后来也说道："这些工作对我来说易如反掌。"当杜德娜与卡彭蒂耶正式开始合作后，她就全神贯注于分析细菌防御系统组成要素的工作中。

　　2012 年，杜德娜与卡彭蒂耶意识到，细菌防御系统具有"可编程"的特点。但是只有携带病毒基因镜像序列的细菌才可以搜索并摧毁目标；它们不会毫无理由地对其他基因组进行识别或剪切。在充分了解此类防御系统的基础上，杜德娜与卡彭蒂耶认为可以采取某种手段来迷惑细菌：只要将系统中的识别元件替换成诱饵元件，那么就能强行通过这套系统对其他基因与基因组进行定向剪切。杜德娜与卡彭蒂耶发现，只要将"搜索者"进行转换，她们就能够找到并剪切不同的基因。

※※※

　　对于遗传学家来说，这种可能性激发了她们心中的躁动。如果能够在基因中进行"定向剪切"，那么就有可能产生突变。基因组中的大部分突变均是随机发生的，你无法操纵 X 射线或宇宙射线来选择性地改变囊性纤维化基因或泰伊-萨克斯二氏病基因。但是在杜德娜与卡彭蒂耶的研究中，突变并不会随机出现：这种剪切在经过编程后可以发生在可供自我防御系统识别的特定位点。通过改变识别元件，杜德娜与卡彭蒂耶就可以对选中的基因展开攻击，从而随心所欲地让基因发生突变。[1]

其实这套系统还有潜力可挖。当基因被切开时，两端呈暴露状态的 DNA 就像断了的琴弦一样容易修剪。剪切与修剪都是为了修复破损基因，同时基因也可以再次通过寻找完整拷贝来恢复缺失信息。正如物质可以储存能量，基因组也会保护信息。通常来说，被切开的基因可以通过细胞中其他基因的拷贝来恢复缺失信息。但是如果细胞内充斥着外源 DNA，那么基因就会执着地去复制诱饵 DNA 中的信息，而不是以备用拷贝作为模板。于是诱饵 DNA 碎片所编码的信息就能永久性地写入基因组，这种过程就像是从句子中删掉某个单词，然后在原来的位置强行使用新词将其替换。根据上述原理，预先确定好的基因改变就能够被写入基因组：基因中的 ATGGGCCCG 序列就能被改变为 ACCGCCGGG（或是任何需要的序列）。因此从理论上来讲，突变的囊性纤维化基因就能够被矫正为野生型基因；抗病毒基因能够被导入任何生物体；突变的 *BRCA1* 基因能够被逆转为野生型；具有许多重复序列的亨廷顿突变基因可能会被破坏并删除。而该技术被命名为基因组编辑（genome editing）或基因组手术（genomic surgery）。

2012 年，杜德娜与卡彭蒂耶在《科学》杂志上发表了关于微生物防御系统 CRISPR/Cas9 的研究数据，[7] 这篇文章一经问世迅即成为点燃生物学家想象力的火种。虽然在这项里程碑式研究发表后的 3 年里，基因编辑技术（CRISPR）已经获得了突飞猛进的发展，[8] 但是该方法还

---

[1]　在另外一套"可编程"的系统中，人们使用了一种 DNA 切割酶来对特定基因进行剪切。而这种名为 TALEN（转录激活因子样效应物核酸酶）的酶也可用于基因组编辑。

是受到某些基本条件的制约：例如，有时候被剪切的基因可能发生错误。此外由于这种技术修复基因的效率很低，因此想要把信息"重新写入"基因组的某些特殊位点极其困难。尽管基因编辑技术尚存在某些不足，但是与其他任何基因改造方法相比，这种方法仍然是最便捷、强大与高效的基因编辑工具。在生物学历史上，能够与之比肩的科学成果实在是凤毛麟角。这项革命性技术源于微生物自身某种神秘的防御机制，它最早由从事酸奶加工的科研人员发现，然后由 RNA 生物学家通过再编程实现了遗传学家期盼已久的梦想：它可以对人类基因组进行定向、高效与序列特异性修饰。基因治疗的领军人物理查德·马利根曾经幻想过"完美的基因治疗"，而这套系统就可以让他的理想变为现实。

※※※

目前距离完成人类基因组永久性定向修饰就差最后一步。我们需要把在人类胚胎干细胞中创建的基因改变整合到人类胚胎中。然而无论是从技术层面还是伦理角度来看，将人类胚胎干细胞直接转化为正常人类胚胎都不可思议。即使人类胚胎干细胞可以在实验室条件下分化为所有类型的人体组织，但是当人类胚胎干细胞直接移植到女性子宫后，我们依然无法指望这个细胞可以自动形成正常人类胚胎。当人类胚胎干细胞被移植到动物体内后，其中大部分细胞也只能分化为某些松散的胚层结构，而这与受精卵在人类胚胎发育过程中所形成的解剖学与生理学构造相去甚远。

为此，研究人员设计出一种潜在的替代方案，他们先等胚胎解剖结构基本形成后（例如受孕数天或数周后）再对其进行整体遗传修饰。但是这种办法也面临尴尬的境地：人体胚胎一旦形成各种胚层，那么就很难再对其进行基因修饰。即便先抛开技术问题，进行此类实验的伦理争议也大大超过了其他方面的考虑：在人类活体胚胎中尝试基因组修饰必然会引发生物学与遗传学范畴以外的各种担忧。而进行此类实验无疑超出了大多数国家能够接受的底线。

好在目前还有第三种方案可供选择。假设我们能够采用标准基因修饰技术将基因改变导入人类胚胎干细胞，那么这个经过基因修饰的胚胎干细胞或许能够被转化为生殖细胞（精子与卵子）。如果胚胎干细胞是真正意义上的多能干细胞，那么它们就应当能够分化成人类的精子与卵子（毕竟正常人类胚胎可以形成自己的生殖细胞）。

现在让我们来进行一项思维实验：如果体外受精采用基因修饰的精子或卵子来产生人类胚胎，那么由此产生的胚胎中全部细胞都将携带这些基因改变，而上述细胞中当然也包括精子与卵子。在实验开始的准备阶段，由于所有步骤并不涉及改变或操纵真正的人类胚胎，因此也能安全地避开人体胚胎研究的道德底线。[1] 最为关键的是，该实验的流程完全模拟了成熟的体外受精技术流程：精子与卵子先是在体外完成受精过程，然后早期胚胎再被移植到女性体内，而这些步骤几乎不会引发争议。上述方法不仅是实现生殖细胞基因治疗的捷径，同时也成为发展超人类主义的后门：胚胎干细胞向生殖细胞转化为外源基因导入人类生殖细胞提供了便利。

※※※

随着杜德娜不断完善用于改造基因组的 CRISPR 系统，这项终极挑战在很大程度上已经渡过难关。2014 年冬季，在不依赖人类胚胎干细胞的基础上，英国剑桥大学以及以色列魏兹曼研究所的胚胎学家开发出一套可以产生原始生殖细胞（即精子与卵子的前体细胞）的系统。⁹ 而在之前的实验中，研究人员采用的早期版本人类胚胎干细胞根

---

[1]　我们需要注意一个重要的技术细节，由于单个胚胎干细胞能够被克隆与扩增，因此可以鉴定出携带有非定向突变的细胞并且废弃。只有经过预筛选证实携带有定向突变的胚胎干细胞才会被转化成精子或卵子。

本无法创建出此类生殖细胞。2013 年，来自以色列的研究人员对于早期研究进行了改进，他们分离出一批更容易形成生殖细胞的新型胚胎干细胞。就在一年以后，该团队在剑桥大学同行的协助下发现，如果将这些人类胚胎干细胞置于特定条件下培养，同时采用特殊的诱导剂引导其分化，那么胚胎干细胞最终会形成精子与卵子的前体细胞簇。

但是此项技术还是存在烦琐与低效的问题。很显然，由于创建人工胚胎受到严格限制，因此对于这些精子样与卵子样细胞来说，尚不清楚它们形成的人类胚胎能否正常发育。但是研究人员已经基本上分离出可以进行遗传传递的细胞。从理论上讲，如果能够采用任何遗传学技术对亲本胚胎干细胞进行修饰，例如基因编辑、遗传手术或通过病毒插入基因等手段，那么这种基因改变就会被永久性写入人类基因组，并且将按照遗传学的规律世代相传。

※※※

值得注意的是，操纵基因与操纵基因组是两种完全不同的概念。20 世纪 80 年代到 90 年代，DNA 测序与基因克隆技术不仅增强了科学家对于基因的理解与操纵，同时还使他们掌握了左右细胞生物学变化的本领。但是在自然条件下（尤其是在胚胎细胞或生殖细胞中）对于基因组进行操纵将面临来自技术领域的巨大挑战。但是如今这种风险已经不再局限于某个细胞，而是直接指向我们人类自身。

1939 年春季，阿尔伯特·爱因斯坦在普林斯顿大学仔细思考了自己所从事的核物理研究进展后，他意识到制造具有强大威力武器所必需的每个步骤都已经独立实现，而铀分离、核裂变、链式反应、反应缓冲以及控制释放等关键技术也已完成，现在就差把它们按照顺序组合起来：如果你将这些反应按顺序串联起来，那么就能够制造出原子弹。1972 年，当保罗·伯格在斯坦福大学盯着琼脂糖凝胶中的 DNA 条带时，他发现自己也正处于同样的关键时刻。科学家可以通过基因剪切与粘贴、嵌合体创建以及将基因嵌合体导入细菌与哺乳动物细胞等手段在人类与病毒之间建立遗传杂交。而现在我们要做的就是把这些反应按照顺序串联起来。

　　其实对于人类基因组工程来说，我们也正处于同样关键的时刻。假设人类基因组工程按照以下步骤进行：（a）分离出真正的人类胚胎干细胞（能够形成精子或卵子）；（b）运用某种技术在这个细胞系中创建可靠的定向遗传修饰；（c）将基因修饰的干细胞直接转化为人类精子与卵子；（d）通过体外授精技术使这些经过修饰的精子与卵子孕育出人类胚胎……那么你就可以毫不费力地得到转基因人。

　　由于每个步骤均受制于当前的技术发展水平，因此根本没有任何捷径可供利用。与此同时，这其中还有许多问题悬而未决：每个基因都可以被高效地改造吗？这些改造可以产生哪些间接影响呢？胚胎干细胞分化出的精子与卵子能够发育成为正常的人类胚胎吗？尽管还有许多无关紧要的技术问题有待解决，但是这幅拼图的关键部分已经尘埃落定。

　　可以预见的是，上述每个步骤在目前都受到严格的规定与禁令的制约。2009 年，在经历了联邦政府对于胚胎干细胞研究的长期限制后，奥巴马政府宣布解除对分离新型胚胎干细胞的禁令。但即使有了这些新的规定，美国国立卫生研究院依然明令禁止进行以下两种人类胚胎干细胞研究：第一，科学家们不得将这类细胞导入人体或动物体内并使其发育成为活体胚胎；第二，禁止在"可能传递到生殖细胞（例如精子或卵子）"的情况下对于胚胎干细胞基因组进行修饰。

※※※

　　2015 年春季，就在本书的撰写工作接近尾声时，包括珍妮弗·杜德娜以及戴维·巴尔的摩在内的众多科学家在人类基因编辑国际峰会上签署了一项联合声明，他们呼吁暂停基因编辑与基因改造技术在临床领域，尤其是在人类胚胎干细胞中的应用。[10] 这份声明提出："长期以来，人类生殖工程的发展已经成为公众躁动不安的源头，人们尤其担心这项应用会从治疗疾病'沦为'哗众取宠或是带来严重并发症的反面典型。本次讨论的一个关键点就在于，基因组工程能否成为治疗或治愈人类重大疾病的可靠手段，如果答案是肯定的话，那么它又将在何种情况下发挥作用？例如，通过该技术将致病基因突变替换为健康人中更具代表性的基因序列是否合理？由于我们对于人类遗传学、基因-环境交互作用以及发病途径的理解仍然十分有限，因此即便是这种看似简单明了的方案也会引发严重关切……"

许多科学家不仅认为这种暂停可以理解，而且他们甚至觉得还很有必要。干细胞生物学家乔治·戴利（George Daley）指出："基因编辑引发的最根本问题在于，我们将如何看待人类的未来，以及我们是否应该在改变自身生殖细胞上迈出关键的一步，同时我们在某种意义上要把控遗传命运给人类带来的巨大风险。"

这次会议上提出的限制条款在许多地方都令人想起了当年的阿西洛马会议。这份声明旨在人们能够从伦理、政治、社会与法律角度做出研判之前对于此项技术进行限制。此外，它还要求对于科学及其未来进行公开评估，同时也坦承我们正在逐步接近永久性改造人类胚胎基因组的目标。鲁道夫·耶尼施是麻省理工学院的一位生物学家，他在世界上首次利用胚胎干细胞获得了小鼠胚胎。耶尼施说道："毫无疑问，研究人员将会在人类中尝试基因编辑技术。而我们需要制订某些原则性协议来明确是否通过这种方式来增强人类。"[11]

值得注意的是，最后一句中"增强"所释放的信号已经背离了基因组工程的传统底线。在基因组编辑技术问世之前，胚胎选择等技术可以让我们从人类基因组中剔除信息：只要通过 PGD 来选择胚胎，那么亨廷顿基因突变或囊性纤维化突变就会从某个家系中消失。

相比之下，我们可以通过 CRISPR/Cas9 系统在基因组中添加信息：基因可以通过定向方式进行改造，同时新的遗传密码也可以被写入人类基因组。"这种现实说明，生殖细胞操纵很可能会以'完善自身'为理由招摇过市。"弗朗西斯·柯林斯在给我的信中写道，"这意味着某人将被赋予决定'完善'标准的权力。而我们应该对于任何图谋不轨的行为保持警惕。"[12]

那么现在问题的症结就不是基因解放（摆脱遗传病的困扰）而是基因增强（摆脱人类基因组编码的形式与命运）了。它们二者之间的区别就是未来进行基因组编辑潜在争议的焦点。这段历史教会我们，如果在个体中疾病对应的是常态，那么某人理解的增强可能是他人概念中的解放（"那为什么不让我们更好地适应生存环境呢？"沃森也曾这样问道）。

但是人类能够实现"增强"自身基因组的愿景吗？增加基因编码的自然信息又会产生什么结果呢？我们能否在保证自身安全的前提下让基因组变得"更好"呢？

※※※

2015 年春季，某个来自中国的研究团队宣布他们在无意中跨越了基因编辑技术的红线。[13] 在位于广州的中山大学，黄军就领导的实验团队从体外受精诊所获取了 86 份人类胚胎，他们尝试利用 CRISPR/Cas9 系统来矫正一个常见的血液病基因（实验仅选用了不能长期存活的胚胎），最终有 71 份胚胎存活下来。在接受检验的 54 份胚胎中，仅有 4 份胚胎成功插入了正确的基因。更令人诧异的是，该系统被发现存在脱靶效应：其中三分之一的受试胚胎被导入了其他基因的非定向突变，其中就包括维持胚胎正常发育与生存的关键基因。因此该实验被立即叫停。

但是无论上述结果是否为粗心大意所致，这项大胆的实验注定在学术界引起广泛争议。世界各国科学家都对这种意图进行人类胚胎基因修饰的行为表示出严重忧虑与关切。包括《自然》《科学》以及《细

胞》在内的多家国际顶级杂志均拒绝发表此项研究结果，它们认为该
实验严重违反了安全与伦理标准[14]［研究成果最终发表在鲜为人知的
在线期刊《蛋白质与细胞》（Protein+Cell）上[15]］。然而当生物学家们
在惶恐不安中阅读了全文之后，他们马上就意识到这只是突破基因编
辑技术底线的第一步。中国学者正在采用捷径来实现永久性人类基因
组工程，可以预见的是，此类实验中所用的废弃胚胎很可能携带意料
之外的突变。但是这项技术在经过多次修改后可以变得更加高效精准。
例如，如果使用胚胎干细胞与干细胞来源的精子和卵子，并且在剔除
掉任何致病突变之前对这些细胞进行筛选，那么基因靶标的效率也许
还能得到迅速提升。

黄军就告诉记者，他正在"计划采用不同的方法来减少脱靶突变
的数量，例如将剪切酶精确引导至所需位点或者导入不同构象的酶使
它们在突变累积前失活"。[16]黄军就希望在几个月之后就可以进行其他
实验，他预计基因编辑的效率与保真性将会得到提升。其实他的表述
并不夸张：尽管修饰人类胚胎基因组的技术可能存在复杂、低效甚至
是错误等问题，但是这些都不能成为将其排斥在科学研究之外的借口。

就在西方科学家对于黄军就的实验保持审慎态度的同时，来自中
国的科学家却对此类研究的前景表示乐观。"我认为中国同行不会暂停
这些实验。"2015 年 6 月底，某位科学家在《纽约时报》的文章中这
样写道。[17]而一位中国生物伦理学家对此进行了澄清："儒家思想认为
生而为人。这与美国以及其他受基督教影响的国家不同，他们由于宗
教原因不能接受胚胎实验。我们的'红线'是只能对 14 天以内的胚胎
进行实验研究。"

尽管另一位科学家用"先做后想"来形容中国模式，但是一些公
众评论员似乎对于这种策略均表示认可。即便是在《纽约时报》的评
论栏中，许多读者也支持解除政府对于人类基因组工程的禁令，同时
力劝西方国家增加对此类实验的支持，他们认为这样做在某种程度上
可以保持与亚洲同行的竞争。毫无疑问，中国的积极参与已经提高了

世界范围内的赌注。就像某位作家所言："假如我们不去开展这项工作，那么中国同行就会迎头赶上。"人类胚胎基因组改造的驱动力已演化为国际"军备竞赛"。

在撰写本书的过程中，有报道称四支中国科研团队正在尝试将永久性突变导入至人类胚胎中。等到本书出版的时候，如果首例人类胚胎基因组靶向修饰的实验已经完成，那么我将丝毫不会感到讶异。世界上第一位"后基因组"人类或许马上就要诞生了。

※※※

综上所述，我们在后基因组时代中需要一份宣言，或者至少要制订一份行动指南。历史学家托尼·朱特（Tony Judt）曾经告诉我，阿尔贝·加缪（Albert Camus）的小说《鼠疫》（*The Plague*）就是关于鼠疫的故事，就像《李尔王》讲述了国王李尔的故事。在《鼠疫》这部书中，一场生物灾难变成了弱点、欲望与野心的试验场。《鼠疫》这部作品借助修辞的手法透射出人性。尽管读懂人类基因组并不需要理解寓言或隐喻，但是它同样也是弱点、欲望与野心的试验场。我们在基因组中读写的信息反映了自身的弱点、渴望与野心，其实这些内容就是人性的写照。

尽管编纂完整行动纲领的任务需要另一代人来实现，但是我们可以把重温这段历史中的科学、哲学以及道德教训作为其序幕供各位参考。

1. 基因是遗传信息的基本单位。它携带着构建、维护以及修复生物体的必备信息。基因不仅彼此之间能够相互协作，它们还会受到环境输入、触发器以及随机因素的影响，从而确立生物体的最终形态与功能。

2.**遗传密码具有通用性**。即便是蓝鲸的基因也可以被插入到微小的细菌中，而且还能够实现精准解码与近乎完美的保真。我们据此推论：人类基因完全没有特殊性可言。

3.**虽然基因会影响形态、功能与命运，但是这些影响通常并非以一对一的形式发挥作用**。大多数人类特征都不是单基因作用的结果，许多特征都是基因、环境与概率共同作用的产物。大多数交互作用都具有非系统性的特点，也就是说，它们发生在基因组与无法预测事件的交叉点。由于某些基因可能只会影响倾向与趋势，因此我们可以通过较小的基因子集来准确预测突变或者变异对于生物体的最终效应。

4.**基因变异会导致特征、形态与行为发生变化**。当我们使用口语来描述"蓝眼基因"或"身高基因"时，实际上我们指的是决定眼色或身高的变异（或等位）基因，而这些变异仅占基因组中极少的一部分。由于受到文化倾向或者生物倾向的影响，因此我们在想象中经常会放大这些差异。尽管两位分别来自丹麦与刚果登巴的男性身高不同（分别为 6 英尺与 4 英尺），但是他们在解剖学、生理学与生物化学方面并无本质区别。即便是男女这两种差异最大的人类变异体也有99.688% 的基因完全一致。

5.**当我们宣布找到某种决定人类特征或功能的基因时，其实只是出自对这种特征的狭义定义**。由于血型或身高已经有了本质上的狭义解释，因此通过基因反映它们的生物学属性无可厚非。但是生物学中经常容易犯的错误就是把特征定义与特征本身相混淆。如果我们把蓝眼睛（其他颜色除外）定义为"美丽"，那么我们就认为找到了"美丽基因"。如果我们仅根据某项测试中某个问题的表现来定义"智慧"，那么我们就认为发现了"智慧基因"。根据以上理解，基因组只是反映人类想象力宽泛或狭隘程度的一面镜子，它就像是眷恋水中倒影的那喀索斯（Narcissus）。

6. 通过绝对与抽象的概念来讨论"先天"或"后天"完全没有意义。 先天（基因）或后天（环境）能否在某种特征或功能的发育过程中占主导地位取决于个体的特征与背景。SRY基因以一种神奇的自主形式决定了不同性别的解剖与生理，而这一切均源自先天。性别认同、性取向以及性别角色的选择则是基因与环境交互作用的结果，也就是说它们是先天与后天彼此协作的产物。相比之下，社会对于"阳刚"与"阴柔"认可或理解的方式则大部分由环境、社会记忆、历史与文化决定，因此这些都是后天因素在发挥作用。

7. 每一代人都会发生变异与突变，这是人类生物学中无法摆脱的现实。 突变只是统计学意义上的"异常"，也可以说它是某种不太常见的变异。而渴望均质化与"标准化"人类的想法一定会与维持多样性与异常的生物必要性保持平衡。综上所述，常态就是进化的对立面。

8. 许多人类疾病都是由基因引起或受到了基因的强烈影响，其中就包括某些之前认为与饮食、暴露、环境以及概率有关的严重疾病。 大多数此类疾病是多基因病，也就是说它们受到多个基因的影响。虽然这些疾病可以遗传（某种特殊的基因排列组合引起），但是却并不容易遗传至后代（由于每代人中的基因排列组合都将发生重排，因此很难将其完整地传到下一代）。单基因致病的情况比较罕见，但是它们在数量上却非常普遍，目前发现的单基因病已经超过 10 000 种。其中新生儿罹患单基因病的比例大约为二百分之一至百分之一。

9. 每种遗传"疾病"都是生物体基因组与环境之间错配的结果。 在某些病例中，为了在缓解病痛时做出适当的医学干预，我们或许可以采用改变环境并使其适应生物体形态的措施（例如为侏儒症患者搭建特殊的房间，为自闭症儿童制订特殊的教育模式）。与之相反，其他病例则可能需要改变基因来适合环境。然而并非所有病例都存在这种错配，例如，必须基因功能丧失导致的严重遗传病就无法与任何环境兼容。在环境往往更具可塑性的前提下，通过改变基因来获得疾病最终解决方案的想法就是一种离奇的现代谬论。

10. 在某些特殊情况下，由于遗传不亲和性问题极其严重，因此我们才能够合理使用遗传选择或定向遗传干预等非常手段。 对于基因选择与基因组修饰来说，只有我们充分理解了它们可能产生的各种意外后果时，将这类情况视为例外而不是常规才会更安全。

11. 目前尚未见到基因或基因组对于化学与生物学操作产生遗传抗性的报道。 众所周知，"大多数人类特征都是复杂的基因–环境交互作用以及多基因效应的结果"这一标准概念是绝对真理。然而，尽管这些复杂性限制了人类操纵基因的能力，但是它们还是为基因修饰留下了诸多机会。人体内遍布各种各样可以影响多种基因的主控调节因子，同时基因组中还存在许多这样的干预节点。我们可以设计出某种表观遗传修饰剂，然后通过单键开关来改变成百上千基因的状态。

12. 目前为止，高外显率基因、极度痛苦与合理干预这三项限制条件依然制约着我们在人类中进行干预的尝试。 随着三项限制（通过改变对"极度痛苦"或"合理干预"的标准）逐步放宽，我们不仅需要创新生物学、文化以及社会准则来决定遗传干预的利弊，同时还要了解干预手段安全规范应用的各种环境。

13. 历史通过基因组重演，基因组借助历史再现。 推动人类历史发展的冲动、野心、幻想与欲望至少部分就源于基因组编码。与此同时，人类历史也选择了这些携带有冲动、野心、幻想与欲望的基因组。虽然这种自我实现的逻辑成就了人类无与伦比的品质，但是它同时也是滋生卑鄙龌龊的温床。现在谈论摆脱这种逻辑的影响还为时尚早，然而我们应该在认清其运动轨迹的同时保持警惕，防止它在过度扩张中恃强凌弱或者以"正常"为借口消灭"突变"。

或许那种质疑就源自人类 21 000 个基因之中。或许由此产生的怜悯已经永久编码于基因组。

或许这就是我们生而为人的部分原因。

辨别身份

Sura-na Bheda Pramaana Sunaavo;

Bheda, Abheda, Pratham kara Jaano.

让我知道你可以辨别歌曲中的音符;

但是首先,让我看看你能否分辨

其中哪些音符可分

哪些不可分

——根据古典梵语诗歌创作的音乐作品

　　我的父亲用 Abhed(身份)来表述基因"不可分割"的属性。而它的反义词 Bhed 却具有多重含义:"辨别"(动词形式)、"练习"、"决定"、"辨别"、"分割"以及"治愈"。Bhed 与 vidya(知识)和 ved(医学)拥有相同的词根。此外,印度教经典"吠陀"(Vedas)也得名于相同的出处。它起源于古代印欧词语(uied),具有"了解"或"辨识"的含义。

　　众所周知,从事科研工作的人不可避免地会带有职业病,在对世界进行充分了解之前,我们必须将其分割成基因、原子以及比特等基本组成部分。我们不知道是否有其他方法可行，因此想要化零为整就必须先化整为零。

但是这种方法存在某种潜在的风险。一旦认识到人类这种生物体是由基因、环境以及基因-环境交互作用组成的，那么就会从根本上改变我们对于人类的定义。伯格对我说："虽然任何理智的生物学家都会认为人类不过是个体基因的产物，但是我们对自身的感知将随着外源基因引入发生改变。"[1] 即便是化零为整也无法令其再恢复到化整为零之前的原样。

就像梵语诗歌所述：

让我知道你可以辨别歌曲中的音符；
但是首先，让我看看你能否分辨
其中哪些音符可分
哪些不可分

※※※

现在人类遗传学还面临着三项艰巨的挑战，而它们均与辨别、分割和最终重建有关。其中第一项挑战就是辨别人类基因组中信息编码的确切本质。尽管人类基因组计划已经为后续工作奠定了基础，但是目前我们还面临着许多悬而未决的问题，例如，人类基因组中 30 亿个碱基对究竟"编码"了什么信息？基因组中的功能元件是什么？尽管基因组包含有 21 000 至 24 000 个蛋白质编码基因，但是其中分布的基因调节序列与 DNA 片段（内含子）将把基因分割成不同的区块。基因组中的信息可以构建成千上万的 RNA 分子，虽然它们无法被翻译成蛋白质，但是依然会在细胞生理过程中发挥多种作用。而我们曾经认为的那些"垃圾"DNA 有可能编码了几百种未知的功能。此外，在细胞核的三维结构中，染色体在经过缠绕与折叠后可以通过相互接触发挥作用。

2013 年，为了理解基因组中每个元件的作用，美国国立人类基因组研究所启动了一项庞大的国际合作计划，旨在创建一个涵盖全部人类基因组功能元件（染色体上任意具有编码或者指导功能的 DNA 序列）的目录。该项目被巧妙地命名为"DNA 元件百科全书计划"（Encyclopedia of DNA Elements，ENC-O-DE），而它将对人类基因组序列中包含的全部信息进行交叉注释。

只要生物学家鉴定出这些功能"元件"，那么他们就将面对第二项挑战：理解这些元件在不同的时间与空间中交互作用的机制，以及它们对于人类胚胎发育、生理功能、解剖结构与生物体独有的属性与特征的影响。[1]然而令人感到尴尬的是，我们对于基因组知之甚少：人类对于自身基因及其功能的大部分认知均来自酵母菌、蠕虫、果蝇与小鼠中的相似基因。就像戴维·博特斯坦写的那样："能够直接用于研究的人类基因屈指可数。"[2]新型基因组学的部分任务就是缩短小鼠与人类之间的差距，以便于在近似人体环境的背景下确定人类基因如何发挥功能。

如果该项目能够顺利实施，那么将为医学遗传学提供某些重要的帮助。人类基因组功能注释将有助于生物学家阐明疾病发生的新机制。虽然根据新型基因组元件与复杂疾病的内在联系就可以确定其最终原因，但是我们目前在该领域的研究仍旧一无所获，例如，遗传信息、行为暴露与随机因素的交互作用如何对高血压、精神分裂症、抑郁症、肥胖、癌症或心脏病产生影响。为了明确这些疾病的发病机制，我们需要首先在基因组中找到与它们关联的正确功能元件。

与此同时，了解这些关联亦可用于发现人类基因组的预测能力。2011 年，心理学家埃里克·特克海默在一篇颇具影响力的综述中写道："家族研究（双胞胎、兄弟姐妹、父母与子女以及被收养者）在经历了

---

[1]　为了理解基因形成生物体的机制，我们不仅要了解基因，更要了解 RNA、蛋白质以及表观标志物。未来的研究将能够揭示基因组、蛋白质变异体（蛋白质组）以及表观标志物（表观基因组）相互协调构建与维护人体的机制。

一个世纪的发展后终于建立起完整的谱系，而人们也逐渐打消了对于基因在解释全部人类差异（从病态到常态以及从生物到行为）时重要作用的质疑。"[3] 然而尽管上述关联具有很强的说服力，但是特克海默笔下的"基因世界"要比预期的更加错综复杂。到目前为止，基因变化仅对那些导致表型发生显著改变的高外显率疾病具有强大的预测作用。由于我们很难对于多个基因变异形成的组合进行解读，因此根本无法确定某种特定基因的排列组合（基因型）在未来会产生何种特定结果（表型），而此类情况在结果受到多个基因支配的时候显得尤为突出。

但是随着新技术的应用，这种僵局将很快得到改观。现在让我们在脑海中虚拟一项思维实验。假设我们可以前瞻性（在不了解任何儿童未来的前提下）地对 10 万名儿童的基因组进行全面测序，然后针对每位儿童创建出包含全部变异与功能元件组合在内的数据库（这里所说的 10 万只是一种数量上的泛指，实验对象可以被扩展至任何数量的儿童）。现在假设我们已经获得了该队列儿童的"命运图谱"，并且将鉴定出的每种疾病与生理异常记录于平行的数据库中，那么我们或许可以将这种记录着个体全套表型（属性、特征、行为）的图谱称为人类"表型组"。接下来，假设某种计算引擎能够对来自遗传图谱或命运图谱的数据进行挖掘配对，那么我们就可以根据这些结果对于双方做出预测。尽管上述方法仍存在各种不确定性（甚至非常严重），但是 10万份基因组与表型组图谱构成的数据集依然具有强大的说服力，它可以描绘出编码于基因组内部的人类命运本质。

这种命运图谱的特别之处就在于它不会受到疾病检测领域的局限，该方法还可以根据我们的需求在广度、深度以及详细程度上进行调整。目前命运图谱可能的应用范围包括低出生体重儿、学龄前学习障碍、青春期短暂躁动、青少年迷恋、婚姻、出柜、不孕症、中年危机、成瘾倾向、左眼白内障、早秃、抑郁、心脏病以及晚期卵巢癌或乳腺癌。虽然这种实验在过去简直无法想象，但是计算技术、数据存储与基因测序的协同作用将使其在未来成为可能。我们可以把它看作某种规模庞大的双胞胎实验（研究对象并不是双胞胎）：该方法可以跨越时空对基因组与表型组进行匹配，然后通过计算创建出数以百万计的虚拟遗传"双胞胎"，而这些排列组合就能够被用于生命事件的注释。

由于通过基因组来预测疾病与命运的方法具有自身局限性，因此我们需要对于此类项目保持清醒的认识。"也许，"就像某位评论员所批评的那样，"遗传学解释的命运最终将脱离传统的病因学理论，它不仅无法完全呈现环境因素的作用，还会产生某些可怕的医学干预手段，而这种方法对于诠释人类命运根本没有任何作用。"[4] 但是此类研究的意义在于它可以"摆脱"疾病的束缚，人们可以通过基因来理解个体发育与命运转归的变迁。如果能够将背景依赖或环境依赖的情况稀释或滤除，那么保留下来的就是深受基因影响的事件。总体而言，只要人群数量与计算能力达到一定程度，我们就可以确定并算出基因组拥有的全部预测能力。

※※※

相比之下，最后一项挑战的意义可能最为深远。就像根据人类基因组预测人类表型组的能力主要受限于计算技术的缺乏一样，定向改变基因组的能力也受制于生物学技术的短板。由于基因导入系统（病毒）存在效率低下、可靠性差甚至意外致死，所以我们几乎无法将外源基因定向导入至人类胚胎。

然而随着新技术的应用，这些障碍也将开始土崩瓦解。目前，"基因编辑"技术能够使遗传学家在精准改造基因组的同时保持高度的特异性。原则上来讲，我们可以通过定向方式在其他30亿对碱基不变的情况下让DNA中的某个碱基产生突变（这种技术就相当于某种编辑设备，当完成了扫描66卷《大英百科全书》的任务后，它可以在不影响其他内容的同时发现、擦除或改变某个单词）。在2010年至2014年间，我实验室的一位博士后研究员曾尝试采用标准基因传递病毒将某个明确的基因改变导入某个细胞系，但是最终收效甚微。2015 年，当实验方法改为以 CRISPR 为基础的新型技术后，她只用了 6 个月的时间就在 14 个人类基因组中实现了 14 处基因改变，其中还包括了人类胚胎干细胞基因组，而这在过去完全是难以置信的丰功伟绩。全世界的遗传学家与基因治疗学家都在急不可耐地探索改变人类基因组的可能性，其实造成这种氛围的原因在某种程度上与生物技术的迅速发展密切相关。干细胞技术、细胞核移植、表观遗传修饰以及基因编辑方法的联合应用使得操纵人类基因组与转基因人类成为可能。

其实我们并不了解这些技术在实际应用中的保真性或效率到底如何。定向改变某个基因是否会引起基因组其他部分出现意外改变？某些基因是否比其他基因更容易"被编辑"呢？又是什么在调控基因的可塑性呢？我们不知道对于某个基因的定向改变是否会导致整个基因组发生失调。如果有些基因的作用就相当于道金斯所描述的"配方"，那么改变某个基因就可能对基因调控产生深远的影响，并且会产生类似蝴蝶效应的一系列下游结果。如果此类蝴蝶效应基因在基因组中屡见不鲜，那么它们将成为基因编辑技术的主要限制因素。基因的不连续性（遗传单位的离散性与自主性）也许只是某种幻觉：基因之间的内在联系可能比我们想象中的更为紧密。

但是首先，让我看看你能否分辨
其中哪些音符可分
哪些不可分

现在假设这些技术已经可以在某种环境下得到常规应用。女性在怀孕以后，每位父母都可以选择是否对子宫内的胎儿进行全基因组检测。如果发现胎儿携带有严重的致病突变，那么父母可以决定是否在孕早期终止妊娠，或是在经过全面遗传筛查后选择性地植入"正常"

胎儿（我们将称其为全面胚胎植入前遗传学诊断，或 c–PGD）。[1]

此外，基因组测序也可以鉴定出导致疾病倾向的复杂基因组合。假如携带此类可预测疾病倾向基因的孩子出生后，那么他们将在整个童年时代接受选择性干预措施。例如，对于某个具有遗传性肥胖倾向的孩子来说，他可能会在儿童时期接受体重变化监测、替代饮食治疗或使用激素、药物以及基因治疗进行代谢"重编程"。而具有注意力缺陷或多动症倾向的儿童可能会接受行为治疗或为其安排丰富多彩的教学活动。

如果疾病已经发生或出现进展，那么就应该使用基因疗法来治疗或者治愈患者。我们可以直接将矫正基因导入病变组织：例如，将功能性囊性纤维化基因雾化后注入患者的肺部即可使其恢复部分正常功能。而某位先天患有 ADA 缺乏症的女孩可以接受携带矫正基因的骨髓干细胞移植。对于较为复杂的遗传病来说，我们将采用基因诊断与基因治疗、药物治疗以及"环境疗法"相结合的手段。只要能够记录下导致某种癌症出现恶性增殖的突变，那么就可以对该肿瘤进行全面分析。这些突变将被用于鉴定引发细胞异常增殖的致病通路，而据此设计出的靶向治疗能够在保护正常细胞的同时精准地杀伤恶性细胞。

2015 年，精神病学家理查德·弗里德曼（Richard Friedman）在《纽约时报》发表的文章中写道："假设你是一名从战场上归来且患有创伤后应激障碍（post-traumatic stress disorder, PTSD）的士兵，那么只要通过简单的抽血化验来检测基因变异就可以了解你是否具有恐惧消退的能力……如果你携带降低恐惧消退能力的突变，那么治疗师就会明白可能需要增加暴露疗法的强度与疗程才能奏效。或者说，你可能需要接受暴露疗法以外的其他治疗方案，例如人际关系治疗或药物

---

[1]　对于胎儿基因组进行全面检测在临床上被称为无创产前检测（Noninvasive Prenatal Testing , NIPT）。2014 年，某家中国公司宣布已经完成了 150 000 例胎儿染色体的检测，而除此之外该公司还将该方法用于捕获单基因突变。虽然此类染色体异常（例如唐氏综合征）检测乍看起来与羊膜穿刺术的结果具有相同的保真性，但是它依然无法解决"假阳性"这个主要问题（也就是说，胎儿 DNA 检测认定的染色体异常结果与实际情况相反）。不过好在假阳性率将随着技术的发展大幅降低。

治疗。"⁵ 或许应该将消除表观遗传标记的药物与谈话治疗联合使用，细胞记忆的消除或许可以缓解历史记忆的负担。

除此之外，基因诊断与基因干预也将用于人类胚胎的筛查与矫正。如果能够在生殖细胞中鉴定出某些基因的"可干预"突变，那么父母就可以在受孕前选择基因手术来改变精子与卵子，或者从怀孕伊始就借助产前筛查来避免植入携带突变的胚胎。通过阳性选择、阴性选择或基因组修饰等方法，我们就能预先把导致严重疾病的基因变异从人类基因组中清除出去。

※※※

假如你已经仔细阅读了上述方案，那么就会发现科学奇迹背后隐藏的道德风险。对于癌症、精神分裂症以及囊性纤维化进行靶向治疗是医学发展的重要标志（尽管这些内容令人感到既遥远又陌生），但是个体干预并不能成为超越法律与道德底线的借口。如果这个世界由"预生存者"与"后人类"组成，那么他们不是接受了基因易损性的筛查就是改变了遗传倾向。随着人类疾病、痛苦、创伤、突变、虚弱与机会逐渐远去，我们的身份、怜悯、历史、变异、易感与选择也将渺无踪迹。[1]

1990 年，当蠕虫遗传学家约翰·萨尔斯顿起草人类基因组计划的时候，他对智能生物"学会解读自身指令"导致的哲学困惑感到十分惊诧。不仅如此，这种困惑随着智能生物开始学习编写自身指令而变得愈发不可收拾。倘若基因与生物体可以相互决定对方的本质与命运，那么这种逻辑循环就可以形成闭环。一旦我们开始考虑把基因与命运

---

[1]　然而即便是看似简单明了的遗传筛查检测也会将我们卷入道德风险的困境。现在我们以弗里德曼筛查士兵中 PTSD 易感基因的设想为例。初看起来，这种方法似乎可以缓解他们经受的战争创伤：只要筛选出那些没有"恐惧消退"能力的士兵，然后对他们进行强化精神治疗或药物治疗就可以使其恢复正常。但是如果我们在部署任务之前就对士兵的 PTSD 风险进行筛查？这种做法真的有必要吗？我们真的想挑选出冷漠无情或是先天对于暴力无动于衷的士兵吗？我个人对于此类筛查持否定态度：失去"恐惧消退"制约的心态实际上是战争中应该避免的危险行为。

画等号，就会不可避免地会将人类基因组当作昭昭天命。

※※※

当我们探望完莫尼准备离开加尔各答的时候，父亲还想在他童年住过的房子外面稍作停留，而他和兄弟们就在这里目睹了拉杰什遭受躁郁症的折磨。我们一路上默不作声，任由父亲的思绪沉浸在对往事的追忆里。我们将车停在哈亚特汗街狭窄的入口处，然后一起缓步走到小巷的尽头。那时大约是晚上 6 点，街边的房屋笼罩在昏暗的灯光下，潮湿的空气似乎预示着随时就要下雨。

"孟加拉历史上最重要的一件事情就是印巴分治。"父亲对我说道。他望着我们头顶上突出的阳台努力地回忆着以前邻居的名字：戈什（Ghosh）、塔卢克达尔（Talukdar）、穆克吉（Mukherjee）、查特吉（Chatterjee）以及森（Sen）。我注意到房屋之间密布着许多晾衣绳，也许落在身上的那些蒙蒙细雨就来自那些刚洗完的湿衣服。父亲说道："印巴分治的结果关乎这座城市每个人的切身利益，而你的家园要么毁于这场灾难，要么就会成为别人的庇护所。"他指着我们头顶上那些窗口的柱廊喃喃自语道："这里的每户人家都曾接纳过逃难的同胞。"尽管来自四面八方的人们彼此并不熟悉，但是大家在患难与共的过程中已经融为一体。

"当我们从巴里萨尔一路颠簸来到加尔各答的时候，虽然随身只携带了四个笨重的钢制行李箱与少量生活用品，但是内心已经开始憧憬未来的新生活。"我知道在那条街上生活的每个家庭都有自己的辛酸血泪史。似乎人们的各种差异都趋于平等，而这就像是冬天仅剩下植物根茎的花园。

对于许多像父亲一样的人来说，从孟加拉东部至西部的迁徙令他们的生活被彻底重置。让我们将时间恢复到元年，而历史也被割裂为分治之前（BP）与分治之后（AP）。印巴分治造成的灾难摧毁了原本和谐的生活：与父亲同时代的人们在不知不觉中就成了这项天然实验的牺牲品。只要时钟被重新归零，那么我们仿佛就可以回到人类的起点，然后近距离地观察生活、命运与选择的转归。在此过程中，父亲的感受可以用刻骨铭心来形容：一位兄弟（拉杰什）患上了躁郁症，而另一位兄弟（贾古）的现实生活也支离破碎。尽管祖母对于新生事物始终抱有谨小慎微的态度，但是我的父亲却从心底里喜欢尝试冒险。这些看似迥异的属性隐藏在每个人的体内，它们就像缩微人一样等待重获新生。

到底是什么力量或机制才能解释人类个体截然不同的命运与选择呢？人们在18世纪之前曾经把个体命运归结于神的旨意。其中印度教徒长期以来认为个体命运与其前世的因果报应密不可分（在印度教中，主神就像一位至高无上的道德税务会计师，他将根据既往投资的盈亏来清点与分配命运的优劣）。而基督教中的上帝也是恩威并施的化身，他既是桀骜不驯的运动员又是最终命运的裁判员。

19世纪与20世纪的医学发展为命运与选择提供了更为世俗化的概念。疾病或许是命运中最为常见的典型代表，我们可以通过规范的术语对其进行描述，它们不再是天谴神罚的愚昧无知，而是风险、暴露、体质、环境与行为共同作用的结果。与此同时，我们把选择理解为个体心理、经历、记忆、创伤与身世表达的一种方式。到了20世纪中期，身份、亲缘、气质与偏好（异性恋与同性恋或冲动与谨慎）越来越多地被描述为是心理冲动、个人历史与随机因素交互作用产生的现象，因此就诞生了涵盖命运与选择的流行病学。

在21世纪开始的前10年，我们开始学习使用另外一种语言来讲述因果，然后以此来构建某种全新的自我流行病学：我们开始从基因与基因组的角度来描述疾病、身份、亲缘、气质以及偏好，并且最终运用上述理论来诠释命运与选择。尽管基因作为反映人类本质与命运的唯一途径并非是遥不可及的天方夜谭，但是这种颇具争议的观点也让我们在面对历史与未来的时候谨言慎行：基因对于人类生存的影响要远比我们想象中的更为错综复杂与惊心动魄。当我们尝试去定向解读、改变与操纵基因组，并且获得改变未来命运与选择的能力时，上述观点也就变得愈发具有煽动性与破坏性。1919 年，摩尔根曾经写道："人类最终会了解自然的本质，而所谓的神秘莫测不过是场错觉罢了。"[6] 随着科学技术的突飞猛进，我们当前正在把摩尔根的结论从了解自然扩展至领悟人性。

我的脑海中经常会出现贾古与拉杰什的身影，假设兄弟二人出生在距今 50 到 100 年的未来，那么他们的生活轨迹又会是什么样子呢？我们能否根据遗传学易感性来治愈摧残他们生命的疾病呢？这种知识能否帮助他们恢复"正常"呢？如果答案是肯定的话，那么又会涉及何种道德、社会与生物危害呢？人们对于这种类型的知识是否会产生全新的理解与同情呢？还是说它们会成为新型歧视的核心内容？这种知识能被用来重新定义什么是"自然"吗？

但是"自然"到底是什么呢？我扪心自问。从一方面来说，它具有变异、突变、转换、无常、离散与流动的属性；而另一方面，它还表现出恒常、持久、完整与保真的特征。那么我们该如何辨别自然的身份呢？由于 DNA 本身就是一种自相矛盾的分子，因此它编码的生物体也是千奇百怪。我们原本想从遗传特征中总结出恒常的规律，但是却在不经意之间发现了变异（对立面）的奥秘，同时还认识到突变是保持人类本质的必要条件。我们体内的基因组正在努力维系着各种力量之间脆弱的平衡，其中就包括彼此互补的双螺旋结构、错综复杂的过去和未来以及挥之不去的欲望和记忆，而这也构成了世间万物最为人性的核心。因此如何科学管理就成为人类认知世界与明辨是非的终极挑战。

致 谢

  2010 年 5 月，当《众病之王：癌症传》这部作品定稿之时，我从来没有想到自己会再次执笔撰写另外一部著作。虽然《众病之王：癌症传》带来的体力透支容易恢复，但是我的想象力几乎在写作过程中消耗殆尽。就在该书获得当年的《卫报》新人奖（Guardian First Book Prize）后，有一位评论家曾经埋怨应该将这部作品提名为"最佳图书奖"，而这种意外的惊喜让我彻底打消了内心的忧虑。《众病之王：癌症传》不仅是情节构思的创新更是人生角色的转换，我正是在它的启蒙下才逐步成长为一名作家的。

  尽管《众病之王：癌症传》已经做到知无不尽，但是它并不能反映恶变之前的常态。如果把癌症这种"扭曲自我"比作《贝奥武甫》（Beowulf）中的魔鬼，那么是何种力量在维系正常的新陈代谢呢？于是我在探究常态、身份、变异与遗传奥秘的过程中创作了《基因传》，而这部作品其实可以被视为《众病之王：癌症传》的前传。

  虽然家庭与遗传的话题始终贯穿着人们的生活，但是市面上反映这些内容的书籍并不多见，因此我非常感谢大家在《基因传》创作中给予的鼎力支持。我的妻子萨拉·斯茨（Sarah Sze）是这部作品最忠实的读者与知音，同时女儿莉拉（Leela）与阿丽雅（Aria）每天都在提醒我她们在未来可能面临的风险。毋庸置疑，我的父亲塞布斯瓦尔

（Sibeswar）与母亲谦达娜（Chandana）的经历也是这个故事的重要组成部分，而我的姐姐拉努（Ranu）与姐夫桑杰（Sanjay）为本书提供了道德指引。与此同时，我与朱迪（Judy）、施家铭（Chia-Ming Sze）、戴维·斯茨（David Sze）以及凯瑟琳·多诺霍（Kathleen Donohue）还就家庭与未来的话题展开过多次讨论。

接下来，我要感谢为本书提供慷慨建议的各位专家学者，正是在他们的帮助下《基因传》才能够确保内容准确无误，其中就包括保罗·伯格（遗传学与克隆）、戴维·博特斯坦（基因定位）、埃里克·兰德与罗伯特·沃特（人类基因组计划）、罗伯特·霍维茨与戴维·赫什（蠕虫生物学）、汤姆·马尼亚蒂斯（分子生物学）、肖恩·卡罗尔（进化与基因调控）、哈罗德·瓦默斯（癌症）、南希·西格尔（双胞胎研究）、因德尔·维尔马（基因治疗）、珍妮弗·杜德娜（基因编辑）、南希·韦克斯勒（人类基因图谱）、马库斯·费德曼（人类进化）、杰拉尔德·菲施巴赫（精神分裂症与自闭症）、戴维·艾利斯与蒂莫西·贝斯特（表观遗传学）、弗朗西斯·柯林斯（基因定位与人类基因组计划）、埃里克·托普尔（人类遗传学）与休·杰克曼（"金刚狼"，变种人）。

除此之外，阿肖克·拉伊（Ashok Rai）、内尔·布雷耶（Nell Breyer）、比尔·赫尔曼（Bill Helman）、高拉夫·马宗达（Gaurav Majumdar）、苏曼·施洛德卡（Suman Shirodkar）、梅鲁·戈哈尔（Meru Gokhale）、切克·萨卡尔（Chiki Sarkar）、戴维·布里施泰因（David Blistein）、阿兹拉·拉扎（Azra Raza）、切特纳·乔普拉（Chetna Chopra）与苏祖·巴塔恰里雅（Sujoy Bhattacharyya）在《基因传》初稿完成之后为本书提供了极其宝贵的意见。同时我在与丽莎·尤斯塔维奇（Lisa Yuskavage）、玛特威·莱文斯坦（Matvey Levenstein）、雷切尔·费因斯坦（Rachel Feinstein）以及约翰·柯林（John Currin）的交流中也获益匪浅。而尤斯塔维奇在她的作品（《双胞胎》）中引用了《基因传》与《医学的真相》的内容。布列塔尼·拉什

（Brittany Rush）不仅耐心（出色）地完成了800余条参考文献的整理工作，并且还专心致志地投入到枯燥乏味的出版工作中；丹尼尔·勒德尔（Daniel Loedel）只用了一个周末的时间就确认文稿达到了预期目标。此外，米娅·克劳利–霍尔德（Mia Crowley-Hald）与安娜–索菲亚·瓦茨（Anna-Sophia Watts）在文字编辑过程中发挥了至关重要的作用，而凯特·洛伊德（Kate Lloyd）绝对是公关领域的天才。

本书的封面插图出自我的好友加布里埃尔·奥罗斯科（Gabriel Orozco），他独具匠心地通过大小不等的相切圆展现出整部作品的精华。我无法想象还有什么创意能够比这幅画面更适合《基因传》。

最后，我要由衷地感谢主编南·格雷厄姆（Nan Graham）：你与斯图亚特·威廉姆斯（Stuart Williams）和萨拉·查尔方特（Sarah Chalfant）一起读完了那份68页的草稿，而萨拉当时只是通过两段文字介绍就敏锐地发现了这部作品的价值，你们不仅让《基因传》担当起时代的重任，还为它插上了腾飞的翅膀。

1865：格雷戈尔·孟德尔发现了独立的遗传单元。

1933—1939：德国纳粹政府发动了一场种族卫生运动。

1968—1973：伯格、科恩与博耶构建出"重组DNA"。

1900—1909：孟德尔定律被人们重新发现。植物学家威廉·约翰森创造了基因一词。

1943：门格勒在奥斯威辛集中营对犹太双胞胎进行了惨无人道的实验。

1975：阿西洛马会议建议"暂停"DNA重组技术的应用。

1927：卡丽·巴克被实施了输卵管结扎绝育术。

1953：沃森、克里克、威尔金斯与富兰克林共同发现了DNA双螺旋结构。

1859：达尔文的著作《物种起源》正式出版。

1908—1915：摩尔根与他的学生们发现了遗传连锁与"互换"规律。

1941—1944：埃弗里证明DNA是遗传信息携带者。

350BC：亚里士多德认为遗传物质以信息的形式传递。

1869：高尔顿在《遗传的天才》中提出了"优生学"概念。

1934—1935：纳粹政府起草了旨在推行种族净化的纽伦堡法案。

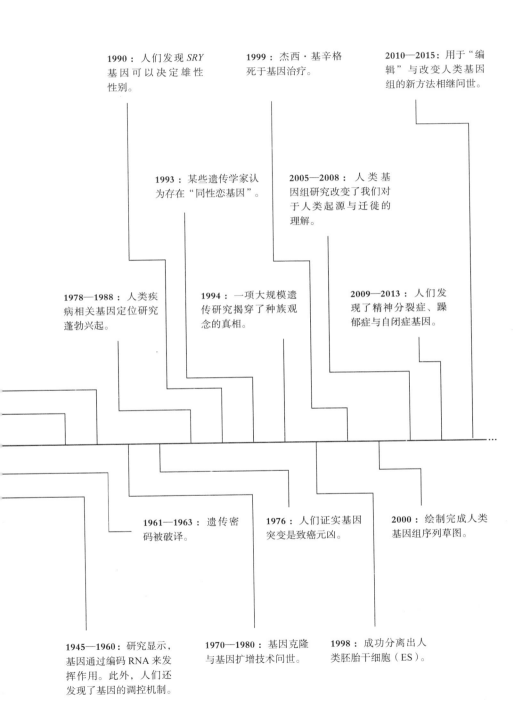

1990：人们发现*SRY*基因可以决定雄性性别。

1999：杰西·基辛格死于基因治疗。

2010—2015：用于"编辑"与改变人类基因组的新方法相继问世。

1993：某些遗传学家认为存在"同性恋基因"。

2005—2008：人类基因组研究改变了我们对于人类起源与迁徙的理解。

1978—1988：人类疾病相关基因定位研究蓬勃兴起。

1994：一项大规模遗传研究揭穿了种族观念的真相。

2009—2013：人们发现了精神分裂症、躁郁症与自闭症基因。

1961—1963：遗传密码被破译。

1976：人们证实基因突变是致癌元凶。

2000：绘制完成人类基因组序列草图。

1945—1960：研究显示，基因通过编码 RNA 来发挥作用。此外，人们还发现了基因的调控机制。

1970—1980：基因克隆与基因扩增技术问世。

1998：成功分离出人类胚胎干细胞（ES）。

词汇表

等位基因（allele）：基因的变异体或替代形式。等位基因通常由突变产生并且会造成表型变异。一个基因可以拥有多个等位基因。

级联反应（cascade）：指在一系列连续事件中前面一种事件能激发后面一种事件的反应，其化学修饰为酶促反应以及放大效应。

中心法则或中心理论（central dogma, or central theory）：在大多数生物体中，遗传信息只能从 DNA（基因）传递给信使 RNA，然后再从 RNA 传递给蛋白质。该理论在发展过程中已经过多次修改。其中逆转录病毒中的逆转录酶能以 RNA 为模板形成 DNA。

染色质（chromatin）：染色体的组成成分。由于最初是在进行细胞染色时发现的这种物质，因此人们就用 chroma（颜色）对其命名。染色质中可能包含有 DNA、RNA 与蛋白质。

染色体（chromosome）：这种由 DNA 与蛋白质组成的结构是细胞内储存遗传信息的载体。

DNA：脱氧核糖核酸，是所有细胞生物中携带遗传信息的化学物质。它在细胞中通常以两条配对互补链的形式出现。其中每条化学链都是由 A、C、T 与 G 四种碱基组成。基因携带的信息通过遗传"密码"的形式得到体现，而该序列在翻译成为蛋白质前先要经过 RNA 转录。

酶（enzyme）：某种加速生物化学反应的蛋白质。

表观遗传学（epigenetics）：在基因序列不变（例如 A、C、T 与 G）的情况下，研究表型发生变异的遗传学分支学科。DNA 化学修饰（例如甲基化）或 DNA 组装发生改变（例如组蛋白）是导致这种现象的常见原因。其中某些修饰具有可遗传性。

基因（gene）：作为遗传物质的基本单位，基因通常由编码蛋白质或 RNA 链的 DNA 片段组成（在某些特殊情况下，基因可能以 RNA 的形式存在）。

基因组（genome）：生物体携带的全套遗传信息。基因组包括蛋白质编码基因、非蛋白质编码基因、基因调节区域以及功能未知的 DNA 序列。

基因型（genotype）：决定生物体物理、化学、生物与智力特征（见"表型"）的全部遗传信息。

突变（mutation）：DNA 的化学结构发生改变。突变既可以表现为沉默（也就是说这种变化不会对生物体的功能产生影响）也可以导致生物体的功能或结构出现变化。

细胞核（nucleus）：这种膜包裹的细胞结构或细胞器存在于动物或植物细胞（不包括细菌细胞）中。动物细胞的染色体（与基因）就位于细胞核内。在动物细胞中，尽管大多数基因存在于细胞核内，但是线粒体亦可以携带少量基因。

细胞器（organelle）：细胞中具有特殊功能的细胞亚单位。不同的细胞器通常被包裹在各自的膜结构中。例如线粒体是一种可以产生能量的细胞器。

外显率（penetrance）：携带特定基因变异的生物体表现出相关性状或表型的百分比。在医学遗传学中，外显率是指导致个体出现某种疾病症状的基因型百分比。

表型（phenotype）：个体在生物、物理与智力特征等方面的表现，例如皮肤颜色或眼睛颜色。此外，表型还包括某些复杂的特征，例如气质或性格。表型由基因、表观遗传改变、环境因素与随机概率共同决定。

蛋白质（protein）： 这种化学物质的核心结构由基因翻译的氨基酸链组成。蛋白质可以执行大部分细胞功能，其中就包括传递信号、提供结构支撑与加速生化反应。基因通常会为蛋白质"合成"提供蓝图。而加入磷酸、糖或脂质等小分子化合物可以对蛋白质进行化学修饰。

逆转录（reverse transcription）： 在逆转录酶的作用下，以 RNA 链作为模板合成 DNA 链的过程。逆转录酶存在于逆转录病毒中。

核糖体（ribosome）： 这种由蛋白质与 RNA 组成的细胞结构负责解码合成蛋白质所需的信使 RNA。

RNA： 核糖核酸，是一种执行多种细胞功能的化学物质，它可以作为"中介"信息将基因翻译成蛋白质。RNA 由碱基（A、C、G 与 U）链与磷酸糖骨架结合而成。细胞中的 RNA 通常以单链形式存在（DNA 通常为双链），但是在特殊情况下也会形成双链 RNA。而以逆转录病毒为代表的生物体可以将 RNA 作为遗传信息的载体。

性状、显性性状与隐性性状（traits, dominant and recessive）： 性状是指生物体的物理或生物学特征。多个基因可以编码相同的性状，而单个基因亦可以编码不同的性状。显性性状是指显性与隐性等位基因同时存在时表现出的性状，而隐性性状指两个等位基因均为隐性时表现出的性状。此外，基因可以表现为共显性：在这种情况下，同时存在显性与隐性等位基因的生物体将表现为中间性状。

转录（transcription）： 以基因为模板生成 RNA 拷贝的过程。经过转录后，DNA 中的遗传密码（ATG–CAC–GGG）就可产生 RNA"拷贝"（AUG–CAC–GGG）。

转化（transformation）： 遗传物质在生物体之间的水平转移。一般来说，细菌无须繁殖即可通过传递遗传物质在生物体间交换遗传信息。

翻译（基因）【translation (of genes)】：核糖体将遗传信息由 RNA 信息转换为蛋白质的过程。在翻译过程中，由于 RNA 上的三联体密码（例如 AUG）对应着某个氨基酸（例如蛋氨酸），因此一条 RNA 链就可以编码一条氨基酸链。

译者注记

我与穆克吉医生的作品结缘还要追溯至《众病之王：癌症传》。当时徐文老师介绍我与董正和刘利娴夫妇相识，席间董正提到中信出版集团刚刚上市了一本新书《众病之王：癌症传》，而我的主要研究方向恰好就聚焦在肿瘤领域。《众病之王：癌症传》的确是一部引人入胜的医学经典，从此我就对于穆克吉医生的作品有了某种期待。2016年5月，我得知穆克吉医生撰写的另一部力作《基因传》即将在美国问世，同时这本书的中译本也列入了中信出版集团的日程。其实我在正式接手《基因传》的翻译工作之前还是有些犹豫，毕竟本书许多内容涉及遗传学、生物学以及社会学等专业领域，因此如何再现本书的精髓是项非常艰巨的挑战。虽然我从未与穆克吉医生进行过沟通，但是同为医者的经历却令人感到默契。当本书译稿画上句号时，我深深感到发自内心的解脱。《基因传》不仅是一部翔实记述科学发展的历史，更是人类在21世纪面向未来的宣言。

我在此要感谢郭佳希博士、张雪博士、袁春旭、李雪、许林军在《基因传》初译稿整理过程中付出的辛勤努力。与此同时，徐文老师作为《基因传》的第一位读者对于译稿提出了许多真知灼见，而远在美国的姐姐马篱梅博士与姐夫俞从容博士为本书提供了专业指导。除此之外，徐珮雯、张薇以及范重君也帮助我一起在文字上精雕细琢。

《基因传》的顺利出版彰显了团队合作的重要性。我在此要感谢夏嘉老师自始至终的鼎力支持，而丁川老师引进的系列国外优秀作品堪称经典，同时王强老师带领的小伙伴们一直在争分夺秒，尤其是肖雪在审校过程中任劳任怨，当然还有最早合作的覃田甜老师以及那些默默无闻的编辑，是你们给了我足够的信任与时间去实现这个梦想。

最后，我要由衷感谢父亲与母亲将他们勤劳朴素的基因融入我的血脉，而宝妈与宝宝就是绘制靓丽蓝图的 DNA！

注 释

（引言）

1 *An exact determination of the laws of heredity:* W. Bateson, "Problems of Heredity as a Subject for Horticultural Investigation," in *A Century of Mendelism in Human Genetics*, ed. Milo Keynes, A.W.F. Edwards, and Robert Peel (Boca Raton, FL: CRC Press, 2004), 153.

2 *Human beings are ultimately nothing but carriers:* Haruki Murakami, *1Q84* (London: Vintage, 2012), 231.

序言　骨肉同胞

1 *The blood of your parents is not lost in you:* Charles W. Eliot, *The Harvard Classics: The Odyssey of Homer*, ed. Charles W. Eliot (Danbury, CT: Grolier Enterprises, 1982), 49.

2 *They fuck you up, your mum and dad:* Philip Larkin, *High Windows* (New York: Farrar, Straus and Giroux, 1974).

3 *In 2012, several further studies:* Maartje F. Aukes et al., "Familial clustering of schizophrenia, bipolar disorder, and major depressive disorder," *Genetics in Medicine* 14, no. 3 (2012): 338–41; and Paul Lichtenstein et al., "Common genetic determinants of schizophrenia and bipolar disorder in Swedish families: A population-based study," *Lancet* 373, no. 9659 (2009): 234–39.

4 *Three profoundly destabilizing: Atoms, Bytes and Genes: Public Resistance and Techno-Scientific Responses* by Martin W. Bauer, Routledge Advances in Sociology (New York: Routledge, 2015).

5 *"In the sum of the parts, there are only the parts":* Helen Vendler, *Wallace Stevens: Words Chosen out of Desire* (Cambridge, MA: Harvard University Press, 1984), 21.

6 *"The whole organic world":* Hugo de Vries, *Intracellular Pangenesis: Including a Paper on Fertilization and Hybridization* (Chicago: Open Court, 1910), 13.

7 *"Alchemy could not become chemistry until":* Arthur W. Gilbert, "The Science of Genetics," *Journal of Heredity* 5, no. 6 (1914): 239.

8 *"That the fundamental aspects of heredity":* Thomas Hunt Morgan, *The Physical Basis of Heredity* (Philadelphia: J. B. Lippincott, 1919), 14.

9 *"the quest for eternal youth":* Jeff Lyon and Peter Gorner, *Altered Fates: Gene Therapy and the Retooling of Human Life* (New York: W. W. Norton, 1996), 9–10.

第一部分

1　*This missing science of heredity:* Herbert G. Wells, *Mankind in the Making* (Leipzig: Tauchnitz, 1903), 33.

2　*JACK: Yes, but you said yourself:* Oscar Wilde, *The Importance of Being Earnest* (New York: Dover Publications, 1990), 117.

第一章　围墙花园

1　*The students of heredity:* G. K. Chesterton, *Eugenics and Other Evils* (London: Cassell, 1922), 66.

2　*the Augustinians, fortunately, saw no conflict:* Gareth B. Matthews, *The Augustinian Tradition* (Berkeley: University of California Press, 1999).

3　*In October 1843, a young man from Silesia:* Details of Mendel's life and the Augustinian monastery are from several sources, including Gregor Mendel, Alain F. Corcos, and Floyd V. Monaghan, *Gregor Mendel's Experiments on Plant Hybrids: A Guided Study* (New Brunswick, NJ: Rutgers University Press, 1993); Edward Edelson, *Gregor Mendel: And the Roots of Genetics* (New York: Oxford University Press, 1999); and Robin Marantz Henig, *The Monk in the Garden: The Lost and Found Genius of Gregor Mendel, the Father of Genetics* (Boston: Houghton Mifflin, 2000).

4　*The tumult of 1848:* Edward Berenson, *Populist Religion and Left-Wing Politics in France, 1830–1852* (Princeton, NJ: Princeton University Press, 1984).

5　*"Seized by an unconquerable timidity":* Henig, *Monk in the Garden,* 37.

6　*he applied for a job to teach mathematics:* Ibid., 38.

7　*In the late spring of 1850, an eager Mendel:* Harry Sootin, *Gregor Mendel: Father of the Science of Genetics* (New York: Random House Books for Young Readers, 1959).

8　*On July 20, in the midst of an enervating heat wave:* Henig, *Monk in the Garden,* 62.

9　*On August 16, he appeared before his examiners:* Ibid., 47.

10　*In 1842, Doppler, a gaunt, acerbic:* Jagdish Mehra and Helmut Rechenberg, *The Historical Development of Quantum Theory* (New York: Springer-Verlag, 1982).

11　*But in 1845, Doppler had loaded a train:* Kendall F. Haven, *100 Greatest Science Discoveries of All Time* (Westport, CT: Libraries Unlimited, 2007), 75–76.

12　*But these categories, originally devised by the Swedish botanist:* Margaret J. Anderson, *Carl Linnaeus: Father of Classification* (Springfield, NJ: Enslow Publishers, 1997).

13　*"Not the true parent is the woman's":* Aeschylus, *The Greek Classics: Aeschylus—Seven Plays* (n.p.: Special Edition Books, 2006), 240.

14　*"She doth but nurse the seed":* Ibid.

15　*from Indian or Babylonian geometers:* Maor Eli, *The Pythagorean Theorem: A 4,000-Year History* (Princeton, NJ: Princeton University Press, 2007).

16　*A century after Pythagoras's death:* Plato, *The Republic,* ed. and trans. Allan Bloom (New York: Basic Books, 1968).

17　*In one of the most intriguing passages:* Plato, *The Republic* (Edinburgh: Black & White Classics, 2014), 150.

18　*"For when your guardians are ignorant":* Ibid.

19　*The result, a compact treatise:* Aristotle, *Generation of Animals* (Leiden: Brill Archive, 1943).

20　*"And from deformed":* Aristotle, *History of Animals, Book VII,* ed. and trans. D. M. Balme (Cambridge, MA: Harvard University Press, 1991).

21   *"just as lame come to be from lame"*: Ibid., 585b28–586a4.

22   *"Men generate before they yet have certain characters"*: Aristotle, *The Complete Works of Aristotle: The Revised Oxford Translation*, ed. Jonathan Barnes (Princeton, NJ: Princeton University Press, 1984), bk. 1, 1121.

23   A *ristotle offered an alternative theory*: Aristotle, *The Works of Aristotle*, ed. and trans. W. D. Ross (Chicago: Encyclopædia Britannica, 1952), "Aristotle: Logic and Metaphysics."

24   *"[Just as] no material part comes from the carpenter"*: Aristotle, *Complete Works of Aristotle*, 1134.

25   *biologist Max Delbrück would joke that Aristotle*: Daniel Novotny and Lukás Novák, *Neo-Aristotelian Perspectives in Metaphysics* (New York: Routledge, 2014), 94.

26   *In the 1520s, the Swiss-German alchemist Paracelsus*: Paracelsus, *Paracelsus: Essential Readings*, ed. and trans. Nicholas Godrick-Clarke (Wellingborough, Northamptonshire, England: Crucible, 1990).

27   *"floating . . . in our First Parent's loins"*: Peter Hanns Reill, *Vitalizing Nature in the Enlightenment* (Berkeley: University of California Press, 2005), 160.

28   *In 1694, Nicolaas Hartsoeker, the Dutch physicist*: Nicolaas Hartsoeker, *Essay de dioptrique* (Paris: Jean Anisson, 1694).

29   *"In nature there is no generation"*: Matthew Cobb, "Reading and writing the book of nature: Jan Swammerdam (1637–1680)," *Endeavour* 24, no. 3 (2000): 122–28.

30   *In 1768, the Berlin embryologist Caspar Wolff*: Caspar Friedrich Wolff, "De formatione intestinorum praecipue," *Novi commentarii Academiae Scientiarum Imperialis Petropolitanae* 12 (1768): 43–47. Wolff also wrote about *essentialis corporis* in 1759: Richard P. Aulie, "Caspar Friedrich Wolff and his 'Theoria Generationis,' 1759," *Journal of the History of Medicine and Allied Sciences* 16, no. 2 (1961): 124–44.

31   " *The opposing views of today were in existence centuries ago"*: Oscar Hertwig, *The Biological Problem of To-day: Preformation or Epigenesis? The Basis of a Theory of Organic Development* (London: Heinneman's Scientific Handbook, 1896), 1.

第二章　"谜中之谜"

1   *They mean to tell us all was rolling blind*: Robert Frost, *The Robert Frost Reader: Poetry and Prose*, ed. Edward Connery Lathem and Lawrance Thompson (New York: Henry Holt, 2002).

2   *Charles Darwin, boarded a ten-gun brig-sloop*: Charles Darwin, *The Autobiography of Charles Darwin*, ed. Francis Darwin (Amherst, NY: Prometheus Books, 2000), 11.

3   *He had tried, unsuccessfully, to study medicine*: Jacob Goldstein, "Charles Darwin, Medical School Dropout," *Wall Street Journal*, February 12, 2009, http://blogs.wsj .com/health/2009/02/12/charles-darwin-medical-school-dropout/.

4   *Christ's College in Cambridge*: Darwin, *Autobiography of Charles Darwin*, 37.

5   *Holed up in a room*: Adrian J. Desmond and James R. Moore, *Darwin* (New York: Warner Books, 1991), 52.

6   *John Henslow, the botanist and geologist*: Duane Isely, *One Hundred and One Botanists* (Ames: Iowa State University, 1994), "John Stevens Henslow (1796–1861)."

7   *The first,* Natural Theology, *published in 1802*: William Paley, *The Works of William Paley . . . Containing His Life, Moral and Political Philosophy, Evidences of Christianity, Natural Theology, Tracts, Horae Paulinae, Clergyman's Companion, and Sermons, Printed Verbatim from the Original Editions. Complete in One Volume* (Philadelphia: J. J. Woodward, 1836).

8　*The second book,* A Preliminary Discourse: John F. W. Herschel, *A Preliminary Discourse on the Study of Natural Philosophy. A Facsim. of the 1830 Ed.* (New York: Johnson Reprint, 1966).

9　*"To ascend to the origin of things":* Ibid., 38.

10　*"Battered relics of past ages":* Martin Gorst, *Measuring Eternity: The Search for the Beginning of Time* (New York: Broadway Books, 2002), 158.

11　*"mystery of mysteries":* Charles Darwin, *On the Origin of Species by Means of Natural Selection* (London: Murray, 1859), 7.

12　*dominated by so-called parson-naturalists:* Patrick Armstrong, *The English Parson-Naturalist: A Companionship between Science and Religion* (Leominster, MA: Gracewing, 2000), "Introducing the English Parson-Naturalist."

13　*In August 1831, two months after his graduation:* John Henslow, "Darwin Correspondence Project," Letter 105, https://www.darwinproject.ac.uk/letter/entry-105.

14　*The Beagle lifted anchor on December 27, 1831:* Darwin, *Autobiography of Charles Darwin,* "Voyage of the 'Beagle.' "

15　*Charles Lyell's* Principles of Geology: Charles Lyell, *Principles of Geology: Or, The Modern Changes of the Earth and Its Inhabitants Considered as Illustrative of Geology* (New York: D. Appleton, 1872).

16　*Lyell had argued (radically, for his time):* Ibid., "Chapter 8: Difference in Texture of the Older and Newer Rocks."

17　*In September 1832, exploring the gray cliffs:* Charles Darwin, *Geological Observations on the Volcanic Islands and Parts of South America Visited during the Voyage of H.M.S. "Beagle"* (New York: D. Appleton, 1896), 76–107.

18　*The skull belonged to a megatherium:* David Quammen, "Darwin's first clues," *National Geographic* 215, no. 2 (2009): 34–53.

19　*In 1835, the ship left Lima:* Charles Darwin, *Charles Darwin's Letters: A Selection, 1825–1859,* ed. Frederick Burkhardt (Cambridge: University of Cambridge, 1996), "To J. S. Henslow 12 [August] 1835," 46–47.

20　*On October 20, Darwin returned to sea:* G. T. Bettany and John Parker Anderson, *Life of Charles Darwin* (London: W. Scott, 1887), 47.

21　*rather than all species radiating out:* Duncan M. Porter and Peter W. Graham, *Darwin's Sciences* (Hoboken, NJ: Wiley-Blackwell, 2015), 62–63.

22　*As an afterthought, he added, "I think":* Ibid., 62.

23　*In the spring of 1838, as Darwin tore into a new journal:* Timothy Shanahan, *The Evolution of Darwinism: Selection, Adaptation, and Progress in Evolutionary Biology* (Cambridge: Cambridge University Press, 2004), 296.

24　*But the answer that came to him in October 1838:* Barry G. Gale, "After Malthus: Darwin Working on His Species Theory, 1838–1859" (PhD diss., University of Chicago, 1980).

25　*In 1798, writing under a pseudonym, Malthus:* Thomas Robert Malthus, *An Essay on the Principle of Population* (Chicago: Courier Corporation, 2007).

26　*"sickly seasons, epidemics, pestilence and plague":* Arno Karlen, *Man and Microbes: Disease and Plagues in History and Modern Times* (New York: Putnam, 1995), 67.

27　*"It at once struck me":* Charles Darwin, *On the Origin of Species by Means of Natural Selection,* ed. Joseph Carroll (Peterborough, Canada: Broadview Press, 2003), 438.

28　*the phrase* survival of the fittest *was borrowed:* Gregory Claeys, "The 'Survival of the Fittest' and the Origins of Social Darwinism," *Journal of the History of Ideas* 61, no. 2 (2000): 223–40.

29 *In 1844, he distilled the crucial parts:* Charles Darwin, *The Foundations of the Origin of Species, Two Essays Written in 1842 and 1844,* ed. Francis Darwin (Cambridge: Cambridge University Press, 1909), "Essay of 1844."

30 *Alfred Russel Wallace, published a paper:* Alfred R. Wallace, "XVIII.—On the law which has regulated the introduction of new species," *Annals and Magazine of Natural History* 16, no. 93 (1855): 184–96.

31 *Wallace had been born to a middle-class family:* Charles H. Smith and George Beccaloni, *Natural Selection and Beyond: The Intellectual Legacy of Alfred Russel Wallace* (Oxford: Oxford University Press, 2008), 10.

32 *but on the hard-back benches of the free library:* Ibid., 69.

33 *Like Darwin, Wallace had also embarked:* Ibid., 12.

34 *Wallace moved from the Amazon basin:* Ibid., ix.

35 *"The answer was clearly":* Benjamin Orange Flowers, "Alfred Russel Wallace," *Arena* 36 (1906): 209.

36 *In June 1858, Wallace sent Darwin a tentative draft:* Alfred Russel Wallace, *Alfred Russel Wallace: Letters and Reminiscences,* ed. James Marchant (New York: Arno Press, 1975), 118.

37 *On July 1, 1858, Darwin's and Wallace's papers were read:* Charles Darwin, *The Correspondence of Charles Darwin,* vol. 13, ed. Frederick Burkhardt, Duncan M. Porter, and Sheila Ann Dean, et al. (Cambridge: Cambridge University Press, 2003), 468.

38 *The next May, the president of the society remarked:* E. J. Browne, *Charles Darwin: The Power of Place* (New York: Alfred A. Knopf, 2002), 42.

39 *"I heartily hope that my Book":* Charles Darwin, *The Correspondence of Charles Darwin,* vol. 7, ed. Frederick Burkhardt and Sydney Smith (Cambridge: Cambridge University Press, 1992), 357.

40 *"All copies were sold [on the] first day":* Charles Darwin, *The Life and Letters of Charles Darwin* (London: John Murray, 1887), 70.

41 *"The conclusions announced by Mr. Darwin are such":* "Reviews: Darwin's Origins of Species," *Saturday Review of Politics, Literature, Science and Art* 8 (December 24, 1859): 775–76.

42 *"We imply that his work [is] one of the most important that":* Ibid.

43 *"light will be thrown on the origin of man":* Charles Darwin, *On the Origin of Species,* ed. David Quammen (New York: Sterling, 2008), 51.

44 *"intellectual husks":* Richard Owen, "Darwin on the Origin of Species," *Edinburgh Review* 3 (1860): 487–532.

45 *"One's imagination must fill up very wide blanks":* Ibid.

第三章 "空中楼阁"

1 *The "Very Wide Blank":* Darwin, *Correspondence of Charles Darwin,* Darwin's letter to Asa Gray, September 5, 1857, https://www.darwinproject.ac.uk/letter/entry-2136.

2 *Now, I wonder if:* Alexander Wilford Hall, *The Problem of Human Life: Embracing the "Evolution of Sound" and "Evolution Evolved," with a Review of the Six Great Modern Scientists, Darwin, Huxley, Tyndall, Haeckel, Helmholtz, and Mayer* (London: Hall & Company, 1880), 441.

3 *In Lamarck's view:* Monroe W. Strickberger, *Evolution* (Boston: Jones & Bartlett, 1990), "The Lamarckian Heritage."

4 *"with a power proportional to the length of time":* Ibid., 24.

5　*driving himself to the brink:* James Schwartz, *In Pursuit of the Gene: From Darwin to DNA* (Cambridge, MA: Harvard University Press, 2008), 2.

6　*minute particles containing hereditary information*—gemmules: Ibid., 2–3.

7　*blending inheritance—was already familiar:* Brian Charlesworth and Deborah Charlesworth, "Darwin and genetics," *Genetics* 183, no. 3 (2009): 757–66.

8　*Darwin dubbed his theory pangenesis:* Ibid., 759–60.

9　*a new manuscript,* The Variation of Animals: Charles Darwin, *The Variation of Animals and Plants under Domestication,* vol. 2 (London: O. Judd, 1868).

10　*"It is a rash and crude hypothesis":* Darwin, *Correspondence of Charles Darwin,* vol. 13, "Letter to T. H. Huxley," 151.

11　*"Pangenesis will be called a mad dream":* Charles Darwin, *The Life and Letters of Charles Darwin: Including Autobiographical Chapter,* vol. 2., ed. Francis Darwin (New York: Appleton, 1896), "C. Darwin to Asa Gray," October 16, 1867, 256.

12　*"The [variant] will be swamped":* Fleeming Jenkin, "The Origin of Species," *North British Review* 47 (1867): 158.

13　*There was no denying:* In fairness to Darwin, he had sensed the problem in "blending inheritance" even without Jenkin's interjection. "If varieties be allowed freely to cross, such varieties will be constantly demolished . . . any small tendency in them to vary will be constantly counteracted," he wrote in his notes.

14　*"Experiments in Plant Hybridization":* G. Mendel, "Versuche über Pflanzen-Hybriden," *Verhandlungen des naturforschenden Vereins Brno* 4 (1866): 3–47 (*Journal of the Royal Horticultural Society* 26 [1901]: 1–32).

15　*he made extensive handwritten notes on pages 50, 51, 53, and 54:* David Galton, "Did Darwin read Mendel?" *Quarterly Journal of Medicine* 102, no. 8 (2009): 588, doi:10.1093/qjmed/hcp024.

第四章　他爱之花

1　*"Flowers He Loved":* Edward Edelson, *Gregor Mendel and the Roots of Genetics* (New York: Oxford University Press, 1999), "Clemens Janetchek's Poem Describing Mendel after His Death," 75.

2　*"We want only to disclose the [nature of] matter and its force":* Jiri Sekerak, "Gregor Mendel and the scientific milieu of his discovery," ed. M. Kokowski (The Global and the Local: The History of Science and the Cultural Integration of Europe, Proceedings of the 2nd ICESHS, Cracow, Poland, September 6–9, 2006).

3　*"The whole organic world is the result":* Hugo de Vries, *Intracellular Pangenesis; Including a Paper on Fertilization and Hybridization* (Chicago: Open Court, 1910), "Mutual Independence of Hereditary Characters."

4　*Gregor Mendel decided to return to Vienna:* Henig, *Monk in the Garden,* 60.

5　*"remained constant without exception":* Eric C. R. Reeve, *Encyclopedia of Genetics* (London: Fitzroy Dearborn, 2001), 62.

6　*Contrary to later belief:* Mendel had several predecessors who had studied plant hybrids just as intensively, except, perhaps, without Mendel's immersion in numbers and quantification. In the 1820s, English botanists, such as T. A. Knight, John Goss, Alexander Seton, and William Herbert—attempting to breed more vigorous agricultural plants—had performed experiments with plant hybrids that were strikingly similar to Mendel's. In France, Augustine Sageret's work on melon hybrids was also similar to Mendel's work. The most intensive work on plant hybrids immediately preceding Mendel was performed by the German botanist Josef Kölreuter, who had bred *Nicotania* hybrids. Kölreuter's work was followed by the work of Karl von Gaertner and Charles Naudin in Paris. Darwin had actually read Sageret's and Naudin's studies, both of which suggested the particulate quality of hereditary information, but Darwin had failed to appreciate their importance.

7   *"the history of the evolution of organic forms"*: Gregor Mendel, *Experiments in Plant Hybridisation* (New York: Cosimo, 2008), 8.

8   *By the late summer of 1857, the first hybrid peas:* Henig, *Monk in the Garden*, 81. More details in "Chapter 7: First Harvest."

9   *"How small a thought it takes to fill"*: Ludwig Wittgenstein, *Culture and Value*, trans. Peter Winch (Chicago: University of Chicago Press, 1984), 50e.

10   *Mendel termed these overriding traits:* Henig, *Monk in the Garden*, 86.

11   *In some of these third-generation crosses:* Ibid., 130.

12   *"It requires indeed some courage"*: Mendel, *Experiments in Plant Hybridization*, 8.

13   *Mendel presented his paper:* Henig, *Monk in the Garden*, "Chapter 11: Full Moon in February," 133–47. A second portion of Mendel's paper was read on March 8, 1865.

14   *Mendel's paper was published in:* Mendel, "Experiments in Plant Hybridization," www.mendelweb.org/Mendel.html.

15   *It is likely that he sent one to Darwin:* Galton, "Did Darwin Read Mendel?" 587.

16   *"one of the strangest silences in the history of biology"*: Leslie Clarence Dunn, *A Short History of Genetics: The Development of Some of the Main Lines of Thought, 1864–1939* (Ames: Iowa State University Press, 1991), 15.

17   *"only empirical . . . cannot be proved rational"*: Gregor Mendel, "Gregor Mendel's letters to Carl Nägeli, 1866–1873," *Genetics* 35, no. 5, pt. 2 (1950): 1.

18   *"I knew that the results I obtained"*: Allan Franklin et al., *Ending the Mendel-Fisher Controversy* (Pittsburgh, PA: University of Pittsburgh Press, 2008), 182.

19   *"an isolated experiment might be doubly dangerous"*: Mendel, "Letters to Carl Nägeli," April 18, 1867, 4.

20   *In November 1873, Mendel wrote his last letter to Nägeli:* Ibid., November 18, 1867, 30–34.

21   *"I feel truly unhappy that I have to neglect"*: Gian A. Nogler, "The lesser-known Mendel: His experiments on *Hieracium*," *Genetics* 172, no. 1 (2006): 1–6.

22   *On January 6, 1884, Mendel died:* Henig, *Monk in the Garden*, 170.

23   *"Gentle, free-handed, and kindly . . . Flowers he loved"*: Edelson, *Gregor Mendel*, "Clemens Janetchek's Poem Describing Mendel after His Death," 75.

第五章　"名叫孟德尔"

1   *The origin of species is a natural phenomenon:* Lucius Moody Bristol, *Social Adaptation: a Study in the Development of the Doctrine of Adaptation as a Theory of Social Progress* (Cambridge, MA: Harvard University Press, 1915), 70.

2   *The origin of species is an object of inquiry:* Ibid.

3   *The origin of species is an object of experimental investigation:* Ibid.

4   *In the summer of 1878:* Peter W. van der Pas, "The correspondence of Hugo de Vries and Charles Darwin," *Janus* 57: 173–213.

5   *"margin was too small"*: Mathias Engan, *Multiple Precision Integer Arithmetic and Public Key Encryption* (M. Engan, 2009), 16–17.

6 *"In another work I shall discuss"*: Charles Darwin, *The Variation of Animals & Plants under Domestication*, ed. Francis Darwin (London: John Murray, 1905), 5.

7 *Darwin died in 1882*: "Charles Darwin," Famous Scientists, http://www.famousscientists.org/charles-darwin/.

8 *In 1883, with rather grim determination*: James Schwartz, *In Pursuit of the Gene: From Darwin to DNA* (Cambridge, MA: Harvard University Press, 2008), "Pangenes."

9 *Weismann called this hereditary material* germplasm: August Weismann, William Newton Parker, and Harriet Rönnfeldt, *The Germ-Plasm; a Theory of Heredity* (New York: Scribner's, 1893).

10 *In a landmark paper written in 1897*: Schwartz, *In Pursuit of the Gene*, 83.

11 *He called these particles "pangenes"*: Ida H. Stamhuis, Onno G. Meijer, and Erik J. A. Zevenhuizen, "Hugo de Vries on heredity, 1889–1903: Statistics, Mendelian laws, pangenes, mutations," *Isis* (1999): 238–67.

12 *"I know that you are studying hybrids"*: Iris Sandler and Laurence Sandler, "A conceptual ambiguity that contributed to the neglect of Mendel's paper," *History and Philosophy of the Life Sciences* 7, no. 1 (1985): 9.

13 *"Modesty is a virtue"*: Edward J. Larson, *Evolution: The Remarkable History of a Scientific Theory* (New York: Modern Library, 2004).

14 *That same year de Vries published his monumental study*: Hans-Jörg Rheinberger, "Mendelian inheritance in Germany between 1900 and 1910. The case of Carl Correns (1864–1933)," *Comptes Rendus de l'Académie des Sciences—Series III—Sciences de la Vie* 323, no. 12 (2000): 1089–96, doi:10.1016/s0764-4469(00)01267-1.

15 *"I too still believed that I had found something new"*: Url Lanham, *Origins of Modern Biology* (New York: Columbia University Press, 1968), 207.

16 *"by a strange coincidence"*: Carl Correns, "G. Mendel's law concerning the behavior of progeny of varietal hybrids," *Genetics* 35, no. 5 (1950): 33–41.

17 *de Vries stumbled on an enormous, invasive*: Schwartz, *In Pursuit of the Gene*, 111.

18 *He called them* mutants: Hugo de Vries, *Th e Mutation Th eory*, vol. 1 (Chicago: Open Court, 1909).

19 *For William Bateson, the English biologist*: John Williams Malone, *It Doesn't Take a Rocket Scientist: Great Amateurs of Science* (Hoboken, NJ: Wiley, 2002), 23.

20 *"We are in the presence of a new principle"*: Schwartz, *In Pursuit of the Gene*, 112.

21 *"I am writing to ask you"*: Nicholas W. Gillham, "Sir Francis Galton and the birth of eugenics," *Annual Review of Genetics* 35, no. 1 (2001): 83–101.

22 *First, he independently confi rmed Mendel's work*: Other scientists, including Reginald Punnett and Lucien Cuenot, provided crucial experimental support for Mendel's laws. In 1905, Punnett authored *Mendelism*, considered the first textbook of modern genetics.

23 *"His linen is foul. I daresay"*: Alan Cock and Donald R. Forsdyke, *Treasure Your Exceptions: The Science and Life of William Bateson* (Dordrecht: Springer Science & Business Media, 2008), 186.

24 *Nicknamed "Mendel's bulldog"*: Ibid., "Mendel's Bulldog (1902–1906)," 221–64.

25 *"man's outlook on the world"*: William Bateson, "Problems of heredity as a subject for horticultural investigation," *Journal of the Royal Horticultural Society* 25 (1900–1901): 54.

26 *"No single word in common use"*: William Bateson and Beatrice (Durham) Bateson, *William Bateson, F.R.S., Naturalist; His Essays & Addresses, Together with a Short Account of His Life* (Cambridge: Cambridge University Press, 1928), 93.

27 *In 1905, still struggling for an alternative*: Schwartz, *In Pursuit of the Gene*, 221.

28 *"What will happen when . . . enlightenment actually comes to pass"*: Bateson and Bateson, *William Bateson, F.R.S.*, 456.

第六章   优生学

1 *Improved environment and education*: Herbert Eugene Walter, *Genetics: An Introduction to the Study of Heredity* (New York: Macmillan, 1938), 4.

2 *Most Eugenists are Euphemists*: G. K. Chesterton, *Eugenics and Other Evils* (London: Cassell, 1922), 12–13.

3 *In 1883, one year after Charles Darwin's death*: Francis Galton, *Inquiries into Human Faculty and Its Development* (London: Macmillan, 1883).

4 *"We greatly want a brief word to express"*: Roswell H. Johnson, "Eugenics and So-Called Eugenics," *American Journal of Sociology* 20, no. 1 (July 1914): 98–103, http://www.jstor.org/stable/2762976.

5 *"at least a neater word . . . than* viriculture*"*: Ibid., 99.

6 " *Believing, as I do, that human eugenics"*: Galton, *Inquiries into Human Faculty*, 44.

7 *A child prodigy, Galton*: Dean Keith Simonton, *Origins of Genius: Darwinian Perspectives on Creativity* (New York: Oxford University Press, 1999), 110.

8 *He tried studying medicine, but then switched*: Nicholas W. Gillham, *A Life of Sir Francis Galton: From African Exploration to the Birth of Eugenics* (New York: Oxford University Press, 2001), 32–33.

9 *"I saw enough of savage races"*: Niall Ferguson, *Civilization: The West and the Rest* (Duisburg: Haniel-Stiftung, 2012), 176.

10 *"initiated into an entirely new province of knowledge"*: Francis Galton to C. R. Darwin, December 9, 1859, https://www.darwinproject.ac.uk/letter/entry-2573.

11 *Galton tried transfusing rabbits*: Daniel J. Fairbanks, *Relics of Eden: The Powerful Evidence of Evolution in Human DNA* (Amherst, NY: Prometheus Books, 2007), 219.

12 *"Man is born, grows up and dies"*: Adolphe Quetelet, *A Treatise on Man and the Development of His Faculties: Now First Translated into English*, trans. T. Smibert (New York: Cambridge University Press, 2013), 5.

13 *He tabulated the chest breadth and height*: Jerald Wallulis, *The New Insecurity: The End of the Standard Job and Family* (Albany: State University of New York Press, 1998), 41.

14 " *Whenever you can"*: Karl Pearson, *The Life, Letters and Labours of Francis Galton* (Cambridge: Cambridge University Press, 1914), 340.

15 *"Keenness of Sight and Hearing"*: Sam Goldstein, Jack A. Naglieri, and Dana Princiotta, *Handbook of Intelligence: Evolutionary Theory, Historical Perspective, and Current Concepts* (New York: Springer, 2015), 100.

16 *To marshal further evidence, Galton began*: Gillham, *Life of Sir Francis Galton*, 156.

17 *Galton published much of this data*: Francis Galton, *Hereditary Genius* (London: Macmillan, 1892).

18 " *You have made a convert"*: Charles Darwin, *More Letters of Charles Darwin: A Record of His Work in a Series of Hitherto Unpublished Letters*, vol. 2 (New York: D. Appleton, 1903), 41.

19 *Galton called this the Ancestral Law of Heredity*: John Simmons, *The Scientific 100: A Ranking of the Most Influential Scientists, Past and Present* (Secaucus, NJ: Carol Publishing Group, 1996), "Francis Dalton," 441.

20 Basset Hound Club Rules*, a compendium*: Schwartz, *In Pursuit of the Gene*, 61.

21　*Two prominent biologists:* Ibid., 131.

22　*But as Darbishire analyzed his own first-generation:* Gillham, *Life of Sir Francis Galton*, "The Mendelians Trump the Biometricians," 303–23.

23　*In the spring of 1905:* Karl Pearson, *Walter Frank Raphael Weldon, 1860–1906* (Cambridge: Cambridge University Press, 1906), 48–49.

24　*trying . . . to rework the data to fit Galtonian theory:* Ibid., 49.

25　*"To Weldon I owe the chief awakening of my life":* Schwartz, *In Pursuit of the Gene*, 143.

26　*"Each of us who now looks at his own patch":* William Bateson, *Mendel's Principles of Heredity: A Defence*, ed. Gregor Mendel (Cambridge: Cambridge University Press, 1902), v.

27　*"We have only touched the edge":* Ibid., 208.

28　*"is second to no branch of science":* Ibid., ix.

29　*Johannsen shortened the word to* gene: Johan Henrik Wanscher, "The history of Wilhelm Johannsen's genetical terms and concepts from the period 1903 to 1926," *Centaurus* 19, no. 2 (1975): 125–47.

30　*"Language is not only our servant":* Wilhelm Johannsen, "The genotype conception of heredity," *International Journal of Epidemiology* 43, no. 4 (2014): 989–1000.

31　*"The science of genetics is so new":* Arthur W. Gilbert, "The science of genetics," *Journal of Heredity* 5, no. 6 (1914): 235–44, http://archive.org/stream/journalofheredit 05amer/journalofheredit05amer_djvu.txt.

32　*"the technology of the industrial revolution confirmed":* Daniel J. Kevles, *In the Name of Eugenics: Genetics and the Uses of Human Heredity* (New York: Alfred A. Knopf, 1985), 3.

33　*"forces which bring greatness to the social group":* *Problems in Eugenics: First International Eugenics Congress, 1912* (New York: Garland, 1984), 483.

34　*In the spring of 1904, Galton presented his argument:* Paul B. Rich, *Race and Empire in British Politics* (Cambridge: Cambridge University Press, 1986), 234.

35　*"introduced into national consciousness, like a new religion": Papers and Proceedings—First Annual Meeting—American Sociological Society*, vol. 1 (Chicago: University of Chicago Press, 1906), 128.

36　*"All creatures would agree that it was better":* Francis Galton, "Eugenics: Its definition, scope, and aims," *American Journal of Sociology* 10, no. 1 (1904): 1–25.

37　*"if unsuitable marriages from the eugenic point of view":* Andrew Norman, *Charles Darwin: Destroyer of Myths* (Barnsley, South Yorkshire: Pen and Sword, 2013), 242.

38　*Henry Maudsley, the psychiatrist:* Galton, "Eugenics," comments by Maudsley, doi:10.1017/s0364009400001161.

39　*"He had five brothers," Maudsley noted:* Ibid., 7.

40　*"It is in the sterilization of failure":* Ibid., comments by H. G. Wells; and H. G. Wells and Patrick Parrinder, *The War of the Worlds* (London: Penguin Books, 2005).

41　*"A pleasant sort o' soft woman":* George Eliot, *The Mill on the Floss* (New York: Dodd, Mead, 1960), 12.

42　*In 1911, Havelock Ellis, Galton's colleague:* Lucy Bland and Laura L. Doan, *Sexology Uncensored: The Documents of Sexual Science* (Chicago: University of Chicago Press, 1998), "The Problem of Race-Regeneration: Havelock Ellis (1911)."

43　*On July 24, 1912:* R. Pearl, "The First International Eugenics Congress," *Science* 36, no. 926 (1912): 395–96, doi:10.1126/science.36.926.395.

44　*Davenport's 1911 book:* Charles Benedict Davenport, *Heredity in Relation to Eugenics* (New York: Holt, 1911).

45 *Van Wagenen suggested, and "they are totally":* First International Eugenics Congress, *Problems in Eugenics* (1912; repr., London: Forgotten Books, 2013), 464–65.
46 *"We endeavor to keep track":* Ibid., 469.

第七章   "三代智障已经足够"

1 *If we enable the weak and the deformed:* Theodosius G. Dobzhansky, *Heredity and the Nature of Man* (New York: New American Library, 1966), 158.
2 *And from deformed [parents] deformed [offspring]:* Aristotle, *History of Animals, Book VII,* 6, 585b28–586a4.
3 *In the spring of 1920, Emmett Adaline Buck:* Many of the details of the Buck family story are from J. David Smith, *The Sterilization of Carrie Buck* (Liberty Corner, NJ: New Horizon Press, 1989).
4 *Her husband, Frank Buck:* Much of the information in this chapter is from Paul Lombardo, *Three Generations, No Imbeciles: Eugenics, the Supreme Court, and* Buck v. Bell (Baltimore: Johns Hopkins University Press, 2008).
5 *A cursory mental examination:* "Buck v. Bell," Law Library, American Law and Legal Information, http://law.jrank.org/pages/2888/Buck-v-Bell-1927.html.
6 *Of these, an idiot was the easiest to classify: Mental Defectives and Epileptics in State Institutions: Admissions, Discharges, and Patient Population for State Institutions for Mental Defectives and Epileptics,* vol. 3 (Washington, DC: US Government Printing Office, 1937).
7 *On January 23, 1924:* "Carrie Buck Committed (January 23, 1924)," *Encyclopedia Virginia,* http://www.encyclopediavirginia.org/Carrie_Buck_Committed_January _23_1924.
8 *On March 28, 1924:* Ibid.
9 *"Moron, Middle Grade":* Stephen Murdoch, *IQ: A Smart History of a Failed Idea* (Hoboken, NJ: John Wiley & Sons, 2007), 107.
10 *Carrie Buck was asked to appear:* Ibid., "Chapter 8: From Segregation to Sterilization."
11 *On March 29, 1924, with Priddy's help:* "Period during which sterilization occurred," Virginia Eugenics, doi:www.uvm.edu/~lkaelber/eugenics/VA/VA.html.
12 *"Do you care to say anything":* Lombardo, *Three Generations,* 107.
13 *"A cross between":* Madison Grant, *The Passing of the Great Race* (New York: Scribner's, 1916).
14 *"the menace of race deterioration":* Carl Campbell Brigham and Robert M. Yerkes, *A Study of American Intelligence* (Princeton, NJ: Princeton University Press, 1923), "Foreword."
15 *"The Eugenic ravens are croaking":* A. G. Cock and D. R. Forsdyke, *Treasure Your Exceptions: The Science and Life of William Bateson* (New York: Springer, 2008), 437–38n3.
16 *"It is better for all the world":* Jerry Menikoff, *Law and Bioethics: An Introduction* (Washington, DC: Georgetown University Press, 2001), 41.
17 *"Three generations of imbeciles is enough:* Ibid.
18 *In 1927, the state of Indiana passed: Public Welfare in Indiana* 68–75 (1907): 50. In 1907, a new law passed by the state legislature and signed by the governor of Indiana provided for the involuntary sterilization of "confirmed criminals, idiots, imbeciles and rapists." Although it was eventually found to be unconstitutional, this law

is widely regarded as the first eugenics sterilization legislation passed in the world. In 1927, a revised law was implemented and before it was repealed in 1974, over 2,300 of the state's most vulnerable citizens were involuntarily sterilized. In addition, Indiana established a state-funded Committee on Mental Defectives that carried out eugenic family studies in over twenty counties and was home to an active "better babies" movement that encouraged scientific motherhood and infant hygiene as routes to human improvement. http://www.iupui.edu/~eugenics/.

19 *Better Babies Contests:* Laura L. Lovett, "Fitter Families for Future Firesides: Florence Sherbon and Popular Eugenics," *Public Historian* 29, no. 3 (2007): 68–85.

20 *"You should score 50% for heredity":* Charles Davenport to Mary T. Watts, June 17, 1922, Charles Davenport Papers, American Philosophical Society Archives, Philadelphia, PA. Also see Mary Watts, "Fitter Families for Future Firesides," *Billboard* 35, no. 50 (December 15, 1923): 230–31.

21 *In 1927, a film called* Are You Fit to Marry?: Martin S. Pernick and Diane B. Paul, *The Black Stork: Eugenics and the Death of "Defective" Babies in American Medicine and Motion Pictures since 1915* (New York: Oxford University Press, 1996).

第二部分

1 *"In the Sum of the Parts":* Wallace Stevens, *The Collected Poems of Wallace Stevens* (New York: Alfred A. Knopf, 2011), "On the Road Home," 203–4.

2 *It was when I said:* Ibid.

第一章　"身份"

1 *I am the family face:* Thomas Hardy, *The Collected Poems of Thomas Hardy* (Ware, Hertfordshire, England: Wordsworth Poetry Library, 2002), "Heredity," 204–5.

2 *In 1907, when William Bateson visited:* William Bateson, "Facts limiting the theory of heredity," in *Proceedings of the Seventh International Congress of Zoology*, vol. 7 (Cambridge: Cambridge University Press Warehouse, 1912).

3 *"Morgan is a blockhead":* Schwartz, *In Pursuit of the Gene*, 174.

4 *"Cell biologists look; geneticists count; biochemists clean":* Arthur Kornberg, author interview, 1993.

5 *"We are interested in heredity not primarily":* "Review: Mendelism up to date," *Journal of Heredity* 7, no 1 (1916): 17–23.

6 *Walter Sutton, a grasshopper-collecting farm boy:* David Ellyard, *Who Discovered What When* (Frenchs Forest, New South Wales, Australia: New Holland, 2005), "Walter Sutton and Theodore Boveri: Where Are the Genes?"

7 *In 1905, using cells from the common mealworm:* Stephen G. Brush, "Nettie M. Stevens and the Discovery of Sex Determination by Chromosome," *Isis* 69, no. 2 (1978): 162–72.

8 *The students called his laboratory the Fly Room:* Ronald William Clark, *The Survival of Charles Darwin: A Biography of a Man and an Idea* (New York: Random House, 1984), 279.

9 *He had visited Hugo de Vries's:* Russ Hodge, *Genetic Engineering: Manipulating the Mechanisms of Life* (New York: Facts On File, 2009), 42.

10 *For Morgan, this genetic linkage:* Thomas Hunt Morgan, *The Mechanism of Mendelian Heredity* (New York: Holt, 1915), "Chapter 3: Linkage."

11 *genes had to be* physically *linked to each other:* Morgan was exceptionally lucky in choosing fruit flies for his experiments, since flies have an unusually low number of chromosomes—just four. If flies had multiple chromosomes, linkage might have been much harder to prove.

12 *It was a material* thing: Thomas Hunt Morgan, "The Relation of Genetics to Physiology and Medicine," Nobel Lecture (June 4, 1934), in *Nobel Lectures, Physiology and Medicine, 1922–1941* (Amsterdam: Elsevier, 1965), 315.

13 *The czarina of Russia, Alexandra:* Daniel L. Hartl and Elizabeth W. Jones, *Essential Genetics: A Genomics Perspective* (Boston: Jones and Bartlett, 2002), 96–97.

14 *Grigory Rasputin:* Helen Rappaport, *Queen Victoria: A Biographical Companion* (Santa Barbara, CA: ABC-CLIO, 2003), "Hemophilia."

15 *Rasputin was poisoned:* Andrew Cook, *To Kill Rasputin: The Life and Death of Grigori Rasputin* (Stroud, Gloucestershire: Tempus, 2005), "The End of the Road."

16 *On the evening of July 17, 1918:* "Alexei Romanov," *History of Russia,* http://historyofrussia.org/alexei-romanov/.

17 *In 2007, an archaeologist:* "DNA Testing Ends Mystery Surrounding Czar Nicholas II Children," *Los Angeles Times,* March 11, 2009.

第二章　真相与和解

1 *All changed, changed utterly:* William Butler Yeats, *Easter, 1916* (London: Privately printed by Clement Shorter, 1916).

2 *In 1909, a young mathematician:* Eric C. R. Reeve and Isobel Black, *Encyclopedia of Genetics* (London: Fitzroy Dearborn, 2001), "Darwin and Mendel United: The Contributions of Fisher, Haldane and Wright up to 1932."

3 *In 1918, Fisher published:* Ronald Fisher, "The Correlation between Relatives on the Supposition of Mendelian Inheritance," *Transactions of the Royal Society of Edinburgh* 52 (1918): 399–433.

4 *Hugo de Vries had proposed that* mutations: Hugo de Vries, *The Mutation Theory; Experiments and Observations on the Origin of Species in the Vegetable Kingdom,* trans. J. B. Farmer and A. D. Darbishire (Chicago: Open Court, 1909).

5 *In the 1930s, Theodosius Dobzhansky:* Robert E. Kohler, *Lords of the Fly:* Drosophila *Genetics and the Experimental Life* (Chicago: University of Chicago Press, 1994), "From Laboratory to Field: Evolutionary Genetics."

6 *In September 1943, Dobzhansky:* Th. Dobzhansky, "Genetics of natural populations IX. Temporal changes in the composition of populations of *Drosophila pseudoobscura,*" *Genetics* 28, no. 2 (1943): 162.

7 *Dobzhansky could demonstrate it experimentally:* Details of Dobzhansky's experiments are sourced from Theodosius Dobzhansky, "Genetics of natural populations XIV. A response of certain gene arrangements in the third chromosome of *Drosophila pseudoobscura* to natural selection," *Genetics* 32, no. 2 (1947): 142; and S. Wright and T. Dobzhansky, "Genetics of natural populations; experimental reproduction of some of the changes caused by natural selection in certain populations of *Drosophila pseudoobscura,*" *Genetics* 31 (March 1946): 125–56. Also see T. Dobzhansky, Studies on Hybrid Sterility. II. Localization of Sterility Factors in *Drosophila Pseudoobscura* Hybrids. *Genetics* (March 1, 1936) vol 21, 113–135.

第三章 转化

1 *If you prefer an "academic life"*: H. J. Muller, "The call of biology," *AIBS Bulletin* 3, no. 4 (1953). Copy with handwritten notes, http://libgallery.cshl.edu/archive/files /c73e9703aa1b65ca3f4881b9a2465797.jpg.

2 *We do deny that*: Peter Pringle, *The Murder of Nikolai Vavilov: The Story of Stalin's Persecution of One of the Great Scientists of the Twentieth Century* (Simon & Schuster, 2008), 209.

3 *Grand Synthesis*: Ernst Mayr and William B. Provine, *The Evolutionary Synthesis: Perspectives on the Unification of Biology* (Cambridge, MA: Harvard University Press, 1980).

4 *Transformation was discovered*: William K. Purves, *Life, the Science of Biology* (Sunderland, MA: Sinauer Associates, 2001), 214–15.

5 *Griffith performed an experiment*: Werner Karl Maas, *Gene Action: A Historical Account* (Oxford: Oxford University Press, 2001), 59–60.

6 *"this tiny man who . . . barely spoke above a whisper"*: Alvin Coburn to Joshua Lederberg, November 19, 1965, Rockefeller Archives, Sleepy Hollow, NY, http://www .rockarch.org/.

7 *Griffith published his data*: Fred Griffith, "The significance of pneumococcal types," *Journal of Hygiene* 27, no. 2 (1928): 113–59.

8 *In 1920, Hermann Muller*: "Hermann J. Muller—biographical," http://www.nobel prize.org/nobel_prizes/medicine/laureates/1946/muller-bio.html.

9 *accumulated mutations—dozens of them*: H. J. Muller, "Artificial transmutation of the gene," *Science* 22 (July 1927): 84–87.

10 *In Darwin's scheme*: James F. Crow and Seymour Abrahamson, "Seventy years ago: Mutation becomes experimental," *Genetics* 147, no. 4 (1997): 1491.

11 *"There is no permanent status quo in nature"*: Jack B. Bresler, *Genetics and Society* (Reading, MA: Addison-Wesley, 1973), 15.

12 *struck him as frankly sinister*: Kevles, *In the Name of Eugenics*, "A New Eugenics," 251–68.

13 *befriended the novelist and social activist Theodore Dreiser*: Sam Kean, *The Violinist's Thumb: And Other Lost Tales of Love, War, and Genius, as Written by Our Genetic Code* (Boston: Little, Brown, 2012), 33.

14 *The FBI launched*: William DeJong-Lambert, *The Cold War Politics of Genetic Research: An Introduction to the Lysenko Affair* (Dordrecht: Springer, 2012), 30.

第四章 没有生存价值的生命

1 *He wanted to be God*: Robert Jay Lifton, *The Nazi Doctors: Medical Killing and the Psychology of Genocide* (New York: Basic Books, 2000), 359.

2 *A hereditarily ill person costs 50,000 reichsmarks*: Susan Bachrach, "In the name of public health—Nazi racial hygiene," *New England Journal of Medicine* 351 (2004): 417–19.

3 *Nazism, the biologist Fritz Lenz once said*: Erwin Baur, Eugen Fischer, and Fritz Lenz, *Human Heredity* (London: G. Allen & Unwin, 1931), 417. Also used by Hess, Hitler's deputy, the phrase was originally coined by Fritz Lenz as part of a review of *Mein Kampf*.

4 *had coined the phrase as early as 1895*: Alfred Ploetz. *Grundlinien Einer Rassen-Hygiene* (Berlin: S. Fischer, 1895); and Sheila Faith Weiss, "The race hygiene movement in Germany," *Osiris* 3 (1987): 193–236.

5 *In 1914, Ploetz's colleague Heinrich Poll:* Heinrich Poll, "Über Vererbung beim Menschen," *Die Grenzbotem* 73 (1914): 308.

6 *Kaiser Wilhelm Institute for Anthropology:* Robert Wald Sussman, *The Myth of Race: The Troubling Persistence of an Unscientific Idea* (Cambridge, MA: Harvard University Press, 2014), "Funding of the Nazis by American Institutes and Businesses," 138.

7 *Hitler, imprisoned for leading the Beer Hall Putsch:* Harold Koenig, Dana King, and Verna B. Carson, *Handbook of Religion and Health* (Oxford: Oxford University Press, 2012), 294.

8 *Sterilization Law:* US Chief Counsel for the Prosecution of Axis Criminality, *Nazi Conspiracy and Aggression,* vol. 5 (Washington, DC: US Government Printing Office, 1946), document 3067-PS, 880–83 (English translation accredited to Nuremberg staff; edited by GHI staff).

9 *Films such as* Das Erbe: "Nazi Propaganda: Racial Science," USHMM Collections Search, http://collections.ushmm.org/search/catalog/fv3857.

10 *and* Erbkrank: "1936—Rassenpolitisches Amt der NSDAP—*Erbkrank,*" Internet Archive, https://archive.org/details/1936-Rassenpolitisches-Amt-der-NSDAP-Erbkrank.

11 *in Leni Riefenstahl's Olympia:* Olympia, directed by Leni Riefenstahl, 1936.

12 *In November 1933:* "Holocaust timeline," History Place, http://www.historyplace .com/worldwar2/holocaust/timeline.html.

13 *In October 1935, the Nuremberg Laws:* "Key dates: Nazi racial policy, 1935," US Holocaust Memorial Museum, http://www.ushmm.org/outreach/en/article .php?ModuleId=10007696.

14 *By 1934, nearly five thousand adults:* "Forced sterilization," US Holocaust Memorial Museum, http://www.ushmm.org/learn/students/learning-materials-and-resources /mentally-and-physically-handicapped-victims-of-the-nazi-era/forced-sterilization.

15 *to euthanize their child, Gerhard:* Christopher R. Browning and Jürgen Matthäus, *The Origins of the Final Solution: The Evolution of Nazi Jewish Policy, September 1939– March 1942* (Lincoln: University of Nebraska, 2004), "Killing the Handicapped."

16 *Working with Karl Brandt:* Ulf Schmidt, *Karl Brandt: The Nazi Doctor, Medicine, and Power in the Third Reich* (London: Hambledon Continuum, 2007).

17 *No. 4 Tiergartenstrasse in Berlin:* Götz Aly, Peter Chroust, and Christian Pross, *Cleansing the Fatherland,* trans. Belinda Cooper (Baltimore: Johns Hopkins University Press, 1994), "Chapter 2: Medicine against the Useless."

18 *The Sterilization Law had achieved:* Roderick Stackelberg, *The Routledge Companion to Nazi Germany* (New York: Routledge, 2007), 303.

19 *"banality of evil":* Hannah Arendt, *Eichmann in Jerusalem: A Report on the Banality of Evil* (New York: Viking, 1963).

20 *In a rambling treatise entitled:* Otmar Verschuer and Charles E. Weber, *Racial Biology of the Jews* (Reedy, WV: Liberty Bell Publishing, 1983).

21 *First they came for the Socialists:* J. Simkins, "Martin Niemoeller," Spartacus Educational Publishers, 2012, www. spartacus.schoolnet.co.uk/GERniemoller.htm.

22 *Trofim Lysenko:* Jacob Darwin Hamblin, *Science in the Early Twentieth Century: An Encyclopedia* (Santa Barbara, CA: ABC-CLIO, 2005), "Trofim Lysenko," 188–89.

23 *"gives one the feeling of a toothache":* David Joravsky, *The Lysenko Affair* (Chicago: University of Chicago Press, 2010), 59. Also see Zhores A. Medvedev, *The Rise and Fall of T. D. Lysenko,* trans. I. Michael Lerner (New York: Columbia University Press, 1969), 11–16.

24 *The gene, he argued:* T. Lysenko, *Agrobiologia,* 6th ed. (Moscow: Selkhozgiz, 1952), 602–6.

25　*In 1940, Lysenko:* "Trofim Denisovich Lysenko," *Encyclopaedia Britannica Online,* http://www.britannica.com/biography/Trofim-Denisovich-Lysenko.

26　*"I am nothing but dung now":* Pringle, *Murder of Nikolai Vavilov,* 278.

27　*died a few weeks later:* A number of Vavilov's colleagues, including Karpechenko, Govorov, Levitsky, Kovalev, and Flayksberger, were also arrested. Lysenko's influence virtually emptied the Soviet academy of all geneticists. Biology in the Soviet Union would be hobbled for decades.

28　*Having coined the phrase:* James Tabery, *Beyond Versus: The Struggle to Understand the Interaction of Nature and Nurture* (Cambridge, MA: MIT Press, 2014), 2.

29　*In 1924, Hermann Werner Siemens:* Hans-Walter Schmuhl, *The Kaiser Wilhelm Institute for Anthropology, Human Heredity, and Eugenics, 1927–1945: Crossing Boundaries* (Dordrecht: Springer, 2008), "Twin Research."

30　*Between 1943 and 1945:* Gerald L. Posner and John Ware, *Mengele: The Complete Story* (New York: McGraw-Hill, 1986).

31　*"We were always sitting together—always nude":* Lifton, *Nazi Doctors,* 349.

32　*In April 1933:* Wolfgang Benz and Thomas Dunlap, *A Concise History of the Third Reich* (Berkeley: University of California Press, 2006), 142.

33　*"Hitler may have ruined":* George Orwell, *In Front of Your Nose, 1946–1950,* ed. Sonia Orwell and Ian Angus (Boston: D. R. Godine, 2000), 11.

34　*a lecture later published as:* Erwin Schrödinger, *What Is Life?: The Physical Aspect of the Living Cell* (Cambridge: Cambridge University Press, 1945).

第五章　"愚蠢的分子"

1　*Never underestimate the power of . . . stupidity:* Walter W. Moore Jr., *Wise Sayings: For Your Thoughtful Consideration* (Bloomington, IN: AuthorHouse, 2012), 89.

2　*"The Fess":* "The Oswald T. Avery Collection: Biographical information," National Institutes of Health, http://profiles.nlm.nih.gov/ps/retrieve/Narrative/CC/p-nid/35.

3　*No one knew or understood the chemical structure:* Robert C. Olby, *The Path to the Double Helix: The Discovery of DNA* (New York: Dover Publications, 1994), 107.

4　*Swiss biochemist, Friedrich Miescher:* George P. Sakalosky, *Notio Nova: A New Idea* (Pittsburgh, PA: Dorrance, 2014), 58.

5　*extremely "unsophisticated" structure:* Olby, *Path to the Double Helix,* 89.

6　*"stupid molecule":* Garland Allen and Roy M. MacLeod, eds., *Science, History and Social Activism: A Tribute to Everett Mendelsohn,* vol. 228 (Dordrecht: Springer Science & Business Media, 2013), 92.

7　*"structure-determining, supporting substance":* Olby, *Path to the Double Helix,* 107.

8　*"primordial sea":* Richard Preston, *Panic in Level 4: Cannibals, Killer Viruses, and Other Journeys to the Edge of Science* (New York: Random House, 2009), 96.

9　*"Who could have guessed it?":* Letter from Oswald T. Avery to Roy Avery, May 26, 1943, Oswald T. Avery Papers, Tennessee State Library and Archives.

10　*Avery wanted to be doubly sure:* Maclyn McCarty, *The Transforming Principle: Discovering That Genes Are Made of DNA* (New York: W. W. Norton, 1985), 159.

11　*"cloth from which genes were cut":* Lyon and Gorner, *Altered Fates,* 42.

12　*Oswald Avery's paper on DNA was published:* O. T. Avery, Colin M. MacLeod, and Maclyn McCarty, "Studies on the chemical nature of the substance inducing transformation of pneumococcal types: Induction of transformation by a deoxyribonucleic acid fraction isolated from pneumococcus type III," *Journal of Experimental Medicine* 79, no. 2 (1944): 137–58.

13 *That year, an estimated 450,000 were gassed:* US Holocaust Memorial Museum, "Introduction to the Holocaust," *Holocaust Encyclopedia*, http://www.ushmm.org/wlc /en/article.php?ModuleId=10005143.

14 *In the early spring of 1945:* Ibid.

15 *The Eugenics Record Office:* Steven A. Farber, "U.S. scientists' role in the eugenics movement (1907–1939): A contemporary biologist's perspective," *Zebrafish* 5, no. 4 (2008): 243–45.

第六章　DNA 双螺旋

1 *One could not be a successful scientist:* James D. Watson, *The Double Helix: A Personal Account of the Discovery of the Structure of DNA* (London: Weidenfeld & Nicolson, 1981), 13.

2 *It is the molecule that has the glamour:* Francis Crick, *What Mad Pursuit: A Personal View of Scientific Discovery* (New York: Basic Books, 1988), 67.

3 *Science [would be] ruined:* Donald W. Braben, *Pioneering Research: A Risk Worth Taking* (Hoboken, NJ: John Wiley & Sons, 2004), 85.

4 *Among the early converts:* Maurice Wilkins, *Maurice Wilkins: The Third Man of the Double Helix: An Autobiography* (Oxford: Oxford University Press, 2003).

5 *Ernest Rutherford:* Richard Reeves, *A Force of Nature: The Frontier Genius of Ernest Rutherford* (New York: W. W. Norton, 2008).

6 *"Life . . . is a chemical incident":* Arthur M. Silverstein, *Paul Ehrlich's Receptor Immunology: The Magnificent Obsession* (San Diego, CA: Academic, 2002), 2.

7 *Wilkins found an X-ray diffraction machine:* Maurice Wilkins, correspondence with Raymond Gosling on the early days of DNA research at King's College, 1976, Maurice Wilkins Papers, King's College London Archives.

8 *It was, as one friend of Franklin's:* Letter of June 12, 1985, notes on Rosalind Franklin, Maurice Wilkins Papers, no. ad92d68f-4071-4415-8df2-dcfe041171fd.

9 *the relationship soon froze into frank, glacial hostility:* Daniel M. Fox, Marcia Meldrum, and Ira Rezak, *Nobel Laureates in Medicine or Physiology: A Biographical Dictionary* (New York: Garland, 1990), 575.

10 *She "barks often, doesn't succeed in biting me":* James D. Watson, *The Annotated and Illustrated Double Helix*, ed. Alexander Gann and J. A. Witkowski (New York: Simon & Schuster, 2012), letter to Crick, 151.

11 *"Now she's trying to drown me":* Brenda Maddox, *Rosalind Franklin: The Dark Lady of DNA* (New York: HarperCollins, 2002), 164.

12 *Franklin found most of her male colleagues "positively repulsive":* Watson, *Annotated and Illustrated Double Helix*, letter from Rosalind Franklin to Anne Sayre, March 1, 1952, 67.

13 *It was not just sexism:* Crick never believed that Franklin was affected by sexism. Unlike Watson, who eventually wrote a generous recapitulation of Franklin's work highlighting the adversities that she had faced as a scientist, Crick maintained that Franklin was unaffected by the atmosphere at King's. Franklin and Crick would eventually become close friends in the late 1950s; Crick and his wife were especially helpful to Franklin during her prolonged illness and in the months preceding her untimely death. Crick's fondness for Franklin can be found in Crick, *What Mad Pursuit*, 82–85.

14 *passionate Marie Curie, with her chapped palms:* "100 years ago: Marie Curie wins 2nd Nobel Prize," *Scientific American*, October 28, 2011, http://www.scientific american.com/article/curie-marie-sklodowska-greatest-woman-scientist/.

15 *ethereal Dorothy Hodgkin at Oxford:* "Dorothy Crowfoot Hodgkin—biographical," Nobelprize.org, http://www.nobelprize.org/nobel_prizes/chemistry/laureates/1964 /hodgkin-bio.html.

16 *an "affable looking housewife":* Athene Donald, "Dorothy Hodgkin and the year of crystallography," *Guardian*, January 14, 2014.

17 *ingenious apparatus that bubbled hydrogen:* "The DNA riddle: King's College, London, 1951–1953," Rosalind Franklin Papers, http://profiles.nlm.nih.gov/ps/retrieve /Narrative/KR/p-nid/187.

18 *J. D. Bernal, the crystallographer:* J. D. Bernal, "Dr. Rosalind E. Franklin," *Nature* 182 (1958): 154.

19 *"shirttails flying, knees in the air":* Max F. Perutz, *I Wish I'd Made You Angry Earlier: Essays on Science, Scientists, and Humanity* (Cold Spring Harbor, NY: Cold Spring Harbor Laboratory Press, 1998), 70.

20 *Wilkins showed little, if any, excitement:* Watson Fuller, "For and against the helix," Maurice Wilkins Papers, no. 00c0a9ed-e951-4761-955c-7490e0474575.

21 *"Before Maurice's talk":* Watson, *Double Helix*, 23.

22 *"Maurice was English":* http://profiles.nlm.nih.gov/ps/access/SCBBKH.pdf.

23 *"nothing about the X-ray diffraction":* Watson, *Double Helix*, 22.

24 *"a complete flop":* Ibid., 18.

25 *"The fact that I was unable":* Ibid., 24.

26 *Watson had moved to Cambridge:* Officially, Watson had moved to Cambridge to help Perutz and another scientist, John Kendrew, with their work on a protein called myoglobin. Watson then switched to the study of the structure of a virus called tobacco mosaic virus, or TMV. But he was vastly more interested in DNA and soon abandoned all other projects to focus on DNA. Watson, *Annotated and Illustrated Double Helix*, 127.

27 *"A youthful arrogance":* Crick, *What Mad Pursuit*, 64.

28 *"The trouble is, you see, that there is":* Watson, *Annotated and Illustrated Double Helix*, 107.

29 *Pauling's seminal paper:* L. Pauling, R. B. Corey, and H. R. Branson, "The structure of proteins: Two hydrogen-bonded helical configurations of the polypeptide chain," *Proceedings of the National Academy of Sciences* 37, no. 4 (1951): 205–11.

30 *"product of common sense":* Watson, *Annotated and Illustrated Double Helix*, 44.

31 *"like trying to determine the structure of a piano":* http://www.diracdelta.co.uk/science /source/c/r/crick%20francis/source.html#.Vh8XlaJeGKI.

32 *The experimental data would generate the models:* Crick, *What Mad Pursuit*, 100–103. Crick always maintained that Franklin fully understood the importance of model building.

33 *"How dare you interpret my data for me?":* Victor K. McElheny, *Watson and DNA: Making a Scientific Revolution* (Cambridge, MA: Perseus, 2003), 38.

34 *"Big helix with several chains":* Alistair Moffat, *The British: A Genetic Journey* (Edinburgh: Birlinn, 2014); and from Rosalind Franklin's laboratory notebooks, dated 1951.

35 *"Superficially, the X-ray data":* Watson, *Annotated and Illustrated Double Helix*, 73.

36 *"check it with":* Ibid.

37 *Wilkins, Franklin, and her student, Ray Gosling:* Bill Seeds and Bruce Fraser accompanied them on this visit.

38 *As Gosling recalled, "Rosalind let rip"*: Watson, *Annotated and Illustrated Double Helix*, 91.

39 *"His mood"*: Ibid., 92.

40 *In the first weeks of January 1953*: Linus Pauling and Robert B. Corey, "A proposed structure for the nucleic acids," *Proceedings of the National Academy of Sciences 39*, no. 2 (1953): 84–97.

41 *"V.Good. Wet Photo"*: http://profiles.nlm.nih.gov/ps/access/KRBBJF.pdf.

42 *"important biological objects come in pairs"*: Watson, *Double Helix*, 184.

43 *he would later write defensively*: Anne Sayre, *Rosalind Franklin & DNA* (New York: W. W. Norton, 1975), 152.

44 *"Suddenly I became aware"*: Watson, *Annotated and Illustrated Double Helix*, 207.

45 *"Upon his arrival"*: Ibid., 208.

46 *"winged into the Eagle"*: Ibid., 209.

47 *"We see it as a rather stubby double helix"*: John Sulston and Georgina Ferry, *The Common Thread: A Story of Science, Politics, Ethics, and the Human Genome* (Washington, DC: Joseph Henry Press, 2002), 3.

48 *Maurice Wilkins came to take a look*: Most likely on March 11 or 12, 1953. Crick informed Delbrück of the model on Thursday, March 12. Also see Watson Fuller, "Who said helix?" with related papers, Maurice Wilkins Papers, no. c065700f-b6d9-46cf -902a-b4f8e078338a.

49 *"The model was standing high"*: June 13, 1996, Maurice Wilkins Papers.

50 *"I think you're a couple of old rogues"*: Letter from Maurice Wilkins to Francis Crick, March 18, 1953, Wellcome Library, Letter Reference no. 62b87535-040a-448c-9b73 -ff3a3767db91. http://wellcomelibrary.org/player/b20047198#?asi=0&ai=0&z=0.12 15%2C0.2046%2C0.5569%2C0.3498.

51 *"I like the idea"*: Fuller, "Who said helix?" with related papers.

52 " *The positioning of the backbone"*: Watson, *Annotated and Illustrated Double Helix*, 222.

53 *On April 25, 1953*: J. D. Watson and F. H. C. Crick, "Molecular structure of nucleic acids: A structure for deoxyribose nucleic acid," *Nature* 171 (1953): 737–38.

54 *"the enigma of how the vast amount"*: Fuller, "Who said helix?" with related papers.

第七章　"变化莫测的难解之谜"

1 *In the protein molecule*: "1957: Francis H. C. Crick (1916–2004) sets out the agenda of molecular biology," *Genome News Network*, http://www.genomenewsnetwork.org /resources/timeline/1957_Crick.php.

2 *In 1941*: "1941: George W. Beadle (1903–1989) and Edward L. Tatum (1909–1975) show how genes direct the synthesis of enzymes that control metabolic processes," *Genome News Network*, http://www.genomenewsnetwork.org/resources/timeline /1941_Beadle_Tatum.php.

3 *a student of Thomas Morgan's*: Edward B. Lewis, "Thomas Hunt Morgan and his legacy," Nobelprize.org, http://www.nobelprize.org/nobel_prizes/medicine/laureates /1933/morgan-article.html.

4 *the "action" of a gene*: Frank Moore Colby et al., *The New International Year Book: A Compendium of the World's Progress, 1907–1965* (New York: Dodd, Mead, 1908), 786.

5 *"A gene," Beadle wrote in 1945*: George Beadle, "Genetics and metabolism in *Neurospora*," *Physiological reviews* 25, no. 4 (1945): 643–63.

6　*"For over a year"*: James D. Watson, *Genes, Girls, and Gamow: After the Double Helix* (New York: Alfred A. Knopf, 2002), 31.

7　*"I am playing with complex organic"*: http://scarc.library.oregonstate.edu/coll/pauling /dna/corr/sci9.001.43-gamow-lp-19531022-transcript.html.

8　*Gamow called it the RNA Tie Club:* Ted Everson, *The Gene: A Historical Perspective* (Westport, CT: Greenwood, 2007), 89–91.

9　*"It always had a rather ethereal existence"*: "Francis Crick, George Gamow, and the RNA Tie Club," Web of Stories. http://www.webofstories.com/play/francis.crick/84.

10　*"Do or die, or don't try"*: Sam Kean, *The Violinist's Thumb: And Other Lost Tales of Love, War, and Genius, as Written by Our Genetic Code* (New York: Little, Brown, 2012).

11　*was required for the translation of DNA into proteins:* Arthur Pardee and Monica Riley had also proposed a variant of this idea.

12　*Is he in heaven, is he in hell?:* Cynthia Brantley Johnson, *The Scarlet Pimpernel* (Simon & Schuster, 2004), 124.

13　*"It's the magnesium"*: "Albert Lasker Award for Special Achievement in Medical Science: Sydney Brenner," Lasker Foundation, http://www.laskerfoundation.org /awards/2000special.htm.

14　*Like DNA, these RNA molecules were built:* Two other scientists, Elliot Volkin and Lazarus Astrachan, had proposed an RNA intermediate for genes in 1956. The two seminal papers published by the Brenner/Jacob group and the Watson/Gilbert group in 1961 are: F. Gros et al., "Unstable ribonucleic acid revealed by pulse labeling of Escherichia coli," *Nature* 190 (May 13, 1960): 581–85; and S. Brenner, F. Jacob, and M. Meselson, "An unstable intermediate carrying information from genes to ribosomes for protein synthesis," *Nature* 190 (May 13, 1960): 576–81.

15　*"It seems likely . . . that the precise sequence"*: J. D. Watson and F. H. C. Crick, "Genetical implications of the structure of deoxyribonucleic acid," *Nature* 171, no. 4361 (1953): 965.

16　*In 1904, a single image:* David P. Steensma, Robert A. Kyle, and Marc A. Shampo, "Walter Clement Noel—first patient described with sickle cell disease," *Mayo Clinic Proceedings* 85, no. 10 (2010).

17　*In 1951, working with Harvey Itano:* "Key participants: Harvey A. Itano," *It's in the Blood! A Documentary History of Linus Pauling, Hemoglobin, and Sickle Cell Anemia*, http://scarc.library.oregonstate.edu/coll/pauling/blood/people/itano.html.

第八章　基因的调控、复制与重组

1　*It is absolutely necessary to find the origin:* Quoted in Sean Carrol, *Brave Genius: A Scientist, a Philosopher, and Their Daring Adventures from the French Resistance to the Nobel Prize* (New York: Crown, 2013), 133.

2　*"the properties implicit in genes"*: Thomas Hunt Morgan, "The relation of genetics to physiology and medicine," *Scientific Monthly* 41, no. 1 (1935): 315.

3　*Jacques Monod, the French biologist:* Agnes Ullmann, "Jacques Monod, 1910–1976: His life, his work and his commitments," *Research in Microbiology* 161, no. 2 (2010): 68–73.

4　*Pardee, Jacob, and Monod published:* Arthur B. Pardee, François Jacob, and Jacques Monod, "The genetic control and cytoplasmic expression of 'inducibility' in the synthesis of β=galactosidase by E. coli," *Journal of Molecular Biology* 1, no. 2 (1959): 165–78.

5　*"The genome contains"*: François Jacob and Jacques Monod, "Genetic regulatory mechanisms in the synthesis of proteins," *Journal of Molecular Biology* 3, no. 3 (1961): 318–56.

6　*1953 paper:* Watson and Crick, "Molecular structure of nucleic acids," 738.
7　"*He called it DNA polymerase*": Arthur Kornberg, "Biologic synthesis of deoxyribonucleic acid," *Science* 131, no. 3412 (1960): 1503–8.
8　*"Five years ago"*: Ibid.

第九章　基因与生命起源

1　*In the beginning:* Richard Dawkins, *The Selfish Gene* (Oxford: Oxford University Press, 1989), 12.
2　*Am not I:* Nicholas Marsh, *William Blake: The Poems* (Houndmills, Basingstoke, England: Palgrave, 2001), 56.
3　*Lewis studied mutants:* Many of these mutants had initially been created by Alfred Sturtevant and Calvin Bridges. Details of the mutants and the relevant genes can be found in Ed Lewis's Nobel lecture, December 8, 1995.
4　*"Is it sin":* Friedrich Max Müller, *Memories: A Story of German Love* (Chicago: A. C. McClurg, 1902), 20.
5　*In Leo Lionni's classic children's book:* Leo Lionni, *Inch by Inch* (New York: I. Obolensky, 1960).
6　*"We propose to identify every cell in the worm":* James F. Crow and W. F. Dove, *Perspectives on Genetics: Anecdotal, Historical, and Critical Commentaries, 1987–1998* (Madison: University of Wisconsin Press, 2000), 176.
7　*"like watching a bowl of hundreds of grapes":* Robert Horvitz, author interview, 2012.
8　"*There is no history*": Ralph Waldo Emerson, *The Journals and Miscellaneous Notebooks of Ralph Waldo Emerson*, vol. 7, ed. William H. Gilman (Cambridge, MA: Belknap Press of Harvard University Press, 1960), 202.
9　*131 extra cells had somehow disappeared:* Ning Yang and Ing Swie Goping, *Apoptosis* (San Rafael, CA: Morgan & Claypool Life Sciences, 2013), "*C. elegans* and Discovery of the Caspases."
10　*he called it* apoptosis: John F. R. Kerr, Andrew H. Wyllie, and Alastair R. Currie, "Apoptosis: A basic biological phenomenon with wide-ranging implications in tissue kinetics," *British Journal of Cancer* 26, no. 4 (1972): 239.
11　*In another mutant, dead cells:* This mutant was initially identified by Ed Hedgecock. Robert Horvitz, author interview, 2013.
12　*Horvitz and Sulston discovered:* J. E. Sulston and H. R. Horvitz, "Post-embryonic cell lineages of the nematode, *Caenorhabditis elegans*," *Developmental Biology* 56. no. 1 (March 1977): 110–56. Also see Judith Kimble and David Hirsh, "The postembryonic cell lineages of the hermaphrodite and male gonads in *Caenorhabditis elegans*," *Developmental Biology* 70, no. 2 (1979): 396–417.
13　*But even natural ambiguity:* Judith Kimble, "Alterations in cell lineage following laser ablation of cells in the somatic gonad of *Caenorhabditis elegans*," *Developmental Biology* 87, no. 2 (1981): 286–300.
14　*The British way, Brenner wrote:* W. J. Gehring, *Master Control Genes in Development and Evolution: The Homeobox Story* (New Haven, CT: Yale University Press, 1998), 56.
15　*began to study the effects of sharp perturbations on cell fates:* The method had been pioneered by John White and John Sulston. Robert Horvitz, author interview, 2013.
16　*As one scientist described it:* Gary F. Marcus, *The Birth of the Mind: How a Tiny Number of Genes Creates the Complexities of Human Thought* (New York: Basic Books, 2004), "Chapter 4: Aristotle's Impetus."

17 *The geneticist Antoine Danchin:* Antoine Danchin, *The Delphic Boat: What Genomes Tell Us* (Cambridge, MA: Harvard University Press, 2002).

18 *Some genes, Dawkins suggests:* Richard Dawkins, *A Devil's Chaplain: Reflections on Hope, Lies, Science, and Love* (Boston: Houghton Mifflin, 2003), 105.

第三部分

1 *Progress in science depends on new techniques:* Sydney Brenner, "Life sentences: Detective Rummage investigates," *Scientist—the Newspaper for the Science Professional* 16, no. 16 (2002): 15.

2 *If we are right . . . it is possible to induce:* "DNA as the 'stuff of genes': The discovery of the transforming principle, 1940–1944," Oswald T. Avery Collection, National Institutes of Health, http://profiles.nlm.nih.gov/ps/retrieve/Narrative/CC/p-nid/157.

第一章　"交叉互换"

1 *A biochemist by training:* Details of Paul Berg's education and sabbatical are from the author's interview with Paul Berg, 2013; and "The Paul Berg Papers," Profiles in Science, National Library of Medicine, http://profiles.nlm.nih.gov/CD/.

2 *a "piece of bad news wrapped in a protein coat":* M. B. Oldstone, "Rous-Whipple Award Lecture. Viruses and diseases of the twenty-first century," *American Journal of Pathology* 143, no. 5 (1993): 1241.

3 *Unlike many viruses, Berg learned:* David A. Jackson, Robert H. Symons, and Paul Berg, "Biochemical method for inserting new genetic information into DNA of simian virus 40: circular SV40 DNA molecules containing lambda phage genes and the galactose operon of Escherichia coli," *Proceedings of the National Academy of Sciences* 69, no. 10 (1972): 2904–09.

4 *Peter Lobban, had written a thesis:* P. E. Lobban, "The generation of transducing phage in vitro," (essay for third PhD examination, Stanford University, November 6, 1969).

5 *Avery, after all, had boiled it:* Oswald T. Avery, Colin M. MacLeod, and Maclyn McCarty. "Studies on the chemical nature of the substance inducing transformation of pneumococcal types: Induction of transformation by a desoxyribonucleic acid fraction isolated from pneumococcus type III," *Journal of Experimental Medicine* 79, no. 2 (1944): 137–58.

6 *"none of the individual procedures, manipulations, and reagents:* P. Berg and J. E. Mertz, "Personal reflections on the origins and emergence of recombinant DNA technology," *Genetics* 184, no. 1 (2010): 9–17, doi:10.1534/genetics.109.112144.

7 *In the winter of 1970, Berg and David Jackson:* Jackson, Symons, and Berg, "Biochemical method for inserting new genetic information into DNA of simian virus 40," *Proceedings of the National Academy of Sciences* 69, no. 10 (1972): 2904–09.

8 *In June 1971, Mertz traveled from Stanford:* Kathi E. Hanna, ed., *Biomedical politics* (Washington, DC: National Academies Press, 1991), 266.

9 *"You can stop splitting the atom":* Erwin Chargaff, "On the dangers of genetic meddling," *Science* 192, no. 4243 (1976): 938.

10 *"My first reaction was: this was absurd":* "Reaction to Outrage over Recombinant DNA, Paul Berg." DNA Learning Center, doi:https://www.dnalc.org/view/15017-Reaction-to-outrage-over-recombinant-DNA-Paul-Berg.html.

11 *Dulbecco had even offered to* drink *SV40*: Shane Crotty, *Ahead of the Curve: David Baltimore's Life in Science* (Berkeley: University of California Press, 2001), 95.

12 *"In truth, I knew the risk was little"*: Paul Berg, author interview, 2013.

13 *"Janet really made the process vastly more efficient"*: Ibid.

14 *Boyer had arrived in San Francisco in the summer of '66*: Details of the story of Boyer and Cohen come from the following resources: John Archibald, *One Plus One Equals One: Symbiosis and the Evolution of Complex Life* (Oxford: Oxford University Press, 2014). Also see Stanley N. Cohen et al., "Construction of biologically functional bacterial plasmids in vitro," *Proceedings of the National Academy of Sciences* 70, no. 11 (1973): 3240–44.

15 *Late that evening, Boyer:* Details of this episode are from several sources including Stanley Falkow, "I'll Have the Chopped Liver Please, Or How I Learned to Love the Clone," *ASM News* 67, no. 11 (2001); Paul Berg, author interview, 2015; Jane Gitschier, "Wonderful life: An interview with Herb Boyer," *PLOS Genetics* (September 25, 2009).

第二章 现代音乐

1 *Each generation needs a new music*: Crick, *What Mad Pursuit*, 74.

2 *People now made music from everything*: Richard Powers, *Orfeo: A Novel* (New York: W. W. Norton, 2014), 330.

3 *In the early 1950s, Sanger had solved*: Frederick Sanger, "The arrangement of amino acids in proteins," *Advances in Protein Chemistry* 7 (1951): 1–67.

4 *Frederick Banting, and his medical student*: Frederick Banting et al., "The effects of insulin on experimental hyperglycemia in rabbits," *American Journal of Physiology* 62, no. 3 (1922).

5 *In 1958, Sanger won the Nobel Prize*: "The Nobel Prize in Chemistry 1958," Nobel prize.org, http://www.nobelprize.org/nobel_prizes/chemistry/laureates/1958/.

6 *his "lean years"*: Frederick Sanger, *Selected Papers of Frederick Sanger: With Commentaries*, vol. 1, ed. Margaret Dowding (Singapore: World Scientific, 1996), 11–12.

7 *In the summer of 1962, Sanger moved*: George G. Brownlee, *Fred Sanger—Double Nobel Laureate: A Biography* (Cambridge: Cambridge University Press, 2014), 20.

8 *On February 24, 1977, Sanger used*: F. Sanger et al., "Nucleotide sequence of bacteriophage ΦX174 DNA," *Nature* 265, no. 5596 (1977): 687–95, doi:10.1038/265687a0.

9 *"The sequence identifies many of the features"*: Ibid.

10 *In 1977, two scientists working independently*: Sayeeda Zain et al., "Nucleotide sequence analysis of the leader segments in a cloned copy of adenovirus 2 fiber mRNA," *Cell* 16, no. 4 (1979): 851–61. Also see "Physiology or Medicine 1993—press release," Nobelprize.org, http://www.nobelprize.org/nobel_prizes/medicine/laureates/1993/press.html.

11 *The "arsenal of chemical manipulations"*: Walter Sullivan, "Genetic decoders plumbing the deepest secrets of life processes," *New York Times*, June 20, 1977.

12 *"Genetic engineering . . . implies deliberate"*: Jean S. Medawar, *Aristotle to Zoos: A Philosophical Dictionary of Biology* (Cambridge, MA: Harvard University Press, 1985), 37–38.

13 *"By learning to manipulate genes experimentally"*: Paul Berg, author interview, September 2015.

14 *T cells sense the presence of invading cells*: J. P Allison, B. W. McIntyre, and D. Bloch, "Tumor-specific antigen of murine T-lymphoma defined with monoclonal antibody," *Journal of Immunology* 129 (1982): 2293–2300; K. Haskins et al, "The major his-

tocompatibility complex-restricted antigen receptor on T cells: I. Isolation with a monoclonal antibody," *Journal of Experimental Medicine* 157 (1983): 1149–69.

15　*In 1970, David Baltimore and Howard Temin*: "Physiology or Medicine 1975—Press Release," Nobelprize.org. Nobel Media AB 2014. Web. 5 Aug 2015. http://www.nobel prize.org/nobel_prizes/medicine/laureates/1975/press.html.

16　*In 1984, this technique was deployed*: S. M. Hedrick et al., "Isolation of cDNA clones encoding T cell-specific membrane-associated proteins," *Nature* 308 (1984): 149–53; Y. Yanagi et al., "A human T cell-specific cDNA clone encodes a protein having extensive homology to immunoglobulin chains," *Nature* 308 (1984): 145–49.

17　*"liberated by cloning"*: Steve McKnight, "Pure genes, pure genius," *Cell* 150, no. 6 (September 14, 2012): 1100–1102.

第三章　海边的爱因斯坦

1　*I believe in the inalienable right*: Sydney Brenner, "The influence of the press at the Asilomar Conference, 1975," Web of Stories, http://www.webofstories.com/play/sydney .brenner/182;jsessionid=2c147f1c4222a58715e708eabd868e58.

2　*In the summer of 1972*: Crotty, *Ahead of the Curve*, 93.

3　*"the beginning of a new era"*: Herbert Gottweis, *Governing Molecules: The Discursive Politics of Genetic Engineering in Europe and the United States* (Cambridge, MA: MIT Press, 1998).

4　*"Asilomar I," as Berg would later call*: Details of Berg's account of Asilomar come from conversations and interviews with Paul Berg, 1993 and 2013; and Donald S. Fredrickson, "Asilomar and recombinant DNA: The end of the beginning," in *Biomedical Politics*, ed. Hanna, 258–92.

5　*The Asilomar conference produced an important book*: Alfred Hellman, Michael Neil Oxman, and Robert Pollack, *Biohazards in Biological Research* (Cold Spring Harbor, NY: Cold Spring Harbor Laboratory Press, 1973).

6　*summer of 1973 when Boyer and Cohen*: Cohen et al., "Construction of biologically functional bacterial plasmids," 3240–44.

7　*"'safe' viruses, plasmids and bacteria"*: Crotty, *Ahead of the Curve*, 99.

8　*"Well, if we had any guts at all"*: Ibid.

9　*"Don't put toxin genes into E. coli"*: "The moratorium letter regarding risky experiments, Paul Berg," DNA Learning Center, https://www.dnalc.org/view/15021-The -moratorium-letter-regarding-risky-experiments-Paul-Berg.html.

10　*In 1974, the "Berg letter" ran*: P. Berg et al., "Potential biohazards of recombinant DNA molecules," *Science* 185 (1974): 3034. See also *Proceedings of the National Academy of Sciences* 71 (July 1974): 2593–94.

11　*"are specious"*: Herb Boyer interview, 1994, by Sally Smith Hughes, UCSF Oral History Program, Bancroft Library, University of California, Berkeley, http://content .cdlib.org/view?docId=kt5d5nb0zs&brand=calisphere&doc.view=entire_text.

12　*On New Year's Day 1974*: John F. Morrow et al., "Replication and transcription of eukaryotic DNA in *Escherichia coli*," *Proceedings of the National Academy of Sciences* 71, no. 5 (1974): 1743–47.

13　*Asilomar II—one of the most unusual*: Paul Berg et al., "Summary statement of the Asilomar Conference on recombinant DNA molecules," *Proceedings of the National Academy of Sciences* 72, no. 6 (1975): 1981–84.

14　*"You fucked the plasmid group"*: Crotty, *Ahead of the Curve*, 107.

15 *He was promptly accused of*: Brenner, "The influence of the press."

16 *"Some people got sick of it all"*: Crotty, *Ahead of the Curve*, 108.

17 *"The new techniques, which permit"*: Gottweis, *Governing Molecules*, 88.

18 *To mitigate the risks, the document*: Berg et al., "Summary statement of the Asilomar Conference," 1981–84.

19 *two-page letter written in August 1939*: Albert Einstein, "Letter to Roosevelt, August 2, 1939," Albert Einstein's Letters to Franklin Delano Roosevelt, http://hypertext book.com/eworld/einstein.shtml#first.

20 *As Alan Waterman, the head*: Attributed to Alan T. Waterman, in Lewis Branscomb, "Foreword," *Science, Technology, and Society, a Prospective Look: Summary and Conclusions of the Bellagio Conference* (Washington, DC: National Academy of Sciences, 1976).

21 *Nixon, fed up with his scientific advisers*: F. A. Long, "President Nixon's 1973 Reorganization Plan No. 1," *Science and Public Affairs* 29, no. 5 (1973): 5.

22 *"was to demonstrate that scientists were capable"*: Paul Berg, author interview, 2013.

23 *"The public's trust was undeniably increased"*: Paul Berg, "Asilomar and recombinant DNA," Nobelprize.org, http://www.nobelprize.org/nobel_prizes/chemistry/laureates/1980/berg-article.html.

24 *"Did the organizers and participants"*: Ibid.

第四章 "克隆或死亡"

1 *If you know the question*: Herbert W. Boyer, "Recombinant DNA research at UCSF and commercial application at Genentech: Oral history transcript, 2001," Online Archive of California, 124, http://www.oac.cdlib.org/search?style=oac4;titlesAZ=r;idT=UCb11453293x.

2 *Any sufficiently advanced technology*: Arthur Charles Clark, *Profiles of the Future: An Inquiry Into the Limits of the Possible* (New York: Harper & Row, 1973).

3 *"may completely change the pharmaceutical industry's"*: Doogab Yi, *The Recombinant University: Genetic Engineering and the Emergence of Stanford Biotechnology* (Chicago: University of Chicago Press, 2015), 2.

4 *In May, the* San Francisco Chronicle *ran*: "Getting Bacteria to Manufacture Genes," *San Francisco Chronicle*, May 21, 1974.

5 *Cohen also received*: Roger Lewin, "A View of a Science Journalist," in *Recombinant DNA and Genetic Experimentation*, ed. J. Morgan and W. J. Whelan (London: Elsevier, 2013), 273.

6 *Cohen and Boyer filed a patent*: "1972: First recombinant DNA," Genome.gov, http://www.genome.gov/25520302.

7 *"to commercial ownership of the techniques for cloning all possible DNAs"*: P. Berg and J. E. Mertz, "Personal reflections on the origins and emergence of recombinant DNA technology," *Genetics* 184, no. 1 (2010): 9–17, doi:10.1534/genetics.109.112144.

8 *Swanson came to see Boyer in January 1976*: Sally Smith Hughes, *Genentech: The Beginnings of Biotech* (Chicago: University of Chicago Press, 2011), "Prologue."

9 *Boyer rejected Swanson's suggestion of HerBob*: Felda Hardymon and Tom Nicholas, "Kleiner-Perkins and Genentech: When venture capital met science," Harvard Business School Case 813-102, October 2012, http://www.hbs.edu/faculty/Pages/item.aspx?num=43569.

10 *In 1869, a Berlin medical student*: A. Sakula, "Paul Langerhans (1847–1888): A centenary tribute," *Journal of the Royal Society of Medicine* 81, no. 7 (1988): 414.

11 *Two decades later, two surgeons*: J. v. Mering and Oskar Minkowski, "Diabetes mel-

litus nach Pankreasexstirpation," *Naunyn-Schmiedeberg's Archives of Pharmacology* 26, no. 5 (1890): 371–87.

12 *Ultimately, in 1921, Banting and Best:* F. G. Banting et al., "Pancreatic extracts in the treatment of diabetes mellitus," *Canadian Medical Association Journal* 12, no. 3 (1922): 141.

13 *In 1953, after three more decades:* Frederick Sanger and E. O. P. Thompson, "The amino-acid sequence in the glycyl chain of insulin. 1. The identification of lower peptides from partial hydrolysates," *Biochemical Journal* 53, no. 3 (1953): 353.

14 *To synthesize the somatostatin gene:* Hughes, *Genentech*, 59–65.

15 *"I thought about it all the time":* "Fierce Competition to Synthesize Insulin, David Goeddel," DNA Learning Center, https://www.dnalc.org/view/15085-Fierce-competition -to-synthesize-insulin-David-Goeddel.html.

16 *"Gilbert was, as he had for many days past":* Hughes, *Genentech*, 93.

17 *460 Point San Bruno Boulevard:* Ibid., 78.

18 *"You'd go through the back of Genentech's door":* "Introductory materials," First Chief Financial Officer at Genentech, 1978–1984, http://content.cdlib.org/view?docId=kt 8k40159r&brand=calisphere&doc.view=entire_text.

19 *Gilbert recalled. The UCSF team:* Hughes, *Genentech*, 93.

20 *In the summer of 1978, Boyer learned:* Payne Templeton, "Harvard group produces insulin from bacteria," *Harvard Crimson*, July 18, 1978.

21 *August 21, 1978, Goeddel joined:* Hughes, *Genentech*, 91.

22 *On October 26, 1982, the US Patent:* "A history of firsts," Genentech: Chronology, http://www.gene.com/media/company-information/chronology.

23 *"effectively, the patent claimed":* Luigi Palombi, *Gene Cartels: Biotech Patents in the Age of Free Trade* (London: Edward Elgar Publishing, 2009), 264.

24 *Many newspapers accusingly termed it:* "History of AIDS up to 1986," http://www .avert.org/history-aids-1986.htm.

25 *In April, exactly two years:* Gilbert C. White, "Hemophilia: An amazing 35-year journey from the depths of HIV to the threshold of cure," *Transactions of the American Clinical and Climatological Association* 121 (2010): 61.

26 *90 percent would acquire HIV:* "HIV/AIDS," National Hemophilia Foundation, https://www.hemophilia.org/Bleeding-Disorders/Blood-Safety/HIV/AIDS.

27 *Of the several million variants:* John Overington, Bissan Al-Lazikani, and Andrew Hopkins, "How many drug targets are there?" *Nature Reviews Drug Discovery* 5 (December 2006): 993–96, "Table 1 | Molecular targets of FDA-approved drugs," http:// www.nature.com/nrd/journal/v5/n12/fig_tab/nrd2199_T1.html.

28 *On October 14, 1980, Genentech sold:* "Genentech: Historical stock info," Gene.com, http://www.gene.com/about-us/investors/historical-stock-info.

29 *In the summer of 2001, Genentech launched:* Harold Evans, Gail Buckland, and David Lefer, *They Made America: From the Steam Engine to the Search Engine—Two Centuries of Innovators* (London: Hachette UK, 2009), "Hebert Boyer and Robert Swanson: The biotech industry," 420–31.

第四部分

1 *Know then thyself:* Alexander Pope, *Essay on Man* (Oxford: Clarendon Press, 1869).

2 *Albany: How have you known:* William Shakespeare and Jay L. Halio, *The Tragedy of King Lear* (Cambridge: Cambridge University Press, 1992), act 5, sc. 3.

第二章 诊所诞生

1 *I start with the premise that:* Lyon and Gorner, *Altered Fates.*

2 *the* New York Times *published:* John A. Osmundsen, "Biologist hopeful in solving secrets of heredity this year," *New York Times,* February 2, 1962.

3 *"The most important contribution to medicine":* Thomas Morgan, "The relation of genetics to physiology and medicine," Nobel Lecture, June 4, 1934, Nobelprize.org, http://www.nobelprize.org/nobel_prizes/medicine/laureates/1933/morgan-lecture.html.

4 *In 1947, Victor McKusick:* "From 'musical murmurs' to medical genetics, 1945–1960," Victor A. McKusick Papers, NIH, http://profiles.nlm.nih.gov/ps/retrieve/narrative/jq/p-nid/305.

5 *McKusick described the case:* Harold Jeghers, Victor A. McKusick, and Kermit H. Katz, "Generalized intestinal polyposis and melanin spots of the oral mucosa, lips and digits," *New England Journal of Medicine* 241, no. 25 (1949): 993–1005, doi:10.1056/nejm194912222412501.

6 *In 1899, Archibald Garrod:* Archibald E. Garrod, "A contribution to the study of alkaptonuria," *Medico-chirurgical Transactions* 82 (1899): 367.

7 *"The phenomena of obesity":* Archibald E. Garrod, "The incidence of alkaptonuria: A study in chemical individuality," *Lancet* 160, no. 4137 (1902): 1616–20, doi:10.1016/s0140-6736(01)41972-6.

8 *for decades, some medical historians:* Harold Schwartz, *Abraham Lincoln and the Marfan Syndrome* (Chicago: American Medical Association, 1964).

9 *By the mid-1980s, McKusick and his students:* J. Amberger et al., "McKusick's Online Mendelian Inheritance in Man," *Nucleic Acids Research* 37 (2009): (database issue) D793–D796, fig. 1 and 2, doi:10.1093/nar/gkn665.

10 *By the twelfth edition of his book:* "Beyond the clinic: Genetic studies of the Amish and little people, 1960–1980s," Victor A. McKusick Papers, NIH, http://profiles.nlm.nih.gov/ps/retrieve/narrative/jq/p-nid/307.

11 *"The imperfect is our paradise":* Wallace Stevens, *The Collected Poems of Wallace Stevens* (New York: Alfred A. Knopf, 1954), "The Poems of Our Climate," 193–94.

12 *In November 1961: Fantastic Four #1* (New York: Marvel Comics, 1961), http://marvel.com/comics/issue/12894/fantastic_four_1961_1.

13 *"a fantastic amount of radioactivity":* Stan Lee et al., *Marvel Masterworks: The Amazing Spider-Man* (New York: Marvel Publishing, 2009), "The Secrets of Spider-Man."

14 *the X-Men, launched in September 1963: Uncanny X-Men #1* (New York: Marvel Comics, 1963), http://marvel.com/comics/issue/12413/uncanny_x-men_1963_1.

15 *in the spring of 1966:* Alexandra Stern, *Telling Genes: The Story of Genetic Counseling in America* (Baltimore: Johns Hopkins University Press, 2012), 146.

16 *Fetal cells from the amnion:* Leo Sachs, David M. Serr, and Mathilde Danon, "Analysis of amniotic fluid cells for diagnosis of foetal sex," *British Medical Journal* 2, no. 4996 (1956): 795.

17 *On May 31, 1968:* Carlo Valenti, "Cytogenetic diagnosis of down's syndrome in utero," *Journal of the American Medical Association* 207, no. 8 (1969): 1513, doi:10.1001/jama.1969.03150210097018.

18 *In September 1969:* Details of McCorvey's life are from Norma McCorvey with Andy Meisler, *I Am Roe: My Life, Roe v. Wade, and Freedom of Choice* (New York: HarperCollins, 1994).

19 *"with dirty instruments scattered around the room"*: Ibid.

20 *Blackmun wrote: Roe v. Wade*, Legal Information Institute, https://www.law.cornell.edu/supremecourt/text/410/113.

21 *" The individual's [i.e., mother's]"*: Alexander M. Bickel, *The Morality of Consent* (New Haven: Yale University Press, 1975), 28.

22 *control of the fetal genome to medicine*: Jeffrey Toobin, "The people's choice," *New Yorker*, January 28, 2013, 19–20.

23 *In some states:* H. Hansen, "Brief reports decline of Down's syndrome after abortion reform in New York State," *American Journal of Mental Deficiency* 83, no. 2 (1978): 185–88.

24 *By the mid-1970s:* Daniel J. Kevles, *In the Name of Eugenics: Genetics and the Uses of Human Heredity* (New York: Alfred A. Knopf, 1985), 257.

25 *"Tiny fault after tiny fault"*: M. Susan Lindee, *Moments of Truth in Genetic Medicine* (Baltimore: Johns Hopkins University Press, 2005), 24.

26 *McKusick published a new edition:* V. A. McKusick and R. Claiborne, eds., *Medical Genetics* (New York: HP Publishing, 1973).

27 *Joseph Dancis, the pediatrician, wrote:* Ibid., Joseph Dancis, "The prenatal detection of hereditary defects," 247.

28 *In June 1969, a woman named Hetty Park:* Mark Zhang, "*Park v. Chessin* (1977)," *The Embryo Project Encyclopedia*, January 31, 2014, https://embryo.asu.edu/pages/park-v-chessin-1977.

29 *One commentator noted, "The court asserted"*: Ibid.

第三章 "干预，干预，再干预"

1 *After millennia in which most people:* Gerald Leach, "Breeding Better People," *Observer*, April 12, 1970.

2 *No newborn should be declared human:* Michelle Morgante, "DNA scientist Francis Crick dies at 88," *Miami Herald*, July 29, 2004.

3 *"The old eugenics was limited"*: Lily E. Kay, *The Molecular Vision of Life: Caltech, the Rockefeller Foundation, and the Rise of the New Biology* (New York: Oxford University Press, 1993), 276.

4 *In 1980, Robert Graham:* David Plotz, "Darwin's Engineer," *Los Angeles Times*, June 5, 2005, http://www.latimes.com/la-tm-spermbank23jun05-story.html#page=1.

5 *The physicist William Shockley:* Joel N. Shurkin, *Broken Genius: The Rise and Fall of William Shockley, Creator of the Electronic Age* (London: Macmillan, 2006), 256.

6 *"cruel, blundering and inefficient"*: Kevles, *In the Name of Eugenics*, 263.

7 *"moral obligation of the medical profession"*: Departments of Labor and Health, Education, and Welfare Appropriations for 1967 (Washington, DC: Government Printing Office, 1966), 249.

8 *"Near the end of his terms of office"*: Victor McKusick, in *Legal and Ethical Issues Raised by the Human Genome Project: Proceedings of the Conference in Houston, Texas, March 7–9, 1991*, ed. Mark A. Rothstein (Houston: University of Houston, Health Law and Policy Institute, 1991).

9 *"needle in a haystack"*: Matthew R. Walker and Ralph Rapley, *Route Maps in Gene Technology* (Oxford: Blackwell Science, 1997), 144.

第四章　基因定位

1　*Glory be to God for dappled things:* W. H. Gardner, *Gerard Manley Hopkins: Poems and Prose* (Taipei: Shu lin, 1968), "Pied Beauty."

2　*We suddenly came upon two women:* George Huntington, "Recollections of Huntington's chorea as I saw it at East Hampton, Long Island, during my boyhood," *Journal of Nervous and Mental Disease* 37 (1910): 255–57.

3　*In 1978, two geneticists:* Robert M. Cook-Deegan, *The Gene Wars: Science, Politics, and the Human Genome* (New York: W. W. Norton, 1994), 38.

4　*By studying Mormons in Utah:* K. Kravitz et al., "Genetic linkage between hereditary hemochromatosis and HLA," *American Journal of Human Genetics* 31, no. 5 (1979): 601.

5　*In 1978, two other researchers:* Y. Wai Kan and Andree M. Dozy, "Polymorphism of DNA sequence adjacent to human beta-globin structural gene: Relationship to sickle mutation," *Proceedings of the National Academy of Sciences* 75, no. 11 (1978): 5631–35.

6　*When Botstein and Davis had first discovered:* David Botstein et al., "Construction of a genetic linkage map in man using restriction fragment length polymorphisms," *American Journal of Human Genetics* 32, no. 3 (1980): 314.

7　*The poet Louis MacNeice once wrote:* Louis MacNeice, "Snow," in *The New Cambridge Bibliography of English Literature*, vol. 3, ed. George Watson (Cambridge: Cambridge University Press, 1971).

8　*"We can give you markers":* Victor K. McElheny, *Drawing the Map of Life: Inside the Human Genome Project* (New York: Basic Books, 2010), 29.

9　*"We describe a new basis":* Botstein et al., "Construction of a genetic linkage map," 314.

10　*"like watching a giant puppet show":* N. Wexler, "Huntington's Disease: Advocacy Driving Science," *Annual Review of Medicine*, no. 63 (2012): 1–22.

11　*life devolves into a "grim roulette":* N. S. Wexler, "Genetic 'Russian Roulette': The Experience of Being At Risk for Huntington's Disease," in *Genetic Counseling: Psychological Dimensions*, ed. S. Kessler (New York, Academic Press, 1979).

12　*"waiting game for the onset of symptoms":* "New discovery in fight against Huntington's disease," NUI Galway, February 22, 2012, http://www.nuigalway.ie/about-us/news-and-events/news-archive/2012/february2012/new-discovery-in-fight-against-huntingtons-disease-1.html.

13　*"I don't know the point where":* Gene Veritas, "At risk for Huntington's disease," September 21, 2011, http://curehd.blogspot.com/2011_09_01_archive.html.

14　*Milton Wexler, Nancy's father, a clinical psychologist:* Details of the Wexler family story came from Alice Wexler, *Mapping Fate: A Memoir of Family, Risk, and Genetic Research* (Berkeley: University of California Press, 1995); Lyon and Gorner, *Altered Fates*; and "Makers profile: Nancy Wexler, neuropsychologist & president, Hereditary Disease Foundation," MAKERS: The Largest Video Collection of Women's Stories, http://www.makers.com/nancy-wexler.

15　*"Each one of you has a one-in-two":* Ibid.

16　*That year, Milton Wexler launched:* "History of the HDF," Hereditary Disease Foundation, http://hdfoundation.org/history-of-the-hdf/.

17　*In one nursing home:* Wexler, Nancy, "Life In The Lab" *Los Angeles Times Magazine*, February 10, 1991.

18　*Leonore died on May 14, 1978:* Associated Press, "Milton Wexler; Promoted Huntington's Research," *Washington Post*, March 23, 2007, http://www.washingtonpost.com/wp-dyn/content/article/2007/03/22/AR2007032202068.html.

19　*Seventeen months later, in October 1979:*Wexler, *Mapping Fate,*177.

20　*"There have been a few times in my life":* Ibid., 178.

21　*At first glance, a visitor to Barranquitas:* Description of Barranquitas from "Nancy Wexler in Venezuela Huntington's disease," BBC, 2010, YouTube, https://www.you tube.com/watch?v=D6LbkTW8fDU.

22　*When the Venezuelan neurologist Américo Negrette:* M. S. Okun and N. Thommi, "Américo Negrette (1924 to 2003): Diagnosing Huntington disease in Venezuela," *Neurology* 63, no. 2 (2004): 340–43, doi:10.1212/01.wnl.0000129827.16522.78.

23　*In some parts:* for data on prevalence, see http://www.cmmt.ubc.ca/research/diseases/huntingtons/HD_Prevalence.

24　*two copies of the mutated Huntington's disease gene—i.e., "homozygotes":* see "What Is a Homozygote?", Nancy Wexler, *Gene Hunter: The Story of Neuropsychologist Nancy Wexler,* (Women's Adventures in Science, Joseph Henry Press), October 30, 2006: 51.

25　*"It was a clash of total bizarreness":* Jerry E. Bishop and Michael Waldholz, *Genome: The Story of the Most Astonishing Scientific Adventure of Our Time* (New York: Simon & Schuster, 1990), 82–86.

26　*They assiduously collected:* This pedigree would eventually grow to contain more than 18,000 individuals over 10 generations. All have descended from a common ancestor, a woman named Maria Concepión—a strangely apt name—who conceived the first family that carried the abnormal gene to these villages in the nineteenth century.

27　*Here too the illness:* The American family was not big enough to prove linkage, but the Venezuelan family was. By adding the two together, the scientists could prove the existence of a DNA marker traveling with HD. See Gusella JF, Wexler NS, Conneally PM, Naylor SL, Anderson MA, Tanzi RE, Watkins PC, Ottina K, Wallace MR, Sakaguchi AY, Young AB, Shoulson I, Bonilla E, and Martin JB. "A Polymorphic DNA Marker Genetically Linked to Huntington's Disease." *Nature,* 1983 Nov 17–23; 306 (5940): 234–8.

28　*In August 1983, Wexler, Gusella, and Conneally:* James F. Gusella et al., "A polymorphic DNA marker genetically linked to Huntington's disease," *Nature* 306, no. 5940 (1983): 234–38, doi:10.1038/306234a0.

29　*The candidate gene had been found:* Karl Kieburtz et al., "Trinucleotide repeat length and progression of illness in Huntington's disease," *Journal of Medical Genetics* 31, no. 11 (1994): 872–74.

30　*"We've got it, we've got it":* Lyon and Gorner, *Altered Fates,* 424.

31　*A remarkable feature of the inheritance:* Nancy S. Wexler, "Venezuelan kindreds reveal that genetic and environmental factors modulate Huntington's disease age of onset," *Proceedings of the National Academy of Sciences* 101, no. 10 (2004): 3498–503.

32　*In 1857, a Swiss almanac: The Almanac of Children's Songs and Games from Switzerland* (Leipzig: J. J. Weber, 1857).

33　*" Inside the pericardium":* "The History of Cystic Fibrosis," cysticfibrosismedicine .com, http://www.cfmedicine.com/history/earlyyears.htm.

34　*In 1985, Lap-Chee Tsui:* Lap-Chee Tsui et al., "Cystic fibrosis locus defined by a genetically linked polymorphic DNA marker," *Science* 230, no. 4729 (1985): 1054–57.

35　*By the spring of 1989, Collins:* Wanda K. Lemna et al., "Mutation analysis for heterozygote detection and the prenatal diagnosis of cystic fibrosis," *New England Journal of Medicine* 322, no. 5 (1990): 291–96.

36　*Over the last decade:* V. Scotet et al., "Impact of public health strategies on the birth prevalence of cystic fibrosis in Brittany, France," *Human Genetics* 113, no. 3 (2003): 280–85.

37 *In 1993, a New York hospital:* D. Kronn, V. Jansen, and H. Ostrer, "Carrier screening for cystic fibrosis, Gaucher disease, and Tay-Sachs disease in the Ashkenazi Jewish population: The first 1,000 cases at New York University Medical Center, New York, NY," *Archives of Internal Medicine* 158, no. 7 (1998): 777–81.

38 *As the physicist and historian Evelyn Fox Keller:* Elinor S. Shaffer, ed., *The Third Culture: Literature and Science,* vol. 9 (Berlin: Walter de Gruyter, 1998), 21.

39 *"a new horizon in the history of man":* Robert L. Sinsheimer, "The prospect for designed genetic change," *American Scientist* 57, no. 1 (1969): 134–42.

40 *"Some may smile and may feel":* Jay Katz, Alexander Morgan Capron, and Eleanor Swift Glass, *Experimentation with Human Beings: The Authority of the Investigator, Subject, Professions, and State in the Human Experimentation Process* (New York: Russell Sage Foundation, 1972), 488.

41 *"no beliefs, no values, no institutions":* John Burdon Sanderson Haldane, *Daedalus or Science and the Future* (New York: E. P. Dutton, 1924), 48.

第五章　基因组时代

1   *Our ability to read out this sequence:* Sulston and Ferry, *Common Thread,* 264.

2   *In 1977, when Fred Sanger had sequenced:* Cook-Deegan, *The Gene Wars,* 62.

3   *The human genome contains 3,095,677,412 base pairs:* "OrganismView: Search organisms and genomes," CoGe: OrganismView, https://genomevolution.org/coge//organismview.pl?gid=7029.

4   BRCA1, *was only identified in 1994:* Yoshio Miki et al., "A strong candidate for the breast and ovarian cancer susceptibility gene *BRCA1,*" *Science* 266, no. 5182 (1994): 66–71.

5   *such as chromosome jumping:* F. Collins et al., "Construction of a general human chromosome jumping library, with application to cystic fibrosis," *Science* 235, no. 4792 (1987): 1046–49, doi:10.1126/science.2950591.

6   *"There was no shortage of exceptionally clever":* Mark Henderson, "Sir John Sulston and the Human Genome Project," Wellcome Trust, May 3, 2011, http://genome.wellcome.ac.uk/doc_wtvm051500.html.

7   *"But even with the immense power":* Departments of Labor, Health and Human Services, Education, and Related Agencies Appropriations for 1996: Hearings before a Subcommittee of the Committee on Appropriations, House of Representatives, One Hundred Fourth Congress, First Session (Washington, DC: Government Printing Office, 1995), http://catalog.hathitrust.org/Record/003483817.

8   *in 1872, Hilário de Gouvêa, a Brazilian ophthalmologist:* Alvaro N. A. Monteiro and Ricardo Waizbort, "The accidental cancer geneticist: Hilário de Gouvêa and hereditary retinoblastoma," *Cancer Biology & Therapy* 6, no. 5 (2007): 811–13, doi:10.4161/cbt.6.5.4420.

9   *Vogelstein had already discovered that cancers:* Bert Vogelstein and Kenneth W. Kinzler, "The multistep nature of cancer," *Trends in Genetics* 9, no. 4 (1993): 138–41.

10 *Schizophrenia, in particular, sparked a furor:* Valrie Plaza, *American Mass Murderers* (Raleigh, NC: Lulu Press, 2015), "Chapter 57: James Oliver Huberty."

11 *NAS study found that identical twins possessed:* "Schizophrenia in the National Academy of Sciences–National Research Council Twin Registry: A 16-year up-

date," *American Journal of Psychiatry* 140, no. 12 (1983): 1551–63, doi:10.1176/ajp.140.12.1551.

12　*An earlier study, published by:* D. H. O'Rourke et al., "Refutation of the general single-locus model for the etiology of schizophrenia," *American Journal of Human Genetics* 34, no. 4 (1982): 630.

13　*For identical twins with the severest form:* Peter McGuffin et al., "Twin concordance for operationally defined schizophrenia: Confirmation of familiality and heritability," *Archives of General Psychiatry* 41, no. 6 (1984): 541–45.

14　*Populist anxieties about genes, mental illness:* James Q. Wilson and Richard J. Herrnstein, *Crime and Human Nature: The Definitive Study of the Causes of Crime* (New York: Simon & Schuster, 1985).

15　*"bad friends, bad neighborhoods, bad labels":* Matt DeLisi, "James Q. Wilson," in *Fifty Key Thinkers in Criminology*, ed. Keith Hayward, Jayne Mooney, and Shadd Maruna (London: Routledge, 2010), 192–96.

16　*another meeting of scientists was called to evaluate whether:* Doug Struck, "The Sun (1837–1988)," *Baltimore Sun*, February 2, 1986, 79.

17　*The most important technical breakthrough:* Kary Mullis, "Nobel Lecture: The polymerase chain reaction," December 8, 1993, Nobelprize.org, http://www.nobelprize.org/nobel_prizes/chemistry/laureates/1993/mullis-lecture.html.

18　*To sequence all 3 billion base pairs:* Sharyl J. Nass and Bruce Stillman, *Large-Scale Biomedical Science: Exploring Strategies for Future Research* (Washington, DC: National Academies Press, 2003), 33.

19　*"The only way to give Rufus a life":* McElheny, *Drawing the Map of Life*, 65.

20　*By 1989 after several:* "About NHGRI: A Brief History and Timeline," Genome.gov, http://www.genome.gov/10001763.

21　*In January 1989, a twelve-member council:* McElheny, *Drawing the Map of Life*, 89.

22　*"We are initiating an unending study":* Ibid.

23　*On January 28, 1983:* J. David Smith, "Carrie Elizabeth Buck (1906–1983)," *Encyclopedia Virginia*, http://www.encyclopediavirginia.org/Buck_Carrie_Elizabeth_1906–1983.

24　*Vivian Dobbs—the child who:* Ibid.

第六章　基因地理学家

1　*So Geographers in Afric-maps:* Jonathan Swift and Thomas Roscoe, *The Works of Jonathan Swift, DD: With Copious Notes and Additions and a Memoir of the Author*, vol. 1 (New York: Derby, 1859), 247–48.

2　*More and more, the Human Genome Project:* Justin Gillis, "Gene-mapping controversy escalates; Rockville firm says government officials seek to undercut its effort," *Washington Post*, March 7, 2000.

3　*Craig Venter, proposed a shortcut:* L. Roberts, "Gambling on a Shortcut to Genome Sequencing," *Science* 252, no. 5013 (1991): 1618–19.

4　*In 1986, he had heard of:* Lisa Yount, *A to Z of Biologists* (New York: Facts On File, 2003), 312.

5　*"my future in a crate":* J. Craig Venter, *A Life Decoded: My Genome, My Life* (New York: Viking, 2007), 97.

6　*the NIH technology transfer office contacted:* R. Cook-Deegan and C. Heaney, "Patents in genomics and human genetics," *Annual Review of Genomics and Human Genetics* 11 (2010): 383–425, doi:10.1146/annurev-genom-082509-141811.

7　*In 1984, Amgen had filed a patent:* Edmund L. Andrews, "Patents; Unaddressed Question in Amgen Case," *New York Times,* March 9, 1991.

8　*"Patents (or so I had believed) are designed":* Sulston and Ferry, *Common Thread,* 87.

9　*"It's a quick and dirty land grab":* Pamela R. Winnick, *A Jealous God: Science's Crusade against Religion* (Nashville, TN: Nelson Current, 2005), 225.

10　*"Could you patent an elephant":* Eric Lander, author interview, 2015.

11　*Walter Bodmer, the English geneticist, warned:* L. Roberts, "Genome Patent Fight Erupts," *Science* 254, no. 5029 (1991): 184–86.

12　*The Institute for Genomic Research:* Venter, *Life Decoded,* 153.

13　*Working with a new ally, Hamilton Smith:* Hamilton O. Smith et al., "Frequency and distribution of DNA uptake signal sequences in the *Haemophilus influenzae* Rd genome," *Science* 269, no. 5223 (1995): 538–40.

14　*"The final [paper] took forty drafts":* Venter, *Life Decoded,* 212.

15　*"thrilled by the first glimpse":* Ibid., 219.

16　*"What if you took a word":* Eric Lander, author interview, October 2015.

17　*"The real challenge of the Human Genome Project":* Ibid.

18　*TIGR had been set up:* HGS was launched by William Haseltine, a former Harvard professor, who hoped to use genomics to discover novel drugs.

19　*On May 12, 1998, the* Washington Post: Justin Gills and Rick Weiss, "Private firm aims to beat government to gene map," *Washington Post,* May 12, 1998, http://www .washingtonpost.com/archive/politics/1998/05/12/private-firm-aims-to-beat -government-to-gene-map/bfd5a322-781e-4b71-b939-5e7e6a8ebbdb/.

20　*In December 1998:* "1998: Genome of roundworm *C. elegans* sequenced," Genome .gov, http://www.genome.gov/25520394.

21　*A gene called* ceh-13, *for instance:* Borbála Tihanyi et al., "The *C. elegans Hox* gene *ceh-13* regulates cell migration and fusion in a non-colinear way. Implications for the early evolution of *Hox* clusters," *BMC Developmental Biology* 10, no. 78 (2010), doi:10.1186/1471-213X-10-78.

22　*The* C. elegans *genome—published to universal:* Science 282, no. 5396 (1998): 1945–2140.

23　*its one-billionth human base pair:* David Dickson and Colin Macilwain, " 'It's a G': The one-billionth nucleotide," *Nature* 402, no. 6760 (1999): 331.

24　*it had sequenced the genome of the fruit fly:* Declan Butler, "Venter's *Drosophila* 'success' set to boost human genome efforts," *Nature* 401, no. 6755 (1999): 729–30.

25　*In March 2000,* Science *published:* "The *Drosophila* genome," *Science* 287, no. 5461 (2000): 2105–364.

26　*Of the 289 human genes known to be:* David N. Cooper, *Human Gene Evolution* (Oxford: BIOS Scientific Publishers, 1999), 21.

27　*177 genes:* William K. Purves, *Life: The Science of Biology* (Sunderland, MA: Sinauer Associates, 2001), 262.

28　*"a man like me":* Marsh, *William Blake,* 56.

29　*"The lesson is that the complexity":* Quote from the director of the Berkeley *Drosophila* Genome Project, Gerry Rubin, in Robert Sanders, "UC Berkeley collaboration with Celera Genomics concludes with publication of nearly complete sequence of the genome of the fruit fly," press release, UC Berkeley, March 24, 2000, http://www .berkeley.edu/news/media/releases/2000/03/03-24-2000.html.

30　*"between a human and a nematode worm":* The Age of the Genome, BBC Radio 4, http://www.bbc.co.uk/programmes/b00ss2rk.

31　*"Fix this!":* James Shreeve, *The Genome War: How Craig Venter Tried to Capture the Code of Life and Save the World* (New York: Alfred A. Knopf, 2004), 350.

32　*That initial meeting in Ari Patrinos's basement:* For details of this story see ibid. Also see Venter, *Life Decoded*, 97.

33　*At 10:19 a.m. on the morning of June 26:* "June 2000 White House Event," Genome .gov, https://www.genome.gov/10001356.

34　*Clinton spoke first, comparing the map:* "President Clinton, British Prime Minister Tony Blair deliver remarks on human genome milestone," CNN.com Transcripts, June 26, 2000.

35　*"My greatest success":* Shreeve, *Genome War*, 360.

36　*Lander recruited yet another team of scientists:* McElheny, *Drawing the Map of Life*, 163.

37　*"In the history of scientific writing since the 1600s":* Eric Lander, author interview, October 2015.

38　*"genome tossed salad":* Shreeve, *Genome War*, 364.

第七章　人之书（共 23 卷）

1　*It encodes about 20,687 genes in total:* Details of the Human Genome Project come from "Human genome far more active than thought," Wellcome Trust, Sanger Institute, September 5, 2012, http://www.sanger.ac.uk/about/press/2012/120905.html; Venter, *Life Decoded*; and Committee on Mapping and Sequencing the Human Genome, *Mapping and Sequencing the Human Genome* (Washington, DC: National Academy Press, 1988), http://www.nap.edu/read/1097/chapter/1.

第五部分

1　*How nice it would be:* Lewis Carroll, *Alice in Wonderland* (New York: W. W. Norton, 2013).

第一章　"不分彼此"

1　*"So, We's the Same":* Kathryn Stockett, *The Help* (New York: Amy Einhorn Books/ Putnam, 2009), 235.

2　*We got to have a re-vote:* "Who is blacker Charles Barkley or Snoop Dogg," YouTube, January 19, 2010, https://www.youtube.com/watch?v=yHfX-11ZHXM.

3　*What have I in common with Jews?:* Franz Kafka, *The Basic Kafka* (New York: Pocket Books, 1979), 259.

4　*This mirror writing can result:* Everett Hughes, "The making of a physician: General statement of ideas and problems," *Human Organization* 14, no. 4 (1955): 21–25.

5　*"as absurd as defining the organs":* Allen Verhey, *Nature and Altering It* (Grand Rapids, MI: William B. Eerdmans, 2010), 19. Also see Matt Ridley, *Genome: The Autobiography of a Species In 23 Chapters* (New York: Harper Collins, 1999), 54.

6　*"Encoded in the DNA sequence are fundamental":* Committee on Mapping and Sequencing, *Mapping and Sequencing*, 11.

7　*"Had Mr. Darwin or his followers furnished":* Louis Agassiz, "On the origins of species," *American Journal of Science and Arts* 30 (1860): 142–54.

8   *In 1848, stone diggers in a limestone quarry:* Douglas Palmer, Paul Pettitt, and Paul G. Bahn, *Unearthing the Past: The Great Archaeological Discoveries That Have Changed History* (Guilford, CT: Globe Pequot, 2005), 20.

9   *"an early time in the evolution of man": Popular Science Monthly* 100 (1922).

10 *Allan Wilson began to use genetic tools:* Rebecca L. Cann, Mork Stoneking, and Allan C. Wilson, "Mitochondrial DNA and human evolution," *Nature* 325 (1987): 31–36.

11 *The genes lodged within mitochondria:* See Chuan Ku et al., "Endosymbiotic origin and differential loss of eukaryotic genes," *Nature* 524 (2015): 427–32.

12 *First, when Wilson measured the overall diversity:* Thomas D. Kocher et al., "Dynamics of mitochondrial DNA evolution in animals: Amplification and sequencing with conserved primers," *Proceedings of the National Academy of Sciences* 86, no. 16 (1989): 6196–200.

13 *By 1991, Wilson could use his method:* David M. Irwin, Thomas D. Kocher, and Allan C. Wilson, "Evolution of the cytochrome-b gene of mammals," *Journal of Molecular Evolution* 32, no. 2 (1991): 128–44; Linda Vigilant et al., "African populations and the evolution of human mitochondrial DNA," *Science* 253, no. 5027 (1991): 1503–7; and Anna Di Rienzo and Allan C. Wilson, "Branching pattern in the evolutionary tree for human mitochondrial DNA," *Proceedings of the National Academy of Sciences* 88, no. 5 (1991): 1597–601.

14 *In November 2008, a seminal study:* Jun Z. Li et al., "Worldwide human relationships inferred from genome-wide patterns of variation," *Science* 319, no. 5866 (2008): 1100–104.

15 *"You get less and less variation":* John Roach, "Massive genetic study supports 'out of Africa' theory," *National Geographic News*, February 21, 2008.

16 *The oldest human populations:* Lev A. Zhivotovsky, Noah A. Rosenberg, and Marcus W. Feldman, "Features of evolution and expansion of modern humans, inferred from genomewide microsatellite markers," *American Journal of Human Genetics* 72, no. 5 (2003): 1171–86.

17 *The "youngest" humans:* Noah Rosenberg et al., "Genetic structure of human populations," *Science* 298, no. 5602 (2002): 2381–85. A map of human migrations can be found in L. L. Cavalli-Sforza and Marcus W. Feldman, "The application of molecular genetic approaches to the study of human evolution," *Nature Genetics* 33 (2003): 266–75.

18 *It is called the Out of Africa theory:* For the origin of humans in Southern Africa, see Brenna M. Henn et al., "Hunter-gatherer genomic diversity suggests a southern African origin for modern humans," *Proceedings of the National Academy of Sciences* 108, no. 13 (2011): 5154–62. Also see Brenna M. Henn, L. L. Cavalli-Sforza, and Marcus W. Feldman, "The great human expansion," *Proceedings of the National Academy of Sciences* 109, no. 44 (2012): 17758–64.

19 *"Sexual intercourse began":* Philip Larkin, "Annus Mirabilis," *High Windows.*

20 *"In terms of modern humans":* Christopher Stringer, "Rethinking 'out of Africa,'" editorial, *Edge*, November 12, 2011, http://edge.org/conversation/rethinking-out-of-africa.

21 *Others have proposed:* H. C. Harpending et al., "Genetic traces of ancient demography," *Proceedings of the National Academy of Sciences* 95 (1998): 1961–67; R. Gonser et al., "Microsatellite mutations and inferences about human demography," *Genetics* 154 (2000): 1793–1807; A. M. Bowcock et al., "High resolution of human evolutionary trees with polymorphic microsatellites," *Nature* 368 (1994): 455–57; and C. Dib et al., "A comprehensive genetic map of the human genome based on 5,264 microsatellites," *Nature* 380 (1996): 152–54.

22 *The most recent estimates suggest that:* Anthony P. Polednak, *Racial and Ethnic Differences in Disease* (Oxford: Oxford University Press, 1989), 32–33.

23 *As Marcus Feldman and Richard Lewontin put it:* M. W. Feldman and R. C. Lewontin, "Race, ancestry, and medicine," in *Revisiting Race in a Genomic Age*, ed. B. A. Koenig, S. S. Lee, and S. S. Richardson (New Brunswick, NJ: Rutgers University Press, 2008). Also see Li et al., "Worldwide human relationships inferred from genome-wide patterns of variation," 1100–104.

24 *In his monumental study on human genetics:* L. Cavalli-Sforza, Paola Menozzi, and Alberto Piazza, *The History and Geography of Human Genes* (Princeton, NJ: Princeton University Press, 1994), 19.

25 " *So, we's the same":* Stockett, *Help.*

26 *In 1994, the very year:* Cavalli-Sforza, Menozzi, and Piazza, *The History and Geography.*

27 *a very different kind of book about:* Richard Herrnstein and Charles Murray, *The Bell Curve* (New York: Simon & Schuster, 1994).

28 *"a flame-throwing treatise on class":* "The 'Bell Curve' agenda," *New York Times*, October 24, 1994.

29 *his 1985 book,* Crime and Human Nature: Wilson and Herrnstein. *Crime and Human Nature.*

30 *In 1904, Charles Spearman, a British statistician:* Charles Spearman, " 'General Intelligence,' objectively determined and measured," *American Journal of Psychology* 15, no. 2 (1904): 201–92.

31 *Recognizing that this measurement varied with age:* The concept of IQ was initially developed by William Stern, the German psychologist.

32 *Developmental psychologists such as Louis Thurstone:* Louis Leon Thurstone, "The absolute zero in intelligence measurement," *Psychological Review* 35, no. 3 (1928): 175; and L. Thurstone, "Some primary abilities in visual thinking," *Proceedings of the American Philosophical Society* (1950): 517–21. Also see Howard Gardner and Thomas Hatch, "Educational implications of the theory of multiple intelligences," *Educational Researcher* 18, no. 8 (1989): 4–10.

33 *Drawing heavily from an earlier article:* Herrnstein and Murray, *Bell Curve*, 284.

34 *In the 1950s, a series of reports:* George A. Jervis, "The mental deficiencies," *Annals of the American Academy of Political and Social Science* (1953): 25–33. Also see Otis Dudley Duncan, "Is the intelligence of the general population declining?" *American Sociological Review* 17, no. 4 (1952): 401–7.

35 *They limited the tests to only those administered after 1960:* The particular variables assessed by Murray and Herrnstein deserve mention. They wondered whether a deep disenchantment with tests and scores might pervade African-Americans, making them reluctant to engage with IQ tests. But subtle experiments to measure and excise any such "test disengagement" could not erase the 15-point difference. They considered the possibility that the tests were culturally biased (perhaps the most notorious example, borrowed from an SAT examination, asks students to consider the analogy "oarsmen:regatta." It hardly takes an expert on language and culture to know that most inner-city children, black or white, might have little knowledge of what a regatta is, let alone what an oarsman does in one). Yet even after removing such culture-specific and class-specific items from the tests, Murray and Herrnstein wrote, a difference of 15-odd points remained.

36 *In the 1990s, the psychologist Eric Turkheimer:* Eric Turkheimer, "Consensus and controversy about IQ," *Contemporary Psychology* 35, no. 5 (1990): 428–30. Also see Eric Turkheimer et al., "Socioeconomic status modifies heritability of IQ in young children," *Psychological Science* 14, no. 6 (2003): 623–28.

37 *In a blistering article written:* Stephen Jay Gould, "Curve ball," *New Yorker*, November 28, 1994, 139–40.

38 *The Harvard historian Orlando Patterson:* Orlando Patterson, "For Whom the Bell Curves," in *The Bell Curve Wars: Race, Intelligence, and the Future of America*, ed. Steven Fraser (New York: Basic Books, 1995).

39 *black children do worse at tests:* William Wright, *Born That Way: Genes, Behavior, Personality* (London: Routledge, 2013), 195.

40 *a fact buried so inconspicuously:* Herrnstein and Murray, *Bell Curve*, 300–305.

41 *Sandra Scarr and Richard Weinberg in 1976:* Sandra Scarr and Richard A. Weinberg, "Intellectual similarities within families of both adopted and biological children," *Intelligence* 1, no. 2 (1977): 170–91.

42 *"When nobody read":* Alison Gopnik, "To drug or not to drug," *Slate*, February 22, 2010, http://www.slate.com/articles/arts/books/2010/02/to_drug_or_not_to _drug.2.html.

第二章　遗传算法

1 *For several decades, anthropology has participated:* Paul Brodwin, "Genetics, identity, and the anthropology of essentialism," *Anthropological Quarterly* 75, no. 2 (2002): 323–30.

2 *"Sex is not inherited":* Frederick Augustus Rhodes, *The Next Generation* (Boston: R. G. Badger, 1915), 74.

3 *"The egg, as far as sex is concerned":* Editorials, *Journal of the American Medical Association* 41 (1903): 1579.

4 *She termed it the* sex chromosome: Nettie Maria Stevens, *Studies in Spermatogenesis: A Comparative Study of the Heterochromosomes in Certain Species of Coleoptera, Hemiptera and Lepidoptera, with Especial Reference to Sex Determination* (Baltimore: Carnegie Institution of Washington, 1906).

5 *"punk meets new romantic":* Kathleen M. Weston, *Blue Skies and Bench Space: Adventures in Cancer Research* (Cold Spring Harbor, NY: Cold Spring Harbor Laboratory Press, 2012), "Chapter 8: Walk This Way."

6 *In 1955, Gerald Swyer, an English endocrinologist:* G. I. M. Swyer, "Male pseudohermaphroditism: A hitherto undescribed form," *British Medical Journal* 2, no. 4941 (1955): 709.

7 *Page called the gene* ZFY: Ansbert Schneider-Gädicke et al., "*ZFX* has a gene structure similar to *ZFY*, the putative human sex determinant, and escapes X inactivation," *Cell* 57, no. 7 (1989): 1247–58.

8 *intronless gene called* SRY: Philippe Berta et al., "Genetic evidence equating *SRY* and the testis-determining factor," *Nature* 348, no. 6300 (1990): 448–50.

9 *the mice developed as anatomically male:* Ibid.; John Gubbay et al., "A gene mapping to the sex-determining region of the mouse Y chromosome is a member of a novel family of embryonically expressed genes," *Nature* 346 (1990): 245–50; Ralf J. Jäger et al., "A human XY female with a frame shift mutation in the candidate testis-determining gene *SRY* gene," *Nature* 348 (1990): 452–54; Peter Koopman et al., "Expression of a candidate sex-determining gene during mouse testis differentiation," *Nature* 348 (1990): 450–52; Peter Koopman et al., "Male development of chromosomally female mice transgenic for *SRY* gene," *Nature* 351 (1991): 117–21; and Andrew H. Sinclair et al., "A gene from the human sex-determining region encodes a protein with homology to a conserved DNA-binding motif," *Nature* 346 (1990): 240–44.

10　*"I didn't fit in well":* "IAmA young woman with Swyer syndrome (also called XY gonadal dysgenesis)," Reddit, 2011, https://www.reddit.com/r/IAmA/comments /e792p/iama_young_woman_with_swyer_syndrome_also_called/.

11　*On the morning of May 5, 2004:* Details of the story of David Reimer are from John Colapinto, *As Nature Made Him: The Boy Who Was Raised as a Girl* (New York: HarperCollins, 2000).

12　*Based on Money's advice, "Brenda":* John Money, *A First Person History of Pediatric Psychoendocrinology* (Dordrecht: Springer Science & Business Media, 2002), "Chapter 6: David and Goliath."

13　*"Gender identity is sufficiently incompletely":* Gerald N. Callahan, *Between XX and XY* (Chicago: Chicago Review Press, 2009), 129.

14　*"my leather-and-lace look":* J. Michael Bostwick and Kari A. Martin, "A man's brain in an ambiguous body: A case of mistaken gender identity," *American Journal of Psychiatry* 164, no. 10 (2007): 1499–505.

15　*"I feel like I have the brain of a man":* Ibid.

16　*In 2005, a team of researchers at Columbia University:* Heino F. L. Meyer-Bahlburg, "Gender identity outcome in female-raised 46,XY persons with penile agenesis, cloacal exstrophy of the bladder, or penile ablation," *Archives of Sexual Behavior* 34, no. 4 (2005): 423–38.

17　*"Is it really the case that all":* Otto Weininger, *Sex and Character: An Investigation of Fundamental Principles* (Bloomington: Indiana University Press, 2005), 2.

18　*these animals might be anatomically female:* Carey Reed, "Brain 'gender' more flexible than once believed, study finds," *PBS NewsHour*, April 5, 2015, http://www.pbs.org /newshour/rundown/brain-gender-flexible-believed-study-finds/. Also see Bridget M. Nugent et al., "Brain feminization requires active repression of masculinization via DNA methylation," *Nature Neuroscience* 18 (2015): 690–97.

第三章　最后一英里

1　*Like sleeping dogs, unknown twins:* Wright, *Born That Way*, 27.

2　*"It is the consensus of many contemporary":* Sándor Lorand and Michael Balint, ed., *Perversions: Psychodynamics and Therapy* (New York: Random House, 1956; repr., London: Ortolan Press, 1965), 75.

3　*"The homosexual's real enemy":* Bernard J. Oliver Jr., *Sexual Deviation in American Society* (New Haven, CT: New College and University Press, 1967), 146.

4　*"close-binding and [sexually] intimate":* Irving Bieber, *Homosexuality: A Psychoanalytic Study* (Lanham, MD: Jason Aronson, 1962), 52.

5　*"a homosexual is a person":* Jack Drescher, Ariel Shidlo, and Michael Schroeder, *Sexual Conversion Therapy: Ethical, Clinical and Research Perspectives* (Boca Raton, FL: CRC Press, 2002), 33.

6　*"homosexuality is more of a choice":* "The 1992 campaign: The vice president; Quayle contends homosexuality is a matter of choice, not biology," *New York Times*, September 14, 1992, http://www.nytimes.com/1992/09/14/us/1992-campaign-vice-president -quayle-contends-homosexuality-matter-choice-not.html.

7　*In July 1993, the discovery of the:* David Miller, "Introducing the 'gay gene': Media and scientific representations," *Public Understanding of Science* 4, no. 3 (1995): 269–84, http://www.academia.edu/3172354/Introducing_the_Gay_Gene_Media_and _Scientific_Representations.

8 *"What do we say of the woman"*: C. Sarler, "Moral majority gets its genes all in a twist," *People*, July 1993, 27.

9 *The second book, Richard Lewontin's*: Richard C. Lewontin, Steven P. R. Rose, and Leon J. Kamin, *Not in Our Genes: Biology, Ideology, and Human Nature* (New York: Pantheon Books, 1984).

10 *"There is no acceptable evidence that"*: Ibid., 261.

11 *In the 1980s, a professor of psychology:* J. Michael Bailey and Richard C. Pillard, "A genetic study of male sexual orientation," *Archives of General Psychiatry* 48, no. 12 (1991): 1089–96.

12 *The brothers, who looked virtually identical:* Frederick L. Whitam, Milton Diamond, and James Martin, "Homosexual orientation in twins: A report on 61 pairs and three triplet sets," *Archives of Sexual Behavior* 22, no. 3 (1993): 187–206.

13 *Protocol #92-C-0078 was launched:* Dean Hamer, *Science of Desire: The Gay Gene and the Biology of Behavior* (New York: Simon & Schuster, 2011), 40.

14 *"gay Roots project"*: Ibid., 91–104.

15 *"There were TV cameramen lined up"*: "The 'gay gene' debate," *Frontline*, PBS, http://www.pbs.org/wgbh/pages/frontline/shows/assault/genetics/.

16 *"science could be used to eradicate it"*: Richard Horton, "Is homosexuality inherited?" *Frontline*, PBS, http://www.pbs.org/wgbh/pages/frontline/shows/assault/genetics/nyreview.html.

17 *"does identify a chromosomal region"*: Timothy F. Murphy, *Gay Science: The Ethics of Sexual Orientation Research* (New York: Columbia University Press, 1997), 144.

18 *Hamer was attacked left and right:* M. Philip, "A review of Xq28 and the effect on homosexuality," *Interdisciplinary Journal of Health Science* 1 (2010): 44–48.

19 *Since Hamer's 1993 paper in* Science: Dean H. Hamer et al., "A linkage between DNA markers on the X chromosome and male sexual orientation," *Science* 261, no. 5119 (1993): 321–27.

20 *In 2005, in perhaps the largest study:* Brian S. Mustanski et al., "A genomewide scan of male sexual orientation," *Human Genetics* 116, no. 4 (2005): 272–78.

21 *In 2015, in yet another detailed analysis of 409:* A. R. Sanders et al., "Genome-wide scan demonstrates significant linkage for male sexual orientation," *Psychological Medicine* 45, no. 7 (2015): 1379–88.

22 *One gene that sits:* Elizabeth M. Wilson, "Androgen receptor molecular biology and potential targets in prostate cancer," *Therapeutic Advances in Urology* 2, no. 3 (2010): 105–17.

23 *In 1971, in a book titled:* Macfarlane Burnet, *Genes, Dreams and Realities* (Dordrecht: Springer Science & Business Media, 1971), 170.

24 *"An environmentalist view"*: Nancy L. Segal, *Born Together—Reared Apart: The Landmark Minnesota Twin Study* (Cambridge: Harvard University Press, 2012), 4.

25 *"random access memory onto which"*: Wright, *Born That Way*, viii.

26 *"Whatever back-porch wisdom"*: Ibid., vii.

27 *Minnesota Study of Twins:* Thomas J. Bouchard et al., "Sources of human psychological differences: The Minnesota study of twins reared apart," *Science* 250, no. 4978 (1990): 223–28.

28 *"Empathy, altruism, sense of equity"*: Richard P. Ebstein et al., "Genetics of human social behavior," *Neuron* 65, no. 6 (2010): 831–44.

29 *"A surprisingly high genetic component"*: Wright, *Born That Way*, 52.

30 *Daphne Goodship and Barbara Herbert:* Ibid., 63–67.

31 *"Both drove Chevrolets"*: Ibid., 28.

32 *Two other women, also separated at birth:* Ibid., 74.

33　*oxford shirts with epaulets*: Ibid., 70.

34　*to describe the odd habit*: squidging: Ibid., 65.

35　*"door-knobs, needles and fishhooks"*: Ibid., 80.

36　*The most extreme novelty seekers, he discovered*: Richard P. Ebstein et al., "Dopamine D4 receptor (*D4DR*) exon III polymorphism associated with the human personality trait of novelty seeking," *Nature Genetics* 12, no. 1 (1996): 78–80.

37　*Perhaps the subtle drive caused by*: Luke J. Matthews and Paul M. Butler, "Novelty-seeking *DRD4* polymorphisms are associated with human migration distance out-of-Africa after controlling for neutral population gene structure," *American Journal of Physical Anthropology* 145, no. 3 (2011): 382–89.

38　*"How nice it would be"*: Lewis Carroll, *Alice in Wonderland* (New York: W. W. Norton, 2013).

39　*Forty-three studies, performed*: Eric Turkheimer, "Three laws of behavior genetics and what they mean," *Current Directions in Psychological Science* 9, no. 5 (2000): 160–64; and E. Turkheimer and M. C. Waldron, "Nonshared environment: A theoretical, methodological, and quantitative review," *Psychological Bulletin* 126 (2000): 78–108.

40　*"unsystematic, idiosyncratic, serendipitous events"*: Robert Plomin and Denise Daniels, "Why are children in the same family so different from one another?" *Behavioral and Brain Sciences* 10, no. 1 (1987): 1–16.

41　*"a devil, a born devil"*: William Shakespeare, *The Tempest*, act 4, scene 1.

第四章　冬日饥荒

1　*Identical twins have exactly the same*: Nessa Carey, *The Epigenetics Revolution: How Modern Biology Is Rewriting Our Understanding of Genetics, Disease, and Inheritance* (New York: Columbia University Press, 2012), 5.

2　*Genes have had a glorious run in the 20th century*: Evelyn Fox Keller, quoted in Margaret Lock and Vinh-Kim Nguyen, *An Anthropology of Biomedicine* (Hoboken, NJ: John Wiley & Sons, 2010).

3　*When a songbird encounters a new*: Erich D. Jarvis et al., "For whom the bird sings: Context-dependent gene expression," *Neuron* 21, no. 4 (1998): 775–88.

4　*In the 1950s, Conrad Waddington*: Conrad Hal Waddington, *The Strategy of the Genes: A Discussion of Some Aspects of Theoretical Biology* (London: Allen & Unwin, 1957), ix, 262.

5　*"only [consists of] a stomach"*: Max Hastings, *Armageddon: The Battle for Germany, 1944–1945* (New York: Alfred A. Knopf, 2004), 414.

6　*In the 1980s, however*: Bastiaan T. Heijmans et al., "Persistent epigenetic differences associated with prenatal exposure to famine in humans," *Proceedings of the National Academy of Sciences* 105, no. 44 (2008): 17046–49.

7　*"aptitude for doing things on a small scale"*: John Gurdon, "Nuclear reprogramming in eggs," *Nature Medicine* 15, no. 10 (2009): 1141–44.

8　*In 1961, Gurdon began to test*: J. B. Gurdon and H. R. Woodland, "The cytoplasmic control of nuclear activity in animal development," *Biological Reviews* 43, no. 2 (1968): 233–67.

9　*It would lead, famously, to the cloning of Dolly*: "Sir John B. Gurdon—facts," Nobelprize.org, http://www.nobelprize.org/nobel_prizes/medicine/laureates/2012/gurdon-facts.html.

10 *the only other "observed case"*: John Maynard Smith, interview in the *Web of Stories*. www.webofstories.com/play/john.maynard.smith/78.

11 *Lyon found: in one cell*: The Japanese scientist Susumu Ohno had hypothesized about X inactivation before the phenomenon was discovered.

12 *simple organisms, such as yeast*: K. Raghunathan et al., "Epigenetic inheritance uncoupled from sequence-specific recruitment," *Science* 348 (April 3, 2015): 6230.

13 *In his remarkable story "Funes the Memorious"*: Jorge Luis Borges, *Labyrinths*, trans. James E. Irby (New York: New Directions, 1962), 59–66.

14 *One of the four genes used by Yamanaka*: K. Takahashi and S. Yamanaka, "Induction of pluripotent stem cells from mouse embryonic and adult fibroblast cultures by defined factors," *Cell* 126, no. 4 (2006): 663–76. Also see M. Nakagawa et al., "Generation of induced pluripotent stem cells without *Myc* from mouse and human fibroblasts," *Nature Biotechnology* 26, no. 1 (2008): 101–6.

15 " *It sometimes seems as if curbing entropy"*: James Gleick, *The Information: A History, a Theory, a Flood* (New York: Pantheon Books, 2011).

16 *At Harvard, a soft-spoken biochemist*: Itay Budin and Jack W. Szostak, "Expanding roles for diverse physical phenomena during the origin of life," *Annual Review of Biophysics* 39 (2010): 245–63; and Alonso Ricardo and Jack W. Szostak, "Origin of life on Earth," *Scientific American* 301, no. 3 (2009): 54–61.

17 *followed the work of Stanley Miller*: The original experiments were performed by Miller in conjunction with Harold Urey at the University of Chicago; John Sutherland, in Manchester, also performed key experiments.

18 *Subsequent variations of the Miller experiment*: Ricardo and Szostak, "Origin of life on Earth," 54–61.

19 *Szostak has demonstrated that such micelles*: Jack W. Szostak, David P. Bartel, and P. Luigi Luisi, "Synthesizing life," *Nature* 409, no. 6818 (2001): 387–90. Also see Martin M. Hanczyc, Shelly M. Fujikawa, and Jack W. Szostak, "Experimental models of primitive cellular compartments: Encapsulation, growth, and division," *Science* 302, no. 5645 (2003): 618–22.

20 *"It is relatively easy to see how"*: Ricardo and Szostak, "Origin of life on Earth," 54–61.

第六部分

1 *Those who promise us paradise on earth*: Elias G. Carayannis and Ali Pirzadeh, *The Knowledge of Culture and the Culture of Knowledge: Implications for Theory, Policy and Practice* (London: Palgrave Macmillan, 2013), 90.

2 *It's only we humans*: Tom Stoppard, *The Coast of Utopia* (New York: Grove Press, 2007), "Act Two, August 1852."

第一章　未来的未来

1 *Probably no DNA science is at once*: Gina Smith, *The Genomics Age: How DNA Technology Is Transforming the Way We Live and Who We Are* (New York: AMACOM, 2004).

2 *Clear the air!*: Thomas Stearns Eliot, *Murder in the Cathedral* (Boston: Houghton Mifflin Harcourt, 2014).

3 *In 1974, barely three years after*: Rudolf Jaenisch and Beatrice Mintz, "Simian virus

40 DNA sequences in DNA of healthy adult mice derived from preimplantation blastocysts injected with viral DNA," *Proceedings of the National Academy of Sciences* 71, no. 4 (1974): 1250–54.

4 *biologists stumbled on a critical discovery:* M. J. Evans and M. H. Kaufman, "Establishment in culture of pluripotential cells from mouse embryos," *Nature* 292 (1981): 154–56.

5 *"Nobody seems to be interested in my cells":* M. Capecchi, "The first transgenic mice: An interview with Mario Capecchi. Interview by Kristin Kain," *Disease Models & Mechanisms* 1, no. 4–5 (2008): 197.

6 *With ES cells, however, scientists:* See for instance M. R. Capecchi, "High efficiency transformation by direct microinjection of DNA into cultured mammalian cells," *Cell* 22 (1980): 479–88; and K. R. Thomas and M. R. Capecchi, "Site-directed mutagenesis by gene targeting in mouse embryo–derived stem cells," *Cell* 51 (1987): 503–12.

7 *You could choose to change the insulin gene:* O. Smithies et al., "Insertion of DNA sequences into the human chromosomal-globin locus by homologous re-combination," *Nature* 317 (1985): 230–34.

8 *The "watchmaker" of evolution, as Richard Dawkins:* Richard Dawkins, *The Blind Watchmaker: Why the Evidence of Evolution Reveals a Universe without Design* (W. W. Norton, 1986).

9 *They are the savants of the rodent world:* Kiyohito Murai et al., "Nuclear receptor TLX stimulates hippocampal neurogenesis and enhances learning and memory in a transgenic mouse model," *Proceedings of the National Academy of Sciences* 111, no. 25 (2014): 9115–20.

10 *"It may be the field's dirty little secret":* Karen Hopkin, "Ready, reset, go," *The Scientist*, March 11, 2011, http://www.the-scientist.com/?articles.view/articleno/29550/title/ready—reset—go/.

11 *In 1988, a two-year-old girl:* Details of the story of Ashanti DeSilva are from W. French Anderson, "The best of times, the worst of times," *Science* 288, no. 5466 (2000): 627; Lyon and Gorner, *Altered Fates*; and Nelson A. Wivel and W. French Anderson, "24: Human gene therapy: Public policy and regulatory issues," *Cold Spring Harbor Monograph Archive* 36 (1999): 671–89.

12 *"Mommy, you shouldn't have had":* Lyon and Gorner, *Altered Fates*, 107.

13 *The Bubble Boy, as David was called:* "David Phillip Vetter (1971–1984)," *American Experience*, PBS, http://www.pbs.org/wgbh/amex/bubble/peopleevents/p_vetter.html.

14 *Richard Mulligan, a virologist and geneticist:* Luigi Naldini et al., "In vivo gene delivery and stable transduction of nondividing cells by a lentiviral vector," *Science* 272, no. 5259 (1996): 263–67.

15 *led by William French Anderson and Michael Blaese:* "Hope for gene therapy," *Scientific American Frontiers*, PBS, http://www.pbs.org/saf/1202/features/genetherapy.htm.

16 *In the early 1980s, Anderson and Blaese:* W. French Anderson et al., "Gene transfer and expression in nonhuman primates using retroviral vectors," *Cold Spring Harbor Symposia on Quantitative Biology* 51 (1986): 1073–81.

17 *"Nobody knows what may happen":* Lyon and Gorner, *Altered Fates*, 124.

18 *Perhaps predictably, the RAC rejected the protocol outright:* Lisa Yount, *Modern Genetics: Engineering Life* (New York: Infobase Publishing, 2006), 70.

19 *"A cosmic moment has come and gone":* Lyon and Gorner, *Altered Fates*, 239.

20 *"Jesus Christ himself could walk by":* Ibid., 240.

21 *"It's not a big improvement":* Ibid., 268.

22 *At four, he had joyfully eaten:* Barbara Sibbald, "Death but one unintended conse-

quence of gene-therapy trial," *Canadian Medical Association Journal* 164, no. 11 (2001): 1612.

23 *In 1993, when Gelsinger was:* For details of the Jesse Gelsinger story see Evelyn B. Kelly, *Gene Therapy* (Westport, CT: Greenwood Press, 2007); Lyon and Gorner, *Altered Fates*; and Sally Lehrman, "Virus treatment questioned after gene therapy death," *Nature* 401, no. 6753 (1999): 517–18.

24 *By noon, the procedure was done:* James M. Wilson, "Lessons learned from the gene therapy trial for ornithine transcarbamylase deficiency," *Molecular Genetics and Metabolism* 96, no. 4 (2009): 151–57.

25 *"How could such a beautiful thing":* Paul Gelsinger, author interview, November 2014 and April 2015.

26 *That Wilson had a financial stake in:* Robin Fretwell Wilson, "Death of Jesse Gelsinger: New evidence of the influence of money and prestige in human research," *American Journal of Law and Medicine* 36 (2010): 295.

27 *In January 2000, when the FDA inspected:* Sibbald, "Death but one unintended consequence," 1612.

28 *"The entire field of gene therapy":* Carl Zimmer, "Gene therapy emerges from disgrace to be the next big thing, again," *Wired*, August 13, 2013.

29 *"Gene therapy is not yet therapy":* Sheryl Gay Stolberg, "The biotech death of Jesse Gelsinger," *New York Times*, November 27, 1999, http://www.nytimes.com/1999/11/28/magazine/the-biotech-death-of-jesse-gelsinger.html.

30 *"cautionary tale of scientific overreach":* Zimmer, "Gene therapy emerges."

第二章　基因诊断：“预生存者”

1 *All that man is:* W. B. Yeats, *The Collected Poems of W. B. Yeats*, ed. Richard Finneran (New York: Simon & Schuster, 1996), "Byzantium," 248.

2 *The anti-determinists want to say:* Jim Kozubek, "The birth of 'transhumans,'" *Providence (RI) Journal*, September 29, 2013.

3 *"Genetic tests," as Eric Topol:* Eric Topol, author interview, 2013.

4 *Between 1978 and 1988, King added:* Mary-Claire King, "Using pedigrees in the hunt for BRCA1," DNA Learning Center, https://www.dnalc.org/view/15126-Using-pedigress-in-the-hunt-for-BRCA1-Mary-Claire-King.html.

5 *she had pinpointed it to a region:* Jeff M. Hall et al., "Linkage of early-onset familial breast cancer to chromosome 17q21," *Science* 250, no. 4988 (1990): 1684–89.

6 *"Being comfortable with uncertainty":* Jane Gitschier, "Evidence is evidence: An interview with Mary-Claire King," *PLOS*, September 26, 2013.

7 *In 1998, Myriad was granted:* E. Richard Gold and Julia Carbone, "Myriad Genetics: In the eye of the policy storm," *Genetics in Medicine* 12 (2010): S39–S70.

8 *"Some of these women [with BRCA1 mutations]":* Masha Gessen, *Blood Matters: From BRCA1 to Designer Babies, How the World and I Found Ourselves in the Future of the Gene* (Boston: Houghton Mifflin Harcourt, 2009), 8.

9 *In 1908, the Swiss German psychiatrist:* Eugen Bleuler and Carl Gustav Jung, "Komplexe und Krankheitsursachen bei Dementia praecox," *Zentralblatt für Nervenheilkunde und Psychiatrie* 31 (1908): 220–27.

10 *In the 1970s, studies demonstrated:* Susan Folstein and Michael Rutte, "Infantile autism: A genetic study of 21 twin pairs," *Journal of Child Psychology and Psychiatry* 18, no. 4 (1977): 297–321.

11 *"domineering, nagging and hostile mother"*: Silvano Arieti and Eugene B. Brody, *Adult Clinical Psychiatry* (New York: Basic Books, 1974), 553.

12 *National Book Award for science*: "1975: *Interpretation of Schizophrenia* by Silvano Arieti," National Book Award Winners: 1950–2014, National Book Foundation, http://www.nationalbook.org/nbawinners_category.html#.vcnit7fxhom.

13 *In 2013, an enormous study identified*: Menachem Fromer et al., "De novo mutations in schizophrenia implicate synaptic networks," *Nature* 506, no. 7487 (2014): 179–84.

14 *108 genes (or rather genetic regions)*: Schizophrenia Working Group of the Psychiatric Genomics, *Nature* 511 (2014): 421–27.

15 *The strongest, and most*: "Schizophrenia risk from complex variation of complement component 4," Sekar et al. *Nature* 530, 177–183.

16 *"There are lots of "*: Benjamin Neale, quoted in Simon Makin, "Massive study reveals schizophrenia's genetic roots: The largest-ever genetic study of mental illness reveals a complex set of factors," *Scientific American*, November 1, 2014.

17 *"We of the craft are all crazy"*: *Carey's Library of Choice Literature*, vol. 2 (Philadelphia: E. L. Carey & A. Hart, 1836), 458.

18 *In* Touched with Fire, *an authoritative*: Kay Redfield Jamison, *Touched with Fire* (New York: Simon & Schuster, 1996).

19 *Hans Asperger, the psychologist who first*: Tony Attwood, *The Complete Guide to Asperger's Syndrome* (London: Jessica Kingsley, 2006).

20 *As Edvard Munch put it*: Adrienne Sussman, "Mental illness and creativity: A neurological view of the 'tortured artist,' " *Stanford Journal of Neuroscience* 1, no. 1 (2007): 21–24.

21 *illness as the "night-side of life"*: Susan Sontag, *Illness as Metaphor and AIDS and Its Metaphors* (New York: Macmillan, 2001).

22 *Entitled "The Future of Genomic Medicine"*: Details of the conference can be found in "The future of genomic medicine VI," Scripps Translational Science Institute, http://www.slideshare.net/mdconferencefinder/the-future-of-genomic-medicine-vi-23895019; Eryne Brown, "Gene mutation didn't slow down high school senior," *Los Angeles Times*, July 5, 2015, http://www.latimes.com/local/california/la-me-lilly-grossman-update-20150702-story.html; and Konrad J. Karczewski, "The future of genomic medicine is here," *Genome Biology* 14, no. 3 (2013): 304.

23 *Alexis and Noah Beery*: "Genome maps solve medical mystery for California twins," National Public Radio broadcast, June 16, 2011.

24 *Based on that genetic diagnosis*: Matthew N. Bainbridge et al., "Whole-genome sequencing for optimized patient management," *Science Translational Medicine* 3, no. 87 (2011): 87re3.

25 *That a mutation in the gene MECP2*: Antonio M. Persico and Valerio Napolioni, "Autism genetics," *Behavioural Brain Research* 251 (2013): 95–112; and Guillaume Huguet, Elodie Ey, and Thomas Bourgeron, "The genetic landscapes of autism spectrum disorders," *Annual Review of Genomics and Human Genetics* 14 (2013): 191–213.

26 *the eventual effects of these gene-environment*: Albert H. C. Wong, Irving I. Gottesman, and Arturas Petronis, "Phenotypic differences in genetically identical organisms: The epigenetic perspective," *Human Molecular Genetics* 14, suppl. 1 (2005): R11–R18. Also see Nicholas J. Roberts et al., "The predictive capacity of personal genome sequencing," *Science Translational Medicine* 4, no. 133 (2012): 133ra58.

27 *an article in* Nature *magazine announced*: Alan H. Handyside et al., "Pregnancies from biopsied human preimplantation embryos sexed by Y-specific DNA amplification," *Nature* 344, no. 6268 (1990): 768–70.

28 *As the political theorist Desmond King puts it:* D. King, "The state of eugenics," *New Statesman & Society* 25 (1995): 25–26.

29 *Take, for instance, a series of startlingly provocative:* K. P. Lesch et al., "Association of anxiety-related traits with a polymorphism in the serotonergic transporter gene regulatory region," *Science* 274 (1996): 1527–31.

30 *the short allele has been associated with:* Douglas F. Levinson, "The genetics of depression: A review," *Biological Psychiatry* 60, no. 2 (2006): 84–92.

31 *In 2010, a team of researchers launched:* "Strong African American Families Program," Blueprints for Healthy Youth Development, http://www.blueprintsprograms .com/evaluationAbstracts.php?pid=f76b2ea6b45eff3bc8e4399145cc17a0601f5c8d.

32 *Six hundred African-American families with early-adolescent:* Gene H. Brody et al., "Prevention effects moderate the association of 5-HTTLPR and youth risk behavior initiation: Gene × environment hypotheses tested via a randomized prevention design," *Child Development* 80, no. 3 (2009): 645–61; and Gene H. Brody, Yi-fu Chen, and Steven R. H. Beach, "Differential susceptibility to prevention: GABAergic, dopaminergic, and multilocus effects," *Journal of Child Psychology and Psychiatry* 54, no. 8 (2013): 863–71.

33 *Writing in the* New York Times *in 2014:* Jay Belsky, "The downside of resilience," *New York Times*, November 28, 2014.

34 *"a technology of abnormal individuals":* Michel Foucault, *Abnormal: Lectures at the Collège de France, 1974–1975*, vol. 2 (New York: Macmillan, 2007).

第三章　基因治疗：后人类时代

1 *There is in biology at the moment:* "Biology's Big Bang," *Economist*, June 14, 2007.

2 *a journalist visited James Watson at:* Lyon and Gorner, *Altered Fates*, 537.

3 *Jesse Gelsinger's "biotech death":* Stolberg, "Biotech death of Jesse Gelsinger," 136–40.

4 *In 2014, a landmark study:* Amit C. Nathwani et al., "Long-term safety and efficacy of factor IX gene therapy in hemophilia B," *New England Journal of Medicine* 371, no. 21 (2014): 1994–2004.

5 *In 1998, soon after Thomson's paper:* James A. Thomson et al., "Embryonic stem cell lines derived from human blastocysts," *Science* 282, no. 5391 (1998): 1145–47.

6 *President George W. Bush sharply restricted:* Dorothy C. Wertz, "Embryo and stem cell research in the United States: History and politics," *Gene Therapy* 9, no. 11 (2002): 674–78.

7 *Doudna and Charpentier published their data:* Martin Jinek et al., "A programmable dual-RNA-guided DNA endonuclease in adaptive bacterial immunity," *Science* 337, no. 6096 (2012): 816–21.

8 *this technique has exploded:* Key contributors to the use of CRISPR/Cas9 in human cells include Feng Zhang (MIT) and George Church (Harvard). See, for instance, L. Cong et al., "Multiplex genome engineering using CRISPR/Cas systems," *Science* 339, no. 6121 (2013): 819–23; and F. A. Ran, "Genome engineering using the CRISPR-Cas9 system," *Nature Protocols* 11 (2013): 2281–308. Also see P. Mali et al., "RNA-Guided Human Genome Engineering via Cas9," *Science* 339, no. 6121 (2013): 823–26.

9 *In the winter of 2014, a team:* Walfred W. C. Tang et al., "A unique gene regulatory network resets the human germline epigenome for development," *Cell* 161, no. 6 (2015): 1453–67; and "In a first, Weizmann Institute and Cambridge University

scientists create human primordial germ cells," Weizmann Institute of Science, December 24, 2014, http://www.newswise.com/articles/in-a-first-weizmann-institute -and-cambridge-university-scientists-create-human-primordial-germ-cells.

10　*Jennifer Doudna and David Baltimore:* B. D. Baltimore et al., "A prudent path forward for genomic engineering and germline gene modification," *Science* 348, no. 6230 (2015): 36–38; and Cormac Sheridan, "CRISPR germline editing reverberates through biotech industry," *Nature Biotechnology* 33, no. 5 (2015): 431–32.

11　*"It is very clear that people will try":* Nicholas Wade, "Scientists seek ban on method of editing the human genome," *New York Times*, March 19, 2015.

12　*"This reality means":* Francis Collins, Letter to the author, October 2015.

13　*In the spring of 2015, a laboratory:* David Cyranoski and Sara Reardon, "Chinese scientists genetically modify human embryos," *Nature* (April 22, 2015).

14　*The highest-ranking scientific journals:* Chris Gyngell and Julian Savulescu, "The moral imperative to research editing embryos: The need to modify nature and science," Oxford University, April 23, 2015, Blog.Practicalethics.Ox.Ac.Uk/2015/04/the-Moral -Imperative-to-Research-Editing-Embryos-the-Need-to-Modify-Nature-and-Science/.

15　*the results were eventually published in:* Puping Liang et al., "CRISPR/Cas9-mediated gene editing in human tripronuclear zygotes," *Protein & Cell* 6, no. 5 (2015): 1–10.

16　*"planning to decrease the number of off-target":* Cyranoski and Reardon, "Chinese scientists genetically modify human embryos."

17　*"I don't think China wants":* Didi Kristen Tatlow, "A scientific ethical divide between China and West," *New York Times*, June 29, 2015.

后记　辨别身份

1　*"No sane biologist believes":* Paul Berg, author interview, 1993.

2　*"very few human genes":* David Botstein, letter to the author, October 2015.

3　*In an influential review published in 2011:* Eric Turkheimer, "Still missing," *Research in Human Development* 8, nos. 3–4 (2011): 227–41.

4　*"Perhaps," as one observer complained:* Peter Conrad, "A mirage of genes," *Sociology of Health & Illness* 21, no. 2 (1999): 228–41.

5　*"Imagine you are a soldier returning from war":* Richard A. Friedman, "The feel-good gene," *New York Times*, March 6, 2015.

6　*"[Nature] may, after all, be entirely approachable":* Morgan, *Physical Basis of Heredity*, 15.

致谢

1　*"distorted version of our normal selves":* H. Varmus, Nobel lecture, 1989. http://www .nobelprize.org/nobel_prizes/medicine/laureates/1989/varmus-lecture.html. For the paper describing the existence of endogenous proto-oncogenes in cells see D. Stehelin et al., "DNA related to the transforming genes of avian sarcoma viruses is present in normal DNA," *Nature* 260, no. 5547 (1976): 170–73. Also see Harold Varmus to Dominique Stehelin, February 3, 1976, Harold Varmus Papers, National Library of Medicine Archives.

见识丛书

见 识 城 邦 出 品

［已出书目］

……后续新品，敬请关注……